非常规油气开发地质建模与数值模拟丛书

致密油气藏数值模拟理论与技术

舟启全 等 著

科学出版社

北 京

内 容 简 介

本书系统介绍了非常规致密油气多重介质数值模拟理论与技术。总结了中国陆相致密油气的宏观与微观非均质性、多尺度与多重介质特征、复杂流体性质与赋存状态特征，以及非常规开发模式下的复杂流动特征与耦合开采机理；重点介绍了非常规致密油气多重介质数值模拟理论，非连续多重介质渗流数学模型，不同尺度离散多重介质地质建模技术，以及多尺度、多流态、多重介质数值模拟技术；结合典型致密油气藏的开发问题，介绍了非常规致密油气数值模拟理论、技术与软件的实际应用；同时，介绍了非常规致密油气藏数值模拟技术发展趋势与展望。

本书可供从事油气田开发的科技人员使用，也可供石油院校师生阅读参考。

图书在版编目(CIP)数据

致密油气藏数值模拟理论与技术 / 冉启全等著. —北京:科学出版社,2018.5
ISBN 978-7-03-051156-0

Ⅰ.①致… Ⅱ.①冉… Ⅲ.①致密砂岩-砂岩油气藏-多重介质-数值模拟 Ⅳ.①P618.130.9

中国版本图书馆 CIP 数据核字(2016)第 318204 号

责任编辑:焦 健 李 静 / 责任校对:张小霞
责任印制:肖 兴 / 封面设计:铭轩堂

科学出版社 出版
北京东黄城根北街 16 号
邮政编码:100717
http://www.sciencep.com

北京汇瑞嘉合文化发展有限公司 印刷
科学出版社发行 各地新华书店经销

*

2018 年 5 月第 一 版 开本:787×1090 1/16
2018 年 5 月第一次印刷 印张:32
字数:750 000

定价:398.00 元
(如有印装质量问题,我社负责调换)

《致密油气藏数值模拟理论与技术》
作者名单

冉启全　徐梦雅　王志平　彭　晖

李　宁　董家辛　刘立峰　袁江如

房平亮　王　欢　谭桂华

丛 书 序

非常规油气在油气资源勘探开发中的地位日益凸显。实现非常规油气藏的高效开发，对保障国家能源安全具有重大的战略意义。然而，非常规油气藏的地质条件更为复杂、开发模式不同于常规油气藏，常规的储层描述与建模、数值模拟理论与技术难以满足非常规油气开发的需要。因此，采用非常规的理念和思路，创新发展非常规油气藏储层精细描述与地质建模、油气藏数值模拟理论与关键技术，将为非常规油气资源的高效开发提供有效的技术支撑。

《非常规油气开发地质建模与数值模拟丛书》乃主要以国家"863"计划"典型非常规油气藏数值模拟关键技术与软件开发"项目的理论创新和技术攻关成果为基础，经过凝练提升精心著述而成的一套专著。该丛书由《致密砂岩储层描述与地质建模技术》、《致密油气藏数值模拟理论与技术》和《煤层气/页岩气藏裂缝建模与数值模拟》三部专著构成，是对我国致密砂岩油气、煤层气和页岩气藏等典型非常规油气藏的储层描述与建模、数值模拟理论与技术领域近期成果的深度剖析和归纳总结。著述者多是我国近年来在非常规油气开发的理论研究、技术开发和生产应用方面具有丰富经验的专家学者。

《致密砂岩储层描述与地质建模技术》专著系统介绍了非常规致密砂岩储层描述与地质建模技术；系统总结了非常规致密砂岩储层的成因机理与有效储层分布模式；重点介绍了非常规致密砂岩储层精细描述与地质建模关键技术，包括微观孔隙结构及渗流参数表征技术、"优质储层（甜点）"识别及预测技术、天然裂缝与不同压裂模式下人工裂缝识别与评价技术，以及非常规储层地质建模关键技术。

《致密油气藏数值模拟理论与技术》专著系统介绍了非常规致密油气藏多重介质数值模拟理论与技术。在总结中国陆相致密油气藏的宏观与微观非均质性、多尺度与多重介质、复杂流体性质与赋存状态特征，以及非常规开发模式下的复杂流动特征与耦合开采机理的基础上，重点介绍了非常规致密油气多重介质数值模拟理论与非连续多重介质渗流数学模型，以及不同尺度离散多重介质地质建模技术与多尺度、多流态、多重介质数值模拟技术，并结合典型致密油气藏的开发特征，介绍了非常规致密油气藏数值模拟理论、技术与软件的实际应用。

《煤层气/页岩气藏裂缝建模与数值模拟》专著系统总结了煤层气和页岩气藏精细裂缝建模与数值模拟方法与流程，介绍了煤层气和页岩气纳微米流动-扩散-吸附流动数学模型，基于离散裂缝、非结构化网格的煤层气和页岩气数值模拟方法与技术，包括基于天然裂缝/人工裂缝的离散裂缝地质建模技术、复杂裂缝网络分布下的非结构化网格生成技术、基于非结构化网格、离散裂缝建模的复杂结构井与储层流动耦合技术，并介绍了煤层气藏及页岩气藏建模与数值模拟的实际应用。

该丛书有三个特色。一是创新性强，在非常规油气藏的数学模型、地质建模、数值模拟等方面创新显著。例如，致密砂岩油气非达西渗流数值模拟理论模型、煤层气和页岩气纳微米流动–扩散–吸附流动非线性数学模型、致密砂岩储层精细描述关键技术、非常规储层地质建模关键技术、非连续多重介质数值模拟技术、煤层气和页岩气数值模拟关键技术等方面都创新很好。二是系统性强，从致密油、致密气、煤层气、页岩气等 4 种典型非常规储层的成因机理与分布模式、储层描述与地质建模、渗流机理、开采机理与开发模式，直到数值模拟模型与技术，都做了系统的归纳与总结。三是理论与实际结合很好，应用性较强。该丛书展示了大量非常规油气藏建模与数值模拟应用实例；书中引用的数据、图表基本上都是实际的地质和生产数据；所建议的方法和技术等可操作性强。该丛书兼有较高的学术价值和应用意义。该丛书的问世必将有力地促进非常规油气藏勘探开发的科技进步和高效生产。

　　该丛书可供油气勘探和开发特别是非常规油气藏勘探开发方面的科技人员、院校师生、生产现场技术人员和管理人员参考。

中国科学院院士

2018 年 4 月

本 书 序

中国陆相致密油气资源量丰富，开发潜力巨大，是今后油气勘探开发的重要领域，在石油天然气生产中的地位和作用日趋显著。然而，非常规致密油气不同于常规油气，而陆相致密油气比北美海相致密油气更为复杂，储层的宏观非均质性更强、多尺度特征更为突出，微观非均质性与多重介质特征更为显著，水平井与体积压裂开发模式下流动关系更加复杂，常规油藏数值模拟理论与技术难以适用，而适用于非常规致密油气开发的数值模拟理论与技术研究程度低，尚未形成系统、成熟的数值模拟理论与技术。因此，创新发展非常规致密油气的数值模拟理论与技术面临巨大挑战。

作者针对陆相致密油气藏特点、非常规开发模式下的开发特征，通过多年的理论研究和技术攻关，在非常规致密油气数值模拟理论、技术与软件研发等方面取得了重大突破。针对储层微纳米孔隙、天然/人工裂缝复杂缝网发育，以及非连续离散分布的不同尺度孔缝介质特征，提出了离散多重介质的概念；突破了常规连续双重介质渗流理论，发展了非连续多重介质数值模拟理论，创新建立了非连续、多尺度、多流态、多重介质的渗流数学模型；在此基础上，创新形成了非常规致密油气数值模拟技术体系，包括离散裂缝/离散多重介质建模技术、非连续离散多重介质数值模拟技术、不同尺度孔缝介质流固耦合模拟技术、不同尺度多重介质自适应流态识别与复杂流动机理模拟技术、体积压裂水平井动态耦合模拟技术；自主研发了具有自主知识产权的非常规致密油气数值模拟软件。这些创新性成果已成功地应用于生产实际，有力地指导了非常规致密油气藏的规模有效开发。

作者通过对上述理论研究和技术攻关的成果，以及生产实际应用的经验和重要认识进行系统的归纳总结，编写了专著《致密油气藏数值模拟理论与技术》。这部专著内容丰富，方法性、实用性和创新性强，在理论上有所建树与创新，在数值模拟技术上有许多新的突破并形成了技术系列。我相信，该书的出版将对非常规致密油气藏的有效开发起到一定的推动作用，对其他非常规油气藏的开发也有借鉴作用和参考价值。

加拿大卡尔加里大学教授
国际著名油藏数值模拟专家
加拿大工程院院士

2017 年 12 月

前　言

　　非常规致密油气资源量巨大,非常规油气开采技术的不断进步、生产管理模式的不断创新和投资成本的不断降低,使得非常规致密油气资源存在着极大的商业开发价值。实现非常规致密油气的高效开发,对我国石油天然气工业的持续稳定发展具有重要的战略意义。

　　与常规油气藏相比,非常规致密油气藏储层条件和流动特征更为复杂,主要表现为:一是致密储层的宏观与微观非均质性强、不同尺度微纳米孔隙与天然/人工裂缝的多尺度与多重介质特征显著;二是不同尺度孔缝介质中流体的物理化学性质特殊,其赋存状态、流体性质、相态特征差异大;三是水平井与体积压裂开发模式下不同孔缝介质的流动机理与流态、耦合开采机理等流动特征复杂;四是不同尺度孔缝介质的属性参数、流态与流动机理在压裂、注入、开采过程中会发生显著的动态变化。这些特征与因素将极大制约非常规致密油气的有效开发。同时,中国陆相致密油气与北美海相致密油气相比,地质条件更为复杂,品位更低,流动性更差,开发难度更大。针对非常规致密油气复杂的地质条件、特殊的物理化学性质、非常规开发模式下的流动特征,现有的储层描述与建模、数值模拟理论与技术难以满足非常规致密油气开发的需要。因此,急须创新发展适合于非常规致密油气的数值模拟理论与技术。

　　目前国内外针对非常规致密油气开发的数值模拟理论与技术的研究程度低,尚处于攻关阶段,作者针对非常规致密油气储层描述与建模、数值模拟的技术瓶颈问题,借鉴国外非常规油气开发先进的理念和模式,并结合我国陆相致密油气的特点,开展了集开发地质、压裂、油藏工程、数学、计算机等于一体的多学科联合攻关研究。通过攻关研究,对非常规致密油气储层地质、物理化学性质、流动机理与开采特征取得了多方面的最新认识,创新发展了非常规致密油气数值模拟理论,创新形成了非常规致密油气地质建模技术与数值模拟技术,自主研发了实用性强、特色突出的地质建模与数值模拟一体化的软件系统。

　　本书是对非常规致密油气开发数值模拟最新研究成果的提炼和总结,是国内外首部系统介绍非常规致密油气多重介质数值模拟理论与技术的专著,填补了国内外在该领域的空白。本书系统介绍了非常规致密油气多重介质数值模拟理论与非连续多重介质渗流数学模型,以及不同尺度离散多重介质地质建模技术与多尺度、多流态、多重介质流固耦合数值模拟技术,并结合典型致密油气藏的开发问题,介绍了非常规致密油气数值模拟理论、技术与软件的实际应用,对非常规致密油气的高效开发具有重要的指导作用和借鉴意义。

　　本书在冉启全教授的统一组织下,成立了《致密油气藏数值模拟理论与技术》编写组,由冉启全教授负责全书体系结构的制定和整体布局,编写组分工编写完成,全书由冉启全统稿、定稿。本书的编写得到了国家科技部、中国石油天然气集团有限公司科技管理部、中国石油集团科学技术研究院有限公司、北京大学、东北石油大学等单位领导和有关专家的大力支持与帮助;课题跟踪专家组给予了细心指导和技术把关;长庆油田、新疆油田、吉林油田、大庆油田、西南油气田分公司等单位对课题成果的应用提供了支持与帮助;郭尚平、裴译楠、朱荣改、朱维耀、姜汉桥、龚斌、邸元、张晨松等专家对本书的编写提出了宝贵的修改意见；国家"863"计划"典型非常规油气藏数值模拟关键技术与软件开发"项目组王拥军、闫林、童敏、孙圆辉、魏漪、李冉、林旺、赵灵稚、钟敏、袁大伟、陈福利、李小波、王宝华、李建芳、李夏宁等做了大量工作；书中部分图表引用了相关技术人员的研究成果，在此一并表示诚挚的感谢！

　　由于非常规致密油气藏的复杂性及数值模拟技术的快速发展，以及笔者水平有限，书中疏漏和不当之处在所难免，恳请读者不吝赐教，批评指正。

作者

2017 年 12 月

目 录

第一章 致密油气藏开发特征

致密油气资源量丰富,开发潜力巨大。目前采用水平井+体积压裂改造的模式开发致密油气取得显著进展,但单井产量低、递减快、采收率低、成本高、效益差,致密油气的有效开发仍面临巨大挑战。

致密储层岩性、岩相类型复杂多样,砂体、物性空间展布与内部属性变化快,差异大;区块、井间、单井不同井段岩性、物性、含油性差异大;不同尺度天然裂缝发育,流体饱和度、黏度平面分布差异大,宏观非均质性强、多尺度特征突出。不同尺度的微纳米孔隙、天然/人工裂缝共存,在空间上呈非连续分布,不同尺度孔缝介质物性差异大、流体组成、赋存状态、流动机理与流态显著不同,微观非均质性强、多重介质特征显著。水平井不同完井方式与储层接触关系不同,体积压裂与重复压裂模式下缝网、流动关系复杂,衰竭式、注水吞吐、渗吸采油、注气开发、改质改性等不同开发方式下不同尺度孔缝介质的流动机理差异大。针对致密储层宏观非均质性与微观非均质性强、多尺度与多重介质特征显著,不同孔缝介质与复杂缝网中流体组成、流动机理与流态、流动关系复杂的特点,为了进行精细化地质建模与数值模拟,从而实现致密油气开发优化与动态预测,常规储层地质建模、数值模拟的理论与技术难以适应,亟须发展非常规致密油气藏地质建模与数值模拟的新理论与新技术。

第一节 致密油气藏的储层特征

一、致密储层宏观非均质性特征

致密储层平面上大面积分布,但沉积、成岩和构造的综合作用,使得致密储层的岩相、岩性、砂体、物性、含油性、储层类型宏观非均质性强;储层天然裂缝发育,体积压裂与重复压裂缝网复杂,天然/人工裂缝共存,具有强非均质性及多尺度特征;不同区域、不同部位地应力大小及空间分布差异大;原油黏度与密度等流体特征在空间分布上也存在较强的非均质性。如何将这种宏观非均质性及多尺度特征体现在地质模型和数值模拟中是目前亟待解决的问题。

(一)储层砂体宏观非均质特征

致密储层大面积分布,但岩性、岩相类型复杂多样,岩性、岩相、砂体、物性、厚度与含油性平面分布变化快、差异大;区块、井间、单井不同井段的岩性、岩相、物性、含油性差异大,宏观非均质性强。

1. 储层岩性、岩相分布特征

致密储层岩性、岩相复杂、类型多样,受盆地性质、构造特征、沉积环境与成岩演化等多因素影响,纵横向变化快,分布稳定性差,非均质性强。主要体现在:平面上储层岩性、岩相

不连续、变化快、差异大;井与井之间同一岩性、岩相分布不连续、变化大;同一口水平井不同井段间岩性、岩相差异大,宏观非均质性强。

2. 储层砂体展布特征

致密储层砂体大面积连片分布,但受沉积相带展布特征控制,在平面上顺物源方向砂体呈席状、土豆状、不规则状和条带状分布,剖面上多期叠置、错叠连片,呈板状或不对称的透镜体状或多层砂泥相互叠置的"汉堡包"式特点。同一口水平井在横向上穿过多个不同砂体,不同井段砂体长度不同。

3. 储层物性分布特征

受沉积、成岩作用影响,在平面上和纵向上储层物性特征和分布规律差异很大。在顺物源方向砂体发育较厚,渗透率、孔隙度呈条带状分布,物性较好,其余部位物性较差,具有较强的非均质性。

1)孔隙度分布特征

致密储层不同岩性、岩相的储集空间类型、发育程度差异显著,导致其孔隙度变化大;平面上由于岩性、岩相、砂体分布的非均质性,孔隙度分布差异突出,宏观非均质性强;不同井间由于岩性、岩相的差异,导致孔隙度显著不同;同一口水平井不同水平段孔隙度变化显著。

2)渗透率分布特征

与常规储层相比,致密储层孔隙与喉道尺度急剧减小,导致储层渗透率急剧减小,远低于常规储层。受储层岩性、岩相及储层类别的控制,致密储层的渗透率变化范围大,平面分布变化快、差异大,宏观非均质性强;同一口水平井不同水平段渗透率也存在较大差异。

4. 储层砂体厚度分布特征

致密储层受岩性、岩相控制,其砂体厚度平面上变化快、差异大。砂体厚度的宏观非均质性主要表现在:砂体大面积分布,但受岩性、岩相的变化影响,横向分布不连续,砂体厚度变化快、差异大,非均质性强。

5. 储层类型分布特征

根据致密储层的岩性与岩相、物性、孔隙结构等参数,制定了致密储层分类标准,对致密储层进行了分类评价,将致密储层划分为4类(表1.1)。不同类型储层在空间上分布不连续,受岩性、岩相与砂体展布的控制,Ⅰ类储层主要分布在砂体主体部位,向砂体边部逐步过渡为Ⅱ类、Ⅲ类,Ⅳ类主要分布于砂体间的部位。不同类型储层在平面及空间展布上存在较强的非均质性特征。

表1.1 致密砂岩储层分类表

储层参数	储层分类			
	Ⅰ类	Ⅱ类	Ⅲ类	Ⅳ类
岩性	细砂岩	细砂岩、粉细砂岩		粉细砂岩
孔隙度/%	>12	8~12	5~8	<5

续表

储层参数	储层分类			
	I 类	II 类	III 类	IV 类
渗透率/mD *	>0.12	0.08 ~ 0.12	0.05 ~ 0.08	0.01 ~ 0.05
喉道半径/μm	>0.15	0.1 ~ 0.15	0.05 ~ 0.1	<0.05

* $1D = 1000mD = 0.98\mu m^2$。

(二)储层天然/人工裂缝分布特征

致密储层天然裂缝发育,体积压裂与重复压裂后裂缝网络复杂,天然/人工裂缝共存,在空间上呈非连续分布,几何尺度、物性参数差异极大,具有强非均质性及多尺度特征。

1. 天然裂缝

致密储层发育多种类型、不同尺度的天然裂缝,不同尺度天然裂缝空间上非连续分布、几何参数差异极大,平面分布具有强非均质性及多尺度特征。受不同岩性、岩相、岩层厚度,以及岩石物性的控制,不同区域裂缝发育程度、密度、条数、裂缝组系及方向不一致,空间分布差异性极大。根据其平面延伸距离、裂缝宽度等几何参数,将其划分为大尺度裂缝、中尺度裂缝、小尺度裂缝、微裂缝和纳米缝5种类型(图1.1、表1.2)。

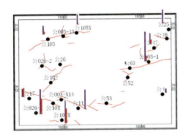

(a)大尺度裂缝(地震属性提取,百米-千米级)

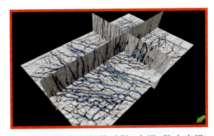

(b)中尺度裂缝(蚂蚁体追踪,米级-数十米级)

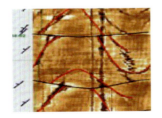

(c)小尺度裂缝(成像测井,厘米级-米级)

(d)微裂缝(薄片分析,微米级)

(e)纳米缝(场发射扫描电镜,纳米级)

图 1.1 致密储层不同尺度天然裂缝分布图

(1)大尺度裂缝是基于三维地震数据体,采用人工解释的方法得到的尺度大、区域范围内可靠性强的裂缝。一般延伸长度大于100m,宽度大于10mm,裂缝规模大、延伸距离远、渗流能力强,占比相对较少。

(2)中尺度裂缝是基于地震属性体,采用蚂蚁追踪或者地震相干体技术识别的尺度较大、在井间确定性强的裂缝。延伸长度10 ~ 100m,裂缝宽度1 ~ 10mm,裂缝密度大、延伸距离远、渗流能力较强、占比相对有所增加。

（3）小尺度裂缝是根据取心、常规测井、成像测井等资料识别的在井筒附近能定量表征，在井间的分布难以精细识别的小尺度裂缝。延伸长度 0.1～10.0m，裂缝宽度一般为 0.1～1.0mm，延伸距离和渗流能力中等，占比相对较高。

（4）微裂缝是通过岩心观察、薄片分析等方法得到的小微尺度的裂缝。延伸长度 0.005～0.1m，裂缝宽度一般为 0.001～0.1mm，延伸距离小、沟通不同尺度孔隙、占比高。

（5）纳米缝是通过薄片、扫描电镜等方法得到的微观尺度的裂缝。延伸长度<0.005m，裂缝宽度<0.001mm，延伸距离小、沟通不同尺度孔隙、占比高（表1.2）。

表1.2 不同尺度天然裂缝分类及特征

裂缝	解释方法	几何特征	空间分布及几何参数
大尺度裂缝	基于三维地震数据体，采用人工解释的方法得到的尺度大、区域范围内可靠性强的裂缝	延伸长度大于100m 裂缝宽度大于10mm	①大尺度裂缝在区域上的空间分布及几何参数是确定性的；②空间分布参数包括：走向、倾向、轨迹数据；几何参数包括：长、宽、高
中尺度裂缝	基于地震属性体，采用蚂蚁追踪或者地震相干体技术识别的尺度较大、在井间确定性强的裂缝	延伸长度10～100m 裂缝宽度1～10mm	①采用高精度的地震属性分析技术，中尺度裂缝在井间的空间分布和几何参数是确定的；②在井间资料分辨率不足的情况下，中尺度裂缝在井间的空间分布规律及几何参数的范围是明确的，但裂缝的条数不确定，裂缝具体的空间位置（位置、走向、倾向）和几何参数（长、宽、高）参数不确定
小尺度裂缝	根据取心、常规测井、成像测井等资料识别的在井筒附近能定量表征，在井间的分布难以精细识别的小尺度裂缝	延伸长度0.1～10.0m 裂缝宽度0.1～1.0mm	①小尺度裂缝的空间分布和几何参数在井筒处是确定的；②小尺度裂缝在井间的空间分布规律和几何参数的值域范围是确定的；裂缝的空间位置和具体的几何参数不确定
微裂缝	通过岩心观察、薄片分析等方法得到的小微尺度的裂缝	延伸长度0.005～0.1m 裂缝宽度0.001～0.1mm	微纳米缝在空间的分布规律和几何参数的值域范围是确定的；裂缝的空间位置和具体的几何参数不确定
纳米缝	通过薄片、扫描电镜等方法得到的微观尺度的裂缝	延伸长度<0.005m 裂缝宽度<0.001mm	

2. 人工裂缝

人工裂缝是在人为应力作用下或诱导下形成的不同尺度的裂缝，与天然裂缝构成复杂的裂缝网络系统（图1.2），可通过微地震资料、压裂监测及生产动态资料等进行描述、识别与评价，不同尺度天然/人工裂缝在空间上离散分布，非均质性强，几何尺度差异大，根据人工裂缝的几何尺度和力学机理，划分为主裂缝、分支裂缝和剪切微裂缝3类（表1.3）。

（1）主裂缝是与井筒方向垂直或斜交的主压裂缝，长度范围300～600m、开度大于

1.8mm,是流动主通道,导流能力强。

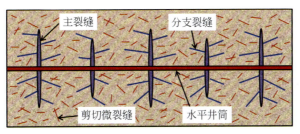

图 1.2　致密储层人工裂缝分布图

（2）分支裂缝是在主裂缝周围发育的与主缝相连,尺度较小的次级压裂缝。长度较大1～100m,开度较大(0.2～1.8mm),是次级流动通道,小粒径支撑剂有效支撑,导流能力较强,与主裂缝连通性好,导流能力受加砂情况影响大。

（3）剪切微裂缝是在压裂带（主缝带）附近,受压裂带地应力变化控制,离主缝稍远的微尺度裂缝,不一定与主缝相交,开度小于0.2mm,导流能力较弱,增强基质渗透能力,连通性差,压裂液难以返排(表1.3)。

表 1.3　人工裂缝分类及特征

分类	力学机理	几何与空间分布特征	支撑特征	物性与导流特征
主裂缝	拉伸	长度大(300～600m),开度大(大于1.8mm)	30～50目支撑剂支撑,易加砂,保持长期导流能力	流动主通道,导流能力强
分支裂缝	拉-剪	长度较小(1～100m),开度较小(0.2～1.8mm)	半支撑,100目小粒径支撑剂,有效支撑	次级流动通道、小粒径有效支撑、导流能力较强,与主裂缝连通性好,导流能力受加砂情况影响大
剪切微裂缝	剪切	分布离散,开度小(小于0.2mm)	自支撑,剪切滑移	导流能力较弱,增强基质渗透能力,连通性差,压裂液难以返排

(三)储层地应力分布特征

受地层构造、储层岩性、埋藏深度及油田开发活动的影响,致密储层在不同区域、不同部位地应力大小及空间分布差异大(葛洪魁和林英松,1998;赵德安等,2007;曾联波和王贵文,2005)。具体表现为:由于致密储层埋藏深、岩石硬度大,储层地应力往往较高,而且由于构造运动和储层中较强非均质性的影响,不同位置的地应力大小、方向、水平应力差变化快;同时,致密油气藏在开发过程中一般都会经历体积压裂、注水、注气等过程,这些开发活动会引起地层孔隙压力、温度的变化,产生诱导应力,从而显著改变地应力场的分布,增强地应力分布的非均匀程度,甚至会影响压裂施工中人工裂缝的方向和形态。

(四)流体分布特征

致密储层整体大面积含油,但受微相、砂体、物性的控制,局部差异化含油特征突出:

①致密储层平面上含油性变化快、差异大,含油饱和度分布范围大,河道主体部位含油饱和度高,含油饱和度逐步向边部降低;同时,井与井之间含油饱和度差异大;②同一口水平井不同井段间岩心含油性差异大,测井定量解释含油饱和度变化大,宏观非均质性强;③可动流体饱和度受储层地质条件、原始含油饱和度、孔隙结构和流体性质等多因素控制,造成平面、井间、不同井段可动流体饱和度差异大。

致密油在不同盆地或同一盆地不同区块的原油黏度、密度存在较大差异。原油黏度、密度平面分布变化快、差异大;同一区块不同井之间,原油黏度、密度也各不相同,平面非均质性强。受盆地类型、构造活动,以及烃源岩和保存条件等因素的影响,致密储层普遍具有压力异常特征,压力系数分布范围宽、变化大。同时,受原油性质、油藏温度、压力的影响,致密油原始气油比在不同区块、不同井间存在显著差异。

二、微观非均质性及不同尺度孔缝介质特征

致密储层发育不同尺度的微纳米孔隙、不同尺度天然裂缝,在微观上具有显著的多重介质特征,不同尺度孔缝介质空间上呈非连续的离散分布,微观非均质性严重。不同尺度孔缝介质的几何、物性特征差异极大,流体的组成、性质、赋存状态、相态、流动机理与流态有显著的不同。如何描述与定量表征不同尺度孔缝介质,如何实现不同尺度孔缝介质的地质建模,如何模拟不同尺度孔隙介质中流体的流动及开采规律是急需解决的问题。

(一) 不同尺度孔隙的几何与属性特征

非常规储层孔隙更加细小,发育纳米-纳微米-微米级不同尺度的孔隙介质;孔隙介质在结构上可划分为孔隙和喉道,孔隙是流体的储存空间,喉道是流体在岩石中渗流的主要通道,孔隙和喉道的大小和分布是影响流体储集和渗流特征的主要因素。不同尺度孔隙的组成、数量分布模式差异较大;不同尺度孔隙在空间上呈离散的非连续分布,同时空间分布模式差异较大;不同尺度的孔隙介质几何、物性参数差异极大。

1. 致密储层孔隙类型

陆相致密储层在沉积、成岩、构造及不同阶段致密化作用的控制下,储集空间类型表现出明显的多样性和复杂性特征,致密储层主要发育粒间(溶)孔、粒内(溶)孔和杂基内微孔(图1.3)。

2. 致密储层孔隙的几何特征

非常规储层发育纳米-纳微米-微米级不同尺度的孔隙与喉道,其组成、数量分布模式差异较大。不同尺度孔隙和喉道在空间上呈离散的非连续分布,空间分布模式差异较大。

1) 孔隙大小

与常规储层相比,由于受沉积、成岩,以及后期致密化等各种差异化的内因外因综合作用,致密储层的孔隙尺度比常规储层孔隙尺度有大幅度下降(图1.4),孔隙直径的主体分布于 $0.01 \sim 10 \mu m$。

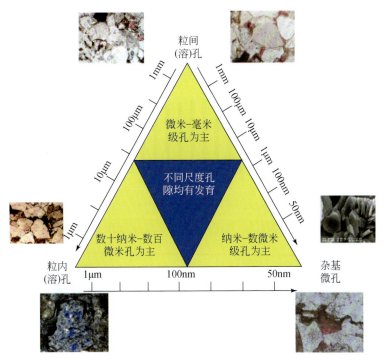

图 1.3 致密储层储集空间类型

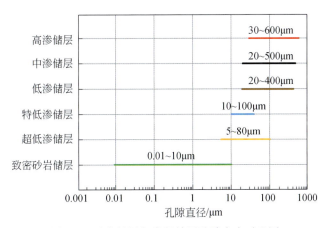

图 1.4 致密储层与常规储层孔隙大小对比图

致密储层发育纳米-纳微米-微米级不同尺度的孔隙介质。通过吸附法、恒速压汞、高压压汞、薄片定量分析等手段,可以获取不同尺度孔隙的组成及数量分布(图 1.5)。不同岩性、不同岩相、不同类型储层不同尺度孔隙的组成与数量分布存在较大差异(图 1.6)。同时,不同尺度孔隙在空间上呈离散的非连续分布,空间分布模式差异较大,表现出明显的微观非均质性及多重介质特征。从开发地质的角度出发,根据致密储层孔隙尺度大小,将孔隙划分为五类,即大孔隙($>100\mu m$)、中孔隙($20\sim100\mu m$)、小孔隙($10\sim20\mu m$)、微孔隙($1\sim10\mu m$)和纳米孔隙($<1\mu m$)(表 1.4)。

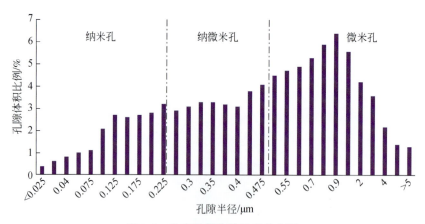

图1.5　致密储层孔隙尺度分布图

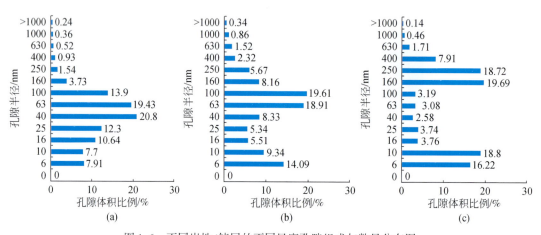

图1.6　不同岩性/储层的不同尺度孔隙组成与数量分布图

表1.4　不同尺度孔隙划分标准表

孔隙分类	大孔隙	中孔隙	小孔隙	微孔隙	纳米孔隙
孔隙直径/μm	>100	20~100	10~20	1~10	<1
孔隙图像					

2）喉道大小

与常规储层相比，致密储层的喉道尺度急剧减小（图1.7），主体喉道直径分布区间为0.005~1μm。

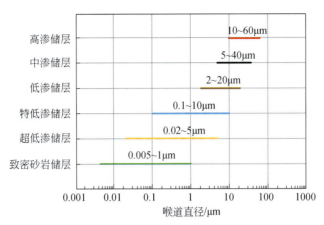

图 1.7　致密储层与常规储层喉道大小对比图

通过恒速压汞、高压压汞等实验手段，可以获取不同尺度喉道的毛细管压力曲线及不同喉道半径分布直方图（图 1.8），表明致密储层发育纳米–纳微米–微米级不同尺度的喉道。不同岩性、不同岩相、不同类型储层内不同尺度喉道的组成与数量分布存在较大差异，微观非均质性极强。结合致密储层不同尺度喉道内流体流动特征，将喉道划分为粗喉道（>10μm）、中喉道（3 ~ 10μm）、细喉道（1 ~ 3μm）、微喉道（0.5 ~ 1μm）和纳米喉道（<0.5μm）（表 1.5）。

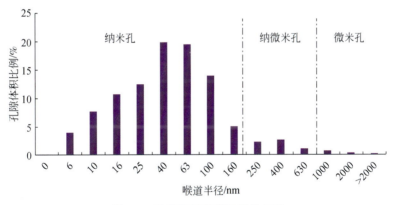

图 1.8　致密储层喉道尺度分布图

表 1.5　不同尺度喉道划分标准表

喉道分类	粗喉道	中喉道	细喉道	微喉道	纳米喉道
喉道直径/μm	>10	3 ~ 10	1 ~ 3	0.5 ~ 1	<0.5
图像					

3. 不同尺度孔隙物性参数特征

与常规储层相比,致密储层喉道急剧减小,导致其储层渗透率急剧减小。致密储层的渗透率主要分布于 0.001 ~ 0.2mD,远低于常规储层。同时,由于不同尺度孔隙其孔隙半径、喉道半径不同,导致不同尺度孔隙介质的孔隙度、渗透率差异极大(表1.6)。不同岩性、不同岩相、不同类型储层是由不同数量的不同尺度孔隙组成,因此其孔隙度、渗透率差异大,非均质性极强。

表 1.6 不同尺度孔隙物性特征表

喉道分类	喉道直径/μm	渗透率/mD
粗喉道	>10	>2.3
中喉道	3 ~ 10	0.5 ~ 2.3
细喉道	1 ~ 3	0.18 ~ 0.5
微喉道	0.5 ~ 1	0.05 ~ 0.18
纳米喉道	<0.5	<0.05

(二)不同尺度裂缝的几何与属性特征

致密储层不但发育宏观尺度的裂缝,同时发育大量的纳米-微米级微观尺度的裂缝。不同尺度裂缝在空间上呈离散的非连续分布,空间分布模式及几何尺度差异极大,不同尺度裂缝物性差异大,非均质性极强。

1. 致密储层天然/人工裂缝类型

致密储层天然裂缝主要受构造应力、沉积、成岩、结晶、溶蚀等作用的影响,形成了构造缝,成岩缝(层间缝、缝合缝、龟裂缝、解理缝、晶间缝等)和溶蚀缝三大类裂缝(图1.9)。同时,由于体积压裂/重复压裂作用,形成不同尺度的人工裂缝,共同构成天然/人工裂缝复杂缝网,导致油气渗流存在复杂的流动关系。

(a)构造缝　　　　　　　　(b)成岩缝　　　　　　　　(c)溶蚀缝

图 1.9　致密储层裂缝类型

2. 致密储层裂缝的几何特征

针对致密储层不同尺度裂缝发育、多尺度特征突出、几何尺度差异大的特点,从渗流角度根据裂缝开度将裂缝划分为五类:大裂缝(>100μm)、中裂缝(10 ~ 100μm)、小裂缝(1 ~ 10μm)、微裂缝(0.5 ~ 1μm)和纳米裂缝(<0.5μm)(表1.7)。

表 1.7　不同尺度裂缝划分标准表

裂缝分类	大裂缝	中裂缝	小裂缝	微裂缝	纳米裂缝
裂缝开度/μm	>100	10～100	1～10	0.5～1	<0.5

3. 不同尺度裂缝物性参数特征

致密储层不同尺度裂缝介质的几何参数存在较大差异,导致物性特征不同,主要体现在裂缝的渗透率和导流能力的差异。裂缝开度越大,其渗透率越大,导流能力越强(表 1.8)。

表 1.8　不同尺度裂缝物性参数特征表

裂缝分类	裂缝开度/μm	渗透率/mD	导流能力/(mD·m)
大裂缝	>100	>10000	>1
中裂缝	10～100	100～10000	0.001～1
小裂缝	1～10	1～100	0.000001～0.001
微裂缝	0.5～1	0.25～1	0.000000125～0.000001
纳米裂缝	<0.5	<0.25	<0.000000125

(三)不同尺度孔缝介质内流体流动特征

常规储层孔隙相对单一,流体性质及渗流机理差异小,非常规致密储层由于几何尺度、物性差异大,导致不同尺度孔隙内流体的组成、性质、赋存状态、相态不同,流动机理与流态差异大。

1. 不同尺度孔隙介质流体组成

常规储层孔隙相对单一,流体组成差异小,而致密储层不同尺度孔隙介质中原油组成不同、轻重组分含量也不同。大孔隙中重质组分含量高,小孔隙中轻质组分含量高,孔隙尺度越小,其中轻质组分含量越高(图 1.10)(Nojabaei and Johns,2013)。

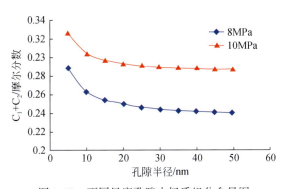

图 1.10　不同尺度孔隙内轻质组分含量图

2. 不同尺度孔隙介质油气水赋存状态

流体赋存状态受孔径大小、孔隙结构、孔隙比表面积、流体组成与性质、润湿性与毛管力作用影响,不同尺度孔隙介质内流体赋存状态不同(表1.9)。

表1.9 致密储层原油与天然气赋存状态特征表

流体类型	介质类型	赋存状态的影响因素	赋存状态
原油/天然气	大、中孔隙	物性好,孔径大,毛管力/壁面吸附力小,比表面积小	以可动油/游离气为主
	小、微孔隙	物性较好,孔径较小,毛管力/壁面吸附力较小,比表面积较大	以毛管油/吸附气、游离气为主
	纳米孔隙	物性差,孔径极小,毛管力/壁面吸附力大,比表面积大	以吸附油、薄膜油/吸附气为主

根据致密储层原油赋存状态可以分为可动油、毛管油、薄膜油和吸附油四种类型。大、中尺度孔隙物性好,孔径大,原油所受毛管力小,原油赋存状态主要为可动油;小、微孔隙孔径相对较小,比表面积较大,原油所受毛管力相对较大,原油赋存状态主要为毛管油;纳米孔隙孔喉细小,比表面积大,毛管力大,具有较强的吸附能力,原油以吸附油与薄膜油的状态赋存。

天然气主要以游离气和吸附气形式赋存于孔隙介质中。大、中尺度孔隙,孔径大,气体分子所受孔隙壁面作用力小,孔隙壁面吸附能力弱,比表面积小,吸附气含量小于游离气,天然气赋存状态主要为游离气;小、微孔隙孔径相对较小,气体分子所受孔隙壁面作用力较强,吸附能力增加,比表面积较大,吸附气含量增加,天然气赋存状态主要为吸附气和游离气;纳米孔隙孔喉极小,气体分子所受壁面作用力强,孔隙壁面吸附能力强,比表面积极大,吸附气含量大于游离气,天然气赋存状态主要为吸附气。

3. 不同尺度孔隙介质含油饱和度

致密储层不同尺度孔隙介质孔隙和喉道的大小、孔隙度、渗透率、表面效应及赋存状态对原始含油饱和度有影响。不同尺度孔隙几何参数、物性参数差异大,其内流体的含油性存在较大差异。

致密储层大、中孔隙的孔喉尺度大,物性好,储集能力强,比表面积小,毛管力小,原油赋存状态主要为可动油,束缚水饱和度小于30%,原始含油饱和度大于70%;小、微孔隙孔喉尺度较小,比表面积较大,毛管力较大,原油赋存状态主要为毛管油,束缚水饱和度30%~50%,原油含油饱和度50%~70%;纳米孔隙的孔喉尺度极小,物性差,储集能力弱,孔隙比表面积极大,毛管力大,原油赋存状态为吸附油和薄膜油,束缚水饱和度大于50%,原始含油饱和度小于50%(表1.10)。

表1.10 不同尺度孔隙介质含油饱和度特征表

孔隙类型	含油饱和度的影响因素	束缚水饱和度	原始含油饱和度
大、中孔隙	孔径大,比表面积小,毛管力小,以可动油为主	<30%	>70%
小、微孔隙	孔径较小,比表面积较大,毛管力较大,以毛管油为主	30%~50%	50%~70%
纳米孔隙	孔径极小,比表面积极大,毛管力大,以吸附油、薄膜油为主	>50%	<50%

4. 不同尺度孔隙介质原油黏度、密度

致密储层不同尺度孔隙中流体组成不同,性质存在差异。大孔隙介质的孔隙半径大,重质组分含量高,原油黏度大、密度大;小孔隙介质的孔隙半径小,轻质组分含量高,原油黏度低、密度小。随着孔隙介质尺度的降低,原油黏度、密度减小(图1.11、图1.12)(Nojabaei, 2013)。

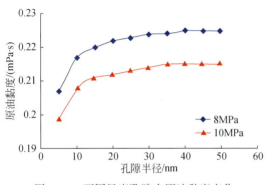

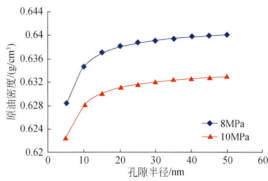

图1.11　不同尺度孔隙内原油黏度变化　　　　图1.12　不同尺度孔隙内原油密度变化

5. 不同尺度孔隙流体相态特征

致密油与常规油藏流体相态特征存在较大差异。常规储层流体相态特征差异小,而致密储层不同尺度孔隙介质中,泡点压力、露点压力及相态不同,大尺度孔隙内原油泡点压力高,露点压力低;小尺度孔隙内原油泡点压力低,露点压力高(图1.13、图1.14)(Dong et al.,2016a),随着孔隙介质尺度的降低,原油泡点压力降低,露点压力升高。开采过程中,不同尺度孔隙介质中油气相态的变化、转换不同,大尺度孔隙内流体两相区范围大;小尺度孔隙内流体两相区范围小(图1.15)(Dong et al.,2016b)。衰竭式开发时,随着地层压力的下降,大孔隙中的原油最先脱气,流体由两相变三相,最先且最易被采出;注CO_2开发时,随着地层压力的上升,大孔隙中的CO_2最先由气相变为液相,最易实现混相,更有利于原油的采出。

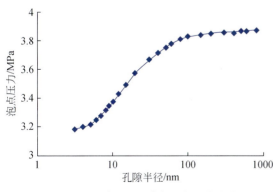

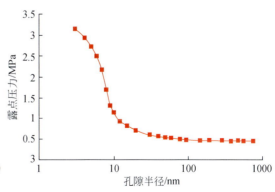

图1.13　不同尺度孔隙内泡点压力变化　　　　图1.14　不同尺度孔隙内露点压力变化

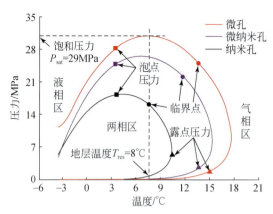

图 1.15　不同尺度孔隙介质中的相态包络线特征

6. 不同尺度介质流体渗流特征及可动用特征

流体的渗流特征主要体现为流体在不同尺度孔缝介质内渗流时的毛管压力特征及相渗曲线特征。致密储层不同尺度孔缝介质的几何尺度不同、物性参数不同,导致流体在不同尺度介质内的渗流特征不同,流体流动所受毛管压力作用及相渗能力存在较大差异,不同尺度介质内流体的可动用特征不同。

1) 毛管压力与可动用特征

不同尺度孔缝介质毛管压力曲线特征不同:①孔隙介质内,随着孔隙半径的增加,毛管压力降低,孔隙半径越小,毛管压力越大(图 1.16)(Dong et al.,2016c)。大、中尺度孔隙对应的毛管压力小,生产时克服毛管力所需的生产压差小,流体可动用性好;小、微尺度孔隙的毛管压力居中,生产时克服毛管力所需的生产压差较小,流体可动用性较好;纳米尺度孔隙的毛管压力最大,生产时克服毛管力所需的生产压差大,流体可动用性差[图 1.17(a)];②与孔隙介质相比,裂缝介质的毛管压力普遍较低(刘建军等,2000)。大尺度裂缝中一般不存在毛管压力;小尺度裂缝存在较小的毛管压力,微裂缝和纳米缝中的毛管压力接近于大尺度孔隙中的毛管压力[图 1.17(b)]。裂缝介质内的流体可动用性比孔隙介质内的流体可动用性好。

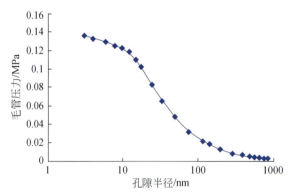

图 1.16　不同尺度孔隙介质的毛管压力特征(气体)

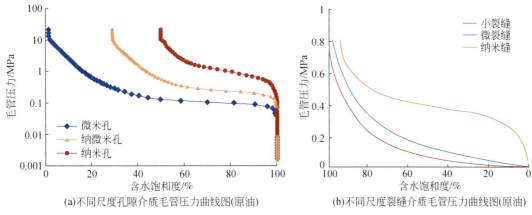

(a)不同尺度孔隙介质毛管压力曲线图(原油)　　(b)不同尺度裂缝介质毛管压力曲线图(原油)

图1.17　不同尺度孔隙、裂缝毛管压力曲线图

2)相渗曲线与可动用特征

受介质几何尺度、物性特征及流体特征的影响,不同尺度孔缝介质的相渗曲线也呈现出不同的特征:①对于不同尺度的孔隙介质,随着孔隙介质的几何尺度增大,物性参数变好,束缚水饱和度降低,残余油饱和度降低,两相渗流区范围增大,流体可动性增加[图1.18(a)];②对于不同尺度裂缝介质,束缚水饱和度、残余油饱和度比孔隙介质低,而两相共渗区范围比孔隙介质大,流体可动用性比孔隙介质强。大尺度裂缝中相对渗透率曲线接近线性关系,端点相对渗透率达到1;微裂缝和纳米裂缝中相对渗透率曲线近似于大尺度孔隙介质,但好于大尺度孔隙介质[图1.18(b)、表1.11](王攀荣,2014;潘毅等,2016)。

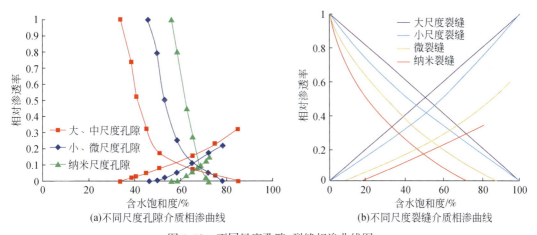

(a)不同尺度孔隙介质相渗曲线　　　　　(b)不同尺度裂缝介质相渗曲线

图1.18　不同尺度孔隙、裂缝相渗曲线图

表1.11　不同尺度孔隙介质流体可动用性对比表

孔隙类型	赋存状态	束缚水饱和度	残余油饱和度	共渗区范围	可动用性
大、中孔隙	可动油	<30%	20%～30%	50%～60%	好
小、微孔隙	毛管油	30%～50%	25%～35%	25%～35%	中
纳米孔隙	薄膜油、吸附油	>50%	30%～40%	5%～10%	差

7. 不同尺度介质流态与流动机理

致密储层不同尺度孔缝介质内流体流态可划分为高速非线性渗流、线性渗流、拟线性渗流和低速非线性渗流四种流态;由于介质几何尺度、属性参数、流体性质的差异,导致不同尺度孔缝介质内流体流态不同[图1.19(a)];同一介质在不同开发阶段压力梯度发生变化,导致流态产生较大差异[图1.19(b)]。

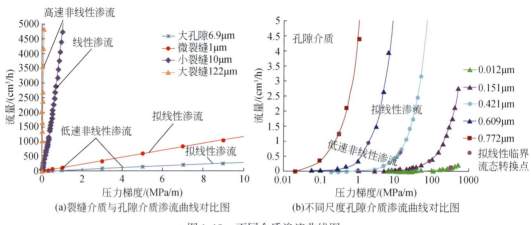

(a)裂缝介质与孔隙介质渗流曲线对比图　　　(b)不同尺度孔隙介质渗流曲线对比图

图1.19　不同介质渗流曲线图

致密油气藏在开采过程中一般存在黏滞流动、压实作用、流体膨胀与重力作用的机理,同时,致密油还存在溶解气驱和渗吸作用机理,而致密气还存在滑脱、扩散和解吸附作用机理。不同孔缝介质在不同开采阶段的流动机理存在较大差异。

8. 不同尺度孔缝介质动态特征

致密储层不同孔缝介质由于几何尺度、物性参数的差异,在压力恢复曲线上呈现出多重介质的动态特征(图1.20)。在压力恢复过程中,总体上表现为不同尺度孔缝间的接力恢复特征,即裂缝系统中的压力先恢复,并且大尺度裂缝最先恢复,随后是小尺度裂缝及微裂缝,

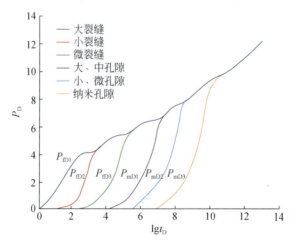

图1.20　不同尺度孔缝介质压力恢复曲线图

然后,压力依次传递到大孔隙、小孔隙及微纳米孔隙,不同尺度孔隙介质内的压力依次逐步恢复(贾永禄等,2016)。由于不同尺度孔缝介质的几何、物性参数差异大,当压力从高渗介质传递到低渗介质时,压力恢复曲线上会出现明显的台阶;压力在不同尺度孔缝介质间传递、接力恢复过程中就会出现明显的多台阶现象(王子胜和姚军,2009;尹定,1983;张冬丽等,2010)。

第二节　致密油气藏开发模式与开发特征

致密油气藏储层致密,渗透率低,物性差,单井产量低或无自然产能;储层岩性、岩相、砂体、物性变化快,不同尺度天然裂缝发育,空间分布差异大,宏观非均质性强;不同尺度孔缝介质物性差异大、流体组成、赋存状态不同,微观非均质性与多重介质特征显著,导致流体流动机理及开采机理差异极大。按照非常规油气开发理念,借鉴页岩气的开发模式(Chen,2012;Jin,2013),发展致密油气藏提高单井产量和采收率的新开发模式,采用水平井+体积压裂的非常规开发新技术,实现致密油气藏的有效开发。

(一)水平井开发模式

在致密储层复杂地质特征及开发工艺技术一定的条件下,水平井开发效果受水平井方向、轨迹及水平段长度等因素的影响。如何根据储层岩性、岩相、砂体、储层类型、物性、天然裂缝分布、地应力大小及空间分布、岩石脆性、含油性及流体分布特征,建立地质模型;如何通过数值模拟技术优选井位、优化水平井方向、水平井轨迹与水平段长度,并进行开发动态预测是致密油气藏水平井开发中要解决的关键问题。

1. 水平井开发的目的

致密储层基质致密、物性差,采用直井开发产量低、无效益。采用水平井开发能有效增加井控储量,提高单井产量和累积产量。但储层岩性、岩相、砂体、物性、含油性、储层类型平面分布变化快、差异大,天然裂缝空间分布具有方向性,宏观非均质性强,水平井开发效果受甜点与井位、水平井方向、轨迹与水平段长度等因素的影响,因此,水平井开发的目的主要体现在以下几个方面:

(1)钻遇更多砂体,提高优质储层钻遇率,特别是Ⅰ类、Ⅱ类油层钻遇率;

(2)钻遇更多天然裂缝,增加水平井与天然裂缝的接触面积,提高储层泄油范围;

(3)增加水平井段长度,提高优质储层、天然裂缝钻遇率,扩大水平井与有效储层接触面积。

2. 水平井开发效果主控因素

1)甜点与井位优选

致密储层平面上大面积分布,但岩性、岩相、砂体、储层类型及物性变化快,宏观非均质性强;储层天然裂缝发育,但空间分布差异性大;不同区域、不同部位地应力大小及空间分布差异明显,岩性及岩石脆性差异大,导致可压性差异显著;含油饱和度、流体性质(黏度、气油比)不同,导致流体流动性存在差异;不同区域、不同部位压力系数差异大,这些因素共同影响油井产能。因此,制定了致密储层"甜点"分级标准(表1.12)。通过甜点的优选,指导井位部署,提高钻井成功率和优质储层钻遇率(图1.21),从而提高单井产量和累积产量。

表 1.12　致密储层"甜点"分级标准表

评价指标体系		分级标准		
		Ⅰ 类	Ⅱ 类	Ⅲ 类
物性	孔隙度/%	>12	8 ~ 12	5 ~ 8
	渗透率/mD	>0.12	0.08 ~ 0.12	0.05 ~ 0.08
裂缝	裂缝密度/(条/m)	>10	3 ~ 10	<3
脆性	脆性指数	>50	30 ~ 50	<30
流体性质	含油饱和度/%	>70	50 ~ 70	<50
	流度/[mD/(mPa·s)]	>0.1	0.05 ~ 0.1	<0.05
	气油比/(m³/m³)	>60	30 ~ 60	<30
	地层压力系数	>1.2	1 ~ 1.2	<1

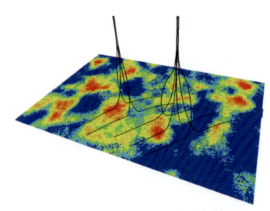

图 1.21　井位优选与部署

2) 优选水平井方向

优选水平井方向主要考虑砂体展布、天然裂缝、地应力方向等因素。一是水平井沿着砂体展布方向部署,可以提高优质储层钻遇率,特别是Ⅰ类、Ⅱ类油层钻遇率;二是水平井垂直或斜交天然裂缝,可以增加天然裂缝钻遇率,提高与天然裂缝的接触面积;三是水平井垂直或斜交地层最大主应力方向,有利于人工裂缝的形成。因此,通过优选水平井方向可以提高单井产量和累积产量。

3) 优化水平井轨迹

致密储层水平井轨迹一般优化部署在厚度大、连续性好、天然裂缝发育、物性及含油性好、可压性强的优质储层中，提高优质储层Ⅰ类、Ⅱ类油层的钻遇率，提高压裂有效性，可以获得最大的控制储量，提高单井产量(图1.22)。

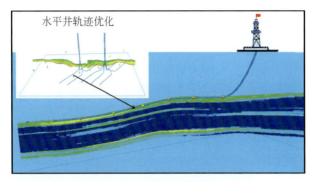

图1.22　井轨迹优化图

4)优化水平井段长度

水平井段长度优化是在天然裂缝、优质储层分布一定的情况下，充分考虑砂体规模和有效储层的展布范围，通过优化水平井段长度，可以提高钻遇天然裂缝与优质储层的比例，扩大水平井与储层的接触面积，提高控制储量和单井产量。

(二)体积压裂改造模式

在致密储层地质特征及压裂工艺技术一定的条件下，体积压裂效果受裂缝网络的复杂程度、缝网切割基质岩块大小和SRV体积的共同影响。如何根据储层岩性、脆性、天然裂缝、地应力空间分布特征在地质模型中合理表征人工裂缝数量、位置、形态、分布和几何参数；如何通过数值模拟技术优化复杂缝网、基质岩块大小和SRV体积，并进行开发动态预测是致密油气藏体积压裂开发中要解决的关键问题。

1.　体积压裂的目的

致密储层物性差，不压裂无自然产能，需要通过体积压裂才能有效开发。体积压裂效果主要受缝网复杂程度、基质岩块大小和SRV体积的影响。因此，体积压裂的目的主要体现在以下几个方面：

(1)形成有效的复杂缝网，增加裂缝条数，扩大储层基质与裂缝接触面积，提高基质岩块的泄油能力；

(2)缝网切割形成更小的基质岩块，缩短基质渗流距离，提高基质动用程度；

(3)扩大压裂形成的SRV体积，增加体积压裂水平井的控制储量，提高水平井产量与累产量。

2.　体积压裂的过程

体积压裂是指通过压裂手段产生复杂裂缝网络的储层改造技术，利用水平井分段多簇射孔，高排量、大液量、大砂量、低黏液体，以及转向材料与技术，实现对天然裂缝和岩石层理的沟通，在主裂缝的侧向强制形成次生裂缝，甚至多级次生裂缝，使主裂缝与多级次生裂缝交织形成裂缝网络系统，最大限度地扩大裂缝面与油气藏基质的接触面积，减小油气各方向从基质到裂缝的渗流距离,大幅提高储层改造体积(SRV)并改善其整体渗透率,在长、宽、高三个方向上实现油气藏的体积改造(Saldungaray and Palisch,2012;吴奇等,2011;Wu et al.,2012),如图 1.23 所示。

图 1.23　水平井体积压裂示意图

体积压裂按照先后顺序可以划分为压裂、闷井和返排三个过程(图 1.24)。

(1)在压裂过程中,通常采用大液量、大砂量、大排量的方法,从水平井的趾端向根端逐级进行独立的分段压裂。随着压裂液的注入,孔隙压力急剧升高,基质孔隙发生弹性膨胀,甚至塑性破裂。当流体压力大于储层岩石的破裂压力时,人工裂缝形成,随着压裂液注入,裂缝扩展,当压力达到延伸压力时,缝端破裂,裂缝向前延伸;当流体压力大于天然裂缝的开启压力时,天然裂缝开启,随着压裂液注入,天然裂缝扩展,当压力达到延伸压力时,天然裂缝向前延伸。注入地层的压裂液与支撑剂有效地起到了补充地层能量的作用。

(2)在闷井过程中,人工裂缝中的压裂液向基质孔隙、天然裂缝中渗流。人工裂缝内压力缓慢下降,基质孔隙和天然裂缝压力升高。

(3)在返排过程中,随着压裂液的排出,地层压力急剧下降,基质孔隙发生收缩变形,天然裂缝宽度变窄,甚至闭合,人工裂缝中支撑剂有效支撑,维持缝内具有较高的导流能力。

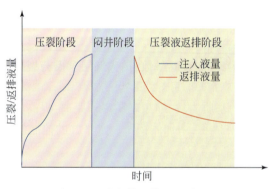

图 1.24　致密储层体积压裂过程

3. 人工裂缝的形态分布与几何参数

(1)致密储层体积压裂后形成的不同尺度人工裂缝与天然裂缝形成复杂缝网,裂缝的形态与分布复杂。裂缝条数越多,裂缝接触面积越大,裂缝间的连通性越好,复杂缝网效果越好。

（2）缝网越复杂,基质岩块被切割得越小,流体渗流距离越短,基质岩块动用程度越高,开发效果越好。

（3）不同尺度裂缝形成的复杂缝网系统构成了体积压裂的 SRV 体积,SRV 体积越大,水平井的控制储量越大,油井产量越高(图 1.25)。

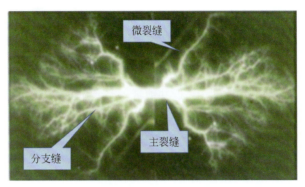

图 1.25　致密储层体积压裂缝网系统示意图

（4）体积压裂形成不同级别人工裂缝的几何参数和物性参数差异大,主裂缝长度范围 300～600m,开度一般大于 1.8mm,导流能力大于 10D·cm,是流动主通道;分支裂缝尺度较小,长度范围通常 1～100m,开度范围 0.2～1.8mm,导流能力范围 1～10D·cm,是次级流动通道;微裂缝和剪切缝,开度小于 0.2mm,导流能力小于 1D·cm。

致密油气藏的体积压裂提高了储层的渗流能力,增加了井控范围,可以有效提高单井产量。

（三）水平井与储层间的流动关系

致密油气藏在水平井+体积压裂改造开发模式下,储层介质与井筒接触方式及流动关系复杂;井筒附近压差变化大,导致储层介质流固耦合效应突出,不同介质与水平井间的流态与流动机理变化多样;水平井筒内部流动方式与流态变化极为复杂。如何通过数学模型描述复杂流动关系,并在数值模拟中体现,提高数值模拟计算精度,是目前水平井开发模拟亟须解决的关键问题(Darishchev et al. ,2013)。

1. 不同完井方式下不同介质与井筒间的流动关系

致密储层水平井+体积压裂开发模式下,射孔完井与裸眼完井的接触和流动关系不同。射孔完井中,储层基质孔隙和天然裂缝无法与水平井筒直接接触,不同尺度孔缝中的流体必须先流入到人工裂缝中,再在缝内压力的驱动下流入井筒;裸眼完井中,除了人工裂缝之外,储层中的不同尺度基质孔隙、天然裂缝都和水平井筒直接接触,不同尺度孔缝中的流体在生产压差作用下,既可以通过人工裂缝流到水平井筒中,也可以直接流入井筒(图 1.26)。

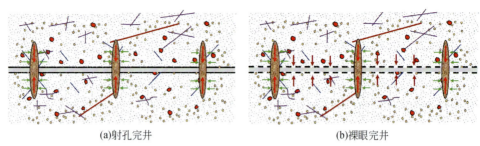

(a)射孔完井   (b)裸眼完井

图1.26　不同完井方式下水平井与储层间的流动关系

2. 不同储层介质与水平井间的耦合流动关系

(1)在致密油气藏的压注采过程中,近井地带压差变化剧烈,流固耦合效应突出,不同尺度介质变形导致物性、井指数变化大,对产能影响大。

在压裂和注入过程中,孔隙压力快速上升,基质孔隙膨胀变形,天然裂缝开启,人工裂缝启裂、延伸,导致渗透率增加,井指数快速增大,使得孔缝介质与井筒间流体交换能力大幅增强;在开采过程中,随着孔隙压力的下降,不同尺度的孔隙喉道易发生收缩变形,天然裂缝易发生变形或闭合,人工裂缝由于支撑剂发生弹性变形甚至破碎和嵌入,易发生变形或闭合,井指数显著减小,使得孔缝介质与井筒间流体交换能力快速减弱。人工裂缝、天然裂缝、孔隙介质的动态变化严重影响产能。

(2)在致密油气藏的压注采过程中,近井地带压差变化大,不同尺度介质在不同阶段的流态和机理变化大,影响不同尺度介质流向井底的流动特征,对产能影响大。

致密储层流体从大尺度裂缝向井筒内流动时,由于裂缝开度较大,渗流阻力较小,流态以高速非线性流动为主;当流体从小尺度裂缝流向井筒或大尺度裂缝时,由于裂缝开度较小,渗流阻力相对较大,流态以拟线性流为主;流体从储层基质孔隙流向井筒或裂缝时,由于储层物性差、孔喉细小,渗流阻力高,流态以低速非线性流为主。不同尺度孔缝介质流态的变化严重影响产能。

3. 水平井内部流动方式

在水平井井筒内部,流体流动受到摩阻、重力等因素的影响,造成不同井筒段间流体交换过程中的压力损失。同时,水平井井筒内部存在单相流和多相流的流动,油气水多相流在水平井井筒内流动时存在不同流态(泡状流、雾状流、段塞流等)。摩阻、压力损失和不同流态对产能的计算影响很大。

(四) 生产模式

致密储层宏观非均质性及微观非均质性强,具多尺度、多重介质特征,不同尺度孔缝介质内流体组成、性质、赋存状态差异大,需要采用不同开发方式动用不同尺度孔缝介质内不同赋存状态的油气。对于致密气,主要采用衰竭式开发模式;对于致密油,其生产模式可以分为前期的衰竭式开发模式、中后期的提高动用程度与采收率开发模式(表1.13)。

表 1.13　不同开发方式下开采机理对比

开发方式	动用介质类型	动用原油赋存状态	开采机理
衰竭式开发(重复压裂)	大孔、中孔 大缝、小缝	可动油	压差作用下黏滞流动、弹性驱油
注水吞吐	小孔、微孔 微缝	可动油、毛管油	补充能量、黏滞流动、渗吸驱油
注气开发	纳微米孔、纳米孔 纳米缝	毛管油、吸附油	补充能量、降低界面张力、降低黏度 黏滞流动
改质改性开采	纳微米孔、纳米孔 纳米缝	吸附油、薄膜油	改变润湿性、改变界面张力、改变赋存状态、降低 黏度、黏滞流动

衰竭式开发是目前致密油的主要开采方式,采用大压差/控压生产方式动用大缝/小缝、大孔/中孔内的可动油,其开采机理主要是压差作用下黏滞流动、弹性驱油。在能量快速衰竭,产量快速递减后,可以通过多轮次重复压裂开发方式补充地层能量,动用已压开部位的剩余可动油,动用前期未压开部位的可动油。

提高动用程度与采收率的开发模式主要包括注水吞吐、注气开发及改质改性的开采方式。其中:①注水吞吐具有补充地层能量有效驱替和吞吐渗吸采油双重效果,在压差作用及毛管力的渗吸作用下,动用小孔、微孔及微缝内的部分可动油及毛管油;②注气开发通过补充能量,压力梯度克服毛管力,动用纳微米孔、纳米缝内的毛管油;同时降低界面张力、降低原油黏度,动用纳微米孔、纳米孔、纳米缝内的吸附油;③改质改性开采方式是通过注入改性剂,改变储层润湿性,降低界面张力和毛管力,同时改变原油性质及赋存状态,降低原油黏度,动用纳微米孔、纳米孔、纳米缝内的薄膜油与吸附油。

不同开发模式、开采方式动用的孔缝介质类型不同,动用的原油赋存状态不同,其开采机理有显著的差异,如何用数学模型来描述复杂的开采机理,如何用数值模拟技术来优化不同开发模式和开采方式下的技术政策,开展动态模拟与指标预测是目前面临的主要问题。

1. 衰竭式开发模式

目前致密油的开发主要采用水平井与体积压裂改造、衰竭式开采的开发模式。该开发模式初期产量高,产量递减快(图 1.27),单井基本上无稳产期,其主要开发特点有:

(1)生产动态曲线呈"三段式"特征:初期产量高,快速递减;中期产量已降到初期产量的 50% ~ 70%,递减减缓;后期产量低,递减小,生产时间长。

(2)致密储层砂体、物性、含油性非均质性强,天然裂缝发育程度不同,不同井间压裂效果差异大,导致致密油单井初期产量及累产差异大。

(3)衰竭式开发的初期高产时间短,后期低产时间长,动用范围和储量有限,累产油量低,采出程度低。

致密油衰竭式开发不同生产阶段的驱油机理显著不同(图 1.28)。生产初期,地层压力下降快,致密油的采出主要依靠压裂液的弹性驱、岩石与流体的弹性膨胀;生产中期,主要依靠岩石与流体的弹性膨胀驱动,其次是压裂液的弹性驱,以及溶解气驱;生产后期,主要依靠

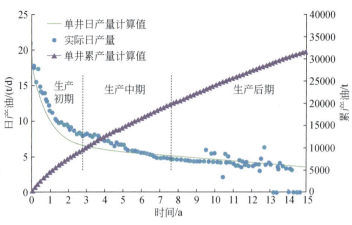

图 1.27 致密油实际生产递减曲线

溶解气驱,其次依靠岩石与流体弹性驱和渗吸作用采油。

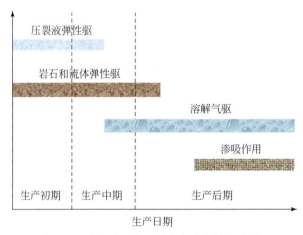

图 1.28 致密油开发不同生产阶段的驱油原理

致密油衰竭式开发根据驱油机理、不同孔缝介质的应力敏感性、流体性质与气油比、储层与生产含水情况、基质补给能力对单井产量和累产的影响,可以采用放大压差生产、控制压差生产两种不同工作制度的生产模式。

1)放大压差生产

对于储层及天然裂缝应力敏感性弱、人工裂缝支撑剂浓度高、强度大,原油气油比低、储层可动水饱和度低、单井初期含水低;基质物性相对较好,微裂缝发育,基质补给能力强的致密油开发,可以采用放大压差生产的工作制度,达到提高单井产量,实现初期产量高,前期高速生产、快速收回投资,后期低产盈利的生产目标(图 1.29)。放大压差生产的致密油生产动态曲线可以分为三种类型:高产快速递减型、中产缓慢递减型和低产缓慢递减型(表 1.14)。

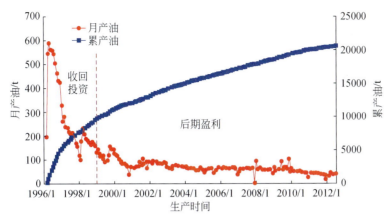

图 1.29 放大压差生产的单井生产曲线

表 1.14 放大压差生产的致密油典型生产动态曲线特征

类型	动态特征	动态规律分析	典型曲线
高产快速递减型	初期高产,产量快速递减,后期低产稳产	天然裂缝较发育,人工压裂效果好,油井初期产量高,但由于压力下降快、孔缝介质变形闭合大、基质补给不足,产量递减快;后期产量低,但由于裂缝沟通范围大、储层物性好,基质补给基本上能实现动态平衡,递减缓慢	
中产缓慢递减型	初期产量中等,产量缓慢递减,后期低产稳产	天然裂缝相对不发育,人工压裂效果中等,油井初期产量中等;裂缝沟通范围相对较小,储层物性相对较差,基质补给相对不足,后期产量较低	
低产缓慢递减型	初期产量较低,产量缓慢递减,低产稳产时间较长	天然裂缝不发育,人工压裂效果较差,油井初期产量低;裂缝沟通范围小,储层物性差,基质补给能力弱,后期产量低	

2)控制压差生产

对于储层及天然裂缝应力敏感性强、人工裂缝支撑剂浓度低,强度小,原油气油比高、储层可动水饱和度高、单井初期含水高,基质物性相对较差,微裂缝不发育,基质补给能力弱的致密油开发,应该采用控制压差生产的工作制度,减小孔缝介质变形对物性的伤害、减小脱气造成的原油黏度增加、降低含水,可以实现基质的补给与裂缝开采的动态平衡,以合理的产量和速度生产,减缓递减,提高累产量和采收率(图 1.30)。控制压差生产的致密油生产动态曲线可以分为三种类型:高产缓慢递减型、中产缓慢递减型和低产缓慢递减型(表 1.15)。

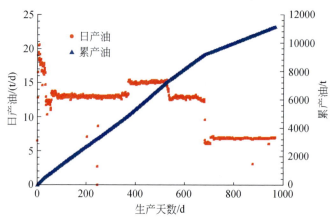

图 1.30　控制压差生产的单井生产曲线

表 1.15　控制压差生产的致密油典型生产动态曲线特征

类型	动态特征	动态规律分析	典型曲线
高产缓慢递减型	初期高产,产量缓慢递减,累产量较高	在控制生产压差的情况下,产量相对较高,但由于控制压差减小了孔缝介质变形对物性的伤害以及脱气对流动的影响,产量递减缓慢;储层物性较好,沟通范围相对较大,能够实现基质的补给与裂缝开采的动态平衡,后期产量递减小,保持了相对较高的低产稳产	
中产缓慢递减型	初期产量中等,产量缓慢递减,累产量较高	由于天然裂缝相对不发育,人工压裂效果中等,在控制压差情况下产量中等;储层物性相对较差,裂缝沟通范围相对有限,产量相对较低,递减缓慢	
低产缓慢递减型	初期产量较低,产量缓慢递减,低产稳产时间较长,累产量较低	天然裂缝、人工压裂不发育,加上控制生产压差,油井初期产量低;裂缝沟通范围小,储层物性差,基质补给能力弱,后期产量低	

3）多轮次重复压裂开发

通过初期的衰竭式开采，在能动用的控制范围内，大孔、大缝中的可动油已经得到动用，但由于压力下降，能量递减，裂缝闭合，产量快速递减，需要考虑重复压裂以提高单井产量和动用程度。重复压裂的目的是：

（1）对于压裂效果好、压力下降导致失效闭合的裂缝，通过重复压裂，可以使裂缝重新开启，恢复裂缝的导流能力；

（2）对于压裂效果不好、动用范围有限、周围存在大量剩余油的裂缝，通过重复压裂，可以提高压裂效果，增加动用范围，提高动用程度；

（3）对于尚未压裂的区域，储量没有得到有效动用，通过重复压裂，可以形成人工裂缝，提高油井的动用范围和储量动用程度（图1.31）。

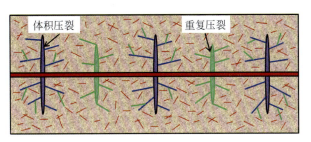

图1.31　重复压裂示意图

通过重复压裂可以使油井产量恢复到初期产量的60%～80%，提高油井的产量；通过多次重复压裂，可以提高油井的累产量、动用范围和储量动用程度（图1.32）。

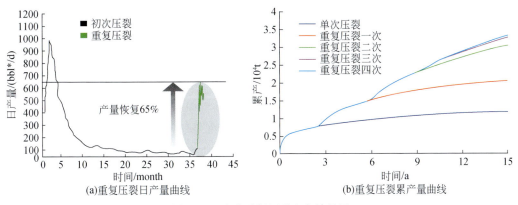

(a)重复压裂日产量曲线　　　　(b)重复压裂累产量曲线

图1.32　多次重复压裂生产效果图

＊1bbl＝0.159m³

2. 提高动用程度与采收率的开发模式

致密储层宏观非均质性及微观非均质性强，由于岩石组成及表面性质的差异，不同尺度孔缝介质内流体组成、性质、赋存状态差异大，存在可动油、毛管油、薄膜油，不同尺度孔缝介质内不同赋存状态的比例存在差异（图1.33）。

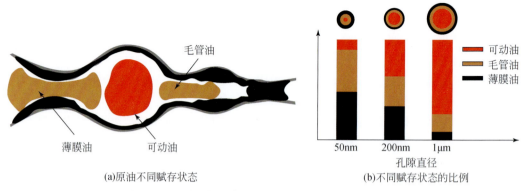

(a)原油不同赋存状态　　　　　　　　　(b)不同赋存状态的比例

图 1.33　不同尺度孔隙介质内原油赋存状态及不同比例

不同尺度孔缝介质中原油动用条件及动用程度存在较大差异。通过体积压裂/重复压裂的衰竭式开采,提高了宏观非均质条件下储层的动用程度,动用了大中尺度孔缝中的可动油。但小微尺度孔缝介质中存在大量的剩余油,主要是毛管油和薄膜油,因此,如何有效动用致密储层小孔和微纳米孔中的原油,以提高动用程度和采收率至关重要。提高致密油动用程度和采收率的主要开发方式有以下三种。

1)注水吞吐+渗吸采油方式

注水吞吐具有补充地层能量实现有效驱替和吞吐渗吸采油双重效果,是补充能量开发的有效方式之一。其开采机理是在同一口井进行注水、闷井、采油,将水注入油层,在压差作用下注入水优先进入不同尺度的裂缝及大中尺度孔隙中,通过一段时间的闷井,注入水在毛管力的作用下,发生渗吸作用,即注入水进入小孔与微纳米孔,并与油发生置换,而原油从小孔、微纳米孔,进入不同尺度裂缝和大中孔隙中,油水发生重新分布,从而在开井后,被置换出来的油与注入水一起被采出。该开采方式是在压差作用及毛管力的渗吸作用下,动用小孔、微纳米孔及微缝内的部分可动油及毛管油。

2)注气开发方式

注气开发主要是指对致密储层注入 CO_2、N_2、天然气等气体介质,通过注采吞吐方式来提高采收率的开发方式。注气吞吐开发,一是可以补充地层能量,增加压力梯度,克服毛管力;二是 CO_2 溶于原油后,降低原油黏度,提高原油流度;同时原油体积膨胀产生弹性驱、压力下降 CO_2 脱气产生溶解气驱;三是降低界面张力,减少油流阻力,依靠压差作用,克服毛管力;四是注入气能进入更小的微纳米孔隙中,动用微纳米孔中的毛管油及吸附油,有效提高驱油效率,从而提高动用程度和采收率(图 1.34)。

3)改质改性开采方式

对于致密储层微纳米孔隙,以吸附油、薄膜油为主,常规开采方式难以动用,需要通过改质改性的开采方式,向地层注入改性剂(表面活性剂等),改变储层润湿性、润湿接触角、降低界面张力及赋存状态(图 1.35),同时改变原油性质,降低原油黏度和毛管力,从而动用纳微米孔缝介质中的薄膜油与吸附油,提高孔缝介质的驱油效率和致密储层采收率(刘新等,2016)。

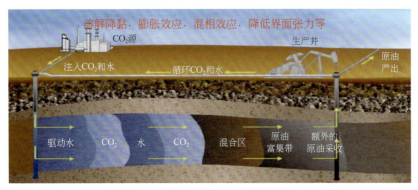

图 1.34　CO_2 驱油机理图

图 1.35　改变储层润湿性及赋存状态示意图

对于油品性质差、黏度高、流动性差(原油流度 $0.014 \sim 0.35\text{mD/cP}$[①])的陆相致密油,需要采用原位加热改质的开采方式实现有效开发。原位加热改质可以实现重油轻质化,改变原油性质及赋存状态,形成轻质或凝析油气,提高流动性,从而动用微纳米孔中的毛管油及吸附油;同时加热过程中形成的裂缝和伴生气,有利于油气渗流和产出,可以有效提高驱油效率,从而提高动用程度和采收率(邹才能等,2015;张映红等,2015)。

第三节　非常规致密油气藏数值模拟面临的问题与需求

随着油气开发对象由常规油气藏向非常规致密油气藏转变,致密油气藏开发面临储层的宏观非均质性与微观非均质性特征、多尺度与多重介质特征、水平井+体积压裂模式下的复杂流动关系、致密油气藏非常规开发方式下不同尺度孔缝介质内的复杂流动机理等诸多方面难题。致密油气藏的复杂特性如何表征并建立相应地质模型,如何用数学模型描述并进行开发动态模拟预测是目前数值模拟面临的主要问题与挑战。常规的数值模拟理论与技术难以适用,亟须采用非常规的理念和思路,创新发展非常规致密油气藏数值模拟理论与技术(表 1.16)。

---

①　$1\text{cP} = 1\text{mPa} \cdot \text{S}$。

表 1.16　非常规致密油气藏数值模拟存在的问题与需求

地质与开发特征		常规数值模拟理论与技术		非常规致密油气藏数值模拟理论与技术
		现状	不足	需求
宏观非均质性	致密储层岩相性类型复杂多样； 砂体、物性空间展布与内部属性具有强烈非均质性； 天然裂缝发育，具有多尺度特征； 地应力平面分布差异大； 流体饱和度、黏度平面分布差异大； 区块、井间、单井不同井段非均质性强	地质建模	单一/双重介质连续建模技术； 常规岩石力学与地应力建模技术； 流体连续分布建模技术； 静态三维建模技术	无法描述储层宏观非均质性、多尺度特征； 难以表征微观非均质性、多重介质特征； 无法表征压注采过程中储层岩石力学与地应力场、流体参数场的分布特征； 无法描述与表征压注采过程中介质参数、流体参数、储层温度、地应力及岩石力学参数场动态变化	不同尺度孔缝介质非连续离散多重介质建模技术； 压注采过程中岩石力学与地应力建模技术； 不同尺度孔缝多重介质流体非连续离散建模技术； 实时动态四维地质建模技术
微观非均质性	不同尺度的微纳米孔隙、天然/人工裂缝共存，在空间上呈非连续分布； 不同尺度孔缝介质物性差异大，流体组成、赋存状态、流动机理与流态显著不同	数学模型	连续单一/双重介质渗流理论	无法描述与表征不同尺度孔缝介质在空间上非连续离散分布、多重介质特征及介质间的耦合流动关系； 难以描述压注采多场耦合作用下不同尺度孔缝多重介质的属性参数动态变化特征； 无法描述不同尺度孔缝介质内复杂流动机理及流态变化； 难以描述体积压裂复杂缝网内储层介质与井筒间耦合流动关系	非连续、多尺度、多重介质渗流理论； 考虑压注采过程中多场耦合作用下不同尺度孔缝多重介质流固耦合数学模型； 多尺度、多流态、多重介质渗流数学模型； 体积压裂模式下水平井与储层介质耦合渗流数学模型
开发模式	水平井与储层接触关系、流动特征复杂； 体积压裂与重复压裂缝网复杂； 衰竭式开发、注水吞吐、渗吸采油、注气开发、改质改性开采的流动机理复杂	模拟技术	连续单一/双重介质数值模拟技术	难以模拟不同尺度孔缝多重介质特征、介质间流动关系、流体性质等对生产动态的影响； 仅能独立模拟压裂和注采过程，无法表征、模拟水平井体积压裂、注入、开采过程中不同尺度孔缝介质的参数动态变化及耦合流动机理； 无法识别、模拟不同尺度孔缝多重介质内流体流态及复杂流动机理的动态变化； 现有的黑油模型/组分模型难以模拟注气、改质改性等不同开发方式下不同尺度孔缝介质内流体的流动机理、相态、组分、流态动态变化	非连续、多尺度、多重介质数值模拟技术； 压注采流固耦合一体化数值模拟技术； 自适应流态识别与复杂流动机理数值模拟技术； 不同开发方式的不同尺度多重介质、多组分、复杂相态数值模拟技术； 非常规致密油气藏高效求解技术

（一）非常规致密油气藏地质建模面临的问题与需求

针对非常规致密油气藏，在地质建模方面主要存在以下几个方面的问题与需求。

1）非连续多尺度离散多重介质建模技术的需求

非常规致密储层岩性、岩相、储层类别分布差异大，不同尺度孔缝介质发育，存在极强的宏观与微观非均质性、多尺度与多重介质特征。不同尺度孔缝介质在空间上呈非连续的离散分布，同时不同孔缝介质的几何参数、物性参数差异极大，呈现非连续变化的特征。

常规连续建模技术只适用于单一介质或双重介质连续分布、物性参数连续变化的地质建模（贾永禄等，2016），亟须突破非连续多尺度离散多重介质建模技术，实现从连续建模到离散建模的转变，从双重介质建模到离散裂缝、离散多重介质建模的转变，从油藏规模建模到微观、小尺度到油藏规模尺度升级等效建模的转变。

2）地应力场与岩石力学参数建模技术的需求

常规储层地质建模中，一般不建立地应力场及岩石力学参数模型。但对于非常规致密油气藏，地应力与岩石力学参数空间分布变化快、差异大（葛洪魁和林英松，1998；曾联波和王贵文，2005），同时在开采过程中地应力场与岩石力学参数将发生动态变化，这将极大影响体积压裂/重复压裂的有效性与效果。因此在非常规致密油气藏开发过程中，为了指导水平井体积压裂/重复压裂优化设计，开展应力场与渗流场的流固耦合数值模拟，以便正确预测产能与开发指标，创新发展非常规致密油气藏地应力场与岩石力学参数建模技术是当务之急。

3）不同尺度多重介质非连续流体分布建模技术的需求

常规油气藏一般存在明显的油水、气水界面，流体连续分布，流体参数一般为常数或连续变化（王子胜，2009）。但非常规致密油气藏一般不存在明显的油水、气水界面，储层流体空间分布差异大，呈不连续分布，同时不同尺度孔缝介质的非连续离散分布，以及不同孔缝介质中流体赋存状态、组成及流体参数差异大，呈现非连续的变化特征。常规基于连续流体建模技术，不能满足非常规致密油气藏流体非连续分布、不同尺度孔缝介质含油性与赋存状态、流体参数的非连续变化特征，亟须发展适用于非常规致密油气藏的不同尺度多重介质非连续流体分布建模技术。

4）实时动态四维地质建模技术的需求

在非常规致密油气藏开发过程中，由于压裂、注入和生产过程的影响，将引起储层渗流场、应力场、温度场的重新分布，导致不同尺度孔缝介质的几何参数与物性参数、流体性质及参数、岩石力学性质及参数的动态变化。常规地质模型是静态的三维地质模型（赵德安等，2007），常规地质建模技术不适用于非常规致密油气藏开采过程中地质模型、流体分布模型、地应力模型、温度场模型动态变化的建模问题，因此需要创新发展适合于非常规致密油气藏的实时四维动态地质建模技术，实现从静态三维地质建模到实时动态四维地质建模的转变。

（二）非常规致密油气藏数值模拟理论面临的问题与需求

针对非常规致密油气藏，在数值模拟理论方面主要存在以下四个方面的问题与需求。

1）非连续、多尺度、多重介质渗流理论发展的需求

非常规致密油气藏发育不同尺度天然/人工裂缝、微纳米孔隙介质，不同尺度孔缝介质呈非连续离散分布，多尺度特征突出；同时不同尺度孔缝介质间的几何参数、物性参数、流体参数差异极大，呈非连续的变化特征，而不同尺度孔缝介质流动机理复杂多样，呈现非连续的流动特征，多重介质特征显著。

常规连续介质渗流理论与方法只能描述单一介质或双重介质连续分布、物性参数连续变化、流体连续流动的油气藏（宋岩等，2013），难以描述非常规致密油气藏不同尺度孔缝介质的非连续多尺度与多重介质特征、物性参数非连续变化与流体非连续流动的特征，因此，需要突破常规连续双重介质渗流理论，创新发展非连续、多尺度、多重介质的渗流理论与方法。

2）非连续、多尺度、多流态、多重介质渗流数学模型的需求

对于衰竭式、注水吞吐+渗吸采油开采方式，针对不同尺度多重介质、非连续离散分布、物性参数非连续变化与流体非连续流动的特征，需要建立非连续多尺度、多流态、多重介质渗流数学模型，包括建立体现纳微米孔缝介质中油气复杂流动机理渗流数学模型、大尺度离散裂缝介质动态变化的非线性渗流数学模型、非连续不同尺度孔缝介质间不同流动机理的流体交换数学模型、不同尺度储层介质与井筒间流体交换数学模型。

对于注气、改质改性等开采方式，常规数值模拟模型难以体现不同尺度孔缝介质中多组分、复杂相态变化，以及微纳米多重介质中油气赋存状态、储层与流体界面属性、流体性质改变及其参数动态变化（潘毅等，2016）。因此，需要创新建立能够描述不同开发方式下基于多重介质的多组分、复杂相态、油气赋存状态、储层与流体界面属性、流体性质改变及其参数动态变化的数学模型。

3）不同尺度孔缝多重介质流固耦合数学模型的需求

在非常规致密油气藏开发过程中，渗流场-应力场-温度场的多场耦合作用下，不同尺度孔缝介质的动态变化极强，对油气渗流及生产动态影响极大。流固耦合渗流数学模型总体分为两大类，其中第一类是将孔隙度、渗透率视为孔隙压力变化的函数来建立拟流固耦合渗流数学模型（姚军等，2016）：一是建立由单一/双重介质到不同尺度孔缝多重介质转变的拟耦合渗流数学模型；二是建立从常规开采过程到压裂、注入、开采一体化转变的多重介质拟耦合渗流数学模型。第二类是建立渗流场-应力场-温度场全耦合的数值模拟模型：一是建立压注采过程中不同尺度孔缝多重介质、渗流场与应力场全耦合的数值模拟模型；二是建立压注采一体化、渗流场-应力场-温度场多场耦合的数值模拟模型。

4）体积压裂模式下水平井与储层介质耦合渗流数学模型的需求

致密油气藏在水平井+体积压裂改造开发模式下，不同尺度天然/人工裂缝、孔隙介质与井筒接触方式与流动关系复杂。井筒附近压差变化大，导致储层介质流固耦合效应突出、不同介质与水平井间的流态与流动机理变化多样，水平井筒内部流动方式与流态变化极为复杂。常规渗流数学模型难以描述这些复杂流动关系（吴奇等，2011），因此，需要建立体积压裂模式下水平井与储层介质耦合渗流数学模型（表1.17）。

表 1.17　常规连续介质渗流与非常规非连续多重介质渗流数学模型对比

特征分类		常规连续介质渗流理论及数学模型	非连续多重介质渗流理论及数学模型
多重介质特征	尺度特征	单一尺度	多尺度
	分布特征	连续分布、参数连续变化	非连续离散分布、参数非连续变化
	介质重数	单一介质、双重介质(基质+裂缝)	多重介质(不同尺度孔隙+微纳米裂缝、不同尺度天然/人工离散裂缝)
流固耦合	介质变化	应力敏感导致物性参数动态变化	压注采过程流固耦合作用导致几何、物性参数动态变化
流动机理	机理	单一机理	不同介质机理不同、同一介质不同阶段机理不同
	流态	单一流态	不同介质多流态、同一介质不同阶段流态不同
	开发方式	常规开发方式(衰竭式、注水)	非常规开发方式(衰竭式、注水吞吐+渗吸采油、注气、改质改性)
	组分、相态	同一组分参数、相态变化一致	不同尺度孔缝介质采用不同组分参数,且相态变化差异大

(三)非常规致密油气藏数值模拟技术面临的问题与需求

针对非常规致密油气藏水平井+体积压裂开发模式及不同开发方式,在数值模拟技术方面主要存在以下五个方面的问题与需求。

1)非连续、多尺度、多重介质数值模拟技术的需求

非常规致密油气藏发育不同尺度天然/人工裂缝、微纳米孔隙,大尺度天然/人工裂缝、微小尺度孔缝介质在空间分布上均呈非连续的离散分布,而不同尺度孔缝介质间的几何参数、物性参数、流体参数差异极大,呈非连续的变化特征;同时流动机理复杂多样,同样呈现非连续的流动特征。针对非常规致密油气藏宏观与微观非均质性强、多尺度与多重介质特征突出的问题,难以采用常规基于连续介质、连续函数数学方法的数值模拟技术来处理(王子胜和姚军,2009),因此需要突破常规连续双重介质数值模拟技术,亟须创新发展非常规致密油气藏非连续、多尺度、多重介质的数值模拟技术。

2)非常规致密油气藏压注采流固耦合一体化数值模拟技术的需求

非常规致密油气藏在压裂、注入、开采过程中,不同尺度人工/天然裂缝、孔隙介质在渗流场与应力场的流固耦合作用下,产生显著的变形,从而引起孔缝介质的几何尺度、属性参数发生变化,导致储层介质间传导率、井指数随之改变,极大地影响油藏动态及产能特征。同时由于压裂液/注入液温度与油藏温度的差异,或采用加热降黏开采方式时,会引起油藏温度场的变化,从而导致流体性质、储层热应力的变化(张映红等,2015)。因此,非常规致密油气藏数值模拟技术需要重点发展:一是实现由单一/双重介质到不同尺度孔缝多重介质转变的拟耦合数值模拟技术;二是实现从常规注采过程到压裂、注入、开采一体化转变的多重介质拟耦合数值模拟技术;三是从将孔隙度、渗透率视为孔隙压力变化函数的拟耦合到压注采过程中不同尺度孔缝多重介质、渗流场与应力场全耦合转变的数值模拟技术;四是向着压

注采一体化、渗流场–应力场–温度场多场耦合的数值模拟方向发展。

3）致密油气藏多重介质自适应流态识别与复杂流动机理数值模拟技术的需求

非常规致密油气藏不同尺度孔缝介质由于几何特征、属性参数及流体性质的差异，导致流态特征不同；不同孔缝介质在不同生产阶段、不同生产制度（压力梯度）下，流态也存在极大差异，极大地影响油藏动态及产能特征。同时由于不同尺度孔缝介质中油气的组分组成、赋存状态、流体性质存在较大差异，致密油气在不同尺度介质中的驱油机理与渗流机理复杂多样、差异性极大。

常规数值模拟技术能实现单一流态及常规流动机理的模拟，不能实现不同介质、不同生产阶段多流态及复杂流动机理的流动模拟（潘毅等，2016），因此，需要根据不同尺度孔缝介质油气临界流态识别参数及识别标准，通过介质几何尺度、流体性质、压力梯度自动识别油气流态，选择与油气流态及流动机理相适应的动力学方程，形成了致密油气藏多重介质流态识别与复杂流动机理自适应模拟技术。

4）基于多重介质的多组分、复杂相态、流体参数动态变化数值模拟技术的需求

针对非常规致密油气藏，目前主要采用衰竭式开发、注水吞吐与渗吸采油的方法，开采不同尺度裂缝及大中孔隙中的可动油，可以采用基于黑油模型的非连续多重介质数值模拟技术进行动态模拟与指标预测。但对于采用注气、改质改性等开采方式，通过改变油气赋存状态、储层与流体界面属性、流体性质来提高非常规致密储层微纳米孔缝中的吸附油、薄膜油的动用程度与采收率的情况，现有数值模拟的数学模型无法描述不同尺度孔缝介质中多组分、复杂相态变化，以及微纳米多重介质中油气赋存状态、储层与流体界面属性、流体性质改变及其参数动态变化（王攀荣，2014），因此，需要发展非常规致密油气藏不同开发方式的多重介质、多组分、复杂相态、流体性质及参数动态变化的数值模拟技术。

5）非常规致密油气藏数值模拟高效求解技术的需求

在非常规致密油气藏数值模拟过程中存在所需存储空间庞大、求解难度大、计算耗时长等技术难题（贾永禄等，2016），主要由以下三方面原因造成：一是由于非常规致密油气藏发育不同尺度孔缝多重介质，存在多组分、多流态、流固耦合、复杂结构井、求解变量多等特征，从而导致其数学模型及雅可比方程的复杂性；二是由于复杂缝网、水平井、边界条件需要采用非结构网格处理，又会进一步增加数值模拟中的无效网格并加剧矩阵形态的复杂程度；三是由于压注采一体化及流固耦合问题导致计算规模大、多重介质及内外边界条件采用精细网格的高分辨率等导致计算量大、耗时长等问题。

针对上述问题，主要存在三个方面的技术需求：一是针对所需存储空间庞大、最优存储结构及大规模计算的需求，发展在并行环境越来越异构化、碎片化下的复杂矩阵压缩存储技术；二是针对渗流数学模型、系数矩阵复杂、特征值分布不均等特征，发展特定高效预条件子处理技术，以降低复杂渗流数学模型的求解难度、提高数值模拟的高效性和稳健性；三是针对渗流数学模型及系数矩阵复杂、压注采一体化及流固耦合问题导致计算规模大、多重介质及内外边界条件精细网格的高分辨率等导致计算量大、耗时长等问题，亟须发展算法、数据结构、实现方法等越来越适应异构的并行架构技术，从而增大非常规数值模拟问题的计算规模，提高求解的速度和精度。

参 考 文 献

葛洪魁,林英松.1998.油田地应力的分布规律.断块油气田,5(5):1~5.

贾永禄,孙高飞,聂仁仕,等.2016.四重介质油藏渗流模型与试井曲线.岩性油气藏,28(1):123~127.

刘建军,刘先贵,胡雅礽,等.2000.裂缝性砂岩油藏渗流的等效连续介质模型.重庆大学学报(自然科学版),23(增):158~160.

刘新,安飞,陈庆海,等.2016.提高致密油藏原油采收率技术分析——以巴肯组致密油为例.大庆石油地质与开发,35(6):164~169.

马洪,李建忠,杨涛,等.2014.中国陆相湖盆致密油成藏主控因素综述.石油实验地质,36(6):668~677.

潘毅,王攀荣,宋道万,等.2016.复杂裂缝网络系统油水相渗曲线特征实验研究.西南石油大学学报(自然科学版),38(4):110~116.

宋岩,姜林,马行陟.2013.非常规油气藏的形成及其分布特征.古地理学报,15(5):605~614.

唐海评.2015.鄂尔多斯盆地华池-合水地区长7致密油成藏特征研究.西南石油大学.

王刚.2014.鄂尔多斯盆地合水地区长7致密储层特征研究.西南石油大学.

王攀荣.2014.裂缝性复杂介质油藏油水混合流动特征实验研究.西南石油大学.

王子胜,姚军.2009.多重渗透介质油藏非稳态压力特征分析.油气井测试,18(1):10~15.

吴奇,胥云,王腾飞,等.2011.增产改造理念的重大变革——体积改造技术概论.天然气工业,31(4):7~11.

姚军,孙致学,张凯,等.2016.非常规油气藏开采中的工程科学问题及其发展趋势.石油科学通报,01(1):128~142.

尹定.1983.多重孔隙介质模型及其压力恢复曲线形态.石油勘探与开发,(3):59~64.

曾联波,王贵文.2005.塔里木盆地地库车山前构造带地应力分布特征.石油勘探与开发,32(3):59~60.

张冬丽,李江龙,吴玉树.2010.缝洞型油藏三重介质数值试井模型影响因素.西南石油大学学报(自然科学版),32(6):113~120.

张映红,路保平,陈作,等.2015.中国陆相致密油开采技术发展策略思考.石油钻探技术,43(1):1~6.

赵博.2015.鄂尔多斯盆地陇东地区延长组长7储层特征研究.东北石油大学.

赵德安,陈志敏,蔡小林,等.2007.中国地应力场分布规律统计分析.岩石力学与工程学报,26(6):1265~1271.

邹才能,朱如凯,白斌,等.2015.致密油与页岩油内涵"特征"潜力及挑战.矿物岩石地球化学通报,34(1):3~17.

Chen M, Qian B, Ou Z, et al. 2012. Exploration and practice of volume fracturing in shale gas reservoir of Sichuan Basin, China. SPE,155598:1~11.

Darishchev A, Rouvroy P, Lemouzy P. 2013. On simulation of flow in tight and shale gas reservoirs. SPE,163990:1~17.

Dong X, Liu H, Chen Z. 2016a. The effect of capillary condensation on the phase behavior of hydrocarbon mixtures in the organic nanopores. Petrol Sci Technol,34(17-18):1581~1588.

Dong X, Liu H, et al. 2016b. Phase behavior of multicomponent hydrocarbons in organic nanopores under the effects of capillary pressure and adsorption film. SPE-180237-MS, SPE Low Permeability Symposium, Co, USA.

Dong X., Chen Z, et al. 2016c. Phase equilibria of confined fluids in the nanopores of tight and shale rocks considering the effect of capillary pressure and adsorption film. Ind Eng Chem Res,55(3):798~811.

Jin L, Zhu C, Ouyang Y, et al. 2013. Successful fracture stimulation in the first joint appraisal shale gas project in China. IPTC,16762:26~28.

Nojabaei B, Johns R T. 2013. Effect of capillary pressure on phase behavior in tight rocks and shales. SPE J, 16 (3):281 ~ 289.

Saldungaray P, Palisch T. 2012. Hydraulic fracture optimization in unconventional reservoirs. SPE, 151128:1 ~ 15.

Wu Q, Xu Y, Wang X, et al. 2012. Volume fracturing technology of unconventional reservoirs: Connotation, design optimization and implementation. Petroleum Exploration and Development, 39(3):377 ~ 384.

第二章 致密油气藏流动机理与开采机理

针对致密油气藏发育不同尺度纳微米孔隙、天然/人工裂缝,多尺度与多重介质特征突出,不同尺度孔缝介质的流态、渗流机理与驱油机理存在较大差异的特点,明确了多重介质的定义与分类,形成了多重介质的划分方法;揭示了致密油气的渗流与驱油机理及流态特征;分析了不同尺度孔隙介质基质岩块的出油能力及泄油半径变化规律;阐述了不同尺度孔缝介质的耦合流动关系及耦合开采机理,为不同尺度孔缝多重介质数值模拟理论与模型的建立奠定了基础。

第一节 致密储层多重介质分类及其特征

致密储层不同尺度孔隙和不同尺度天然/人工裂缝发育,但由于不同尺度孔隙与裂缝在储层中的空间分布、几何尺度存在极大差异,其储集空间大小、渗流能力,以及相关物性参数差异大;不同尺度孔隙与裂缝中,流体的组成、赋存状态不同,在生产过程中,其流态与渗流机理存在较大差异,导致不同尺度孔隙、裂缝中的油气动用程度不同,对生产的贡献不同。因此很有必要根据不同尺度孔隙与裂缝的几何与属性特征、赋存状态与渗流机理、流动特征进行储层介质分类,将特征相近或变化规律相似的孔隙或裂缝划分为同一介质,总体上可以划分为多重介质。

随着油气田开发的深入,油气储层类型越发多样化,连续多孔介质理论(葛家理,2003)也由初期的连续单一介质逐步发展为连续双重介质、连续多重介质;而非常规储层由于不同尺度孔隙和天然/人工裂缝的发育,不同尺度孔隙和裂缝的空间分布及其特征参数呈现不连续、跳跃式的变化,采用连续介质理论无法满足实际工作的需要,因而逐步发展为离散裂缝介质、离散多重介质等非连续的多重介质理论与方法(表2.1)。

表2.1 致密储层介质分类

介质类型			储层类型	不同介质特征描述
	单一介质		常规孔隙性储层 非常规致密储层	储层只发育相近的孔隙介质;几何特征、属性特征相近,其变化规律可用连续函数表征
连续介质	双重介质	双孔单渗	裂缝性储层 低渗致密储层	储层存在孔隙介质与天然/人工裂缝介质;孔隙介质与裂缝介质几何与属性参数差异极大;裂缝介质渗透率远大于孔隙介质(可忽略不计);基质系统内部不存在流动,只与裂缝系统产生流体流动;孔隙与裂缝介质的属性特征可以用连续函数来表征
		双孔双渗	裂缝性储层 低渗致密储层	储层存在孔隙介质与天然/人工裂缝介质;均具有一定储集能力和渗流能力;基质系统与裂缝系统内部都有流体流动,同时在孔隙系统与裂缝系统间具有流体交换;孔隙与裂缝介质的属性特征可以用连续函数来表征

介质类型		储层类型	不同介质特征描述
连续介质	多重介质	缝洞型碳酸岩盐储层 非常规油气储层	不同尺度的孔洞介质与不同尺度的裂缝介质组成连续的多重介质系统;每个介质系统内部都有流体流动,同时不同介质间具有流体交换;不同介质及其流体的任何属性、流体流动特征呈连续分布,均可以用连续函数或方程来表征
非连续 介质	离散裂 缝介质	裂缝性油气储层 非常规油气储层	不同尺度天然/人工裂缝空间分布具有很强的随机性,呈非连续、离散分布,其规模大小具有显著的多尺度特征。由若干条不同空间位置、不同规模大小的非连续离散分布的裂缝组成的介质为离散裂缝介质。并对其在空间的分布及其几何特征、物性参数、流体流动采用非连续离散函数进行表征
	离散多 重介质	缝洞型碳酸岩盐储层 非常规油气储层	对于不同尺度孔隙,不同尺度微小裂缝,根据属性特征及流动特征,以特征相近或变化规律相似为原则,将不同尺度孔缝划归为多重介质。由于不同尺度孔缝具有空间分布上的随机性和交互特性,呈现非连续的离散分布特征,因而采用非连续离散分布函数来表征
	混合离散 多重介质	缝洞型碳酸岩盐储层 非常规油气储层	当宏观大尺度天然/人工裂缝、微小尺度天然/人工裂缝、不同尺度的孔隙共存时,不同尺度孔缝介质在空间分布上具有极强的随机性,以及非连续离散分布特征,既存在离散裂缝介质,又存在离散多重介质,总体上为混合离散多重介质

一、多重介质的定义及分类

(一)连续多重介质

1. 连续单一介质

1)连续孔隙介质

油气储层是一个由若干孔隙介质组成的系统,该孔隙介质系统中不同空间部位的几何特征、属性特征相近或变化规律相似,并可以用连续函数或方程来表征,则称为连续孔隙介质。

常规孔隙性油藏一般只发育单一的孔隙,其孔隙的形态相似、大小相近,而且在空间呈连续分布,因此表现为连续单一介质的特征。

非常规致密储层在天然裂缝不发育、不存在人工压裂的部位,储层中只发育形态相似、大小相近的孔隙时,也表现为连续单一介质的特征。

2)连续流体

流体在储层多孔介质系统中连续分布,其流体性质在储层空间不同部位相同(图2.1①)或连续变化,其规律相近或相似(图2.1②),并可以用连续函数或方程来表征,则称为连续流体。非常规致密储层不同尺度孔缝介质内流体呈非连续离散分布,其流体性质在储层空间不同部位呈非连续、跳跃式变化(图2.1③)。

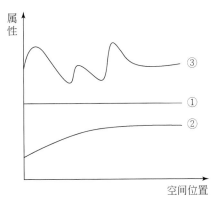

图 2.1 流体属性随空间位置变化规律图

3）连续流动

流体在储层多孔介质系统中连续分布，而且其流态及流动机理等流动特征相似，可以用相同或相近的连续函数或方程来表征，称为连续流动。

4）连续介质渗流场

油气储层多孔介质系统可以用一个具有连续多孔介质及连续流体分布的系统来表征，流体在连续多孔介质中具有连续、相近的流动特征，该连续系统中多孔介质及其流体的任何属性、流体在多孔介质中的流动特征都可以用连续函数或方程来表征。这种连续系统中流动的场就叫作连续介质渗流场。

针对常规孔隙型油藏，多孔介质一般为几何属性相近的单一孔隙介质，其流体性质相近并呈现连续分布，其流动机理单一，主要为连续达西流动。这种单一孔隙介质称为连续单一介质，其中流动的场就叫作连续单一介质渗流场。

2. 连续双重介质

随着油气开发的发展，开发对象逐渐由孔隙型油气藏向裂缝型油气藏及低渗致密油气藏发展，从常规的直井开发模式转到水平井+体积压裂开发模式，开发对象的储层介质越来越复杂，由单一孔隙介质向孔隙与天然/人工裂缝的双重介质转变。

储层发育孔隙与天然/人工裂缝，孔隙系统与裂缝系统在几何尺度上具有数量级的差异，从储集能力来看，孔隙系统的孔隙度又远大于裂缝系统，在渗流能力上，孔隙系统渗透率远远小于裂缝系统，把裂缝系统和孔隙系统看成两个空间上互相叠加的连续介质场，形成双重介质（Barenblatt et al.，1960；Warren and Root，1963）。

油气储层由两个连续的孔隙系统和裂缝系统组成，同时在每个系统内部具有连续的流体分布，流体在每个系统中具有连续、相近的流动特征，两个系统间存在流体交换；两个系统中的孔隙介质、裂缝介质及其流体的任何属性、流体流动特征都可以用连续函数或方程来表征。这种两个连续系统中流体流动的场就叫作连续双重介质渗流场。

1）双孔单渗

在体积压裂模式下的致密储层存在孔隙与天然/人工裂缝两个系统，基质系统和裂缝系统均有一定孔隙度，但前者的孔隙度大于后者；而裂缝系统渗透率又远大于孔隙系统，后者的渗透率小到可以忽略不计。基质系统内部不存在流动,只与裂缝系统产生流体流动。

2) 双孔双渗

致密储层的孔隙系统与裂缝系统并存,均具有一定储集能力和渗流能力,基质系统具有较大的储存能力、较低的流体传导能力,是裂缝的供给源;裂缝系统是流体渗流的主要通道,但具有较小的储存能力。基质系统与裂缝系统内部都有流体流动,同时在孔隙系统与裂缝系统间具有流体交换。

3. 连续多重介质

随着储层类型由裂缝型储层逐渐转向缝洞型碳酸岩盐储层、非常规储层,储集空间由相对简单的孔隙、裂缝逐步发育为更多、更复杂的孔、洞、缝等储集空间类型,导致这类油气藏的开采机理和流动特征更为复杂,用常规的双重介质难以描述,因而逐步发展为三重、四重、多重介质。

针对缝洞型碳酸盐岩储层,三重介质的划分存在两种模式:模式一是将孔隙系统根据孔隙度、渗透率的差异分为两类系统,一类是与裂缝系统连通性较好的孔隙,另一类是与裂缝系统连通性较差的孔隙;两种孔隙系统与裂缝系统一起组成三重介质系统(Warren and Root,1963)。模式二是根据几何尺度、孔隙度、渗透率的差异将小尺度孔隙、大尺度孔洞、裂缝划分为三个彼此独立而又相互联系的三重介质系统(吴玉树和葛家理,1983;Abdassah and Ershaghi,1986;Liu et al.,2003;姚军等,2004;姚军和王子胜,2007;Wu et al.,2007)。同理,根据几何尺度的大小、孔隙度、渗透率的差异,可以将裂缝划分成大裂缝、微裂缝,将孔隙划分成大孔隙、小孔隙,组成四重介质系统(康志江,2010)。

对于不同尺度孔洞、不同尺度天然裂缝发育的碳酸盐岩储层,以及不同尺度微纳米孔隙、不同尺度天然裂缝、人工裂缝共存的非常规致密储层,根据储层介质几何尺度、属性参数、流动特征将不同尺度的孔洞或不同尺度的微纳米孔隙划分为多个不同尺度的孔洞介质(尹定,1983),同时将不同尺度的天然/人工裂缝划分为多个不同尺度的裂缝介质,共同组成多重介质(刘慈群和郭尚平,1982;姚军等,2014)。

由多个不同尺度的孔洞介质与不同尺度的裂缝介质组成连续的多重介质系统,在每个介质系统内部具有连续的流体分布,流体在每个系统中具有连续、相近的流动特征,不同系统之间存在流体交换;每个系统中的储层介质及其流体的任何属性、流体流动特征都可以用连续函数或方程来表征。这种多个连续系统中流体流动的场就叫作连续多重介质渗流场。

(二)非连续多重介质

1. 传统的连续多重介质渗流理论不适用于多尺度非连续多重介质

不论是缝洞型碳酸盐岩储层,还是非常规致密储层,孔、洞、缝在空间上的分布,存在强烈的非均质性,不同区域之间孔、洞、缝发育程度,其密度与数量、规模与大小存在显著差异;在空间上呈现为非均匀、不连续的离散分布。同时孔、洞、缝多尺度特征明显,同一区域内,不同规模、不同尺度的孔、洞、缝并存;不同尺度孔、洞、缝的储集与渗流属性特征及参数差异极大,不存在连续分布,不能用连续函数来表征;同时不同尺度孔、洞、缝中流体的赋存状态、流动机理及特征存在较大差异,也不能用连续函数来表征。

连续介质系统将不同尺度孔缝系统看成 N 个空间上互相叠加的连续介质场。认为孔、洞、缝系统具有相同的尺度大小和形状,不能体现孔、洞、缝的多尺度性等特征。孔、洞、缝各系统间通过拟稳态窜流函数联系起来。同时系统间物质交换系数也难以确定。过去同一系统内及不同系统间,不存在流动差异,不能体现不同尺度多重介质间不同流态与流动机理的差异。

所以针对这类具有不同尺度孔、洞、缝,非均匀、离散分布的储层介质,其属性参数、流动特征无法用连续函数来表征,因而无法用连续介质来处理,传统的连续多重介质渗流理论不再适用,需要突破连续介质理论,创新发展非连续多重介质渗流理论(表2.2)。

表 2.2　非连续多重介质与连续多重介质的特征差异对比表

	连续多重介质	非连续多重介质
定义	用若干个连续的特征单元体(既包括多重介质也包括内部的流体)来代替真实的多孔介质系统,这种连续的特征单元体内,任何性质(不管是多孔介质的性质还是其中流体的性质)都可以用连续方程来描述	用若干非连续的特征单元体来描述油气储层,这种非连续的特征单元体在空间分布上呈现跳跃式突变分布,且不同单元体间的属性参数及流动特征差异极大,只能用非连续、分段式或分布式函数与方程来表征
空间分布特征	孔、洞、缝发育程度非常高,密度很大,连通性很好,在空间上呈均匀、连续分布。由于孔、洞、缝连续分布,能用连续函数来表征,可以按连续介质处理	孔、洞、缝发育程度、密度及连通性差异大,在空间上呈非均匀、非连续的离散分布。由于孔、洞、缝非连续的离散分布,无法用连续函数来表征,只能按非连续介质处理
多尺度特征	连续介质将不同尺度的孔、洞、缝简化为具有相同大小和形状的介质,不能充分体现孔、洞、缝介质的不连续性和多尺度等特征	非连续介质可以根据孔、洞、缝的空间实际位置及不同尺度特征进行处理,能够反映不同储层介质的各向异性、不连续性和多尺度性
属性特征	由于不同尺度孔、洞、缝的属性参数呈连续分布,可以用连续函数来表征;流体在储层多孔介质系统中连续分布,流体性质在储层空间不同部位相同或连续变化,其规律相近或相似	由于不同尺度孔、洞、缝非连续的离散分布,其属性参数也具有非连续的离散分布特征,难以用连续函数来表征;流体在不同尺度孔缝介质内呈非连续分布,其流体性质在储层空间不同部位呈跳跃式变化
流动特征	不同储层介质具有相同、单一的流动机理与特征,可以用连续函数表征,但这样处理不能体现不同尺度介质间流动特征的差异,以及相互间的耦合特征;同时如何计算不同介质间流体窜流量缺乏有效的理论和方法,特别是对油气水多相窜流问题,因而计算结果与实际相差较大	不同储层介质具有不同的流态及渗流机理,只能用非连续的分段函数来表征,可以充分体现不同尺度介质间流动特征的差异,以及相互间的耦合特征;同时不需要计算不同介质间的窜流量,而是通过传导率的大小来表征,计算结果与实际吻合较好

2. 非连续多重介质

不同尺度的孔、洞、缝介质在储层中表现为跳跃式突变,呈非连续的离散分布,但不同类型的介质在空间上呈现交互式分布,不同尺度、不同类型介质间的几何特征、属性参数、流动特征差异极大,难以用连续函数或方程来表征,只能用非连续、分段式或分布式的离散函数与方程来表征,这种不同尺度的储层介质称为非连续多重介质。

非连续多重介质根据不同尺度孔缝介质的空间分布特征及不同介质尺度的大小,将大尺度的天然/人工裂缝作为离散裂缝介质处理,而将微小尺度天然/人工裂缝及不同尺度的微纳米孔隙作为离散多重介质处理。当既存在大尺度的天然/人工裂缝,也存在微小尺度天然/人工裂缝及不同尺度的微纳米孔隙时,作为混合的离散多重介质处理。

1)离散裂缝介质

裂缝是指在岩石中由于地质或人工作用形成的不连续面。裂缝的分布受地质条件及非均质性的影响,具有很强的随机性,不同尺度裂缝在空间上呈非连续、离散分布,其规模大小具有显著的多尺度特征。

通过对储层中大尺度天然/人工裂缝的空间位置、展布特征、几何形态及特征进行显式描述,同时对不同尺度裂缝在空间的分布及其几何特征、物性参数、流体流动采用非连续离散函数或方程进行单独表征。这种若干条不同空间位置、不同规模大小的非连续离散分布的裂缝组成的介质就是离散裂缝介质(Karimi-Fard and Firoozabadi,2003;Arnaud et al.,2004),如图2.2所示。

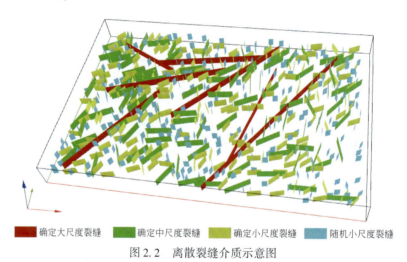

████ 确定大尺度裂缝　████ 确定中尺度裂缝　████ 确定小尺度裂缝　████ 随机小尺度裂缝

图2.2　离散裂缝介质示意图

2)离散多重介质

致密储层中不同尺度孔隙、不同尺度微小裂缝受地质条件及非均质性的影响其空间分布具有很强的随机性,不同尺度孔缝之间呈交互式分布,但由于不同尺度孔缝间其自身的几何形态、尺度大小、物性参数、流动特征存在显著差异,在空间上呈非连续、离散分布,难以用常规的连续函数描述,只能采用非连续的离散函数来表征。

根据不同尺度孔缝的几何形态、尺度大小、物性参数、流动特征,以特征相近或变化规律相似为原则,将不同尺度孔缝划归为多重介质;同时由于不同尺度孔缝具有空间分布上的随机性和交互特性,呈现非连续的离散分布特征,只能采用非连续离散分布函数来描述其几何特征、属性参数、流动特征,这种具有非连续离散分布、具有各自独特的几何特征、属性参数、流动特征的介质就是离散多重介质(Snow,1968;Noorishad and Mehran,1982;Kim and Deo,

2000；姚军等，2010）。

　　根据不同孔缝介质在空间上的相互接触关系及流动关系，可以将多重介质分为接力排供式离散多重介质、交互式离散多重介质、随机分布离散多重介质，如图2.3~图2.5所示。

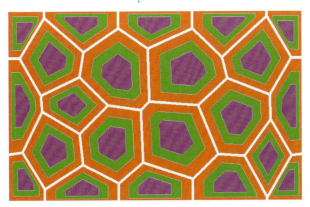

图2.3　接力排供式离散多重介质

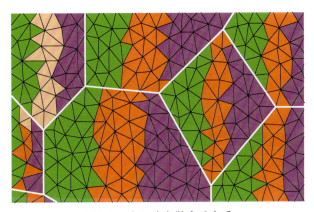

图2.4　交互式离散多重介质

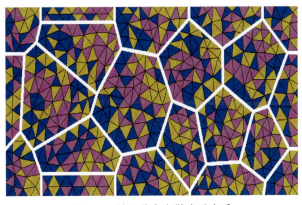

图2.5　随机分布离散多重介质

3）混合离散多重介质

在实际储层中,宏观大尺度天然/人工裂缝、微小尺度天然/人工裂缝、不同尺度的孔隙共存,在空间分布上具有极强的随机性,以及非连续离散分布特征。因此既存在离散裂缝介质也存在离散多重介质,总体上表现为混合离散多重介质,如图2.6所示。

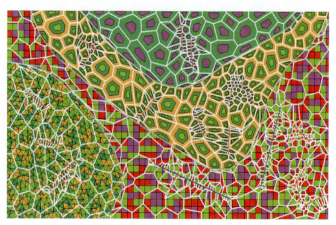

图2.6　混合离散多重介质示意图

二、多重介质的划分方法

对于孔隙型油气藏、裂缝型油气藏,介质的划分一般是根据储集空间类型划分为孔隙介质和裂缝介质。对于复杂缝洞型油气藏,根据储集空间类型并结合储集空间的几何尺度,将其划分为孔隙介质、溶洞介质和裂缝介质。对于非常规致密油气藏,储集空间类型多,几何尺度范围更广,级差更大,同时不同几何尺度下流体赋存状态不同,流动特征差异大,需要突破几何尺度划分介质的局限性,结合不同尺度介质的属性特征和流动特征,建立适合于多重介质划分的指标和划分方法。

（一）根据孔缝介质特征划分多重介质

1. 根据储集空间类型划分多重介质

非常规致密储层发育的储集空间类型多样,根据储集空间类型相同或相近的原则(谢庆宾等,2002),一般可将储集空间类型划分为孔隙介质和裂缝介质,其中孔隙介质包括原生粒间孔、溶蚀孔洞等,裂缝介质包括天然裂缝和人工裂缝。但这种划分方法没有考虑相同介质间几何尺度的差异。

2. 根据几何尺度划分多重介质

在储集空间类型相同的情况下,同样的孔隙介质和裂缝介质在几何尺度上存在极大差异,需要进一步细分。根据几何尺度相同或相近的原则(姚军等,2014),碳酸盐岩孔隙系统又可以分为大尺度溶洞、溶孔和基质孔隙,致密储层孔隙系统可以进一步细分为毫米孔、微米孔、纳米孔等不同尺度的孔隙介质；天然/人工裂缝系统可以分为大尺度、中尺度、小尺度和微尺度的裂缝介质。但这种划分方法没有考虑相同介质间物性特征的差异。

3. 根据属性特征划分多重介质

在相同的储集空间类型、同样尺度范围，由于孔隙结构、裂缝粗糙度、支撑情况不同导致相同介质间存在着孔隙度、渗透率的差异。根据属性特征相同或相近的原则（李道品，1999），孔隙介质可以划分为高孔介质、中孔介质和低孔介质；根据渗透率的大小，又可以分为高渗介质、中渗介质和低渗介质。但这种划分方法没有考虑相同介质间流体性质及流动特征的差异。

(二) 根据流体流动特征划分多重介质

1. 根据流体性质、赋存状态划分多重介质

在孔缝介质特征相近的情况下，由于不同介质内的流体性质（黏度、密度）、赋存状态（游离状态的可动油、受毛管力作用控制的毛管油、吸附态的薄膜油）差异大，从而导致不同介质中流体的开发方式、动用条件迥异，因此，需要结合孔缝介质特征、流体性质、赋存状态来划分不同的介质（王伟锋等，1993；孙盈盈等，2014）。

2. 根据可动用性划分多重介质

由于不同介质中流体性质、赋存状态的不同，造成不同介质间流体可动用性存在较大差异。一般情况下，可用毛管力特征曲线来体现流体可动用性的强弱，而用相渗曲线体现流体可动用范围和大小，不同介质具有不同的毛管力曲线特征及相渗曲线特征。因此，可以根据毛管力曲线特征及相渗曲线特征划分多重介质。

3. 根据流态与渗流机理划分多重介质

由于开采方式及地层能量大小的不同，会导致不同部位、不同介质间的流体压力梯度存在较大差异。同时，不同介质受几何特征和流体性质的影响，其流动机理和流态特征复杂多样。因此，根据流态与渗流机理划分多重介质（杨建等，2008），对不同介质采用不同的数学模型，对其流动特征进行表征，更为真实地模拟油藏开采动态。

(三) 根据孔缝介质特征与流体流动特征综合划分多重介质

根据不同尺度孔缝介质的储集空间类型、几何尺度、属性特征、流体性质、赋存状态、可动用性、流态与渗流机理等单项特征及指标来划分多重介质，都存在不足。因此根据孔缝介质特征与流体流动特征综合划分多重介质，能反映不同介质间储集空间类型、几何尺度、属性特征的差异，以及不同介质间流体性质、赋存状态、可动用性、流态与渗流机理的差异，更能反映不同尺度孔缝多重介质的实际动态特征。图 2.7 为综合划分多重介质流程图。

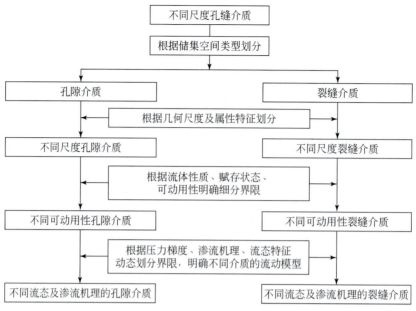

图 2.7　多重介质划分流程图

第二节　流态与渗流机理

致密储层不同尺度孔缝介质中的流体赋存状态、流体性质差异大，在不同压力梯度下，流体在不同尺度介质内的流动呈现不同类型的流态，以及复杂多样的渗流机理，表现为多尺度、多介质、多流态、复杂流动机理的流动特征。

一、流态的定义

致密油气的流态是指致密油气在致密储层多重介质内流动的形态（葛家理等，2001）。致密储层具有纳微米孔隙、复杂天然/人工裂缝网络等不同尺度、多重介质的特点，油气在其内一般划分为高速非线性渗流、拟线性渗流和低速非线性渗流三种流动形态（图2.8）。

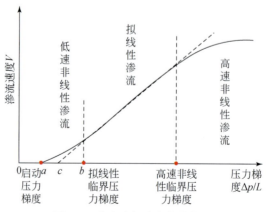

图 2.8　致密油气渗流曲线特征

二、流态的划分及其渗流机理

致密油气在不同介质内流体流态可通过启动压力梯度、拟线性临界压力梯度及高速非线性临界压力梯度进行划分（表 2.3、图 2.9）。启动压力梯度是指流体在致密储层介质中渗流时必须克服岩石表面吸附膜或水化膜引起的阻力时的压力梯度（郑民等，2016），只有驱替压力梯度大于启动压力梯度时，流体才能流动。当驱替压力梯度增加到某一定值时，流体渗流由低速非线性渗流转换为拟线性渗流，该时刻的压力梯度即为拟线性临界压力梯度。随着驱替压力梯度的继续增加，流体流态由拟线性渗流转换为高速非线性渗流，此时的压力梯度称为高速非线性临界压力梯度。

表 2.3 致密油气流态阶段划分表

流动阶段	流态	流态划分条件
第一阶段	油气不流动	驱替压力梯度≤启动压力梯度
第二阶段	低速非线性渗流	启动压力梯度<驱替压力梯度≤拟线性临界压力梯度
第三阶段	拟线性渗流	拟线性临界压力梯度<驱替压力梯度<高速非线性临界压力梯度
第四阶段	高速非线性渗流	驱替压力梯度≥高速非线性临界压力梯度

由于致密油气藏发育纳米级–微米级–毫米级不同尺度孔缝介质，在同一压力梯度下，不同介质中油气渗流的流态不同；同一介质中油气在不同开发阶段的渗流流态不同；不同流体性质的油气在相同介质中的流态也不同（图 2.9）。

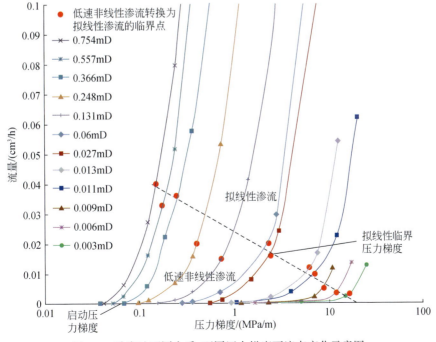

图 2.9 致密油不同介质、不同压力梯度下流态变化示意图

(一) 高速非线性渗流与机理

当流体渗流速度增大到一定程度,驱替压力梯度大于高速非线性临界压力梯度时,渗流速度与压力梯度间不再呈线性关系,拟线性渗流规律被破坏,这种流动称为高速非线性渗流。致密砂岩储层中存在不同尺度的基质孔隙、天然裂缝,与不同压裂模式下的人工裂缝组成复杂裂缝网络。不同尺度的裂缝和孔隙发生高速非线性渗流的条件不同(图 2.10)。对于大裂缝,宽度大,导流能力大,流体流动速度快,压力梯度很容易达到高速非线性临界压力梯度,易于形成高速非线性渗流;对于微裂缝与基质喉道,导流能力小,流体流动速度慢,但在井筒附近的大压差生产情况下,当压力梯度超过高速非线性临界压力梯度时,可以形成高速非线性渗流。

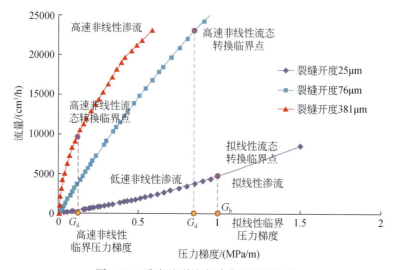

图 2.10　致密油裂缝介质渗流特征曲线

由于致密油黏度大,流动缓慢,裂缝内流态达到高速非线性渗流的压力梯度大,其高速非线性临界压力梯度计算公式为

$$G_{d} = 6.0537 \cdot w_{f}^{-0.571} \tag{2.1}$$

而致密气黏度小,流动速度快,裂缝内流态达到高速非线性渗流的压力梯度小,其高速非线性临界压力梯度计算公式为

$$G_{d} = 8.65 \times 10^{-2} \cdot w_{f}^{-0.386} \tag{2.2}$$

式中,G_{d} 为高速非线性临界压力梯度,MPa/m;w_{f} 为裂缝开度,μm。

通常采用 Forchheimer 方程(Forchheimer,1901)描述高速非线性渗流的动力学特征:

$$-\nabla P_{p} = \frac{\mu_{p} \vec{v}_{p}}{K_{F,m}} + 10^{-3} \cdot \beta_{F,m} \rho_{p} \vec{v}_{p} \mid \vec{v}_{p} \mid \quad \mid \nabla P_{p} \mid \geqslant G_{pd} \tag{2.3}$$

式中,∇P 为压力梯度,MPa/m;下标 p = o、g、w,其中 o 为油相,g 为气相,w 为水相;$\vec{v}$ 为流体流速,m/s;$K_{F,m}$ 为裂缝或基质渗透率,mD;μ_{p} 为 p 相流体黏度,mPa·s;$\beta_{F,m}$ 为裂缝或基质内高速非线性系数,m^{-1},其中下标 F 为裂缝,m 为基质;ρ_{p} 为 p 相流体密度,g/cm³。

高速非线性系数 β_{F} 是描述高速非线性对流体渗流影响程度的关键参数。基质和裂缝的高速非线性系数的确定方法具有一定的差异。

1. 基质孔隙中高速非线性系数

高速非线性系数与孔隙结构密切相关。随着孔隙喉道半径增加,孔隙迂曲度减小,渗透率增加,高速非线性系数降低,基质孔隙内流体高速非线性渗流效应增强。通过实验测定(渗透率 0.03 ~ 100mD)(Noman and Archer, 1987),基质孔隙中高速非线性系数关系式(图 2.11):

$$\beta_{\mathrm{m}} = \frac{4.19\times10^{11}}{K_{\mathrm{m}}^{1.57}} \tag{2.4}$$

式中,K_{m} 为基质渗透率,mD;β_{m} 为基质高速非线性系数,m^{-1}。

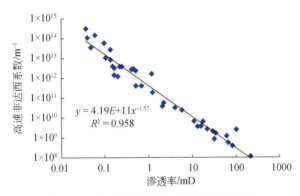

图 2.11 高速非线性系数与渗透率的关系

2. 裂缝内高速非线性系数

通过实验测定(裂缝渗透率 0.1 ~ 10mD)(Pascal et al., 1980)结果,得到确定裂缝内高速非线性系数的计算方法:

$$\beta_{\mathrm{F}} = \frac{4.8\times10^{12}}{K_{\mathrm{F}}^{1.176}} \tag{2.5}$$

式中,K_{F} 为裂缝渗透率,mD;β_{F} 为裂缝高速非线性系数,m^{-1}。

(二)拟线性渗流与机理

当压力梯度大于拟线性临界压力梯度且小于高速非线性临界压力梯度时,流动速度与压力梯度呈拟线性关系,表现为不过原点、存在启动压力梯度的渗流特征曲线(图 2.12),其动力学特征方程表述为

$$\begin{cases} \vec{v}_{\mathrm{p}} = -\dfrac{K_{\mathrm{f,m}}}{\mu_{\mathrm{p}}}\nabla P_{\mathrm{p}} & \text{线性渗流} \\[2ex] \vec{v}_{\mathrm{p}} = -\dfrac{K_{\mathrm{f,m}}}{\mu_{\mathrm{p}}}(\nabla P_{\mathrm{p}} - G_{\mathrm{pc}}) & G_{\mathrm{pb}} \leqslant |\nabla P_{\mathrm{p}}| \leqslant G_{\mathrm{pd}} \quad \text{拟线性渗流} \end{cases} \tag{2.6}$$

式中,$K_{\mathrm{f,m}}$ 为微裂缝或基质的渗透率,mD,其中 f 为微裂缝,m 为基质;G_{c} 为拟启动压力梯度,MPa/m;G_{b} 为拟线性临界压力梯度,MPa/m。

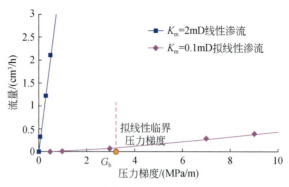

图 2.12　致密油拟线性渗流特征曲线

(三) 低速非线性渗流

当驱替压力梯度小于启动压力梯度时,流体无法克服界面吸附层或水化膜产生的附加阻力,不发生流动;当驱替压力梯度大于启动压力梯度且小于拟线性临界压力梯度时,流体流动速度低,流动速度与压力梯度偏离线性关系,呈现低速非线性渗流特征(图 2.13)。

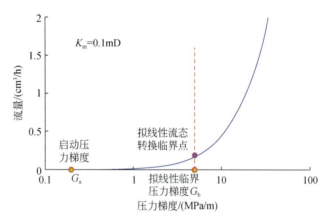

图 2.13　致密油低速非线性渗流特征曲线

实验结果表明,流体流动受孔隙结构影响明显,在低驱替压力梯度下,孔隙喉道半径较小时,流体不可流动;当驱替压力梯度大于启动压力梯度时,较大喉道半径的孔隙内流体先动用,然后是小喉道半径的孔隙动用;随着驱替压力梯度的增加,大喉道半径的孔隙内流体先发生流态转换(图 2.14)。启动压力梯度、拟线性临界压力梯度与喉道半径呈幂函数关系,其表达式分别为

$$G_a = 0.087 \cdot r^{-0.927} \tag{2.7}$$

$$G_b = 2.9623 \cdot r^{-0.491} \tag{2.8}$$

式中,G_a 为启动压力梯度,MPa/m;G_b 为拟线性临界压力梯度,MPa/m;r 为孔隙喉道半径,μm。

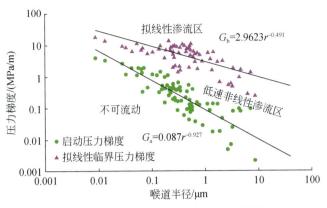

图 2.14　致密油低速非线性渗流界限图

1. 致密油低速非线性渗流特征与机理

致密砂岩油藏,在纳微米级裂缝及基质孔隙内,无论是油水两相渗流,还是单相油渗流,均存在启动压力梯度,只有驱动压力梯度大于启动压力梯度时,流体才能克服阻力开始流动。流体流动形态表现为低速非线性渗流,其动力学特征方程表述为

$$
\begin{cases}
\vec{v}_o = 0 & |\nabla P_o| < G_{oa} \\
\vec{v}_o = -\dfrac{K_{m,f}}{\mu_o}(\nabla P_o - G_{oa})^n & G_{ob} \geqslant |\nabla P_o| \geqslant G_{oa}
\end{cases}
\tag{2.9}
$$

式中,$K_{m,f}$ 为基质或微裂缝、纳米缝的渗透率,mD;m 为基质;f 为微裂缝或纳米缝;G_a 为启动压力梯度,MPa/m;o 为油相;n 为非线性渗流系数,与储层孔喉结构及流体性质有关。

启动压力梯度与储层物性、孔隙结构及含水饱和度等因素有关。随着渗透率的降低,启动压力梯度增大,渗透率越小,启动压力梯度越大;储层越致密,孔喉越细小,含水饱和度越高,启动压力梯度越大。

实验研究结果表明,致密储层岩心孔隙系统由纳微米级小孔道组成,流体只有克服启动压力梯度才能开始流动,此时岩心渗透率增加,随着压力梯度的不断增大,更多孔道内流体参与渗流,岩心渗透率随之变大,因此岩心有效渗透率是不断增加的过程(图 2.15),致密岩心有效渗透率的变化公式为

$$
K_m = A_m \cdot \ln|\nabla P| + B_m
\tag{2.10}
$$

式中,A_m、B_m 为拟合系数,$A_m = 0.0326 \cdot (K_{m\infty}/\mu_o)^{1.0942}$,$B_m = 0.3436 \cdot (K_{m\infty}/\mu_o)^{1.8427}$;$K_m$ 为基质有效渗透率,mD;$K_{m\infty}$ 为基质气测渗透率,mD;∇P 为压力梯度,MPa/m;μ_o 为原油黏度,mPa·s。

同一介质,由不同比例、不同尺度孔隙构成,启动压力梯度不同,流体流动产生的表面效应不同,即使启动压力梯度相同,产生的表面效应也不同,导致非线性渗流指数 n 值大小不同。n 值越大,表面效应越弱,流体越易流动,n 值越小,表面效应越强,流体越难流动。实验研究表明,n 值为 0.9~1.2,同一压力梯度下,随着 n 值的增加,低速非线性渗流阶段流体流速增大(图 2.16)。

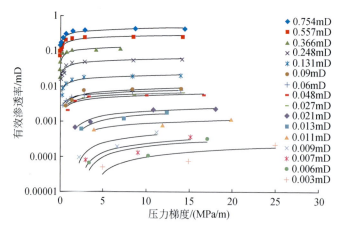

图 2.15　致密油有效渗透率随驱替压力梯度变化图

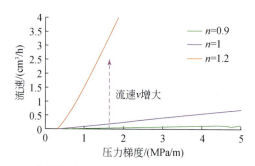

图 2.16　非线性渗流指数对低速非线性渗流规律的影响

对于不同渗透率致密岩心,非线性渗流指数 n 值相同时,随着渗透率降低,启动压力梯度增加,低速非线性渗流阶段延长,曲线右移(图 2.17);对于同一渗透率岩心,非线性渗流指数 n 相同,随着流体黏度增加,流体所受表面效应增加,表现为启动压力梯度增大,流体流速降低,低速非线性渗流阶段延长(图 2.18)。

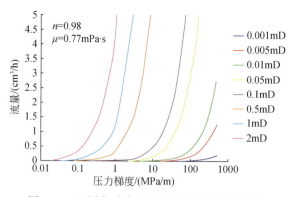

图 2.17　不同介质渗透率下非线性渗流规律图

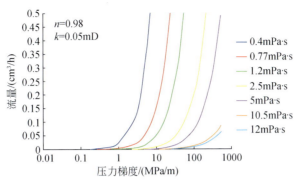

图 2.18　同一介质不同黏度下非线性渗流规律图

2. 致密气低速非线性渗流特征与机理

对于致密气来说,含水致密砂岩气藏纳微米级基质孔隙内,存在气水两相,气体流动受含水影响而产生启动压力梯度,因此含水致密砂岩气藏低速非线性渗流机理包括启动压力梯度、滑脱效应、扩散效应;对于无水致密砂岩气藏,纳微米级基质孔隙内气体流动为单相气体渗流,不存在启动压力梯度,在低渗低压情况下,仅存在滑脱效应与扩散效应(图2.19)。

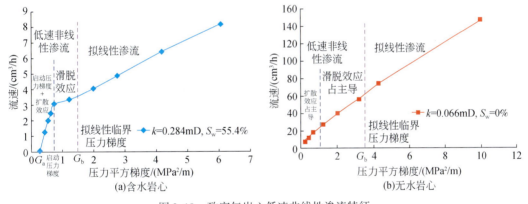

图 2.19　致密气岩心低速非线性渗流特征

实验研究结果表明(周克明等,2003;刘晓旭等,2008):含水致密砂岩岩心内气体渗流呈现转折型复合气体渗流特征,渗流曲线初始段延长交于横轴,表现为气体渗流存在启动压力梯度,渗流主要受启动压力梯度影响。随着压力梯度的增加,气体渗流速度增大,渗流曲线延长交于纵轴,存在一"初始流速",气体渗流主要受滑脱效应影响(压力很低时,受扩散效应影响),渗流曲线呈转折形,曲线转折点即为气体渗流规律发生变化的转折点[图 2.19 (a)],随着压力梯度的进一步增加,气体渗流表现为拟线性渗流。无水致密砂岩岩心内气体渗流曲线呈现上凸形,曲线延长与横轴无交点,不考虑启动压力梯度影响。曲线宏观上表现为低速非线性渗流与拟线性渗流两个阶段,在低速非线性渗流阶段,压力较低时(压力梯度很低),气体主要呈现为气体分子的扩散运动,即扩散效应占主导。随着压力梯度的增大,气体由分子扩散运动转换为宏观气体分子流动,即滑脱效应占主导[图 2.19(b)]。

含水致密砂岩气藏考虑启动压力梯度、扩散效应及滑脱效应影响（Cui et al.，2009；Darabi et al.，2012）的低速非线性渗流的动力学特征方程为

$$
\begin{cases}
\vec{v}_g = 0 & |\nabla P_g| < G_{ga} \\
\vec{v}_g = -\dfrac{K_{m,f}}{\mu_g}(\nabla P_g - G_{ga})^n + \dfrac{K_{m,f}}{\mu_g}\left(\dfrac{b}{\bar{P}_g} + \dfrac{32\sqrt{2RT}\mu_g}{3r\sqrt{\pi M}\bar{P}_g}\right)\nabla P_g & G_{gb} \geqslant |\nabla P_g| \geqslant G_{ga}
\end{cases}
\tag{2.11}
$$

无水致密砂岩气藏考虑扩散效应及滑脱效应影响的低速非线性渗流的动力学特征方程为

$$
\vec{v}_g = -\frac{K_{m,f}}{\mu_g}\left(1 + \frac{b}{\bar{P}_g} + \frac{32\sqrt{2RT}\mu_g}{3r\sqrt{\pi M}\bar{P}_g}\right)\nabla P_g \qquad |\nabla p_g| \leqslant G_{gb}
\tag{2.12}
$$

式中，$\vec{v}_g$ 为气相流速，m/s；$K_{m,f}$ 为基质或纳米裂缝的渗透率，mD；$\bar{P}_g$ 为平均地层压力，MPa；b 为滑脱因子，MPa；T 为绝对温度，K；r 为喉道半径，μm；M 为气体摩尔质量，g/mol；R 为气体摩尔常数，J/mol·K；μ_g 为气体黏度，mPa·s。

启动压力梯度测试实验结果表明，启动压力梯度与岩心渗透率呈明显负相关关系，$G_{ga} = a \cdot K^{-b_w}$（图 2.20）；系数 a 与含水饱和度 S_w 呈指数函数关系，系数 b_w 与含水饱和度呈线性关系（图 2.21）。通过对 18 块致密砂岩岩心启动压力梯度实验结果分析得出，致密砂岩气藏启动压力梯度与渗透率、含水饱和度的关系式为

$$
G_{ga} = a \cdot K^{-b_w} = 6 \times 10^{-8} e^{23.473 S_w} \cdot K_m^{(2.3366 S_w - 2.2676)}
\tag{2.13}
$$

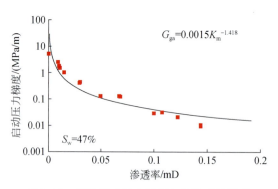

图 2.20　气体启动压力梯度与渗透率的关系

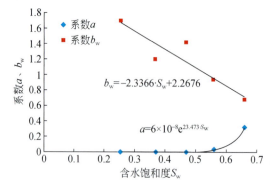

图 2.21　系数 a、b_w 与含水饱和度的关系

　　分析25块致密砂岩岩心样品的滑脱效应实验数据表明,渗透率与滑脱因子具有明显的负相关特征。渗透率越低,滑脱因子越大,滑脱效应越强(图2.22)。同时,孔喉半径越小,滑脱因子越大,滑脱效应越明显,在相同渗透率下,小喉道占比越大,滑脱效应越强(Civan, 2010)。

$$b = 0.0315 K_{m\infty}^{-0.6192} \tag{2.14}$$

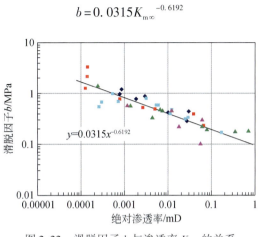

图2.22　滑脱因子 b 与渗透率 $K_{m\infty}$ 的关系

第三节　驱油机理

　　致密油气藏发育不同尺度孔隙与裂缝介质,不同介质驱油机理存在差别。总体来说,致密油气既有常规驱油机理,又有各自特殊的驱油机理(表2.4、表2.5)。常规驱油机理包括黏滞流动、压实作用、流体膨胀及重力作用;致密油特殊的驱油机理包括渗吸和溶解气驱;致密气特殊的驱动机理包括滑脱、扩散和解吸。

表2.4　致密油气驱油机理对比表

常规机理(生产初期)	致密油特殊机理(生产后期)	致密气特殊机理(生产后期)
黏滞流动	溶解气驱	解吸
压实作用	渗吸	滑脱
流体膨胀	扩散	
重力作用		

表2.5　致密油气驱动机理表述表

驱油机理	机理	基本方程	模式图
黏滞流动	压差作用下、流体受黏滞力影响,在多孔介质内的宏观连续流动	$\vec{v}_{\text{黏滞},p} = -\dfrac{K \cdot K_{rp}}{\mu_p} \nabla (P_i - P_j)_p$ $p = o, g, w$	黏滞流动

驱油机理	机理	基本方程	模式图
重力驱动	流体在重力作用下流动,驱使孔隙中流体向外流动	$\vec{v}_{重力,p} = -\dfrac{K \cdot K_{rp}}{\mu_p} \cdot \nabla [\rho_p \cdot g \cdot (D_i - D_j)]$ $p = o, g, w$	
压实作用	随着生产的进行,流体采出,油气藏孔隙压力不断下降,有效应力增大,孔隙与裂缝压实、变形、缩小,导致孔隙体积缩小,驱使岩石孔隙内的流体向外流出	$C_R = -\dfrac{1}{V}\left(\dfrac{\partial V}{\partial P}\right)_{压实作用} = \dfrac{1}{\phi}\left(\dfrac{\partial \phi}{\partial P}\right)$ $\phi = \phi_0 \cdot [1 + C_R(P - P_0)]$	
流体弹性膨胀	随着油气的采出,孔隙压力不断降低,受流体弹性影响,孔隙内原油(天然气)发生体积膨胀,驱使孔隙中流体向外流出	$C_f = -\dfrac{1}{V}\left(\dfrac{\partial V}{\partial P}\right)_{流体膨胀} = \dfrac{1}{\rho}\left(\dfrac{\partial \rho}{\partial P}\right)$ $\dfrac{\rho_p}{B_p} = \rho_0 \cdot [1 + C_f(P - P_0)]$ $p = o, g, w$	
溶解气驱(致密油)	当地层压力下降至低于原油饱和压力时,随着压力的下降,原油中的溶解气逐渐分离出来,溶解气的弹性膨胀驱使孔隙中的原油向外排出	$\rho_{gd} = \dfrac{\rho_{gsc} \cdot R_{g,o}(P)}{B_o}$	
渗吸作用(致密油)	致密油体积压裂下,由于毛管力的作用,水渗入到基质孔隙内,渗入到基质中的水将油替换出来渗流到裂缝中,在压差作用下将裂缝中的油驱替排出	$\vec{v}_{渗吸} = -\dfrac{K \cdot K_{rp}}{\mu_p}(P_{cow,i} - P_{cow,j})_p$ $p = o, w$	
滑脱效应(致密气)	低孔、低渗、低压条件下,天然气在孔道壁表面的流动速度不为零,增大了孔道内流体流量,在压力梯度作用下从孔隙中排出	$\vec{v}_{滑脱,g} = -\dfrac{K}{\mu_g}\dfrac{b}{\bar{P}_g}\nabla P_g$	
扩散作用(致密气)	在低孔、低渗、低压条件下,气体分子与孔隙壁面分子的碰撞概率大大增加,发生不定向运动,在压力梯度作用下气体从纳米级孔隙内排出	$\vec{v}_{扩散,g} = -\dfrac{K}{\mu_g}\dfrac{32}{3r}\dfrac{\sqrt{2RT}\mu_g}{\sqrt{\pi M}\bar{P}_g}\nabla P_g$	
解吸作用(致密气)	随着地层压力的降低,当地层压力降至吸附气临界解吸压力以下时,吸附气体由吸附态转化为游离态,从孔隙中排出	$P_{cd} = \dfrac{V_a}{b_L(V_L - V_a)}$	

在致密油气藏生产过程中,不同生产阶段,致密油气主要驱油机理不同,同一生产阶段,距井筒不同距离的位置处驱油机理也不相同(图2.23、图2.24)。黏滞流动和重力驱替存在于致密油气藏整个开发过程中,生产初期黏滞流动作用与压实作用强,随着开发的进行,黏滞流动作用与压实作用逐渐减弱;初期压力下降快,压实作用及流体弹性膨胀作用强,后期压降小,压实作用及流体弹性膨胀作用弱。对于致密油来说,当油藏压力下降至低于饱和压力时,溶解气驱作用逐渐增强,同时,随着地层压力的降低,渗吸发生作用增强;对于致密气来说,当地层压力降至解吸压力时,气体发生解吸,随着地层压力的进一步降低,气体的滑脱效应与扩散作用增强。

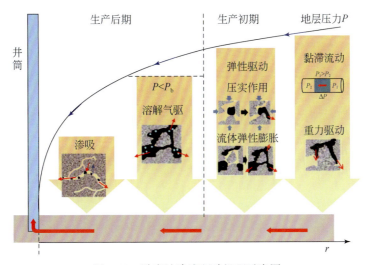

图2.23　致密油渗流驱动机理示意图

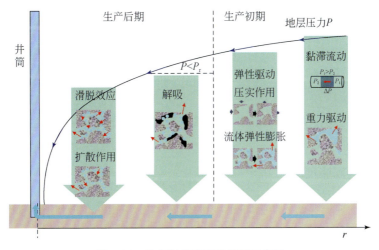

图2.24　致密气渗流驱动机理示意图

一、致密油气常规驱油机理

(一) 黏滞流动机理

致密油气藏的黏滞流动是指压差作用下,流体受黏滞力影响,在多孔介质内的宏观连续流动(潘锦珊,2012)。致密油气的黏滞流动可分成四种流动状态:高速非线性渗流、线性渗流、拟线性渗流及低速非线性渗流。由于每种流态流体运动规律不同,其动力学方程表征为

$$
\begin{cases}
-\nabla P_\mathrm{p} = \dfrac{\mu_\mathrm{p}\vec{v}_\mathrm{p}}{K_\mathrm{F,m}} + \beta_\mathrm{F,m}\rho_\mathrm{p}\vec{v}_\mathrm{p}\,|\,\vec{v}_\mathrm{p}\,| & |\nabla P_\mathrm{p}| \geqslant G_\mathrm{pd} & \text{高速非线性渗流} \\[2ex]
\vec{v}_\mathrm{p} = -\dfrac{K_\mathrm{f,m}}{\mu_\mathrm{p}}\nabla P_\mathrm{p} & & \text{线性渗流} \\[2ex]
\vec{v}_\mathrm{p} = -\dfrac{K_\mathrm{f,m}}{\mu_\mathrm{o,g}}(\nabla P_\mathrm{p} - G_\mathrm{pc}) & G_\mathrm{pb} \leqslant |\nabla P_\mathrm{p}| \leqslant G_\mathrm{pd} & \text{拟线性渗流} \\[2ex]
\vec{v}_\mathrm{p} = -\dfrac{K_\mathrm{m,f}}{\mu_\mathrm{o,g}}(\nabla P_\mathrm{p} - G_\mathrm{pa})^n & G_\mathrm{pb} \geqslant |\nabla P_\mathrm{p}| \geqslant G_\mathrm{pa} & \text{低速非线性渗流} \\[2ex]
\vec{v}_\mathrm{p} = 0 & |\nabla P_\mathrm{p}| < G_\mathrm{pa} & \text{不可流动}
\end{cases}
\tag{2.15}
$$

(二) 压实作用机理

压实作用是指致密油气藏投入开发后,随着生产的进行,流体采出,油气藏孔隙压力不断下降,有效应力增大,孔隙与裂缝压实、变形、缩小,导致孔隙体积缩小,驱使岩石孔隙内的流体向外流出(何更生,1994)。由于岩石的压实作用,将油藏储层孔隙中的大量流体排出,其压实驱油的基本方程为

$$
C_\mathrm{R} = -\frac{1}{V}\left(\frac{\partial V}{\partial P}\right)_{\text{压实作用}} = \frac{1}{\phi}\left(\frac{\partial \phi}{\partial P}\right) \tag{2.16}
$$

$$
\phi = \phi_0 \cdot [1 + C_\mathrm{R}(P - P_0)] \tag{2.17}
$$

式中,C_R 为岩石孔隙体积压缩系数,$1/\mathrm{MPa}$;V 为岩石孔隙的体积,m^3;P_0 为油气藏原始地层压力,MPa;P 为目前地层压力,MPa;ϕ_0 为油气藏原始地层压力下的孔隙度,无因次;ϕ 为目前地层压力下的孔隙度,无因次。

(三) 流体弹性膨胀机理

流体弹性膨胀是指随着致密油气藏流体的采出,孔隙压力不断降低,受流体弹性影响,孔隙内原油(天然气)发生体积膨胀,驱使孔隙中流体向外排出(何更生,1994;肖前华,2015)。流体弹性膨胀的基本方程为

$$
C_\mathrm{f} = -\frac{1}{V}\left(\frac{\partial V}{\partial P}\right)_{\text{流体膨胀}} = \frac{1}{\rho}\left(\frac{\partial \rho}{\partial P}\right) \tag{2.18}
$$

$$\rho_{p} = \frac{\rho_{0}}{B_{p}} = \rho_{0} \cdot [1 + C_{f}(P - P_{0})] \tag{2.19}$$

式中，C_{f} 为流体体积压缩系数，$1/\mathrm{MPa}$；ρ_{0} 为油气藏原始地层压力下的流体密度，$\mathrm{g/cm^{3}}$；ρ_{p} 为目前地层压力下的流体密度，$\mathrm{g/cm^{3}}$；B_{p} 为目前地层压力 P 下的流体体积系数，$\mathrm{m^{3}/m^{3}}$；$\mathrm{p = o}$，$\mathrm{g, w}$，分别为油、气、水三相。

油藏总压缩系数与地饱压差相乘即可算出油藏弹性能量。当油藏总压缩系数维持不变时，地层压力与饱和压力之差即地饱压差越大，则油藏弹性能量越大。将岩石压缩系数、含气原油有效压缩系数、束缚水有效压缩系数三者相加即可算出总压缩系数。弹性能量与原油地质储量相乘即得弹性产量，它表示利用地层弹性能力可以采出的总产油量。

(四) 重力驱油机理

致密油气藏流体在重力作用下在不同介质间流动，该驱油机理叫作重力驱。重力驱油包括两种形式：一是靠原油自身的重力在不同介质间流动；二是由于油气密度差异 (或油水密度差异) 引起储层流体运动规律和空间分布形式的改变，迫使不同介质间的流体流动。

考虑重力作用的流体动力学方程表征为

$$\vec{v}_{\text{重力},p} = -\frac{K \cdot K_{rp}}{\mu_{rp}} \cdot \nabla[\rho_{p} \cdot g \cdot (D_{i} - D_{j})] \tag{2.20}$$

式中，$\vec{v}_{\text{重力},p}$ 为油气水系统重力驱的渗流速度，$\mathrm{m/s}$；$\mathrm{p = o, g, w}$ 分别为油、气、水三相；K 为储层渗透率，mD；K_{rp} 为油、气、水的相对渗透率，无因次；g 为重力加速度，$9.8\mathrm{m/s^{2}}$；D 为由某一基准面算起的深度，即重力方向上的坐标，m；ρ_{p} 为油、气、水的相对密度，$\mathrm{g/cm^{3}}$；μ_{p} 为油、气、水相的黏度，$\mathrm{mPa \cdot s}$。

二、致密油特殊驱油机理

(一) 溶解气驱机理

溶解气驱是当地层压力下降至低于原油饱和压力时，随着压力的下降，原油中的溶解气逐渐分离出来，溶解气的弹性膨胀能将孔隙中原油驱替排出。溶解气驱是利用天然能量进行开采的，其采油量与地层岩石压缩系数、原油压缩系数、束缚水压缩系数、溶解气油比、压力降大小等因素有关。

溶解气驱的基本方程为

$$\rho_{gd} = \frac{\rho_{gsc} \cdot R_{g,o}(P)}{B_{o}} \tag{2.21}$$

式中，ρ_{gd} 为溶解气驱气体密度，$\mathrm{g/cm^{3}}$；ρ_{gsc} 为标准状况下溶解气驱气体密度，$\mathrm{g/cm^{3}}$；B_{o} 为地层压力 P 条件下地层原油体积系数；$R_{g,o}$ 为地层压力降至 P 时的溶解气油比，$\mathrm{m^{3}/m^{3}}$ (标准状况)。

一般来说，压缩系数越大，溶解气油比越高，压力降越大，其驱油量越高。压力降对驱油量的影响有两面性,一方面可以释放更多的地层能量采出更多的原油,另一方面会导致井底附近脱气严重,流度大的气体抢先流入井底,导致气窜,油井产量下降,地层能量被快速消耗。

(二)渗吸

毛管力是指毛细管中弯液面两侧非润湿相与润湿相压力之差。渗吸是指润湿相流体在多孔介质中依靠毛管力作用置换非润湿相流体的过程。对于致密油藏体积压裂开发模式下,渗吸指在压力梯度作用下,水在裂缝内流动,同时由于毛管力作用,水渗吸到基质内,渗吸到基质中的水将油替换出来渗流到裂缝中,注入水再将裂缝中的油驱替排出[图2.25(a)](王锐等,2007;张星,2013)。

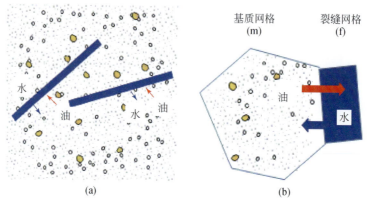

图2.25　致密油不同介质间油水渗吸示意图

致密油的渗吸基本方程为

$$\vec{v}_{\text{渗吸}} = -\frac{K \cdot K_{\text{rp}}}{\mu_{\text{p}}}(P_{\text{cow},i} - P_{\text{cow},j})_{\text{p}} \tag{2.22}$$

式中,$\vec{v}_{\text{渗吸}}$为渗吸速度,m/s;P_{cow}为油水系统的毛管力,MPa;p=o,w为油相或水相;μ_{p}为油相或水相黏度,mPa·s。

在同一孔隙介质(水湿介质)内部,油水相间毛管压力差的作用,会导致润湿相(水相)渗吸进入孔隙内,使得介质内部压力升高,在内外压差作用下,驱替出非润湿相(油相)。由于渗吸和驱替过程与机理不同,相应的毛管压力曲线存在差异(图2.26)。

不同介质间[裂缝介质与孔隙介质(图2.25(b))、大孔隙介质与小孔隙介质],由于毛管压力差作用(裂缝介质$P_{\text{cow}}=0$,孔隙介质$P_{\text{cow}}\neq0$,$\Delta P_{\text{cow}}\neq0$;大孔隙介质与小孔隙介质的$P_{\text{cow}大}<P_{\text{cow}小}$,$\Delta P_{\text{cow}}\neq0$),水相从毛管力低的介质(裂缝介质或大孔隙介质)渗吸进入毛管力高的介质(孔隙介质或小孔隙介质)内,导致介质内部压力升高,在内外压差作用下,油相从孔隙介质或小孔隙介质内被驱替出来。由于介质差异及渗吸和驱替机理不同,导致不同介质间毛管力曲线(图2.27)和油水相渗曲线存在差异(图2.28、图2.29)。

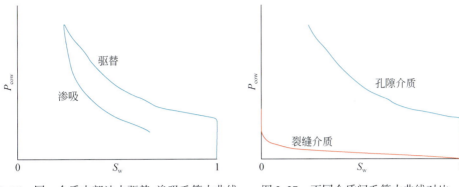

图 2.26 同一介质内部油水驱替、渗吸毛管力曲线　图 2.27 不同介质间毛管力曲线对比

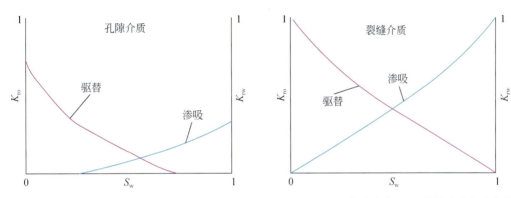

图 2.28 孔隙介质中渗吸、驱替的油水相渗曲线　图 2.29 裂缝介质中渗吸、驱替的油水相渗曲线

　　致密油藏在衰竭式开发、注水吞吐、周期注水、连续水驱等不同开采方式下,由于压差驱动、毛管力作用的综合影响,均存在不同程度的渗吸驱油过程,因此在这些开采方式下,均要考虑渗吸驱油对采油量的影响。

三、致密气特殊驱动机理

(一) 滑脱效应机理

　　致密砂岩气藏储层发育不同尺度孔隙与裂缝,孔隙之间通过形状各异的孔隙喉道连通,孔喉配置关系十分复杂。致密气在低孔、低渗、低压条件下,天然气在孔道壁表面的流动速度不为零,增大了孔道内流体流量,在压力梯度作用下从孔隙中排出,这种现象就是滑脱效应(刘晓旭等,2006;姚广聚等,2009)。

　　据 Klinkenberg 滑脱理论,得到考虑滑脱效应的动力学特征方程:

$$\vec{v}_{滑脱,g} = -\frac{K_{m\infty}}{\mu_g}\frac{b}{\bar{P}_g}\nabla P_g \qquad (2.23)$$

式中,$\vec{v}_{滑脱,g}$ 为滑脱作用下气体流速,m/s;$K_{m\infty}$ 为基质气测渗透率,mD;$\bar{P}_g$ 为平均孔隙压力,

MPa；b 为滑脱因子，MPa。

考虑达西渗流与滑脱效应综合作用的动力学方程为

$$\vec{v}_g = -\frac{K}{\mu_g}\left(1 + \frac{b}{\bar{P}_g}\right)\nabla P_g \tag{2.24}$$

滑脱因子 b 反映了气体渗流滑脱效应的强弱程度，与岩石孔隙结构和气体性质及平均孔隙压力有关（王环玲等，2016；Firouzi，2014a）。

$$b = \frac{4c\bar{\lambda}}{r}\bar{P}_g = \frac{2\sqrt{2}c\kappa T}{\pi D_g^2}\frac{1}{r} \tag{2.25}$$

式中，c 为近似于 1 的比例常数；r 为喉道半径，μm；κ 为玻尔兹曼气体常数，1.38×10^{-23}J/K；T 为绝对温度，K；D_g 为气体分子直径，μm。

（二）扩散作用机理

致密砂岩气藏存在超低含水饱和度现象，气体以吸附态和游离态两种形式存在。在原始条件下，储层渗透率很低，孔喉很小，相应的毛管压力也很高，需要提高压力梯度以使孔隙中气体流动。而由于孔隙喉道细小，气体由孔隙流向微裂缝时，将形成浓度差，基质中气体通过扩散作用流出量增大，与气体在压差作用下流出量具有可比性，故孔隙中扩散效应不可忽视。

致密砂岩储层发育纳米级基质孔隙，喉道细小。致密气在低孔、低渗、低压条件下，气体分子与孔隙壁面分子的碰撞概率大大增加，发生不定向运动，气体渗流不再完全遵循常规达西定律，气体在压力梯度作用下从纳米级孔隙内排出，这种现象就是扩散效应，即克努森扩散。克努森扩散的动力学方程为（姚军等，2013；吴克柳等，2015；Firouzi et al.，2014b；Sheng et al.，2014）：

$$\vec{v}_{扩散,g} = -\frac{K_{m\infty}}{\mu_g}\frac{32\sqrt{2RT}\mu_g}{3r\sqrt{\pi M}\bar{P}_g}\nabla P_g \tag{2.26}$$

考虑达西渗流与克努森扩散流动综合作用的动力学方程为

$$\vec{v}_g = -\frac{K_{m\infty}}{\mu_g}\left(1 + \frac{32\sqrt{2RT}\mu_g}{3r\sqrt{\pi M}\bar{P}_g}\right)\nabla P_g \tag{2.27}$$

式中，$\vec{v}_{扩散,g}$ 为扩散速度，m/s；∇P_g 为气体压力梯度，MPa/m；$\bar{P}_g$ 为平均地层压力，MPa；T 为绝对温度，K；$r = d/2$，d 为喉道直径，μm；M 为气体摩尔质量，g/mol；R 为气体摩尔常数，J/(mol·K)；$K_{m\infty}$ 为基质气测渗透率，mD；μ_g 为气体黏度，mPa·s。

（三）解吸作用机理

致密砂岩气藏发育纳米级基质孔隙，喉道细微，比表面积大，气体赋存状态主要为游离态与吸附态。在致密气开采过程中，随着地层压力的降低，当地层压力降至吸附气临界解吸压力以下时，吸附气体由吸附态转化为游离态，这种现象叫作解吸作用。根据 Langmuir 等温吸附方程，解吸作用的动力学方程为（王伟峰，2013）：

$$q_d = \frac{V_L}{1 + b_L P} \tag{2.28}$$

式中，q_d 为解吸量，cm^3/g；V_L 为解吸过程中最大吸附量，cm^3/g；b_L 为解吸常数，MPa^{-1}；P 为地层压力，MPa。

V_L 反映了储层的最大吸附能力，其物理意义是在给定的温度下，储层岩石吸附甲烷达到饱和时的吸附量。

解吸常数 b_L 为吸附速度、解吸速度与吸附热综合函数，其表达式为

$$b_L = b_0 \exp\left(\frac{Q}{RT}\right) \tag{2.29}$$

式中，b_0 为吸附速度与解吸速度的比值；Q 为吸附热，J；R 为气体常数，$8.314 J/(mol \cdot K)$；T 为地层温度，K。

V_L，b_L 可通过等温吸附/解吸实验准确测定。将解吸方程变形为直线形式：

$$q_d = V_L - b_L q_d P \tag{2.30}$$

通过测定致密岩心样品在同一温度、不同压力条件下达到吸附解吸平衡时所解吸的甲烷气的量，以 q_d 对 P 作图（图 2.30），得到一条近似直线，从直线的截距和斜率可以求得表征致密气吸附特征的最大吸附量 V_L 和解吸常数 b_L 值。

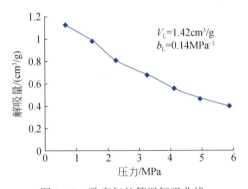

图 2.30　致密气的等温解吸曲线

临界解吸压力是指致密储层纳米孔隙表面上的气体开始解吸时的压力，即实测含气量值在吸附等温线上所对应的压力（邢翔，2013），如图 2.31 所示。其计算公式为

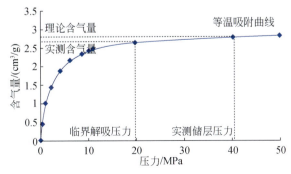

图 2.31　致密气解吸压力与等温吸附曲线示意图

$$P_{cd} = \frac{V_a}{b_L(V_L - V_a)} \tag{2.31}$$

式中，P_{cd} 为临界解吸压力，MPa；V_a 为实测致密气含量，cm^3/g。

气体在致密储层基质颗粒表面上的解吸能力主要受地层压力、储层岩石孔隙大小、含气饱和度、气体组分及温度等因素的影响。

第四节　不同尺度孔隙介质的出油能力

不同尺度孔隙介质的出油能力，取决于不同尺度孔隙介质的几何尺寸（孔隙半径、喉道半径的大小）、物性参数（孔隙度和渗透率）、流体性质（黏度、密度、溶解气油比）、流态及渗流机理（图2.32）。在基质出油能力一定的情况下，基质岩块大小和生产压差大小影响生产能力。致密储层中压力为非瞬时传播，基质动用半径随着时间延长而增加，其变化规律决定了致密油基质岩块在多大范围能有效动用。

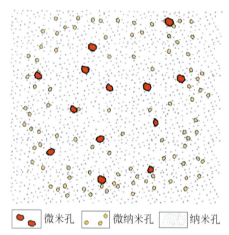

　　　🔴🔴 微米孔　　　🟡🟡 微纳米孔　　　▫️ 纳米孔

图 2.32　发育不同尺度孔隙介质的基质岩块

一、基质岩块出油能力

基质岩块出油能力是指单位面积、单位压差下基质中的流体流到裂缝的能力，反映了基质供给能力的大小。综合室内试验、实际生产数据和数值模拟等不同手段，对致密油基质岩块的出油能力进行综合分析，并研究其影响因素和变化规律，发育不同尺度孔隙介质的基质岩块示意图，如图2.32所示。

（一）通过渗流实验测得基质岩块出油能力

利用四川凉高山、长庆长7致密砂岩储层岩心，通过非线性渗流实验，根据实验测得的流量、岩心两端的压差，以及岩心横截面积和长度，计算得到不同岩心的出油能力（图2.33、图2.34）。

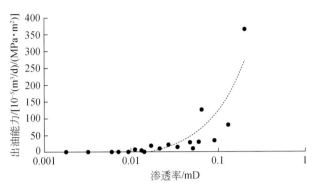

图2.33　四川凉高山砂岩基质出油能力变化曲线

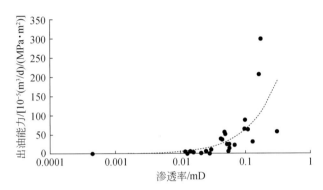

图2.34　长庆长7砂岩基质出油能力变化曲线

从实验结果可见,四川凉高山、长庆长7致密砂岩储层基质岩块的出油能力主要分布在 $12\times10^{-5} \sim 140\times10^{-5}$(m³/d)/(MPa·m²)。同时,基质出油能力随渗透率的增加而增大。

(二)利用生产动态资料计算基质岩块出油能力

利用长庆长7致密油几口水平井的实际生产动态资料,根据产量、生产压差、统计分析的人工裂缝面积,计算得出基质岩块的出油能力(表2.6)。

表2.6　单井基质出油能力计算结果表

井名	产量/(m³/d)	压差/MPa	裂缝面积/m²	基质出油能力/[(m³/d)/(MPa·m²)]
YPHW1	13	15	188064	5.2×10^{-5}
YPHW 6	13.4	4	265920	20×10^{-5}
YPHW 7	11.6	7.7	432000	4×10^{-5}
YPHW 8	14.7	9.4	487488	3.7×10^{-5}
YPHW 9	17.2	8.1	659520	3×10^{-5}

从计算结果可见,长庆长7致密油基质岩块的出油能力为 $3.0\times10^{-5} \sim 20\times10^{-5}$(m³/d)/ (MPa·m²)。当致密储层物性相对较好时,基质出油能力可以达到 20×10^{-5}(m³/d)/(MPa·m²);

而当储层物性相对较差时,基质出油能力只有 $3.0×10^{-5}(m^3/d)/(MPa·m^2)$。

(三)通过数值模拟分析基质岩块出油能力

通过数值模拟方法,模拟计算基质岩块的物性(孔隙度、渗透率、含油饱和度)、流体性质参数(黏度、气油比)、不同尺度孔隙介质数量分布等对基质岩块出油能力的影响,分析其变化规律。

1. 基质岩块物性对出油能力的影响

1)渗透率

渗透率是表征储层本身渗流能力的参数,其大小与孔隙几何形状、喉道半径、孔隙的数量分布与空间分布有关,渗透率直接影响基质岩块的出油能力。

通过对不同渗透率下基质岩块出油能力的模拟计算(图2.35),渗透率对基质出油能力的影响较大。随着渗透率增加,基质岩块出油能力增大,当渗透率从 0.02mD 上升到 0.15mD 时,基质出油能力从 $0.84×10^{-5}(m^3/d)/(MPa·m^2)$ 增加到 $4.74×10^{-5}(m^3/d)/(MPa·m^2)$。

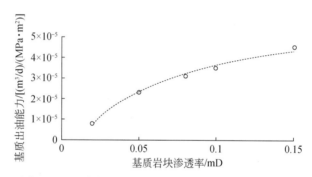

图 2.35　基质岩块渗透率对基质出油能力的影响曲线

2)孔隙度

孔隙度大小反映了基质岩块储集能力的大小,反映基质补给能力的强弱。

通过对不同孔隙度下基质岩块出油能力的模拟计算(图2.36),孔隙度大小对基质出油能力有一定影响。随着孔隙度增加,基质岩块出油能力也相应增大,基本呈线性增长。孔隙度从2%增加到10%时,基质出油能力从 $2.63×10^{-5}(m^3/d)/(MPa·m^2)$ 提高到 $3.45×10^{-5}(m^3/d)/(MPa·m^2)$。

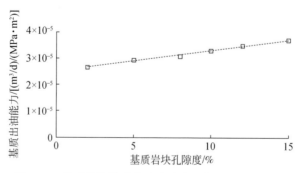

图 2.36　基质岩块孔隙度对基质出油能力的影响曲线

3）含油饱和度

含油饱和度体现了基质孔隙含油性的不同,但不同尺度基质孔隙含油饱和度变化大。

通过模拟计算(图 2.37),随着含油饱和度增大,基质岩块出油能力增加,但是达到一定饱和度时,增幅变缓。这是因为含油饱和度增加,油相流动能力、可动用范围也随之增加,导致基质岩块出油能力增加。

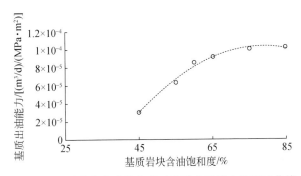

图 2.37　基质岩块含油饱和度对基质出油能力的影响曲线

2. 流体性质对基质出油能力的影响

1）黏度

黏度体现孔隙内流体的流动能力,因此流体黏度的高低直接影响基质出油能力的大小。

通过模拟计算(图 2.38),随着致密油黏度增加,基质出油能力降低。当致密油黏度从 11mPa·s 降低到 0.5mPa·s 时,基质出油能力可提高 5 倍以上。可见,黏度对基质出油能力影响大,对于低流度型致密油,降黏可有效增强其基质出油能力,从而改善开发效果。

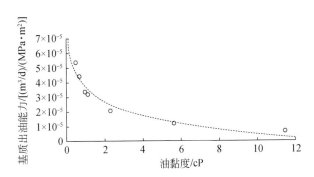

图 2.38　致密油黏度对基质出油能力的影响曲线

2）溶解气油比

溶解气油比反映了储层压力下降至泡点压力时,脱气量的大小,而原油脱气量的多少直接影响地层能量的变化和脱气后地层油黏度的变化,从而影响基质出油能力。

通过模拟计算(图 2.39),随着溶解气油比增加,单位面积单位压差下基质出油能力先增加后降低;溶解气油比在一定范围内增加时,溶解气驱能量增大,基质出油能力增大,溶解气油比超过一定范围时,脱气量加大,地层油黏度大幅增加,流动性变差,因此基质出油能力降低。

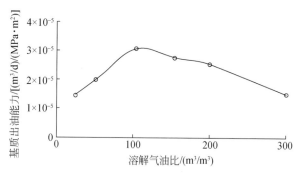

图 2.39　溶解气油比对基质出油能力的影响曲线

3. 不同尺度孔隙介质对基质岩块出油能力的影响

致密储层通常发育微米孔、微纳米孔、纳米孔等不同尺度的孔隙,不同尺度孔隙介质的物性、含油性和可动用性均不同(杜金虎等,2016;孙赞东等,2016;Castellarini et al.,2015[①])。不同尺度孔隙的组成与数量分布直接影响基质出油能力。

通过模拟计算(图 2.40),随着大尺度微米孔隙比例增多、小尺度纳米孔隙介质比例减少,基质出油能力增加,微米孔隙从 10% 增加到 70% 时,基质出油能力增加提高了近 5 倍。

由此可见,不同尺度孔隙介质的组成与数量分布影响了基质岩块的物性、含油性和可动用性,从而导致基质岩块出油能力的差异。

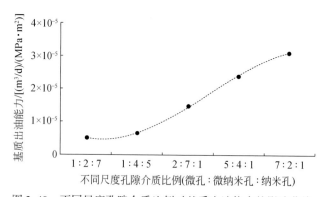

图 2.40　不同尺度孔隙介质比例对基质出油能力的影响曲线

4. 基质岩块大小对产量的影响

致密储层通常会被不同尺度天然/人工裂缝切割成不同大小的基质岩块(Moradi et al.,2015)。在基质岩块出油能力一定的情况下,不同尺度天然/人工裂缝的复杂缝网越发育,基质岩块越小,裂缝条数越多,裂缝面积越大,基质与裂缝的接触面积越大,产量越高。

通过对不同基质岩块大小下生产动态的模拟计算(图 2.41 ～ 图 2.45)得出结论:①不同

---

①　Castellarini P A, Garbarino F, Garcia M N, Sorenson F. 2015. How rock properties understanding from micro to macro scale affect productivity profile of tight reservoirs: Neuquén, Argentina. 13CONGRESS-2015-100.

基质岩块尺寸下,基质出油能力有一定变化,但相对稳定;②基质岩块越小,基质岩块与裂缝的接触面积越大,同时基质到裂缝的渗流距离越短,渗流阻力越小,产量越高,开发效果越好。

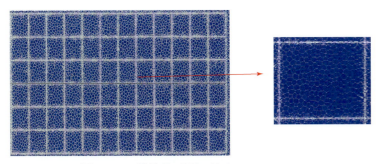

图 2.41　"糖块状"岩块(尺寸 100m×100m)

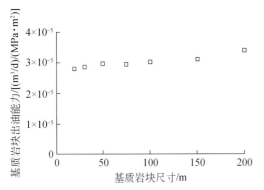

图 2.42　基质岩块尺寸对基质岩块出油
能力的影响曲线

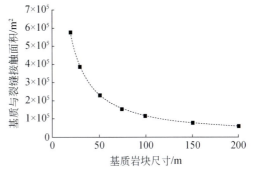

图 2.43　不同基质岩块尺寸对应的基质
与裂缝接触面积

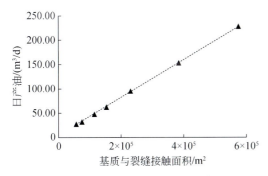

图 2.44　基质与裂缝接触面积对产量
的影响曲线(生产压差为 15MPa)

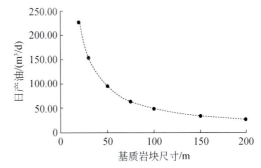

图 2.45　基质岩块尺寸对产量的影响
曲线(生产压差为 15MPa)

5. 生产压差对产量的影响

在基质岩块出油能力一定、基质岩块大小保持不变的情况下,通过对不同生产压差下产量的模拟计算(图 2.46),结果表明,生产压差越大,产量越高。

综上所述,基质岩块出油能力取决于储层物性、含油性、流体性质好坏及不同尺度孔隙的组成与数量分布;基质岩块出油能力一定的情况下,缝网复杂程度(基质岩块大小)和合理的生产压差是提高单井产量的关键。

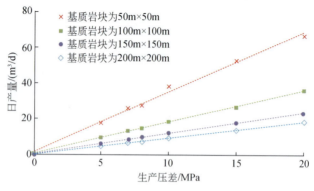

图 2.46　生产压差对产量的影响曲线

二、基质岩块泄油范围

致密储层发育纳微米级基质孔隙,孔喉细小,储层物性差(赵政璋等,2012),压力在致密储层内传播规律与常规储层传播规律不同(Mirzayev et al.,2016)。常规储层内,压力瞬时传播至边界,基质动用半径为一定值[图 2.47(a)]。致密储层内,压力传播具有非瞬时效应的特点,随着传播时间的延长,基质动用半径逐渐增加(朱维耀等,2010)[图 2.47(b)]。

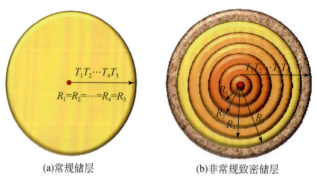

(a)常规储层　　　　　　　(b)非常规致密储层

图 2.47　不同类型储层基质动用半径变化规律对比

(一)利用解析法计算基质泄油半径

针对致密储层特征及基质动用半径非瞬时传播的特点,考虑基质启动压力梯度与应力敏感等复杂非线性渗流机理,建立了致密油基质动用半径计算模型:

$$R(t) = \sqrt{r_w^2 + \frac{4K_{m0}t}{\mu C_t} \Bigg/ \left[\alpha_m + \frac{2\alpha_m e^{-\alpha_m(p_e-p)} \cdot G \cdot R(t) \cdot \ln\frac{R(t)}{r_w}}{1 - e^{-\alpha_m(p_e-p_{wf})} - \alpha_m e^{-\alpha_m(p_e-\bar{p})} \cdot G \cdot [R(t) - r_w]} \right]} \quad (2.32)$$

式中,$R(t)$ 为 t 时刻基质动用半径,m;K_{m0} 为基质初始渗透率,mD;α_m 为基质应力敏感系数,无因次。

利用该模型,计算了致密油开采过程中基质动用半径的变化规律(图 2.48)。在致密油开采过程中,基质岩块的有效动用半径随时间而发生变化,开采时间越长,动用半径越大,开采 3 年时的基质动用半径为 56m,到 10 年时,基质动用半径达到 84m。

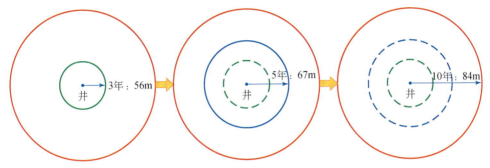

图 2.48　基质岩块有效动用范围示意图

可见,在非常规致密油开采过程中,基质岩块的泄油半径是非瞬时变化的,泄油半径体现了基质岩块的有效动用范围(Stimpson et al.,2016)。

(二)通过数值模拟计算基质泄油半径

对于致密储层被规则裂缝切割成不同大小基质岩块的情况,规则的基质岩块与裂缝交互分布,基质岩块四周被裂缝包围。开采过程中,基质岩块中的油气流入裂缝,裂缝中的油流入井筒。通过模拟计算(图 2.49),基质岩块的泄油半径随开采时间的延长而增大,开采 3 年时的基质泄油半径为 62m,到 10 年时,基质泄油半径达到 125m。在开采过程中,压降从裂缝面向基质岩块内部逐渐非瞬时传播,时间越长,压力传播前缘与裂缝面距离越大,动用范围越大,基质泄油半径越大。

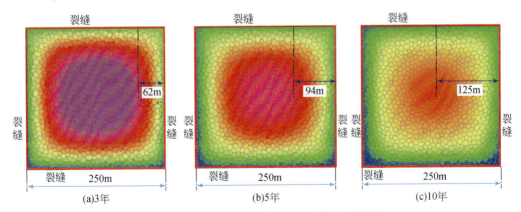

图 2.49　规则基质岩块有效动用范围示意图

对于致密储层被不规则天然/人工裂缝切割成不同形状、不同大小基质岩块的情况,不规则的基质岩块与不同尺度裂缝交互分布。通过模拟计算(图 2.50),基质岩块越小,渗流距离越短,动用程度越高;基质岩块越大,渗流距离越长,动用程度越低。由此可见,基质岩块尺寸越小,动用效果越好。

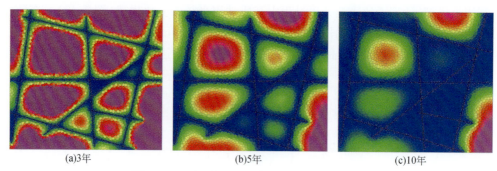

(a)3年　　　　　　　　(b)5年　　　　　　　　(c)10年

图 2.50　不规则基质岩块有效动用范围示意图

第五节　不同尺度孔缝介质耦合开采机理

致密油气藏发育不同尺度的孔缝介质,不同尺度孔缝介质在储层中呈非连续离散分布、其几何与物性参数、流体性质与流动特征差异大,并存在复杂的耦合流动关系。因此,在开采过程中,不同尺度孔缝介质间存在极强的耦合开采机理,同时不同尺度孔缝介质在不同生产阶段发挥的作用及对生产的贡献差异大。

一、多重介质间的耦合流动关系

(一)不同尺度孔缝介质的非连续离散空间分布

致密油气藏发育不同尺度的微纳米孔隙、复杂天然/人工裂缝网络,具有非均质性强、多尺度、多重介质特征。不同尺度孔隙与裂缝介质类型多,在空间上呈非连续离散分布,相互间呈交互式分布。不同尺度孔缝介质具有各自的几何与物性参数、含油性及流体参数,差异大且呈非连续变化特征(图 2.51)。

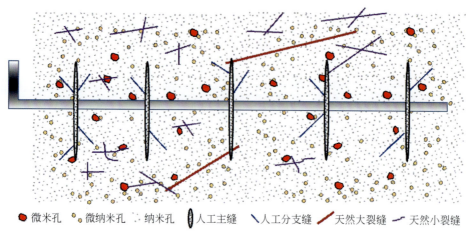

🔴 微米孔　 ⚬ 微纳米孔　 ⋅ 纳米孔　 ⬭ 人工主缝　 ＼ 人工分支缝　 ━ 天然大裂缝　 ╱ 天然小裂缝

图 2.51　致密储层多重介质的空间分布

(二)不同尺度孔缝介质间的耦合流动关系

不同尺度孔缝介质在离散与交互式分布、属性参数非连续变化的条件下,由于相互间的流态与渗流机理差异大,存在极强的耦合流动关系(图 2.52)。

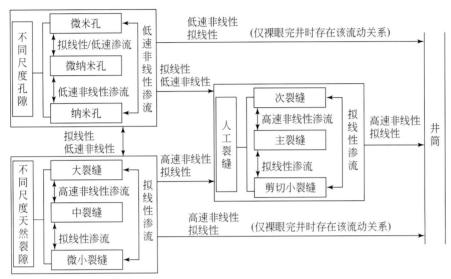

图 2.52　多重介质间的耦合流动关系示意图

1.　不同尺度孔隙间的流动

对于不同尺度孔隙介质,由于孔喉狭窄,几何尺度小、物性差,不同尺度孔隙介质间的流动形态以低速非线性流为主。在压力梯度较大的情况下,尺度相对较大的微米孔与微纳米孔之间可以发生拟线性渗流。

2.　不同尺度天然裂缝间的流动

对于不同尺度的天然裂缝,由于尺度变化大,流态差异大,大中尺度裂缝间以高速非线性渗流为主;而微小裂缝间以拟线性流为主。

3.　不同尺度人工裂缝间的流动

由于几何尺度的差异,不同尺度的人工裂缝之间的流态存在差异。主裂缝开度大,流速快,通常以高速非线性流动为主,次级裂缝与剪切小裂缝开度小,流速慢,通常以拟线性渗流为主。

4.　不同尺度孔隙、天然/人工裂缝、井筒间的流动

不同尺度孔隙通过低速非线性、拟线性渗流的形式流到不同尺度的天然裂缝中,天然裂缝又通过高速非线性、拟线性渗流的形式流到人工裂缝,人工裂缝以高速非线性、拟线性渗流的形式流入井筒。当采用裸眼完井时,不同尺度的孔隙、天然裂缝也可直接流入井筒。

由于不同尺度孔隙、天然/人工裂缝呈非连续、交互式分布,在非常规致密油气藏的实际开采过程中,不同尺度孔缝介质间及其与井筒间存在多种流态的耦合流动关系。

(三)不同尺度孔缝介质在开采过程中发挥的作用不同

在生产过程中,不同尺度孔缝介质发挥的作用及对生产的贡献存在差异,只有不同尺度裂缝与基质孔隙的有机匹配才能实现致密油气藏的有效开发(表 2.7)。

表 2.7　不同尺度孔缝介质发挥的作用

介质类型	不同介质发挥的作用
大中尺度裂缝	延伸远,单缝控制范围和控制储量大;导流能力强,影响初产高低及产量规模
微小尺度裂缝	延伸短,控制范围有限,连通基质与大裂缝,有效动用基质岩块
不同尺度微纳米孔隙	储量的基础,发挥补给作用;不同级别孔隙对产能的贡献不同,影响中后期的产量水平

大中尺度裂缝延伸远、控制范围广,单缝控制储量大,同时其导流能力强,能直接影响单井初期产能的大小及产量规模。

微小尺度裂缝延伸较短,控制范围有限,起到沟通基质孔隙与大中尺度裂缝的渗流通道作用,可以有效动用基质岩块。

不同尺度微纳米孔隙是储量的基础,主要发挥后期补给的作用,不同级别孔隙的动用程度及对产能的贡献不同,主要影响中、后期生产阶段的产量水平。

二、不同生产阶段的耦合开采机理

在非常规致密油气藏的开采过程中,不同尺度孔缝介质的出油能力差异大,其耦合流动关系及耦合开采机理存在极大差异,而且不同孔缝介质在不同阶段发挥的作用及贡献不同。通过机理分析及数值模拟结果表明,只有不同尺度孔隙与不同尺度天然/人工裂缝的有机匹配才能实现致密油气藏的有效开发。

(一)不同尺度孔缝介质的耦合开采机理

根据致密油开发生产动态特征,可以将生产过程划分为三个阶段,即初期高产快速递减、中期过渡和后期低产缓慢递减阶段(图 2.53)(邹才能等,2013;杜金虎等,2014)。在不同生产阶段,不同尺度孔缝介质发挥的作用、耦合开采机理不同,其生产动态特征及开发规律存在差异(Clarkson and Pedersen,2011)(表 2.8、图 2.53、图 2.54)。

表 2.8　多重介质不同生产阶段耦合开采机理

阶段	孔缝介质及其作用	耦合开采机理	生产动态特征
初期高产快速递减	人工裂缝:沟通井筒与附近孔缝 大中裂缝:沟通井筒、人工裂缝与附近孔隙裂缝附近的微纳米孔隙	压差(黏滞作用、重力作用) 裂缝变形与闭合(压实作用)	初期产量高、递减快,累计产量贡献42%
中期过渡	中小尺度裂缝:沟通人工/天然裂缝与微纳米孔隙 微纳米孔隙:补给作用	压差(黏滞作用、重力作用) 裂缝变形与闭合(压实作用) 基质孔隙的压实作用 原油膨胀	中期产量较低、递减较慢,累计产量贡献33%

阶段	孔缝介质及其作用	耦合开采机理	生产动态特征
后期低产缓慢递减	微小尺度裂缝:沟通大中裂缝与微纳米孔隙,实现动态平衡 微纳米孔隙:补给作用	压差作用减弱 基质孔隙压实减弱 原油膨胀 溶解气驱 渗吸作用	后期产量低、递减缓慢,累计产量贡献25%

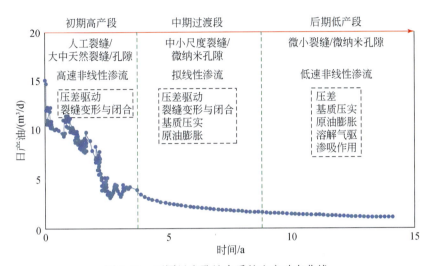

图 2.53　不同尺度孔缝介质的生产动态曲线

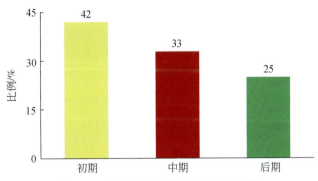

图 2.54　不同生产阶段累产的贡献比例

1. 初期高产快速递减阶段

在该阶段,发挥作用的孔缝介质主要包括人工裂缝、大中尺度天然裂缝和裂缝周围的微纳米孔。微纳米孔中的油流向裂缝,再通过裂缝流向井筒。该阶段的耦合开采机理主要包括压差(黏滞作用、重力作用)及裂缝变形与闭合(压实作用)(Xiong et al.,2016;Salam Al-Rbeawi,2016)。该阶段典型的生产动态特征为产量高、递减快,该阶段对累计产量的贡献约占42%。

2. 中期过渡阶段

在该阶段,主要是中小尺度天然裂缝和微纳米孔隙发挥作用。这一阶段的主要驱动机理是压差作用、裂缝的变形和闭合、基质的压实作用及原油膨胀。该阶段相对于初期阶段,产量递减变缓,对累计产量贡献约占33%。

3. 后期低产缓慢递减阶段

在该阶段,主要是微小尺度天然裂缝和微纳米孔隙发挥作用,微纳米孔隙的补给作用与微小尺度裂缝的流动实现了动态平衡。这一阶段压差作用及基质的压实作用减弱,主要驱动机理为原油膨胀、溶解气驱与渗吸作用。该阶段产量较低,递减缓慢,对累计产量贡献约占25%。

(二)不同尺度孔缝介质发挥的作用

在非常规致密油气藏中,不同尺度孔缝介质在储量构成中所占比例不同,在开发过程中发挥的作用存在较大差异。对不同尺度孔缝介质的开采过程进行了模拟计算,并分析了不同尺度孔缝介质在开发过程中发挥的作用及其采出程度(图2.55、图2.56)。

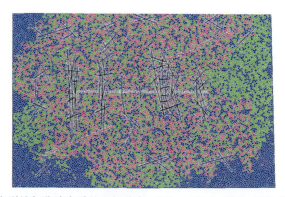

图2.55 不同尺度裂缝与孔隙介质的空间分布(蓝色:纳米孔;绿色:微纳米孔;红色:微米孔)

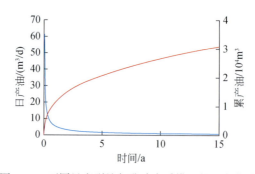

图2.56 不同尺度裂缝与孔隙介质模型的生产曲线

在致密油气藏中,储量主要分布在基质孔隙中,基质孔隙储量占比高达96.57%(其中微米孔占比21.44%,微纳米孔占比32.13%,纳米孔占比46.27%),裂缝储量占比仅为3.43%(其中大尺度裂缝占比5.72%,中尺度裂缝占比8.57%,微小尺度裂缝占比85.71%)

(表2.9)。

表 2.9　不同尺度介质的储量在储量构成中所占比例统计表

介质类型	大裂缝	中裂缝	微小裂缝	裂缝总量	微米孔	微纳米孔	纳米孔	基质总量
储量/$10^4 m^3$	0.08	0.12	1.2	1.4	8.46	12.68	18.26	39.46
占比/%	5.72	8.57	85.71	3.43	21.44	32.13	46.27	96.57

通过15年的开采,在累积采出量中,基质孔隙累积采出量占比达72.9%(其中微米孔占比47.56%,微纳米孔占比36.44%,纳米孔占比16%);裂缝累积采出量占比27.1%(其中大尺度裂缝占比9.31%,中尺度裂缝占比11.93%,微小尺度小裂缝占比78.76%)(表2.10)。

表 2.10　不同尺度介质的采出量、采出程度及所占比例统计表

介质类型	大裂缝	中裂缝	微小裂缝	裂缝总量	微米孔	微纳米孔	纳米孔	基质总量
采出量/$10^4 m^3$	0.078	0.1	0.66	0.838	1.07	0.82	0.36	2.25
占比/%	9.31	11.93	78.76	27.10	47.56	36.44	16.00	72.90
采出程度/%	97.50	83.33	55.00	59.86	12.65	6.47	1.97	5.7

由于不同尺度孔缝介质在开采过程中发挥的作用不同,其采出程度存在较大差异(不同尺度孔缝介质的采出程度,为不同介质的累积采出量与不同介质的原始地质储量之比)。裂缝主要起沟通作用,导流能力强,裂缝中的油气容易开采储量,而其地质储量小,因此其采出程度高,可达59.86%;基质孔隙物性差,需要裂缝沟通,可动用性差,同时地质储量大,因此其采出程度低,仅为5.70%。对于裂缝介质,大中尺度裂缝沟通能力强,采出程度高,其中大尺度裂缝的采出程度为97.50%,中尺度裂缝的采出程度为83.33%;微小尺度裂缝导流能力较弱,采出程度较低,采出程度只有55%。对于基质孔隙介质,大尺度的微米孔物性好,流动能力强,采出程度较高,可以达到12.65%;微纳米孔物性较差,采出程度为6.47%;纳米孔的物性、可动用性差,采出程度仅为1.97%(表2.10)。

(三)不同尺度孔缝介质在不同生产阶段的作用与贡献

在致密油气藏开发过程中的不同生产阶段,不同孔缝介质发挥的作用与对生产的贡献不同(贡献是指不同尺度孔缝介质的在该阶段的累积采出量与所有介质在该阶段的累积采出量之比)。根据动态模拟的结果,对不同尺度孔缝介质在不同生产阶段的贡献进行了统计分析(表2.11)。

1. 不同尺度孔缝介质在不同生产阶段对产量的贡献

大尺度裂缝初期产量高、贡献大,中后期随储量的减少及裂缝的闭合,大尺度裂缝的贡献越来越小;中尺度裂缝初期对产量有一定贡献,中后期随着压力波及范围的扩大,贡献逐渐增大;微小尺度裂缝主要是沟通基质孔隙,通过大中尺度裂缝对产量发挥补给作用,从初期到后期,对产量的贡献逐步增大。

基质孔隙初期以微米孔为主要产油介质,随后微米孔的贡献逐步降低;微纳米孔隙介质

初期对产量的贡献相对较低,在生产中期有所增加,后期又有所下降;纳米孔在生产初期对产量的贡献很小,在中后期逐步增大,发挥主要的供给作用(图2.57)。

表 2.11　不同尺度孔缝介质在不同生产阶段对产量的贡献表

不同阶段	不同介质的采出量/$10^4 m^3$						阶段总采出量/$10^4 m^3$	不同介质的贡献/%					
	大裂缝	中裂缝	微小裂缝	微米孔	微纳米孔	纳米孔		大裂缝	中裂缝	微小裂缝	微米孔	微纳米孔	纳米孔
生产初期	0.074	0.024	0.25	0.52	0.36	0.08	1.308	5.66	1.83	19.11	39.76	27.52	6.12
生产中期	0.002	0.041	0.22	0.35	0.28	0.09	0.983	0.20	4.17	22.38	35.61	28.48	9.16
生产后期	0.002	0.035	0.19	0.2	0.18	0.19	0.797	0.25	4.39	23.84	25.09	22.58	23.84

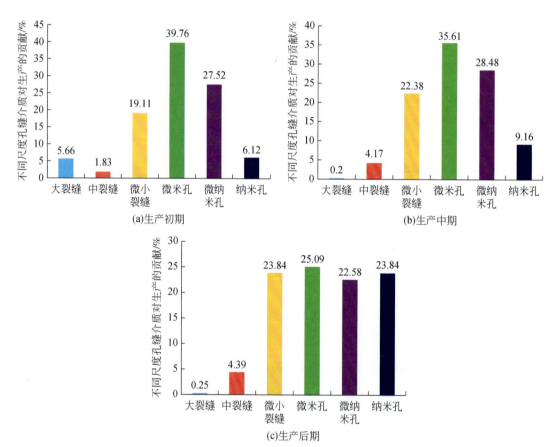

图 2.57　不同尺度孔缝介质在不同生产阶段对产量的贡献

2. 不同尺度孔缝介质在不同生产阶段的采出程度存在差异

大尺度裂缝中的油气在生产初期大压差下快速被采出,采出程度高达90%以上,中后期主要起渗流通道的作用,采出程度很低;中尺度裂缝初期采出程度低,中期随着压力波及范围的扩大,采出程度增加,后期由于储量的减少,采出程度有所降低;微小尺度裂缝在生产初期采出程度相对较高,这是因为在大中尺度裂缝附近,微小缝发育强度较大,这部分裂缝优先被动用,在生产中后期,距离较远的微小缝逐步被沟通,但由于压力降低,采出程度也逐步降低。

不同尺度的孔隙是储量的基础,主要发挥补给作用。微米孔和微纳米孔的几何尺度相对较大,物性和含油性较好,易被动用,生产初期优先被动用,采出程度高,后期随压力的降低采出程度逐步降低;纳米孔尺度小,物性和含油性差,动用难度大,到生产后期随压力波的传播才逐渐被动用,采出程度低(表2.12、表2.13、图2.58、图2.59)。

表 2.12　不同尺度裂缝介质在不同生产阶段的采出程度

不同阶段	不同尺度裂缝介质的原始储量/$10^4 m^3$			不同尺度裂缝介质的采出量/$10^4 m^3$			不同尺度裂缝介质的采出程度/%		
	大裂缝	中裂缝	微小裂缝	大裂缝	中裂缝	微小裂缝	大裂缝	中裂缝	微小裂缝
生产初期	0.08	0.12	1.2	0.074	0.024	0.25	92.50	20.00	20.83
生产中期	0.006	0.096	0.95	0.002	0.041	0.22	2.5	34.17	18.33
生产后期	0.004	0.055	0.73	0.002	0.035	0.19	2.5	29.17	15.83
合计	0.08	0.12	1.2	0.078	0.1	0.66	97.50	83.33	55.00

表 2.13　不同尺度孔隙介质在不同生产阶段的采出程度

不同阶段	不同尺度孔隙介质的原始储量/$10^4 m^3$			不同尺度孔隙介质的采出量/$10^4 m^3$			不同尺度孔隙介质的采出程度/%		
	微米孔	微纳米孔	纳米孔	微米孔	微纳米孔	纳米孔	微米孔	微纳米孔	纳米孔
生产初期	8.46	12.68	18.26	0.52	0.36	0.08	6.15	2.84	0.44
生产中期	7.94	12.32	18.18	0.35	0.28	0.09	4.14	2.21	0.49
生产后期	7.65	12.04	18.09	0.2	0.18	0.19	2.36	1.42	1.04
合计	8.46	12.68	18.26	1.07	0.82	0.36	12.65	6.47	1.97

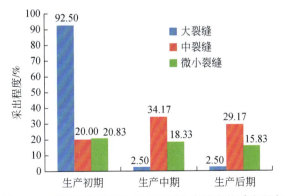

图 2.58　不同尺度裂缝介质在不同生产阶段的采出程度

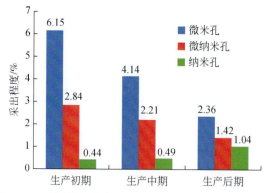

图 2.59　不同尺度孔隙介质在不同生产阶段的采出程度

　　从动用范围来看,生产初期[图 2.60(a)]在大压差作用下,人工裂缝、大尺度天然裂缝及其附近的基质孔隙优先被动用;在生产中期[图 2.60(b)],随压力波及范围的逐步扩大,中小尺度及微裂缝及其附近的基质孔隙逐渐被动用;在生产后期[图 2.60(c)],动用范围进一步扩大,更多被连通的基质孔隙得到进一步动用。

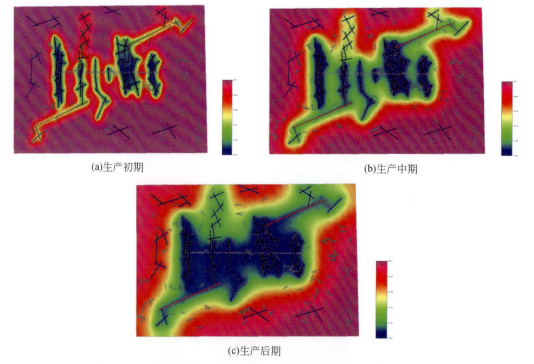

(a)生产初期　　　　　　　　　　　　　　(b)生产中期

(c)生产后期

图 2.60　不同尺度孔缝介质油藏在不同生产阶段的压力分布示意图

参 考 文 献

常学军,姚军,戴卫华,等. 2004. 裂缝和洞与井筒连通的三重介质油藏试井解释方法研究. 水动力学研究与进展,19(3):339~346.

陈元千.2015.对 Aronofsky 渗吸驱油机理经验模型的推导.断块油气田,22(6):773~775.

杜金虎,等.2016.中国陆相致密油.北京:石油工业出版社.

杜金虎,何海清,杨涛,等.2014.中国致密油勘探进展及面临的挑战.石油勘探与开发,19(1):1~8.

葛家理.2003.现代油藏渗流力学原理(上册).北京:石油工业出版社,14~20.

葛家理,宁正福,刘月田,等.2001.现代油藏渗流力学原理.北京:石油工业出版社.

何更生.1994.油层物理.北京:石油出版社.

姜瑞忠,杨仁峰.2010.低渗透油藏非线性渗流理论与数值模拟技术.北京:石油工业出版社,12~15.

康志江.2010.缝洞型碳酸盐岩油藏数值模拟新方法.大庆石油地质与开发,29(1):29~32.

李道品.1999.低渗透油藏开发技术.北京:石油工业出版社.

刘慈群,郭尚平.1982.多重介质渗流研究进展.力学进展,12(4):360~364.

刘德华,刘志森.2004.油藏工程基础.北京:石油工业出版社.

刘晓旭,胡勇,朱斌,等.2006.气体低速非达西渗流机理及渗流特征研究.特种油气藏,13(6):43~46.

刘晓旭,钟兵,胡勇,等.2008.低渗透气藏气体渗流机理实验.天然气工业,28(4):130~132.

潘锦珊.2012.气体动力学基础.北京:国防工业出版社.

孙盈盈,宋新民,马德胜.2014.老君庙油田水驱后剩余油微观赋存状态.新疆石油地质,35(3):311~314.

孙赞东,贾承造,李相方.2016.非常规油气勘探与开发.北京:石油工业出版社.

唐海,吕栋梁,谢军,等.2005.川中大安寨裂缝性油藏渗吸注水实验研究.西南石油学院学报,27(2):
　　41~44.

王环玲,徐卫亚,巢志明,等.2016.致密岩石气体渗流滑脱效应试验研究.岩土工程学报,38(5):
　　777~785.

王锐,岳湘安,尤源,等.2007.裂缝性低渗油藏周期注水与渗吸效应实验.西安石油大学学报(自然科学
　　版),22(6):56~59.

王伟峰.2013.页岩气藏渗流及数值模拟研究.成都:西南石油大学硕士论文.

王伟锋,刘泽容,金强.1993.油藏描述中的流体性质研究.中国石油大学学报:自然科学版,(6):12~17.

吴克柳,李相方,陈掌星,等.2015.页岩气和致密砂岩气藏微裂缝气体传输特性.力学学报,47(6):
　　955~964.

吴玉树,葛家理.1983.三重介质裂-隙油藏中的渗流问题.力学学报,(1):81~85.

肖前华.2015.典型致密油区储层评价及渗流机理研究.中国科学院大学博士论文.

谢庆宾,韩德新,朱小敏.2002.三塘湖盆地火成岩储集空间类型及特征.石油勘探与开发,29(1):84~86.

邢翔,胡望水,吉林,等.2013.基于等温吸附实验的页岩吸附气含量计算新方法.科学技术与工程,13
　　(16):4659~4662.

杨建,康毅力,李前贵,张浩.2008.致密砂岩气藏微观结构及渗流特征.力学进展,38(2):229~236.

姚广聚,彭红利,熊钰,等.2009.低渗透砂岩气藏气体渗流特征.油气地质与采收率,16(4):104~
　　105,108.

姚军,王子胜.2007.缝洞型碳酸盐岩油藏试井解释理论与方法.东营:中国石油大学出版社.

姚军,戴伟华,王子胜.2004.变井筒储存的三重介质油藏试井解释方法研究.石油大学学报(自然科学版),
　　28(1):46~51.

姚军,黄朝琴,王子胜,等.2010.缝洞型油藏的离散缝洞网络流动数学模型.石油学报,31(5):15~20.

姚军,孙海,樊冬艳,等.2013.页岩气藏运移机制及数值模拟.中国石油大学学报(自然科学版),37(1):
　　91~98.

姚军,黄朝琴,等.2014.缝洞型碳酸盐岩油藏数值模拟.北京:中国石油大学出版社,48~51.

尹定.1983.多重孔隙介质模型及其压力恢复曲线形态.石油勘探与开发,16(3):59~64.

张星 . 2013. 低渗透砂岩油藏渗吸规律研究 . 北京:中国石化出版社 .

赵政璋,杜金虎,邹才能,等. 2012. 致密油气. 北京:石油工业出版社.

郑民,李建忠,吴晓智,等 . 2016. 致密储集层原油充注物理模拟 . 石油勘探与开发,43(2):219~227.

周克明,李宁,袁小玲 . 2003. 残余水状态下低渗储层气体低速渗流机理 . 天然气工业, 23(6):103~106.

朱维耀,毕国强,孙玉凯,等 . 2002. 低渗透裂缝性油藏渗吸数学模型研究 . 流变学进展, 102~107.

朱维耀,刘今子,宋洪庆,等 . 2010. 低/特低渗透油藏非达西渗流有效动用计算方法 . 石油学报,31(3): 453~457.

邹才能,张国生,杨智,等 . 2103. 非常规油气概念、特征、潜力及技术——兼论非常规油气地质学 . 石油勘 探与开发,40(4):385~399.

Abdassah D, Ershaghi I. 1986. Triple-porosity systrems for representing naturally fractured reservoirs. SPE Formation Evaluation, 1(2): 113~127.

Alrbeawi S. 2016. Performance-based comparison for fractal configured tight and shale gas reservoirs with and without non-darcy flow impact. SPE-AFRC-2554119-MS.

Ambastha A K, Aziz K. 1987. Material balance calculations for solution gas drive reservoirs with gravity segregation. SPE 16959.

Arnaud L, Remy B, Bernard B. 2004. Hydraulic characterization of faults and fractures using a dual medium discrete fracture network simulator. SPE 88675 The 11th Abu Dhabi International Petroleum Exhibition and Conference, Abu Dhabi, UAE.

Barenblatt G I, Zheltov Iu P, Kochina I N. 1960. Basic concept in the theory of homogeneous liquids in fissured rocks. J. Appl. Math. Mech (USSR), 24: 1286~1303.

Civan F. 2010. Effective correlation of apparent gas permeability in low-permeability porous media. Transport in Porous Med,82(2): 375~384.

Clarkson C R, Pedersen P K. 2011. Production analysis of western canadian unconventional light oil plays. SPE 149005.

Cui X, Bustin A M, Bustin R. 2009. Measurements of gas permeability and diffusivity of tight reservoir rocks, different approaches and their applications. J Geofluids,9(3): 208~223.

Darabi H, Ettehad A, Javadpour F, et al. 2012. Gas flow in ultra-tight shale strata. J. Fluid Mech, 710 (November): 641~658.

Firouzi M, Alnoaimi K, Kovscek A, et al. 2014a. Klinkenberg effect on predicting and measuring helium permeability in gas shales. Int J Coal Geol,123(1 March): 62~68.

Firouzi M, Ruppa E C, Liu C W, et al. 2014b. Molecular simulation and experimental characterization of the nanoporous structures of coal and gas shale. Int J Coal Geol,121(1 January): 123~128.

Forchheimer P. 1901. Wasserbewegung durch bode. ZVDI, 27(45): 26~30.

Karimi-Fard, Firoozabadi A . 2003. Numerical simulation of water injection in fractured media using the discrete-fracture model and the Galerkin method. SPE Reservoir Evaluation & Engineering, 6(2):117~126.

Kim J G, Deo M D. 2000. Finite element, discrete-fracture model for multiphase flow in porous media. AICHE Journal, 46(6):1120~1130.

Liu J, Bodvarsson G, Wu Y S. 2003. Analysis of flow behavior in fractured lithophysal reservoirs. Journal of Contaminant Hydrology, 62-63: 189~211.

Mirzayev M, Jensen J L. 2016. Measuring inter-well communication using the capacitance model in tight reservoirs. SPE 180429-MS.

Moradi D, Jamiolahmady M. 2015. Novel approach for predicting multiple fractured horizontal wells performance in tight reservoirs. SPE 175446-MS.

Noman R, Archer J S. 1987. The effect of pore structure on non-Darcy gas flow in some low-permeability reservoir rocks. SPE/DOE 16400.

Noorishad J, Mehran M. 1982. An upstream finite element method for solution of transient transport equation in fractured porous media. Water Resources Research, 18(3):58~96.

Pascal H, Quillian, R G, Kingston J. 1980. Analysis of vertical fracture length and non-Darcy flow coefficient using variable rate tests. paper SPE 9438 presented at the 1980 SPE Annual Technical Conference and Exhibition, Dallas. Sept;21~24.

Saboorian-Jooybari H, Pourafshary P. 2015. Non-darcy flow effect in fractured tight reservoirs: How significant is it at low flow rates and away from Wellbores. SPE 172948-MS.

Sheng M, Li G S, Huang Z W, et al. 2014. Shale gas transient flow model with effects of surface diffusion. Acta Petrolei Sinica,35(2): 347~352.

Snow D. 1968. Rock-fracture spacing, openings and porosities. J Soil Mech Founda Div ASCE, 94:73~91.

Stimpson B C. Barrufet M A. 2016. Effects of confined space on production from tight reservoirs. SPE 181686-MS.

Warren J E, Root P J. 1963. The behavior of naturally fracture reservoirs. SPE,426.

Wu Y S, Liu H, Bodvarsson G. 2004. A triple-continuum approach for modeling flow and transport processes in fractured rock. Journal of Contaminant Hydrology, 73(1-4):145~179.

Wu Y S,Ehlig-Economides C A,Qin G, et al. 2007. A triple-continuum pressure-transient model for a naturally fractured vuggy reservoir. SPE 110044, 2007 SPE Annual Technical Conference and Exhibition held in Anaheim, California, USA.

Xiong Y, Yu J B, Sun H X, et al. 2016. Colorado school of mines a new non-darcy flow model for low velocity multiphase flow in tight reservoirs. SPE 80072-MS.

第三章　不同尺度多重介质渗流数学模型

致密储层具有不同尺度天然/人工裂缝、微纳米孔隙介质，不同尺度孔缝介质呈连续/非连续离散分布，并具有各自的几何、属性特征；不同尺度孔缝介质内流体组成、性质、赋存状态差异大，具有各自不同的流态和渗流机理；不同尺度孔缝介质及其流体参数表现为连续/非连续变化特征。同时，压裂、注入、开采过程中，流固耦合作用强烈，导致不同介质几何与属性参数、介质间传导率、井指数的动态变化。常规连续双重介质渗流理论与方法难以描述不同尺度孔缝介质的多尺度、多重介质特征，以及不同孔缝介质的多流态、复杂流动机理及流固耦合作用。因此，突破了常规连续双重介质渗流理论，创新发展了非连续多重介质数值模拟理论，并建立了相应的渗流数学模型，实现了从单一、双重介质到多重介质的转变，从单一渗流到多流态多机理流动的转变，以及从连续介质渗流理论到非连续离散多重介质渗流理论的转变(表 3.1)。

表 3.1　不同尺度多重介质模型对比表

多重介质模型		模式图	模型描述	适用条件
单一介质模型			① 模型仅具有一套单一孔隙介质系统； ② 模型中多孔介质及流体的几何特征、物性特征、流动特征呈连续变化，可以用连续方程来表征	孔隙型致密储层，发育几何和属性特征相近的单一孔隙介质，流体性质相近并呈现连续分布，流动机理单一，以连续达西流动为主
连续多重介质模型	双重介质模型	双孔单渗模型 	① 模型分为基质系统和裂缝系统，基质系统具有孔隙介质属性，裂缝系统具有裂缝介质属性； ② 同一系统的几何特征、物性特征、流动特征呈连续变化，可以用连续方程来描述，两个系统在空间上互相叠加形成双重介质； ③ 基质系统与裂缝系统间存在窜流，基质系统内部、基质与井筒间不存在渗流，裂缝系统内部、裂缝与井筒间存在流体交换	致密储层发育裂缝、孔隙，但孔隙渗透性较小，流体在基质中难以流动；储层中基质、裂缝的几何形态、属性特征、流动特征分别呈连续变化，流动机理单一，以连续达西流动为主
		双孔双渗模型 	① 模型分为基质系统和裂缝系统，基质系统具有孔隙介质属性，裂缝系统具有裂缝介质属性； ② 同一系统的几何特征、物性特征、流动特征呈连续变化，可以用连续方程来描述，两个系统在空间上互相叠加形成双重介质； ③ 基质、裂缝系统内部、基质与裂缝系统间均存在渗流，同时基质系统和裂缝系统又分别与井筒存在流体交换	致密储层发育裂缝、孔隙，孔喉具有一定导流能力，流体在基质中流动缓慢；储层中基质、裂缝的几何形态、属性特征、流动特征分别呈连续变化，流动机理单一，以连续达西流动为主

续表

多重介质模型		模式图	模型描述	适用条件
连续多重介质模型	连续多重介质模型	大裂缝系统 微裂缝系统 微孔系统 纳米孔系统	① 模型分为不同尺度孔隙与裂缝的多套系统,同一系统具有各自的介质属性,在空间上连续分布,可以用连续方程来描述,多个系统在空间上互相叠加形成多重介质; ② 每个介质系统内部具有连续的流体分布,流体在每个系统中具有连续、相近的流动特征; ③ 多套不同系统之间存在流体交换,采用窜流项处理	致密储层中不同尺度孔隙、天然/人工裂缝发育,不同孔缝介质都具有流动性,不同尺度孔缝介质的几何、属性、流动特征呈连续变化。流动机理单一,以连续达西流动为主
非连续多重介质模型	非连续多重介质模型	大裂缝　小裂缝　微裂缝　微孔　纳米孔	① 模型有且仅有一个系统,系统内由不同尺度的孔隙和裂缝介质组成,彼此呈交互式非连续离散分布; ② 不同尺度的孔隙、裂缝均被处理为不同尺度的离散多重介质,不同介质属性参数及流动特征非连续变化; ③ 不同孔缝介质具有不同的流态和渗流机理,分别用不同的方程描述; ③ 不同孔缝介质间流动采用流动项处理,模型中不存在窜流项	致密储层发育不同尺度孔缝介质,不同介质非连续离散分布,呈交互式接触,不同介质的几何特征和属性特征非连续变化,不同介质的渗流机理、流态差异大,不同介质间均可相互流动

第一节　致密油多重介质渗流数学模型

致密储层发育不同尺度纳微米孔隙与天然/人工裂缝,具有多尺度、多重介质特征,不同介质在空间上呈连续/非连续分布,不同介质的属性参数呈连续/非连续变化;同时不同介质具有不同的流体组成、性质及赋存状态,各自的流态和渗流机理不同;介质间存在复杂的窜流特征。针对上述致密油的各种特征,建立了致密油多重介质渗流数学模型(韩大匡等,1993;Chen et al., 2006[①];Wu,2016)。该模型由流动项、源汇项和累积项组成:

$$\underbrace{-\nabla\cdot(\rho_p\vec{v}_p)}_{\text{流动项}} + \underbrace{q_p^W}_{\text{源汇项}} = \underbrace{\frac{\partial(\phi S_p\rho_p)}{\partial t}}_{\text{累积项}} \qquad (3.1)$$

式中,下标 p=o、g、w,其中 o 为油相,g 为气相,w 为水相;ρ_p 为 p 相流体密度,g/cm³;ϕ 为孔隙度,无因次;S_p 为 p 相流体饱和度,无因次;t 为时间,s;q_p^W 为 p 相流体产量,g;$\vec{v}$ 为流体的流速,m/s,

$$\vec{v}_p = -\frac{KK_{rp}}{\mu_p}\nabla\Phi_p = -\frac{KK_{rp}}{\mu_p}\nabla(P-\rho gD)_p \qquad (3.2)$$

式中,K 为绝对渗透率,mD;μ_p 为 p 相流体黏度,mPa·s;K_{rp} 为 p 相流体相对渗透率,无因次;Φ 为势函数,MPa;∇P 为压力梯度,MPa/m;g 为重力加速度,m/s²;D 为垂向深度,m。

---

① Chen Z X, Huan G, Ma Y. 2006. Computational methods for multiphase flows in porous media. Dallas, Texas: Society for Industrial and Applied Mathematics.

一、连续单一介质渗流数学模型

孔隙型致密储层只发育孔隙介质,其多孔介质系统一般为几何特征和属性特征相近的单一孔隙介质,其流体性质相近并呈现连续分布,流动机理单一,以连续达西流动为主。将这种单一孔隙介质致密储层简化为连续单一介质模型(表 3.1),该模型具有连续分布的单一孔隙介质,油、气、水三相流体共存,多孔介质与流体的属性连续变化,可以用连续方程来表征。

针对孔隙型致密储层上述特征,建立了连续单一介质油、气、水三相流动的数学模型:

1. 油组分渗流方程

油组分全部由油相流体组成,其渗流方程为

$$\nabla \cdot \left(\rho_o \frac{KK_{ro}}{\mu_o} \nabla P_o - \rho_o \frac{KK_{ro}}{\mu_o} \rho_{og} g \nabla D \right) + q_o^W = \frac{\partial}{\partial t}(\phi S_o \rho_o) \tag{3.3}$$

2. 气组分渗流方程

气组分由气相中的游离气组分和油相中的溶解气组分共同组成,其渗流方程为

$$\nabla \cdot \left[\left(\rho_g \frac{KK_{rg}}{\mu_g} \nabla P_g - \rho_g \frac{KK_{rg}}{\mu_g} \rho_g g \nabla D \right) + \left(\rho_{gd} \frac{KK_{ro}}{\mu_o} \nabla P_o - \rho_{gd} \frac{KK_{ro}}{\mu_o} \rho_{og} g \nabla D \right) \right] + q_g^W$$

$$= \frac{\partial}{\partial t} \left[\phi (S_o \rho_{gd} + S_g \rho_g) \right] \tag{3.4}$$

3. 水组分渗流方程

水组分全部由水相流体组成,其渗流方程为

$$\nabla \cdot \left(\rho_w \frac{KK_{rw}}{\mu_w} \nabla P_w - \rho_w \frac{KK_{rw}}{\mu_w} \rho_w g \nabla D \right) + q_w^W = \frac{\partial}{\partial t}(\phi S_w \rho_w) \tag{3.5}$$

该模型:流动项描述黏滞流动、重力驱动、溶解气驱、弹性膨胀等驱动作用下流体的流动量;源汇项描述井的注入量和采出量;累积项描述在多种机理共同作用下的累积变化量。

二、连续双重介质渗流数学模型

当致密储层发育孔隙和裂缝系统时,两个系统具有各自的几何形态、属性特征、流动特征,每个介质系统连续分布,其属性参数连续变化,流动机理单一,以连续达西流动为主。这种系统可以简化为双重介质模型(Barrenblatt et al., 1960;Warren and Root,1963)。该模型由基质系统和裂缝系统组成,基质系统具有唯一的孔隙介质属性,裂缝系统具有唯一的裂缝介质属性,同一系统在空间上连续分布可以用连续方程来描述,两个系统在空间上互相叠加形成双重介质。

根据孔隙介质内部渗流及其与井筒间的流动关系,可以划分为双孔单渗模型和双孔双渗模型。

(一) 双孔单渗双重介质的渗流数学模型

对于基质纳米孔发育,孔喉半径小,物性极差的致密储层,开采过程中,流体在基质中难以流动,同时无法从基质直接流向井筒,而是先从基质流入裂缝,再从裂缝直接流入井筒。将此类致密储层简化为双孔单渗的双重介质模型,在该模型中基质系统内部不发生渗流,基质与井筒间也不存在流动,流体只从基质系统流向裂缝系统,再流向井筒(表3.1)。针对上述特征,建立了双孔单渗双重介质渗流数学模型:

1. 孔隙系统

油组分渗流方程:

$$-\tau_{\mathrm{omf}} = \frac{\partial}{\partial t}(\phi\rho_{\mathrm{o}}S_{\mathrm{o}})_{\mathrm{m}} \tag{3.6}$$

气组分渗流方程:

$$-\tau_{\mathrm{gmf}}-\tau_{\mathrm{gdmf}} = \frac{\partial}{\partial t}\big[\phi(\rho_{\mathrm{g}}S_{\mathrm{g}}+\rho_{\mathrm{gd}}S_{\mathrm{o}})\big]_{\mathrm{m}} \tag{3.7}$$

水组分渗流方程:

$$-\tau_{\mathrm{cow,mf}} = \frac{\partial}{\partial t}(\phi\rho_{\mathrm{w}}S_{\mathrm{w}})_{\mathrm{m}} \tag{3.8}$$

2. 裂缝系统

油组分渗流方程:

$$-\nabla\cdot(\rho_{\mathrm{o}}\vec{v}_{\mathrm{o}})_{\mathrm{f}}+\tau_{\mathrm{omf}}+q_{\mathrm{of}}^{\mathrm{W}} = \frac{\partial}{\partial t}(\phi\rho_{\mathrm{o}}S_{\mathrm{o}})_{\mathrm{f}} \tag{3.9}$$

气组分渗流方程:

$$-\nabla\cdot(\rho_{\mathrm{g}}\vec{v}_{\mathrm{g}}+\rho_{\mathrm{gd}}\vec{v}_{\mathrm{o}})_{\mathrm{f}}+\tau_{\mathrm{gmf}}+\tau_{\mathrm{gdmf}}+q_{\mathrm{gf}}^{\mathrm{W}} = \frac{\partial}{\partial t}\big[\phi(\rho_{\mathrm{g}}S_{\mathrm{g}}+\rho_{\mathrm{gd}}S_{\mathrm{o}})\big]_{\mathrm{f}} \tag{3.10}$$

水组分渗流方程:

$$-\nabla\cdot(\rho_{\mathrm{w}}\vec{v}_{\mathrm{w}})_{\mathrm{f}}+\tau_{\mathrm{cow,mf}}+q_{\mathrm{wf}}^{\mathrm{W}} = \frac{\partial(\phi\rho_{\mathrm{w}}S_{\mathrm{w}})_{\mathrm{f}}}{\partial t} \tag{3.11}$$

式中,τ_{cow} 为考虑介质间渗吸作用后的水相渗流方程窜流项;下标 f 为裂缝;m 为基质;ρ_{gd} 为溶解气密度,$\mathrm{g/cm^3}$。

该模型:流动项体现了裂缝系统内部可以流动,基质系统内部不存在流动;窜流项体现了基质与裂缝间存在窜流;源汇项除了体现井的注入量和采出量,还体现了裂缝与井筒间流动,但基质与井筒间不存在流动(表3.2)。

表 3.2　双孔单渗模型流体交换表

流体组成	系统内部流体流动项		系统间流体窜流项	源汇项	
	基质系统	裂缝系统	基质-裂缝	基质-井筒	裂缝-井筒
油组分	0	$-\nabla\cdot(\rho_{\mathrm{o}}\vec{v}_{\mathrm{o}})_{\mathrm{f}}$	$\tau_{\mathrm{omf}}=\dfrac{\alpha_{\mathrm{fm}}K_{\mathrm{m}}\rho_{\mathrm{o}}K_{\mathrm{rom}}}{\mu_{\mathrm{o}}}(\varPhi_{\mathrm{om}}-\varPhi_{\mathrm{of}})$	0	$q_{\mathrm{of}}^{\mathrm{W}}$

流体组成		系统内部流体流动项		系统间流体窜流项	源汇项	
		基质系统	裂缝系统	基质–裂缝	基质–井筒	裂缝–井筒
气组分	游离气	0	$-\nabla \cdot (\rho_g \vec{v}_g)_f$	$\tau_{gmf} = \dfrac{\alpha_{fm} K_m \rho_g K_{rgm}}{\mu_g}(\Phi_{gm} - \Phi_{gf})$	0	q_{gf}^{W}
	溶解气	0	$-\nabla \cdot (\rho_{gd} \vec{v}_o)_f$	$\tau_{gdmf} = \dfrac{\alpha_{fm} K_m \rho_{gd} K_{rom}}{\mu_o}(\Phi_{om} - \Phi_{of})$	0	
水组分		0	$-\nabla \cdot (\rho_w \vec{v}_w)_f$	$\tau_{cow,mf} = \dfrac{\alpha_{fm} K_m \rho_w K_{rwm}}{\mu_w} \cdot$ $\left[\Delta P_{o,mf} - \rho_w g \Delta D_{mf} - (P_{cow,m} - P_{cow,f}) \right]$	0	q_{gf}^{W}

(二) 双孔双渗双重介质的渗流数学模型

对于基质小孔、微孔等孔隙发育且孔喉具有一定导流能力的致密储层,开采过程中流体在基质内部可以流动,同时既能从基质流入裂缝,而且还能由基质直接流入井筒。将此类致密储层简化为双孔双渗的双重介质模型,在该模型中基质与裂缝系统内部、基质与裂缝系统间均存在渗流,同时基质系统和裂缝系统又分别与井筒存在流体交换(表3.1)。针对上述特征,建立了双孔双渗双重介质渗流数学模型:

1. 孔隙系统

油组分渗流方程:

$$-\nabla \cdot (\rho_o \vec{v}_o)_m - \tau_{omf} + q_{om}^{W} = \frac{\partial}{\partial t}(\phi \rho_o S_o)_m \tag{3.12}$$

气组分渗流方程:

$$-\nabla \cdot (\rho_g \vec{v}_g + \rho_{gd} \vec{v}_o)_m - \tau_{gmf} - \tau_{gdmf} + q_{gm}^{W} = \frac{\partial}{\partial t}\left[\phi(\rho_g S_g + \rho_{gd} S_o) \right]_m \tag{3.13}$$

水组分渗流方程:

$$-\nabla \cdot (\rho_w \vec{v}_w)_m - \tau_{cow,mf} + q_{wm}^{W} = \frac{\partial}{\partial t}(\phi \rho_w S_w)_m \tag{3.14}$$

2. 裂缝系统

油组分渗流方程:

$$-\nabla \cdot (\rho_o \vec{v}_o)_f + \tau_{omf} + q_{of}^{W} = \frac{\partial}{\partial t}(\phi \rho_o S_o)_f \tag{3.15}$$

气组分渗流方程:

$$-\nabla \cdot (\rho_g \vec{v}_g + \rho_{gd} \vec{v}_o)_f + \tau_{gmf} + \tau_{gdmf} + q_{gf}^{W} = \frac{\partial}{\partial t}\left[\phi(\rho_g S_g + \rho_{gd} S_o) \right]_f \tag{3.16}$$

水组分渗流方程:

$$-\nabla \cdot (\rho_w \vec{v}_w)_f + \tau_{cow,mf} + q_{wf}^{W} = \frac{\partial (\phi \rho_w S_w)_f}{\partial t} \tag{3.17}$$

该模型:流动项体现了基质系统和裂缝系统内部可以流动;窜流项体现了基质与裂缝间存在窜流;源汇项除了体现井的注入量和采出量,还体现了基质、裂缝与井筒间流动(表3.3)。

表 3.3　双孔双渗模型流体交换表

流体组成		系统内部流体流动项		系统间流体窜流项	源汇项	
		基质系统	裂缝系统	基质–裂缝	基质系统	裂缝系统
油组分		$-\nabla\cdot(\rho_o\vec{v}_o)_m$	$-\nabla\cdot(\rho_o\vec{v}_o)_f$	$\tau_{omf}=\dfrac{\alpha_{fm}K_m\rho_o K_{rom}}{\mu_o}(\Phi_{om}-\Phi_{of})$	q_{om}^{W}	q_{of}^{W}
气组分	游离气	$-\nabla\cdot(\rho_g\vec{v}_g)_m$	$-\nabla\cdot(\rho_g\vec{v}_g)_f$	$\tau_{gmf}=\dfrac{\alpha_{fm}K_m\rho_g K_{rgm}}{\mu_g}(\Phi_{gm}-\Phi_{gf})$	q_{gm}^{W}	q_{gf}^{W}
	溶解气	$-\nabla\cdot(\rho_{gd}\vec{v}_o)_m$	$-\nabla\cdot(\rho_{gd}\vec{v}_o)_f$	$\tau_{gdmf}=\dfrac{\alpha_{fm}K_m\rho_{gd}K_{rom}}{\mu_o}(\Phi_{om}-\Phi_{of})$		
水组分		$-\nabla\cdot(\rho_w\vec{v}_w)_m$	$-\nabla\cdot(\rho_w\vec{v}_w)_f$	$\tau_{cow,mf}=\dfrac{\alpha_{fm}K_m\rho_w K_{rwm}}{\mu_w}\cdot$ $\left[\Delta P_{o,mf}-\rho_w g\Delta D_{mf}-(P_{cow,m}-P_{cow,f})\right]$	q_{wm}^{W}	q_{wf}^{W}

三、连续多重介质渗流数学模型

（一）基于双孔模型的多重介质渗流数学模型

对于小孔、纳米孔、大裂缝、微裂缝等不同尺度孔隙和天然/人工裂缝发育的致密油储层中，同一套系统内介质交互接触，几何、属性参数连续，两个系统在空间上互相叠加形成多重介质，开采过程中流体在基质内部可以流动，同时既能从基质流入裂缝，而且还能由基质直接流入井筒。将此类致密储层简化为基于双孔模型的多重介质模型，在该模型中基质与裂缝系统内部、基质与裂缝系统间均存在渗流，同时基质系统和裂缝系统又分别与井筒存在流体交换。针对上述特征，建立了基于双孔模型的多重介质渗流数学模型（图 3.1）。

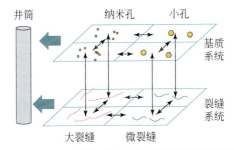

图 3.1　基于双孔模型的多重介质概念模型示意图

1. 孔隙系统

1）小孔介质（m1）

油组分渗流方程：

$$-\nabla\cdot(\rho_o\vec{v}_o)_{m2(m1),m1}-\tau_{om1,f}+q_{om1}^{W}=\frac{\partial}{\partial t}(\phi\rho_o S_o)_{m1} \tag{3.18}$$

气组分渗流方程：

$$-\nabla\cdot(\rho_g\vec{v}_g+\rho_{gd}\vec{v}_o)_{m2(m1),m1}-\tau_{gm1,f}-\tau_{gdm1,f}+q_{gm1}^{W}=\frac{\partial}{\partial t}\left[\phi(\rho_g S_g+\rho_{gd}S_o)\right]_{m1} \tag{3.19}$$

水组分渗流方程：

$$- \nabla \cdot (\rho_w \vec{v}_w)_{m2(m1),m1} - \tau_{cow,m1,f} + q^W_{wm1} = \frac{\partial}{\partial t} (\phi \rho_w S_w)_{m1} \qquad (3.20)$$

2）纳米孔介质（m2）

油组分渗流方程：

$$- \nabla \cdot (\rho_o \vec{v}_o)_{m1(m2),m2} - \tau_{om2,F} + q^W_{om2} = \frac{\partial}{\partial t} (\phi \rho_o S_o)_{m2} \qquad (3.21)$$

气组分渗流方程：

$$- \nabla \cdot (\rho_g \vec{v}_g + \rho_{gd} \vec{v}_o)_{m1(m2),m2} - \tau_{gm2,F} - \tau_{gdm2,F} + q^W_{gm2} = \frac{\partial}{\partial t} [\phi(\rho_g S_g + \rho_{gd} S_o)]_{m2}$$

$$(3.22)$$

水组分渗流方程：

$$- \nabla \cdot (\rho_w \vec{v}_w)_{m1(m2),m2} - \tau_{cow,m2,F} + q^W_{wm2} = \frac{\partial}{\partial t} (\phi \rho_w S_w)_{m2} \qquad (3.23)$$

2. 裂缝系统

1）大裂缝介质（F）

油组分渗流方程：

$$- \nabla \cdot (\rho_o \vec{v}_o)_{f(F),F} + \tau_{om2,F} + q^W_{oF} = \frac{\partial}{\partial t} (\phi \rho_o S_o)_F \qquad (3.24)$$

气组分渗流方程：

$$- \nabla \cdot (\rho_g \vec{v}_g + \rho_{gd} \vec{v}_o)_{f(F),F} + \tau_{gm2,F} + \tau_{gdm2,F} + q^W_{gF} = \frac{\partial}{\partial t} [\phi(\rho_g S_g + \rho_{gd} S_o)]_F \qquad (3.25)$$

水组分渗流方程：

$$- \nabla \cdot (\rho_w \vec{v}_w)_{f(F),F} + \tau_{cow,m2,F} + q^W_{wF} = \frac{\partial (\phi \rho_w S_w)_F}{\partial t} \qquad (3.26)$$

2）微裂缝介质（f）

油组分渗流方程：

$$- \nabla \cdot (\rho_o \vec{v}_o)_{F(f),f} + \tau_{om1,f} + q^W_{of} = \frac{\partial}{\partial t} (\phi \rho_o S_o)_f \qquad (3.27)$$

气组分渗流方程：

$$- \nabla \cdot (\rho_g \vec{v}_g + \rho_{gd} \vec{v}_o)_{F(f),f} + \tau_{gm1,f} + \tau_{gdm1,f} + q^W_{gf} = \frac{\partial}{\partial t} [\phi(\rho_g S_g + \rho_{gd} S_o)]_f \qquad (3.28)$$

水组分渗流方程：

$$- \nabla \cdot (\rho_w \vec{v}_w)_{F(f),f} + \tau_{cow,m1,f} + q^W_{wf} = \frac{\partial (\phi \rho_w S_w)_f}{\partial t} \qquad (3.29)$$

式中，下标 F 为大裂缝；f 为微裂缝；m 为基质。

该模型：流动项体现了基质系统内不同尺度孔隙介质和裂缝系统内不同尺度裂缝介质可以流动；窜流项体现了基质与裂缝间存在窜流；源汇项除了体现井的注入量和采出量，还体现了基质、裂缝的不同尺度多重介质与井筒间流动（表3.4）。

表 3.4　基于双孔模型的多重介质模型流体交换表

渗流对象		流体组成			
		油组分	气组分 游离气	气组分 溶解气	水组分
系统内部流体流动项 基质系统	小孔	$-\nabla\cdot(\rho_o\vec{v}_o)_{m2,m1}=\nabla\cdot\left(\rho_o\frac{K_{m1}K_{rom1}}{\mu_o}\nabla\Phi_{o,m2m1}\right)$	$-\nabla\cdot(\rho_g\vec{v}_g)_{m2,m1}=\nabla\cdot\left(\rho_g\frac{K_{m1}K_{rgm1}}{\mu_g}\nabla\Phi_{g,m2m1}\right)$	$-\nabla\cdot(\rho_{gd}\vec{v}_o)_{m2,m1}=\nabla\cdot\left(\rho_{gd}\frac{K_{m1}K_{rom1}}{\mu_o}\nabla\Phi_{o,m2m1}\right)$	$-\nabla\cdot(\rho_w\vec{v})_{m2,m1}=\nabla\cdot\left(\rho_w\frac{K_{m1}K_{rwm1}}{\mu_w}\nabla\Phi_{w,m2m1}\right)$
系统内部流体流动项 基质系统	纳米孔	$-\nabla\cdot(\rho_o\vec{v}_o)_{m1,m2}=\nabla\cdot\left(\rho_o\frac{K_{m2}K_{rom2}}{\mu_o}\nabla\Phi_{o,m1m2}\right)$	$-\nabla\cdot(\rho_g\vec{v}_g)_{m1,m2}=\nabla\cdot\left(\rho_g\frac{K_{m2}K_{rgm2}}{\mu_g}\nabla\Phi_{g,m1m2}\right)$	$-\nabla\cdot(\rho_{gd}\vec{v}_o)_{m1,m2}=\nabla\cdot\left(\rho_{gd}\frac{K_{m2}K_{rom2}}{\mu_o}\nabla\Phi_{o,m1m2}\right)$	$-\nabla\cdot(\rho_w\vec{v})_{m1,m2}=\nabla\cdot\left(\rho_w\frac{K_{m2}K_{rwm2}}{\mu_w}\nabla\Phi_{w,m1m2}\right)$
系统内部流体流动项 裂缝系统	大裂缝	$-\nabla\cdot(\rho_o\vec{v}_o)_{f,F}=\nabla\cdot\left(\rho_o\frac{K_FK_{roF}}{\mu_o}\nabla\Phi_{o,F}\right)$	$-\nabla\cdot(\rho_g\vec{v}_g)_{f,F}=\nabla\cdot\left(\rho_g\frac{K_FK_{rgF}}{\mu_g}\nabla\Phi_{g,F}\right)$	$-\nabla\cdot(\rho_{gd}\vec{v}_o)_{f,F}=\nabla\cdot\left(\rho_{gd}\frac{K_FK_{roF}}{\mu_o}\nabla\Phi_{o,F}\right)$	$-\nabla\cdot(\rho_w\vec{v}_w)_{f,F}=\nabla\cdot\left(\rho_w\frac{K_FK_{rwF}}{\mu_w}\nabla\Phi_{w,F}\right)$
系统内部流体流动项 裂缝系统	微裂缝	$-\nabla\cdot(\rho_o\vec{v}_o)_{F,f}=\nabla\cdot\left(\rho_o\frac{K_FK_{rof}}{\mu_o}\nabla\Phi_{o,Ff}\right)$	$-\nabla\cdot(\rho_g\vec{v}_g)_{F,f}=\nabla\cdot\left(\rho_g\frac{K_FK_{rgf}}{\mu_g}\nabla\Phi_{g,Ff}\right)$	$-\nabla\cdot(\rho_{gd}\vec{v}_o)_{F,f}=\nabla\cdot\left(\rho_{gd}\frac{K_FK_{rof}}{\mu_o}\nabla\Phi_{o,Ff}\right)$	$-\nabla\cdot(\rho_w\vec{v}_w)_{F,f}=\nabla\cdot\left(\rho_w\frac{K_FK_{rwf}}{\mu_w}\nabla\Phi_{w,Ff}\right)$
系统间流体窜流项	小孔-微裂缝	$\tau_{om1f}=\frac{\alpha_{m1f}K_{m1}\rho_oK_{rom1}}{\mu_o}(\Phi_{om1}-\Phi_{of})$	$\tau_{gm1f}=\frac{\alpha_{m1f}K_{m1}\rho_gK_{rgm1}}{\mu_g}(\Phi_{gm1}-\Phi_{gf})$	$\tau_{gdm1f}=\frac{\alpha_{m1f}K_{m1}\rho_{gd}K_{rom1}}{\mu_o}(\Phi_{om1}-\Phi_{of})$	$\tau_{cow,m1f}=\frac{\alpha_{fm1}K_{m1}\rho_wK_{rwm1}}{\mu_w}\cdot$ $[\Delta P_{o,m1f}-\rho_wg\Delta D_{m1f}-(P_{cow,m1}-P_{cow,f})]$
系统间流体窜流项	纳米孔-大裂缝	$\tau_{om2F}=\frac{\alpha_{m2F}K_{m2}\rho_oK_{rom2}}{\mu_o}(\Phi_{om2}-\Phi_{oF})$	$\tau_{gm2F}=\frac{\alpha_{m2F}K_{m2}\rho_gK_{rgm2}}{\mu_g}(\Phi_{om2}-\Phi_{oF})$	$\tau_{gdm2F}=\frac{\alpha_{m2F}K_{m2}\rho_{gd}K_{rom2}}{\mu_o}(\Phi_{om2}-\Phi_{oF})$	$\tau_{cow,m2F}=\frac{\alpha_{fm2}K_{m2}\rho_wK_{rwm2}}{\mu_w}\cdot$ $[\Delta P_{o,m2F}-\rho_wg\Delta D_{m2F}-(P_{cow,m2}-P_{cow,F})]$
源汇项	小孔-井筒	q_{om1}^W	q_{gm1}^W		q_{wm1}^W
源汇项	纳米孔-井筒	q_{om2}^W	q_{gm2}^W		q_{wm2}^W
源汇项	大裂缝-井筒	q_{oF}^W	q_{gF}^W		q_{wF}^W
源汇项	微裂缝-井筒	q_{of}^W	q_{gf}^W		q_{wf}^W

(二)连续多重介质渗流数学模型

对于多重孔隙和天然/人工裂缝发育、不同介质的几何和属性特征存在较大差异的致密储层,同一种介质及其内部流体在储层内连续分布、几何和属性参数连续变化,不同种类的介质在空间位置上相互重叠,不同介质间存在质量交换。开采过程中流体既能在多重介质间流动,而且还能由不同尺度介质直接流入井筒。将此类致密储层简化为用连续多重介质模型,每重介质均为一个独立的连续系统,流体连续分布且相互沟通流动,同一系统的属性在空间上的分布可以用连续方程来描述。不同尺度的孔缝介质系统在空间上相互叠置重合,看作 N 个空间上互相叠加的连续介质场,不同系统间(即不同介质间)的流体交换能力通过窜流量体现(表 3.1)。因此,N 重连续介质渗流数值模拟模型由 N 个数学模型组成(彭小龙等,2006),即每重介质系统分别具有一套独立的渗流方程,每个渗流方程中必须具有窜流项,其渗流微分方程通式为

$$- \nabla \cdot (\rho_i \vec{v}_i) + \sum_{j=1, i \neq j}^{N} \tau_{ji} = \frac{\partial (\rho_i \phi_i S_i)}{\partial t} \tag{3.30}$$

式中,i, j 为不同类型介质,$i, j = 1, \cdots, N$;τ_{ji} 为由介质 j 流入介质 i 的窜流量。任意两个连续介质间的流体 p 的窜流量计算一般仍以达西定律形式表示:

$$\tau_{pij} = \frac{\alpha_{ij} \rho_p X_{cp} K_j K_{rpj}}{\mu_p} (\Phi_j - \Phi_i)_p \tag{3.31}$$

式中,α_{ij} 为介质形状因子,无因次;X_{cp} 为 c 组分 p 相流体的摩尔分数,无因次。

式中所描述的流动过程既包括同种介质内部的渗流,也包括不同介质之间的窜流。窜流项是多重连续介质渗流模型的重要标志(刘慈群和郭尚平,1982)。

1. 小孔系统(m1)

油组分渗流方程:

$$- \nabla \cdot (\rho_o \vec{v}_o)_{m1} - \tau_{om1F} - \tau_{om1f} + \tau_{om2m1} + q_{om1}^W = \frac{\partial}{\partial t} (\phi \rho_o S_o)_{m1} \tag{3.32}$$

气组分渗流方程:

$$- \nabla \cdot (\rho_g \vec{v}_g + \rho_{gd} \vec{v}_o)_{m1} - \tau_{gm1F} - \tau_{gm1f} + \tau_{gm2m1} - \tau_{gdm1F} - \tau_{gdm1f} + \tau_{gdm2m1} + q_{gm1}^W$$
$$= \frac{\partial}{\partial t} [\phi (\rho_g S_g + \rho_{gd} S_o)]_{m1} \tag{3.33}$$

水组分渗流方程:

$$- \nabla \cdot (\rho_w \vec{v}_w)_{m1} - \tau_{cow, m1F} - \tau_{cow, m1f} + \tau_{cow, m2m1} + q_{wm1}^W = \frac{\partial}{\partial t} (\phi \rho_w S_w)_{m1} \tag{3.34}$$

2. 纳米孔系统(m2)

油组分渗流方程:

$$- \nabla \cdot (\rho_o \vec{v}_o)_{m2} - \tau_{gm2F} - \tau_{gm2f} - \tau_{om2m1} + q_{om2}^W = \frac{\partial}{\partial t} (\phi \rho_o S_o)_{m2} \tag{3.35}$$

气组分渗流方程:

$$- \nabla \cdot (\rho_g \vec{v}_g + \rho_{gd} \vec{v}_o)_{m2} - \tau_{gm2F} - \tau_{gm2f} - \tau_{gm2m1} - \tau_{gdm2F} - \tau_{gdm2f} - \tau_{gdm2m1} + q_{gm2}^W$$

$$= \frac{\partial}{\partial t} \left[\phi(\rho_g S_g + \rho_{gd} S_o) \right]_{m2} \tag{3.36}$$

水组分渗流方程:

$$- \nabla \cdot (\rho_w \vec{v}_w)_{m2} - \tau_{cow,mF} - \tau_{cow,m2f} - \tau_{cow,m2m1} + q_{wm2}^W = \frac{\partial}{\partial t} (\phi \rho_w S_w)_{m2} \tag{3.37}$$

3. 大裂缝系统(F)

油组分渗流方程:

$$- \nabla \cdot (\rho_o \vec{v}_o)_F + \tau_{om1F} + \tau_{om2F} + \tau_{ofF} + q_{oF}^W = \frac{\partial}{\partial t} (\phi \rho_o S_o)_F \tag{3.38}$$

气组分渗流方程:

$$- \nabla \cdot (\rho_g \vec{v}_g + \rho_{gd} \vec{v}_o)_F + \tau_{gm1F} + \tau_{gm2F} + \tau_{gfF} + \tau_{gdm1F} + \tau_{gdm2F} + \tau_{gdfF} + q_{gF}^W$$
$$= \frac{\partial}{\partial t} \left[\phi(\rho_g S_g + \rho_{gd} S_o) \right]_F \tag{3.39}$$

水组分渗流方程:

$$- \nabla \cdot (\rho_w \vec{v}_w)_F + \tau_{cow,m1F} + \tau_{cow,m2F} + \tau_{cow,fF} + q_{wF}^W = \frac{\partial (\phi \rho_w S_w)_F}{\partial t} \tag{3.40}$$

4. 微裂缝系统(f)

油组分渗流方程:

$$- \nabla \cdot (\rho_o \vec{v}_o)_f + \tau_{om1f} + \tau_{om2f} - \tau_{ofF} + q_{of}^W = \frac{\partial}{\partial t} (\phi \rho_o S_o)_f \tag{3.41}$$

气组分渗流方程:

$$- \nabla \cdot (\rho_g \vec{v}_g + \rho_{gd} \vec{v}_o)_f + \tau_{gm1f} + \tau_{gm2f} - \tau_{gfF} + \tau_{gdm1f} + \tau_{gdm2f} - \tau_{gdfF} + q_{gf}^W$$
$$= \frac{\partial}{\partial t} \left[\phi(\rho_g S_g + \rho_{gd} S_o) \right]_f \tag{3.42}$$

水组分渗流方程:

$$- \nabla \cdot (\rho_w \vec{v}_w)_f + \tau_{cow,m1f} + \tau_{cow,m2f} - \tau_{cow,fF} + q_{wf}^W = \frac{\partial (\phi \rho_w S_w)_f}{\partial t} \tag{3.43}$$

该模型:流动项体现了每一重介质系统内部可以流动;窜流项体现了连续多重介质间存在窜流;源汇项除了体现井的注入量和采出量,还体现了多重介质与井筒间流动(表3.5)。

四、非连续多重介质渗流数学模型

致密储层不同尺度孔隙、纳微米裂缝、不同尺度天然/人工离散裂缝等介质非连续离散分布,介质的几何和属性参数非连续变化,不同介质的渗流机理、流态不同,任意介质间均可相互流动,多重介质不同的分布规律影响介质间耦合渗流和开采动态。

将此类致密储层简化为非连续多重介质模型,该模型有且仅有一个系统,系统内分为多个相互独立、不叠置的单元,不同单元代表不同介质,单元的分布与多重介质的实际空间分布相同,单元间相互流动体现了多重介质间复杂渗流(表3.1)。

表 3.5　连续多重介质模型流体交换表

渗流对象		流体组成			
		油组分	气组成		水组分
			游离气	溶解气	
系统内部流体流动项	小孔	$-\nabla\cdot(\rho_o\vec{v}_o)_{m1}$	$-\nabla\cdot(\rho_g\vec{v}_g)_{m1}$	$-\nabla\cdot(\rho_{gd}\vec{v}_o)_{m1}$	$-\nabla\cdot(\rho_w\vec{v}_w)_{m1}$
	纳米孔	$-\nabla\cdot(\rho_o\vec{v}_o)_{m2}$	$-\nabla\cdot(\rho_g\vec{v}_g)_{m2}$	$-\nabla\cdot(\rho_{gd}\vec{v}_o)_{m2}$	$-\nabla\cdot(\rho_w\vec{v}_w)_{m2}$
	大裂缝	$-\nabla\cdot(\rho_o\vec{v}_o)_F$	$-\nabla\cdot(\rho_g\vec{v}_g)_F$	$-\nabla\cdot(\rho_{gd}\vec{v}_o)_F$	$-\nabla\cdot(\rho_w\vec{v}_w)_F$
	微裂缝	$-\nabla\cdot(\rho_o\vec{v}_o)_f$	$-\nabla\cdot(\rho_g\vec{v}_g)_f$	$-\nabla\cdot(\rho_{gd}\vec{v}_o)_f$	$-\nabla\cdot(\rho_w\vec{v}_w)_f$
系统间流体窜流项	小孔-纳米孔	$\tau_{om2m1}=\dfrac{\alpha_{m2m1}K_{m2}\rho_oK_{rom2}}{\mu_o}(\Phi_{om2}-\Phi_{om1})$	$\tau_{gm2m1}=\dfrac{\alpha_{m2m1}K_{m2}\rho_gK_{rgm2}}{\mu_g}(\Phi_{gm2}-\Phi_{gm1})$	$\tau_{gdm2m1}=\dfrac{\alpha_{m2m1}K_{m2}\rho_{gd}K_{rom2}}{\mu_o}(\Phi_{om2}-\Phi_{om1})$	$\tau_{cow,m2,m1}=\dfrac{\alpha_{fm2}K_{m2}\rho_wK_{rwm2}}{\mu_w}\cdot[\Delta P_{o,m2m1}-\rho_w g\Delta D_{m2m1}-(P_{cow,m2,m1}-P_{cow,m1})]$
	小孔-微裂缝	$\tau_{om1f}=\dfrac{\alpha_{m1f}K_{m1}\rho_oK_{rom1}}{\mu_o}(\Phi_{om1}-\Phi_{of})$	$\tau_{gm1f}=\dfrac{\alpha_{m1f}K_{m1}\rho_gK_{rgm1}}{\mu_g}(\Phi_{om1}-\Phi_{of})$	$\tau_{gdm1f}=\dfrac{\alpha_{m1f}K_{m1}\rho_{gd}K_{rom1}}{\mu_o}(\Phi_{om1}-\Phi_{of})$	$\tau_{cow,m1,f}=\dfrac{\alpha_{fm1}K_{m1}\rho_wK_{rwm1}}{\mu_w}\cdot[\Delta P_{o,m1f}-\rho_w g\Delta D_{m1f}-(P_{cow,m1}-P_{cow,f})]$
	小孔-大裂缝	$\tau_{om1F}=\dfrac{\alpha_{m1F}K_{m1}\rho_oK_{rom1}}{\mu_o}(\Phi_{om1}-\Phi_{oF})$	$\tau_{gm1F}=\dfrac{\alpha_{m1f}K_{m1}\rho_gK_{rgm1}}{\mu_g}(\Phi_{om1}-\Phi_{gF})$	$\tau_{gdm1F}=\dfrac{\alpha_{m1f}K_{m1}\rho_{gd}K_{rom1}}{\mu_o}(\Phi_{om1}-\Phi_{oF})$	$\tau_{cow,m1,F}=\dfrac{\alpha_{Fm1}K_{m1}\rho_wK_{rwm1}}{\mu_w}\cdot[\Delta P_{o,m1F}-\rho_w g\Delta D_{m1f}-(P_{cow,m1}-P_{cow,F})]$
	纳米孔-大裂缝	$\tau_{om2F}=\dfrac{\alpha_{m2F}K_{m2}\rho_oK_{rom2}}{\mu_o}(\Phi_{om2}-\Phi_{oF})$	$\tau_{gm2F}=\dfrac{\alpha_{m2F}K_{m2}\rho_gK_{rgm2}}{\mu_g}(\Phi_{om2}-\Phi_{oF})$	$\tau_{gdm2F}=\dfrac{\alpha_{m2F}K_{m2}\rho_{gd}K_{rom2}}{\mu_o}(\Phi_{om2}-\Phi_{oF})$	$\tau_{cow,m2,F}=\dfrac{\alpha_{Fm2}K_{m2}\rho_wK_{rwm2}}{\mu_w}\cdot[\Delta P_{o,m2F}-\rho_w g\Delta D_{m2F}-(P_{cow,m2}-P_{cow,F})]$
	纳米孔-微裂缝	$\tau_{om2f}=\dfrac{\alpha_{m2f}K_{m2}\rho_oK_{rom2}}{\mu_o}(\Phi_{om2}-\Phi_{of})$	$\tau_{gm2f}=\dfrac{\alpha_{m2f}K_{m2}\rho_gK_{rgm2}}{\mu_g}(\Phi_{om2}-\Phi_{gf})$	$\tau_{gdm2f}=\dfrac{\alpha_{m2f}K_{m2}\rho_{gd}K_{rom2}}{\mu_o}(\Phi_{om2}-\Phi_{of})$	$\tau_{cow,m2,f}=\dfrac{\alpha_{fm2}K_{m2}\rho_wK_{rwm2}}{\mu_w}\cdot[\Delta P_{o,m2f}-\rho_w g\Delta D_{m2f}-(P_{cow,m2}-P_{cow,f})]$
源汇项	小孔-井筒	q^W_{om1}	q^W_{gm1}		q^W_{wm1}
	纳米孔-井筒	q^W_{om2}	q^W_{gm2}		q^W_{wm2}
	大裂缝-井筒	q^W_{oF}	q^W_{gF}		q^W_{wF}
	微裂缝-井筒	q^W_{of}	q^W_{gf}		q^W_{wf}

由于非连续多重介质模型是采用一套单元体彼此相邻但属性参数非连续变化的系统,因此非连续多重介质模型有且只有一套模型,模型中的每个单元用对应方程表征,不同单元的渗流机理不同,流态不同,方程也不同。根据非连续多重介质理论,基于特征单元体的非连续多重介质渗流数学模型通式为

$$\sum_{j=1}^{N} \varepsilon_{i,j} \left(\rho_{\mathrm{p}} \vec{v}_{\mathrm{p}} \right)_{j,i} + q_{\mathrm{p}i}^{\mathrm{W}} = \frac{\partial}{\partial t} \left(V\phi \sum_{\mathrm{p}} S_{\mathrm{p}} \rho_{\mathrm{p}} X_{\mathrm{cp}} \right)_{i} \tag{3.44}$$

式中,下标 i,j 分别为编号为 i 和 j 的单元体;$\varepsilon_{i,j}$ 为单元体 i 与单元体 j 间的几何算子;V 为网格体积,cm^3;ϕ 为孔隙度,无因次。

(一)非连续多重介质一体化渗流模型

当致密油储层中发育大裂缝(F)、小裂缝(f1)、微裂缝(f2)、小孔(M)、微孔(m1)、纳米孔(m2)等不同尺度多重介质(吴玉树和葛家理,1983;王飞和潘子晴,2016)时,建立了能够描述不同尺度孔隙、不同尺度裂缝的非连续多重介质渗流数学模型如下所示:

1. 大裂缝介质(F)

油组分渗流方程

$$\sum_{J=1}^{n_1} \varepsilon_{J,\mathrm{F}} \left(\rho_{\mathrm{o}} \vec{v}_{\mathrm{o}} \right)_{J,\mathrm{F}} + q_{\mathrm{oF}}^{\mathrm{W}} = \frac{\partial}{\partial t} \left(V\phi S_{\mathrm{o}} \rho_{\mathrm{o}} \right)_{\mathrm{F}} \tag{3.45}$$

气组分渗流方程

$$\sum_{J=1}^{n_1} \varepsilon_{J,\mathrm{F}} \left(\rho_{\mathrm{g}} \vec{v}_{\mathrm{g}} + \rho_{\mathrm{gd}} \vec{v}_{\mathrm{o}} \right)_{J,\mathrm{F}} + q_{\mathrm{oF}}^{\mathrm{W}} = \frac{\partial}{\partial t} \left[V\phi (\rho_{\mathrm{g}} S_{\mathrm{g}} + \rho_{\mathrm{gd}} S_{\mathrm{o}}) \right]_{\mathrm{F}} \tag{3.46}$$

水组分渗流方程

$$\sum_{J=1}^{n_1} \varepsilon_{J,\mathrm{F}} \left(\rho_{\mathrm{w}} \vec{v}_{\mathrm{w}} \right)_{J,\mathrm{F}} + q_{\mathrm{wF}}^{\mathrm{W}} = \frac{\partial}{\partial t} \left(V\phi S_{\mathrm{w}} \rho_{\mathrm{w}} \right)_{\mathrm{F}} \tag{3.47}$$

2. 小裂缝介质(f1)

油组分渗流方程

$$\sum_{J=1}^{n_2} \varepsilon_{J,\mathrm{f1}} \left(\rho_{\mathrm{o}} \vec{v}_{\mathrm{o}} \right)_{J,\mathrm{f1}} + q_{\mathrm{of1}}^{\mathrm{W}} = \frac{\partial}{\partial t} \left(V\phi S_{\mathrm{o}} \rho_{\mathrm{o}} \right)_{\mathrm{f1}} \tag{3.48}$$

气组分渗流方程

$$\sum_{J=1}^{n_2} \varepsilon_{J,\mathrm{f1}} \left(\rho_{\mathrm{g}} \vec{v}_{\mathrm{g}} + \rho_{\mathrm{gd}} \vec{v}_{\mathrm{o}} \right)_{J,\mathrm{f1}} + q_{\mathrm{of1}}^{\mathrm{W}} = \frac{\partial}{\partial t} \left[V\phi (\rho_{\mathrm{g}} S_{\mathrm{g}} + \rho_{\mathrm{gd}} S_{\mathrm{o}}) \right]_{\mathrm{f1}} \tag{3.49}$$

水组分渗流方程

$$\sum_{J=1}^{n_2} \varepsilon_{J,\mathrm{f1}} \left(\rho_{\mathrm{w}} \vec{v}_{\mathrm{w}} \right)_{J,\mathrm{f1}} + q_{\mathrm{of1}}^{\mathrm{W}} = \frac{\partial}{\partial t} \left(V\phi S_{\mathrm{w}} \rho_{\mathrm{w}} \right)_{\mathrm{f1}} \tag{3.50}$$

3. 微裂缝介质(f2)

油组分渗流方程

$$\sum_{J=1}^{n_3} \varepsilon_{J,\mathrm{f2}} \left(\rho_{\mathrm{o}} \vec{v}_{\mathrm{o}} \right)_{J,\mathrm{f2}} + q_{\mathrm{of2}}^{\mathrm{W}} = \frac{\partial}{\partial t} \left(V\phi S_{\mathrm{o}} \rho_{\mathrm{o}} \right)_{\mathrm{f2}} \tag{3.51}$$

气组分渗流方程

$$\sum_{J=1}^{n_3} \varepsilon_{J,\text{f2}} \left(\rho_\text{g} \vec{v}_\text{g} + \rho_\text{gd} \vec{v}_\text{o} \right)_{J,\text{f2}} + q_\text{gf2}^\text{W} = \frac{\partial}{\partial t} \left[V\phi(\rho_\text{g} S_\text{g} + \rho_\text{gd} S_\text{o}) \right]_\text{f2} \tag{3.52}$$

水组分渗流方程

$$\sum_{J=1}^{n_3} \varepsilon_{J,\text{f2}} \left(\rho_\text{w} \vec{v}_\text{w} \right)_{J,\text{f2}} + q_\text{wf2}^\text{W} = \frac{\partial}{\partial t} \left(V\phi S_\text{w}\rho_\text{w} \right)_\text{f2} \tag{3.53}$$

4. 小孔介质(M)

油组分渗流方程

$$\sum_{J=1}^{n_4} \varepsilon_{J,\text{M}} \left(\rho_\text{o} \vec{v}_\text{o} \right)_{J,\text{M}} + q_\text{oM}^\text{W} = \frac{\partial}{\partial t} \left(V\phi S_\text{o}\rho_\text{o} \right)_\text{M} \tag{3.54}$$

气组分渗流方程

$$\sum_{J=1}^{n_4} \varepsilon_{J,\text{M}} \left(\rho_\text{g} \vec{v}_\text{g} + \rho_\text{gd} \vec{v}_\text{o} \right)_{J,\text{M}} + q_\text{gM}^\text{W} = \frac{\partial}{\partial t} \left[V\phi(\rho_\text{g} S_\text{g} + \rho_\text{gd} S_\text{o}) \right]_\text{M} \tag{3.55}$$

水组分渗流方程

$$\sum_{J=1}^{n_4} \varepsilon_{J,\text{M}} \left(\rho_\text{w} \vec{v}_\text{w} \right)_{J,\text{M}} + q_\text{wM}^\text{W} = \frac{\partial}{\partial t} \left(V\phi S_\text{w}\rho_\text{w} \right)_\text{M} \tag{3.56}$$

5. 微孔介质(m1)

油组分渗流方程

$$\sum_{J=1}^{n_5} \varepsilon_{J,\text{m1}} \left(\rho_\text{o} \vec{v}_\text{o} \right)_{J,\text{m1}} + q_\text{om1}^\text{W} = \frac{\partial}{\partial t} \left(V\phi S_\text{o}\rho_\text{o} \right)_\text{m1} \tag{3.57}$$

气组分渗流方程

$$\sum_{J=1}^{n_5} \varepsilon_{J,\text{m1}} \left(\rho_\text{g} \vec{v}_\text{g} + \rho_\text{gd} \vec{v}_\text{o} \right)_{J,\text{m1}} + q_\text{gm1}^\text{W} = \frac{\partial}{\partial t} \left[V\phi(\rho_\text{g} S_\text{g} + \rho_\text{gd} S_\text{o}) \right]_\text{m1} \tag{3.58}$$

水组分渗流方程

$$\sum_{J=1}^{n_5} \varepsilon_{J,\text{m1}} \left(\rho_\text{w} \vec{v}_\text{w} \right)_{J,\text{m1}} + q_\text{wm1}^\text{W} = \frac{\partial}{\partial t} \left(V\phi S_\text{w}\rho_\text{w} \right)_\text{m1} \tag{3.59}$$

6. 纳米孔介质(m2)

油组分渗流方程

$$\sum_{J=1}^{n_6} \varepsilon_{J,\text{m2}} \left(\rho_\text{w} \vec{v}_\text{w} \right)_{J,\text{m2}} + q_\text{om2}^\text{W} = \frac{\partial}{\partial t} \left(V\phi S_\text{o}\rho_\text{o} \right)_\text{m2} \tag{3.60}$$

气组分渗流方程

$$\sum_{J=1}^{n_6} \varepsilon_{J,\text{m2}} \left(\rho_\text{g} \vec{v}_\text{g} + \rho_\text{gd} \vec{v}_\text{o} \right)_{J,\text{m2}} + q_\text{gm2}^\text{W} = \frac{\partial}{\partial t} \left[V\phi(\rho_\text{g} S_\text{g} + \rho_\text{gd} S_\text{o}) \right]_\text{m2} \tag{3.61}$$

水组分渗流方程

$$\sum_{J=1}^{n_6} \varepsilon_{J,\text{m2}} \left(\rho_\text{w} \vec{v}_\text{w} \right)_{J,\text{m2}} + q_\text{wm2}^\text{W} = \frac{\partial}{\partial t} \left(V\phi S_\text{w}\rho_\text{w} \right)_\text{m2} \tag{3.62}$$

式中,下标 F 为大裂缝介质;f1 为小裂缝介质;f2 为微裂缝介质;M 为大孔介质;m1 为微孔介质;m2 为纳米孔介质;$(\rho_w v_{cow})_{i,j}$ 为考虑不同介质间渗吸作用的水相流动项通式,具体详见多重介质间流动模型。

(二) 不同介质的渗流机理模型

致密储层发育纳微米孔隙介质,其物性差,界面效应和微尺度效应强,同时存在复杂天然–人工缝网,在不同开发阶段,致密油储层中不同类型流体在孔隙、裂缝等不同尺度介质中流动的渗流机理不同,流态也随之发生变化,表现为低速非线性流、拟线性流、高速非线性流等多种流态。由于介质不同、流体性质不同,导致所对应流态的临界压力梯度不同,而不同生产压差和介质空间位置的改变,同样会影响压力梯度,从而使流态发生变化。

1. 不同尺度孔隙介质

致密储层发育不同尺度孔隙介质(图 3.2),不同尺度介质的渗流机理不同,油、气在基质孔隙中的流动表现为拟线性流和受启动压力梯度影响的低速非线性流。

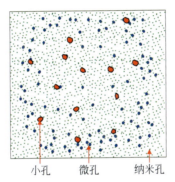

小孔　　　微孔　　　纳米孔

图 3.2　致密储层不同尺度孔隙介质

1) 拟线性渗流

致密油储层中油、气在孔隙介质内流动时,压力梯度介于拟线性临界压力梯度和高速非线性临界压力梯度之间,流态为拟线性渗流,渗流方程为

$$\sum_{j=1}^{N}\left\{\frac{A_{mi,mj}\,\vec{n}_{mi,mj}}{L_{mi,mj}}K_{mi,mj}\sum_{p}\frac{\rho_p X_{cp}K_{rp}}{\mu_p}\left[\left(P_{mi}-\rho g D_{mi}\right)-\left(P_{mj}-\rho g D_{mj}\right)-G_{c,mi,mj}\right]_p\right\}+q_{pmi}^{W}$$

$$=\frac{\partial}{\partial t}\left[V\phi\sum_{p}\left(S_p\rho_p X_{cp}\right)\right]_{mi} \tag{3.63}$$

$$G_{c,mi,mj}=c\left(L_{mi}+L_{mj}\right) \tag{3.64}$$

式中,$A_{mi,mj}$ 为相邻孔隙网格 i,j 的接触面积,m^2;$L_{mi,mj}$ 为网格质心到相邻网格接触面中心的实际距离,m;$\vec{n}_{mi,mj}$ 为网格间的正交性向量,无因次。

2) 低速非线性渗流

致密油储层中油、气在孔隙介质内流动时,压力梯度大于启动压力梯度且小于拟线性临界压力梯度,流态为受启动压力梯度影响的低速非线性渗流,渗流方程为

$$\sum_{j=1}^{N}\left\{\frac{A_{mi,mj}\,\vec{n}_{mi,mj}}{L_{mi,mj}}K_{mi,mj}\sum_{p}\frac{\rho_p X_{cp}K_{rp}}{\mu_p}\left[\left(P_{mi}-\rho g D_{mi}\right)-\left(P_{mj}-\rho g D_{mj}\right)-G_{a,mi,mj}\right]_p^{n^*}\right\}+q_{pmi}^{W}$$

$$= \frac{\partial}{\partial t} \left[V\phi \sum_{\mathrm{p}} \left(S_{\mathrm{p}} \rho_{\mathrm{p}} X_{\mathrm{cp}} \right) \right]_{mi} \tag{3.65}$$

$$G_{\mathrm{a},mi,mj} = \mathrm{a} \left(L_{mi} + L_{mj} \right) \tag{3.66}$$

2. 不同尺度裂缝介质

致密油藏天然裂缝发育,与不同压裂模式下的人工裂缝组成复杂的裂缝网络,流体在不同尺度裂缝中流动的机理和流态有较大差异,表现为高速非线性流、拟线性流和低速非线性流等多种流态(图3.3)。

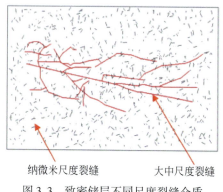

纳微米尺度裂缝　　　　　　　　大中尺度裂缝

图 3.3　致密储层不同尺度裂缝介质

1) 高速非线性流

致密油储层中油、气在裂缝介质内流动时,压力梯度大于高速非线性临界压力梯度,流态为高速非线性渗流,根据 Forchheimer 公式(Forchheimer,1901)可得渗流方程为

$$\sum_{j=1}^{N} \left\{ \frac{A_{\mathrm{fi},\mathit{fj}} \vec{n}_{\mathrm{fi},\mathit{fj}}}{L_{\mathrm{fi},\mathit{fj}}} K_{\mathrm{fi},\mathit{fj}} F_{\mathrm{ND}} \sum_{\mathrm{p}} \frac{\rho_{\mathrm{p}} X_{\mathrm{cp}} K_{\mathrm{rp}}}{\mu_{\mathrm{p}}} \left[\left(P_{\mathrm{fi}} - \rho g D_{\mathrm{fi}} \right) - \left(P_{\mathit{fj}} - \rho g D_{\mathit{fj}} \right) \right]_{\mathrm{p}} \right\} + q_{\mathrm{pfi}}^{\mathrm{W}}$$

$$= \frac{\partial}{\partial t} \left[V\phi \sum_{\mathrm{p}} \left(S_{\mathrm{p}} \rho_{\mathrm{p}} X_{\mathrm{cp}} \right) \right]_{\mathrm{fi}} \tag{3.67}$$

$$F_{\mathrm{ND}} = \frac{1}{1 + \dfrac{\beta \rho_{\mathrm{p}} q_{\mathrm{p}} K}{A\mu_{\mathrm{p}}}} \tag{3.68}$$

式中, F_{ND} 为高速非线性渗流函数。

2) 拟线性流

致密油储层中油、气在裂缝介质内流动时,压力梯度介于拟线性临界压力梯度和高速非线性临界压力梯度之间,流态为拟线性渗流,渗流方程为

$$\sum_{j=1}^{N} \left\{ \frac{A_{\mathrm{fi},\mathit{fj}} \vec{n}_{\mathrm{fi},\mathit{fj}}}{L_{\mathrm{fi},\mathit{fj}}} K_{\mathrm{fi},\mathit{fj}} \sum_{\mathrm{p}} \frac{\rho_{\mathrm{p}} X_{\mathrm{cp}} K_{\mathrm{rp}}}{\mu_{\mathrm{p}}} \left[\left(P_{\mathrm{fi}} - \rho g D_{\mathrm{fi}} \right) - \left(P_{\mathit{fj}} - \rho g D_{\mathit{fj}} \right) - G_{\mathrm{c},\mathrm{fi},\mathit{fj}} \right]_{\mathrm{p}} \right\} + q_{\mathrm{pfi}}^{\mathrm{W}}$$

$$= \frac{\partial}{\partial t} \left[V\phi \sum_{\mathrm{p}} \left(S_{\mathrm{p}} \rho_{\mathrm{p}} X_{\mathrm{cp}} \right) \right]_{\mathrm{fi}} \tag{3.69}$$

$$G_{\mathrm{c},\mathrm{fi},\mathit{fj}} = \mathrm{c} \left(L_{\mathrm{fi}} + L_{\mathit{fj}} \right) \tag{3.70}$$

3) 低速非线性流

致密油储层中油、气在纳微米尺度裂缝内流动时,压力梯度大于启动压力梯度且小于拟

线性临界压力梯度,流态为受启动压力梯度影响的低速非线性渗流,渗流方程为

$$\sum_{j=1}^{N} \left\{ \frac{A_{\mathrm{fi,fj}} \vec{n}_{\mathrm{fi,fj}}}{L_{\mathrm{fi,fj}}} K_{\mathrm{fi,fj}} \sum_{\mathrm{p}} \frac{\rho_{\mathrm{p}} X_{\mathrm{cp}} K_{\mathrm{rp}}}{\mu_{\mathrm{p}}} \left[(P_{\mathrm{fi}} - \rho_{\mathrm{p}} g D_{\mathrm{fi}}) - (P_{\mathrm{fj}} - \rho_{\mathrm{p}} g D_{\mathrm{fj}}) - G_{\mathrm{a,fi,fj}} \right]_{\mathrm{p}}^{n^*} \right\} + q_{\mathrm{pfi}}^{\mathrm{W}}$$

$$= \frac{\partial}{\partial t} \left[V\phi \sum_{\mathrm{p}} (S_{\mathrm{p}} \rho_{\mathrm{p}} X_{\mathrm{cp}}) \right]_{\mathrm{fi}} \tag{3.71}$$

$$G_{\mathrm{a,fi,fj}} = \mathrm{a}(L_{\mathrm{fi}} + L_{\mathrm{fj}}) \tag{3.72}$$

(三)多重介质间流动模型

1. 多重介质间流体交换计算模型

不同尺度多重介质间流体交换计算模型由不同介质流动能力的大小和不同渗流机理对流动能力的影响两部分组成。方程中不同尺度多重介质间的流动及介质与井筒间流动见表3.6。

$$\varepsilon_{i,j} (\rho_{\mathrm{p}} \vec{v}_{\mathrm{p}})_{i,j} = \left(\frac{A_{i,j} \vec{n}_{i,j}}{L_{i,j}} K_{i,j} \right) \sum_{\mathrm{p}} \left[\frac{\rho_{\mathrm{p}} X_{\mathrm{cp}} K_{\mathrm{rp}}}{\mu_{\mathrm{p}}} (\Phi_i - \Phi_j)_{\mathrm{p}} \right] = C_{i,j} F_{i,j} \tag{3.73}$$

2. 不同介质间的传导率计算模型

不同介质流动能力的大小通过传导率表征。由于非连续多重介质模型中,介质、流体,以及流体的流动非连续,不同介质具有不同的几何特征和属性参数,因此为了体现介质的几何和属性特征,建立了不同介质单元体间传导率计算模型(Gong et al.,2006[①]),如下式所示:

$$C_{i,j} = \frac{A_{i,j} \vec{n}_{i,j}}{L_{i,j}} K_{i,j} \tag{3.74}$$

式中,$A_{i,j}$为单元体i与单元体j的接触面积,m^2;$\vec{n}_{i,j}$为单元体i与单元体j间有关正交性的向量;$L_{i,j}$为单元体i形心与单元体j形心间的距离,m;$K_{i,j}$为单元体i与单元体j的绝对渗透率,mD。

3. 不同流动机理下流体流动能力的计算模型

基质孔隙、大尺度裂缝和小尺度裂缝各介质之间流体交换存在受启动压力梯度影响的黏滞作用、渗吸作用等特殊机理,表现为高速非线性流、拟线性流和低速非线性流,因此建立了不同流动机理下流体流动能力的计算模型,该模型能够描述不同介质流态及流动机理的变化对介质间流体交换的影响。

$$F_{i,j} = \sum_{\mathrm{p}} \left[\frac{\rho_{\mathrm{p}} X_{\mathrm{cp}} K_{\mathrm{rp}}}{\mu_{\mathrm{p}}} (\Phi_i - \Phi_j)_{\mathrm{p}} \right] \tag{3.75}$$

其具体形式如下:

1)不同尺度孔隙介质间流体流动模型

A. 拟线性渗流

当油、气在孔隙介质间流动的压力梯度介于拟线性临界压力梯度和高速非线性临界压力梯度之间,流态为拟线性渗流,流体流动项具体表达式为

$$(F_{\text{拟线性,c}})_{mi,Mj} = \sum_{\mathrm{p}} \left\{ \frac{\rho_{\mathrm{p}} X_{\mathrm{cp}} K_{\mathrm{rp}}}{\mu_{\mathrm{p}}} \left[(P_{mi} - \rho g D_{mi}) - (P_{Mj} - \rho g D_{Mj}) - G_{\mathrm{c},mi,Mj} \right]_{\mathrm{p}} \right\} \tag{3.76}$$

---

① Gong B, Karimi-Fard M, Durlofsky L J. 2006. An upscaling procedure for constructing generalized dual-porosity/dual-permeability moedls from discrets fracture characterizations. Texas, USA, SPE Annual Technical Conference and Exhibition.

表 3.6 非连续多重介质模型流体交换表

相邻单元	不同介质间流体交换						介质与井筒间流体交换
主单元	大裂缝	小裂缝	微裂缝	小孔	微孔	纳米孔	
大裂缝	—	$\varepsilon_{f1,F}\left(\rho_p\vec{v}_p\right)_{f1,F}$	$\varepsilon_{f2,F}\left(\rho_p\vec{v}_p\right)_{f2,F}$	$\varepsilon_{M,F}\left(\rho_p\vec{v}_p\right)_{M,F}$	$\varepsilon_{m1,F}\left(\rho_p\vec{v}_p\right)_{m1,F}$	$\varepsilon_{m2,F}\left(\rho_p\vec{v}_p\right)_{m2,F}$	q_{pF}^{W}
小裂缝	$\varepsilon_{f1,F}\left(\rho_p\vec{v}_p\right)_{F,f1}$	—	$\varepsilon_{f2,f1}\left(\rho_p\vec{v}_p\right)_{f2,f1}$	$\varepsilon_{M,f1}\left(\rho_p\vec{v}_p\right)_{M,f1}$	$\varepsilon_{m1,f1}\left(\rho_p\vec{v}_p\right)_{m1,f1}$	$\varepsilon_{m2,f1}\left(\rho_p\vec{v}_p\right)_{m2,f1}$	q_{pf1}^{W}
微裂缝	$\varepsilon_{f2,F}\left(\rho_p\vec{v}_p\right)_{F,f2}$	$\varepsilon_{f2,f1}\left(\rho_p\vec{v}_p\right)_{f1,f2}$	—	$\varepsilon_{M,f2}\left(\rho_p\vec{v}_p\right)_{M,f2}$	$\varepsilon_{m1,f2}\left(\rho_p\vec{v}_p\right)_{m1,f2}$	$\varepsilon_{m2,f2}\left(\rho_p\vec{v}_p\right)_{m2,f2}$	q_{pf2}^{W}
小孔	$\varepsilon_{M,F}\left(\rho_p\vec{v}_p\right)_{F,M}$	$\varepsilon_{M,f1}\left(\rho_p\vec{v}_p\right)_{f1,M}$	$\varepsilon_{M,f2}\left(\rho_p\vec{v}_p\right)_{f2,M}$	—	$\varepsilon_{m1,M}\left(\rho_p\vec{v}_p\right)_{m1,M}$	$\varepsilon_{m2,M}\left(\rho_p\vec{v}_p\right)_{m2,M}$	q_{pM}^{W}
微孔	$\varepsilon_{m1,F}\left(\rho_p\vec{v}_p\right)_{F,m1}$	$\varepsilon_{m1,f1}\left(\rho_p\vec{v}_p\right)_{f1,m1}$	$\varepsilon_{m1,f2}\left(\rho_p\vec{v}_p\right)_{f2,m1}$	$\varepsilon_{m1,M}\left(\rho_p\vec{v}_p\right)_{M,m1}$	—	$\varepsilon_{m1,m2}\left(\rho_p\vec{v}_p\right)_{m2,m1}$	q_{pm1}^{W}
纳米孔	$\varepsilon_{m2,F}\left(\rho_p\vec{v}_p\right)_{F,m2}$	$\varepsilon_{m2,f1}\left(\rho_p\vec{v}_p\right)_{f1,m2}$	$\varepsilon_{m2,f2}\left(\rho_p\vec{v}_p\right)_{f2,m2}$	$\varepsilon_{m2,M}\left(\rho_p\vec{v}_p\right)_{M,m2}$	$\varepsilon_{m1,m2}\left(\rho_p\vec{v}_p\right)_{m1,m2}$	—	q_{pm2}^{W}

$$G_{c,mi,Mj} = c(L_{mi} + L_{Mj}) \tag{3.77}$$

B. 低速非线性渗流

当油、气在孔隙介质间流动的压力梯度大于启动压力梯度且小于拟线性临界压力梯度，流态为受启动压力梯度影响的低速非线性渗流，流体流动项具体表达式为

$$(F_{\text{启动},c})_{mi,Mj} = \sum_p \left\{ \frac{\rho_p X_{cp} K_{rp}}{\mu_p} \left[(P_{mi} - \rho g D_{mi}) - (P_{Mj} - \rho g D_{Mj}) - G_{a,mi,Mj} \right]_p^{n*} \right\} \tag{3.78}$$

$$G_{a,mi,Mj} = a(L_{mi} + L_{Mj}) \tag{3.79}$$

C. 渗吸作用

致密储层流体在不同尺度孔隙介质间流动受渗吸作用影响，体现在水相的流体流动项具体形式为（殷代印等，2004）：

$$(F_{\text{渗吸},w})_{mi,Mj} = \frac{\rho_w K_{rw}}{\mu_w} \left[(P_{o,mi} - P_{o,Mj}) + \rho_w g(D_{mi} - D_{Mj}) - (P_{cow,mi} - P_{cow,Mj}) \right] \tag{3.80}$$

2）孔隙与不同尺度裂缝间流体交换

A. 拟线性渗流

当孔隙中油、气向裂缝流动的压力梯度介于拟线性临界压力梯度和高速非线性临界压力梯度之间，流态为拟线性渗流，流体流动项具体形式为

$$(F_{\text{拟线性},c})_{mi,f(F)j} = \sum_p \left\{ \frac{\rho_p X_{cp} K_{rp}}{\mu_p} \left[(P_{mi} - \rho g D_{mi}) - (P_{f(F)j} - \rho g D_{f(F)j}) - G_{c,mi,f(F)j} \right]_p \right\} \tag{3.81}$$

$$G_{c,mi,f(F)j} = c(L_{mi} + L_{(f)Fj}) \tag{3.82}$$

B. 低速非线性流

当孔隙中油、气向裂缝流动的压力梯度大于启动压力梯度且小于拟线性临界压力梯度，流态为受启动压力梯度影响的低速非线性渗流，流体流动项具体形式为

$$(F_{\text{启动},c})_{mi,f(F)j} = \sum_p \left\{ \frac{\rho_p X_{cp} K_{rp}}{\mu_p} \left[(P_{mi} - \rho g D_{mi}) - (P_{f(F)j} - \rho g D_{f(F)j}) - G_{a,mi,f(F)j} \right]_p^{n*} \right\} \tag{3.83}$$

$$G_{a,mi,f(F)j} = a(L_{mi} + L_{(f)Fj}) \tag{3.84}$$

C. 渗吸作用

致密储层流体在基质、裂缝介质间流动受渗吸作用影响，体现在水相的流体流动项具体形式为

$$(F_{\text{渗吸},w})_{mi,f(F)j} = \frac{\rho_w K_{rw}}{\mu_w} \left[(P_{o,mi} - P_{o,f(F)j}) - \rho_w g(D_{mi} - D_{f(F)j}) - (P_{cow,mi} - P_{cow,f(F)j}) \right] \tag{3.85}$$

3）不同尺度裂缝间流体交换

A. 高速非线性流

当大尺度裂缝间油、气两相流体渗流的压力梯度大于高速非线性临界压力梯度，流态为高速非线性渗流，流体流动项具体形式为

$$(F_{\text{高速},c})_{fi,Fj} = F_{ND} \sum_p \left\{ \frac{\rho_p X_{cp} K_{rp}}{\mu_p} \left[(P_{fi} - \rho g D_{fi}) - (P_{Fj} - \rho g D_{Fj}) \right]_p \right\} \tag{3.86}$$

B. 拟线性渗流

当小尺度裂缝内油、气两相流体向大尺度裂缝渗流的压力梯度介于拟线性临界压力梯度和高速非线性临界压力梯度之间,流态为拟线性渗流,流体流动项具体形式为

$$(F_{拟线性,c})_{fi,Fj} = \sum_p \left\{ \frac{\rho_p X_{cp} K_{rp}}{\mu_p} \left[(P_{fi} - \rho g D_{fi}) - (P_{Fj} - \rho g D_{Fj}) - G_{c,fi,Fj} \right]_p \right\} \quad (3.87)$$

$$G_{c,fi,Fj} = c(L_{fi} + L_{Fj}) \quad (3.88)$$

C. 低速非线性渗流

当裂缝间油、气两相流体渗流的压力梯度大于启动压力梯度且小于拟线性临界压力梯度,流态为受启动压力梯度影响的低速非线性渗流,流体流动项具体形式为

$$(F_{启动,c})_{fi,Fj} = \sum_p \left\{ \frac{\rho_p X_{cp} K_{rp}}{\mu_p} \left[(P_{fi} - \rho_p g D_{fi}) - (P_{Fj} - \rho_p g D_{Fj}) - G_{a,fi,Fj} \right]_p^{n*} \right\} \quad (3.89)$$

$$G_{a,fi,Fj} = a(L_{fi} + L_{Fj}) \quad (3.90)$$

D. 渗吸作用

致密储层流体在不同尺度裂缝介质间流动受渗吸作用影响,体现在水相的流体流动项具体形式为

$$(F_{渗吸,w})_{fi,Fj} = \frac{\rho_w K_{rw}}{\mu_w} \left[(P_{o,fi} - P_{o,f(F)j}) - \rho_w g(D_{fi} - D_{Fj}) - (P_{cow,fi} - P_{cow,Fj}) \right] \quad (3.91)$$

第二节　致密气多重介质渗流数学模型

与致密油类似,致密气具有多尺度、多重介质特征,不同介质在空间上具有非连续离散分布、属性参数非连续变化的特征,其流态与渗流机理复杂。致密气的渗流机理与致密油存在显著差异,主要受启动压力梯度、滑脱效应、扩散作用等多种机理影响,表现为高速非线性流、拟线性流和低速非线性流等多种流态。针对致密气不同尺度孔隙介质、天然/人工裂缝介质的非线性渗流特征和多尺度、多介质间不同作用机理的流体交换特征,建立了致密气多重介质渗流数学模型,包括致密气连续单一介质、连续双重介质、连续多重介质和非连续多重介质渗流数学模型。

一、连续单一介质渗流数学模型

孔隙型致密储层只发育单一孔隙介质,将此类致密气储层简化为连续单一的介质模型,该模型中具有连续分布的单一孔隙介质,气、水两相流体共存,多孔介质与流体的属性连续变化,可以用连续方程来表征。

针对孔隙型致密气上述特征,建立了连续单一介质气、水两相流动的数学模型:

1. 气组分渗流方程

$$\nabla \cdot \left(\rho_g \frac{K K_{rg}}{\mu_g} \nabla P_g - \rho_g \frac{K K_{rg}}{\mu_g} \rho_g g \nabla D \right) + q_g^W = \frac{\partial}{\partial t} (\phi S_g \rho_g) \quad (3.92)$$

2. 水组分渗流方程

$$\nabla \cdot \left(\rho_{\mathrm{w}} \frac{KK_{\mathrm{rw}}}{\mu_{\mathrm{w}}} \nabla P_{\mathrm{w}} - \rho_{\mathrm{w}} \frac{KK_{\mathrm{rw}}}{\mu_{\mathrm{w}}} \rho_{\mathrm{w}} g \nabla D \right) + q_{\mathrm{w}}^{\mathrm{W}} = \frac{\partial}{\partial t} (\phi S_{\mathrm{w}} \rho_{\mathrm{w}}) \tag{3.93}$$

该模型:流动项描述黏滞流动、重力驱动、弹性膨胀等驱动作用下流体的流动量;源汇项描述井的注入量和采出量;累积项描述在多种机理共同作用下的累积变化量。

二、连续双重介质渗流数学模型

当致密储层发育连续分布的孔隙系统和裂缝系统时,将其简化为致密气连续双重介质模型。该模型由孔隙系统和裂缝系统组成,孔隙系统具有唯一的孔隙介质属性,裂缝系统具有唯一的裂缝介质属性,同一系统在空间上连续分布可以用连续方程来描述,两个系统在空间上互相叠加形成双重介质。

根据孔隙介质内部渗流及其与井筒间的流动关系,可以划分为双孔单渗模型和双孔双渗模型。

(一) 双孔单渗双重介质的渗流数学模型

致密气双孔单渗型双重介质的渗流数学模型为

1. 孔隙系统

气组分渗流方程:

$$- \tau_{\mathrm{gmf}} = \frac{\partial}{\partial t} (\phi \rho_{\mathrm{g}} S_{\mathrm{g}})_{\mathrm{m}} \tag{3.94}$$

水组分渗流方程:

$$- \tau_{\mathrm{wmf}} = \frac{\partial}{\partial t} (\phi \rho_{\mathrm{w}} S_{\mathrm{w}})_{\mathrm{m}} \tag{3.95}$$

2. 裂缝系统

气组分渗流方程:

$$- \nabla \cdot (\rho_{\mathrm{g}} \vec{v}_{\mathrm{g}})_{\mathrm{f}} + \tau_{\mathrm{gmf}} + q_{\mathrm{gf}}^{\mathrm{W}} = \frac{\partial}{\partial t} (\phi \rho_{\mathrm{g}} S_{\mathrm{g}})_{\mathrm{f}} \tag{3.96}$$

水组分渗流方程:

$$- \nabla \cdot (\rho_{\mathrm{w}} \vec{v}_{\mathrm{w}})_{\mathrm{f}} + \tau_{\mathrm{wmf}} + q_{\mathrm{wf}}^{\mathrm{W}} = \frac{\partial (\phi \rho_{\mathrm{w}} S_{\mathrm{w}})_{\mathrm{f}}}{\partial t} \tag{3.97}$$

模型中孔隙系统和裂缝系统间流体的流动见表3.7。

表3.7　双孔单渗模型内流体交换表

流体组成	系统内部流体流动项		系统间流体窜流项	源汇项	
	基质系统	裂缝系统	基质–裂缝	基质–井筒	裂缝–井筒
气组分	0	$- \nabla \cdot (\rho_{\mathrm{g}} \vec{v}_{\mathrm{g}})_{\mathrm{f}}$	$\tau_{\mathrm{gmf}} = \dfrac{\alpha_{\mathrm{fm}} K_{m} \rho_{\mathrm{g}} K_{\mathrm{rgm}}}{\mu_{\mathrm{g}}} (\varPhi_{\mathrm{gm}} - \varPhi_{\mathrm{gf}})$	0	$q_{\mathrm{gf}}^{\mathrm{W}}$

流体组成	系统内部流体流动项		系统间流体窜流项	源汇项	
	基质系统	裂缝系统	基质–裂缝	基质–井筒	裂缝–井筒
水组分	0	$-\nabla\cdot(\rho_w\vec{v}_w)_f$	$\tau_{wmf}=\dfrac{\alpha_{fm}K_m\rho_wK_{rwm}}{\mu_w}(\Phi_{wm}-\Phi_{wf})$	0	q^W_{wf}

(二) 双孔双渗双重介质的渗流数学模型

致密气双孔双渗型双重介质的渗流数学模型为

1. 孔隙系统

气组分渗流方程：

$$-\nabla\cdot(\rho_g\vec{v}_g)_m-\tau_{gmf}+q^W_{gm}=\frac{\partial}{\partial t}(\phi\rho_gS_g)_m \tag{3.98}$$

水组分渗流方程：

$$-\nabla\cdot(\rho_w\vec{v}_w)_m-\tau_{wmf}+q^W_{wm}=\frac{\partial}{\partial t}(\phi\rho_wS_w)_m \tag{3.99}$$

2. 裂缝系统

气组分渗流方程：

$$-\nabla\cdot(\rho_g\vec{v}_g)_f+\tau_{gmf}+q^W_{gf}=\frac{\partial}{\partial t}(\phi\rho_gS_g)_f \tag{3.100}$$

水组分渗流方程：

$$-\nabla\cdot(\rho_w\vec{v}_w)_f+\tau_{wmf}+q^W_{wf}=\frac{\partial(\phi\rho_wS_w)_f}{\partial t} \tag{3.101}$$

模型中孔隙系统和裂缝系统间的流动如表 3.8 所示。

表 3.8　双孔双渗模型内流体交换表

流体组成	系统内部流体流动项		系统间流体窜流项	源汇项	
	基质系统	裂缝系统	基质–裂缝	基质系统	裂缝系统
气组分	$-\nabla\cdot(\rho_g\vec{v}_g)_m$	$-\nabla\cdot(\rho_g\vec{v}_g)_f$	$\tau_{gmf}=\dfrac{\alpha_{fm}K_m\rho_gK_{rgm}}{\mu_g}(\Phi_{gm}-\Phi_{gf})$	q^W_{gm}	q^W_{gf}
水组分	$-\nabla\cdot(\rho_w\vec{v}_w)_m$	$-\nabla\cdot(\rho_w\vec{v}_w)_f$	$\tau_{wmf}=\dfrac{\alpha_{fm}K_m\rho_wK_{rwm}}{\mu_w}(\Phi_{wm}-\Phi_{wf})$	q^W_{wm}	q^W_{wf}

三、连续多重介质渗流数学模型

(一) 基于双孔模型的多重介质渗流数学模型

对于不同尺度孔隙和天然/人工裂缝发育的致密气储层，同一套系统内介质交互接触，几何、属性参数连续,两个系统在空间上互相叠加形成多重介质。将此类致密气储层简化为基于双孔模型的多重介质模型,在该模型中孔隙与裂缝系统内部、孔隙与裂缝系统间均存在渗流,同时孔隙系统和裂缝系统又分别与井筒存在流体交换。针对上述特征,建立了基于双孔模型的多重介质渗流数学模型:

1. 孔隙系统

1)小孔(m1)

气组分渗流方程:

$$- \nabla \cdot (\rho_g \vec{v}_g)_{m2,m1} - \tau_{gm1,f} + q_{gm1}^W = \frac{\partial}{\partial t}(\phi \rho_g S_g)_{m1} \qquad (3.102)$$

水组分渗流方程:

$$- \nabla \cdot (\rho_w \vec{v}_w)_{m2,m1} - \tau_{wm1,f} + q_{wm1}^W = \frac{\partial}{\partial t}(\phi \rho_w S_w)_{m1} \qquad (3.103)$$

2)纳米孔(m2)

气组分渗流方程:

$$- \nabla \cdot (\rho_g \vec{v}_g)_{m1,m2} - \tau_{gm2,F} + q_{gm2}^W = \frac{\partial}{\partial t}(\phi \rho_g S_g)_{m2} \qquad (3.104)$$

水组分渗流方程:

$$- \nabla \cdot (\rho_w \vec{v}_w)_{m1,m2} - \tau_{wm2,F} + q_{wm2}^W = \frac{\partial}{\partial t}(\phi \rho_w S_w)_{m2} \qquad (3.105)$$

2. 裂缝系统

1)大裂缝(F)

气组分渗流方程:

$$- \nabla \cdot (\rho_g \vec{v}_g)_{f,F} + \tau_{gm2,F} + q_{gF}^W = \frac{\partial}{\partial t}(\phi \rho_g S_g)_F \qquad (3.106)$$

水组分渗流方程:

$$- \nabla \cdot (\rho_w \vec{v}_w)_{f,F} + \tau_{wm2,F} + q_{wF}^W = \frac{\partial}{\partial t}(\phi \rho_w S_w)_F \qquad (3.107)$$

2)微裂缝(f)

气组分渗流方程:

$$- \nabla \cdot (\rho_g \vec{v}_g)_{F,f} + \tau_{gm1,f} + q_{gf}^W = \frac{\partial}{\partial t}(\phi \rho_g S_g)_f \qquad (3.108)$$

水组分渗流方程:

$$- \nabla \cdot (\rho_w \vec{v}_w)_{F,f} + \tau_{wm1,f} + q_{gf}^W = \frac{\partial}{\partial t}(\phi \rho_w S_w)_f \qquad (3.109)$$

模型中孔隙系统和裂缝系统间的流动如表3.9所示。

表 3.9 基于双孔模型的多重介质模型流体交换表

渗流对象			流体组成	
			气组分	水组分
系统内部流体流动项	孔隙系统	小孔	$-\nabla \cdot (\rho_g \vec{v}_g)_{m2,m1} = \nabla \cdot \left(\rho_g \dfrac{K_{m1} K_{rgm1}}{\mu_g} \nabla \Phi_{g,m2m1} \right)$	$-\nabla \cdot (\rho_w \vec{v}_w)_{m2,m1} = \nabla \cdot \left(\rho_w \dfrac{K_{m1} K_{rwm1}}{\mu_w} \nabla \Phi_{w,m2m1} \right)$
		纳米孔	$-\nabla \cdot (\rho_g \vec{v}_g)_{m1,m2} = \nabla \cdot \left(\rho_g \dfrac{K_{m2} K_{rgm2}}{\mu_g} \nabla \Phi_{g,m1m2} \right)$	$-\nabla \cdot (\rho_w \vec{v}_w)_{m1,m2} = \nabla \cdot \left(\rho_w \dfrac{K_{m2} K_{rwm2}}{\mu_w} \nabla \Phi_{w,m1m2} \right)$
	裂缝系统	大裂缝	$-\nabla \cdot (\rho_g \vec{v}_g)_{f,F} = \nabla \cdot \left(\rho_g \dfrac{K_F K_{rgF}}{\mu_g} \nabla \Phi_{o,fF} \right)$	$-\nabla \cdot (\rho_w \vec{v}_w)_{f,F} = \nabla \cdot \left(\rho_w \dfrac{K_F K_{rwF}}{\mu_w} \nabla \Phi_{w,fF} \right)$
		微裂缝	$-\nabla \cdot (\rho_g \vec{v}_g)_{F,f} = \nabla \cdot \left(\rho_g \dfrac{K_f K_{rgf}}{\mu_g} \nabla \Phi_{o,Ff} \right)$	$-\nabla \cdot (\rho_w \vec{v}_w)_{F,f} = \nabla \cdot \left(\rho_w \dfrac{K_f K_{rwf}}{\mu_w} \nabla \Phi_{w,Ff} \right)$
系统间流体窜流项	小孔–微裂缝		$\tau_{gm1f} = \dfrac{\alpha_{m1f} K_{m1} \rho_g K_{rgm1}}{\mu_g} (\Phi_{gm1} - \Phi_{gf})$	$\tau_{wm1f} = \dfrac{\alpha_{m1f} K_{m1} \rho_w K_{rwm1}}{\mu_w} (\Phi_{wm1} - \Phi_{wf})$
	纳米孔–大裂缝		$\tau_{gm2F} = \dfrac{\alpha_{m2F} K_{m2} \rho_g K_{rgm2}}{\mu_g} (\Phi_{om2} - \Phi_{oF})$	$\tau_{wm2F} = \dfrac{\alpha_{m2F} K_{m2} \rho_w K_{rwm2}}{\mu_w} (\Phi_{wm2} - \Phi_{wF})$
源汇项	小孔–井筒		q_{gm1}^W	q_{wm1}^W
	纳米孔–井筒		q_{gm2}^W	q_{wm2}^W
	大裂缝–井筒		q_{gF}^W	q_{wF}^W
	微裂缝–井筒		q_{gf}^W	q_{wf}^W

(二)连续多重介质渗流数学模型

致密气连续多重介质渗流数学模型中,每重介质均为一个独立的连续系统,流体连续分布且相互沟通流动,同一系统的属性在空间上的分布用连续方程来描述,不同系统间(即不同介质间)的流体交换能力通过窜流量体现(表 3.10)。

1. 小孔系统(m1)

气组分渗流方程:

$$-\nabla \cdot (\rho_g \vec{v}_g)_{m1} - \tau_{gm1F} - \tau_{gm1f} + \tau_{gm2m1} + q_{gm1}^W = \frac{\partial}{\partial t} (\phi \rho_g S_g)_{m1} \qquad (3.110)$$

水组分渗流方程:

$$-\nabla \cdot (\rho_w \vec{v}_w)_{m1} - \tau_{cow,m1F} - \tau_{cow,m1f} + \tau_{cow,m2m1} + q_{wm1}^W = \frac{\partial}{\partial t} (\phi \rho_w S_w)_{m1} \qquad (3.111)$$

2. 纳米孔系统(m2)

气组分渗流方程:

$$-\nabla \cdot (\rho_g \vec{v}_g)_{m2} - \tau_{gm2F} - \tau_{gm2f} - \tau_{gm2m1} + q_{gm2}^W = \frac{\partial}{\partial t} (\phi \rho_g S_g)_{m2} \qquad (3.112)$$

水组分渗流方程：

$$-\nabla\cdot(\rho_w\vec{v}_w)_{m2}-\tau_{cow,m2F}-\tau_{cow,m2f}-\tau_{cow,m2m1}+q^W_{wm2}=\frac{\partial}{\partial t}(\phi\rho_wS_w)_{m2} \qquad (3.113)$$

3. 大裂缝系统(F)

气组分渗流方程：

$$-\nabla\cdot(\rho_g\vec{v}_g)_F+\tau_{gm1F}+\tau_{gm2F}+\tau_{gfF}+q^W_{gF}=\frac{\partial}{\partial t}(\phi\rho_gS_g)_F \qquad (3.114)$$

水组分渗流方程：

$$-\nabla\cdot(\rho_w\vec{v}_w)_F+\tau_{cow,m1F}+\tau_{cow,m2F}+\tau_{cow,fF}+q^W_{wF}=\frac{\partial}{\partial t}(\phi\rho_wS_w)_F \qquad (3.115)$$

4. 微裂缝系统(f)

气组分渗流方程：

$$-\nabla\cdot(\rho_g\vec{v}_g)_f+\tau_{gm1f}+\tau_{gm2f}-\tau_{gfF}+q^W_{gf}=\frac{\partial}{\partial t}(\phi\rho_gS_g)_f \qquad (3.116)$$

水组分渗流方程：

$$-\nabla\cdot(\rho_w\vec{v}_w)_f+\tau_{cow,m1f}+\tau_{cow,m2f}-\tau_{cow,fF}+q^W_{wf}=\frac{\partial}{\partial t}(\phi\rho_wS_w)_f \qquad (3.117)$$

表 3.10 连续多重介质模型流体交换表

渗流对象		流体组成		
		油组分	气组分	水组分
系统内部流体流动项	小孔	$-\nabla\cdot(\rho_o\vec{v}_o)_{m1}$	$-\nabla\cdot(\rho_g\vec{v}_g)_{m1}$	$-\nabla\cdot(\rho_w\vec{v}_w)_{m1}$
	纳米孔	$-\nabla\cdot(\rho_o\vec{v}_o)_{m2}$	$-\nabla\cdot(\rho_g\vec{v}_g)_{m2}$	$-\nabla\cdot(\rho_w\vec{v}_w)_{m2}$
	大裂缝	$-\nabla\cdot(\rho_o\vec{v}_o)_F$	$-\nabla\cdot(\rho_g\vec{v}_g)_F$	$-\nabla\cdot(\rho_w\vec{v}_w)_F$
	微裂缝	$-\nabla\cdot(\rho_o\vec{v}_o)_f$	$-\nabla\cdot(\rho_g\vec{v}_g)_f$	$-\nabla\cdot(\rho_w\vec{v}_w)_f$
系统间流体窜流项	小孔-纳米孔	$\tau_{om2m1}=\dfrac{\alpha_{m2m1}K_{m2}\rho_oK_{rom2}}{\mu_o}\cdot(\Phi_{om2}-\Phi_{om1})$	$\tau_{gm2m1}=\dfrac{\alpha_{m2m1}K_{m2}\rho_gK_{rgm2}}{\mu_g}\cdot(\Phi_{gm2}-\Phi_{gm1})$	$\tau_{cow,m2,m1}=\dfrac{\alpha_{fm2}K_{m2}\rho_wK_{rwm2}}{\mu_w}\cdot[\Delta P_{o,m2m1}-\rho_wg\Delta D_{m2m1}-(P_{cow,m2}-P_{cow,m1})]$
	小孔-微裂缝	$\tau_{om1f}=\dfrac{\alpha_{m1f}K_{m1}\rho_oK_{rom1}}{\mu_o}\cdot(\Phi_{om1}-\Phi_{of})$	$\tau_{gm1f}=\dfrac{\alpha_{m1f}K_{m1}\rho_gK_{rgm1}}{\mu_g}\cdot(\Phi_{gm1}-\Phi_{gf})$	$\tau_{cow,m1,f}=\dfrac{\alpha_{fm1}K_{m1}\rho_wK_{rwm1}}{\mu_w}\cdot[\Delta P_{o,m1f}-\rho_wg\Delta D_{m1f}-(P_{cow,m1}-P_{cow,f})]$
	小孔-大裂缝	$\tau_{om1F}=\dfrac{\alpha_{m1F}K_{m1}\rho_oK_{rom1}}{\mu_o}\cdot(\Phi_{om1}-\Phi_{oF})$	$\tau_{gm1F}=\dfrac{\alpha_{m1F}K_{m1}\rho_gK_{rgm1}}{\mu_g}\cdot(\Phi_{gm1}-\Phi_{gF})$	$\tau_{cow,m1,F}=\dfrac{\alpha_{Fm1}K_{m1}\rho_wK_{rwm1}}{\mu_w}\cdot[\Delta P_{o,m1F}-\rho_wg\Delta D_{m1F}-(P_{cow,m1}-P_{cow,F})]$
	纳米孔-大裂缝	$\tau_{om2F}=\dfrac{\alpha_{m2F}K_{m2}\rho_oK_{rom2}}{\mu_o}\cdot(\Phi_{om2}-\Phi_{oF})$	$\tau_{gm2F}=\dfrac{\alpha_{m2F}K_{m2}\rho_gK_{rgm2}}{\mu_g}\cdot(\Phi_{gm2}-\Phi_{gF})$	$\tau_{cow,m2,F}=\dfrac{\alpha_{Fm2}K_{m2}\rho_wK_{rwm2}}{\mu_w}\cdot[\Delta P_{o,m2F}-\rho_wg\Delta D_{m2F}-(P_{cow,m2}-P_{cow,F})]$
	纳米孔-微裂缝	$\tau_{om2f}=\dfrac{\alpha_{m2f}K_{m2}\rho_oK_{rom2}}{\mu_o}\cdot(\Phi_{om2}-\Phi_{of})$	$\tau_{gm2f}=\dfrac{\alpha_{m2f}K_{m2}\rho_gK_{rgm2}}{\mu_g}\cdot(\Phi_{gm2}-\Phi_{gf})$	$\tau_{cow,m2,f}=\dfrac{\alpha_{fm2}K_{m2}\rho_wK_{rwm2}}{\mu_w}\cdot[\Delta P_{o,m2f}-\rho_wg\Delta D_{m2f}-(P_{cow,m2}-P_{cow,f})]$

渗流对象		流体组成		
		油组分	气组分	水组分
源汇项	小孔–井筒	q_{om1}^{W}	q_{gm1}^{W}	q_{wm1}^{W}
	纳米孔–井筒	q_{om2}^{W}	q_{gm2}^{W}	q_{wm2}^{W}
	大裂缝–井筒	q_{oF}^{W}	q_{gF}^{W}	q_{wF}^{W}
	微裂缝–井筒	q_{of}^{W}	q_{gf}^{W}	q_{wf}^{W}

四、非连续多重介质渗流数学模型

致密气不同尺度孔隙、纳微米裂缝、不同尺度天然/人工离散裂缝等介质非连续离散分布,介质的几何和属性参数非连续变化。将此类致密气储层简化为非连续多重介质模型,该模型有且仅有一个系统,系统内分为多个相互独立、不叠置的单元,不同单元代表不同介质,单元的分布与多重介质的实际空间分布相同,单元间相互流动体现了多重介质间复杂渗流。

(一)非连续多重介质一体化渗流模型

当致密气储层中发育大裂缝(F)、小裂缝(f1)、微裂缝(f2)、小孔(M)、微孔(m1)、纳米孔(m2)等不同尺度多重介质时,建立了能够描述不同尺度孔隙、不同尺度裂缝的非连续多重介质渗流数学模型为:

1. 大裂缝介质(F)

气组分渗流方程:

$$\sum_{J=1}^{n_1} \varepsilon_{J,F} (\rho_g \vec{v}_g)_{J,F} + q_{oF}^{W} = \frac{\partial}{\partial t} (V\phi S_g \rho_g)_F \tag{3.118}$$

水组分渗流方程:

$$\sum_{J=1}^{n_1} \varepsilon_{J,F} (\rho_w \vec{v}_w)_{J,F} + q_{wF}^{W} = \frac{\partial}{\partial t} (V\phi S_w \rho_w)_F \tag{3.119}$$

2. 小裂缝介质(f1)

气组分渗流方程:

$$\sum_{J=1}^{n_2} \varepsilon_{J,f1} (\rho_g \vec{v}_g)_{J,f1} + q_{gf1}^{W} = \frac{\partial}{\partial t} (V\phi S_g \rho_g)_{f1} \tag{3.120}$$

水组分渗流方程:

$$\sum_{J=1}^{n_2} \varepsilon_{J,f1} (\rho_w \vec{v}_w)_{J,f1} + q_{wf1}^{W} = \frac{\partial}{\partial t} (V\phi S_w \rho_w)_{f1} \tag{3.121}$$

3. 微裂缝介质(f2)

气组分渗流方程

$$\sum_{J=1}^{n_3} \varepsilon_{J,\text{f2}} (\rho_\text{g} \vec{v}_\text{g})_{J,\text{f2}} + q_{\text{gf2}}^\text{W} = \frac{\partial}{\partial t} (V\phi S_\text{g} \rho_\text{g})_\text{f2} \tag{3.122}$$

水组分渗流方程

$$\sum_{J=1}^{n_3} \varepsilon_{J,\text{f2}} (\rho_\text{w} \vec{v}_\text{w})_{J,\text{f2}} + q_{\text{wf2}}^\text{W} = \frac{\partial}{\partial t} (V\phi S_\text{w} \rho_\text{w})_\text{f2} \tag{3.123}$$

4. 小孔介质(M)

气组分渗流方程

$$\sum_{J=1}^{n_4} \varepsilon_{J,\text{M}} (\rho_\text{g} \vec{v}_\text{g})_{J,\text{M}} + q_{\text{gM}}^\text{W} = \frac{\partial}{\partial t} (V\phi S_\text{g} \rho_\text{g})_\text{M} \tag{3.124}$$

水组分渗流方程

$$\sum_{J=1}^{n_4} \varepsilon_{J,\text{M}} (\rho_\text{w} \vec{v}_\text{w})_{J,\text{M}} + q_{\text{wM}}^\text{W} = \frac{\partial}{\partial t} (V\phi S_\text{w} \rho_\text{w})_\text{M} \tag{3.125}$$

5. 微孔介质(m1)

气组分渗流方程

$$\sum_{J=1}^{n_5} \varepsilon_{J,\text{m1}} (\rho_\text{g} \vec{v}_\text{g})_{J,\text{m1}} + q_{\text{gm1}}^\text{W} = \frac{\partial}{\partial t} (V\phi S_\text{g} \rho_\text{g})_\text{m1} \tag{3.126}$$

水组分渗流方程

$$\sum_{J=1}^{n_5} \varepsilon_{J,\text{m1}} (\rho_\text{w} \vec{v}_\text{w})_{J,\text{m1}} + q_{\text{wm}_1}^\text{W} = \frac{\partial}{\partial t} (V\phi S_\text{w} \rho_\text{w})_\text{m1} \tag{3.127}$$

6. 纳米孔介质(m2)

气组分渗流方程

$$\sum_{J=1}^{n_6} \varepsilon_{J,\text{m2}} (\rho_\text{g} \vec{v}_\text{g})_{J,\text{m2}} + q_{\text{gm2}}^\text{W} = \frac{\partial}{\partial t} (V\phi S_\text{g} \rho_\text{g})_\text{m2} \tag{3.128}$$

水组分渗流方程

$$\sum_{J=1}^{n_6} \varepsilon_{J,\text{m2}} (\rho_\text{w} \vec{v}_\text{w})_{J,\text{m2}} + q_{\text{wm2}}^\text{W} = \frac{\partial}{\partial t} (V\phi S_\text{w} \rho_\text{w})_\text{m2} \tag{3.129}$$

(二)不同介质的渗流机理模型

在不同的开发阶段,致密气不同类型流体在孔隙、裂缝等不同尺度介质中流动的渗流机理不同,流态也随之发生变化,表现为低速非线性流、拟线性流、高速非线性流等多种流态。

1. 不同尺度孔隙介质

致密储层发育不同尺度孔隙介质,气体在基质孔隙中的流动主体上表现为受启动压力梯度影响的低速非线性流,在生产后期低渗低压条件下,流动受滑脱效应、扩散作用影响明显,当地层压力降至吸附气临界解吸压力以下时,在解吸作用下,吸附气由吸附态转化为游离态(Li et al., 2013[①]; Wu et al.,2009[②])。

1) 拟线性渗流

致密气中气体在孔隙介质内流动时,压力梯度介于拟线性临界压力梯度和高速非线性临界压力梯度之间,流态为拟线性渗流,渗流方程为

$$\sum_{j=1}^{N}\left\{\frac{A_{mi,mj}\,\vec{n}_{mi,mj}}{L_{mi,mj}}K_{mi,mj}\frac{\rho_g K_{rg}}{\mu_g}\left[P_{mi}-\rho_p g D_{mi})-(P_{mj}-\rho_p g D_{mj})-G_{c,mi,mj}\right]_g\right\}+q_{gmi}^{W}$$

$$=\frac{\partial}{\partial t}(V\phi S_g\rho_g)_{mi} \tag{3.130}$$

2) 低速非线性渗流

致密气中气体在孔隙介质内流动时,压力梯度大于启动压力梯度且小于拟线性临界压力梯度,流态为受启动压力梯度影响的低速非线性渗流,非线性指数 n^* 为 $0.9 \sim 1.2$,渗流方程为

$$\sum_{j=1}^{N}\left\{\frac{A_{mi,mj}\,\vec{n}_{mi,mj}}{L_{mi,mj}}K_{mi,mj}\frac{\rho_g K_{rg}}{\mu_g}\left[(P_{mi}-\rho_p g D_{mi})-(P_{mj}-\rho_p g D_{mj})-G_{a,mi,mj}\right]_g^{n^*}\right\}+q_{gmi}^{W}$$

$$=\frac{\partial}{\partial t}(V\phi S_g\rho_g)_{mi} \tag{3.131}$$

3) 滑脱效应

低压条件下,气体在纳微米级孔隙介质中渗流受滑脱效应影响(姚广聚等,2009),渗流方程为(相邻两个网格的滑脱因子 b 及临界压力 P_{mi} 相等的情况下):

$$\sum_{j=1}^{N}\left\{\frac{A_{mi,mj}\,\vec{n}_{mi,mj}}{L_{mi,mj}}K_{mi,mj}\frac{\rho_g K_{rg}}{\mu_g}\left[\left(1+\frac{b}{P_{mi}}\right)(P_{mi}-\rho_p g D_{mi})-\left(1+\frac{b}{P_{mj}}\right)(P_{mj}-\rho_p g D_{mj})\right]_g\right\}+q_{gmi}^{W}$$

$$=\frac{\partial}{\partial t}(V\phi S_g\rho_g)_{mi} \tag{3.132}$$

4) 扩散作用

低压条件下,气体在纳微米级孔隙介质中渗流受扩散作用影响(吴克柳等,2015),渗流方程为(相邻两个网格的扩散系数相等的情况下):

$$\sum_{j=1}^{N}\left\{\frac{A_{mi,mj}\,\vec{n}_{mi,mj}}{L_{mi,mj}}K_{mi,mj}\frac{\rho_g K_{rg}}{\mu_g}\left[\left(1+\frac{32\sqrt{2}\,\sqrt{RT}\mu g}{3r\sqrt{\pi M}P_{mi}}\right)(P_{mi}-\rho_p g D_{mi})\right.\right.$$

$$\left.\left.-\left(1+\frac{32\sqrt{2}\,\sqrt{RT}\mu g}{3r\sqrt{\pi M}P_{mj}}\right)(P_{mj}-\rho_p g D_{mj})\right]_g\right\}+q_{gmi}^{W}$$

$$=\frac{\partial}{\partial t}(V\phi S_g\rho_g)_{mi} \tag{3.133}$$

5) 解吸作用

当地层压力降至解吸压力以下时,气体发生解吸作用(王伟峰,2013),渗流方程为

① Li N, Ran Q, Li J, et al. 2013. A multiple-continuum model for simulation of gas production from shale gas reservoirs. Abu Dhabi, UAE, SPE Reservoir Characterisation and Simulation Conference and Exhibition.

② Wu Y S, Moridis G, Bai B, et al. 2009. A multi-continuum model for gas production in tight fractured reservoirs. Texas, USA, SPE Hydraulic Fracturing Technology Conference.

$$\sum_{j=1}^{N} \left\{ \frac{A_{\text{mi},\text{mj}} \vec{n}_{\text{mi},\text{mj}}}{L_{\text{mi},\text{mj}}} K_{\text{mi},\text{mj}} \frac{\rho_g K_{\text{rg}}}{\mu_g} \left[(P_{\text{mi}} - \rho_p g D_{\text{mi}}) - (P_{\text{mj}} - \rho_p g D_{\text{mj}}) \right]_g \right\} + q_{\text{gmi}}^{\text{W}}$$
$$= \frac{\partial}{\partial t} \left(V \phi S_g \rho_g + \rho_g \rho_R \frac{V_L}{1 + b_L P_g} \right)_{\text{mi}} \tag{3.134}$$

2. 不同尺度裂缝介质

致密气天然裂缝发育,与不同压裂模式下的人工裂缝组成复杂裂缝网络,流体在不同尺度裂缝中的流动的机理和流态有较大差异,表现为高速非线性流、拟线性流和低速非线性流等多种流态。

1）高速非线性流

致密气中气体在裂缝介质内流动时,压力梯度大于高速非线性临界压力梯度,流态为高速非线性渗流,根据 Forchheimer 公式可得渗流方程为

$$\sum_{j=1}^{N} \left\{ \frac{A_{\text{fi},\text{fj}} \vec{n}_{\text{fi},\text{fj}}}{L_{\text{fi},\text{fj}}} K_{\text{fi},\text{fj}} F_{\text{ND}} \frac{\rho_g K_{\text{rg}}}{\mu_g} \left[(P_{\text{fi}} - \rho_p g D_{\text{fi}}) - (P_{\text{fj}} - \rho_p g D_{\text{fj}}) \right]_g \right\} + q_{\text{gfi}}^{\text{W}}$$
$$= \frac{\partial}{\partial t} (V \phi S_g \rho_g)_{\text{fi}} \tag{3.135}$$

$$F_{\text{ND}} = \frac{1}{1 + \dfrac{\beta \rho_g q_g K}{A \mu_g}} \tag{3.136}$$

2）拟线性流

气体在裂缝介质内流动时,压力梯度介于拟线性临界压力梯度和高速非线性临界压力梯度之间,流态为拟线性渗流,渗流方程为

$$\sum_{j=1}^{N} \left\{ \frac{A_{\text{fi},\text{fj}} \vec{n}_{\text{fi},\text{fj}}}{L_{\text{fi},\text{fj}}} K_{\text{fi},\text{fj}} \frac{\rho_g K_{\text{rg}}}{\mu_g} \left[(P_{\text{fi}} - \rho_p g D_{\text{fi}}) - (P_{\text{fj}} - \rho_p g D_{\text{fj}}) - G_{\text{c},\text{fi},\text{fj}} \right]_g \right\} + q_{\text{gfi}}^{\text{W}}$$
$$= \frac{\partial}{\partial t} (V \phi S_g \rho_g)_{\text{fi}} \tag{3.137}$$

3）低速非线性流

气体在纳微米尺度裂缝内流动时,压力梯度大于启动压力梯度且小于拟线性临界压力梯度,流态为受启动压力梯度影响的低速非线性渗流,渗流方程为

$$\sum_{j=1}^{N} \left\{ \frac{A_{\text{fi},\text{fj}} \vec{n}_{\text{fi},\text{fj}}}{L_{\text{fi},\text{fj}}} K_{\text{fi},\text{fj}} \frac{\rho_g K_{\text{rg}}}{\mu_g} \left[(P_{\text{fi}} - \rho_p g D_{\text{fi}}) - (P_{\text{fj}} - \rho_p g D_{\text{fj}}) - G_{\text{a},\text{fi},\text{fj}} \right]_g^{n*} \right\} + q_{\text{gfi}}^{\text{W}}$$
$$= \frac{\partial}{\partial t} (V \phi S_g \rho_g)_{\text{fi}} \tag{3.138}$$

（三）多重介质间流动模型

致密气多重介质间流体交换计算模型和不同介质间的传导率计算模型与致密油类似,在此不再赘述,而致密气基质孔隙、大尺度裂缝和小尺度裂缝各介质之间流体交换主要受启动压力梯度、滑脱效应、扩散作用等多种机理影响,表现为高速非线性流、拟线性流和低速非线性流,因此不同流动机理下流体流动能力的计算模型能够描述不同介质流态及流动机理的变化对介质间流体交换的影响。

1. 不同尺度孔隙介质间流体流动模型

1）拟线性渗流

当气体在孔隙介质间流动的压力梯度介于拟线性临界压力梯度和高速非线性临界压力梯度之间,流态为拟线性渗流,流体流动项具体形式为

$$\left(F_{拟线性,g} \right)_{mi,Mj} = \frac{\rho_g K_{rg}}{\mu_g} \left[\left(P_{mi} - \rho_p g D_{mi} \right) - \left(P_{Mj} - \rho_p g D_{Mj} \right) - G_{c,mi,Mj} \right]_g \qquad (3.139)$$

2）低速非线性渗流

当气体在孔隙介质间流动的压力梯度大于启动压力梯度且小于拟线性临界压力梯度,流态为受启动压力梯度影响的低速非线性渗流,流体流动项具体形式为

$$\left(F_{启动,g} \right)_{mi,Mj} = \frac{\rho_g K_{rg}}{\mu_g} \left[\left(P_{mi} - \rho_p g D_{mi} \right) - \left(P_{Mj} - \rho_p g D_{Mj} \right) - G_{a,mi,Mj} \right]_g^{n^*} \qquad (3.140)$$

3）滑脱效应

低渗低压情况下,气体流动受滑脱效应影响的流体流动项具体形式为（相邻两个网格的滑脱因子 b 及临界压力 P_{mi} 相等的情况下）：

$$\left(F_{滑脱,g} \right)_{mi,Mj} = \frac{\rho_g K_{rg}}{\mu_g} \left[\left(1 + \frac{b}{P_{mi}} \right) \left(P_{mi} - \rho_p g D_{mi} \right) - \left(1 + \frac{b}{P_{Mj}} \right) \left(P_{Mj} - \rho_p g D_{Mj} \right) \right]_g$$

$$(3.141)$$

4）扩散作用

低渗低压情况下,气体流动受扩散作用影响的流体流动项具体形式为（相邻两个网格的扩散系数相等的情况下）：

$$\left(F_{扩散,g} \right)_{mi,Mj} = \frac{\rho_g K_{rg}}{\mu_g} \left[\left(1 + \frac{32\sqrt{2}\sqrt{RT}\mu g}{3r\sqrt{\pi M} P_{mi}} \right) \left(P_{mi} - \rho_p g D_{mi} \right) - \left(1 + \frac{32\sqrt{2}\sqrt{RT}\mu g}{3r\sqrt{\pi M} P_{Mj}} \right) \left(P_{Mj} - \rho_p g D_{Mj} \right) \right]_g$$

$$(3.142)$$

2. 基质向不同尺度裂缝间流体交换

1）拟线性渗流

当孔隙中气体向裂缝流动的压力梯度介于拟线性临界压力梯度和高速非线性临界压力梯度之间,流态为拟线性渗流,流体流动项具体形式为

$$\left(F_{拟线性,g} \right)_{mi,f(F)j} = \frac{\rho_g K_{rg}}{\mu_g} \left[\left(P_{mi} - \rho_p g D_{mi} \right) - \left(P_{f(F)j} - \rho_p g D_{f(F)j} \right) - G_{c,mi,f(F)j} \right]_g$$

$$(3.143)$$

2）低速非线性流

当孔隙中气体向裂缝流动的压力梯度大于启动压力梯度且小于拟线性临界压力梯度,流态为受启动压力梯度影响的低速非线性渗流,流体流动项具体形式为

$$\left(F_{启动,g} \right)_{mi,f(F)j} = \frac{\rho_g K_{rg}}{\mu_g} \left[\left(P_{mi} - \rho_p g D_{mi} \right) - \left(P_{f(F)j} - \rho_p g D_{f(F)j} \right) - G_{a,mi,f(F)j} \right]_g^{n^*}$$

$$(3.144)$$

3) 滑脱效应

低渗低压情况下,气体向裂缝流动受滑脱效应影响的流体流动项具体形式为(相邻两个网格的滑脱因子 b 及临界压力 P_{mi} 相等的情况下):

$$(F_{滑脱,g})_{mi,f(F)j} = \left[\left(1 + \frac{b}{P_{mi}} \right) (P_{mi} - \rho_p g D_{mi}) - \left(1 + \frac{b}{P_{f(F)j}} \right) (P_{f(F)j} - \rho_p g D_{f(F)j}) \right]_g$$

$$(3.145)$$

4) 扩散作用

低渗低压情况下,气体向裂缝流动受扩散作用影响的流体流动项具体形式为(相邻两个网格的扩散系数相等的情况下):

$$(F_{扩散,g})_{mi,f(F)j} = \frac{\rho_g K_{rg}}{\mu_g} \left[\left(1 + \frac{32\sqrt{2}\sqrt{RT}\mu g}{3r\sqrt{\pi M}P_{mi}} \right) (P_{mi} - \rho_p g D_{mi}) - \left(1 + \frac{32\sqrt{2}\sqrt{RT}\mu g}{3r\sqrt{\pi M}P_{f(F)j}} \right) (P_{f(F)j} - \rho_p g D_{f(F)j}) \right]_g$$

$$(3.146)$$

3. 不同尺度裂缝间流体交换

1) 高速非线性流

当大尺度裂缝间气体渗流的压力梯度大于高速非线性临界压力梯度,流态为高速非线性渗流,流体流动项具体形式为

$$(F_{高速,g})_{fi,Fj} = F_{ND} \frac{\rho_g K_{rg}}{\mu_g} \left[(P_{fi} - \rho_p g D_{fi}) - (P_{Fj} - \rho_p g D_{Fj}) \right]_g$$

$$(3.147)$$

2) 拟线性渗流

当小尺度裂缝内气体向大尺度裂缝渗流的压力梯度介于拟线性临界压力梯度和高速非线性临界压力梯度之间,流态为拟线性渗流,流体流动项具体形式为

$$(F_{拟线性,g})_{fi,Fj} = \frac{\rho_g K_{rg}}{\mu_g} \left[(P_{fi} - \rho_p g D_{fi}) - (P_{Fj} - \rho_p g D_{Fj}) - G_{c,fi,Fj} \right]_g$$

$$(3.148)$$

3) 低速非线性渗流

当裂缝间气体渗流的压力梯度大于启动压力梯度且小于拟线性临界压力梯度,流态为受启动压力梯度影响的低速非线性渗流,流体流动项具体形式为

$$(F_{启动,g})_{fi,Fj} = \frac{\rho_g K_{rg}}{\mu_g} \left[(P_{fi} - \rho_p g D_{fi}) - (P_{Fj} - \rho_p g D_{Fj}) - G_{a,fi,Fj} \right]_g^{n^*}$$

$$(3.149)$$

参 考 文 献

韩大匡,陈钦雷,闫存章.1993.油藏数值模拟基础.北京:石油工业出版社.

刘慈群,郭尚平.1982.多重介质渗流研究进展.力学进展,(4):360~363.

彭小龙,杜志敏,戚志林,等.2006.多重介质渗流模型的适用性分析.石油天然气学报,28(4):99~101.

王飞,潘子晴.2016.化学势差驱动下的页岩储集层压裂液返排数值模拟.石油勘探与开发,43(6):1~7.

王伟峰.2013.页岩气藏渗流及数值模拟研究.西南石油大学博士学位论文.

吴克柳,李相方,陈掌星,等.2015.页岩气和致密砂岩气藏微裂缝气体传输特性.力学学报,47(6):955~964.

吴玉树,葛家理.1983.三重介质裂隙油藏中的渗流问题.力学学报,19(1):81~85.

姚广聚,彭红利,熊钰,等.2009.低渗透砂岩气藏气体渗流特征.油气地质与采收率,16(4):104~

105,108.

殷代印,蒲辉,吴应湘. 2004. 低渗透裂缝油藏渗吸法采油数值模拟理论研究. 水动力学研究与进展(A辑),19(4):440~445.

Barrenblatt G I, Zehltov Y P, Kochina I N. 1960. Basic concepts in the theory of seepage of homogeneous liquids in fissured rocks. Journal of Appilied Mathematics and Mechanics, 24(5):1286~1303.

Forchheimer P. 1901. Wasserbewegung durch bode. ZVDI, 27(45): 26~30.

Warren J E, Root P J. 1963. The behavior of naturally fractured reservoirs. SPE Journal, 245~255.

Wu Y S. 2016. Multiphase fluid flow in porous and fractured reservoirs. Holland:Elsevier Inc.

第四章 非结构网格与渗流数学模型离散技术

针对非常规油气藏复杂地质条件、宏观非均质性与微观多重介质特征,采用不同类型的非结构网格来分区、分单元、分介质刻画储层的非均质性、天然/人工裂缝与水平井的复杂几何形态、不同尺度孔缝介质的多尺度与多重介质特征,形成数值模拟网格剖分与生成技术。通过对非结构网格优化排序,建立网格连通表,计算网格间传导率,形成了数值模拟连通表征技术。同时,采用适合于非结构网格和非连续介质渗流数学模型的有限体积法,对非连续多重介质渗流数学模型进行离散化处理,形成了多重介质渗流数学模型离散技术。

第一节 数值模拟网格剖分与生成技术

致密储层岩性岩相、储层类型及物性参数在空间分布非均质性强,天然/人工裂缝、水平井几何特征差异大,形态及其分布复杂,微观孔缝数量组成与空间分布模式差异大,不同部位油气渗流形态与规律差异大。为了刻画致密储层非均质性、多尺度、多重介质与渗流特征,需要采用不同类型的结构与非结构网格、变尺度与混合网格来分区、分单元、分介质刻画储层的非均质性、不同尺度天然/人工裂缝与水平井的不规则几何特征与复杂形态特征、不同尺度孔缝介质的多尺度特征、不同数量与空间分布模式的多重介质特征,形成致密油气多重介质数值模拟网格技术。

数值模拟网格技术可以分为结构网格和非结构网格技术(王福军,2004)(表4.1)。

表4.1 结构网格与非结构网格的对比

分类	结构网格	非结构网格
网格类型	矩形网格、角点网格、径向网格	三角网格、四边形网格、PEBI网格、CVFE网格
网格特征	①几何特征:该类网格属于规则网格,且属于四边形网格,网格几何形态规则; ②邻接关系:网格中所有网格点之间的连接关系具有明确的、规则的拓扑关系,网格单元具有固定的节点数及毗邻单元(王福军,2004); ③网格特征:结构网格中节点和单元的分布是固定的、排列有序,网格单元的大小、形状和网格点的位置是确定的	①几何特征:该类网格属于不规则网格,其几何形态不规则; ②邻接关系:网格中网格点之间的连接关系具有不确定、不规则的拓扑关系,不同网格单元具有不同的节点数及不同的毗邻单元(王福军,2004); ③网格特征:非结构网格中节点和单元的分布是任意的,网格单元的大小、形状和网格点的位置可以根据需要变动,因而比结构网格具有更大的灵活性(卢泉杰,2008)
适用条件	(1)储层与渗流特征: ①非均质性弱、砂体分布较规则; ②裂缝不发育且几何形态单一; ③地质边界及其他内外边界条件比较规则; ④渗流方向单一或渗流规律简单 (2)井型:直井 (3)介质类型:连续单一/双重介质	(1)储层与渗流特征: ①分区、分单元非均质性强; ②各种复杂形态的内外边界条件(向祖平等,2006); ③不同尺度天然/人工裂缝复杂缝网; ④不同尺度孔缝多重介质特征; ⑤不同介质间、井眼周围复杂流动特征(向祖平等,2006) (2)井型:直井、水平井、复杂结构井 (3)介质类型:非连续离散多重介质

分类	结构网格	非结构网格
优缺点	(1)优点： ①结构化网格生成简单、速度快； ②数据结构简单、规律性强； ③使高阶非线性偏微分方程的离散化过程显得非常简单方便，在程序设计过程中也非常容易实现。收敛性快，稳定性好，计算速度快(向祖平等，2006；陈举民等，2010) (2)缺点： ①对复杂油藏地质条件的处理有很大的局限性，不能很好地反映复杂边界条件。特别是对近井周围区域的流动特征的处理不理想(唐艳等，2007；向祖平等，2006；陈举民等，2010)； ②规则网格存在严重的网格取向效应，适应性差； ③对于复杂储层及边界条件的情况，无效网格多，无效计算量大	(1)优点： ①精细刻画程度高，非结构化网格能够更好地刻画油藏复杂的地质条件、非均质性、各种复杂边界，更好地逼近流体流动形态，因此能更真实地反映油藏的真实情况(卢泉杰，2008)； ②网格灵活性强，非结构网格节点和单元的分布是任意的，可以通过调整网格单元的大小、形状和网格点的位置，来自适应不规则、复杂形状地质条件，局部和全局分解、加密和整合，可以适应复杂的边界条件。因而比结构网格具有更大的灵活性(卢泉杰，2008)； ③模拟精度高，非结构网格生成方法在其生成过程中采用一定的准则进行优化判断，因而能生成高质量的网格，无效网格少；其随机的数据结构非常利于进行网格自适应，因而可以更好地提高网格的计算效率；同时由于非结构网格灵活性，可以逼近任意复杂的地质条件，因此能获得更加精确的数值解(张来平等，1999) (2)缺点： ①网格剖分生成方法复杂、难度大、计算速度慢； ②数据结构复杂，模拟速度慢。通过精细网格来逼近复杂地质条件和任意形状的边界条件，以提高刻画精度，将使其网格数量极其巨大。模拟计算工作量大、速度慢
网格示意图		

对于非均质性弱、砂体分布较规则，裂缝不发育且几何形态单一，地质边界及其他内外边界条件比较规则，渗流规律简单，不存在明显的多尺度与多重介质特征的致密储层，可以作为连续单一/双重介质进行模拟时，采用结构网格技术进行处理。结构化网格生成简单、速度快；数据结构简单、规律性强；模拟计算收敛性快，稳定性好，计算速度快(张军和谭俊杰，2003)。对于复杂油藏地质条件的处理有很大的局限性，不能很好地反映复杂边界条件。规则网格存在严重的网格取向效应，适应性差(陈举民等，2010)，同时对于复杂储层及边界条件的情况，无效网格多，无效计算量大。

针对非均质性强、不同尺度天然/人工裂缝与水平井几何特征和分布形态复杂、不同尺度孔缝介质呈非连续离散分布、多尺度与多重介质特征显著的致密储层，可以采用非结构网格技术进行处理。采用非结构的单一变尺度网格、变尺度混合网格，可以对不同区域、不同单元储层非均质性的差异进行刻画；可以灵活、精细刻画天然/人工裂缝、水平井、断层及地质边界条件的复杂几何与形态特征；可以将大尺度天然/人工裂缝作为非连续离散介质处理；可以将不同数量组成与空间分布模式的微纳米尺度的孔隙与裂缝作为非连续离散分布的多重介质来处理；同时可以灵活描述不同部位，特别是井眼周围油气的渗流形态与规律。

非结构网格技术的特点是可以灵活处理各种复杂形态的内外边界条件、强非均质性的分区分单元、多尺度与多重介质特征、复杂渗流形态,刻画精细程度高(卢泉杰,2008),模拟精度高,但网格剖分生成方法复杂、难度大,数据结构复杂,模拟速度慢。

一、结构网格技术

对于非均质性弱、几何形状简单、介质单一的致密储层,可以视为连续单一/双重介质来处理,采用结构网格技术来划分数值模拟网格。结构网格是一种规则网格,且属于四边形网格,网格几何形态规则,网格中所有网格点之间的连接关系具有明确的、规则的拓扑关系,在网格区域内网格单元具有固定的节点数,所有的内部点都具有相同的毗邻单元。结构网格中节点和单元的分布是固定的、排列有序,网格单元的大小、形状和网格点的位置是确定的。

(一)结构网格的类型

结构网格主要包括矩形网格、角点网格和径向网格(表4.2)。

表4.2　结构网格类型及其特征描述

分类	矩形网格	角点网格	径向网格
定义	矩形网格是建立在笛卡儿直角坐标系上的全局正交网格	角点网格是建立在笛卡儿直角坐标系上的非正交网格	径向网格是在圆柱坐标系上利用径向距离、方位角、高度来划分的一种扇形网格
网格特征	(1)几何特征: ①每个网格单元是边长不等的规则的正六面体; ②网格中同一列网格单元的长度相同,同一行网格单元的宽度相同;所有网格单元纵向高度均可不同; ③网格单元可以由其长、宽、高完全确定 (2)邻接关系: ①每个网格单元都具有6个毗邻网格单元; ②每个网格单元具有8个节点,每个网格节点与周围6个网格节点相连 (3)正交特征: 两个网格单元中心之间的连线与两个网格单元间的交界面垂直正交	(1)几何特征: ①每个网格单元是边长不等的不规则六面体; ②网格中所有网格的长、宽、高均可不等; ③网格单元在其长、宽、高确定的情况下,由于网格边非垂直,需要通过网格单元8个节点的空间坐标确定 (2)邻接关系: ①每个网格单元都具有6个毗邻网格单元; ②每个网格单元具有8个节点,每个网格节点与周围6个网格节点相连(毛小平等,2012) (3)正交特征: 两个网格单元中心之间的连线与两个网格单元间的交界面不垂直正交	(1)几何特征: ①每个径向网格单元是边长不等的不规则扇形六面体; ②网格中所有网格的径向长度、弧长、高度均可不等; ③网格单元可以由其径向长度、方位及弧长、高完全确定 (2)邻接关系: ①每个网格单元都具有6个毗邻网格单元; ②每个网格单元具有8个节点,每个网格节点与周围6个网格节点相连 (3)正交特征: 在径向上,两个网格单元中心之间的连线与两个网格单元间的交界面垂直正交
适用条件	①储层地质条件简单; ②非均质性弱; ③砂体分布较规则; ④地质边界及其他内外边界条件比较规则(王代刚等,2012); ⑤渗流方向单一或渗流规律简单	①储层地质条件相对复杂; ②油藏非均质性较强; ③砂体分布不规则; ④不规则的几何形态及复杂边界条件; ⑤渗流方向、流动形态相对复杂	①井筒附近的径向流特征; ②井筒附近流速快的特征

分类	矩形网格	角点网格	径向网格
优缺点	(1)优点： ①矩形网格划分方法简单、耗时少； ②构造的离散方程最简单(林春阳，2010)； ③由于网格系统的正交性，收敛性快，稳定性好，提高了全局正交网格的计算精度 (2)缺点： ①在描述复杂地质条件、油藏非均质性、复杂几何形态及复杂边界时误差较大，灵活性欠佳(卢泉杰，2008)； ②当模拟区域内井数较多时，难以将所有井均置于网格中心，将增大误差； ③在断层、边界、砂体展布、水平井、流体流动方向显著等条件下，网格划分存在严重的网格取向效应(谢海兵等，2001)； ④在复杂地质条件或边界条件下，无法保证每个网格块都是有效网格，增加了计算工作量(谢海兵等，2001)	(1)优点： ①角点网格在一定程度上能够较准确地描述复杂地质条件、油藏非均质性、复杂几何形态及复杂边界等，刻画精度较高(卢泉杰，2008)； ②角点网格通过改变网格单元的大小、形状和节点位置，来逼近不规则、复杂形状地质条件，以及复杂边界条件。网格灵活性相对较强 (2)缺点： ①角点网格在没有约束的条件下，其形状极为不规则，这时网格中心的参数代表整个网格块的参数，就会产生很大的误差，将会降低模拟精度； ②角点网格是非正交网格，在模拟中计算传导率时非常复杂，模拟精度较差(王代刚等，2012)； ③角点网格不能精确描述井筒附近径向流特征； ④网格剖分方法相对复杂、难度相对较大	(1)优点： ①在直井区域采用径向网格，最符合油水井附近径向流的流动特征(林春阳，2010)； ②采用径向网格可以实现网格体积从井附近的精细网格到外围网格体积非常大的快速变化，从而模拟外围流速慢到井筒附近流速快的特征，且过渡较为平滑，从而实现模拟计算平稳、快速收敛(安永生等，2007)； ③通过与其他类型网格构成混合网格，从而在井的附近采用径向网格模拟径向流动特征，而在井的外围采用其他网格描述复杂地质及边界条件，可以精细刻画复杂地质条件和复杂流动问题(林春阳，2010) (2)缺点： 不能描述复杂地质特征和边界条件，也不适合径向之外的其他流动特征，仅适用于单井及局部的模拟，应用范围存在较大的局限性
网格示意图			

1. 矩形网格

1)矩形网格的定义与特征

矩形网格是建立在笛卡儿直角坐标系上的全局正交网格(卢泉杰，2008)。

矩形网格的特征主要体现在：每个网格单元是边长不等的规则的正六面体；每个网格单元都具有6个毗邻网格单元；每个网格单元具有8个节点，每个网格节点与周围6个网格节点相连；两个网格单元中心之间的连线与两个网格单元间的交界面垂直正交；网格中同一列网格单元的长度相同，同一行网格单元的宽度相同。所有网格单元纵向高度均可不同；网格单元可以由其长、宽、高完全确定(常思勤，1998)。

2)矩形网格的适用条件

矩形网格适用于储层地质条件简单、非均质性弱、砂体分布较规则、地质边界及其他内外边界条件比较规则、渗流方向单一或渗流规律简单的情况(王代刚等，2012)。

矩形网格的优点在于:矩形网格划分方法简单、耗时少;构造的离散方程最简单;由于网格系统的正交性,收敛性快,稳定性好,提高了全局正交网格的计算精度(林春阳,2010)。

矩形网格的缺点在于:在描述复杂地质条件、油藏非均质性、复杂几何形态及复杂边界时误差较大,灵活性欠佳;当模拟区域内井数较多时,难以将所有井均置于网格中心,将增大误差;在断层、边界、砂体展布、水平井、流体流动方向显著等条件下,网格划分存在严重的网格取向效应(卢泉杰,2008);在复杂地质条件或边界条件下,无法保证每个网格块都是有效网格,增加了计算工作量(林春阳,2010)。

2. 角点网格

1)角点网格的定义与特征

角点网格是建立在笛卡儿直角坐标系上的非正交网格。

角点网格的特征主要体现在:每个网格单元是边长不等的不规则六面体;每个网格单元都具有 6 个毗邻网格单元;每个网格单元具有 8 个节点,每个网格节点与周围 6 个网格节点相连;两个网格单元中心之间的连线与两个网格单元间的交界面不垂直正交;网格中所有网格的长、宽、高均可不等;网格单元在其长、宽、高确定的情况下,由于网格边非垂直,需要通过网格单元 8 个节点的空间坐标确定(毛小平等,2012)。

2)角点网格的适用条件

采用角点网格适用于储层地质条件相对复杂,油藏非均质性较强,砂体分布不规则,不规则的几何形态及复杂边界条件,以及渗流方向、流动形态相对复杂的情况。

角点网格的优点在于:角点网格在一定程度上能够较准确地描述复杂地质条件、油藏非均质性、复杂几何形态及复杂边界等,刻画精度较高。角点网格通过改变网格单元的大小、形状和节点位置,来逼近不规则、复杂形状地质条件,以及复杂边界条件。网格灵活性相对较强(卢泉杰,2008)。

角点网格的缺点在于:角点网格在没有约束的条件下,其形状极为不规则,这时用网格中心的参数代表整个网格块的参数,就会产生很大的误差,将会降低模拟精度(卢泉杰,2008);角点网格是非正交网格,在模拟中计算传导率时非常复杂,模拟精度较差(王代刚等,2012);角点网格不能精确描述井筒附近径向流特征;网格剖分方法相对复杂、难度相对较大。

3. 径向网格

1)径向网格的定义与特征

径向网格是在圆柱坐标系上利用径向距离、方位角、高度来划分的一种扇形网格。

径向网格的特征主要体现在:每个径向网格单元是边长不等的不规则扇形六面体;每个网格单元都具有 6 个毗邻网格单元;每个网格单元具有 8 个节点,每个网格节点与周围 6 个网格节点相连;在径向上,两个网格单元中心之间的连线与两个网格单元间的交界面垂直正交;网格中所有网格的径向长度、弧长、高度均可不等;网格单元可以由其径向长度、方位及弧长、高完全确定。

2)径向网格的适用条件

径向网格适用于井筒附近的径向流特征,以及井筒附近流速快的特征。

径向网格的优点在于:在直井区域采用径向网格,最符合油水井附近径向流的流动特征；采用径向网格可以实现网格体积从井附近的精细网格到外围网格体积非常大的快速变化，模拟外围流速慢到井筒附近流速快的特征，且过渡较为平滑，从而实现模拟计算平稳、快速收敛；通过与其他类型网格构成混合网格，在井的附近采用径向网格模拟径向流动特征，而在井的外围采用其他网格描述复杂地质及边界条件，可以精细刻画复杂的地质条件和复杂流动问题（林春阳，2010）。

径向网格的缺点在于不能描述复杂的地质特征和边界条件，也不适合径向之外的其他流动特征，仅适用于单井及局部的模拟，应用范围存在较大的局限性。

（二）结构网格的剖分与生成技术

网格剖分与生成技术是数值模拟技术的重要组成部分，网格剖分的质量是影响储层地质精细刻画程度、数值模拟结果的精度、计算稳定性与速度快慢的重要因素。

1. 矩形网格的剖分与生成技术

根据网格剖分原则，形成矩形网格的剖分与生成技术流程，其主要步骤如下。

（1）确定模拟区域范围；

（2）确定网格的方向：确定坐标原点，根据边界条件、砂体展布方向、渗流方向，优化确定网格系统的方向；

（3）确定网格块的大小：平面上，根据井间必须有一定数量的网格来确定网格大小，同时，根据平面储层各向异性来确定不同方向网格大小；纵向上，根据储层厚度及分层的要求来确定纵向网格的大小。

（4）确定网格的数量：根据网格大小及计算机的存储能力、计算速度的要求，优化确定网格的数量。

（5）通过立体几何算法，生成矩形网格单元（图 4.1）。

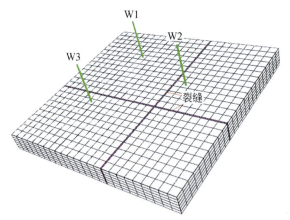

图 4.1　三维矩形网格单元空间分布示意图

首先沿着 x 方向，根据每个网格块不同的长度确定 x 方向网格线的位置，同时沿着 y 方向，根据每个网格块不同的宽度确定 y 方向网格线的位置；然后根据 x、y 方向网格线的位置，生成平面网格。再沿着 z 方向，根据每个网格块不同的高度，逐步生成每个网格单元，并计算每个网格单元不同节点的空间坐标。

（6）计算空间上每个网格单元的几何参数。

2. 角点网格的剖分与生成技术

角点网格是对规则六面体网格单元的节点位置进行适当拉伸、压缩、扭曲得到的一种"变形"网格，通过指定每个网格块的角点坐标，可以准确地描述油藏的复杂形态及边界条件。根据角点网格剖分原则，重点突出复杂边界、砂体分布形态对网格剖分与网格形态的影响，形成角点网格的剖分与生成技术流程（图4.2）。其主要步骤如下。

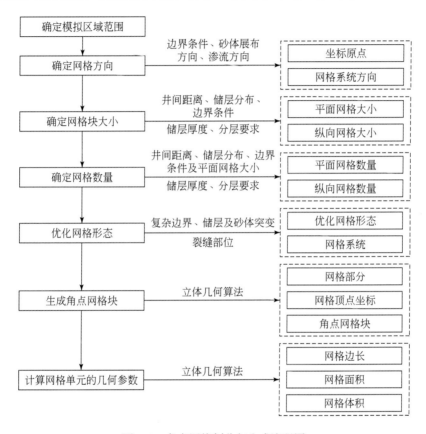

图4.2 角点网格剖分与生成流程图

（1）确定模拟区域范围；

（2）确定网格的方向：确定坐标原点，根据边界条件、砂体展布方向、渗流方向，优化确定网格系统的方向；

（3）确定网格块的大小：平面上，根据井间必须有一定数量的网格来确定网格大小，同时，根据平面储层各向异性来确定不同方向网格大小，在断层、裂缝及边界等约束条件附近，根据地质条件刻画的精度要求，适当加密网格。纵向上，根据储层厚度及分层的要求来确定纵向网格的大小。

（4）确定网格的数量：根据在平面储层各向异性差异较大，断层、裂缝及边界等约束条件发育的区域，网格数量多，在储层各向异性差异较小，地质条件较单一的区域，网格数量较少的原则，根据网格大小优化确定网格的数量。

（5）确定网格的形态：通过对规则六面体网格单元的节点位置进行适当调整，改变网格单元的大小、形状，来逼近不规则、复杂形状地质条件，以及复杂边界条件。这样既能满足网格数量与大小要求，其网格形态又能满足复杂边界及地质条件刻画精度的要求。

（6）生成角点网格块：根据网格大小、数量及几何形态，通过立体几何算法，对模拟区域进行三维网格剖分，计算每个网格单元不同节点的位置坐标，并生成角点网格块（图4.3）（卢泉杰等，2008）。

（7）计算每个网格单元的几何参数。

3. 径向网格的剖分与生成技术

径向网格是在圆柱坐标系上利用径向距离、方位角、高度来划分的一种扇形网格。根据径向网格剖分原则，形成径向网格的剖分与生成技术流程，其主要步骤如下：

（1）确定模拟区域范围；

（2）确定坐标原点：根据井位确定坐标原点，根据模拟区域范围确定起始和终止方位角；

（3）确定网格块的大小：平面上，根据储层砂体分布及非均质性确定不同径向位置的网格长度，根据储层各向异性确定不同方位网格的弧长；纵向上，根据储层厚度及分层的要求来确定纵向网格的高度。

（4）确定网格的数量：根据网格大小及计算速度的要求，优化确定网格的数量。

（5）通过立体几何算法，生成径向网格单元（图4.4）。

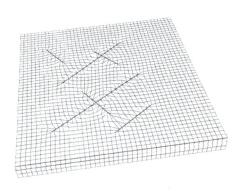 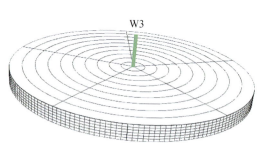

图4.3　三维角点网格块空间分布示意图　　　　图4.4　三维径向网格空间分布示意图

根据径向每个网格块的径向长度确定径向网格线的位置，同时根据不同方位每个网格块的弧长确定环向网格线的位置，然后根据径向、环向网格线的位置，划分平面网格。在纵向上，根据每个网格块的高度，逐步生成每个网格单元，并计算每个网格单元不同节点的空间坐标。

（6）计算每个网格单元的几何参数。

二、非结构网格技术

非结构网格是一种不规则网格，网格中所有网格点之间的连接关系具有不确定的、不规则的拓扑关系，在网格区域内的内部点不具有相同的毗邻单元，不同网格单元具有不同的节点数，非结构网格中节点和单元的分布是任意的，网格单元的大小、形状和网格点的位置可以根据需要变动,因而比结构网格具有更大的灵活性。

非结构网格适用于复杂储层与渗流特征,包括:分区、分单元非均质性强,各种复杂形态的内外边界条件,不同尺度天然/人工裂缝复杂缝网,不同尺度孔缝多重介质特征,不同介质间、井眼周围复杂流动特征;适用的井型包括直井、水平井、复杂结构井;适用的介质类型主要为非连续离散多重介质(陈举民等,2010)。

(一)非结构网格的类型

非结构网格主要包括三角形网格、四边形网格、PEBI 网格和 CVFE 网格(表 4.3)。

表 4.3　非结构网格类型及其特征描述

分类	三角形网格	四边形网格	PEBI 网格	CVFE 网格
定义	三角形网格是在笛卡儿直角坐标系上的非结构网格,该网格在平面上由不规则三角形构成,在空间上每个网格单元是边长不等的不规则四面体	四边形网格是在笛卡儿直角坐标系上的非结构网格,该网格在平面上由非规则四边形构成,在空间上每个网格单元是边长不等的不规则六面体	PEBI 网格属于非结构网格,是在三角形网格剖分的基础上,由三角形外心连接而成的多边形网格,相邻两个网格单元的公共面一定垂直平分两个网格中心的连线	CVFE 网格属于非结构网格,是在三角形网格剖分的基础上,由三角形重心与各边中点连接而成的多边形网格
网格特征	(1)几何特征:①每个网格单元均为不规则四面体;②网格中所有网格的边长均可不等;③网格单元几何特征及空间分布通过网格单元 4 个节点的空间坐标确定 (2)邻接关系:①每个网格单元都具有 4 个毗邻网格单元;②每个网格单元具有 4 个节点,每个网格节点与不同数量的相邻网格节点相连 (3)正交特征:两个网格单元中心之间的连线与两个网格单元间的交界面不垂直正交,为非正交网格	(1)几何特征:①每个网格单元均为不规则六面体;②网格中所有网格的边长均可不等;③网格单元几何特征及空间分布通过网格单元 8 个节点的空间坐标确定 (2)邻接关系:①每个网格单元都具有 6 个毗邻网格单元;②每个网格单元具有 8 个节点,每个网格节点与 6 个相邻网格节点相连 (3)正交特征:两个网格单元中心之间的连线与两个网格单元间的交界面不垂直正交,为非正交网格	(1)几何特征:①每个网格单元均为不规则多面体;②网格中所有网格的边长均可不等;③网格单元几何特征及空间分布通过网格单元不同节点数的空间坐标确定 (2)邻接关系:①每个网格单元具有不同个数的毗邻网格单元;②每个网格单元具有不同个数的节点数,每个网格节点与不同数量的相邻网格节点相连 (3)正交特征:两个相邻网格单元的交界面垂直平分该相邻网格中心的连线。PEBI 网格为局部正交网格	(1)几何特征:①每个网格单元均为不规则多面体,但每个多面体的面数比 PEBI 网格多;②网格中所有网格的边长均可不等;③网格单元几何特征及空间分布通过网格单元不同节点数的空间坐标确定。每个网格单元的节点数比 PEBI 网格节点数多 (2)邻接关系:①每个网格单元具有不同个数的毗邻网格单元,但比 PEBI 网格毗邻单元数多;②每个网格单元具有不同个数的节点数,每个网格节点与不同数量的相邻网格节点相连 (3)正交特征:两个网格单元中心之间的连线与两个网格单元间的交界面不垂直正交,为非正交网格

分类	三角形网格	四边形网格	PEBI 网格	CVFE 网格
适用条件	①三角形网格作为其他复杂网格系统的基础网格,其灵活性最强。它可以非常灵活的逼近复杂地质边界、裂缝、断层,以及复杂形态的油藏特征; ②由于三角形网格边数、面数最少,难以描述油藏的多方向性及各向异性; ③三角形网格的非正交性,导致传导率、流动项的计算误差大;而且模拟计算的精度和效率低。因此油藏数值模拟中一般不采用这种网格系统进行模拟	①四边形网格通过调整不规则四边形的4个节点、不规则六面体的8个节点的空间位置,来逼近断层、裂缝、地质边界及储层展布,较准确地描述不规则边界条件、复杂形态的油藏特征; ②四边形网格在处理井筒特征时存在不足,由于其形状极不规则,不能保证井点在网格中心;同时网格不能精确描述井筒附近的径向流特征; ③四边形网格是一种扭曲变形的网格,其变形没有约束,网格形状极不规则,因此难以用网格中心的参数代表整个网格块的参数,将会产生很大的计算误差; ④由于四边形网格的非正交性,网格块间传导率计算难度大,流动项的计算误差大;而且,非正交性导致模拟计算收敛性差,导致模拟精度低,同时增加了模拟计算时间	①PEBI 网格在描述油藏几何形状时比四边形网格更加灵活,更能够精确描述、逼近真实的油藏形态(裂缝、断层、复杂边界条件及复杂形态的油藏特征); ②PEBI 网格具有约束的灵活性,形状较规则,具有高质量的网格形态,而且便于局部加密; ③PEBI 网格边数和面数多,能够描述各向异性特征,通过渗透率张量形式,能够有效降低网格取向效应; ④保证井点位于网格中心,可以用网格中心的参数代表整个网格块的参数; ⑤由于 PEBI 网格具有良好的正交性,满足有限差分方法对网格正交性的要求,易于渗流方程的差分离散; ⑥PEBI 网格的正交性使得传导率、流动项计算精度高,提高了模拟计算效率和计算精度	①CVFE 网格的边数及面数比 PEBI 网格成倍增加,其灵活性好于 PEBI 网格,能更好地精确描述复杂的油藏形态及边界; ②CVFE 网格边数和面数最多,更能够描述各向异性特征,通过渗透率张量形式,更有效降低网格取向效应; ③保证井点位于网格中心,可以用网格中心的参数代表整个网格块的参数; ④由于 CVFE 网格为非正交网格,其传导率、流动项计算难度较大,精度较差。其模拟计算效率和计算精度较低; ⑤CVFE 网格的应用仍存在较大的局限性,在油藏数值模拟中的应用较少
网格示意图				

1. 三角形网格

1)三角形网格的定义与特征

三角形网格是在笛卡儿直角坐标系上的非结构网格,该网格在平面上由不规则三角形构成,在空间上每个网格单元是边长不等的不规则四面体。

三角网格的特征主要体现在：每个网格单元均为不规则四面体，网格中所有网格的边长均可不等，网格单元几何特征及空间分布通过网格单元 4 个节点的空间坐标确定。每个网格单元都具有 4 个毗邻网格单元。每个网格单元具有 4 个节点，每个网格节点与不同数量的相邻网格节点相连。两个网格单元中心之间的连线与两个网格单元间的交界面不垂直正交，为非正交网格（杨钦，2005）。

2）三角形网格的适用条件

三角形网格作为其他复杂网格系统的基础网格，其灵活性最强。它可以非常灵活的逼近复杂地质边界、裂缝、断层，以及复杂形态的油藏特征。由于三角形网格边数、面数最少，难以描述油藏的多方向性及各向异性。三角形网格的非正交性，导致传导率、流动项的计算误差大，且模拟计算的精度和效率低。因此油藏数值模拟中一般不采用这种网格系统进行模拟（卢泉杰，2008）。

2. 四边形网格

1）四边形网格的定义与特征

四边形网格是在笛卡儿直角坐标系上的非结构网格，该网格在平面上由非规则四边形构成，在空间上每个网格单元是边长不等的不规则六面体。

四边形网格的特征主要体现在：每个网格单元均为不规则六面体，网格中所有网格的边长均可不等，网格单元几何特征及空间分布通过网格单元 8 个节点的空间坐标确定。每个网格单元都具有 6 个毗邻网格单元，每个网格单元具有 8 个节点，每个网格节点与 6 个相邻网格节点相连。两个网格单元中心之间的连线与两个网格单元间的交界面不垂直正交，为非正交网格（卢泉杰，2008）。

2）四边形网格的适用条件

四边形网格通过调整不规则四边形的 4 个节点、不规则六面体的 8 个节点的空间位置，来逼近断层、裂缝、地质边界及储层展布，较准确地描述不规则边界条件、复杂形态的油藏特征。四边形网格在处理井筒特征时存在不足，由于其形状极不规则，不能保证井点在网格中心；同时网格不能精确描述井筒附近的径向流特征。四边形网格是一种扭曲变形的网格，其变形没有约束，网格形状极不规则，因此难以用网格中心的参数代表整个网格块的参数，将会产生很大的计算误差。由于四边形网格的非正交性，网格块间传导率计算难度大，流动项的计算误差大；而且，非正交性导致模拟计算收敛性差、精度低，同时增加了模拟计算时间（卢泉杰，2008）。

3. PEBI 网格

1）PEBI 网格的定义与特征

PEBI 网格属于非结构网格，是在三角形网格剖分的基础上，由三角形外心连接而成的多边形网格，相邻两个网格单元的公共面一定垂直平分两个网格中心的连线。

PEBI 网格的特征主要体现在：每个网格单元均为不规则多面体，网格中所有网格的边长均可不等，网格单元几何特征及空间分布通过网格单元不同节点数的空间坐标确定。每个网格单元具有不同个数的毗邻网格单元、不同个数的节点数，每个网格节点与不同数量的相邻网格节点相连。两个相邻网格单元的交界面垂直平分该相邻网格中心的连线。PEBI

网格为局部正交网格(林春阳,2010)。

2)PEBI 网格的适用条件

PEBI 网格在描述油藏几何形状时比四边形网格更加灵活,更能够精确描述、逼近真实的油藏形态(裂缝、断层、复杂边界条件及复杂形态的油藏特征)。PEBI 网格具有约束的灵活性,形状较规则,具有高质量的网格形态,而且便于局部加密。PEBI 网格边数和面数多,能够描述各向异性特征,通过渗透率张量形式,能够有效降低网格取向效应。同时,可以保证井点位于网格中心,可以用网格中心的参数代表整个网格块的参数。由于 PEBI 网格具有良好的正交性,满足有限差分方法对网格正交性的要求,易于渗流方程的差分离散。PEBI网格的正交性使得传导率、流动项计算精度高,提高了模拟计算效率和计算精度(唐艳等,2007;王代刚等,2012)。

4. CVFE 网格

1)CVFE 网格的定义与特征

CVFE 网格属于非结构网格,是在三角形网格剖分的基础上,由三角形重心与各边中点连接而成的多边形网格(谢海兵等,2001)。

CVFE 网格的特征主要体现在:每个网格单元均为不规则多面体,但每个多面体的面数比 PEBI 网格多,网格中所有网格的边长均可不等。网格单元几何特征及空间分布通过网格单元不同节点数的空间坐标确定。每个网格单元的节点数比 PEBI 网格节点数多。每个网格单元具有不同个数的毗邻网格单元,但比 PEBI 网格毗邻单元数多,每个网格单元具有不同个数的节点数,每个网格节点与不同数量的相邻网格节点相连。两个网格单元中心之间的连线与两个网格单元间的交界面不垂直正交,为非正交网格。

2)CVFE 网格的适用条件

CVFE 网格的边数及面数比 PEBI 网格成倍增加,其灵活性好于 PEBI 网格,能更好地精确描述复杂的油藏形态及边界。CVFE 网格边数和面数最多,更能够描述各向异性特征,通过渗透率张量形式,更有效降低网格取向效应。同时,保证了井点位于网格中心,可以用网格中心的参数代表整个网格块的参数。由于 CVFE 网格为非正交网格,其传导率、流动项计算难度较大,精度较差。其模拟计算效率和计算精度较低。CVFE 网格的应用仍存在较大的局限性,在油藏数值模拟中的应用较少(卢泉杰,2008)。

(二)非结构网格的剖分与生成技术

复杂油藏数值模拟既要准确描述复杂地质边界、裂缝、断层,以及复杂形态的油藏特征,又要保证模拟计算的计算效率和计算精度,因此需要采用更为灵活的非结构网格剖分技术对模拟区域进行空间离散,建立优化的油藏数值模拟网格(陈举民等,2010;卢泉杰,2008)。

1. 三角形网格的剖分与生成技术

在已知节点集 V 中,连接相邻节点可以生成三角形网格系统。但存在不同组合形成多种三角形网格系统。其中,满足 Delaunay 条件的三角形网格系统是最优的三角形网格系统,并且是唯一的。Delaunay 三角形网格有两个基本性质:①空外接圆性质,在由点集 V 所形成的 Delaunay 三角形网格中,每个三角形的外接圆均不包含点集 V 中的其他任意点;②最大的最小角度性质,在由点集 V 所形成的三角网中,Delaunay 三角形网格中三角形的最小角度是最大的。因此,Delaunay 三角形网格能最大限度地保证网格中三角形满足近似等边(角)形,而且网格形状最饱满。同时,高质量的 Delaunay 三角形网格是生成优质四边形、PEBI 网格和 CVFE 网格系统的保证(卢泉杰,2008)。

生成 Delaunay 三角形网格的 Bowyer-Watson 算法具体实现过程如下(杨艳林等,2015)(图 4.5):

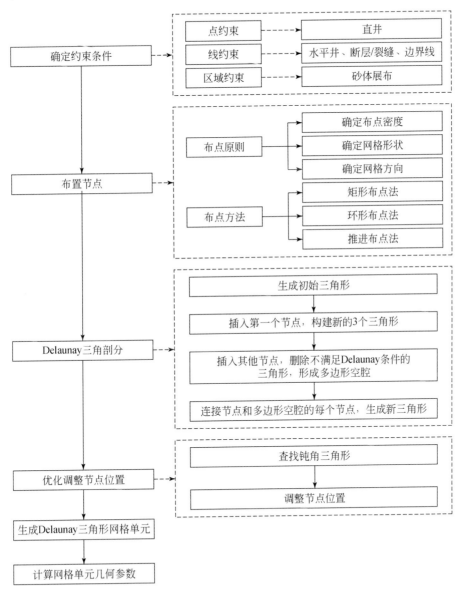

图 4.5　三角网格生成流程图

(1)确定约束条件。模拟区域边界、油藏几何形态、断层、裂缝、储层边界、井点等可以作为约束条件。约束条件可以划分为三种类型:点约束(直井),线约束(水平井、断层、裂缝)

和区约束(砂体展布)。

(2)布置节点

节点的布置直接影响网格单元的质量、计算规模、模拟时间及求解精度。布置节点的原则包括:①根据储层条件及模拟计算对网格大小的需求,确定合适的节点密度;②根据边界条件、几何形状及流体流动方向,确定网格方向,与之保持一致;③根据三角形网格的形状,同时满足近似等边(角)性、形状最饱满的原则,确定节点的位置。

在不同约束条件下,根据不同布点方式布置节点:①矩形布点,针对储层非均质性弱的区域性约束条件,可以采用矩形布点方式生成较均匀的节点;②环形布点,针对直井等点约束条件,根据径向流特征,可以采用环形布点方式生成节点;③推进布点,针对边界、裂缝、断层等线约束条件,采用推进布点的方式,逐渐向储层内部推进布置节点。

(3)Delaunay 三角剖分。根据不同约束条件完成节点的布置后,就可进行 Delaunay 三角剖分。逐点插入法是 Delaunay 三角剖分的常用方法,其主要步骤:①确定一个包含所有节点在内的初始三角形;②从所有节点中选出一个节点,如果此节点落在初始三角形的外接圆内,删除初始三角形,形成一个包含此节点的空腔,把此节点与空腔的三个顶点连接,构建 3 个新的三角形;③在所有节点中再选出一个节点,判断此节点落在哪些三角形的外接圆内部,并删除这些三角形,形成一个多边形空腔;④将该节点与多边形空腔的每个节点连接,形成多个新的三角形;⑤重复上述③和④的过程,直到所有节点参与形成三角形。

(4)查找钝角三角形,优化调整节点位置。网格剖分若出现钝角三角形,将直接影响 Delaunay 三角形网格质量。根据余弦定理,可得到三角形夹角余弦值,并判断是否为钝角三角形。若出现这种情况,需调整节点位置,使其不出现钝角三角形,确保 Delaunay 三角形网格质量。

(5)生成 Delaunay 三角形网格单元(图 4.6)。

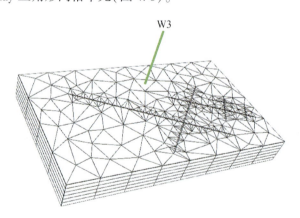

图 4.6　三维三角网格空间分布示意图

(6)计算空间上每个网格单元的几何参数。

2. 四边形网格的剖分与生成技术

四边形网格可以通过形状饱满、质量较高的 Delaunay 三角形网格生成,从而可使生成的四边形网格具有较优的质量。主要方法是将符合某种条件的两相邻三角形的公共边去掉,直接合成四边形。其具体生成过程如下（卢泉杰，2008）。

（1）确定约束条件。根据模拟区域边界、油藏几何形态、断层、裂缝、储层边界等确定线约束、区约束条件。

（2）布置节点。根据布置节点的原则确定合适的节点密度、网格方向、网格形状。根据不同约束条件，采取不同的布点方式布置节点。

由于四边形网格很不规则，在布置节点时尽量采取均匀布点策略，一般只考虑边界、断层、裂缝等线约束、区域约束条件，而不能采用放射状布点策略，不考虑井点作为点约束条件。

（3）生成 Delaunay 三角网格：根据不同约束条件完成节点的布置后，进行 Delaunay 三角剖分；查找钝角三角形，优化调整节点位置；生成 Delaunay 三角形网格单元。

（4）生成四边形网格：

①遍历所有三角形的边，若此边位于控制线（边界、断层或裂缝）上，标识为不可活动，否则标识为可活动；

②根据三角形活动边数量由少到多的顺序，逐个合并三角形。

首先，找到三角形每条活动边的邻三角形，组成三角形对。

其次，评价各三角形对组成的四边形，把最接近矩形的四边形作为合并方案，生成四边形网格单元，并删除对应的两个三角形网格单元。

逐次合并各三角形，生成四边形网格（图4.7）。

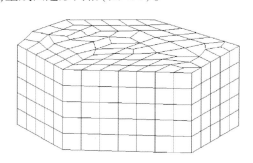

图4.7　三维四边形网格空间分布示意图

③网格特殊处理：合并过程结束后，可能出现不能被合并的三角形，此时，要做一些特殊的处理。对不能被合并的三角形，找出三角形的最长非活动边，然后在该边中点添加一个节点，使其成为四边形网格。

（5）计算空间上每个网格单元的几何参数。

3. PEBI 网格的剖分与生成技术

PEBI 网格的生成方法常见的主要有增量法、间接法和分治法。其中间接法主要是根据 PEBI 网格和 Delaunay 三角网的对偶性质，首先生成 Delaunay 三角网，然后做三角形每一条边的垂直平分线，得到各个三角形的外心，通过连接相邻三角形的外心生成 PEBI 网格。

PEBI 网格生成的间接法的具体实现过程如下（杨艳林等，2015）（图4.8）。

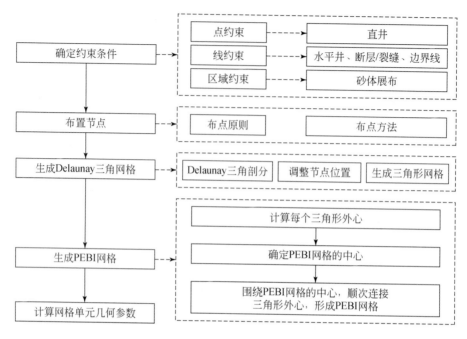

图 4.8　PEBI 网格生成流程图

（1）确定约束条件。根据模拟区域边界、油藏几何形态、断层、裂缝、储层边界、井点等确定点约束、线约束、区约束条件。

（2）布置节点。根据布置节点的原则确定合适的节点密度、网格方向、网格形状。根据不同约束条件，采取不同的布点方式布置节点。

（3）生成 Delaunay 三角网格：根据不同约束条件完成节点的布置后，进行 Delaunay 三角剖分；查找钝角三角形，优化调整节点位置；生成 Delaunay 三角形网格单元。

（4）生成 PEBI 网格：①计算每个三角形外心，求取 Delaunay 三角形网格中各三角形的外心；②确定 PEBI 网格的中心；③围绕 PEBI 网格的中心，顺次连接三角形外心，形成 PEBI 网格。连接相邻三角形的外心，就组成了 PEBI 网格（图 4.9）。其中原三角形顶点是 PEBI

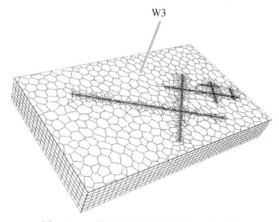

图 4.9　三维 PEBI 网格空间分布示意图

网格的中心,该点所在三角形的所有外心构成了 PEBI 网格单元的顶点。④边界特殊处理:执行完第二步操作后,边界上的节点周围并未形成闭合的 PEBI 网格单元,还有的三角形外心位于边界之外,形成的网格单元边界扭曲了区域边界的形状。需要对边界上的点做特殊的处理。

(5)计算空间上每个网格单元的几何参数。

4. CVFE 网格的剖分与生成技术

CVFE 网格可基于 Delaunay 三角形网格生成,首先计算各三角形的重心和各边中点,然后将重心和各边中点连接起来就形成了 CVFE 网格。

CVFE 网格生成的具体实现过程如下(卢泉杰,2008)。

(1)确定约束条件。根据模拟区域边界、油藏几何形态、断层、裂缝、储层边界、井点等确定点约束、线约束、区约束条件。

(2)布置节点。根据布置节点的原则确定合适的节点密度、网格方向、网格形状。根据不同约束条件,采取不同的布点方式布置节点。

(3)生成 Delaunay 三角网格:根据不同约束条件完成节点的布置后,进行 Delaunay 三角剖分;查找钝角三角形,优化调整节点位置;生成 Delaunay 三角形网格单元。

(4)生成 CVFE 网格:①计算每个三角形外心和各边中点,求取 Delaunay 三角形网格中各三角形的外心,并计算每条三角形边的中点;②确定 CVFE 网格的中心;③围绕 CVFE 网格的中心,顺次连接三角形外心和各边的中点,形成 CVFE 网格(图4.10)。连接相邻三角形的外心,以及相邻三角形公共边的中心,就组成了 CVFE 网格。原三角形顶点构成了 CVFE 网格的中心,该点所在三角形的所有外心及边的中点构成了 CVFE 网格单元的顶点。

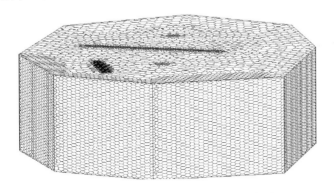

图4.10 三维 CVFE 网格空间分布示意图

(5)计算空间上每个网格单元的几何参数。

(三)非结构变尺度网格技术

针对直井/水平井、断层/边界、天然/人工裂缝、强非均质性的油藏区域,可以采用同一种网格(三角形网格、四边形网格、PEBI 网格、CVFE 网格),通过改变单个网格的大小、形状,以及整体网格的布局、形态来进行网格剖分,以精确描述油藏非均质特征、复杂形态与边界。

1. 直井变尺度网格技术

采用 PEBI 网格对直井的模拟区域进行剖分,首先根据直井位置,确定中心网格,并将井点置于该网格中心;围绕中心网格呈环状布置 PEBI 网格分布。在井筒附近采用细网格,在远离井筒的油藏区域采用粗网格,通过调整网格尺度及形态模拟直井附近的径向流特征(图4.11)。

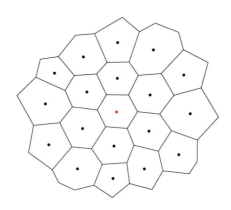

图4.11　直井变尺度网格剖分图

2. 水平井变尺度网格技术

采用 PEBI 网格对水平井的模拟区域进行剖分(图4.12),首先根据模拟需要,将水平井离散为若干个点源,根据点源位置沿水平井轨迹进行网格剖分,并将每个点源置于各网格中心;围绕水平井网格按椭圆形环带状布局 PEBI 网格。生成的水平井 PEBI 网格可分为三个部分,在离水平井端部较近的地方采用细网格,较远的地方采用粗网格,端部网格整体上呈径向分布,模拟端部的径向流特征;在水平段靠近水平井部位采用细网格,较远的地方采用粗网格,模拟水平段附近的线性流特征。

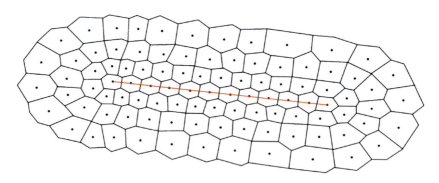

图4.12　水平井变尺度网格剖分图

3. 裂缝/断层变尺度网格技术

将裂缝/断层内部和周围区域分别用不同大小和形态的 PEBI 网格进行网格剖分(图4.13)。沿着天然/人工裂缝、断层/边界的方向,在裂缝/断层内部采用细网格处理其线性几何特征;围绕裂缝/断层按椭圆形环带状布局 PEBI 网格。生成的裂缝/断层 PEBI 网格可分为三个部分,在离其端部较近的地方采用细网格,较远的地方采用粗网格,端部网格整体上呈径向分布,模拟端部的径向流特征;在裂缝/断层主体靠近裂缝/断层部位采用细网格,较远的地方采用粗网格,模拟裂缝/断层附近的线性流特征。

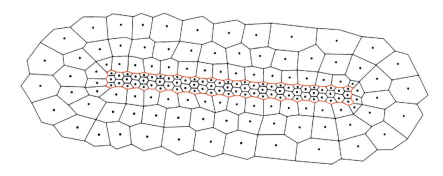

图 4.13　裂缝/断层变尺度网格剖分图

4. 复杂油藏区域变尺度网格技术

针对油藏区域内不同地质对象,根据其局部几何特征与渗流特征,在其内部采用较细的 PEBI 网格进行剖分;对于油藏区域,根据其非均质性的强弱调整网格的大小、形态与分布模式进行网格剖分,来描述油藏内部的非均质性及流动特征(图 4.14)。

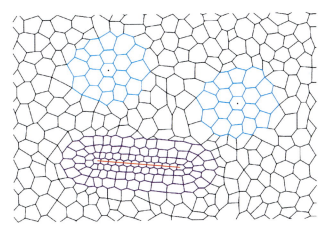

图 4.14　复杂油藏区域变尺度网格剖分图

三、混合网格技术

由于非常规油气藏一般存在多种复杂地质条件(油藏区域宏观非均质性强)、边界条件(断层、边界)、大尺度天然/人工裂缝发育,有直井、大斜度井、水平井等多种井型。在这种复杂油藏区域内,针对不同对象需要采用不同大小、不同类型的混合网格来处理。混合网格是由多种不同类型、不同大小的网格组合而成的非结构网格。通过混合网格技术进行网格的优化剖分,既可以保留结构网格高精度的离散化、高速度的求解等优点,又可以大幅度减少网格数,提高求解速度。

采用混合网格技术,通过不同类型网格的组合,调整网格的大小与形态、布局方式,可以处理复杂油藏区域内不同对象及其复杂渗流特征的网格剖分问题:①对于直井可以采用径向网格与 PEBI/四边形网格等混合网格充分描述井筒周围的径向流动特征并实现网格体积由小到大的快速变化;②对于水平井可以采用跑道网格(长条网格与径向网格组合)、PEBI网格等混合网格准确描述水平段的线性流和两端的径向流;③对于大尺度天然/人工裂缝、断层/边界,可以采用长条网格、三角网格、PEBI 网格等混合网格精确描述其线性特征及复杂形态特征;④对于宏观非均质性强的油藏区域,可以采用矩形网格、四边形网格、PEBI 网格、CVFD 网格等混合网格描述复杂储层与渗流特征,特别是分区、分单元处理强非均质性;⑤对于不同尺度孔缝多重介质,可以采用嵌套式混合网格、交互式混合网格很好地处理非连续离散多重介质特征。

(一)不同类型混合网格技术

1. 直井混合网格处理

在井筒附近采用径向网格,将井点置于网格中心,离井较近的地方采用细网格,较远的地方采用粗网格,以实现网格体积由小到大的变化;远离井筒的油藏区域采用 PEBI 网格,描述油藏的非均质性。采用这种混合网格可以精确把握井筒附近流动状态、模拟井筒周围流体的径向流特征(图 4.15)。

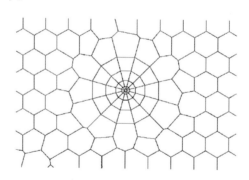

图 4.15　直井径向网格与 PEBI 网格的混合处理

2. 水平井混合网格处理

对于水平段,采用长条网格,离井较近的地方采用细网格,较远的地方采用粗网格,模拟水平段附近的线性流特征;对于水平井端部,采用 PEBI 网格,离端部较近的地方采用细网格,较远的地方采用粗网格,模拟端部的径向流特征;远离水平井的油藏区域,可以采用 PEBI 网格、四边形网格等其他网格来模拟油藏的非均质性及复杂形态特征(图 4.16)。

3. 裂缝/断层混合网格处理

对于具有线性几何特征的天然/人工裂缝、断层/边界,可以采用规则的长条矩形网格/不规则的长条网格来处理其线性几何特征;在裂缝/断层周围,采用较细的三角形网格/PEBI

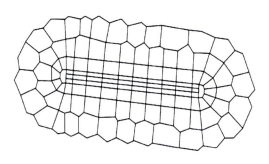

图 4.16　水平井长条网格与 PEBI 网格的混合处理

网格剖分;在远离裂缝/断层的油藏区域,可以采用较粗的四边形网格/PEBI 网格来模拟油藏的非均质性及复杂形态特征(图 4.17)。

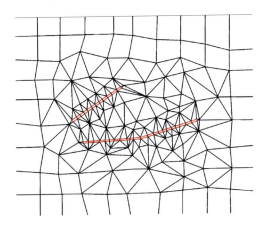

图 4.17　裂缝/断层长条网格、三角形网格、四边形网格的混合处理

4. 复杂油藏区域混合网格处理

在复杂的油藏区域中,同时存在直井、水平井、天然/人工裂缝、断层/边界、宏观非均质性等复杂地质与边界条件,可以采用更多、更复杂的混合网格对其进行处理(图 4.18)。

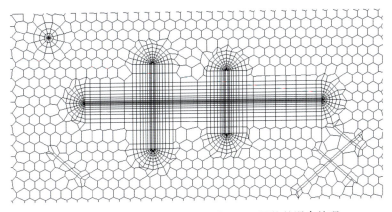

图 4.18　长条矩形网格、径向网格、PEBI 网格的混合处理

（二）多重介质混合网格技术

致密储层发育不同尺度的孔隙介质、微纳米级的天然/人工裂缝介质,不同尺度孔缝介质具有不同的几何与属性特征、流体性质与流动特征;同时,不同尺度孔缝介质在空间上呈非连续离散分布,而且具有不同的数量与空间分布模式,多尺度特征与多重介质特征显著。因此,可以采用不同类型混合网格技术来表征不同尺度孔缝介质的空间分布特征、介质重数、介质几何与属性特征、数量分布特征等。

根据不同尺度孔缝介质的空间分布与流动关系,可以将多重介质混合网格划分为嵌套式混合网格、交互式混合网格。

1. 多重介质嵌套式混合网格

对于油藏区域中存在接力排供式流动关系的不同孔缝介质,在空间上可以采用多重介质嵌套式混合网格来处理。首先,根据油藏区域中不同尺度的微纳米级裂缝与孔隙的空间与数量分布的差异,采用 PEBI 网格、四边形网格、三角形网格等混合网格将油藏区域划分为若干个不同非均质特征的单元;然后,根据每个单元中的不同尺度孔缝介质的重数和体积百分比,采用与该单元相同的网格类型剖分不同介质的嵌套网格。由于每个单元的介质重数与体积百分比存在差异,因此每个单元中的网格数量及大小存在差异(图 4.19)。

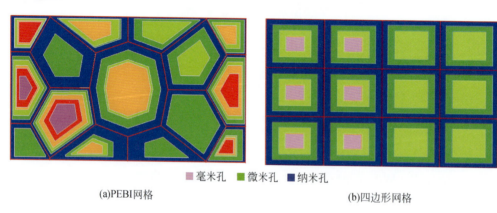

■毫米孔　■微米孔　■纳米孔

(a)PEBI网格　　　　　　　　　　　　(b)四边形网格

图 4.19 多重介质嵌套式混合网格示意图

2. 多重介质交互式混合网格

对于油藏区域中存在交互式流动关系的不同孔缝介质,在空间上可以采用多重介质交互式混合网格来处理。根据油藏区域中不同尺度孔缝介质的空间与数量分布的差异,采用 PEBI 网格、四边形网格、三角形网格等混合网格划分不同的多重介质单元;在单元内部根据不同尺度孔缝介质的分布模式(条带状分布、环状分布、随机分布)、重数和体积百分比,采用三角形网格、四边形网格将该单元剖分为不同介质的网格。由于每个单元的介质的分布模式、重数与体积百分比存在差异,因此每个单元中的网格分布、数量及大小存在差异(图 4.20)。

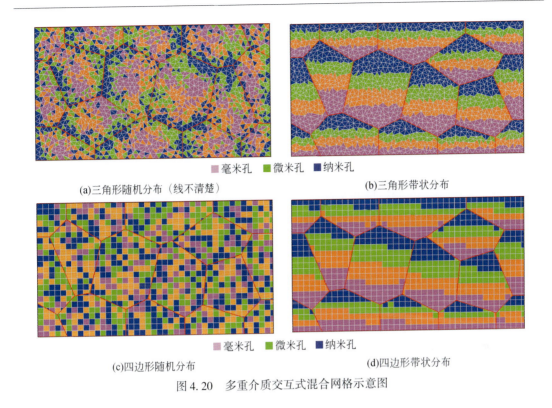

■毫米孔　■微米孔　■纳米孔

(a)三角形随机分布（线不清楚）　　　　　　　　　　(b)三角形带状分布

■毫米孔　■微米孔　■纳米孔

(c)四边形随机分布　　　　　　　　　　　(d)四边形带状分布

图4.20　多重介质交互式混合网格示意图

第二节　数值模拟网格连通表征技术

针对复杂油藏区域中不同对象与多重介质特征、不同类型网格形态复杂,数量较大,发展了非结构网格优化排序技术,从而减少数值模拟矩阵内存、提高计算速度。根据网格类型与拓扑关系、不同介质网格的几何与物性特征,确定网格间邻接关系、计算相邻介质网格间连通能力,形成数值模拟网格邻接表征技术与连通表征技术。

一、数值模拟网格排序技术

针对复杂油藏区域中不同对象,采用不同类型网格进行剖分,并进行优化排序。网格优化排序技术是根据不同对象对开发动态的影响,对不同区域网格依次排序;再根据不同对象的局部特征、网格类型与形态,进行优化排序与编号。通过优化排序可使数值模拟求解的系数矩阵中非零元素的分布更合理,从而减少内存用量、提高求解速度。

(一)结构网格排序技术

结构网格排序的原则是以原点坐标为起点,按 I、J、K 方向依次增大排序,在 X、Y、Z 方向具有固定的网格数,属于规则排序。其中,矩形网格:在网格剖分时,将网格的主体方向 I 与油藏的裂缝、水平井、渗流方向平行,因此网格排序首先沿着网格分布的主方向 I 依次增大排序,其次是沿着 J 方向排序,最后是沿着 K 方向排序;角点网格:考虑油藏裂缝、水平井、渗流方向及排序的总体原则、方法与矩形网格一致。在 X、Y、Z 方向网格数不变的情况下,任意行在 X 方向的网格数相同,任意列在 Y 方向的网格数相同,在纵向的 Z 方向网格数相同。任意网格的边长均可以不等;径向网格:网格排序以原点坐标为起点,按径向、角度、Z 方向依次增大排序。网格排序首先按径向遵循从中心到外部增大的规则排序。其次是沿着角度方向排序,最后是沿着 Z 方向排序(表 4.4)。

表 4.4　结构网格排序表

网格类型	排序方式	图示
矩形网格	(1)网格排序以原点坐标为起点,按 I、J、K 方向依次增大排序; (2)在网格剖分时,将网格的主体方向 I 与油藏的裂缝、水平井、渗流方向平行,因此网格排序首先是沿着网格分布的主体方向 I 依次增大排序; (3)其次是沿着 J 方向排序,最后是沿着 K 方向排序	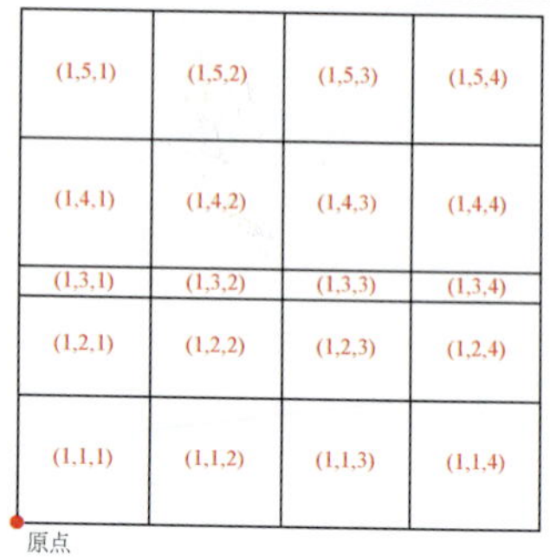
角点网格	(1)考虑油藏裂缝、水平井、渗流方向及排序的总体原则、方法与矩形网格一致; (2)在 X、Y、Z 方向网格数不变的情况下,任意行在 X 方向的网格数相同,任意列在 Y 方向的网格数相同,在纵向的 Z 方向网格数相同。任意网格的边长均可以不等	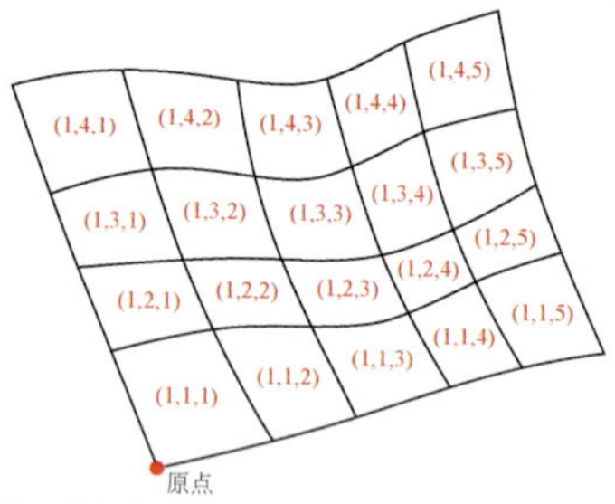
径向网格	(1)网格排序以原点坐标为起点,按径向、角度、Z 方向依次增大排序; (2)网格排序首先按径向遵循从中心到外部增大的规则排序; (3)其次是沿着角度方向排序,最后是沿着 Z 方向排序	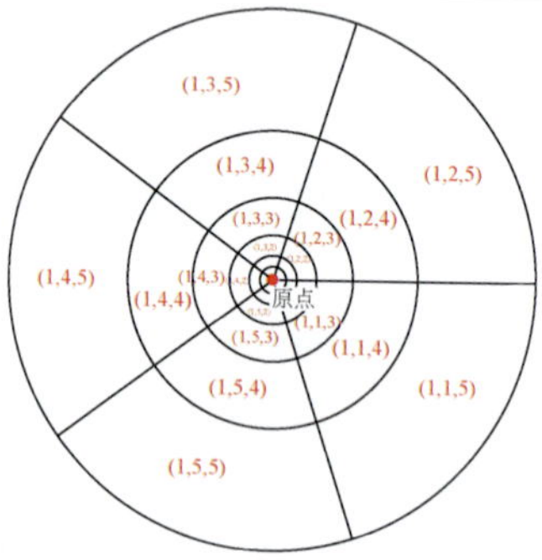

(二)非结构网格排序技术

非结构网格的排序原则与结构网格排序原则有很大的差异,总体上结构网格属于规则排序,非结构网格属于非规则排序。非结构网格的排序原则为:①根据影响开发效果的重要性和局部特征来优化不同地质对象的排列顺序;②优先对开发效果影响最大的地质对象进行排序,根据其几何与渗流特征确定起点位置并进行编号;③根据不同地质对象的重要性依次分别排序,排序不受 X、Y、Z 方向及各方向上网格数的限制。

　　当采用单一类型的非结构网格(三角形、四边形、PEBI、CVFE 网格)进行网格剖分时,其排序原则与方法一致。对于相同类型的变尺度网格,以 PEBI 网格为例,通过调整网格尺度与形态对水平井、直井、人工裂缝、天然裂缝、断层、复杂油藏区域等不同地质对象进行网格剖分与排序(表4.5)。

表 4.5　非结构网格排序表

不同对象	排序方式	图示
直井	以井筒所在网格为排序起点,先沿径向流方向由内向外依次增大排序,进而沿角度方向逆时针增大排序	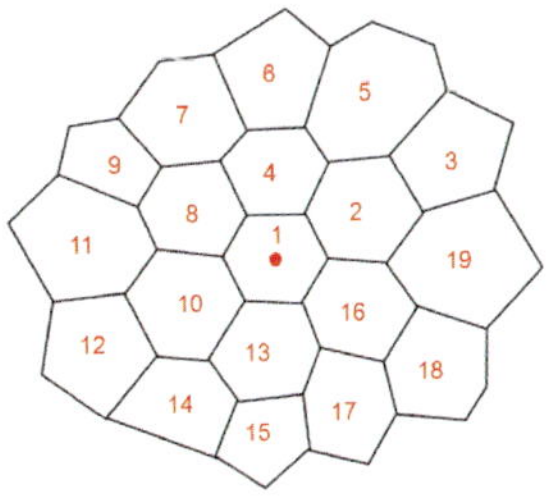
水平井	①水平段左端径向流区域先沿径向流方向由内向外依次增大排序,进而沿角度方向逆时针增大排序; ②中间水平段区域先沿线性流方向由上向下依次增大排序,进而沿井轨迹长度方向由左向右排序; ③水平段右端径向流区域同样先沿径向流方向由内向外依次增大排序,沿角度方向逆时针增大排序	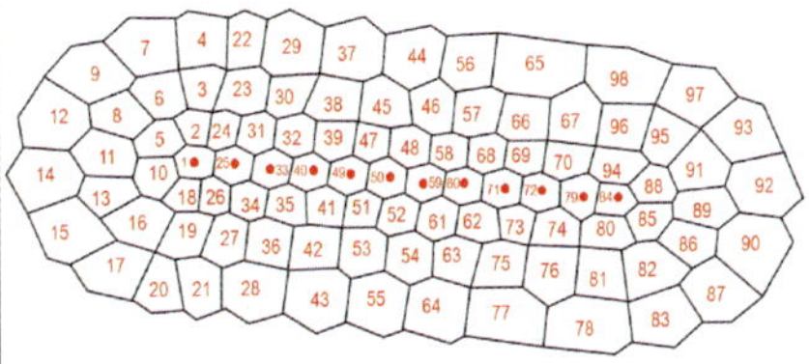
裂缝/断层	①对裂缝/断层内部网格沿着裂缝方向依次增大排序; ②裂缝/断层左端径向流区域先沿径向流方向由内向外依次增大排序,进而沿角度方向逆时针增大排序; ③靠近裂缝主体的上部区域沿线性方向自上而下依次增大排序; ④下部区域沿线性方向自上而下依次增大排序; ⑤裂缝/断层右端径向流区域同样先沿径向流方向由内向外依次增大排序,沿角度方向逆时针增大排序	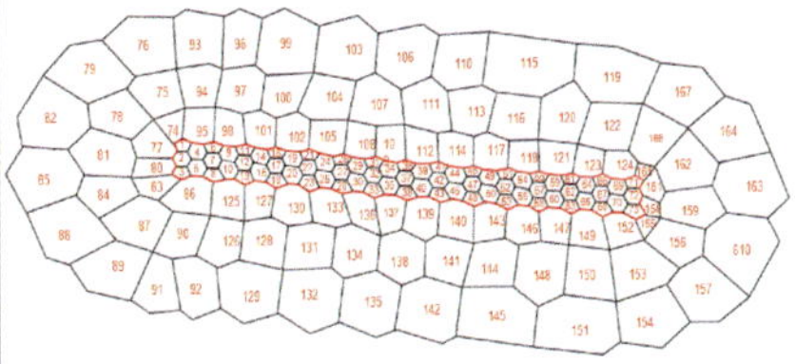
复杂油藏区域	按水平井、直井、人工裂缝、天然裂缝/断层、油藏区域等对象依次排序,其中油藏区域的网格先从下到上依次增大排序,再由左至右依次增大排序	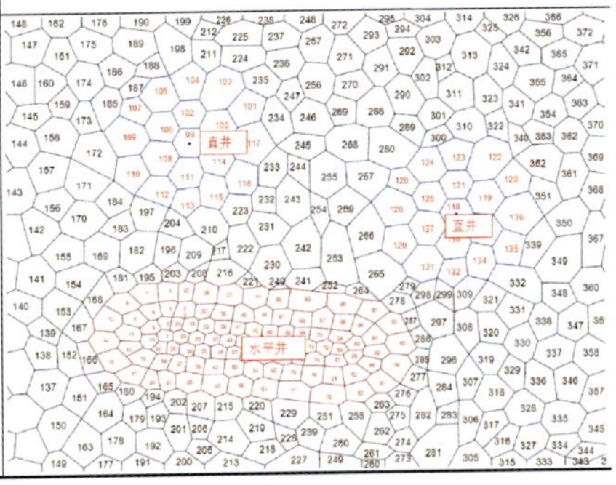

1. 直井变尺度网格排序

采用 PEBI 网格对直井周围区域进行剖分,通过调整网格尺度及形态模拟直井附近的径向流特征。以井筒所在网格作为排序起点,先沿径向流方向由内向外依次增大排序,进而沿角度方向逆时针增大排序。

2. 水平井变尺度网格排序

将水平井控制区域的网格分为三个部分,其中水平段两端模拟井端径向流特征,中间部位模拟线性流特征。首先,水平段左端径向流区域先沿径向流方向由内向外依次增大排序,进而沿角度方向逆时针增大排序;然后,中间水平段区域先沿线性流方向由上向下依次增大排序,进而沿井轨迹长度方向由左向右排序;最后,水平段右端径向流区域同样先沿径向流方向由内向外依次增大排序,沿角度方向逆时针增大排序。

3. 裂缝/断层变尺度网格排序

将裂缝/断层内部和周围区域分别用不同的网格大小和形态进行网格剖分。先对裂缝/断层内部网格沿着裂缝方向依次增大排序;再对裂缝/断层周围区域网格进行排序。首先,裂缝/断层左端径向流区域先沿径向流方向由内向外依次增大排序,进而沿角度方向逆时针增大排序;其次,靠近裂缝主体的上部区域沿线性方向自上而下依次增大排序,然后下部区域沿线性方向自上而下依次增大排序;最后,裂缝/断层右端径向流区域同样先沿径向流方向由内向外依次增大排序,沿角度方向逆时针增大排序。

4. 复杂油藏区域的变尺度网格排序

根据油藏区域内不同地质对象的分布进行分区剖分,并根据影响开发效果的重要性和局部特征来优化不同地质对象的排列顺序:依次为水平井、直井、人工裂缝、天然裂缝/断层、油藏区域,其中油藏区域的网格先从下到上依次增大排序,再由左至右依次增大排序,从而完成复杂油藏区域网格的整体排序。

(三)混合网格排序技术

1. 不同类型混合网格排序技术

不同类型混合网格属于非结构网格,其排序属于非规则排序。不同类型混合网格与相同类型变尺度非结构网格的排序原则一致(表4.6)。

表4.6　混合网格排序表

不同对象	排序原则	图示
直井	①井筒附近的径向网格先沿径向流方向由内向外依次增大排序,进而沿角度方向逆时针增大排序; ②对井筒周围的PEBI/四边形网格先由上向下依次增大排序,进而由左向右排序	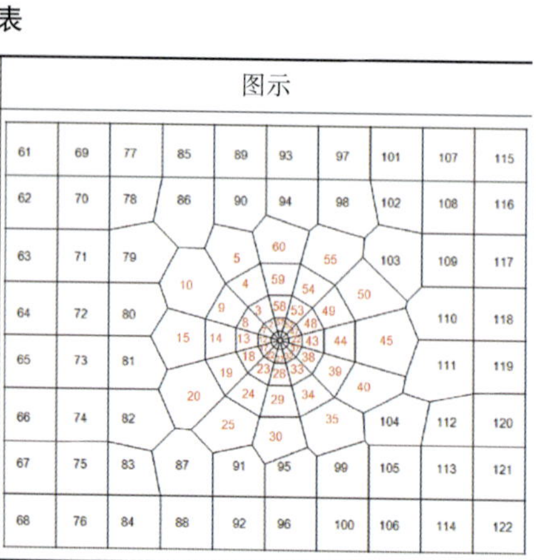

续表

不同对象	排序原则	图示
水平井	①水平段左端的PEBI网格先沿径向流方向由内向外依次增大排序,进而沿角度方向逆时针增大排序; ②水平段周围的长条网格先沿线性流方向由上向下依次增大排序,进而沿井轨迹长度方向由左向右排序; ③水平段右端的PEBI网格先沿径向流方向由内向外依次增大排序,进而沿角度方向逆时针增大排序; ④水平井远处油藏区域的PEBI/四边形网格先由上向下依次增大排序,进而由左向右排序	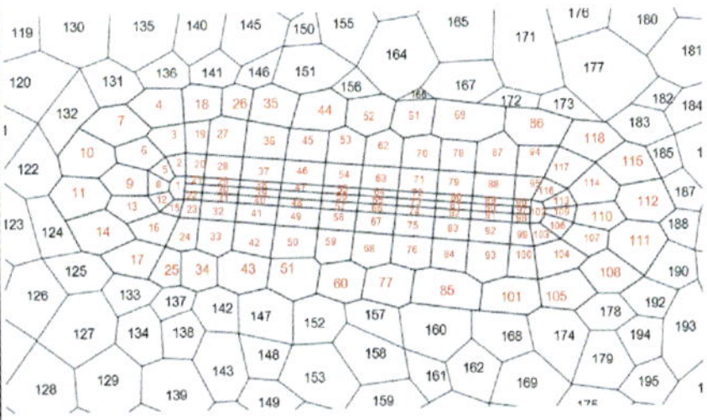
裂缝/断层	①裂缝/断层内部的长条网格沿着裂缝方向依次增大排序; ②裂缝/断层周围的三角形网格先由上向下依次增大排序,进而由左向右排序; ③在远离裂缝/断层的油藏区域四边形网格先由上向下依次增大排序,进而由左向右排序	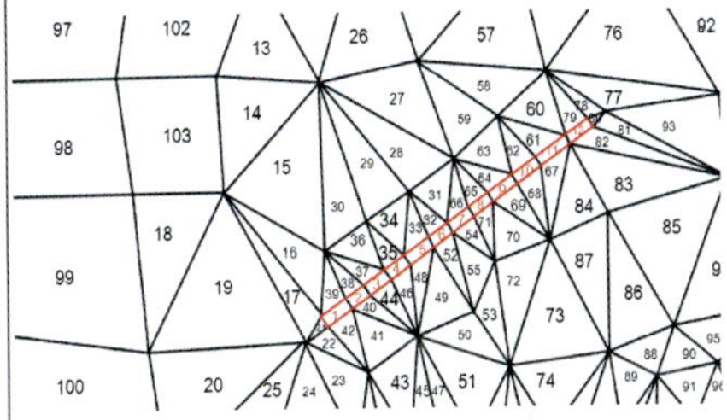
复杂油藏区域	按水平井、直井、人工裂缝、天然裂缝/断层、油藏区域等对象依次排序,其中油藏区域的网格先从下到上依次增大排序,再由左至右依次增大排序	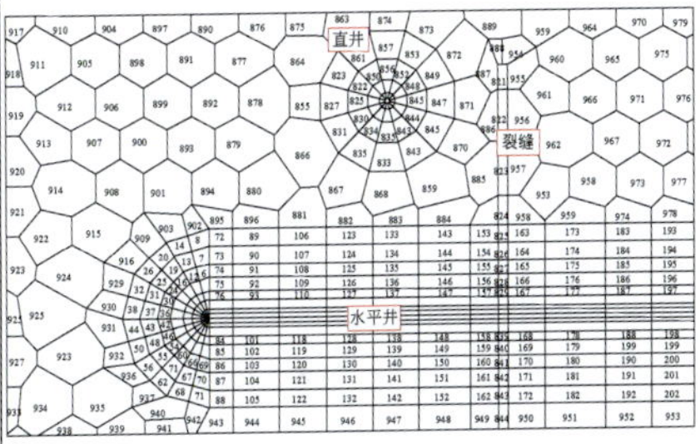

1)直井混合网格排序

在井筒附近采用径向网格、井筒周围采用PEBI/四边形网格进行混合网格剖分并排序:首先,井筒附近的径向网格先沿径向流方向由内向外依次增大排序,进而沿角度方向逆时针增大排序;然后,对井筒周围的PEBI/四边形网格先由上向下依次增大排序,进而由左向右排序。

2)水平井混合网格排序

在水平井端部采用PEBI网格、水平段周围采用长条网格、水平井远处油藏区域采用PEBI网格进行混合网格剖分并排序:首先,水平段左端的PEBI网格先沿径向流方向由内向外依次增大排序,进而沿角度方向逆时针增大排序;然后,水平段周围的长条网格先沿线性流方向由上向下依次增大排序,进而沿井轨迹长度方向由左向右排序;接着水平段右端的PEBI网格先沿径向流方向由内向外依次增大排序,进而沿角度方向逆时针增大排序;最后,水平井远处油藏区域的PEBI/四边形网格先由上向下依次增大排序,进而由左向右排序。

3)裂缝/断层混合网格排序

在裂缝/断层内部采用规则的长条矩形网格、不规则的长条网格,在裂缝/断层周围采用三角形网格,在远离裂缝/断层的油藏区域,可以采用四边形网格进行混合网格剖分并排序:

首先,裂缝/断层内部的长条网格沿着裂缝方向依次增大排序;其次,裂缝/断层周围的三角形网格先由上向下依次增大排序,进而由左向右排序;最后,在远离裂缝/断层的油藏区域四边形网格先由上向下依次增大排序,进而由左向右排序。

4)复杂油藏区域混合网格排序

根据油藏区域内不同地质对象的分布进行分区剖分,并根据影响开发效果的重要性和局部特征来优化不同地质对象的排列顺序:依次为水平井、直井、人工裂缝、天然裂缝/断层、油藏区域,其中油藏区域的网格先从下到上依次增大排序,再由左至右依次增大排序,从而完成复杂油藏区域网格的整体排序。

2. 多重介质混合网格排序技术

多重介质混合网格可由 PEBI 网格、四边形网格、三角形网格等不同类型的混合网格组合而成,可分为嵌套式混合网格、交互式混合网格,其排序考虑了不同尺度孔缝介质的空间分布与流动关系,属于非规则排序(表 4.7)。

表 4.7　多重介质混合网格排序表

网格类型	排序原则	图示
嵌套式网格	多重介质单元网格之间的排序与混合网格的油藏区域排序原则一致,单元内部的嵌套网格按接力排供机理从外到内依次增大排序	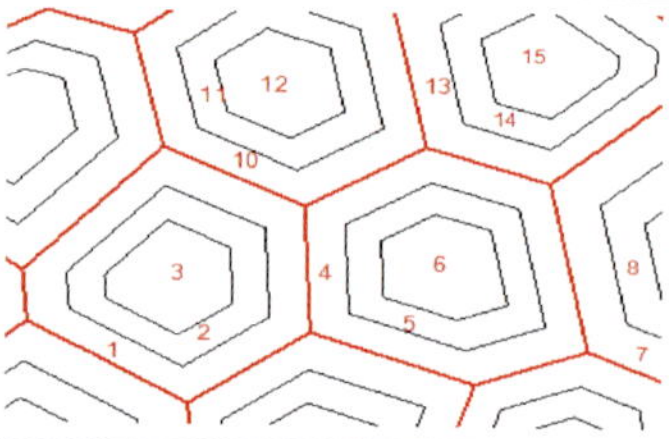
交互式网格	多重介质单元网格之间的排序与混合网格的油藏区域排序原则一致,单元内部网格按由左至右、由上至下依次增大排序	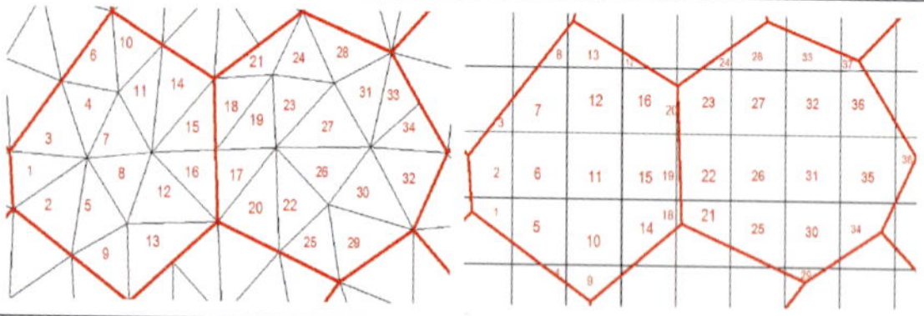
嵌套式与交互式混合网格	多重介质单元网格之间的排序与混合网格的油藏区域排序原则一致,单元内部的嵌套网格、交互网格分别按嵌套式混合网格与交互式混合网格的排序原则进行排序	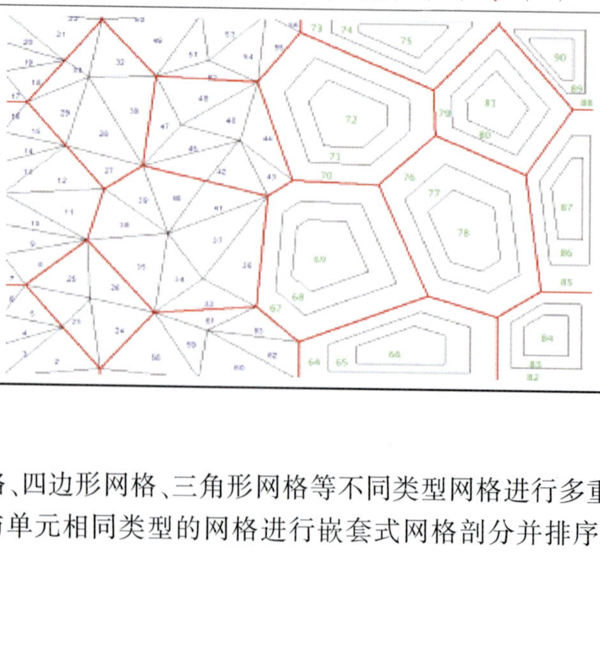

1)多重介质嵌套式混合网格排序

对不同油藏区域可采用 PEBI 网格、四边形网格、三角形网格等不同类型网格进行多重介质单元网格剖分,在单元内部采用与单元相同类型的网格进行嵌套式网格剖分并排序。

单元网格之间的排序与混合网格的油藏区域排序原则一致,单元内部的嵌套网格按接力排供机理从外到内依次增大排序。

2)多重介质交互式混合网格排序

对不同油藏区域可采用 PEBI 网格、四边形网格、三角形网格等不同类型网格进行多重介质单元网格剖分,在单元内部采用四边形网格、三角形网格进行交互式网格剖分并排序。单元网格之间的排序与混合网格的油藏区域排序原则一致,单元内部网格按由左至右、由上至下依次增大排序。

3)嵌套式与交互式混合网格排序

对不同油藏区域可采用 PEBI 网格、四边形网格、三角形网格等不同类型网格进行多重介质单元网格剖分,在单元内部进行嵌套式、交互式网格剖分并排序。其中单元网格之间的排序与混合网格的油藏区域排序原则一致,单元内部的嵌套网格、交互网格分别按嵌套式混合网格与交互式混合网格的排序原则进行排序。

二、数值模拟网格邻接表征技术

通过网格剖分,当单个网格与其周围网格有共同的接触面时,即视为存在邻接关系。在网格排序的基础上,该网格的邻接关系通常用连通表来表征。网格连通表由本网格的序号、所有邻接网格的序号、本网格–邻接网格间的传导率构成。构建连通表遵循以下原则:

(1)不同类型网格具有不同的邻接关系,以及相应的连通表;

(2)对于邻接而没有流动的网格,视为不连通,其连通关系不存入连通表;

(3)在整体连通表中,相同的邻接关系不重复体现。

(一)结构网格连通表

结构网格是一种规则网格,且属于四边形网格,所有网格间的连接具有明确的、规则的拓扑关系,所有网格具有相同个数的邻接网格,即矩形网格、角点网格、径向网格的每个网格具有 4 个邻接网格,其单个网格连通表反映 4 个连通关系(表 4.8)。

表 4.8　结构网格连通表

网格类型	邻接关系示意图	单个网格连通表	
		邻接关系	连通关系
		本网格,　邻接网格	(本网格,　邻接网格,　传导率)
矩形网格	(1,4,1) (1,4,2) (1,4,3) (1,4,4) / (1,3,1) (1,3,2) (1,3,3) (1,3,4) / (1,2,1) (1,2,2) (1,2,3) (1,2,4) / (1,1,1) (1,1,2) (1,1,3) (1,1,4)	1.3.3,　1.3.2	$(1.3.3,\ 1.3.2,\ T_{1.3.3,1.3.2})$
		1.3.3,　1.3.4	$(1.3.3,\ 1.3.4,\ T_{1.3.3,1.3.4})$
		1.3.3,　1.2.3	$(1.3.3,\ 1.2.3,\ T_{1.3.3,1.2.3})$
		1.3.3,　1.4.3	$(1.3.3,\ 1.4.3,\ T_{1.3.3,1.4.3})$

续表

网格类型	邻接关系示意图	单个网格连通表		
		邻接关系	连通关系	
		本网格，邻接网格	（本网格，邻接网格，传导率）	
角点网格		1.3.3，1.3.2	（1.3.3，1.3.2，$T_{1.3.3,1.3.2}$）	
		1.3.3，1.4.3	（1.3.3，1.4.3，$T_{1.3.3,1.4.3}$）	
		1.3.3，1.3.4	（1.3.3，1.3.4，$T_{1.3.3,1.3.4}$）	
		1.3.3，1.2.3	（1.3.3，1.2.3，$T_{1.3.3,1.2.3}$）	
径向网格		1.2.2，1.2.1	（1.2.2，1.2.1，$T_{1.2.2,1.2.1}$）	
		1.2.2，1.2.3	（1.2.2，1.2.3，$T_{1.2.2,1.2.3}$）	
		1.2.2，1.3.2	（1.2.2，1.3.2，$T_{1.2.2,1.3.2}$）	
		1.2.2，1.1.2	（1.2.2，1.1.2，$T_{1.2.2,1.1.2}$）	

（二）非结构网格连通表

非结构网格是一种非规则网格，不同类型网格具有不确定的、不规则的邻接关系，不同类型网格具有不同个数的邻接网格。其中三角形网格具有 3 个邻接网格，其单个网格连通表反映 3 个连通关系；四边形网格具有 4 个邻接网格，其单个网格连通表反映 4 个连通关系；PEBI 网格和 CVFE 网格具有任意个数的邻接网格，其单个网格连通表反映不同数量的连通关系（表 4.9）。

表 4.9　非结构网格连通表

网格类型	邻接关系示意图	单个网格连通表		
		邻接关系	连通关系	
		本网格，邻接网格	（本网格，邻接网格，传导率）	
三角网格		16，15	（16，15，$T_{16,15}$）	
		16，17	（16，17，$T_{16,17}$）	
		16，24	（16，24，$T_{16,24}$）	

续表

网格类型	邻接关系示意图	单个网格连通表	
		邻接关系	连通关系
		本网格，邻接网格	（本网格，邻接网格，传导率）
四边形网格		9，5	$(9, 5, T_{9,5})$
		9，8	$(9, 8, T_{9,8})$
		9，10	$(9, 10, T_{9,10})$
		9，11	$(9, 11, T_{9,11})$
PEBI 网格		1，2	$(1, 2, T_{1,2})$
		1，4	$(1, 4, T_{1,4})$
		1，8	$(1, 8, T_{1,8})$
		1，10	$(1, 10, T_{1,10})$
		1，13	$(1, 13, T_{1,13})$
		1，16	$(1, 16, T_{1,16})$
CVFE 网格		1，2	$(1, 2, T_{1,2})$
		1，4	$(1, 4, T_{1,4})$
		1，8	$(1, 8, T_{1,8})$
		1，10	$(1, 10, T_{1,10})$
		1，13	$(1, 13, T_{1,13})$
		1，16	$(1, 16, T_{1,16})$

（三）混合网格连通表

1. 不同类型混合网格连通表

不同类型混合网格具有不同的邻接关系，同时具有不同的连通表。三角形、四边形、PEBI 网格、CVFE 网格具有不同个数的邻接网格。相同网格类型（PEBI 网格、CVFE 网格）在不同情况下可能存在不同的边数和邻接关系，其连通表发生相应变化。并且不同对象由于采用多种不同类型的网格混合表征，存在多种类型连通表（表 4.10）。

表 4.10　不同类型混合网格连通表

不同对象（混合网格类型）	邻接关系示意图	单个网格连通表	
		邻接关系	连通关系
		本网格，邻接网格	（本网格，邻接网格，传导率）
直井		10，5	（10，5，$T_{10,5}$）
		10，9	（10，9，$T_{10,9}$）
		10，15	（10，15，$T_{10,15}$）
		10，79	（10，79，$T_{10,79}$）
		10，80	（10，80，$T_{10,80}$）
		10，86	（10，86，$T_{10,86}$）
水平井		67，66	（67，66，$T_{67,66}$）
		67，68	（67，68，$T_{67,68}$）
		67，58	（67，58，$T_{67,58}$）
		67，75	（67，75，$T_{67,75}$）
裂缝/断层		18，19	（18，19，$T_{18,19}$）
		18，99	（18，99，$T_{18,99}$）
		18，103	（18，103，$T_{18,103}$）
		5，4	（5，4，$T_{5,4}$）
		5，6	（5，6，$T_{5,6}$）
		5，33	（5，33，$T_{5,33}$）
		5，48	（5，48，$T_{5,48}$）
复杂油藏区域		555，539	（555，539，$T_{555,539}$）
		555，567	（555，567，$T_{555,567}$）
		555，569	（555，569，$T_{555,569}$）
		555，582	（555，582，$T_{555,582}$）
		555，583	（555，583，$T_{555,583}$）

2. 多重介质混合网格连通表

1) 嵌套式网格连通表

嵌套式网格具有三种类型的连通表(表 4.11):最内层网格只有 1 个向外的邻接网格,其网格连通表反映 1 个连通关系;中间层网格具有 2 个向内、向外邻接网格,其网格连通表反映 2 个连通关系;最外层网格的连通表具有 2 个邻接网格,分别为向内的邻接网格、向外的邻接单元最外层网格,其网格连通表反映 2 个连通关系。

2) 交互式网格连通表

交互式网格的连通表(表 4.11)取决于多重介质单元内部的网格类型,当单元内部为三角形网格,具有 3 个邻接网格,其网格连通表反映 3 个连通关系;四边形网格具有 4 个邻接网格,其网格连通表反映 4 个连通关系。

表 4.11　多重介质混合网格连通表

网格类型	邻接关系示意图	单个网格连通表	
		邻接关系	连通关系
		本网格,　邻接网格	(本网格,　邻接网格,　传导率)
嵌套式网格		3,　2	$(3,\ 2,\ T_{3,2})$
		2,　1	$(2,\ 1,\ T_{2,1})$
		2,　3	$(2,\ 3,\ T_{2,3})$
		28,　19	$(28,\ 19,\ T_{28,19})$
		28,　29	$(28,\ 29,\ T_{28,29})$

网格类型	邻接关系示意图	单个网格连通表		
		邻接关系	连通关系	
		本网格，　邻接网格	（本网格，　邻接网格，　传导率）	
交互式网格		27，23	（27，23，$T_{27,23}$）	
		27，26	（27，26，$T_{27,26}$）	
		27，31	（27，31，$T_{27,31}$）	
		26，22	（26，22，$T_{26,22}$）	
		26，25	（26，25，$T_{26,25}$）	
		26，27	（26，27，$T_{26,27}$）	
		26，31	（26，31，$T_{26,31}$）	

三、数值模拟网格连通表征技术

在网格排序和连通表的基础上，相邻网格间连通能力的大小通常用传导率来表征。传导率的大小主要取决于不同网格的几何形态、网格的渗透率、网格间流动的正交性。

（一）结构网格传导率计算

结构网格传导率的计算方式可以分为两种类型：①矩形网格的几何形态规则，网格间流动恒定正交，可以采用规则网格传导率计算公式（表4.12）；②径向网格、角点网格的网格形态不规则，网格间流动难以恒定正交，需要采用非规则网格传导率计算公式进行计算（表4.12）。

表 4.12　结构网格传导率计算表

网格类型	传导率计算示意图	传导率计算公式
矩形网格		$T_{i,j} = \sigma \dfrac{2K_i K_j}{K_i + K_j}$　$\sigma = 4\left(\dfrac{1}{L_x^2} + \dfrac{1}{L_y^2} + \dfrac{1}{L_z^2}\right)$

续表

网格类型	传导率计算示意图	传导率计算公式
径向网格	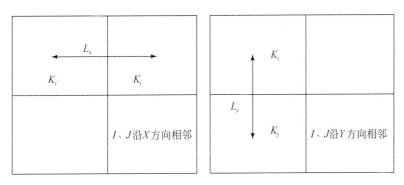	$T_{i,j} = \dfrac{\alpha_i \alpha_j}{\alpha_i + \alpha_j}$ $\alpha = A\,\dfrac{K}{L}\,\vec{n}\cdot\vec{f}$
角点网格		

1. 规则网格传导率计算公式

矩形网格的每个网格单元形态规则，其网格中心既是网格的形心，也是其外心，网格间的流动方向与网格间邻接面正交（图 4.21）。

图 4.21　规则网格传导率计算示意图

规则网格间的传导率可以根据相邻网格间中心点的距离、不同网格的渗透率计算，其计算公式如下：

$$T_{i,j} = \sigma\,\frac{2K_i K_j}{K_i + K_j} \tag{4.1}$$

$$\sigma = 4\left(\frac{1}{L_x^2} + \frac{1}{L_y^2} + \frac{1}{L_z^2}\right) \tag{4.2}$$

式中，下标 i、j 为相邻网格编号；$T_{i,j}$ 为相邻网格 i、j 间传导率；K_i、K_j 为网格 i、j 的有效渗透率，mD；L_x 为相邻网格 i、j 沿 x 方向中心点的距离，m；L_y 为相邻网格 i、j 沿 y 方向中心点的距离，m；L_z 相邻网格 i、j 沿 z 方向中心点的距离，m。

2. 非规则网格传导率计算公式

径向网格、角点网格的每个网格单元形态不规则，其网格中心即为网格的形心，网格间的流动方向与网格间邻接面难以正交（表 4.12）。非规则网格间的传导率可以根据相邻网

格中心到邻接面中心点的距离及其法向角度、不同网格的渗透率计算,其计算公式如下:

$$T_{i,j} = \frac{\alpha_i \alpha_j}{\alpha_i + \alpha_j} \qquad (4.3)$$

网格形状因子 α 为

$$\alpha = A \cdot \frac{K}{L} \cdot \vec{n} \cdot \vec{f} \qquad (4.4)$$

式中,下标 i,j 为相邻网格编号;$T_{i,j}$ 为相邻网格 i,j 间传导率;K 为网格的有效渗透率,mD;A 为相邻网格的实际接触面积,m^2;α_i、α_j 为网格 i,j 的形状因子;L 为网格重心到相邻网格接触面中心的实际距离,m;$\vec{n} \cdot \vec{f}$ 为非结构网格的正交性法向校正。

(二) 非结构网格传导率计算

不同类型非结构网格的几何形态不同,即使相同类型变尺度非结构网格的几何形态也存在较大差异,其网格中心即为网格的形心,网格间的流动方向与网格间邻接面难以正交(图 4.22)。

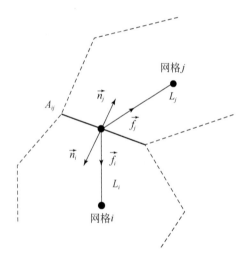

图 4.22　非结构网格传导率计算示意图

非结构网格间的传导率可以根据相邻网格中心到邻接面中心点的距离及其法向角度、不同网格的渗透率计算(表 4.13),其计算公式为

$$T_{i,j} = \frac{\alpha_i \alpha_j}{\alpha_i + \alpha_j} \qquad (4.5)$$

其中三角形、四边形网格的相邻网格间形态存在差异,难以正交,其形状因子采用式(4.3)计算;而 PEBI 网格、CVFE 网格为正交网格,$\vec{n} \cdot \vec{f} = 1$,其形状因子采用式(4.6)计算。

$$\alpha = A \cdot \frac{K}{L} \qquad (4.6)$$

表 4.13　非结构网格传导率计算

网格类型	传导率计算示意图	传导率计算公式
三角网格		$$T_{i,j} = \frac{\alpha_i \alpha_j}{\alpha_i + \alpha_j}$$ $$\alpha = A\frac{K}{L}\vec{n} \cdot \vec{f}$$
四边形网格		
PEBI 网格		$$T_{i,j} = \frac{\alpha_i \alpha_j}{\alpha_i + \alpha_j}$$ $$\alpha = A\frac{K}{L}$$
CVFE 网格		

(三)混合网格传导率计算

1. 不同类型混合网格传导率计算

在实际油藏模拟中,针对直井、水平井、天然/人工裂缝、断层/边界、宏观非均质性等复杂地质条件与边界条件,通常采用不同类型混合网格进行处理。不同类型混合网格的几何形态差异大,网格间的流动方向与网格间邻接面难以正交。不同类型混合网格传导率计算可以采用非结构网格间的传导率的计算方法(表 4.14)。

表 4.14　不同类型混合网格传导率计算

网格类型	传导率计算示意图	传导率计算公式
PEBI 网格 +径向网格		
PEBI 网格 +长条网格		$$T_{i,j}=\dfrac{\alpha_i\alpha_j}{\alpha_i+\alpha_j}$$ $$\alpha=A\,\dfrac{K}{L}\vec{n}\cdot\vec{f}$$
三角形网格 +四边形网格		

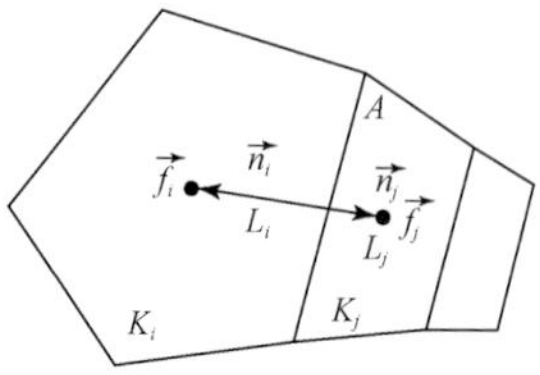

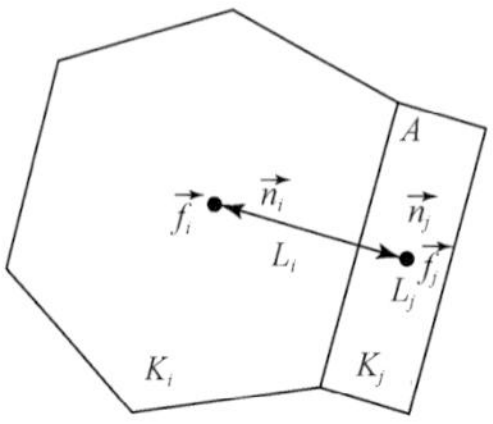

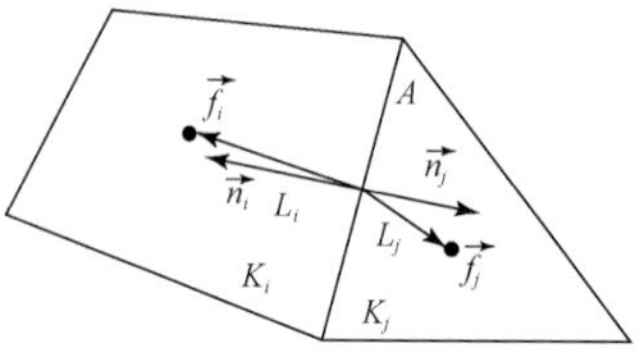

2. 多重介质混合网格传导率计算

多重介质混合网格传导率的计算方式可以分为相邻网格间呈接力排供式流动的嵌套混合网格、相邻网格间呈任意流动的交互式混合网格两种类型传导率的计算。

1)嵌套式混合网格传导率计算

相邻网格间呈接力排供式流动的嵌套混合网格对同一单元内不同介质网格间、不同单元网格间分别采用不同的传导率计算公式(表 4.15)。

2)交互式混合网格传导率计算

相邻网格间呈任意流动的交互式混合网格传导率计算可以采用非结构网格间传导率的计算方法(表 4.15)。

表 4.15　多重介质混合网格传导率计算表

网格类型		传导率计算示意图	传导率计算公式
交互式混合网格			$T_{i,j}=\dfrac{\alpha_i\alpha_j}{\alpha_i+\alpha_j}$ $\alpha=A\,\dfrac{K}{L}\,\vec{n}\cdot\vec{f}$
嵌套式混合网格	同一单元内不同介质间		$T_{i,i+1}=\dfrac{4A_{i,i+1}}{d_i+d_{i+1}}\left(\dfrac{K_iK_{i+1}}{K_i+K_{i+1}}\right)$
	不同单元间		$T_{i,j}=\dfrac{\alpha_i\alpha_j}{\alpha_i+\alpha_j}$ $\alpha=A\,\dfrac{K}{L}\,\vec{n}\cdot\vec{f}$

A. 同一单元内不同介质间传导率计算

同一单元内不同介质间呈接力排供式流动,介质网格间相互嵌套,并呈环带状分布,网格间对应边相互平行,同一网格内部,宽度处处相等(图 4.23)。

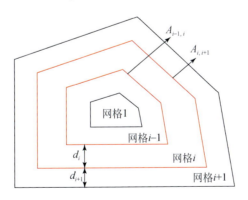

图 4.23　同一单元内不同介质间传导率计算示意图

同一单元内不同介质间传导率可以根据相邻嵌套网格的邻接面积、每一个网格的宽度、不同网格的渗透率计算,其计算公式为

$$T_{i,i+1}=\frac{4A_{i,i+1}}{d_i+d_{i+1}}\left(\frac{K_iK_{i+1}}{K_i+K_{i+1}}\right) \tag{4.7}$$

式中,$T_{i,i+1}$为网格i和网格$i+1$间传导率;K_i、K_{i+1}分别为网格i和网格$i+1$的有效渗透率,mD;$A_{i,i+1}$为网格i和网格$i+1$间的邻接面积,m^2;d_i、d_{i+1}分别为网格i和网格$i+1$的宽度,当网格为最内层网格时,$d_1 = \dfrac{V_1}{A_{i\_J_1,J_2}}$,m。

B. 单元间传导率计算

首先以两个相邻单元最外层网格的两条平行边为上下底边分别构建两个邻接的梯形网格(图 4.24)。

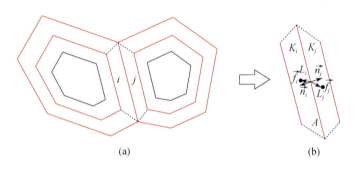

图 4.24   不同单元间传导率计算示意图

两个单元间传导率可以根据上述两个梯形网格的邻接面积、网格中心到邻接面中心点的距离及其法向角度、不同网格的渗透率计算,其计算公式为

$$T_{i,j} = \frac{\alpha_i \alpha_j}{\alpha_i + \alpha_j} \qquad (4.8)$$

梯形网格形状因子 α 为

$$\alpha = A\,\frac{K}{L}\,\vec{n} \cdot \vec{f} \qquad (4.9)$$

式中,下标i,j为相邻嵌套网格最外层网格编号;$T_{i,j}$为相邻梯形网格间传导率,也即i,j网格间传导率;α_i、α_j为网格i,j的梯形网格形状因子;$\vec{n} \cdot \vec{f}$为梯形网格的正交性法向校正。

第三节   多重介质渗流数学模型的离散技术

在数值模拟网格剖分与生成技术,以及网格连通表征技术的基础上,采用适合于非结构网格和非连续介质渗流数学模型的有限体积法,形成了多重介质渗流数学模型离散技术,对非连续多重介质渗流数学模型进行离散化处理,建立离散化数值模型(韩大匡等,1993)。

通过离散技术对渗流数学模型的离散处理包括时间离散和空间离散。其中,时间离散是指将时间上连续变化的渗流过程通过离散方程获得一系列时间点上的渗流状态。空间离散是指空间上连续变化的渗流过程通过离散方程获得一系列空间点上的渗流状态。对于连续介质采用基于结构网格的有限差分法,对于非连续介质采用基于非结构网格的有限体积法(Aziz and Settari,2004)。

一、多重介质渗流数学模型的空间离散方法

(一)基于结构网格的有限差分离散方法

对于连续介质,同一系统内介质连续分布,其几何特征、属性特征、流动特征相近,流体连续分布,流动机理单一,以达西流动为主。对该类连续介质,可以采用结构网格将其剖分为若干个规则网格单元。在此基础上采用有限差分法对渗流数学模型进行离散,建立离散数值模型。

有限差分法是将求解域划分为若干个规则网格,用有限个网格单元代替连续的求解域,是一种直接将微分问题变为代数问题的近似数值解法(饶盛文,2009)。因此,基于结构网格的连续介质渗流数学模型适合采用有限差分法进行离散,计算稳定,精度高。

(二)基于非结构网格的有限体积离散方法

对于非连续介质,系统内不同尺度多重介质非连续离散分布,不同介质可以任意接触,不同介质的几何与属性特征差异大,其参数非连续变化,不同介质的渗流机理、流态复杂多样,任意介质间均可相互流动。针对非连续多重介质,适合采用非结构网格将其剖分为若干个不规则的网格单元进行离散化处理。由于传统的有限差分方法对于复杂边界、非连续多重介质问题灵活性较差,难以适用;而有限元方法虽然基于非结构网格,在空间离散上的灵活性增强,但只满足全局区域内的物质守恒,无法实现局部网格流体流动的物质守恒要求,易出现数值震荡(张芮菡,2015)。因此,对于采用非结构网格处理的非连续多重介质问题,传统的有限差分法、有限元方法已不再适用,宜采用基于非结构网格的有限体积法对非连续多重介质渗流数学模型进行离散,建立离散数值模型。

有限体积法又称为控制体积法,其基本求解思想是将计算区域划分为若干个不重复的控制体积,每个控制体积单元存在一个形心;将待解的微分方程对每一个控制体积积分,从而得到一组离散方程(查文舒,2009)。有限体积方法同时适合于结构网格和非结构网格,不仅具有网格剖分的灵活性,能够刻画复杂的边界与几何形态;而且,有限体积法在非结构网格的条件下能够满足流体流动的局部物质守恒,计算稳定,是一种适合于非结构网格的非连续多重介质渗流数学模型的离散方法。

采用有限体积法与有限差分法对渗流数学模型进行离散时,两种方法的适用性在储层条件、介质类型与网格类型方面存在差异,其数学原理与离散方法不同,因此数值模型的流动项、源汇项、累积项在离散形式上存在较大区别(表4.16)。

两种方法在离散形式上的区别主要在于网格类型不同导致流动项的传导率、源汇项的井指数、累积项的网格体积等离散表达形式上的差异,而体现流动机理的离散表达形式基本一致。

(1)流动项:由于有限差分法基于结构网格,其传导率的离散表达形式体现了明确的方向性和规则网格单元的长、宽、高等参数;有限体积法基于非结构网格,其传导率的离散表达形式体现了明确的正交性和不规则网格单元间的接触面积、单元形心到接触面中心的距离(表4.16)。

(2)源汇项:有限差分法计算井指数的离散表达形式体现了明确的方向性和规则网格单

表 4.16　有限差分法与有限体积法的对比表

介质类型	连续介质	非连续离散介质
介质特征	同一系统内介质连续分布，其几何特征、属性特征、流动特征相近，流体连续分布，流动机理单一，以达西流动为主	系统内不同尺度多重介质非连续离散分布，不同介质的几何与属性特征差异大，其参数非连续变化，渗流机理、流态复杂多样，不同介质任意接触，可以相互流动
网格类型	结构网格：将计算区域划分为若干个规则网格单元	非结构网格：将计算区域划分为若干个不规则的控制体积单元
网格图示	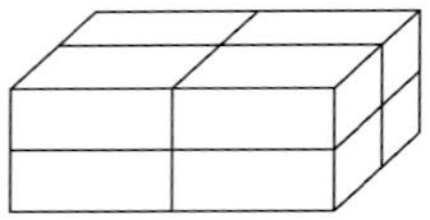	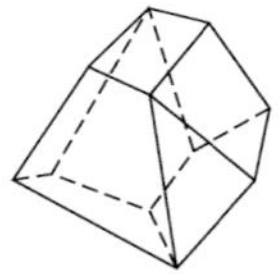
离散方法	有限差分法	有限体积法
计算中心	网格单元的中心	控制体积单元的形心
基本原理	基于微分方程推导而来，用未知函数在网格单元中心上的值构成的差分近似代替所用偏微分方程中出现的各阶导数，从而把表示变量连续变化关系的偏微分方程离散为有限个代数方程，采用迭代法求解差分方程组	基于积分方程推导而来，将连续的求解区域剖分为若干个不重复的有限体积控制单元，在每一个控制单元内，将微分方程进行体积积分，从而将非线性偏微分方程转化为线性方程组进行求解（张芮菡，2015）
适用条件与特点	①储层条件：非均质性弱、砂体分布较规则，裂缝不发育且几何形态单一，储层边界及其他内外边界条件比较规则； ②网格条件：形式简单，通用性强的规则结构网格； ③离散方法：数据结构简单、规律性强，收敛性快，稳定性好，计算速度快	①储层条件：分区、分单元非均质性强，各种复杂形态的内外边界条件，具有不同尺度天然/人工裂缝复杂缝网和不同尺度孔缝多重介质特征； ②网格条件：同时适合于结构网格和非结构网格，网格灵活性强，无效网格少，精细刻画程度高，模拟精度高； ③离散方法：数据结构复杂多样，能够满足流体流动的局部物质守恒，计算稳定

续表

介质类型	连续介质	非连续离散介质
离散方程通式	$\sum\limits_m T \cdot (F_p^① \cdot F_p^②) + A_{p,i}^C = WI_i \cdot F_{p,i}^W$	$\sum\limits_f T_{ij} \cdot (F_{p,ij}^① \cdot F_{p,ij}^②) + A_{p,i}^C = WI_i \cdot F_{p,i}^W$
离散方程 — 流动项	$\sum\limits_m T \cdot (F_p^① \cdot F_p^②) = \sum\limits_{m=i+\frac{1}{2},i-\frac{1}{2}} T_X \cdot (F_{p,m}^① \cdot F_{p,i+1,i}^②) + \sum\limits_{m=j+\frac{1}{2},j-\frac{1}{2}} T_Y \cdot (F_{p,m}^① \cdot F_{p,j+1,j}^②) + \sum\limits_{m=k+\frac{1}{2},k-\frac{1}{2}} T_Z \cdot (F_{p,m}^① \cdot F_{p,k+1,k}^②),$ $T_X = \sum\limits_{m=i+\frac{1}{2},i-\frac{1}{2}} \frac{\Delta y_j \Delta z_k}{\Delta x_m},\quad T_Y = \sum\limits_{m=j+\frac{1}{2},j-\frac{1}{2}} \frac{\Delta x_i \Delta z_k}{\Delta y_m},\quad T_Z = \sum\limits_{m=k+\frac{1}{2},k-\frac{1}{2}} \frac{\Delta x_i \Delta y_j}{\Delta z_m},$ $F_{p,m}^① = \left(\rho_p \frac{KK_{rp}}{\mu_p}\right)_m^{n+1}$ $F_{p,i+1,i}^② = (P_{i+1}^{n+1} - P_i^{n+1}) - \gamma_{pg,m}^{n+1}(D_{i+1}-D_i),$ $F_{p,j+1,j}^② = (P_{j+1}^{n+1} - P_j^{n+1}) - \gamma_{pg,m}^{n+1}(D_{j+1}-D_j),$ $F_{p,k+1,k}^② = (P_{k+1}^{n+1} - P_k^{n+1}) - \gamma_{pg,m}^{n+1}(D_{k+1}-D_k),$	$\sum\limits_f T_{ij} \cdot F_{p,ij} = \sum\limits_f T_{ij} \cdot (F_{p,ij}^① \cdot F_{p,ij}^②),$ $T_{i,j} = \frac{\alpha_i \alpha_j}{\alpha_i + \alpha_j}\quad \alpha = A\frac{K}{L}\vec{n}\cdot\vec{f},$ $F_{p,ij}^① = \left(\frac{K_{rp}\rho_p}{\mu_p}\right)^{n+1}$ $F_{p,i,j}^② = (P_j^{n+1} - P_i^{n+1}) - \gamma_{pg}^{n+1}(D_j - D_i)$
离散方程 — 源汇项	$WI_i \cdot F_{p,i}^W = WI_i \cdot (F_{p,i}^{W①} \cdot F_{p,i}^{W②}),$ $WI_i = \frac{2\pi \sqrt{K_x K_y}\,\Delta z}{\ln\left(\frac{r_e}{r_w}\right)+s},\quad r_e = 0.28\frac{\left[\left(\frac{K_y}{K_x}\right)^{\frac{1}{2}}\Delta x^2 + \left(\frac{K_x}{K_y}\right)^{\frac{1}{2}}\Delta y^2\right]^{\frac{1}{2}}}{\left(\frac{K_y}{K_x}\right)^{\frac{1}{4}} + \left(\frac{K_x}{K_y}\right)^{\frac{1}{4}}},$ $F_{p,i}^{W①} = \left(\frac{K_{rp}\rho_p}{\mu_p}\right)^{n+1}$ $F_{p,i}^{W②} = [(P_{p,i}-\rho_p g D_i) - (P_{wfk}-\rho_p g D_k^W)]^{n+1}$	$WI_i \cdot F_{p,i}^W = WI_i \cdot (F_{p,i}^{W①} \cdot F_{p,i}^{W②}),$ $WI_i = \frac{2\pi K V^{1/3}}{\ln\left(\frac{r_e}{r_w}\right)+s},$ $r_e = 0.2 V^{\frac{1}{3}},$ $F_{p,i}^{W①} = \left(\frac{K_{rp}\rho_p}{\mu_p}\right)^{n+1}$ $F_{p,i}^{W②} = [(P_{p,i}-\rho_p g D_i) - (P_{wfk}-\rho_p g D_k^W)]^{n+1}$
离散方程 — 累积项	$A_{p,i}^C = \frac{\Delta x_i \Delta y_j \Delta z_k}{\Delta t}[(\varphi \rho_p S_p)^{n+1} - (\varphi \rho_p S_p)^n]$	$A_{p,i}^C = \frac{V_i}{\Delta t}[(\varphi S_p \rho_p)^{n+1} - (\varphi S_p \rho_p)^n]$

元的长、宽、高等参数;有限体积法计算井指数的离散表达形式体现了明确的正交性和不规则网格单元形心到接触面中心的距离(表4.16)。

(3)累积项:有限差分法计算累积项的离散表达形式体现了规则网格单元的长、宽、高等参数;有限体积法计算累积项的离散表达形式体现了不规则网格单元的体积(表4.16)。

二、非连续多重介质渗流数学模型的有限体积离散方法

采用有限体积法对非连续多重介质渗流数学模型进行离散时,其离散表达形式主要体现在非连续多重介质的几何特征、多流态复杂流动机理等两个方面。体现几何特征的离散表达形式基本一致,而多流态复杂流动机理的离散表达形式存在很大差异。在致密油气开采过程中,流动机理可以划分为常规流动机理和非常规流动机理。常规流动机理包括黏滞流动、重力驱动、岩石压缩、流体弹性膨胀、溶解气驱等,其流态通常表现为单一达西流动;非常规流动机理包括启动压力梯度、滑脱效应、扩散作用、解吸作用、渗吸作用等,其流态可以考虑为高速非线性流、拟线性流、低速非线性流等多种复杂流态。采用有限体积离散方法进行离散化,非常规流动机理离散数值模型与常规流动机理离散模型有较大差异(Karimi-Fard et al.,2003[①])。

(一)基于常规流动机理的有限体积离散数值模型

针对油、气、水三相共存的致密油气,其常规流动机理主要包括黏滞流动、重力驱动、岩石压缩、流体弹性膨胀、溶解气驱等,流态特征通常表现为单一达西流动,采用有限体积离散方法,形成了基于常规流动机理的有限体积离散数值模型。

1. 基于常规流动机理的有限体积离散数值模型

根据质量守恒原理,基于常规流动机理的有限体积离散数值模型的通式为

$$\sum_j T_{ij} \cdot F_{c,ij} + \text{WI}_i \cdot F_{c,i}^{\text{W}} = A_{c,i}^{\text{C}} \tag{4.10}$$

离散数值模型由流动项、源汇项、累积项三部分构成,其具体表达式如下:

1)油组分流动项、累积项、源汇项的表达式

A. 流动项

流动项由反映不同介质流动能力大小的传导率、不同流动机理对流动能力的影响两部分组成。

$$\sum_j T_{ij} \cdot F_{\text{o},ij} = \sum_j T_{ij} \cdot (F_{\text{o},ij}^{①} \cdot F_{\text{o},ij}^{②})$$

$$F_{\text{o},ij}^{①} = \left(\frac{K_{\text{ro}}\rho_{\text{osc}}}{\mu_{\text{o}} B_{\text{o}}}\right)^{n+1} = \rho_{\text{osc}}\left[\left(\frac{K_{\text{ro}}}{\mu_{\text{o}} B_{\text{o}}}\right)^l - \left(\frac{K_{\text{ro}}}{B_{\text{o}}}\frac{\partial \mu_{\text{o}}}{\partial P} + \frac{K_{\text{ro}}}{\mu_{\text{o}}}\frac{\partial B_{\text{o}}}{\partial P}\right)^l \delta P_{\text{o},i|j} + \left(\frac{1}{\mu_{\text{o}} B_{\text{o}}}\right)^l \left(\frac{\partial K_{\text{ro}}}{\partial S_{\text{w}}}\delta S_{\text{w},i|j} + \frac{\partial K_{\text{ro}}}{\partial S_{\text{g}}}\delta S_{\text{g},i|j}\right)^l\right]$$

$$F_{\text{o},ij}^{②} = \left[(P_{\text{o},j} - \rho_{\text{o}} g D_j) - (P_{\text{o},i} - \rho_{\text{o}} g D_i)\right]^{n+1}$$

$$= (P_{\text{o},j}^l - P_{\text{o},i}^l + \delta P_{\text{o},j} - \delta P_{\text{o},i}) - \left(\frac{\rho_{\text{osc}} + \rho_{\text{gsc}} R_{\text{g},\text{o}}}{B_{\text{o}}}\right)^l g(D_j - D_i) - \left[\frac{\rho_{\text{gsc}}}{B_{\text{o}}}\frac{\partial R_{\text{g},\text{o}}}{\partial P} - (\rho_{\text{osc}} + \rho_{\text{gsc}} R_{\text{g},\text{o}})\frac{\partial B_{\text{o}}}{\partial P}\right]^l g(D_j \delta P_{\text{o},j} - D_i \delta P_{\text{o},i})$$

$$\tag{4.11}$$

① Karimi-Fard M,Durlofsky L J,Aziz K. 2003. An eifficient discrete fracture model applicable for general purpose reservoir simulators. Texas,USA,SPE Reservoir Simulation Symposium.

式中，ρ_{osc} 为油组分在地面标准状态下的密度，g/cm^3；ρ_{gsc} 为气组分在地面标准状态下的密度，g/cm^3；$R_{g,o}$ 为溶解气油比，cm^3/cm^3；B_o 为油组分体积系数，无因次；T_{ij} 为 i,j 网格间的传导率。

B. 累积项

$$A_{o,i}^{C} = \frac{V_i}{\Delta t}\left(\phi^{n+1}S_o^{n+1}\frac{\rho_{osc}}{B_o^{n+1}} - \phi^n S_o^n\frac{\rho_{osc}}{B_o^n}\right)_i \tag{4.12}$$

$$= \frac{V_i}{\Delta t}\rho_{osc}\left[\left(\frac{\phi S_o}{B_o}\right)^l - \left(\frac{\phi S_o}{B_o}\right)^n + \left(\frac{S_o}{B_o}\frac{\partial\phi}{\partial P} - \phi S_o\frac{\partial B_o}{\partial P}\right)^l\delta P_{o,i} - \left(\frac{\phi}{B_o}\right)^l\delta S_{g,i} - \left(\frac{\phi}{B_o}\right)^l\delta S_{w,i}\right]$$

式中，上标 n 为第 n 个时间步，无因次；$n+1$ 为第 $n+1$ 个时间步，无因次；l 为第 l 个牛顿迭代步，无因次。

C. 源汇项

$$WI_i \cdot F_{o,i}^{W} = WI_i \cdot (F_{o,i}^{W①} \cdot F_{o,i}^{W②}) \tag{4.13}$$

$$F_{o,i}^{W①} = \left(\frac{K_{ro}\rho_{osc}}{\mu_o B_o}\right)^{n+1} \tag{4.14}$$

$$= \rho_{osc}\left[\left(\frac{K_{ro}}{\mu_o B_o}\right)^l - \left(\frac{K_{ro}}{B_o}\frac{\partial\mu_o}{\partial P} + \frac{K_{ro}}{\mu_o}\frac{\partial B_o}{\partial P}\right)^l\delta P_{o,i} + \left(\frac{1}{\mu_o B_o}\right)^l\left(\frac{\partial K_{ro}}{\partial S_w}\delta S_{w,i} + \frac{\partial K_{ro}}{\partial S_g}\delta S_{g,i}\right)^l\right]$$

$$F_{o,i}^{W②} = \left[(P_{o,i} - \rho_o g D_i) - (P_{wfk} - \rho_o g D_k^W)\right]^{n+1} \tag{4.15}$$

$$= -\left[\begin{array}{l}(P_{wfk}^l - P_{o,i}^l + \delta P_{wfk} - \delta P_{o,i}) - \left(\dfrac{\rho_{osc} + \rho_{gsc} + \rho_{g,o}}{B_o}\right)^l g(D_k^W - D_i) \\[3mm] -\left[\dfrac{\rho_{gsc}}{B_o}\dfrac{\partial R_{g,o}}{\partial P} - (\rho_{osc} + \rho_{gsc}R_{g,o})\dfrac{\partial B_o}{\partial P}\right]^l g(D_k^W\delta P_{wfk} - D_i\delta P_{o,i})\end{array}\right]$$

式中，P_{wf} 为井底压力，MPa；上标 W 为与井筒相关的项。

2）气组分流动项、累积项、源汇项的表达式

A. 流动项

$$\sum_j T_{ij} \cdot F_{g,ij} = \sum_j T_{ij} \cdot (F_{g,ij}^{①} \cdot F_{g,ij}^{②} + F_{go,ij}^{①} \cdot F_{go,ij}^{②}) \tag{4.16}$$

$$F_{g,ij}^{①} = \left(\frac{K_{rg}\rho_{gsc}}{\mu_g B_g}\right)n+1 \tag{4.17}$$

$$= \rho_{gsc} \cdot \left[\left(\frac{K_{rg}}{\mu_g B_g}\right)^l - \left(\frac{K_{rg}}{B_g}\frac{\partial\mu_g}{\partial P} + \frac{K_{rg}}{\mu_g}\frac{\partial B_g}{\partial P}\right)^l\delta P_{o,i\,|j} + \left(\frac{1}{\mu_g B_g}\frac{\partial K_{rg}}{\partial S_g}\right)^l\delta S_{g,i\,|j}\right]$$

$$F_{g,ij}^{②} = \left[\left(P_{g,j} - \frac{\rho_{gsc}}{B_g}g D_j\right) - \left(P_{g,i} - \frac{\rho_{gsc}}{B_g}g D_i\right)\right]^{n+1}$$

$$= P_{o,j}^l P_{cog,j}^l - P_{o,i}^l - P_{cog,i}^l - \frac{\rho_{gsc}g(D_j - D_i)}{B_g^l} + \delta P_{o,j} - \delta P_{o,i} + \frac{\partial P_{cog,j}}{\partial S_g}\delta S_{g,j} - \frac{\partial P_{cog,i}}{\partial S_g}\delta S_{g,i} \tag{4.18}$$

$$+ \frac{\partial B_g}{\partial P}\rho_{gsc}g(D_j\delta P_{o,j} - D_i\delta P_{o,i})$$

$$
\begin{aligned}
F_{\mathrm{go},ij}^{①} &= \left(\frac{K_{\mathrm{ro}} \rho_{\mathrm{gsc}} R_{\mathrm{g,o}}}{\mu_{\mathrm{o}} B_{\mathrm{o}}} \right)^{n+1} \\
&= \rho_{\mathrm{gsc}} \left[\begin{array}{l} \left(\dfrac{K_{\mathrm{ro}} R_{\mathrm{g,o}}}{\mu_{\mathrm{o}} B_{\mathrm{o}}} \right)^{l} + \left(\dfrac{K_{\mathrm{ro}}}{\mu_{\mathrm{o}} B_{\mathrm{o}}} \dfrac{\partial R_{\mathrm{g,o}}}{\partial P} - \dfrac{K_{\mathrm{ro}} R_{\mathrm{g,o}}}{B_{\mathrm{o}}} \dfrac{\partial \mu_{\mathrm{o}}}{\partial P} - \dfrac{K_{\mathrm{ro}} R_{\mathrm{g,o}}}{\mu_{\mathrm{o}}} \dfrac{\partial B_{\mathrm{o}}}{\partial P} \right)^{l} \delta P_{\mathrm{o},i\,|j} \\ + \left(\dfrac{R_{\mathrm{g,o}}}{\mu_{\mathrm{o}} B_{\mathrm{o}}} \right)^{l} \left(\dfrac{\partial K_{\mathrm{ro}}}{\partial S_{\mathrm{w}}} \delta S_{\mathrm{w},i\,|j} + \dfrac{\partial K_{\mathrm{ro}}}{\partial S_{\mathrm{g}}} \delta S_{\mathrm{g},i\,|j} \right)^{l} \end{array} \right]
\end{aligned}
\tag{4.19}
$$

$$
\begin{aligned}
F_{\mathrm{go},ij}^{②} &= \left[(P_{\mathrm{o},j} - P_{\mathrm{o},i}) - \frac{(\rho_{\mathrm{osc}} + \rho_{\mathrm{gsc}} R_{\mathrm{g,o}})}{B_{\mathrm{o}}} g(D_{j} - D_{i}) \right]^{n+1} \\
&= P_{\mathrm{o},j}^{l} - P_{\mathrm{o},i}^{l} - \left(\frac{\rho_{\mathrm{osc}} + \rho_{\mathrm{gsc}} R_{\mathrm{g,o}}}{B_{\mathrm{o}}} \right)^{l} g(D_{j} - D_{i}) + \delta P_{\mathrm{o},j} - \delta P_{\mathrm{o},i} \\
&\quad - \left[\frac{\rho_{\mathrm{gsc}}}{B_{\mathrm{o}}} \frac{\partial R_{\mathrm{g,o}}}{\partial P} - (\rho_{\mathrm{osc}} + \rho_{\mathrm{gsc}} R_{\mathrm{g,o}}) \frac{\partial B_{\mathrm{o}}}{\partial P} \right]^{l} g(D_{j} \delta P_{\mathrm{o},j} - D_{i} \delta P_{\mathrm{o},i})
\end{aligned}
\tag{4.20}
$$

B. 累积项

$$
\begin{aligned}
A_{\mathrm{g}}^{\mathrm{C}} &= \frac{V_{i}}{\Delta t} \left[\left(\phi^{n+1} S_{\mathrm{g}}^{n+1} \frac{\rho_{\mathrm{gsc}}}{B_{\mathrm{g}}^{n+1}} - \phi^{n} S_{\mathrm{g}}^{n} \frac{\rho_{\mathrm{gsc}}}{B_{\mathrm{g}}^{n}} \right) + \left(\phi^{n+1} S_{\mathrm{o}}^{n+1} \frac{\rho_{\mathrm{gsc}} R_{\mathrm{g,o}}^{n+1}}{B_{\mathrm{o}}^{n+1}} - \phi^{n} S_{\mathrm{o}}^{n} \frac{\rho_{\mathrm{gsc}} R_{\mathrm{g,o}}^{n}}{B_{\mathrm{o}}^{n}} \right) \right] \\
&= \frac{V_{i}}{\Delta t} \rho_{\mathrm{gsc}} \left[\left(\frac{\phi S_{\mathrm{g}}}{B_{\mathrm{g}}} \right)^{l} - \left(\frac{\phi S_{\mathrm{g}}}{B_{\mathrm{g}}} \right)^{n} + \left(\frac{\phi S_{\mathrm{o}} R_{\mathrm{g,o}}}{B_{\mathrm{o}}} \right)^{l} - \left(\frac{\phi S_{\mathrm{o}} R_{\mathrm{g,o}}}{B_{\mathrm{o}}} \right)^{n} + \left(\frac{S_{\mathrm{g}}}{B_{\mathrm{g}}} \frac{\partial \phi}{\partial P} - \phi S_{\mathrm{g}} \frac{\partial B_{\mathrm{g}}}{\partial P} \right)^{l} \delta P_{\mathrm{o},i} + \left(\frac{\phi}{B_{\mathrm{g}}} \right)^{l} \delta S_{\mathrm{g},i} \right] \\
&\quad + \frac{V_{i}}{\Delta t} \rho_{\mathrm{gsc}} \left[\left(\frac{S_{\mathrm{o}} R_{\mathrm{g,o}}}{B_{\mathrm{o}}} \frac{\partial \phi}{\partial P} + \frac{\phi S_{\mathrm{o}}}{B_{\mathrm{o}}} \frac{\partial R_{\mathrm{g,o}}}{\partial P} - \phi S_{\mathrm{o}} R_{\mathrm{g,o}} \frac{\partial B_{\mathrm{o}}}{\partial P} \right)^{l} \delta P_{\mathrm{o},i} - \left(\frac{\phi R_{\mathrm{g,o}}}{B_{\mathrm{o}}} \right)^{l} \delta S_{\mathrm{w},i} - \left(\frac{\phi R_{\mathrm{g,o}}}{B_{\mathrm{o}}} \right)^{l} \delta S_{\mathrm{g},i} \right]
\end{aligned}
\tag{4.21}
$$

C. 源汇项

$$
\mathrm{WI}_{i} F_{\mathrm{g},ij}^{\mathrm{W}} = \mathrm{WI}_{i} \left(F_{\mathrm{g},ij}^{\mathrm{W}①} \cdot F_{\mathrm{g},ij}^{\mathrm{W}②} + F_{\mathrm{go},ij}^{\mathrm{W}①} \cdot F_{\mathrm{go},ij}^{\mathrm{W}②} \right)
\tag{4.22}
$$

$$
F_{\mathrm{g},ij}^{\mathrm{W}①} = \left(\frac{K_{\mathrm{rg}} \rho_{\mathrm{gsc}}}{\mu_{\mathrm{g}} B_{\mathrm{g}}} \right)^{n+1} = \rho_{\mathrm{gsc}} \left[\left(\frac{K_{\mathrm{rg}}}{\mu_{\mathrm{g}} B_{\mathrm{g}}} \right)^{l} - \left(\frac{K_{\mathrm{rg}}}{B_{\mathrm{g}}} \frac{\partial \mu_{\mathrm{g}}}{\partial P} + \frac{K_{\mathrm{rg}}}{\mu_{\mathrm{g}}} \frac{\partial B_{\mathrm{g}}}{\partial P} \right)^{l} \delta P_{\mathrm{o},i} + \left(\frac{1}{\mu_{\mathrm{g}} B_{\mathrm{g}}} \frac{\partial K_{\mathrm{rg}}}{\partial S_{\mathrm{g}}} \right)^{l} \delta S_{\mathrm{g},i} \right]
\tag{4.23}
$$

$$
\begin{aligned}
F_{\mathrm{g},ij}^{\mathrm{W}②} &= - \left[\left(P_{\mathrm{wfk}} - \frac{\rho_{\mathrm{gsc}}}{B_{\mathrm{g}}} g D_{k}^{\mathrm{W}} \right) - \left(P_{\mathrm{g},i} - \frac{\rho_{\mathrm{gsc}}}{B_{\mathrm{g}}} g D_{i} \right) \right]^{n+1} \\
&= - \left[\begin{array}{l} P_{\mathrm{wfk}}^{l} - P_{\mathrm{o},i}^{l} - P_{\mathrm{cog},i}^{l} - \dfrac{\rho_{\mathrm{gsc}} g(D_{k}^{\mathrm{W}} - D_{i})}{B_{\mathrm{g}}^{l}} + \delta P_{\mathrm{wfk}} - \delta P_{\mathrm{o},i} - \dfrac{\partial P_{\mathrm{cog},i}}{\partial S_{\mathrm{g}}} \delta S_{\mathrm{g},i} \\ + \dfrac{\partial B_{\mathrm{g}}}{\partial P} \rho_{\mathrm{gsc}} g(D_{k}^{\mathrm{W}} \delta P_{\mathrm{wfk}} - D_{i} \delta P_{\mathrm{o},i}) \end{array} \right]
\end{aligned}
\tag{4.24}
$$

$$
\begin{aligned}
F_{\mathrm{go},ij}^{\mathrm{W}①} &= \left(\frac{K_{\mathrm{ro}} \rho_{\mathrm{gsc}} R_{\mathrm{g,o}}}{\mu_{\mathrm{o}} B_{\mathrm{o}}} \right) n+1 \\
&= \rho_{\mathrm{gsc}} \left[\begin{array}{l} \left(\dfrac{K_{\mathrm{ro}} R_{\mathrm{g,o}}}{\mu_{\mathrm{o}} B_{\mathrm{o}}} \right)^{l} + \left(\dfrac{K_{\mathrm{ro}}}{\mu_{\mathrm{o}} B_{\mathrm{o}}} \dfrac{\partial R_{\mathrm{g,o}}}{\partial P} - \dfrac{K_{\mathrm{ro}} R_{\mathrm{g,o}}}{B_{\mathrm{o}}} \dfrac{\partial \mu_{\mathrm{o}}}{\partial P} - \dfrac{K_{\mathrm{ro}} R_{\mathrm{g,o}}}{\mu_{\mathrm{o}}} \dfrac{\partial B_{\mathrm{o}}}{\partial P} \right)^{l} \delta P_{\mathrm{o},i} \\ + \left(\dfrac{R_{\mathrm{g,o}}}{\mu_{\mathrm{o}} B_{\mathrm{o}}} \right)^{l} \left(\dfrac{\partial K_{\mathrm{ro}}}{\partial S_{\mathrm{w}}} \delta S_{\mathrm{w},i} + \dfrac{\partial K_{\mathrm{ro}}}{\partial S_{\mathrm{g}}} \delta S_{\mathrm{g},i} \right)^{l} \end{array} \right]
\end{aligned}
\tag{4.25}
$$

$$F_{\mathrm{go},ij}^{\mathrm{W}②} = -\left[(P_{\mathrm{wfk}} - P_{\mathrm{o},i}) - \frac{(\rho_{\mathrm{osc}} + \rho_{\mathrm{gsc}} R_{\mathrm{g,o}})}{B_{\mathrm{o}}} g (D_{\mathrm{k}}^{\mathrm{W}} - D_i) \right]^{n+1}$$

$$= -\left[\begin{array}{l} P_{\mathrm{wfk}}^{l} - P_{\mathrm{o},i}^{l} - \left(\dfrac{\rho_{\mathrm{osc}} + \rho_{\mathrm{gsc}} R_{\mathrm{g,o}}}{B_{\mathrm{o}}} \right)^{l} g (D_{\mathrm{k}}^{\mathrm{W}} - D_i) + \delta P_{\mathrm{wfk}} - \delta P_{\mathrm{o},i} \\ - \left[\dfrac{\rho_{\mathrm{gsc}}}{B_{\mathrm{o}}} \dfrac{\partial R_{\mathrm{g,o}}}{\partial P} - (\rho_{\mathrm{osc}} + \rho_{\mathrm{gsc}} R_{\mathrm{g,o}}) \dfrac{\partial B_{\mathrm{o}}}{\partial P} \right]^{l} g (D_{\mathrm{k}}^{\mathrm{W}} \delta P_{\mathrm{wfk}} - D_i \delta P_{\mathrm{o},i}) \end{array} \right] \tag{4.26}$$

3）水组分流动项、累积项、源汇项的表达式

A. 流动项

$$\sum_j T_{ij} \cdot F_{\mathrm{w},ij} = \sum_j T_{ij} \cdot (F_{\mathrm{w},ij}^{①} \cdot F_{\mathrm{w},ij}^{②}) \tag{4.27}$$

$$F_{\mathrm{w},ij}^{①} = \left(\frac{K_{\mathrm{rw}} \rho_{\mathrm{wsc}}}{\mu_{\mathrm{w}} B_{\mathrm{w}}} \right)^{n+1} = \rho_{\mathrm{wsc}} \left[\left(\frac{K_{\mathrm{rw}}}{\mu_{\mathrm{w}} B_{\mathrm{w}}} \right)^{l} - \left(\frac{K_{\mathrm{rw}}}{B_{\mathrm{w}}} \frac{\partial \mu_{\mathrm{w}}}{\partial P} + \frac{K_{\mathrm{rw}}}{\mu_{\mathrm{w}}} \frac{\partial B_{\mathrm{w}}}{\partial P} \right)^{l} \delta P_{\mathrm{o},i \,|j} + \left(\frac{1}{\mu_{\mathrm{w}} B_{\mathrm{w}}} \frac{\partial K_{\mathrm{rw}}}{\partial S_{\mathrm{w}}} \right)^{l} \delta S_{\mathrm{w},i \,|j} \right] \tag{4.28}$$

$$F_{\mathrm{w},ij}^{②} = \left[\left(P_{\mathrm{w},j} - \frac{\rho_{\mathrm{wsc}}}{B_{\mathrm{w}}} g D_j \right) - \left(P_{\mathrm{w},i} - \frac{\rho_{\mathrm{wsc}}}{B_{\mathrm{w}}} g D_i \right) \right]^{n+1}$$

$$= P_{\mathrm{o},j}^{l} - P_{\mathrm{o},i}^{l} - P_{\mathrm{cow},j}^{l} + P_{\mathrm{cow},i}^{l} - \frac{\rho_{\mathrm{wsc}}}{B_{\mathrm{w}}^{l}} g (D_j - D_i) + \left(1 + \frac{\partial B_{\mathrm{w}}}{\partial P} \rho_{\mathrm{wsc}} g D_j \right) \delta P_{\mathrm{o},j}$$

$$- \left(1 + \frac{\partial B_{\mathrm{w}}}{\partial P} \rho_{\mathrm{wsc}} g D_i \right) \delta P_{\mathrm{o},i} - \frac{\partial P_{\mathrm{cow},j}}{\partial S_{\mathrm{w}}} \delta S_{\mathrm{w},j} + \frac{\partial P_{\mathrm{cow},i}}{\partial S_{\mathrm{w}}} \delta S_{\mathrm{w},i} \tag{4.29}$$

B. 累积项

$$A_{\mathrm{w}}^{\mathrm{C}} = \frac{V_i}{\Delta t} \left(\phi^{n+1} S_{\mathrm{w}}^{n+1} \frac{\rho_{\mathrm{wsc}}}{B_{\mathrm{w}}^{n+1}} - \phi^{n} S_{\mathrm{w}}^{n} \frac{\rho_{\mathrm{wsc}}}{B_{\mathrm{w}}^{n}} \right)$$

$$= \frac{V_i}{\Delta t} \rho_{\mathrm{osc}} \left[\left(\frac{\phi S_{\mathrm{w}}}{B_{\mathrm{w}}} \right)^{l} - \left(\frac{\phi S_{\mathrm{w}}}{B_{\mathrm{w}}} \right)^{n} + \left(\frac{S_{\mathrm{w}}}{B_{\mathrm{w}}} \frac{\partial \phi}{\partial P} - \phi S_{\mathrm{w}} \frac{\partial B_{\mathrm{w}}}{\partial P} \right)^{l} \delta P_{\mathrm{o},i} + \left(\frac{\phi}{B_{\mathrm{w}}} \right)^{l} \delta S_{\mathrm{w},i} \right] \tag{4.30}$$

C. 源汇项

$$\mathrm{WI}_i \cdot F_{\mathrm{w},i}^{\mathrm{W}} = \mathrm{WI}_i \cdot (F_{\mathrm{w},i}^{\mathrm{W}①} \cdot F_{\mathrm{w},i}^{\mathrm{W}②}) \tag{4.31}$$

$$F_{\mathrm{w},i}^{\mathrm{W}①} = \left(\frac{K_{\mathrm{rw}} \rho_{\mathrm{wsc}}}{\mu_{\mathrm{w}} B_{\mathrm{w}}} \right)^{n+1}$$

$$= \rho_{\mathrm{wsc}} \left[\left(\frac{K_{\mathrm{rw}}}{\mu_{\mathrm{w}} B_{\mathrm{w}}} \right)^{l} - \left(\frac{K_{\mathrm{rw}}}{B_{\mathrm{w}}} \frac{\partial \mu_{\mathrm{w}}}{\partial P} + \frac{K_{\mathrm{rw}}}{\mu_{\mathrm{w}}} \frac{\partial B_{\mathrm{w}}}{\partial P} \right)^{l} \delta P_{\mathrm{o},i} + \left(\frac{1}{\mu_{\mathrm{w}} B_{\mathrm{w}}} \frac{\partial K_{\mathrm{rw}}}{\partial S_{\mathrm{w}}} \right)^{l} \delta S_{\mathrm{w},i} \right] \tag{4.32}$$

$$F_{\mathrm{w},i}^{\mathrm{W}②} = -\left[\left(P_{\mathrm{wfk}} - \frac{\rho_{\mathrm{wsc}}}{B_{\mathrm{w}}} g D_{\mathrm{k}}^{\mathrm{W}} \right) - \left(P_{\mathrm{w},i} - \frac{\rho_{\mathrm{wsc}}}{B_{\mathrm{w}}} g D_i \right) \right]^{n+1}$$

$$= -\left[P_{\mathrm{wfk}}^{l} - P_{\mathrm{o},i}^{l} + P_{\mathrm{cow},i}^{l} - \frac{\rho_{\mathrm{wsc}}}{B_{\mathrm{w}}^{l}} g (D_{\mathrm{k}}^{\mathrm{W}} - D_i) \right.$$

$$\left. - \left[\left(1 + \frac{\partial B_{\mathrm{w}}}{\partial P} \rho_{\mathrm{wsc}} g D_{\mathrm{k}}^{\mathrm{W}} \right) \delta P_{\mathrm{wfk}} - \left(1 + \frac{\partial B_{\mathrm{w}}}{\partial P} \rho_{\mathrm{wsc}} g D_i \right) \delta P_{\mathrm{o},i} - \frac{\partial P_{\mathrm{cow},j}}{\partial S_{\mathrm{w}}} \delta S_{\mathrm{w},j} + \frac{\partial P_{\mathrm{cow},i}}{\partial S_{\mathrm{w}}} \delta S_{\mathrm{w},i} \right] \right] \tag{4.33}$$

2. 有限体积离散数值模型的残差表达式

当 $\Phi_{oi} > \Phi_{oj}$，$\Phi_{g,i} > \Phi_{g,j}$，$\Phi_{w,i} > \Phi_{w,j}$ 时，上述油、气、水组分的有限体积离散数值模型的残差表达式为

1）油组分残差表达式

$$R_{oi} = (b_1 + b_2\delta P_{o,i} + b_3\delta S_{g,i} + b_4\delta S_{w,i}) - \sum_j T_{ij}(a_1 + a_2\delta P_{o,j} + a_3\delta P_{o,i} + a_4\delta S_{g,i}$$
$$+ a_5\delta S_{w,i}) + (c_1 + c_2\delta P_{wfk} + c_3\delta P_{o,i} + c_4\delta S_{g,i} + c_5\delta S_{w,i}) \tag{4.34}$$

2）气组分残差表达式

$$R_{gi} = (b'_1 + b'_2\delta P_{o,i} + b'_3\delta S_{g,i} + b'_4\delta S_{w,i}) - \sum_j T_{ij} \cdot (a'_1 + a'_2\delta P_{o,j} + a'_3\delta P_{o,i} + a'_4\delta S_{g,j}$$
$$+ a'_5\delta S_{g,i} + a'_6\delta S_{w,i}) + (c'_1 + c'_2\delta P_{wfk} + c'_3\delta P_{o,i} + c'_4\delta S_{g,i} + c'_5\delta S_{w,i}) \tag{4.35}$$

3）水组分残差表达式

$$R_{wi} = (b''_1 + b''_2\delta P_{o,i} + b''_3\delta S_{w,i}) - \sum_j T_{ij}(a''_1 + a''_2\delta P_{o,j} + a''_3\delta P_{o,i} + a''_4\delta S_{w,j} + a''_5\delta S_{w,i})$$
$$+ (c''_1 + c''_2\delta P_{wfk} + c''_3\delta P_{o,i} + c''_4\delta S_{w,i}) \tag{4.36}$$

式中，R_{ci}为第i个网格的c组分流体残差。

3. 离散模型中系数矩阵各变量对应的系数表达式

在有限体积离散数值模型中，对压力、饱和度等各变量进行合并，各变量的系数表达式如表 4.17 所示。

表 4.17　基于常规渗流机理的离散数值模型系数矩阵各变量对应的系数表达式

变量	系数矩阵中各变量对应的系数		
	油组分	气组分	水组分
$\delta P_{o,i}$	$b_2 - \sum_j T_{ij}a_3 + c_3$	$b'_2 - \sum_j T_{ij}a'_3 + c'_3$	$b''_2 - \sum_j T_{ij}a''_3 + c''_3$
$\delta S_{g,i}$	$b_3 - \sum_j T_{ij}a_4 + c_4$	$b'_3 - \sum_j T_{ij}a'_5 + c'_4$	—
$\delta S_{w,i}$	$b_4 - \sum_j T_{ij}a_5 + c_5$	$b'_4 - \sum_j T_{ij}a'_6 + c'_5$	$b''_3 - \sum_j T_{ij}a''_5 + c''_4$
$\delta P_{o,j}$	$- \sum_j T_{ij}a_2$	$- \sum_j T_{ij}a'_2$	$- \sum_j T_{ij}a''_2$
$\delta S_{g,j}$	—	$- \sum_j T_{ij}a'_4$	—
$\delta S_{w,j}$			$- \sum_j T_{ij}a''_4$
δP_{wfk}	c_2	c'_2	c''_2

注：油组分方程中流动项、累积项、源汇项中常数及压力、饱和度等求解变量的系数分别（$a_1 \sim a_5$、$b_1 \sim b_4$、$c_1 \sim c_5$）；气组分方程中流动项、累积项、源汇项中常数及压力、饱和度等求解变量的系数分别（$a'_1 \sim a'_6$、$b'_1 \sim b'_4$、$c'_1 \sim c'_5$）；水组分方程中流动项、累积项、源汇项中常数及压力、饱和度等求解变量的系数分别（$a''_1 \sim a''_5$、$b''_1 \sim b''_3$、$c''_1 \sim c''_4$）。

（二）基于非常规流动机理的有限体积离散数值模型

致密储层发育不同尺度孔缝多重介质，不同介质的几何与属性特征差异大，不同介质中的流体性质与赋存状态不同，同时在不同开发方式、不同开发阶段，生产条件的差异导致不同介质间流态与渗流机理存在极大差异。非常规流动机理包括启动压力梯度、滑脱效应、扩散作用、解吸作用、渗吸作用等，其流态主要表现为高速非线性渗流、拟线性渗流、低速非线性渗流等多种复杂流态(表 4.18)。采用有限体积离散方法,形成了基于非常规流动机理的有限体积离散数值模型。

表 4.18　基于非常规流动机理的离散数值模型中不同流动机理的体现

流态及流动机理		油、气、水组分	离散模型变化项
高速非线性渗流		油、气	流动项、源汇项
拟线性渗流		油、气	
低速非线性渗流	启动压力梯度	油、气	
	滑脱效应	气	
	扩散作用	气	
	解吸作用	气	累积项
	渗吸作用	油、水	流动项
流固耦合机理(压敏效应)		油、气、水	流动项、源汇项

1. 基于非常规流动机理的有限体积离散数值模型

根据质量守恒原理,基于非常规流动机理的有限体积离散数值模型的通式同式(4.10),该离散数值模型同样由流动项、源汇项、累积项三部分构成,其中体现几何特征的离散表达形式与常规机理数值模型一致,但是由于非常规流动机理的影响,其离散数值模型的具体表达式有较大的变化。按照流态与流动机理的差异,分别阐述基于不同非常规流动机理的有限体积离散数值模型。

1)高速非线性流的离散数值模型

大尺度孔缝介质在较大的压力梯度下,油、气流动可表现为高速非线性流,并能体现在油、气组分离散数值模型的流动项和源汇项中,反映了高速非线性流对不同介质流动动态和产能的影响。

A. 流动项

流动项中,传导率反映了不同介质的几何与物性特征,不受流动机理变化的影响。因此高速非线性流对流动项的影响主要体现在不同流动机理对流动能力的影响上,具体表现为添加了高速非线性紊流项,其表达式为

$$F_{(\mathrm{ND})\mathrm{p},ij} = F_{\mathrm{ND}}^{n+1} \cdot F_{\mathrm{p},ij}^{①} \cdot F_{\mathrm{p},ij}^{②} \tag{4.37}$$

$$F_{\mathrm{p},ij}^{①} = \left(\frac{K_{\mathrm{rp}}\rho_{\mathrm{p}}}{\mu_{\mathrm{p}}}\right)_{i|j}^{n+1} \tag{4.38}$$

$$F_{\mathrm{p},ij}^{②} = (P_{\mathrm{p},j}^{n+1} - \rho_{\mathrm{p}}^{n+1}gD_j) - (P_{\mathrm{p},i}^{n+1} - \rho_{\mathrm{p}}^{n+1}gD_i) \tag{4.39}$$

$$F_{\mathrm{ND}} = \frac{-1 + \sqrt{1 + 4\left(\frac{\beta Tk}{A}\right)(\Delta\phi_{\mathrm{p}})\left(\frac{\rho_{\mathrm{p}}K_{\mathrm{rp}}}{\mu_{\mathrm{p}}^2}\right)}}{2\left(\frac{\beta Tk}{A}\right)(\Delta\phi_{\mathrm{p}})\left(\frac{\rho_{\mathrm{p}}K_{\mathrm{rp}}}{\mu_{\mathrm{p}}^2}\right)} \tag{4.40}$$

B. 源汇项

源汇项中,井指数反映了不同井型与储层介质的几何与物性特征,不受流动机理变化的

影响。因此高速非线性流对源汇项的影响主要体现在不同流动机理对流动能力的影响上，具体表现为添加了高速非线性紊流项，其表达式为

$$F_{(\mathrm{ND})p,i}^{\mathrm{W}} = F_{\mathrm{ND}}^{n+1} \cdot F_{p,i}^{\mathrm{W}①} \cdot F_{p,i}^{\mathrm{W}②} \qquad (4.41)$$

$$F_{p,i}^{\mathrm{W}①} = \left(\frac{K_{\mathrm{rp}}\rho_{\mathrm{p}}}{\mu_{\mathrm{p}}}\right)_i^{n+1} \qquad (4.42)$$

$$F_{p,i}^{\mathrm{W}②} = (P_{p,i}^{n+1} - \rho_{\mathrm{p}}^{n+1} gD_i) - (P_{\mathrm{wfk}}^{n+1} - \rho_{\mathrm{p}}^{n+1} gD_k^{\mathrm{W}}) \qquad (4.43)$$

式中，下标 p 为 o,g

2）拟线性渗流的离散数值模型

致密油气在微孔、小孔、微裂缝中流动时一般表现为拟线性流，体现在油、气组分离散数值模型的流动项和源汇项中，反映了拟线性流对不同介质流动动态和产能的影响。

拟线性流对流动项、源汇项的影响主要体现在不同流动机理对流动能力的影响上，反映为离散数值模型中添加的拟线性压力项，具体表达式为

A. 流动项

$$F_{(线性)p,ij} = F_{p,ij}^{①} \cdot F_{(线性)p,ij}^{②} \qquad (4.44)$$

$$F_{p,ij}^{①} = \left(\frac{K_{\mathrm{rp}}\rho_{\mathrm{p}}}{\mu_{\mathrm{p}}}\right)_{i|j}^{n+1} \qquad (4.45)$$

$$F_{(线性)p,ij}^{②} = (P_{p,j}^{n+1} - \rho_{\mathrm{p}}^{n+1} gD_j) - (P_{p,i}^{n+1} - \rho_{\mathrm{p}}^{n+1} gD_i) - G_{c,ij} \qquad (4.46)$$

其中：

$$G_{c,ij} = c(L_i + L_j) \qquad (4.47)$$

B. 源汇项

$$F_{(线性)p,i}^{\mathrm{W}} = F_{p,i}^{\mathrm{W}①} \cdot F_{(线性)p,i}^{\mathrm{W}②} \qquad (4.48)$$

$$F_{p,i}^{\mathrm{W}①} = \left(\frac{K_{\mathrm{rp}}\rho_{\mathrm{p}}}{\mu_{\mathrm{p}}}\right)_i^{n+1} \qquad (4.49)$$

$$F_{(线性)p,i}^{\mathrm{W}②} = (P_{p,i}^{n+1} - \rho_{\mathrm{p}}^{n+1} gD_i) - (P_{\mathrm{wfk}}^{n+1} - \rho_{\mathrm{p}}^{n+1} gD_k^{\mathrm{W}}) - G_{c,ij}^{\mathrm{W}} \qquad (4.50)$$

$$G_{c,i}^{\mathrm{W}} = c^{\mathrm{W}}(L_i + r_{\mathrm{w}}) \qquad (4.51)$$

式中，下标 c 为 o,g；p 为 o,g

3）低速非线性流的离散数值模型

受启动压力梯度、滑脱作用、扩散效应、解吸作用、渗吸作用等不同流动机理的影响，流体流动均表现为低速非线性渗流，不同的流体机理在离散数值模型中的表达式不同。

A. 考虑启动压力梯度的离散数值模型

启动压力梯度体现在油、气组分离散数值模型的流动项和源汇项中，反映其对不同介质流动动态和产能的影响。

启动压力梯度对流动项、源汇项的影响主要体现在不同流动机理对流动能力的影响上，反映为离散数值模型中添加的启动压力项和非线性指数，具体表达式为

（1）流动项：

$$F_{(\mathrm{g})p,ij} = F_{p,ij}^{①} \cdot F_{(\mathrm{g})p,ij}^{②} \qquad (4.52)$$

$$F_{p,ij}^{①} = \left(\frac{K_{\mathrm{rp}}\rho_{\mathrm{p}}}{\mu_{\mathrm{p}}}\right)_{i|j}^{n+1} \qquad (4.53)$$

$$F_{(g)p,ij}^{②} = \left[\left(P_{p,j}^{n+1} - \rho_p^{n+1} gD_j \right) - \left(P_{p,i}^{n+1} - \rho_p^{n+1} gD_i \right) - G_{a,ij} \right]^{n*} \tag{4.54}$$

式中，

$$G_{a,ij} = a(L_i + L_j). \tag{4.55}$$

（2）源汇项

$$F_{(g)p,i}^{W} = F_{p,i}^{W①} \cdot F_{(g)p,i}^{W②} \tag{4.56}$$

$$F_{p,i}^{W①} = \left(\frac{K_{rp}\rho_p}{\mu_p} \right)_i^{n+1} \tag{4.57}$$

$$F_{(g)p,i}^{W②} = \left[\left(P_{p,i}^{n+1} - \rho_p^{n+1} gD_i \right) - \left(P_{wfk}^{n+1} - \rho_p^{n+1} gD_k^W \right) - G_{a,i}^W \right]^{n*} \tag{4.58}$$

$$G_{a,i}^{W} = a^W(L_i + r_w) \tag{4.59}$$

式中，下标 c 为 o,g;p 为 o,g

B. 考虑滑脱效应的离散数值模型

滑脱效应体现在气组分离散数值模型的流动项和源汇项中，反映低渗低压条件下，滑脱效应对气藏不同介质流动动态和产能的影响。

滑脱效应对流动项和源汇项的影响主要体现在不同流动机理对流动能力的影响上，在离散数值模型中添加了随气相压力变化的滑脱效应项，具体表达式为

（1）流动项：

$$F_{(滑脱)g,ij} = F_{g,ij}^{①} \cdot F_{(滑脱)g,ij}^{②} + F_{go,ij}^{①} \cdot F_{go,ij}^{②} \tag{4.60}$$

$$F_{g,ij}^{①} = \left(\frac{K_{rg}\rho_{gsc}}{\mu_g B_g} \right)^{n+1} \tag{4.61}$$

$$F_{(滑脱)g,ij}^{②} = \left[\left(1 + \frac{b}{P_{g,j}} \right) \left(P_{g,j} - \frac{\rho_{gsc}}{B_g} gD_j \right) - \left(1 + \frac{b}{P_{g,i}} \right) \left(P_{g,i} - \frac{\rho_{gsc}}{B_g} gD_i \right) \right]^{n+1} \tag{4.62}$$

$$F_{go,ij}^{①} = \left(\frac{K_{ro}\rho_{gsc}R_{g,o}}{\mu_o B_o} \right)^{n+1} \tag{4.63}$$

$$F_{go,ij}^{②} = \left[\left(P_{o,j} - P_{o,i} \right) - \frac{(\rho_{osc} + \rho_{gsc}R_{g,o})}{B_o} g(D_j - D_i) \right]^{n+1} \tag{4.64}$$

（2）源汇项：

$$F_{(滑脱)g,i}^{W} = F_{g,ij}^{W①} \cdot F_{(滑脱)g,i}^{W②} + F_{go,i}^{W①} \cdot F_{go,i}^{W②} \tag{4.65}$$

$$F_{g,ij}^{W①} = \left(\frac{K_{rg}\rho_{gsc}}{\mu_g B_g} \right)^{n+1} \tag{4.66}$$

$$F_{(滑脱)g,i}^{W②} = \left[\left(1 + \frac{b}{P_{g,i}} \right) \left(P_{g,i} - \frac{\rho_{gsc}}{B_g} gD_i \right) - \left(P_{wfk} - \frac{\rho_{gsc}}{B_g} gD_k^W \right) \right]^{n+1} \tag{4.67}$$

$$F_{go,ij}^{W①} = \left(\frac{K_{ro}\rho_{gsc}R_{g,o}}{\mu_o B_o} \right)^{n+1} \tag{4.68}$$

$$F_{go,ij}^{W②} = \left[\left(P_{o,i} - P_{wfk} \right) - \frac{(\rho_{osc} + \rho_{gsc}R_{g,o})}{B_o} g(D_i - D_k^W) \right]^{n+1} \tag{4.69}$$

C. 考虑扩散作用的离散数值模型

与滑脱效应类似，扩散作用体现在气组分离散数值模型的流动项和源汇项中，反映低渗低压条件下，扩散作用对气藏不同介质流动动态和产能的影响。

扩散作用对流动项和源汇项的影响主要体现在不同流动机理对流动能力的影响上，在

离散数值模型中添加了随气相压力变化的扩散作用项,具体表达式为

（1）流动项：

$$F_{(扩散)g,ij} = F_{g,ij}^{①} \cdot F_{(扩散)g,ij}^{②} + F_{go,ij}^{①} \cdot F_{go,ij}^{②} \tag{4.70}$$

$$F_{g,ij}^{①} = \left(\frac{K_{rg}\rho_{gsc}}{\mu_g B_g}\right)^{n+1} \tag{4.71}$$

$$F_{(扩散)g,ij}^{②} = \left[\left(1+\frac{32\sqrt{2}\sqrt{RT}\mu g}{3r\sqrt{\pi M}P_{g,j}}\right)\left(P_{g,j}-\frac{\rho_{gsc}}{B_g}gD_j\right)-\left(1+\frac{32\sqrt{2}\sqrt{RT}\mu g}{3r\sqrt{\pi M}P_{g,i}}\right)\left(P_{g,i}-\frac{\rho_{gsc}}{B_g}gD_i\right)\right]^{n+1} \tag{4.72}$$

$$F_{go,ij}^{①} = \left(\frac{K_{ro}\rho_{gsc}R_{g,o}}{\mu_o B_o}\right)^{n+1} \tag{4.73}$$

$$F_{go,ij}^{②} = \left[(P_{o,j}-P_{o,i})-\frac{(\rho_{osc}+\rho_{gsc}R_{g,o})}{B_o}g(D_j-D_i)\right]^{n+1} \tag{4.74}$$

（2）源汇项：

$$F_{(扩散)g,i}^{W} = F_{g,i}^{W①} \cdot F_{(扩散)g,i}^{W②} + F_{go,i}^{W①} \cdot F_{go,i}^{W②} \tag{4.75}$$

$$F_{g,ij}^{W①} = \left(\frac{K_{rg}\rho_{gsc}}{\mu_g B_g}\right)^{n+1} \tag{4.76}$$

$$F_{(扩散)g,i}^{W②} = \left[\left(1+\frac{32\sqrt{2}\sqrt{RT}\mu g}{3r\sqrt{\pi M}P_{g,i}}\right)\left(P_{g,i}-\frac{\rho_{gsc}}{B_g}gD_i\right)-\left(P_{wfk}-\frac{\rho_{gsc}}{B_g}gD_k^{W}\right)\right]^{n+1} \tag{4.77}$$

$$F_{go,ij}^{W①} = \left(\frac{K_{ro}\rho_{gsc}R_{g,o}}{\mu_o B_o}\right)^{n+1} \tag{4.78}$$

$$F_{go,ij}^{W②} = \left[(P_{o,i}-P_{wfk})-\frac{(\rho_{osc}+\rho_{gsc}R_{g,o})}{B_o}g(D_i-D_k^{W})\right]^{n+1} \tag{4.79}$$

D. 考虑解吸作用的离散数值模型

解吸作用体现在气组分离散数值模型的累积项中,反映低渗低压条件下,解吸作用对不同尺度孔隙介质中气体体积的影响,在离散数值模型中添加了单位时间内由于解吸作用造成的气体体积的变化,其表达式为

$$A_{(解吸)g}^{C} = \frac{1}{\Delta t}\left[V_i\left(\phi^{n+1}S_g^{n+1}\frac{\rho_{gsc}}{B_g^{n+1}}-\phi^n S_g^n\frac{\rho_{gsc}}{B_g^n}\right)\right] + \frac{1}{\Delta t}\left[V_i\left(\phi^{n+1}S_o^{n+1}\frac{\rho_{gsc}R_{g,o}^{n+1}}{B_o^{n+1}}-\phi^n S_o^n\frac{\rho_{gsc}R_{g,o}^n}{B_o^n}\right)\right]$$
$$+\frac{1}{\Delta t}\left[V_i\rho_R\left(\frac{\rho_{gsc}}{B_g^{n+1}(1+b_L P_g^{n+1})}-\frac{\rho_{gsc}}{B_g^n(1+b_L P_g^n)}\right)\right] \tag{4.80}$$

E. 渗吸作用

渗吸作用对流动项的影响主要体现在不同流动机理对流动能力的影响上,反映为水组分离散数值模型中添加的渗吸作用项,具体表达式为

$$F_{(渗吸)w,ij} = F_{w,ij}^{①} \cdot F_{(渗吸)w,ij}^{②} \tag{4.81}$$

$$F_{w,ij}^{①} = \left(\frac{K_{rw}\rho_w}{\mu_w}\right)_{i|j}^{n+1} \tag{4.82}$$

$$F_{w,ij}^{②} = (P_{w,j}^{n+1}-\rho_w^{n+1}gD_j)-(P_{w,i}^{n+1}-\rho_w^{n+1}gD_i)-(P_{cow,j}-P_{cow,i}) \tag{4.83}$$

采用有限体积法对非连续多重介质渗流数学模型进行离散化处理,形成了离散数值模型,基于非常规流动机理与常规流动机理的离散数值模型表达式的对比见表4.19。

表 4.19　常规与非常规流动机理的离散数值模型对比表

组分	机理	流动项	源汇项	累积项
油组分	常规渗流机理	$\sum_j T_{ij}\cdot F_{o,ij}=\sum_j T_{ij}\cdot(F_{o,ij}^{①}\cdot F_{o,ij}^{②})^{n+1},$ $F_{o,ij}^{①}=\left(\dfrac{K_{ro}}{\mu_o}\dfrac{\rho_{osc}}{B_o}\right),$ $F_{o,ij}^{②}=[(P_{o,i}-\rho_o gD_i)-(P_{o,j}-\rho_o gD_j)]^{n+1}$	$WI_i\cdot F_{o,i}^{W}=WI_i\cdot(F_{o,i}^{W①}\cdot F_{o,i}^{W②}),$ $F_{o,i}^{W①}=\left(\dfrac{K_{ro}}{\mu_o}\dfrac{\rho_{osc}}{B_o}\right),$ $F_{o,i}^{W②}=[(P_{o,i}-\rho_o gD_i)-(P_{wfk}-\rho_o gD_k^{W})]^{n+1}$	$A_{o,i}^{C}=\dfrac{V_i}{\Delta t}\left(\phi^{n+1}S_o^{n+1}\dfrac{\rho_{osc}}{B_o^{n+1}}-\phi^n S_o^n\dfrac{\rho_{osc}}{B_o^n}\right)_i$
	高速非线性流	$F_{(ND)o,ij}=F_{ND}^{n+1}\cdot F_{o,ij}^{①}\cdot F_{o,ij}^{②}$ $F_{ND}=\left[-1+\sqrt{1+4\left(\dfrac{\beta Tk}{A}\right)(\Delta\phi_o)\left(\dfrac{\rho_o K_{ro}}{\mu_o^2}\right)}\right]\Big/\left[2\left(\dfrac{\beta Tk}{A}\right)(\Delta\phi_o)\left(\dfrac{\rho_o K_{ro}}{\mu_o^2}\right)\right]$	$F_{(ND)o,i}^{W}=F_{ND}^{n+1}\cdot F_{o,i}^{W①}\cdot F_{o,i}^{W②}$ $F_{ND}=\left[-1+\sqrt{1+4\left(\dfrac{\beta Tk}{A}\right)(\Delta\varphi_o)\left(\dfrac{\rho_o K_{ro}}{\mu_o^2}\right)}\right]\Big/\left[2\left(\dfrac{\beta Tk}{A}\right)(\Delta\varphi_o)\left(\dfrac{\rho_o K_{ro}}{\mu_o^2}\right)\right]$	—
	拟线性流	$F_{(线性)p,ij}=F_{(线性)p,ij}^{①}\cdot F_{p,ij}^{②}$ $F_{(线性)p,ij}^{②}=(P_{p,i}^{n+1}-\rho_p gD_i)-(P_{p,j}^{n+1}-\rho_p gD_j)-G_{a,ij}^{n*},$ $G_{a,ij}=a(L_i+L_j)$	$F_{(线性)p,i}^{W}=F_{(线性)p,i}^{W①}\cdot F_{p,i}^{W②}$ $F_{(线性)p,i}^{W②}=(P_{p,i}^{n+1}-\rho_p gD_i)-(P_{wfk}^{n+1}-\rho_p gD_k^{W})-G_{c,ij}^{W n*},$ $G_{c,ij}^{W}=c(L_i+r_w)$	—
	低速非线性流（启动压力梯度）	$F_{(g)p,ij}=F_{(g)p,ij}^{①}\cdot F_{p,ij}^{②}$ $F_{(g)p,ij}^{②}=[(P_{p,i}^{n+1}-\rho_p gD_i)-(P_{p,j}^{n+1}-\rho_p gD_j)]-G_{a,ij}^{n*},$ $G_{a,ij}=a(L_i+L_j)$	$F_{(g)p,i}^{W}=F_{(g)p,i}^{W①}\cdot F_{p,i}^{W②}$ $F_{(g)p,i}^{W②}=[(P_{p,i}^{n+1}-\rho_p gD_i)-(P_{wfk}^{n+1}-\rho_p gD_k^{W})]-G_{c,ij}^{W n*},$ $G_{c,ij}^{W}=c(L_i+r_w)$	—
气组分	常规渗流机理	$\sum_j T_{ij}\cdot F_{g,ij}=\sum_j T_{ij}\cdot(F_{g,ij}^{①}\cdot F_{g,ij}^{②}+F_{go,ij}^{①}\cdot F_{go,ij}^{②})^{n+1},$ $F_{g,ij}^{①}=\left(\dfrac{K_{rg}}{\mu_g}\dfrac{\rho_{gsc}}{B_g}\right),$ $F_{g,ij}^{②}=\left[\left(P_{g,i}-\dfrac{\rho_{gsc}}{B_g}gD_i\right)-\left(P_{g,j}-\dfrac{\rho_{gsc}}{B_g}gD_j\right)\right],$ $F_{go,ij}^{①}=\left(\dfrac{K_{ro}}{\mu_o}\dfrac{\rho_{gsc}}{B_o}\dfrac{R_{g,o}}{B_o}\right),$ $F_{go,ij}^{②}=\left[(P_{o,i}-P_{o,j})-\dfrac{(\rho_{osc}+\rho_{gsc}R_{g,o})}{B_o}g(D_j-D_i)-G_{c,ij}\right]^{n+1}$	$WI_i F_{g,i}^{W}=WI_i\cdot(F_{g,i}^{W①}\cdot F_{g,i}^{W②}+F_{go,i}^{W①}\cdot F_{go,i}^{W②})^{n+1},$ $F_{g,i}^{W①}=\left(\dfrac{K_{rg}}{\mu_g}\dfrac{\rho_{gsc}}{B_g}\right),$ $F_{g,i}^{W②}=-\left[\left(P_{wfk}-\dfrac{\rho_{gsc}}{B_g}gD_k^{W}\right)-\left(P_{g,i}-\dfrac{\rho_{gsc}}{B_g}gD_i\right)\right],$ $F_{go,i}^{W①}=\left(\dfrac{K_{ro}}{\mu_o}\dfrac{\rho_{gsc}}{B_o}\dfrac{R_{g,o}}{B_o}\right),$ $F_{go,i}^{W②}=-\left[(P_{wfk}-P_{o,i})-\dfrac{(\rho_{osc}+\rho_{gsc}R_{g,o})}{B_o}g(D_k^{W}-D_i)-G_{c,ij}^{W}\right]^{n+1}$	$A_{g,i}^{C}=\dfrac{V_i}{\Delta t}\left[\left(\phi^{n+1}S_g^{n+1}\dfrac{\rho_{gsc}}{B_g^{n+1}}-\phi^n S_g^n\dfrac{\rho_{gsc}}{B_g^n}\right)\right]+\dfrac{V_i}{\Delta t}\left[\left(\phi^{n+1}S_o^{n+1}\dfrac{\rho_{gsc}R_{g,o}}{B_o^{n+1}}-\phi^n S_o^n\dfrac{\rho_{gsc}R_{g,o}}{B_o^n}\right)\right]$
	高速非线性流	$F_{(ND)g,ij}=F_{ND}^{n+1}\cdot F_{g,ij}^{①}\cdot F_{g,ij}^{②}$ $F_{ND}=\left[-1+\sqrt{1+4\left(\dfrac{\beta Tk}{A}\right)(\Delta\phi_g)\left(\dfrac{\rho_g K_{rg}}{\mu_g^2}\right)}\right]\Big/\left[2\left(\dfrac{\beta Tk}{A}\right)(\Delta\phi_g)\left(\dfrac{\rho_g K_{rg}}{\mu_g^2}\right)\right]$	$F_{(ND)g,i}^{W}=F_{ND}^{n+1}\cdot F_{g,i}^{W①}\cdot F_{g,i}^{W②}$ $F_{ND}=\left[-1+\sqrt{1+4\left(\dfrac{\beta Tk}{A}\right)(\Delta\varphi_g)\left(\dfrac{\rho_g K_{rg}}{\mu_g^2}\right)}\right]\Big/\left[2\left(\dfrac{\beta Tk}{A}\right)(\Delta\varphi_g)\left(\dfrac{\rho_g K_{rg}}{\mu_g^2}\right)\right]$	—
	拟线性流	$F_{(线性)g,ij}=F_{(线性)g,ij}^{①}\cdot F_{g,ij}^{②}+F_{go,ij}^{①}\cdot F_{go,ij}^{②}$ $F_{(线性)g,ij}^{②}=\left[\left(P_{g,i}-\dfrac{\rho_{gsc}}{B_g}gD_i\right)-\left(P_{g,j}-\dfrac{\rho_{gsc}}{B_g}gD_j\right)-G_{c,ij}\right],$ $F_{go,ij}^{②}=\left[(P_{o,i}-P_{o,j})-\dfrac{(\rho_{osc}+\rho_{gsc}R_{g,o})}{B_o}g(D_j-D_i)-G_{c,ij}\right]^{n+1},$ $G_{c,ij}=c(L_i+L_j)$	$F_{(线性)g,i}^{W}=F_{(线性)g,i}^{W①}\cdot F_{g,i}^{W②}+F_{go,i}^{W①}\cdot F_{go,i}^{W②}$ $F_{(线性)g,i}^{W②}=\left[\left(P_{wfk}-\dfrac{\rho_{gsc}}{B_g}gD_k^{W}\right)-\left(P_{g,i}-\dfrac{\rho_{gsc}}{B_g}gD_i\right)-G_{c,ij}^{W}\right],$ $F_{go,i}^{W②}=\left[(P_{o,i}-P_{wfk})-\dfrac{(\rho_{osc}+\rho_{gsc}R_{g,o})}{B_o}g(D_i-D_k)-G_{c,ij}^{W}\right]^{n+1},$ $G_{c,ij}^{W}=c(L_i+r_w)$	—

续表

组分	机理		流动项	源汇项	累积项
气组分	低速非线性流	启动压力梯度	$F_{(启)g,ij}=F^{①}_{g,ij}\cdot F^{②}_{(启)g,ij}+F^{①}_{gp,ij}\cdot F^{②}_{gp,ij}$ $F^{②}_{(启)g,ij}=\left[(P_{o,i}-P_{o,j})-\left(1+\frac{b}{P_{g,i}}\right)\left(P_{g,i}-\frac{\rho_{gsc}}{B_g}gD_j\right)-\left(1+\frac{b}{P_{g,i}}\right)\left(P_{g,i}-\frac{\rho_{gsc}}{B_g}gD_j\right)\right]^{n+1}$	$F^{W}_{(启)g,ij}=F^{①}_{g,ij}\cdot F^{W②}_{(启)g,ij}+F^{W①}_{gp,ij}\cdot F^{W②}_{gp,ij}$ $F^{W②}_{(启)g,i}=\left[(P^{n+1}_{g,i}-P^{n+1}_{g,j}gD_j)-(P^{n+1}_{g,i}-\rho_g\, gD^{W}_j)-(P^{n+1}_{wfk}-\rho_g\,gD^{W}_j)-G^{W}_{a,ij}\right]^{n*}$ $F^{W②}_{gp,i}=\left[(P_{o,i}-P_{o,j})-\frac{(\rho_{osc}+\rho_{gsc}R_{g,o})}{B_o}g(D_i-D^{W}_k)-G^{W}_{a,ij}\right]^{n*}$ $G^{W}_{a,i}=a^{W}(L_i+r_w)$	$A^{C}_{(解吸)g}=\frac{1}{\Delta t}\left\{V_i\left[\left(\phi^{n+1}S^{n+1}_g\frac{\rho_{gsc}}{B^{n+1}_g}-\phi^n S^n_g\frac{\rho_{gsc}}{B^n_g}\right)\right]\right.$
		滑脱效应	$F_{(滑脱)g,ij}=F^{①}_{g,ij}\cdot F^{②}_{(滑脱)g,ij}+F^{①}_{gp,ij}\cdot F^{②}_{gp,ij}$ $F^{②}_{(滑脱)g,ij}=\left[\left(1+\frac{b}{P_{g,i}}\right)\left(\frac{\rho_{gsc}+\rho_{gsc}R_{g,o}}{B_o}\right)g(D_i-D_j)\right]^{n+1}$ $F^{②}_{gp,ij}=\left[(P_{o,i}-P_{o,j})-\frac{(\rho_{osc}+\rho_{gsc}R_{g,o})}{B_o}g(D_i-D_j)\right]$	$F^{W}_{(滑脱)g,i}=F^{①}_{g,i}\cdot F^{W②}_{(滑脱)g,i}+F^{W①}_{gp,i}\cdot F^{W②}_{gp,i}$ $F^{W②}_{(滑脱)g,i}=\left[\left(1+\frac{b}{P_{g,i}}\right)\left(P_{g,i}-\frac{\rho_{gsc}}{B_g}gD_i\right)-\left(P_{wfk}-\frac{\rho_{gsc}}{B_g}gD^{W}_k\right)\right]^{n+1}$ $F^{W②}_{gp,i}=(P_{o,i}-P_{wfk})-\frac{(\rho_{osc}+\rho_{gsc}R_{g,o})}{B_o}g(D_i-D^{W}_k)$	$+\frac{1}{\Delta t}\left[V_i\left(\phi^{n+1}S^{n+1}_o\frac{\rho_{gsc}R^{n+1}_{g,o}}{B^{n+1}_o}-\phi^n S^n_o\frac{\rho_{gsc}R^n_{g,o}}{B^n_o}\right)\right]$ $+\frac{1}{\Delta t}\left[V_{L}\rho_{R}\left(\frac{\rho_{gsc}}{B^{n+1}_g(1+b_L P^{n+1}_g)}-\frac{\rho_{gsc}}{B^n_g(1+b_L P^n_g)}\right)\right]$
		扩散作用	$F_{(扩散)g,ij}=F^{①}_{g,ij}\cdot F^{②}_{(扩散)g,ij}+F^{①}_{gp,ij}\cdot F^{②}_{gp,ij}$ $F^{②}_{(扩散)g,ij}=\left[\left(1+\frac{32\sqrt{2}\sqrt{RT}\mu_g}{3r\sqrt{\pi MP_{g,i}}}\right)\left(P_{g,i}-\frac{\rho_{gsc}}{B_g}gD_j\right)\right.$ $\left.-\left(1+\frac{32\sqrt{2}\sqrt{RT}\mu_g}{3r\sqrt{\pi MP_{g,i}}}\right)\left(P_{g,i}-\frac{\rho_{gsc}}{B_g}gD_j\right)\right]^{n+1}$	$F^{W}_{(扩散)g,i}=F^{W①}_{g,i}\cdot F^{W②}_{(扩散)g,i}+F^{W①}_{gp,i}\cdot F^{W②}_{gp,i}$ $F^{W②}_{(扩散)g,i}=\left[\left(1+\frac{32\sqrt{2}\sqrt{RT}\mu_g}{3r\sqrt{\pi MP_{g,i}}}\right)\left(P_{g,i}-\frac{\rho_{gsc}}{B_g}gD_i\right)-\left(P_{wfk}-\frac{\rho_{gsc}}{B_g}gD^{W}_k\right)\right]^{n+1}$	—
		解吸作用	—	—	—
	常规渗流机理		$\sum_j T_{ij}\cdot F^{W}_{w,ij}=\sum_j T_{ij}\cdot(F^{①}_{w,ij}\cdot F^{②}_{w,ij})$ $F^{①}_{w,ij}=\left(\frac{K_{rw}}{\mu_w}\frac{\rho_{wsc}}{B_w}\right)^{n+1}$ $F^{②}_{w,ij}=\left[\left(P_{w,i}-\frac{\rho_{wsc}}{B_w}gD_j\right)-\left(P_{w,i}-\frac{\rho_{wsc}}{B_w}gD_j\right)\right]^{n+1}$	$WI_i\cdot F^{W}_{w,i}=WI_i\cdot(F^{W①}_{w,i}\cdot F^{W②}_{w,i})$ $F^{W①}_{w,i}=\left(\frac{K_{rw}}{\mu_w}\frac{\rho_{wsc}}{B_w}\right)^{n+1}$ $F^{W②}_{w,i}=-\left[\left(P_{wfk}-\frac{\rho_{wsc}}{B_w}gD^{W}_k\right)-\left(P_{w,i}-\frac{\rho_{wsc}}{B_w}gD_i\right)\right]^{n+1}$	$A^{C}_{w}=\frac{V_i}{\Delta t}\left(\phi^{n+1}S^{n+1}_w\frac{\rho_{wsc}}{B^{n+1}_w}-\phi^n S^n_w\frac{\rho_{wsc}}{B^n_w}\right)$
水组分	低速非线性流		$F_{(渗吸)w,ij}=F^{①}_{w,ij}\cdot F^{②}_{w,ij}$ $F^{①}_{w,ij}=\left(\frac{K_{rw}}{\mu_w}\frac{\rho_{wsc}}{B_w}\right)^{n+1}_{i\downarrow j}$ $F^{②}_{w,ij}=(P^{n+1}_{w,i}-P^{n+1}_{w,j}gD_j)-(P^{n+1}_{w,i}-P^{n+1}_{w,j}gD_j)-(P_{cow,j}-P_{cow,i})$	—	—

2. 基于非常规流动机理的有限体积离散数值模型残差表达式

对于非常规流动机理的有限体积离散数值模型, 当 $\Phi_{o,i} > \Phi_{o,j}$, $\Phi_{g,i} > \Phi_{g,j}$, $\Phi_{w,i} > \Phi_{w,j}$ 时, 其残差表达式为

1) 油组分残差表达式

$$
\begin{aligned}
R_{oi} = {}& (b_1 + b_2\delta P_{o,i} + b_3\delta S_{g,i} + b_4\delta S_{w,i}) - \sum_j T_{ij}\big[a_{(机理)1} + a_{(机理)2}\delta P_{o,j} \\
& + a_{(机理)3}\delta P_{o,i} + a_{(机理)4}\delta S_{g,i} + a_{(机理)5}\delta S_{w,i}\big] + \big[c_{(机理)1} + c_{(机理)2}\delta P_{wfk} \\
& + c_{(机理)3}\delta P_{o,i} + c_{(机理)4}\delta S_{g,i} + c_{(机理)5}\delta S_{w,i}\big]
\end{aligned}
\tag{4.84}
$$

2) 气组分残差表达式

$$
\begin{aligned}
R_{gi} = {}& \big[b'_{(机理)1} + b'_{(机理)2}\delta P_{o,i} + b'_3\delta S_{g,i} + b'_4\delta S_{w,i}\big] - \sum_j T_{ij}\cdot\big[a'_{(机理)1} + a'_{(机理)2}\delta P_{o,j} \\
& + a'_{(机理)3}\delta P_{o,i} + a'_{(机理)4}\delta S_{g,j} + a'_{(机理)5}\delta S_{g,i} + a'_{(机理)6}\delta S_{w,i}\big] + \big[c'_{(机理)1} \\
& + c'_{(机理)2}\delta P_{wfk} + c'_{(机理)3}\delta P_{o,i} + c'_{(机理)4}\delta S_{g,i} + c'_{(机理)5}\delta S_{w,i}\big]
\end{aligned}
\tag{4.85}
$$

3) 水组分残差表达式

$$
\begin{aligned}
R_{wi} = {}& (b''_1 + b''_2\delta P_{o,i} + b''_3\delta S_{w,i}) - \sum_j T_{ij}(a''_1 + a''_2\delta P_{o,j} + a''_3\delta P_{o,i} + a''_4\delta S_{w,j} \\
& + a''_5\delta S_{w,i}) + (c''_1 + c''_2\delta P_{wfk} + c''_3\delta P_{o,i} + c''_4\delta S_{w,i})
\end{aligned}
\tag{4.86}
$$

3. 基于非常规流动机理的离散模型中系数矩阵各变量系数表达式

对于非常规流动机理离散数值模型中各变量的系数表达式见表 4.20。

4. 基于流固耦合机理的有限体积离散数值模型

压、注、采过程中, 由于孔隙压力和有效应力的动态变化, 导致不同尺度介质的几何特征、属性参数变化, 介质间传导率、井指数随之改变, 影响油藏动态及产能特征。因此, 流固耦合机理体现在油、气、水组分离散数值模型的流动项和源汇项中, 反映流固耦合作用对不同介质流动动态和产能的影响。

1) 有限体积离散数值模型

A. 流动项

流固耦合作用对流动项的影响体现在传导率的动态变化上。考虑流固耦合作用后, 渗透率成为压力的函数, 其表达式为

$$
K_{压敏} = K_0 e^{\gamma(\bar{P} - P_i)}
\tag{4.87}
$$

平均压力随油、气、水压力变化函数为

$$
\bar{P} = S_o P_o + S_g P_g + S_w P_w
\tag{4.88}
$$

表 4.20　基于非常规渗流机理的离散数值模型系数矩阵各变量对应的系数表达式

组分	机理	系数矩阵中各变量对应的系数						
		$\delta P_{o,i}$	$\delta S_{g,i}$	$\delta S_{w,i}$	$\delta P_{o,j}$	$\delta S_{g,j}$	$\delta S_{w,j}$	δP_{wfk}
油组分	常规渗流机理	$b_2 - \sum_f T_{ij} a_3 + c_3$	$b_3 - \sum_f T_{ij} a_4 + c_4$	$b_4 - \sum_f T_{ij} a_5 + c_5$	$-\sum_f T_{ij} a_2$	—	—	c_2
	高速非线性流	$b_2 - \sum_f T_{ij} a_{(ND)3} + c_{(ND)3}$	$b_3 - \sum_f T_{ij} a_{(ND)4} + c_{(ND)4}$	$b_4 - \sum_f T_{ij} a_{(ND)5} + c_{(ND)5}$	$-\sum_f T_{ij} a_{(ND)2}$	—	—	c_2
	拟线性流	$b_2 - \sum_f T_{ij} a_{(线性)3} + c_{(线性)3}$	$b_3 - \sum_f T_{ij} a_{(线性)4} + c_{(线性)4}$	$b_4 - \sum_f T_{ij} a_{(线性)5} + c_{(线性)5}$	$-\sum_f T_{ij} a_{(线性)2}$	—	—	c_2
	低速非线性流 启动压力梯度	$b_2 - \sum_f T_{ij} a_{(G)3} + c_{(G)3}$	$b_3 - \sum_f T_{ij} a_{(G)4} + c_{(G)4}$	$b_4 - \sum_f T_{ij} a_{(G)5} + c_{(G)5}$	$-\sum_f T_{ij} a_{(G)2}$	—	—	c_2
气组分	常规渗流机理	$b'_2 - \sum_f T'_{ij} a'_3 + c'_3$	$b'_3 - \sum_f T'_{ij} a'_4 + c'_4$	$b'_4 - \sum_f T'_{ij} a'_5 + c'_5$	$-\sum_f T'_{ij} a'_2$	$-\sum_f T'_{ij} a'_4$	—	c'_2
	高速非线性流	$b'_2 - \sum_f T'_{ij} a'_{(ND)3} + c'_{(ND)3}$	$b'_3 - \sum_f T'_{ij} a'_{(ND)4} + c'_{(ND)4}$	$b'_4 - \sum_f T'_{ij} a'_{(ND)5} + c'_{(ND)5}$	$-\sum_f T'_{ij} a'_{(ND)2}$	$-\sum_f T'_{ij} a'_{(ND)4}$	—	c'_2
	拟线性流	$b'_2 - \sum_f T'_{ij} a'_{(线性)3} + c'_{(线性)3}$	$b'_3 - \sum_f T'_{ij} a'_{(线性)4} + c'_{(线性)4}$	$b'_4 - \sum_f T'_{ij} a'_{(线性)5} + c'_{(线性)5}$	$-\sum_f T'_{ij} a'_{(线性)2}$	$-\sum_f T'_{ij} a'_{(线性)4}$	—	c'_2
	低速非线性流 启动压力梯度	$b'_2 - \sum_f T'_{ij} a'_{(G)3} + c'_{(G)3}$	$b'_3 - \sum_f T'_{ij} a'_{(G)4} + c'_{(G)4}$	$b'_4 - \sum_f T'_{ij} a'_{(G)5} + c'_{(G)5}$	$-\sum_f T'_{ij} a'_{(G)2}$	$-\sum_f T'_{ij} a'_{(G)4}$	—	c'_2
	滑脱效应	$b'_2 - \sum_f T'_{ij} a'_{(滑脱)3} + c'_{(滑脱)3}$	$b'_3 - \sum_f T'_{ij} a'_{(滑脱)5} + c'_{(滑脱)5}$	$b'_4 - \sum_f T'_{ij} a'_{(滑脱)6} + c'_{(滑脱)6}$	$-\sum_f T'_{ij} a'_{(滑脱)2}$	$-\sum_f T'_{ij} a'_{(滑脱)4}$	—	c'_2
	扩散作用	$b'_2 - \sum_f T'_{ij} a'_{(扩散)3} + c'_{(扩散)3}$	$b'_3 - \sum_f T'_{ij} a'_{(扩散)5} + c'_{(扩散)5}$	$b'_4 - \sum_f T'_{ij} a'_{(扩散)6} + c'_{(扩散)6}$	$-\sum_f T'_{ij} a'_{(扩散)2}$	$-\sum_f T'_{ij} a'_{(扩散)4}$	—	c'_2
	解吸作用	$b'_{(解吸)2} - \sum_f T'_{ij} a'_3 + c'_3$	$b'_3 - \sum_f T'_{ij} a'_6 + c'_6$	$b'_4 - \sum_f T'_{ij} a'_7 + c'_7$	$-\sum_f T'_{ij} a'_2$	$-\sum_f T'_{ij} a'_4$	—	c'_2
水组分	常规渗流机理	$b''_2 - \sum_f T''_{ij} a''_3 + c''_3$	—	$b''_3 - \sum_f T''_{ij} a''_4 + c''_4$	$-\sum_f T''_{ij} a''_2$	—	$-\sum_f T''_{ij} a''_4$	c''_2
	低速非线性流 渗吸作用	$b''_2 - \sum_f T''_{ij} a''_3 + c''_3$	—	$b''_3 - \sum_f T''_{ij} a''_4 + c''_4$	$-\sum_f T''_{ij} a''_2$	—	$-\sum_f T''_{ij} a''_4$	c''_2

注：油、气、水组分方程中流动项、累积项、源汇项中常数及压力、饱和度等求解变量的系数与表 4.17 一致；下标中 ND 线性、G、滑、扩、解吸分别为考虑了高速非线性流、拟线性流、启动压力梯度、滑脱效应、扩散效应、解吸作用后中流动项、累积项、源汇项中变化的常数及压力、饱和度等求解变量相关系数。

受流固耦合作用影响的传导率表达式为

$$T_{(\text{压敏})ij}(P_i,P_j)=\frac{K_{\text{压敏},i}(P_i)\beta_i K_{\text{压敏},j}(P_j)\beta_j}{\left[K_{\text{压敏},i}(P_i)\beta_i+K_{\text{压敏},j}(P_j)\beta_j\right]} \tag{4.89}$$

B. 源汇项

流固耦合作用对源汇项的影响体现在井指数。考虑流固耦合作用后,井指数成为压力的函数,其表达式为

$$\text{WI}_{\text{压敏}}(P)=\frac{2\pi K_{(\text{压敏})}V^{1/3}}{\ln\left(\dfrac{r_{\text{e}}}{r_{\text{w}}}\right)+s} \tag{4.90}$$

因此,受流固耦合作用影响的离散数值模型中,流动项、源汇项的变化详见表4.21。

2) 基于流固耦合机理的有限体积离散数值模型残差表达式

对于考虑流固耦合作用的有限体积离散数值模型,当 $\Phi_{oi}>\Phi_{oj}$,$\Phi_{g,i}>\Phi_{g,j}$,$\Phi_{w,i}>\Phi_{w,j}$ 时,其残差表达式为

A. 油组分残差表达式

$$\begin{aligned}
R_{oi}=&(b_1+b_2\delta P_{o,i}+b_3\delta S_{g,i}+b_4\delta S_{w,i})-\sum_j T_{(\text{压敏})ij}\big[a_{(\text{压敏})1}+a_{(\text{压敏})2}\delta P_{o,j}\\
&+a_{(\text{压敏})3}\delta P_{o,i}+a_{(\text{压敏})4}\delta S_{g,i}+a_{(\text{压敏})5}\delta S_{w,i}\big]+\big[c_{(\text{压敏})1}+c_{(\text{压敏})2}\delta P_{\text{wfk}}\\
&+c_{(\text{压敏})3}\delta P_{o,i}+c_{(\text{压敏})4}\delta S_{g,i}+c_{(\text{压敏})5}\delta S_{w,i}\big]
\end{aligned} \tag{4.91}$$

B. 气组分残差表达式

$$\begin{aligned}
R_{gi}=&(b_1'+b_2'\delta P_{o,i}+b_3'\delta S_{g,i}+b_4'\delta S_{w,i})-\sum_j T_{(\text{压敏})ij}\big[a_{(\text{压敏})1}'+a_{(\text{压敏})2}'\delta P_{o,j}\\
&+a_{(\text{压敏})3}'\delta P_{o,i}+a_{(\text{压敏})4}'\delta S_{g,j}+a_{(\text{压敏})5}'\delta S_{g,i}+a_{(\text{压敏})6}'\delta S_{w,i}\big]+\big[c_{(\text{压敏})1}'\\
&+c_{(\text{压敏})2}'\delta P_{\text{wfk}}+c_{(\text{压敏})3}'\delta P_{o,i}+c_{(\text{压敏})4}'\delta S_{g,i}+c_{(\text{压敏})5}'\delta S_{w,i}\big]
\end{aligned} \tag{4.92}$$

C. 水组分残差表达式

$$\begin{aligned}
R_{wi}=&(b_1''+b_2''\delta P_{o,i}+b_3''\delta S_{w,i})-\sum_j T_{(\text{压敏})ij}\big[a_{(\text{压敏})1}''+a_{(\text{压敏})2}''\delta P_{o,j}+a_{(\text{压敏})3}''\delta P_{o,i}\\
&+a_{(\text{压敏})4}''\delta S_{w,j}+a_{(\text{压敏})5}''\delta S_{w,i}\big]+\big[c_{(\text{压敏})1}''+c_{(\text{压敏})2}''\delta P_{\text{wfk}}+c_{(\text{压敏})3}''\delta P_{o,i}\\
&+c_{(\text{压敏})4}''\delta S_{w,i}\big]
\end{aligned} \tag{4.93}$$

5. 基于流固耦合机理的离散模型中系数矩阵各变量系数表达式

在考虑流固耦合作用的有限体积离散数值模型中,对压力、饱和度等各变量进行合并,各变量的系数表达式详见表4.22。

表 4.21 考虑流固耦合作用的离散数值模型对比表

变化项	组分	常规机理	考虑流固耦合作用
流动项	油组分	$\sum_j T_{ij} \cdot F_{o,ij} = \sum_j T_{ij} \cdot (F_{o,ij}^{①} \cdot F_{o,ij}^{②})$	$\sum_j T_{(压敏)ij}^{n+1} \cdot F_{o,ij} = \sum_j T_{ij}^{n+1} \cdot (F_{o,ij}^{①} \cdot F_{o,ij}^{②})$
	气组分	$\sum_j T_{ij} \cdot F_{g,ij} = \sum_j T_{ij} \cdot (F_{g,ij}^{①} \cdot F_{g,ij}^{②} + F_{go,ij}^{①} \cdot F_{go,ij}^{②})$	$\sum_j T_{(压敏)ij}^{n+1} \cdot F_{g,ij} = \sum_j T_{ij}^{n+1} \cdot (F_{g,ij}^{①} \cdot F_{g,ij}^{②} + F_{go,ij}^{①} \cdot F_{go,ij}^{②})$
	水组分	$\sum_j T_{ij} \cdot F_{w,ij} = \sum_j T_{ij} \cdot (F_{w,ij}^{①} \cdot F_{w,ij}^{②})$	$\sum_j T_{(压敏)ij}^{n+1} \cdot F_{w,ij} = \sum_j T_{ij}^{n+1} \cdot (F_{w,ij}^{①} \cdot F_{w,ij}^{②})$
源汇项	油组分	$WI_i \cdot F_{o,i}^{W} = WI_i \cdot (F_{o,i}^{W①} \cdot F_{o,i}^{W②})$	$WI_{(压敏)i}^{n+1} \cdot F_{o,i}^{W} = WI_i^{n+1} \cdot (F_{o,i}^{W①} \cdot F_{o,i}^{W②})$
	气组分	$WI_i \cdot F_{g,i}^{W} = WI_i \cdot (F_{g,i}^{W①} \cdot F_{g,i}^{W②} + F_{go,i}^{W①} \cdot F_{go,i}^{W②})$	$WI_{(压敏)i}^{n+1} \cdot F_{g,i}^{W} = WI_i^{n+1} \cdot (F_{g,i}^{W①} \cdot F_{g,i}^{W②} + F_{go,i}^{W①} \cdot F_{go,i}^{W②})$
	水组分	$WI_i \cdot F_{w,i}^{W} = WI_i \cdot (F_{w,i}^{W①} \cdot F_{w,i}^{W②})$	$WI_{(压敏)i}^{n+1} \cdot F_{w,i}^{W} = WI_i^{n+1} \cdot (F_{w,i}^{W①} \cdot F_{w,i}^{W②})$

表 4.22 考虑流固耦合作用的离散数值模型中系数矩阵各变量对应的系数表达式

变量	系数矩阵中各变量对应的系数		
	油组分	气组分	水组分
$\delta P_{o,i}$	$b_2 - \sum_j T_{(压敏)ij} a'_{(压敏)3} + c'_{(压敏)3}$	$b'_2 - \sum_j T_{(压敏)ij} a'_{(压敏)3} + c'_{(压敏)3}$	$b''_2 - \sum_j T_{(压敏)ij} a''_{(压敏)3} + c''_{(压敏)3}$
$\delta S_{g,i}$	$b_3 - \sum_j T_{(压敏)ij} a'_{(压敏)4} + c'_{(压敏)4}$	$b'_3 - \sum_j T_{(压敏)ij} a'_{(压敏)4} + c'_{(压敏)4}$	—
$\delta S_{w,i}$	$b_4 - \sum_j T_{(压敏)ij} a'_{(压敏)5} + c'_{(压敏)5}$	$b'_4 - \sum_j T_{(压敏)ij} a'_{(压敏)5} + c'_{(压敏)5}$	$b''_3 - \sum_j T_{(压敏)ij} a''_{(压敏)5} + c''_{(压敏)4}$
$\delta P_{o,j}$	$-\sum_j T_{(压敏)ij} a'_{(压敏)2}$	$-\sum_j T_{(压敏)ij} a'_{(压敏)2}$	$-\sum_j T_{(压敏)ij} a''_{(压敏)2}$
$\delta S_{g,j}$	$-\sum_j T_{(压敏)ij} a'_{(压敏)4}$	$-\sum_j T_{(压敏)ij} a'_{(压敏)4}$	—
$\delta S_{w,j}$	—	—	$-\sum_j T_{(压敏)ij} a''_{(压敏)4}$
δP_{wk}	$c_{(压敏)2}$	$c'_{(压敏)2}$	$c''_{(压敏)2}$

注：下标中压敏为考虑了流固耦合作用后流动项、累积项、源汇项中变化的常数及压力、饱和度等求解变量相关系数。

参 考 文 献

安永生,吴晓东,韩国庆.2007.基于混合 PEBI 网格的复杂井数值模拟应用研究.中国石油大学学报(自然科学版),(06):60~63.

常思勤.1998.三维流动数值模拟中网格划分方法的研究.武汉汽车工业大学学报,(02):3~7.

陈举民,王新峰,卫文彧,冯万平.2010.油藏数值模拟中的网格技术应用概述.中国科技博览,(22):2~3.

韩大匡,陈钦雷,闫存章.1993.油藏数值模拟基础.北京:石油工业出版社.

林春阳.2010.基于 PEBI 网格油藏数值模拟器的研究、开发与应用.中国科学技术大学博士学位论文.

卢泉杰.2008.油藏数值模拟中复杂网格系统生成技术研究.中国石油大学博士学位论文.

毛小平,张志庭,钱真.2012.用角点网格模型表达地质模型的剖析及在油气成藏过程模拟中的应用.地质学刊,36(03):265~273.

饶盛文.2009.低渗油藏两相渗流数值模拟研究.西南石油大学博士学位论文.

唐艳,陈伟,段永刚,方全堂,陈晓军.2007.基于 Voronoi 网格技术的油藏数值模拟研究.西南石油大学学报,S1:22~24,7.

王代刚,侯健,邢学军,张贤松,钟洪娇.2012.基于前沿推进的改进型 PEBI 网格生成方法.计算物理,29(05):675~683.

王福军.2004.计算流体动力学分析:CFD 软件原理与应用.北京:清华大学出版社.

向祖平,张烈辉,陈中华,陈平,苏颉,马亮.2006.油藏任意约束平面域 PEBI 网格的生成算法.西南石油学院学报,02:32~35,7.

谢海兵,马远乐,桓冠仁,郭尚平.2001.非结构网格油藏数值模拟方法研究.石油学报,(01):63~66,4~3.

杨钦.2005.限定 Delaunay 三角网格剖分技术.北京:电子工业出版社.

杨艳林,靖晶,杨志杰,许天福,王福刚.2015.多相流数值模拟中复杂地质体网格剖分实现技术.吉林大学学报(工学版),45(04):1281~1287.

查文舒.2009.基于 PEBI 网络的油藏数值计算及其实现.中国科学技术大学博士学位论文.

张军,谭俊杰.2003.三维非结构网格的生成及优化.航空计算技术,(04):31~34.

张来平,杨永健,吕超,张涵信,高树椿.1999.三维复杂外形的非结构网格自动生成技术与应用.计算物理,05:552~558.

张芮菡.2015.基于有限元——有限体积方法的裂缝性油藏数值模拟研究.西南石油大学博士学位论文.

Aziz K,Settari A.2004.油藏数值模拟.袁士义,王家禄译.北京:石油工业出版社.

第五章　不同尺度离散多重介质储层建模技术

第一节　非连续多尺度离散多重介质建模思路

致密储层大面积分布,不同区块、井间、单井不同井段间储层岩性、岩相、厚度及物性与含油性在平面分布差异大;致密储层不同尺度天然裂缝发育,体积压裂改造形成不同尺度的人工复杂缝网,宏观非均质性极强,多尺度特征突出。非常规致密储层发育纳米-纳微米-微米级不同尺度的孔隙介质,不同尺度孔隙的组成、数量分布模式差异较大,不同尺度孔隙在空间上呈离散的非连续分布,同时空间分布模式差异较大,不同尺度的孔隙介质几何、物性参数差异极大,不同尺度孔隙表现出极强的微观非均质性及多重介质特征。常规储层建模理论与技术不适用。根据致密储层岩性、岩相、储层类别分布差异大,不同尺度孔缝介质发育,存在极强的宏观非均质性、多尺度特征,以及微观多重介质等特征,创新发展了非连续多尺度离散多重介质建模技术,可实现根据大尺度非均质性分区、小尺度非均质性分单元、微尺度非均质性分多重介质的不同尺度规模的集成建模,并有三大转变:①从连续建模到离散建模的转变;②从双重介质建模到离散裂缝、离散多重介质建模的转变;③从油藏规模建模到微观、小尺度、油藏规模尺度升级等效建模的转变。

一、根据不同尺度非均质性划分特征单元及多重介质

致密储层的岩性、岩相、储层类型、天然裂缝发育程度及规模、地应力大小与方向、流体性质等在空间分布存在极强的宏观非均质性,根据非均质性的宏观尺度大小及强弱,可以划分为基于大尺度非均质性的一级分区、基于小尺度非均质性的二级特征单元;在特征单元内,根据微观不同尺度孔缝的数量和空间分布划分为三级的多重介质。

(一)根据宏观非均质性划分区域及特征单元

1. 基于大尺度非均质性的一级区域划分

根据岩性、岩相、储层类型、天然裂缝发育程度及规模、地应力大小与方向、流体性质等地质条件在空间分布的宏观大尺度非均质性,划分为若干个一级区域。不同区域之间地质条件及非均质性差异较大,同一区域内地质条件与非均质性差异较小(图5.1)。

2. 基于小尺度非均质性的二级特征单元划分

根据同一区域内小尺度地质条件及非均质性的差异,划分为若干个二级特征单元。在不同特征单元间,其小尺度非均质性、不同尺度孔缝的数量及分布有较大差异;而在同一特征单元内,小尺度的非均质性及不同尺度孔缝的数量与分布具有相似及相近的特征

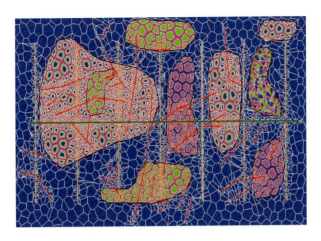

图 5.1　宏观非均质性一级分区

（图 5.2）。根据大尺度的裂缝与微纳米尺度孔缝的特征差异，二级特征单元一般可以分为离散裂缝特征单元、微纳米尺度孔缝特征单元。

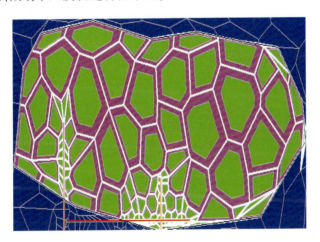

图 5.2　小尺度非均质性二级特征单元

（二）根据微观非均质性划分三级多重介质

由于致密储层不同特征单元内部发育不同尺度的孔隙与裂缝，孔隙与裂缝间存在极大的特征差异，而且不同尺度孔隙之间、不同尺度裂缝之间的特征差异同样很大，主要表现为不同尺度的孔隙与裂缝，其几何形态存在差异，属性特征不同，导致其中流体的赋存状态、渗流机理、流动特征均存在较大差异，因此需要将同一特征单元内不同尺度的孔隙与裂缝划分为不同特征的多重介质（图 5.3）。

离散裂缝特征单元通过网格离散化处理为不同尺度特征的离散裂缝介质，微纳米尺度孔缝特征单元根据微纳米尺度裂缝及不同尺度孔隙的空间分布、数量分布及体积百分比划分为接力排供式分布的多重介质、交互式分布的多重介质。

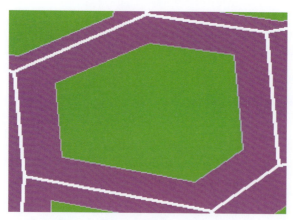

图 5.3　微观非均质性三级多重介质

二、非连续多尺度离散多重介质建模思路

非常规致密储层非均质性极强,根据大尺度非均质性分区、小尺度非均质性分特征单元、微观非均质性划分为多重介质;致密储层发育宏观大、中、小尺度及微观的微纳米尺度天然裂缝与人工裂缝,以及不同尺度的孔隙,具有突出的多尺度特征;不同尺度的天然/人工裂缝、不同尺度孔隙在空间上呈非连续、离散分布,其分布特征与属性参数难以用连续函数来表征,只能采用离散函数来描述;不同尺度的孔隙与裂缝,其几何与属性特征、流体组成与性质、赋存状态与渗流机理差异大,多重介质特征突出。采用适合于非常规致密储层的非连续多尺度离散多重介质建模技术,建立离散裂缝地质模型、离散多重介质地质模型和等效介质地质模型(表 5.1、图 5.4),总体建模思路如下。

表 5.1　非连续多尺度离散多重介质建模技术

建模方法	介质类型	方法描述	地质模型
常规连续建模	连续介质	采用连续函数的数学模型描述地质体,通过三维地质趋势面、克里金等连续函数的插值方法,计算连续介质在空间分布	构造模型 格架模型 岩相模型
离散裂缝建模	离散裂缝介质	根据确定性大中裂缝的空间分布和几何参数,以及半确定性小微裂缝空间分布规律和几何参数范围,采用确定性或者约束随机方法,生成空间裂缝体; 然后将不同的离散裂缝划分为不同的离散裂缝单元,再将离散裂缝进行网格离散化,形成离散裂缝介质; 根据离散裂缝网格,建立离散裂缝参数模型,包括裂缝宽度、孔隙度、渗透率、导流能力等	离散裂缝地质模型
离散多重介质建模	离散多重介质	根据不同尺度孔缝介质的数量分布及体积百分比划分介质的重数;根据不同尺度孔缝介质的空间分布规律,划分为接力排供式分布、交互式分布的两种多重介质分布模式;通过网格剖分将微纳米尺度特征单元离散为嵌套型、交互型的二级网格,生成离散多重介质网格与离散多重介质;采用离散多重介质建模方法,建立离散多重介质的几何参数(喉道半径等)、属性参数(孔隙度、渗透率等)、渗流参数等模型	离散多重介质地质模型

续表

建模方法	介质类型	方法描述	地质模型
不同尺度孔缝等效建模	不同尺度孔缝等效介质	根据特征单元内不同尺度孔缝介质的组成、数量及空间分布,通过非结构网格技术,将不同尺度的裂缝离散为离散裂缝介质,将不同尺度的孔隙离散为离散多重介质,通过体积等效与流量等效的原则,将特征单元内不同尺度的孔缝介质等效为单一介质,并建立等效介质的几何参数、属性参数、渗流参数等模型,形成等效介质地质模型。等效建模方法分为油藏规模尺度的等效建模方法和非常规尺度升级等效建模方法	等效介质地质模型

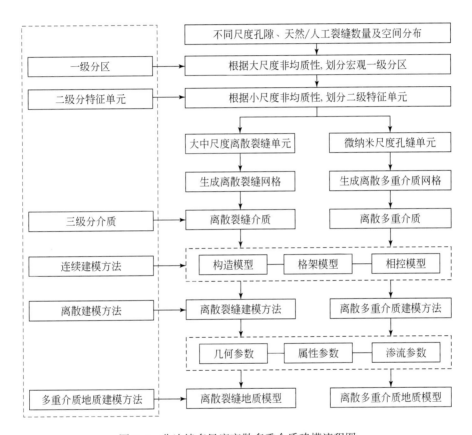

图 5.4 非连续多尺度离散多重介质建模流程图

1. 根据宏观非均质性划分区域

根据致密储层岩性、岩相、储层类型的宏观非均质性,以及不同尺度孔隙、天然裂缝和人工裂缝的数量及空间分布的差异,建立宏观大尺度非均质性的划分指标与标准,形成大尺度非均质性的划分方法,将致密储层划分为若干个特征差异较大的一级区域。

2. 根据小尺度非均质性的特征单元,划分一级网格

在一级分区的基础上,根据小尺度非均质性划分二级特征单元,包括离散裂缝特征单元和微纳米尺度孔缝特征单元:①将区内离散分布的大中尺度天然/人工裂缝处理为若干个离散裂缝特征单元;②对于只发育离散分布的微纳米尺度裂缝与孔隙区域,根据微纳米

尺度孔隙与裂缝的数量及空间分布的差异,建立小尺度非均质性的划分指标与标准,形成小尺度非均质性特征单元的划分方法,将该区域划分为若干具有不同孔缝特征差异的微纳米孔缝特征单元;③根据离散裂缝特征单元及微纳米孔缝特征单元的分布特征,选择合适的非结构网格,将该区域划分为能够表征不同离散裂缝特征单元及微纳米孔缝特征单元的一级网格。

3. 根据微尺度多重介质的数量及空间分布特征,划分二级网格

根据不同离散裂缝特征单元及微纳米孔缝特征单元内不同尺度孔缝的数量和空间分布特征差异,划分多重介质,通过网格剖分形成离散的二级网格,并确定不同网格的介质类型。①将大中尺度离散裂缝单元根据其几何特征的变化规律划分为若干个具有不同几何特征和属性特征的离散裂缝介质,通过非结构网格剖分生成二级离散裂缝网格,并确定每个二级离散网格的离散裂缝介质类型(人工裂缝/天然裂缝);②对于微纳米孔缝特征单元,根据不同尺度微纳米孔缝间的数量及空间分布模式的差异,将微纳米尺度孔缝特征单元划分为若干个具有不同几何特征和属性特征的离散孔缝多重介质,通过非结构网格剖分生成二级离散多重介质网格,并确定每个二级离散网格的介质类型(孔隙、裂缝)。

4. 采用连续建模方法,建立一级网格的宏观非均质性地质模型

根据储层的构造深度、储层厚度、岩性岩相及储层类别在空间上的连续/离散分布特点,可以采用常规连续/离散的建模方法,建立其不同特征单元的构造模型、格架模型和相控模型。

1)建立构造模型

根据地震解释得到的不同层位深度的变化、测井解释得到的单井不同层位的深度数据,采用三维地质趋势面、克里金等连续函数的插值方法,在三维空间中生成不同层位构造深度的变化,并确定同一层面不同位置的深度间关系,建立一级网格的构造模型(狄效儒,2012),生成层位面网格单元的海拔。

2)建立格架模型

以一级网格构造模型为基础,采用地层层序分析资料,在地层面间建立高精度的层序模型,并根据属性建模精度的需要,将地层层序进一步细分,建立地质建模格架模型,生成三维地质模型网格单元,并计算一级网格单元的地层厚度、砂层厚度、油层厚度、有效厚度等格架模型参数。

3)建立相控模型

以三维储层格架模型为基础,以单井划分、井间地震预测、地质模式作为约束,采用地质统计、克里金等方法建立岩性、岩相或储层类别等在空间分布的相控模型,确定不同一级网格单元的岩性、岩相或者储层类别,建立三维储层相控模型。

5. 采用非连续多尺度离散多重介质建模技术,建立二级网格的多重介质地质模型

1)建立离散裂缝地质模型

针对大、中尺度离散的天然/人工裂缝,通过选择合适的非结构网格进行离散化,将大、中尺度的离散裂缝单元(裂缝尺度>网格尺度)离散为二级网格,生成离散裂缝网格与离散裂缝介质;根据确定性的离散裂缝建模方法,建立离散裂缝介质的几何参数(裂缝宽度等)、属性参数(裂缝孔隙度、渗透率等)、渗流参数(导流能力)等模型,形成离散裂缝地质模型。

2)建立离散多重介质地质模型

针对微纳米尺度裂缝及不同尺度孔隙发育,不同尺度孔缝间数量及空间分布特征差异大,非均质性与多重介质特征突出的情况,根据不同尺度孔缝介质的组成及数量分布,划分多重介质的重数,并确定不同介质的体积百分比;根据不同尺度孔缝介质的空间分布规律,划分为接力排供式、交互式分布的两种多重介质分布模式;通过选择合适的非结构网格,根据介质的重数、体积百分比及空间分布模式,将微纳米尺度孔缝特征单元离散为嵌套型、交互型的二级网格,生成离散多重介质网格与离散多重介质(不同尺度孔隙、微纳米裂缝);采用离散多重介质建模方法,建立离散多重介质的几何参数(孔喉半径、裂缝宽度等)、属性参数(孔隙度、渗透率等)、渗流参数(相渗、毛管力等)等模型,形成离散多重介质地质模型。

3)建立等效介质地质模型

非常规致密储层宏观非均质性与天然/人工裂缝多尺度特征显著,而在微观尺度上,发育纳米-纳微米-微米级不同尺度的孔隙介质和裂缝介质,微观非均质性及多重介质特征突出。按照非常规的建模思路,建立大尺度非均质性分区、小尺度非均质性分单元、微尺度非均质性分多重介质的不同尺度规模的地质模型,通过对精细化地质模型的粗化,将离散多重介质的细网格等效合并为特征单元的粗网格,以提高模拟速度,并体现不同尺度孔隙与裂缝介质的组成与分布对特征单元渗流动态的影响。同时,通过尺度升级等效建模方法,建立从微观尺度、小尺度到油藏规模的不同尺度升级等效地质模型,将微观尺度、小尺度的非均质性升级等效到油藏规模的地质模型中,充分体现不同尺度非均质性对流动规律、开采动态的影响。

第二节　不同尺度天然/人工裂缝离散建模技术

非常规致密储层发育不同尺度的天然/人工裂缝,根据不同尺度裂缝的空间分布规律和几何参数范围,通过不同尺度天然/人工离散裂缝的确定性、约束随机生成技术,生成不同尺度离散裂缝体。采用非结构网格技术,将不同离散裂缝体划分为不同的离散裂缝单元,并将其网格离散化,生成离散裂缝介质。考虑天然裂缝的粗糙度、充填情况,以及考虑人工裂缝支撑剂的浓度、大小及组合方式、堆积方式,创新发展了不同尺度天然/人工裂缝离散建模技术,并建立离散裂缝介质的几何参数(裂缝宽度等)、属性参数(裂缝孔隙度、渗透率等)、渗流参数(导流能力)等模型,形成离散裂缝地质模型。

一、不同尺度天然/人工裂缝离散建模思路

1. 非常规致密储层发育不同尺度天然/人工裂缝

非常规致密储层发育不同尺度的天然裂缝,其中,大尺度裂缝是基于三维地震数据体,采用人工解释的方法得到的尺度大、区域范围内可靠性强的裂缝;中尺度裂缝是基于

地震属性体,采用蚂蚁追踪或者地震相干体技术识别的尺度较大、在井间确定性强的裂缝(郎晓玲和郭召杰,2013);小尺度裂缝是根据取心、常规测井、成像测井等资料识别、在井筒附近能定量表征,而在井间的分布难以精细识别的小尺度裂缝;微裂缝是通过岩心观察、薄片分析等方法得到的微米尺度的裂缝;纳米缝是通过薄片、扫描电镜等方法得到的纳米尺度的裂缝。

非常规致密储层经过体积压裂/重复压裂改造,形成不同尺度的人工裂缝。人工裂缝可以通过微地震、压裂监测及生产动态资料等方法识别与描述。根据人工裂缝形成的力学机理及尺度大小,可以划分为主裂缝、分支裂缝和剪切微裂缝 3 类。

2. 不同尺度天然/人工裂缝的生成

根据不同类型(天然/人工裂缝)、不同尺度裂缝的描述、识别与表征结果,可以获得不同类型裂缝的空间分布规律(包括裂缝的组系、密度/条数、走向/倾向与轨迹),以及不同尺度裂缝的几何参数(长、宽、高)。对于不同类型、不同尺度的裂缝,由于其资料来源及描述表征方法的差异,其空间分布规律及几何参数的可靠性也存在不同。因此,需要根据空间分布规律及几何参数的可靠程度,分别采用不同的生成方法(确定性方法、约束随机性方法)生成不同类型、不同尺度的离散裂缝体(表 5.2)。

表 5.2　不同尺度天然/人工裂缝的生成与建模方法

	常规储层	非常规储层
裂缝类型	大尺度离散天然裂缝	不同尺度天然裂缝+人工裂缝
裂缝生成方法	大尺度裂缝:确定性生成方法	①大尺度天然/人工裂缝:确定性生成方法; ②中小尺度天然/人工裂缝:确定性+随机性生成方法; ③微纳米缝:随机性生成方法
裂缝建模	天然裂缝:采用平板裂缝模型建模	①天然裂缝:考虑裂缝的粗糙度、充填情况的离散建模; ②人工裂缝:考虑支撑剂的浓度、大小及组合方式、支撑方式等离散建模

3. 不同尺度天然/人工裂缝的离散建模

将上述生成的不同尺度离散裂缝体视为不同尺度的离散裂缝单元,通过非结构网格剖分技术,对离散裂缝单元(一级网格)进行网格离散化,生成离散裂缝二级网格,形成不同尺度的离散裂缝介质。

根据离散裂缝二级网格及不同网格的介质类型,通过立体几何的计算方法,建立裂缝网格的面积、体积等几何参数模型;考虑天然裂缝与人工裂缝的差异,通过天然/人工裂缝的离散介质建模方法,建立不同网格离散裂缝介质的几何参数、属性参数和渗流参数模型,形成离散裂缝地质模型(图 5.5)。

二、不同尺度天然/人工裂缝离散生成技术

宏观大尺度裂缝在区域上的空间分布规律(包括裂缝的组系、密度/条数、走向/倾向与轨迹),以及几何参数(长、宽、高等)是确定性的,根据大尺度裂缝描述结果给定的空间分布

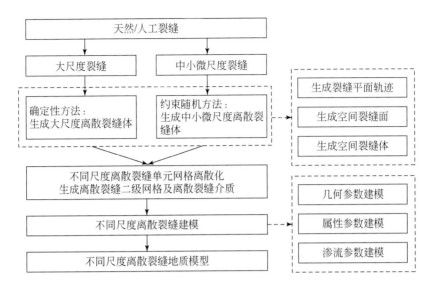

图 5.5　不同尺度离散裂缝建模流程图

规律及几何参数,通过空间立体几何确定性算法生成离散裂缝体,形成大尺度的离散裂缝单元(梁宇涛等,2014)。

中小尺度裂缝可以通过井点资料描述表征其空间分布规律及几何参数范围,但其在井间具体的空间分布及几何参数不确定,因此,可以将井点资料获得的空间分布规律及几何参数范围作为确定性的约束条件,采用分形几何、Fisher 分布等随机方法生成离散裂缝体,形成中小尺度的离散裂缝单元(徐志华,2009)。

根据岩心观察、薄片分析、扫描电镜等方法,可以获得微纳米裂缝具有统计意义的空间分布规律及几何参数范围,并将此作为约束条件,采用随机方法生成离散裂缝体,形成微纳米尺度的离散裂缝单元(李阳等,2016)。

不同尺度天然/人工裂缝的生成方法及步骤见图 5.6。

(1)根据不同尺度裂缝描述结果,获取裂缝的空间分布规律(包括裂缝的组系、密度/条数、走向/倾向与轨迹),以及几何参数(长、宽、高等)等资料。

(2)确定裂缝的组系:根据裂缝的类型、几何尺度、方向等特征,划分裂缝组系。

(3)确定不同组系的裂缝密度:对于宏观大、中、小尺度裂缝,通过露头、岩心观察描述等方法,以及成像测井、地震裂缝预测等方法,对宏观裂缝进行描述分析,确定组系的裂缝密度(张敏等,2009)。

对于微纳米尺度裂缝,可以利用盒子法对岩心、薄片进行描述与分析,获得裂缝密度和分形维数资料,建立裂缝密度与分形维数的关系式。在井间缺乏微纳米裂缝密度资料的情况下,可以认为井间微纳米裂缝的空间分布遵从分形维数分布,从而根据上述裂缝密度与分形维数的关系式来确定井间微纳米裂缝的密度(Kim and Schechter,2009)。

①根据不同井点的岩心或薄片资料,利用盒子法描述统计裂缝分布的分形维数与裂缝密度。

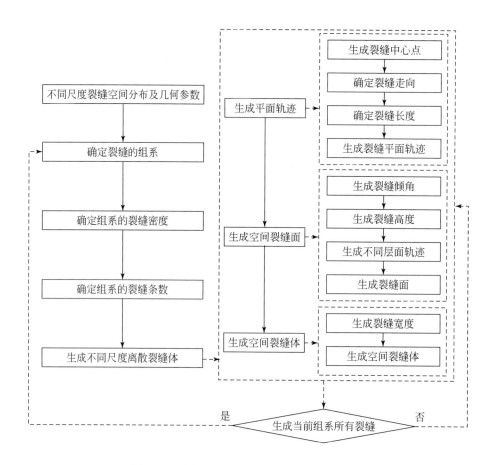

图 5.6　不同尺度天然/人工裂缝的生成流程图

②建立裂缝分布的分形维数与裂缝密度的关系模型：

$$\ln(N_n) = \ln m - F_v \ln(r_n) \tag{5.1}$$

式中，r_n 为格子边长；F_v 为分维数；m 为线性常数。

③在不同井点分形维数的约束下，采用克里金法计算井间不同空间位置的分形维数。

④根据井间不同位置的分形维数，利用分形维数和裂缝密度关系模型，确定井间的裂缝密度。

（4）确定组系的裂缝条数：对于宏观大中尺度裂缝，通过储层描述可获得确定的裂缝条数；对于小尺度、微纳米尺度裂缝，其裂缝条数可以利用已获得的裂缝密度，采用泊松过程的随机方法来确定。

（5）生成不同尺度裂缝体。大尺度裂缝在区域上的空间分布（裂缝条数、走向/倾向与轨迹），以及几何参数（长、宽、高等）是确定性的，通过空间立体几何确定性算法生成离散裂缝体。

中小、微纳米尺度裂缝具有确定的空间分布规律（裂缝密度、走向、倾向的范围）及几何参数（长度、宽度、高度）范围，并以此作为约束条件，采用分形几何、Fisher 分布等随机方法生成离散裂缝体。

约束随机方法生成离散裂缝体步骤如下：

第一步，生成裂缝的平面轨迹：采用约束随机方法，确定裂缝具体的中心点坐标、走向和长度，生成裂缝平面轨迹。

1）生成裂缝中心点：非泊松模式的空间变概率法

在宏观地质规律的作用下，断层/大裂缝对其周围裂缝的分布密度、方向及尺度大小具有一定的控制作用，并可使用空间变概率法来表征断层（大裂缝）对周围裂缝分布密度、方向及尺度大小的影响（郑松青和姚志良，2009）。

（1）在区域范围内，采用均匀分布的随机算法，生成裂缝中心点坐标(x,y)。

（2）根据中心点坐标(x,y)到最近的断层（大裂缝）的位置，考虑断层/大裂缝对周围裂缝的影响，计算其存在的可能性P：

$$P(x,y,z) = \mathrm{e}^{-kl} \tag{5.2}$$

式中，$P(x,y,z)$为在点(x,y,z)生成裂缝的概率；l为该点到断层/大裂缝的距离；k为影响系数，在此取$k=0.5$，该系数可以通过露头资料获取。

（3）在$(0,1)$区间生成随机数P_r，比较P_r与P的值，当$P_r<P$时，保留此点，否则重新生成中心点坐标，并判断其是否保留。通过非泊松模式的空间变概率法生成的裂缝中心点分布见图5.7。

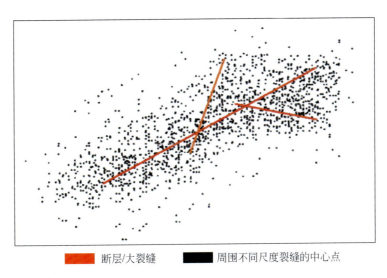

断层/大裂缝　　　周围不同尺度裂缝的中心点

图5.7　非泊松模式的空间变概率法生成裂缝中心点分布图

2）确定裂缝走向

以不同尺度裂缝走向的范围作为约束条件，使用均匀分布的随机方法生成裂缝走向（Kim and Schechter，2009）。均匀分布的密度函数如下式：

$$f(x) = \begin{cases} \dfrac{1}{b-a}, & a \leqslant x \leqslant b \\ 0, & 其他 \end{cases} \tag{5.3}$$

式中, $f(x)$ 为走向角度的分布密度函数; x 为走向角度; a 为最小角度; b 为最大角度。

3) 确定裂缝长度

以不同尺度裂缝长度的范围作为约束条件, 并认为裂缝长度的随机分布遵从分形分布的特征, 因此可以采用裂缝长度与分形维数的关系式, 计算裂缝长度。

(1) 在 $(0,1)$ 范围内, 生成均匀分布的随机数 p。

(2) 根据裂缝长度范围, 采用裂缝长度 l_{fp} 与分形维数 F_v 的关系式 [式 (5.4)], 确定裂缝长度 (郑松青和姚志良, 2009)。

$$l_{fp} = \left[(1-p) l_{fmin}^{-F_v} + p l_{fmax}^{-F_v} \right]^{-\frac{1}{F_v}} \tag{5.4}$$

式中, l_{fp} 为所求的裂缝长度; l_{fmax} 为裂缝长度范围的最大长度; l_{fmin} 为裂缝长度范围的最小长度; F_v 为分形维数; p 为 $(0,1)$ 上均匀分布的随机数。

4) 生成裂缝平面轨迹

根据裂缝中心点位置、走向、长度, 采用平面几何算法, 生成裂缝平面轨迹。采用上述方法, 生成了不同尺度、不同类型 (天然/人工)、不同方法 (确定性、随机性) 裂缝平面分布图 (图 5.8 ~ 图 5.11)。

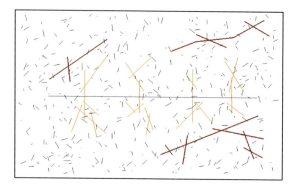

图 5.8　不同尺度天然裂缝 + 人工裂缝

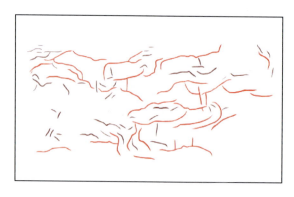

图 5.9　大中尺度天然缝 (确定性)

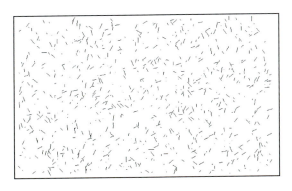

图 5.10　小微尺度天然缝(随机性)

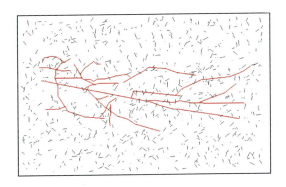

图 5.11　不同尺度天然裂缝(确定+随机)

第二步,生成空间裂缝面。

在裂缝平面轨迹的基础上,根据不同尺度裂缝的倾角、高度,利用空间立体几何算法,生成空间裂缝面。

1)生成裂缝倾角

根据裂缝的法向量分布符合球面上对称分布的地质规律,以裂缝倾角范围作为约束条件,通过 Fisher 随机方法产生裂缝在不同空间位置的倾角。

(1)根据 Fisher 分布原理,建立倾角的概率密度关系式(Kim and Schechter,2009)。

$$f(\theta) = \frac{F_{ish}\sin\theta e^{F_{ish}\cos\theta}}{e^{F_{ish}} - e^{-F_{ish}}}\left(0 < \theta < \frac{\pi}{2}\right) \qquad (5.5)$$

式中,θ 为和平均倾角的角度偏离值;F_{ish} 为 Fisher 常数,通过实际数据拟合得到。

(2)根据 Fisher 分布的密度关系式,通过生成高斯随机数,采用倾角的生成公式[式(5.6)],确定裂缝倾角(Kim and Schechter,2009)。

$$R_{F,K}^{i} = \cos^{-1}\left[\frac{\ln(1 - R_{G,1}^{i})}{K} + 1\right] \qquad (5.6)$$

式中,$R_{G,1}^{i}$ 为在(0,1)范围内的高斯随机数;$R_{F,K}^{i}$ 为生成的倾角。

2)生成裂缝高度

以裂缝高度范围作为约束条件,通过裂缝高度和裂缝长度呈正比的关系,根据裂缝长度,按照比例系数法确定裂缝的高度(Kim and Schechter,2009)。

$$H_i = K \times R_i \tag{5.7}$$

式中,K 为岩样实验得到的比例常数;R_i 为裂缝长度;H_i 为裂缝高度。

3)生成不同层面轨迹

根据裂缝的平面轨迹,考虑裂缝的倾向,采用立体几何算法,计算不同层面裂缝轨迹(走向、倾向、坐标)。

4)生成空间裂缝面

通过不同层面轨迹,采用立体几何算法,连线成面,形成裂缝面。

第三步,生成空间三维裂缝体。

1)生成裂缝宽度

以裂缝宽度范围作为约束条件,通过裂缝宽度和裂缝长度呈正比的关系。根据裂缝长度值,采用比例系数法计算裂缝宽度(郑松青和姚志良,2009)。

$$W_i = K \times R_i \tag{5.8}$$

式中,K 为岩样实验得到的比例常数;R_i 裂缝长度;W_i 为裂缝宽度。

2)生成空间裂缝体

根据不同尺度裂缝面的空间展布,再考虑裂缝的宽度变化,采用立体几何算法,生成空间分布的不同尺度离散裂缝体(图 5.12)。

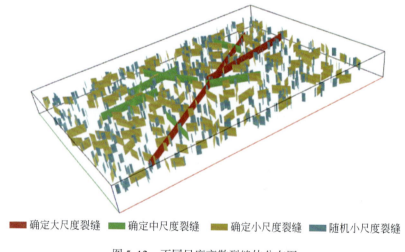

■确定大尺度裂缝　　■确定中尺度裂缝　　■确定小尺度裂缝　　■随机小尺度裂缝

图 5.12　不同尺度离散裂缝体分布图

三、离散裂缝单元的划分及网格离散化

将上述生成的不同尺度离散裂缝体视为不同尺度的离散裂缝单元,通过非结构网格剖分技术,将不同离散裂缝单元划分为一级网格;然后根据不同尺度裂缝单元的几何形态,选择不同的非结构网格类型及大小,对每个离散裂缝单元进行网格离散化,生成离散裂缝的二级网格,形成不同尺度的离散裂缝介质(图 5.13)。

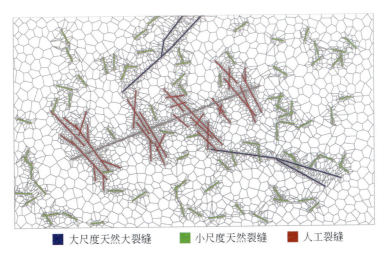

■ 大尺度天然大裂缝　　■ 小尺度天然裂缝　　■ 人工裂缝

图 5.13　不同尺度离散裂缝介质及网格剖分

四、离散裂缝地质建模

不同尺度裂缝在空间上呈非连续的离散分布，不能采用传统的连续建模方法，只能采用非连续的离散建模方法；由于不同尺度天然/人工裂缝几何形态、充填/支撑情况差异较大，考虑天然裂缝的粗糙度与充填情况、人工裂缝的支撑剂浓度、大小及组合方式、支撑方式等，发展了天然/人工裂缝的离散介质建模方法，建立不同网格离散裂缝介质的几何参数、属性参数和渗流参数模型，形成离散裂缝地质模型。

(一)二级网格几何参数

在离散裂缝体的网格化过程中，将离散裂缝体划分为若干个裂缝网格，每个裂缝网格逼近该段裂缝的几何特征，裂缝的长度、开度、高度、面积、体积遵循总量守恒原则，裂缝的长度应等于沿裂缝轨迹的若干裂缝网格之和，不同空间位置的裂缝开度应与该处裂缝网格的开度一致，裂缝的高度等于纵向上若干裂缝网格之和。

根据离散裂缝二级网格及不同网格的介质类型，通过提取每个网格的顶点坐标等几何数据，根据立体几何算法计算裂缝网格的长度、开度、高度、面积、体积等几何参数。

(二)天然裂缝介质属性参数

天然裂缝由于其粗糙度与充填情况不同，导致其物性与渗流特征存在差异。根据天然裂缝的粗糙度与充填情况，可以将天然裂缝划分为常规天然裂缝、有粗糙度的天然裂缝、矿物充填的天然裂缝，并采用不同的离散建模方法，分别建立不同网格、不同离散裂缝介质的开度、孔隙度、渗透率、导流能力参数模型。

1. 天然裂缝的开度

天然裂缝的开度是指裂缝表面对应点的几何开度，开度的大小反映了裂缝内流体的可流动空间,是衡量裂缝属性的重要指标。根据天然裂缝的开启方式,裂缝开度可分为水力开度与力学开度(Mcclure et al.,2016)。

　　水力开度是裂缝上下壁面接触、裂缝未产生明显开启,但由于裂缝壁面存在粗糙度,流体仍可以通过裂缝,此时裂缝内流体压力小于裂缝壁面所承受的法向应力,裂缝变形与缝内流体压力大小相关(图5.14)。

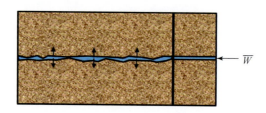

图5.14　水力开启缝

　　力学开度是指裂缝上下壁面完全脱离、裂缝发生明显开启,此时裂缝内流体压力大于裂缝壁面所承受的法向应力,裂缝总开度 W_t 由水力开度 $\overline{W}$ 和力学开度 W 两部分组成(图5.15)。

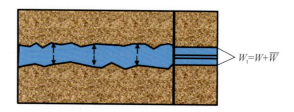

图5.15　力学开启缝

　　当裂缝开度低于最小水力开度时,裂缝壁面处于密实接触状态,流体很难通过裂缝,此时的裂缝为闭合缝;当裂缝壁面仍处于接触状态,但能够维持水力开度并允许流体通过,此时的裂缝为水力开启缝;当裂缝内流体压力高于法向应力,裂缝壁面完全脱离并形成明显的渗流通道,此时的裂缝为力学开启缝。

　　针对裂缝面光滑且裂缝内无矿物充填的常规天然裂缝(图5.16),其网格内几何、物性参数可以采用平板模型进行计算。

图5.16　常规天然裂缝

1)开度

　　针对开度相同的常规天然裂缝,其网格中裂缝开度可以通过等效平板模型进行计算(杨胜来和魏俊之,2004)。

$$W_{fs} = \frac{A_f \phi_f}{l_f} \tag{5.9}$$

式中，W_{fs} 为平板模型裂缝开度，m；A_f 为裂缝端面面积，m；ϕ_f 为裂缝孔隙度，小数；l_f 为裂缝长度。

2）孔隙度

根据天然裂缝孔隙体积与裂缝网格体积的比值来确定天然裂缝的孔隙度。常规平板模型中，裂缝的体积为长方体平板裂缝的体积，即裂缝长、宽、高的乘积。

$$\phi_{fs} = \frac{V_f}{V_r} \tag{5.10}$$

式中，ϕ_{fs} 为平板模型裂缝孔隙度，小数；V_f 为裂缝孔隙体积，m^3；V_r 为裂缝网格体积，m^3。当裂缝网格内均为裂缝孔隙时，该网格裂缝孔隙度为 100%。

3）渗透率

裂缝内的流动视为平行平板间的流动，一方面由布辛列克方程计算流过平板裂缝的流量，另一方面假设该裂缝为多孔介质，按达西定律计算流过多孔介质的流量，再根据等效渗流阻力原理计算裂缝渗透率。

$$K_{fs} = \phi_{fs} \frac{W_{fs}^2}{12} \tag{5.11}$$

式中，K_{fs} 为平板模型裂缝渗透率，mD；ϕ_{fs} 为平板模型裂缝孔隙度，小数；W_{fs} 为平板模型裂缝开度，m。

4）导流能力

天然裂缝导流能力为天然裂缝开度与裂缝渗透率的乘积。

$$C_{fs} = K_{fs} \times W_{fs} = \phi_{fs} \frac{W_{fs}^3}{12} \tag{5.12}$$

式中，C_{fs} 为平板模型裂缝导流能力，mD·m；K_{fs} 为平板模型裂缝渗透率，mD；W_{fs} 为平板模型裂缝开度，m；ϕ_{fs} 为平板模型裂缝孔隙度，小数。

2. 有粗糙度的天然裂缝参数

实际天然裂缝表面并不是光滑的，具有一定的粗糙度（图 5.17），针对有粗糙度的天然裂缝，其网格内几何、物性参数的计算需采用考虑裂缝粗糙程度的计算模型。

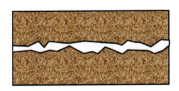

图 5.17 有粗糙度的天然裂缝

1）开度

通过引入裂缝粗糙度系数 D_r，建立了网格内考虑粗糙度的天然裂缝开度模型。

$$W_f = (1 - D_r) W_{fs} \tag{5.13}$$

式中,W_f 为有粗糙度的天然裂缝开度,m;D_r 为裂缝粗糙度系数,无量纲;W_{fs} 为平板模型裂缝开度,m。裂缝粗糙度系数 D_r 取值为 0～1,裂缝表面越粗糙,粗糙度系数 D_r 值越大,裂缝开度越小,当 D_r 值为 1 时,裂缝开度为 0;裂缝表面越光滑,粗糙系数 D_r 值越小,裂缝开度越大,D_r 值为 0 时,裂缝开度即为常规天然裂缝开度。

2)孔隙度

考虑粗糙度的裂缝孔隙度同样为天然裂缝孔隙体积与裂缝网格体积的比值,但裂缝体积的计算需要引入粗糙度系数 D_r,考虑粗糙度的裂缝体积为平板裂缝体积与($1-D_r$)之差的乘积。

$$\phi_f = (1 - D_r)\phi_{fs} \qquad (5.14)$$

式中,ϕ_f 为有粗糙度的天然裂缝孔隙度,小数;D_r 为裂缝粗糙度系数,无量纲;ϕ_{fs} 为平板模型裂缝孔隙度,小数。裂缝表面越粗糙,孔隙度越小,当 D_r 值为 1 时,裂缝孔隙度为 0;裂缝表面越光滑,孔隙度越大,当 D_r 值为 0 时,裂缝孔隙度为 100%。

3)渗透率

由实际天然裂缝出发,引入裂缝面迂曲度 τ、粗糙度 ε 和倾角 θ,根据裂缝中渗流时的实际压力梯度与视压力梯度等效及流体流动剖面的实际横截面积与视横截面积间的等效关系,建立了网格内考虑粗糙度的天然裂缝渗透率计算模型(曲冠政等,2016)。

$$K_f = \frac{10^9 W_f^2 / 12}{\tau^2 \cos\theta \left[1 + A \left(\varepsilon / W_f \right)^B \right]} \qquad (5.15)$$

式中,K_f 为有粗糙度的天然裂缝渗透率,mD;W_f 为有粗糙度的天然裂缝孔隙度,小数;τ 为粗糙度的天然裂缝面迂曲度,无量纲;ε 为天然裂缝面迂曲度,无量纲;θ 为裂缝面倾角,(°);A,B 为待定系数。

4)导流能力

天然裂缝导流能力为天然裂缝开度与裂缝渗透率的乘积。

$$C_f = K_f \times W_f = \frac{10^9 W_f^3 / 12}{\tau^2 \cos\theta \left[1 + A \left(\varepsilon / W_f \right)^B \right]} \qquad (5.16)$$

式中,C_f 为有粗糙度的天然裂缝导流能力,mD·m;K_f 为有粗糙度的天然裂缝渗透率,m^2;W_f 为有粗糙度的天然裂缝孔隙度,小数;τ 为有粗糙度的天然裂缝面迂曲度,无量纲;ε 为天然裂缝面迂曲度,无量纲;θ 为裂缝面倾角,(°);A,B 为待定系数。

3. 有矿物充填的天然裂缝参数

储层中的部分天然裂缝内是有矿物充填的(图 5.18),针对有矿物充填的天然裂缝,其网格内几何、物性参数的计算需采用考虑矿物充填程度的计算模型。

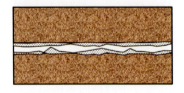

图 5.18　有矿物充填的天然裂缝

1）开度

对于有矿物充填的天然裂缝,矿物充填越饱满,裂缝有效开度越小,这里引入矿物充填系数来计算天然裂缝的有效开度,其裂缝开度计算模型如下(冯建伟等,2011):

$$W_f = (1 - C_c) W_{fs} \tag{5.17}$$

式中,W_f 为有矿物充填的天然裂缝开度,m;C_c 为矿物充填系数,无量纲;W_{fs} 为平板模型裂缝开度,m。矿物充填系数 C_c 表示矿物充填裂缝的程度,用充填矿物总体积占裂缝总体积大小来衡量,取值为 0 ~ 1。当矿物全部充满裂缝时,$C_c = 1$,裂缝开度为 0;当矿物半充填裂缝时,$C_c = 0.5$,当裂缝不被矿物充填时,$C_c = 0$,裂缝开度与常规天然裂缝一致。

2）孔隙度

考虑粗糙度的裂缝孔隙度同样为天然裂缝孔隙体积与裂缝所在网格体积的比值,矿物充填裂缝的体积需通过引入矿物充填系数 C_c 来计算,该体积为平板裂缝体积与$(1-C_c)$的乘积。

$$\phi_f = (1 - C_c) \phi_{fs} \tag{5.18}$$

式中,ϕ_f 为有矿物充填的天然裂缝孔隙度,小数;C_c 为矿物充填系数,无量纲;ϕ_{fs} 为平板模型裂缝孔隙度,小数。裂缝充填程度越高,C_c 值越大。当裂缝完全充填、胶结时 C_c 设为 1,裂缝孔隙度为 0;裂缝未充填、完全开启时 C_c 设为 0,裂缝孔隙度为 100% 。

3）渗透率

根据 Poiseuille 定律和达西定律,根据裂缝中流量相等,已知矿物填充裂缝开度的情况下可以求取网格内裂缝的渗透率。

$$K_f = \phi_f \frac{W_f^2}{12} = \phi_{fs} \frac{(1-C_c)^3 W_{fs}^2}{12} \tag{5.19}$$

式中,K_f 为有矿物充填的天然裂缝渗透率,mD;ϕ_f 为天然裂缝孔隙度,小数;ϕ_{fs} 为平板模型裂缝孔隙度,小数;C_c 为矿物充填系数,无量纲;W_f 为有矿物充填的天然裂缝开度,m;W_{fs} 为平板模型裂缝开度,m。

4）导流能力

天然裂缝导流能力为天然裂缝开度与裂缝渗透率的乘积。

$$C_f = K_f \times W_f = \phi_{fs} \frac{(1-C_c)^3 W_{fs}^3}{12} \tag{5.20}$$

式中,C_f 为有矿物充填的天然裂缝导流能力,mD·m;K_f 为有矿物充填的天然裂缝渗透率,mD;W_f 为有矿物充填的天然裂缝开度,m;C_c 为矿物充填系数,无量纲;ϕ_{fs} 为平板模型裂缝孔隙度,小数;W_{fs} 为平板模型裂缝开度,m。

(三)人工裂缝介质属性参数

人工裂缝由于是否存在支撑剂,以及支撑剂排列方式不同,导致其物性与渗流特征存在差异。根据人工裂缝中支撑剂及其排列方式,可以将人工裂缝划分为无支撑剂人工裂缝、有支撑剂人工裂缝,并采用不同的离散建模方法,分别建立不同网格、不同离散裂缝介质的开度、孔隙度、渗透率、导流能力参数模型。

1. 无支撑剂人工裂缝参数

对于无支撑剂的人工裂缝,人工裂缝内充满压裂液但无支撑剂支撑(图5.19),其几何、物性参数可以采用平板模型进行计算。

图 5.19　无支撑剂人工裂缝

1)开度

根据物质守恒原理,人工裂缝开度可以由压裂液量、人工裂缝条数、半缝长、缝高计算得到(Sun and Schechter,2015)。

$$W_{Fl} = \frac{V_{Fl}}{2nX_F h_F} \tag{5.21}$$

式中,W_{Fl} 为压裂液注入后人工裂缝开度,m;V_{Fl} 为压裂液量,m³;n 为人工裂缝条数,整数;X_F 为人工裂缝半长,m;h_F 为人工裂缝缝高,m。

2)孔隙度

根据压裂液注入后裂缝的孔隙体积和人工裂缝体积的比值来确定人工裂缝的孔隙度。

$$\phi_F = \frac{V_{F\phi}}{V_F} \tag{5.22}$$

式中,ϕ_F 为人工裂缝孔隙度,小数;V_F 为人工裂缝体积,m³;$V_{F\phi}$ 为人工裂缝孔隙体积,m³。

3)渗透率

由 Poiseuille 定律和达西定律,根据裂缝中流量相等的原则,在已知裂缝开度的情况下可以求取裂缝的渗透率(秦积舜和李爱芬,2006)。

$$K_F = \phi_F \frac{W_{Fl}^2}{12} \tag{5.23}$$

式中,K_F 为人工裂缝渗透率,mD;ϕ_F 为人工裂缝孔隙度,小数;W_{Fl} 为压裂液注入后人工裂缝开度,m。

4)导流能力

人工裂缝导流能力为人工裂缝开度与裂缝渗透率的乘积。

$$C_F = K_F \times W_{Fl} = \phi_F \frac{W_{Fl}^3}{12} \tag{5.24}$$

式中,C_F 为人工裂缝导流能力,mD·m;K_F 为人工裂缝渗透率,mD;W_{Fl} 为压裂液注入后人工裂缝开度,m;ϕ_F 为人工裂缝孔隙度,小数。

2. 有支撑剂人工裂缝参数

1)未支撑阶段

支撑剂注入初期阶段,人工裂缝内的支撑剂处于悬浮状态(图 5.20),此时人工裂缝的几何、物性参数也可以采用平板模型进行计算。

图 5.20　支撑剂悬浮时人工裂缝

A. 开度

由于支撑剂注入使裂缝增加的开度,可以根据注入支撑剂的质量、支撑剂的密度、人工裂缝条数、半缝长及缝高计算得到。

$$W_{Ft} = \frac{V_{Fl} + M_{prop}/\rho_{prop}}{2nX_F h_F} \qquad (5.25)$$

式中,W_{Ft} 为支撑剂注入后人工裂缝开度,m;V_{Fl} 为压裂液量,m³;M_{prop} 为支撑剂的质量,t;ρ_{prop} 为支撑剂密度,t/m³;n 为人工裂缝条数,整数;X_F 为人工裂缝半长,m;h_F 为人工裂缝缝高,m。

B. 孔隙度

根据支撑剂注入后裂缝的孔隙体积和人工裂缝体积的比值来确定人工裂缝的孔隙度。

$$\phi_F = \frac{V_{F\phi}}{V_F} \qquad (5.26)$$

式中,ϕ_F 为人工裂缝孔隙度,小数;V_F 为人工裂缝体积,m³;$V_{F\phi}$ 为人工裂缝孔隙体积,完全充填、胶结闭合为 0,未充填、未支撑的开启裂缝为 100%,部分充填或支撑为 0~100%,m³。

C. 渗透率

由 Poiseuille 定律和达西定律,根据裂缝中流量相等,已知支撑剂注入阶段裂缝开度的情况下可以求取裂缝的渗透率。

$$K_F = \phi_F \frac{W_{Ft}^2}{12} \qquad (5.27)$$

式中,K_F 为人工裂缝渗透率,mD;ϕ_F 为人工裂缝孔隙度,小数;W_{Ft} 为支撑剂注入后人工裂缝开度,m。

D. 导流能力

人工裂缝导流能力为人工裂缝开度与裂缝渗透率的乘积。

$$C_F = K_F \times W_{Ft} = \phi_F \frac{W_{Ft}^3}{12} \tag{5.28}$$

式中，C_F 为人工裂缝导流能力，mD·m；K_F 为人工裂缝渗透率，mD；W_{Ft} 为支撑剂注入后人工裂缝开度，m；ϕ_F 为人工裂缝孔隙度，小数。

2）支撑阶段

压裂液返排后，人工裂缝内的支撑剂处于支撑状态（图 5.21），根据支撑剂的排列方式不同其几何、物性参数计算模型也不同。

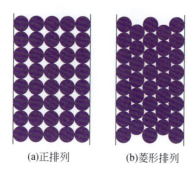

(a)正排列　　　　(b)菱形排列

图 5.21　不同支撑方式的人工裂缝

A. 开度

压裂返排后，支撑剂支撑初始阶段，有两种方法可以求取裂缝开度：①根据压裂液返排量计算人工裂缝开度，裂缝的总体积为注入的压裂液、支撑剂总量与压裂液返排量的差值，根据体积等效取该阶段裂缝开度；②根据支撑剂的注入量及排列方式计算人工裂缝开度，裂缝的总体积等于裂缝中支撑剂支撑的孔隙体积（与支撑剂排列方式有关）与注入支撑剂的体积之和，根据体积等效求取该阶段裂缝开度。

$$W_F = \frac{V_{Fl} + M_{prop}/\rho_{prop} - V_{Pl}}{2nX_F h_F} \tag{5.29}$$

式中，W_F 为人工裂缝开度，m；V_{Fl} 为注入压裂液的体积，m^3；V_{Pl} 为压裂液返排的体积，m^3；M_{prop} 为支撑剂的质量，t；ρ_{prop} 为支撑剂密度，t/m^3；n 为人工裂缝条数，整数；X_F 为人工裂缝半长，m；h_F 为人工裂缝缝高，m。

$$W_F = \frac{M_{prop}}{2nX_F h_F (1-\phi_{prop})\rho_{prop}} \tag{5.30}$$

式中，W_F 为人工裂缝开度，m；M_{prop} 为支撑剂的质量，t；ρ_{prop} 为支撑剂密度，t/m^3；n 为人工裂缝条数，整数；X_F 为人工裂缝半长，m；h_F 为人工裂缝缝高，m；ϕ_{prop} 为人工裂缝（支撑剂）孔隙度，m。

B. 孔隙度

人工裂缝内充填了支撑剂，可以根据支撑剂的颗粒大小、排列方式来计算孔隙度，在计算等径球形支撑剂规则排列时，支撑人工裂缝孔隙度的大小只跟支撑剂的排列方式有关，与支撑剂的粒径大小无关(郭仁炳,1994)。

支撑剂正排列时,人工裂缝的孔隙度为

$$\phi_F = 1 - \frac{\pi}{6} = 47.6\% \qquad (5.31)$$

支撑剂菱形排列时,人工裂缝的孔隙度为

$$\phi_F = 1 - \frac{\pi}{3\sqrt{2}} = 25.95\% \qquad (5.32)$$

C. 渗透率

根据 Kozeny 的毛细管模型,将支撑剂排列理想模型转化为导流束模型,并根据两个模型横截面上毛管数和支撑剂颗粒数的相互关系计算得到人工裂缝的渗透率。

支撑剂正排列时,人工裂缝的渗透率为

$$K_F = \partial \frac{1}{8\pi} \phi_F^2 D^2 \qquad (5.33)$$

支撑剂菱形排列时,人工裂缝的渗透率为

$$K_F = \partial \frac{1}{16\pi} \phi_F^2 D^2 \qquad (5.34)$$

式中,K_F 为裂缝渗透率,mD;ϕ_F 为裂缝孔隙度,小数;∂ 为充填系数,可根据实验数据线性回归求得;D 为支撑剂粒径,m。

D. 导流能力

支撑剂不同方式排列时人工裂缝渗透率的计算模型不同,人工裂缝导流能力为人工裂缝开度和裂缝渗透率的乘积,因此,其裂缝导流能力的计算模型也不同。

支撑剂正排列时,人工裂缝的导流能力为

$$C_F = K_F \times W_F = \partial \frac{1}{8\pi} \phi_F^2 D^2 W_F \qquad (5.35)$$

支撑剂菱形排列时,人工裂缝的导流能力为

$$C_F = K_F \times W_F = \partial \frac{1}{16\pi} \phi_F^2 D^2 W_F \qquad (5.36)$$

式中,C_F 为人工裂缝导流能力,mD·m;K_F 为人工裂缝渗透率,mD;ϕ_F 为人工裂缝孔隙度,小数;∂ 为支撑剂充填系数,可根据实验数据线性回归求得;D 为支撑剂粒径,m。

(四) 不同孔缝介质渗流参数

不同尺度天然/人工裂缝介质的渗流参数一般包括毛管力、相渗曲线及压缩系数。根据天然裂缝和人工裂缝的不同,模型参数的计算有差异;天然裂缝根据闭合缝、开启缝的不同,模型参数的计算有差异;人工裂缝根据支撑情况、填充程度不同,模型参数的计算有差异。

1. 毛管力

天然裂缝开度一般大于 10μm,裂缝中的毛管力可以忽略近似为 0;而人工裂缝内有支撑剂的支撑,相当于高孔介质,毛管力大于 0,但小于基质孔隙的毛管力。

2. 相渗曲线

不同尺度天然裂缝与人工裂缝的相渗曲线存在较大差异。其中,大尺度天然裂缝的相渗曲线可以用交叉型曲线表示(图5.22);而大尺度人工裂缝内有支撑剂的支撑,相当于高孔介质,其油水相对渗透率小于天然裂缝而大于基质孔隙的相对渗透率(图5.23)。

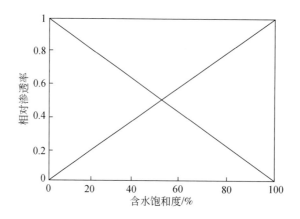

图 5.22　大尺度天然裂缝相对渗透率曲线

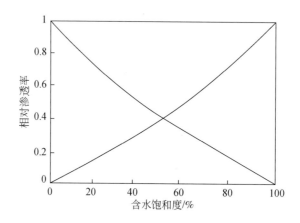

图 5.23　大尺度人工裂缝相对渗透率曲线

3. 压缩系数

由于天然裂缝的可压缩性较强,其压缩系数一般为基质压缩系数的 10 倍;人工裂缝由于支撑剂的支撑作用,其压缩系数大于基质而小于天然裂缝的压缩系数。

第三节　不同尺度离散多重介质建模技术

常规储层孔隙分布相对集中,表现为单一孔隙介质、连续分布的特征,孔隙介质属性参数连续变化,因此,一般采用单一孔隙介质连续建模方法建立基质孔隙模型。非常规致密储层孔隙更加细小,发育纳米-纳微米-微米级不同尺度的孔隙介质,不同尺度孔隙的组成、数量分布模式差异较大,不同尺度孔隙在空间上呈离散的非连续分布,而且空间分布模式差异较大,不同尺度的孔隙介质几何、物性参数差异极大;同时,致密储层还发育天然/人工微米-

纳米级裂缝,这些微纳米级裂缝数量多、尺度小,不能作为确定性的离散裂缝来处理,但他们在微观尺度上仍具有一定的储集能力和沟通不同尺度孔隙的流动能力,并在空间上呈离散的非连续分布。因此,将不同尺度孔隙和微纳米裂缝视作离散分布的微尺度离散介质,首次提出离散多重介质的概念,以不同尺度孔缝的空间分布、数量分布规律作为约束,生成离散多重介质;突破了单一孔隙介质属性参数连续建模方法,创新形成了非连续离散多重介质属性参数建模技术。

不同尺度孔缝离散多重介质建模流程见图 5.24:①根据储层宏观非均质性的大小及强弱,划分基于大尺度非均质性的一级区域;②在同一区域内,基于小尺度非均质性划分二级特征单元,并选用合适的非结构网格对该区域进行网格剖分,形成与特征单元对应的一级离散网格;③在特征单元内,根据微观不同尺度孔缝的数量和空间分布划分三级的多重介质。针对微小尺度裂缝及不同尺度孔隙发育、不同尺度孔缝间数量及空间分布特征差异大、微观非均质性与多重介质特征突出的情况,根据不同尺度孔缝介质的数量分布及体积百分比划分介质的重数;根据不同尺度孔缝介质的空间分布规律,划分为接力排供、交互式分布的两种多重介质模式;通过选择适当的非结构网格,将特征单元离散为嵌套型、交互型的二级网格,生成离散多重介质网格与离散多重介质;采用离散多重介质建模方法,建立离散多重介质的几何参数(孔隙/喉道半径等)、属性参数(孔隙度、渗透率等)、渗流参数等模型,形成离散多重介质地质模型。

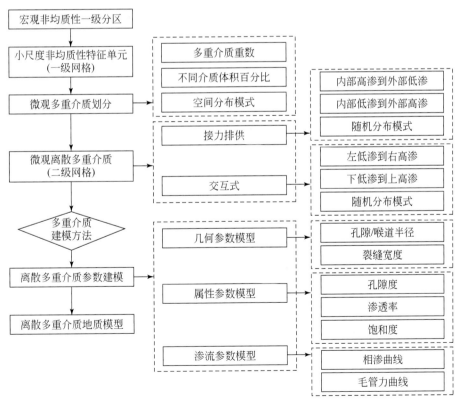

图 5.24　不同尺度孔缝离散多重介质建模流程图

一、宏观非均质性分区及特征单元的划分

　　根据岩性、岩相、储层类型、天然裂缝发育程度及规模、地应力大小与方向、流体性质等地质条件在空间分布的宏观非均质性，划分宏观大尺度非均质性一级区域，不同区域之间地质条件及非均质性差异较大，同一区域内地质条件与非均质性差异较小。图 5.25 为研究区内具有多种岩性，根据岩性的空间分布划分为多个不同的一级岩性区域。

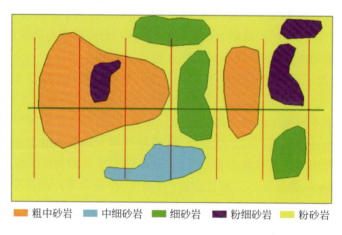

图 5.25　根据岩性分布划分一级区域

　　根据同一区域内小尺度地质条件及非均质性的差异，划分为若干个二级特征单元，在不同特征单元间，其小尺度非均质性有较大差异；而同一特征单元内，发育不同尺度微小裂缝及不同尺度的孔隙，但不同尺度孔缝的分布及其属性特征存在差异。根据不同特征单元的分布特征，选用合适的非结构网格对该区域进行网格剖分，形成与特征单元对应的一级离散网格（图 5.26）。

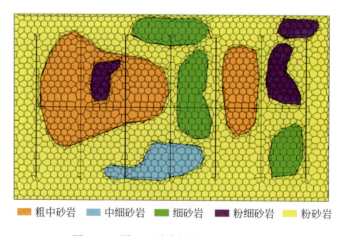

图 5.26　同一区域内划分二级特征单元

二、离散多重介质划分及二级离散网格生成

在特征单元内,根据微观不同尺度孔缝的数量和空间分布划分三级的多重介质。

(一) 离散多重介质划分

1. 建立不同尺度孔缝介质数量分布模式

根据恒速压汞、高压压汞等实验手段,可以获得不同尺度孔隙的组成、数量分布等特征(图5.27)。不同岩性、岩相、储层类别的不同尺度孔隙的组成、数量分布差异较大(图5.28 ~ 图5.30)。

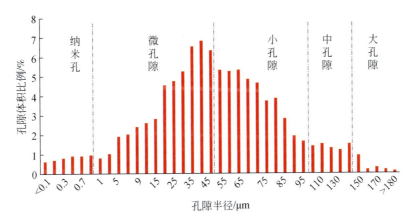

图5.27　不同尺度孔隙大小及体积百分比分布图

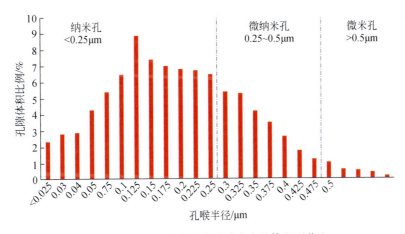

图5.28　以纳米孔为主的孔隙大小及体积百分比

非常规致密储层既发育纳米-纳微米-微米级不同尺度的孔隙介质,同时还发育天然/人工微米-纳米级裂缝,可通过岩心、薄片等资料描述与统计,得到不同尺度微纳米缝的组成与数量分布(图5.31),可以将不同尺度孔隙和微纳米裂缝视为离散分布的微尺度离散介质。

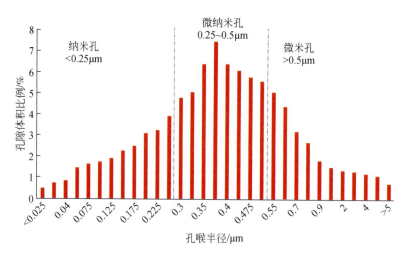

图 5.29　以微纳米孔为主的孔隙大小及体积百分比

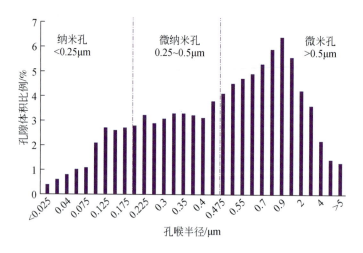

图 5.30　以微米孔为主的孔隙大小及体积百分比

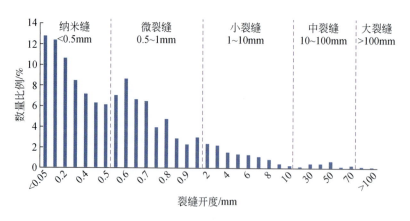

图 5.31　不同尺度裂缝开度及数量百分数

2. 多重介质划分

同一特征单元内,既发育不同尺度的孔隙,又发育不同尺度的微纳米缝。根据不同尺度孔缝介质组成、数量分布,结合流体性质、流动机理、生产条件划分介质的重数,确定不同介质的界限及体积比例(图5.32)。

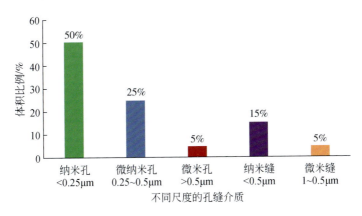

图5.32　同一单元内不同尺度孔缝介质划分及体积百分比

(二)二级离散网格生成

1. 建立不同尺度孔缝的空间分布模式

致密储层特征单元内,不同尺度的孔缝介质在空间上呈非连续的离散分布,且受不同地质规律的控制,呈现不同的空间分布模式,可以划分为接力排供、交互式分布两种模式。

1)接力排供分布模式

接力排供分布模式按照特征单元内不同尺度孔缝的空间分布规律,一般可分为三种模式:从内到外介质尺度变小、从内到外介质尺度变大、介质尺度随机变化(表5.3)。

表5.3　接力排供分布模式

接力排供模式	单元内孔缝分布描述	单元内孔缝分布示意图	单元内不同介质二级网格示意图
从内到外介质尺度变小	不同尺度孔隙介质在空间呈现从中部为微米孔,逐渐向外过渡为微纳米孔,外部为纳米孔。孔隙介质物性从中心高渗向外逐渐变为低渗,依次变差		

接力排供模式	单元内孔缝分布描述	单元内孔缝分布示意图	单元内不同介质 二级网格示意图
从内到外介质尺度变大	不同尺度孔隙介质在空间呈现从外部为微米孔，逐渐向中部过渡为微纳米孔，中部为纳米孔。孔隙介质物性从外部高渗向中部逐渐变为低渗，依次变差	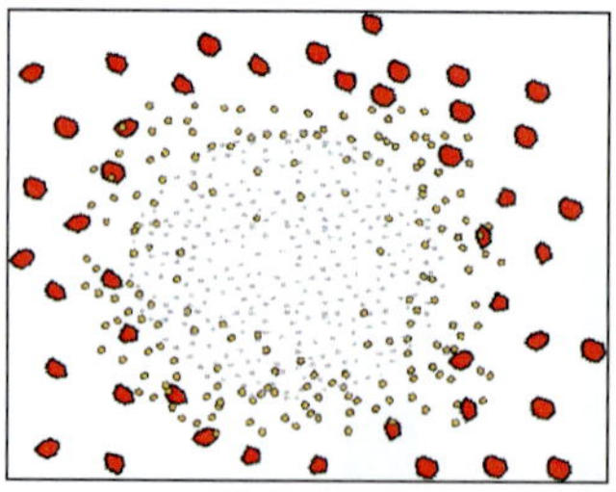	
介质尺度随机变化	微米孔、纳米孔在空间上随机分布，孔隙介质物性随机非连续变化	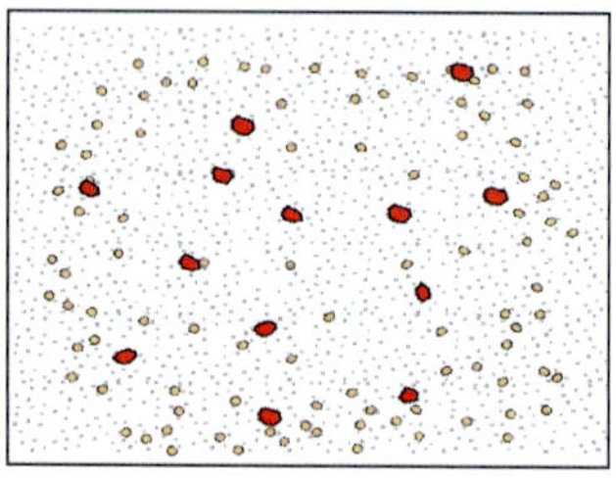	

2）交互式分布模式

交互式分布模式按照特征单元内不同尺度孔缝的空间分布规律，一般可分为五种模式：从左到右介质尺度变大、从左到右介质尺度变小、从上到下介质尺度变小、从上到下介质尺度变大和随机分布模式。三种典型模式见表5.4。

表5.4　交互式分布模式

交互式分布模式	单元内孔缝分布描述	单元内孔缝分布示意图	单元内不同介质二级网格示意图
从左到右介质尺度变大	不同尺度孔隙介质在空间呈现从左侧为纳米孔，逐渐向右过渡为微纳米孔，右侧为微米孔。孔隙介质物性从左侧低渗向右侧逐渐变为高渗，依次变好	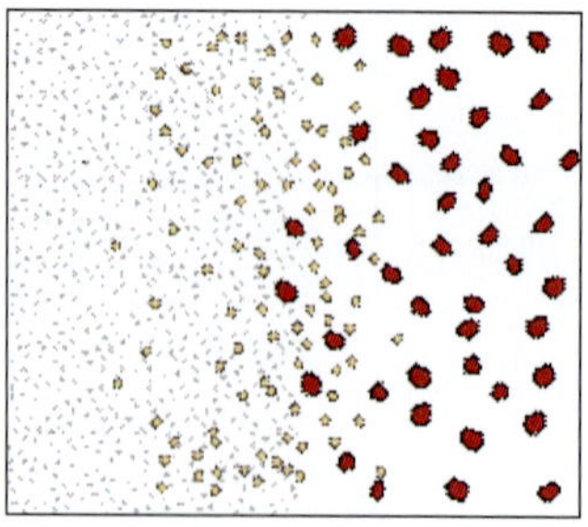	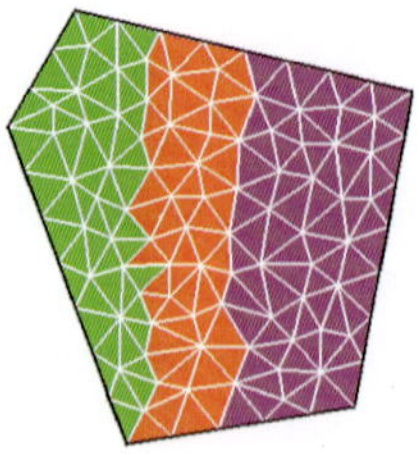

续表

交互式分布模式	单元内孔缝分布描述	单元内孔缝分布示意图	单元内不同介质二级网格示意图
从上到下介质尺度变小	不同尺度孔隙介质在空间呈现从上方为纳米孔,逐渐向下过渡为微纳米孔,下方为微米孔。孔隙介质物性从上方低渗向下方逐渐变为高渗,依次变好		
介质随机分布	不同尺度孔隙介质的条带状分布规律性不明显,随机性强,微米孔、纳米孔的位置和比例随机分布,孔隙介质物性随机变化		

2. 二级多重介质离散网格生成

(1)建立不同岩性、岩相、储层类别的不同尺度孔缝组成与数量分布模式,根据不同尺度孔缝介质的数量组成与分布将不同尺度孔隙与裂缝划分为不同的多重介质,并确定介质的重数及相应各重介质的体积百分比。

(2)建立不同岩性、岩相、储层类别的不同尺度孔缝的空间分布模式,确定不同单元内不同尺度孔缝介质的接力排供/交互式分布的空间分布模式。

(3)根据不同单元内不同尺度孔缝介质的重数、体积百分比、空间分布模式,选用合适的非结构网格,将特征单元离散为具有一定重数、体积百分比、嵌套型/交互型空间分布模式的二级网格,生成离散多重介质网格与离散多重介质(图5.33~图5.35)。

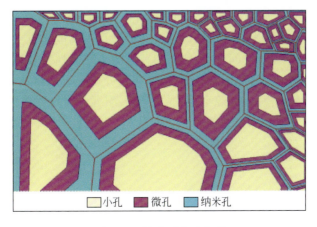

小孔 ■ 微孔 ■ 纳米孔

图5.33 嵌套型多重介质

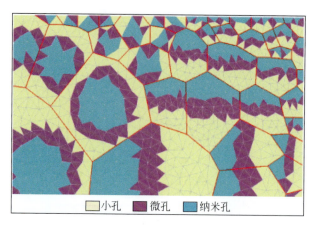

图 5.34　交互式多重介质

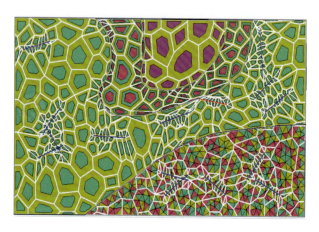

图 5.35　不同区域与单元的多重介质

三、离散多重介质地质建模

将不同尺度孔隙和微纳米裂缝视作离散分布的微尺度离散介质,根据不同单元内不同尺度孔缝介质的组成、数量和空间分布,突破单一孔隙介质属性参数连续建模的理念,采用非连续离散多重介质属性参数建模方法,在离散多重介质二级网格基础上(图 5.36),建立二级网格单元的几何参数模型(孔隙半径、喉道半径、裂缝开度)、属性参数模型(孔隙度、渗透率、含油饱和度)和渗流参数模型(相渗曲线、毛管力曲线)。

(一)几何参数建模

1. 不同尺度孔缝介质网格几何参数

根据不同类型非结构网格的几何特征,计算各二级网格的几何参数(包括网格长度、宽度、高度、面积、体积等)。

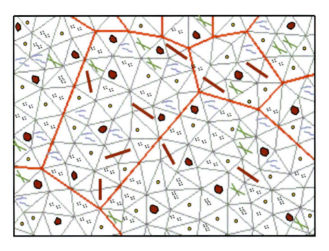

图 5.36　不同特征单元及离散多重介质二级网格

2. 不同尺度孔隙介质的几何参数

1)孔隙半径

根据恒速压汞实验可以获得特征单元内不同尺度孔隙的孔隙半径分布及其体积百分比(图 5.37),由此可以计算不同孔隙介质的孔隙半径:①根据不同尺度孔隙半径分布及其体积百分比,可以确定总的平均孔隙半径;②根据不同孔隙介质的尺度界限,以及该范围内不同尺度孔隙的体积百分比,计算该孔隙介质的平均孔隙半径和峰值孔隙半径。

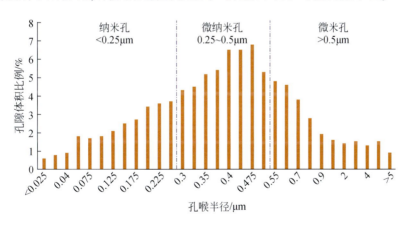

图 5.37　不同尺度喉道半径及体积百分比

2)喉道半径

根据高压压汞实验可以获得特征单元内不同尺度孔隙的喉道半径分布及其体积百分比(图 5.37),并可以计算不同孔隙介质的喉道半径:①根据不同尺度孔隙的喉道半径分布及其体积百分比,可以确定总的平均喉道半径;②根据不同孔隙介质的尺度界限以及该范围内不同尺度孔隙的体积百分比,计算该孔隙介质的平均喉道半径和主流喉道半径。

3. 不同尺度裂缝介质的几何参数

通过岩心、薄片裂缝定量表征可以获得特征单元内不同尺度微纳米缝开度分布及其数量百分比(图5.38),并可以计算不同裂缝介质的裂缝宽度:①根据不同尺度裂缝开度分布及其数量百分比,可以确定总的平均裂缝开度;②根据不同尺度裂缝的尺度界限,以及该范围内不同尺度裂缝的数量百分比,计算该裂缝介质的平均裂缝宽度和峰值裂缝宽度。

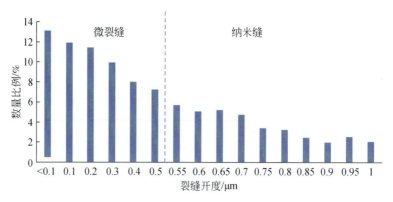

图 5.38　不同尺度裂缝开度及数量百分数

(二) 物性参数建模

1. 不同尺度孔隙介质

1) 孔隙度

根据高压/恒速压汞实验可以获得特征单元的总孔隙度,以及不同尺度孔隙介质的孔隙体积百分比。根据孔隙体积守恒原则,通过特征单元的总孔隙度,以及不同尺度孔隙介质的孔隙体积百分比,确定不同尺度孔隙介质的孔隙度。

2) 渗透率

根据高压/恒速压汞实验可以获得特征单元的总渗透率,并建立渗透率与主流喉道半径的关系式(图5.39),利用前面获得的不同尺度孔隙介质的主流喉道半径计算其相应的渗透率。

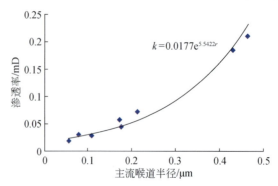

图 5.39　渗透率与主流喉道半径关系

3）含油饱和度

致密油的含油性受岩性、物性影响较大,可以通过建立含油性与物性的关系(含油饱和度与喉道半径、渗透率的关系式),利用不同尺度孔隙介质的喉道半径、渗透率计算含油饱和度。

2. 不同尺度裂缝介质

1）孔隙度

通过岩心、薄片微裂缝定量表征获得的不同尺度裂缝开度、长度,以及裂缝的密度/条数、面孔率,计算不同尺度裂缝的孔隙度。

2）渗透率

对于致密储层的天然微纳米缝,不考虑粗糙度及充填情况,对于体积压裂产生的微纳米缝,不考虑支撑剂的充填与支撑情况。因此,根据前面获得的微纳米裂缝的宽度,采用平板模型计算裂缝的渗透率,并依此计算裂缝的导流能力。

3）含油饱和度

参考与裂缝宽度相近的孔隙介质的含油饱和度,确定不同尺度裂缝介质的含油饱和度。

(三)渗流参数建模

1. 不同尺度孔隙介质

通过渗流实验或数字岩心渗流理论模型,获得不同尺度孔隙介质的相渗曲线,以及毛管力曲线。

2. 不同尺度裂缝介质

参考与裂缝宽度相近的孔隙介质的相渗曲线,以及毛管力曲线,确定不同尺度裂缝介质的相渗曲线及毛管力曲线。

第四节　不同尺度孔缝介质等效建模技术

致密储层在宏观尺度上岩性、岩相、厚度及物性与含油性变化快、差异大,宏观非均质性强,在微观尺度上,发育纳米-纳微米-微米级不同尺度的孔隙介质和裂缝介质,微观非均质性及多重介质特征突出。宏观与微观不同尺度的非均质性及多重介质特征对致密油气流体的流动及开采规律影响极大,如何描述与定量表征宏观非均质性与多尺度特征、不同尺度孔隙介质与微纳米裂缝的微观非均质性及多重介质特征,并体现在地质模型中,常规地质建模方法难以实现,因此创新发展了不同尺度孔缝介质等效建模技术,包括油藏规模尺度的等效建模技术和非常规尺度升级等效建模技术,通过该技术建立的地质模型能够充分体现宏观非均质性与微观非均质性、不同尺度孔缝介质的数量,以及空间分布对流动规律、开采动态的影响。

一、不同尺度规模特征单元的等效建模方法

致密储层宏观非均质性强,微观多重介质多尺度特征突出。同一特征单元内,既发

育不同尺度的孔隙介质,也发育不同尺度的裂缝介质,不同尺度孔隙与裂缝介质的组成、数量,以及空间分布模式对特征单元的物性与渗流特征有极大的影响。根据不同尺度孔缝介质的组成、数量及空间分布,通过非结构网格技术,将不同尺度的裂缝离散为离散裂缝介质,将不同尺度的孔隙离散为离散多重介质,通过体积等效与流量等效的原则,将特征单元内不同尺度的孔缝介质等效为单一介质,并建立该特征单元的等效介质属性参数模型。

(一)特征单元等效建模

特征单元等效建模步骤如图 5.40 所示。

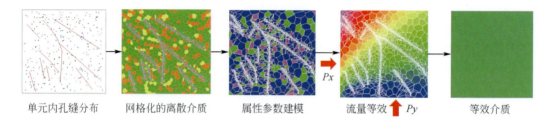

图 5.40　特征单元不同孔缝介质等效建模示意图

(1)根据裂缝描述结果确定不同尺度裂缝的数量及空间分布,并根据高压/恒速压汞、薄片等资料确定不同尺度孔隙的组成、数量,以及空间分布模式;同时,生成不同尺度孔缝在单元内的分布;

(2)采用非结构网格技术,将不同尺度的裂缝离散为离散裂缝介质,将不同尺度的孔隙离散为离散多重介质;并对不同网格的孔缝介质建立几何、物性、渗流参数模型;

(3)通过体积等效、流量等效方法,获得特征单元等效介质的几何、物性、渗流参数,建立该特征单元的等效介质模型。

通过建立特征单元的等效介质模型,可以分析不同尺度孔隙与裂缝介质的组成、数量,以及空间分布模式对特征单元整体的物性、渗流特征的影响。

(二)不同尺度孔缝介质的组成与分布对特征单元物性、渗流能力的影响

1. 不同尺度孔隙介质的影响

不同尺度孔隙介质的几何尺度、物性的不同,导致特征单元的物性和渗流能力有较大的差异;同时不同尺度孔隙介质数量组成、空间分布的不同对特征单元的物性和渗流能力也有较大的影响。

1)不同尺度孔隙介质数量组成对特征单元等效渗透率的影响

由于致密储层微观非均质性的影响,同一特征单元内不同尺度微米孔、微纳米孔、纳米孔等的数量分布变化大,不同尺度孔隙介质大小及数量组成的差异对特征单元的渗流能力有极大的影响。

根据特征单元等效建模方法,对比了不同尺度孔隙大小及组成对特征单元等效渗透率影响(图 5.41),特征单元内不同尺度孔隙介质数量组成见表 5.5。

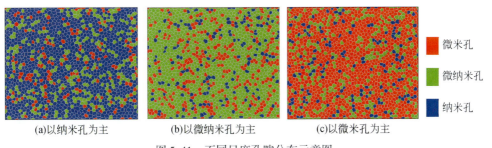

(a)以纳米孔为主　　　(b)以微纳米孔为主　　　(c)以微米孔为主

图5.41 不同尺度孔隙分布示意图

表5.5 不同尺度孔隙介质等效渗透率

孔隙介质组成特征	不同尺度孔隙介质数量组成/%		
	微米孔	微纳米孔	纳米孔
以纳米孔为主	10	20	70
以微纳米孔–纳米孔为主	10	40	50
以微纳米孔为主	20	70	10
以微米孔–微纳米孔为主	50	40	10
以微米孔为主	70	20	10

注:微米孔隙,孔隙度15%,渗透率0.2mD;微米孔隙,孔隙度10%,渗透率0.05mD;纳米孔隙,孔隙度5%,渗透率0.01mD。

从图5.42可以看出,不同尺度孔隙介质的数量组成对特征单元的等效渗透率的影响大。随着微米孔比例增加,纳米孔比例减少,等效渗透率增加。孔隙介质以小尺度纳米孔为主时(纳米孔比例70%),等效渗透率仅为0.03mD;孔隙介质以中尺度微米孔为主时(微纳米孔比例70%),等效渗透率为0.07mD;孔隙介质以大尺度微米孔为主时(微米孔比例70%),等效渗透率可达到0.14mD。

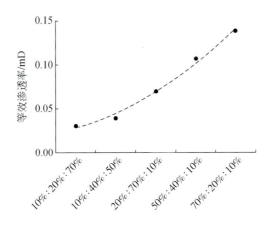

图5.42 不同尺度孔隙介质数量组成对特征单元等效渗透率的影响

2)不同尺度孔隙介质空间分布模式对特征单元等效渗透率的影响

不同地质条件下,致密储层所发育的不同尺度孔隙介质的空间分布特征存在较大差异,特征单元内介质的空间分布的变化影响介质间的接触和流动关系,从而影响特征单元的等效渗透率。

A. 不同接力排供模式对特征单元等效渗透率的影响

不同尺度孔隙介质的接力排供分布模式,即不同尺度孔隙介质在特征单元内按一定的比例(微米孔∶微纳米孔∶纳米孔比例为30%∶40%∶30%)呈环带状分布。根据微米孔、微纳米孔和纳米孔等不同尺度介质分布规律,可细分为三类:一是从内到外介质尺度变大;二是从内到外介质尺度随机变化;三是从内到外介质尺度变小(图5.43),根据特征单元等效方法,对比了不同尺度介质的排列方式对特征单元等效渗透率的影响。

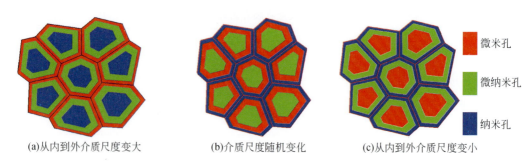

(a)从内到外介质尺度变大　　　　(b)介质尺度随机变化　　　　(c)从内到外介质尺度变小

图5.43　接力排供模式下不同尺度孔隙介质分布模式

从等效结果可以出,接力排供模式下,不同尺度孔隙介质排列次序不同,影响等效渗透率的大小。接力排供流动关系下,流动关系为单一的串行关系,介质从内到外依次被动用。从内到外介质尺度依次变大的条件下,物性最好的介质位于外面,优先被直接动用,特征单元的等效渗透率较大;从内到外介质尺度依次变小的条件下,物性最差的介质位于外面,物性最好的介质位于中心,外围的纳米孔限制了中心的微米孔的流动,因此特征单元的等效渗透率较小,随机分布模式下等效渗透率值在前两者之间(图5.44)。

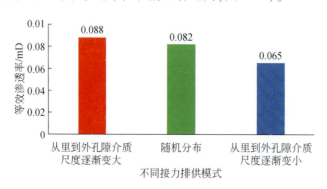

图5.44　不同接力排供分布模式对等效渗透率的影响

B. 不同交互式分布模式对特征单元等效渗透率的影响

受地质规律的影响,不同尺度孔隙介质在特征单元内可呈现不同的分布模式。将交互式分布模式归纳为五种(图5.45),在不同尺度孔隙介质的数量比例一定(微米孔∶微纳米孔∶纳米孔比例为30%∶40%∶30%)的情况下,分别研究不同的分布模式对等效渗透率的影响。

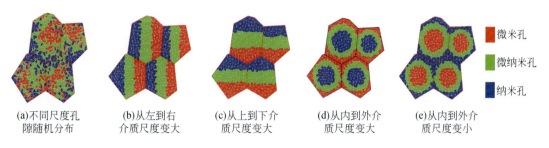

(a)不同尺度孔隙随机分布　(b)从左到右介质尺度变大　(c)从上到下介质尺度变大　(d)从内到外介质尺度变大　(e)从内到外介质尺度变小

微米孔

微纳米孔

纳米孔

图 5.45　交互式流动模式下不同尺度孔隙介质空间分布模式

在不同尺度孔隙介质数量组成一定的情况下,交互式流动关系下,特征单元内介质的空间分布模式不同,介质间的接触和流动关系不同,因此特征单元的等效渗透率不同。然而交互式流动关系下,介质间接触和流动关系交错复杂,物性较好的微米孔连片分布时,等效渗透率较高(图 5.46)。

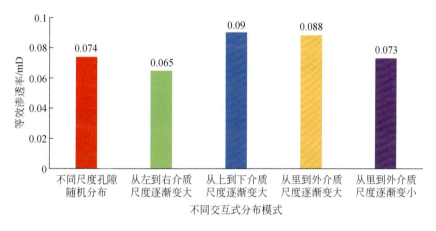

图 5.46　不同交互式分布模式对等效渗透率的影响

2. 不同尺度裂缝介质的影响

不同尺度天然裂缝的规模、数量、空间分布、连通程度及其缝网复杂程度,影响基质岩块的流动,从而极大地影响特征单元内部的连通程度和等效渗透率。

1)不同尺度天然裂缝对特征单元等效渗透率的影响

致密储层通常发育不同尺度的裂缝,不同尺度裂缝几何特征与属性不同,影响基质岩块被切割的尺寸,对特征单元的等效渗透率有着极大的影响。

A. 不同尺度天然裂缝随机分布对特征单元等效渗透率的影响

根据特征单元等效建模方法,对比了大、中、小、微不同尺度天然裂缝对特征单元等效渗透率的影响(图 5.47)。

可以看出,不同尺度天然裂缝组合对特征单元的等效渗透率的影响较大(图 5.48),只有单一尺度裂缝时,裂缝尺度越大,特征单元的等效渗透率越高,这是因为裂缝尺度越大,导流能力越高,延伸距离越长,沟通范围越大,沟通效果越好,特征单元的等效渗透率越高;大、中、小、微不同尺度裂缝均发育时,特征单元的等效渗透率最高。

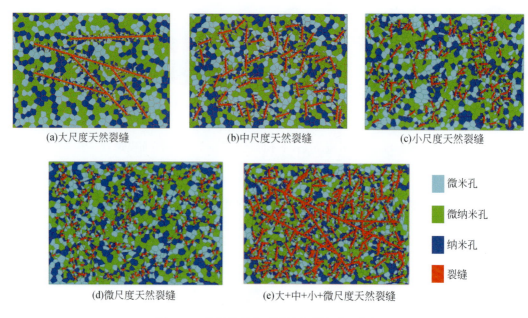

(a)大尺度天然裂缝　　　　　(b)中尺度天然裂缝　　　　　(c)小尺度天然裂缝

微米孔

微纳米孔

纳米孔

裂缝

(d)微尺度天然裂缝　　　　　(e)大+中+小+微尺度天然裂缝

图 5.47　特征单元内不同尺度裂缝平面分布

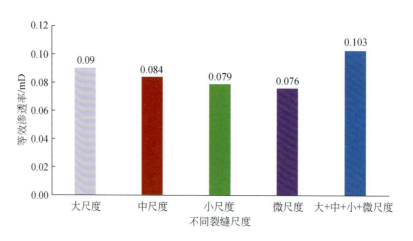

图 5.48　不同尺度裂缝对等效渗透率的影响

　　由此可见,不同尺度的天然/人工裂缝与基质耦合,才能真正增强储层的沟通情况,改善开发效果。

　　B. 不同尺度天然裂缝平行分布对等效渗透率的影响

　　在特征单元内部裂缝总长度相当时,大、中、小、微不同尺度裂缝对应的数量不同。在不同尺度天然裂缝平行分布的条件下(图 5.49),按照特征单元等效建模方法,对比了不同尺度的裂缝对特征单元等效渗透率的影响。

　　可以看出,在平行分布模式下,裂缝总长度相当时,裂缝尺度越大,等效渗透率越高(图 5.50)。由于裂缝尺度越大,导流能力越高,延伸距离越高,沟通效果越好,因此特征单元的等效渗透率高。

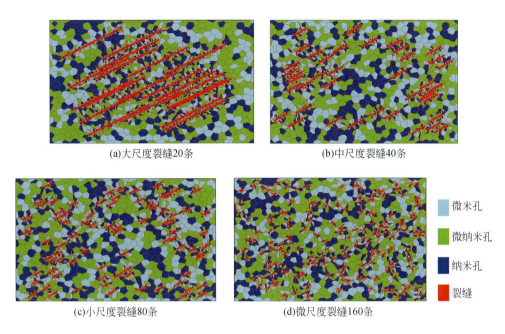

(a)大尺度裂缝20条　　　　(b)中尺度裂缝40条

(c)小尺度裂缝80条　　　　(d)微尺度裂缝160条

微米孔

微纳米孔

纳米孔

裂缝

图5.49　不同尺度裂缝平行分布

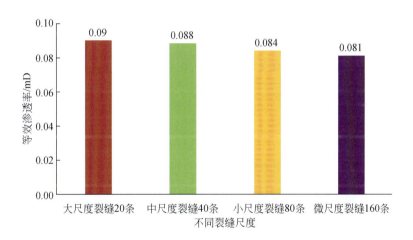

图5.50　不同尺度天然裂缝对等效渗透率的影响

2)天然裂缝空间分布模式对特征单元等效渗透率的影响

天然裂缝的空间分布模式,主要指裂缝的密度与沟通情况,裂缝的密度(数量)与裂缝间沟通情况(交点数)反映了缝网的发育程度和复杂程度,决定了基质岩块的大小,从而影响特征单元的等效渗透率。

A. 天然裂缝交点数一定、裂缝条数不同对特征单元等效渗透率的影响

按照特征单元等效建模方法,对比了在裂缝交点数一定的情况下,不同裂缝条数对等效渗透率的影响(图5.51)。

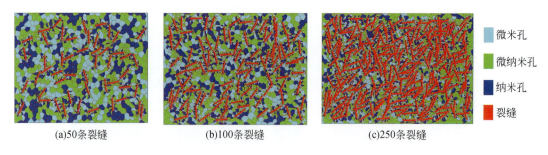

<table>
<tr><td>微米孔</td></tr>
<tr><td>微纳米孔</td></tr>
<tr><td>纳米孔</td></tr>
<tr><td>裂缝</td></tr>
</table>

(a)50条裂缝　　　　　　　　(b)100条裂缝　　　　　　　　(c)250条裂缝

图 5.51　不同数量裂缝平面分布

可以看出,在裂缝交点数一定时,裂缝条数的多少影响特征单元等效渗透率的大小(图 5.52)。裂缝条数越多,裂缝密度大,裂缝网络越发达,其沟通能力越强,特征单元等效渗透率越大;但是裂缝条数增加到一定程度后,基质岩块已被充分切割,特征单元等效渗透率增加程度减弱。

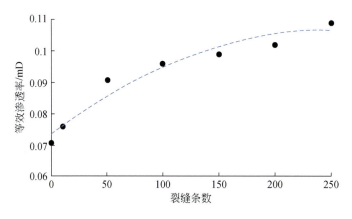

图 5.52　不同裂缝数量对等效渗透率的影响

B. 天然裂缝条数一定、裂缝交点数不同对特征单元等效渗透率的影响

按照特征单元等效建模方法,对比了在裂缝条数一定的情况下,不同裂缝交点数对特征单元等效渗透率的影响(图 5.53)。

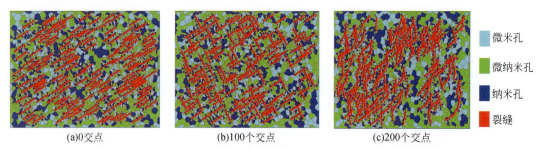

<table>
<tr><td>微米孔</td></tr>
<tr><td>微纳米孔</td></tr>
<tr><td>纳米孔</td></tr>
<tr><td>裂缝</td></tr>
</table>

(a)0交点　　　　　　　　(b)100个交点　　　　　　　　(c)200个交点

图 5.53　不同裂缝交点数平面分布

可以看出,在裂缝条数一定时,交点数的多少对特征单元等效渗透率的影响大(图 5.54)。

交点数越多,缝网复杂程度越高,基质到裂缝的渗流距离缩短,即特征单元内部的沟通能力越强,因此特征单元的等效渗透率越高。

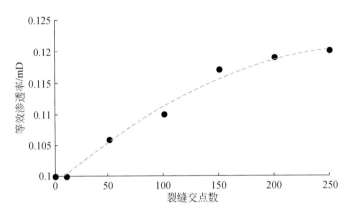

图5.54　不同裂缝交点数对等效渗透率的影响

二、油藏规模尺度的等效建模技术

非常规致密储层宏观非均质性与微观非均质性强,按照非常规的建模思路,建立大尺度非均质性分区、小尺度非均质性分单元、微尺度非均质性分多重介质的不同尺度规模的地质模型,该地质模型精细化程度高,但网格数量多,计算速度慢。为了减少网格数量、提高计算速度,对上述能够反映微尺度非均质性多重介质的精细化地质模型进行粗化,将离散多重介质的二级细网格合并为特征单元的粗网格,实现相同尺度二级网格横向上的合并等效。等效后的特征单元一级网格参数体现了不同尺度孔隙与裂缝介质的组成、数量,以及空间分布模式对特征单元网格物性、渗流参数的影响。

油藏规模尺度的等效建模步骤如图5.55所示。

(1)根据致密储层、裂缝描述的结果,确定储层砂体、物性的空间展布,以及不同尺度天然/人工裂缝、孔隙介质的数量及空间分布。

(2)根据储层宏观非均质性,划分大尺度非均质性的一级区域,并根据同一区域内小尺度地质条件及非均质性的差异,划分二级特征单元(一级网格)。

(3)根据不同特征单元内不同尺度裂缝及不同尺度孔隙的分布特征,采用非结构网格技术,将不同尺度的裂缝离散为离散裂缝介质,将不同尺度的孔隙离散为离散多重介质,形成与离散裂缝介质和离散多重介质对应的二级离散网格,并建立二级离散网格不同孔缝介质的几何、物性、渗流参数模型。

(4)根据二级离散网格不同孔缝介质的孔隙度与含油饱和度,通过体积守恒原则与方法,获得特征单元等效介质的孔隙度、含油饱和度;根据二级离散网格不同孔缝介质的渗透率、相渗曲线和毛管力曲线,通过单相、多相流量等效原则与方法,获得特征单元等效介质的渗透率、相渗曲线和毛管力曲线,建立该特征单元的等效介质模型。

(5)通过对每个特征单元进行等效建模处理,建立分区域、分单元的等效介质地质模型。

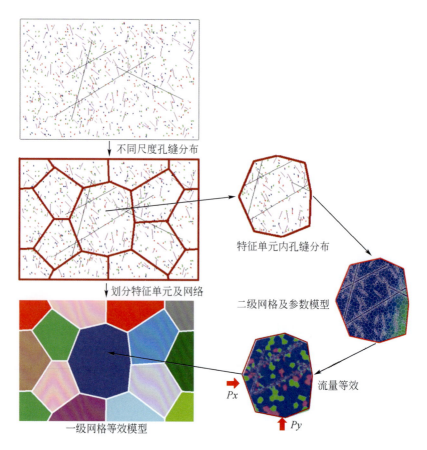

不同尺度孔缝分布

特征单元内孔缝分布

划分特征单元及网络

二级网格及参数模型

流量等效

Px

Py

一级网格等效模型

图 5.55　不同尺度孔缝介质等效建模示意图

三、非常规尺度升级等效建模技术

致密储层大面积分布,但平面、井间、同一口井不同井段之间,岩性、岩相、厚度及物性与含油性变化快、差异大,宏观非均质性强,而在微观尺度上,发育纳米-纳微米-微米级不同尺度的孔隙介质和裂缝介质,微观非均质性及多重介质特征突出。宏观与微观不同尺度的非均质性及多重介质特征对致密油气流体的流动及开采规律影响极大,如何描述与定量表征宏观非均质性与多尺度特征、不同尺度孔隙介质与微纳米裂缝的微观非均质性及多重介质特征,并如何体现在地质模型和数值模拟中,常规地质建模难以实现,因此根据尺度升级理论,发展了从微观尺度到宏观尺度的逐级升级等效建模技术。该建模技术可以实现从微观尺度、小尺度到油藏规模的不同尺度升级等效,将微观尺度、小尺度的非均质性升级等效到油藏规模的地质模型中,充分体现不同尺度非均质性对流动规律、开采动态的影响。

尺度升级等效建模技术步骤如图 5.56 所示。

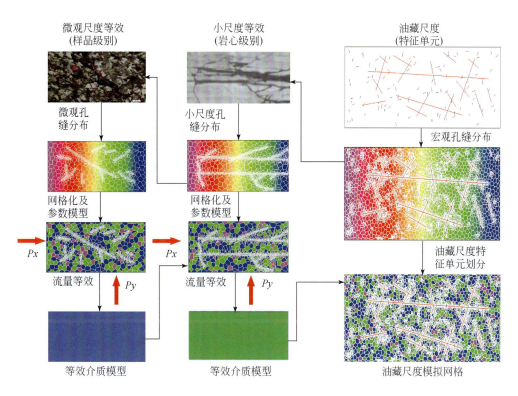

图 5.56　非常规不同尺度升级等效建模流程图

1. 建立样品单元的等效介质模型

（1）通过对样品进行高压/恒速压汞分析、薄片与扫描电镜、数字岩心分析等，获取微观孔隙尺度上微纳米裂缝及孔隙的组成、数量与空间分布模式。

（2）采用非结构网格技术，将不同尺度的裂缝、不同尺度的孔隙分别离散为离散裂缝介质和离散多重介质，形成与不同孔缝介质相对应的离散网格，并建立不同离散网格的参数模型，通过体积守恒、流量等效原则与方法，建立该样品单元的等效介质模型。

2. 建立岩心单元的等效介质模型

（1）根据岩心的非均质性，对不同部位的样品进行微观孔隙尺度的非均质性分析，采用非结构网格技术，结合岩心非均质性及不同样品微观非均质性，将岩心划分为不同样品的网格单元，并建立该岩心不同部位不同样品单元的等效介质模型。

（2）根据该岩心不同部位不同样品单元等效介质的属性参数，通过体积守恒、流量等效原则与方法，将若干个样品单元升级等效为该岩心单元的等效介质模型。

3. 建立油藏单元的等效介质模型

根据油藏的宏观非均质性，将油藏划分为若干个特征单元，对于具有取心资料的特征单元，通过取样分析，建立样品单元等效介质的属性参数，再升级等效为岩心单元的等效介质模型；对于没有取心资料的特征单元，通过建立岩心单元等效介质属性参数与不同岩性、岩相、储层类别的相关模式，利用特征单元的岩性、岩相和储层类别，确定该单元的属性参数。

4. 建立分油藏单元的等效介质模型

通过对每个油藏单元进行升级等效建模处理,建立分油藏单元的等效介质地质模型。

四、不同尺度孔缝介质等效建模方法

致密储层不同尺度孔隙与不同尺度裂缝发育,不同孔缝介质的几何、物性、渗流参数差异极大,不同介质间的非均质性及多重介质特征突出,将极大影响流动规律与开采动态。通过不同尺度孔缝介质等效建模方法,将较小尺度不同孔缝介质的几何、属性、渗流参数等效到较大尺度的单元中,建立等效介质模型。在地质模型和数值模拟中,充分体现不同介质间的非均质性和多重介质特征对流动规律和开采动态的影响。

按等效原则与方法的差异,主要有两种方法:一种是基于体积守恒的孔隙度、饱和度等效方法;另一种是基于流量守恒的渗透率、相渗曲线和毛管力曲线的等效方法。

(一)基于体积守恒的等效建模方法

1. 孔隙度等效建模方法

在致密储层等效单元中,不同尺度孔隙与不同尺度裂缝的几何尺度差异大,数量及空间分布也不同,因此不同尺度孔缝介质的孔隙度,以及所占孔隙体积的比例差异相差较大。按照孔隙体积守恒原则,根据不同尺度孔缝介质的孔隙度采用体积等效方法建立等效单元的等效孔隙度。其等效方法如下:

(1)根据不同尺度孔缝的数量及空间分布,通过网格化,将不同尺度的裂缝与孔隙分别离散为离散裂缝介质、离散多重介质,生成离散介质网格,并确定不同离散介质网格的孔隙度参数。

(2)根据不同离散介质网格的几何特征,计算各网格的体积参数。

(3)根据不同离散介质网格的孔隙度、网格体积,采用体积加权等效建模方法,计算等效单元的等效孔隙度(徐轩等,2010):

$$\phi_{\text{eq}} = \frac{V_\phi}{V_{\text{eq}}} = \frac{\sum\limits_{i=1}^{n} \phi_i v_i}{\sum\limits_{i=1}^{n} v_i} \tag{5.37}$$

式中,ϕ_i 为第 i 个离散介质网格的孔隙度;v_i 为第 i 个离散介质网格的体积;V_{eq} 为等效单元总体积;ϕ_{eq} 为等效孔隙度。

2. 饱和度等效建模方法

在致密储层等效单元中,不同尺度孔缝介质的含油饱和度受几何特征、物性参数特征的控制,因此不同尺度孔缝介质的含油饱和度差异大。按照含油体积守恒原则,根据不同尺度孔缝介质的含油饱和度采用体积等效方法建立等效单元的等效含油饱和度。其等效方法如下:

（1）根据不同尺度孔缝的数量及空间分布，通过网格化，将不同尺度的裂缝与孔隙分别离散为离散裂缝介质、离散多重介质，生成离散介质网格，并确定不同离散介质网格的孔隙度与含油饱和度参数。

（2）根据不同离散介质网格的几何特征，计算各网格的体积参数。

（3）根据不同离散介质网格的含油饱和度、孔隙度、网格体积，采用体积加权等效建模方法，计算等效单元的等效含油饱和度（徐轩等，2010）：

$$S_{oeq} = \frac{\sum\limits_{i=1}^{n} S_{oi}\phi_i v_i}{\sum\limits_{i=1}^{n} \phi_i v_i} \tag{5.38}$$

式中，S_{oi} 为第 i 个离散介质网格的含油饱和度；S_{oeq} 为等效含油饱和度。

（二）基于单相流、流量守恒的渗透率等效建模方法

由于不同尺度孔隙与不同尺度裂缝的几何尺度差异大，其渗透率差异也很大，同时不同尺度孔缝介质的数量及空间分布有极大差异，因此对等效单元的渗流能力和流动特征影响极大。按照单相流体渗流理论与流量等效原则，根据不同尺度孔缝介质的渗透率，通过数值模拟方法建立等效单元不同方向的等效渗透率。其等效方法如下：

（1）根据不同尺度孔缝的数量及空间分布，通过网格化，将不同尺度的裂缝与孔隙分别离散为离散裂缝介质、离散多重介质，生成离散介质网格。

（2）确定不同离散介质网格的几何参数，以及孔隙度、饱和度、渗透率等物性参数。

（3）由于绝对渗透率是基于单相流体渗流理论，因此需要确定单相流体的参数，包括流体黏度 μ、密度等流体参数。

（4）对于等效单元某一方向，确定单元两端（两端距离为 L、两端流动面积为 A）流动压差（P_b^{wi}，P_b^{wp}），通过单相流数值模拟，获得流体流量 Q。

（5）按照流量守恒原则，采用单相流达西公式，根据单元两端的压差及流量计算等效单元的效渗透率。

$$K_{eq} = \frac{Q\mu L}{A\Delta P} = \frac{Q\mu L}{A(P_b^{wi} - P_b^{wp})} \tag{5.39}$$

（6）对于其他不同方向，重复（4）、（5）步骤，采用同样的方法，计算等效单元不同方向的等效渗透率。

（三）基于多相流、流量守恒等效建模方法

1. 相渗曲线等效建模方法

由于不同尺度孔隙与不同尺度裂缝的几何尺度、物性参数差异大，其相渗曲线存在较大差异；不同单元内不同尺度孔缝介质的数量及空间分布有极大差异，对等效单元的相渗曲线影响极大。按照两相流体渗流理论与流量等效原则，根据不同尺度孔缝介质的相渗曲线，通过数值模拟，建立等效单元的等效相渗曲线。

（1）根据不同尺度孔缝的数量及空间分布，通过网格化，将不同尺度的裂缝与孔隙分别离散为离散裂缝介质、离散多重介质,生成离散介质网格。

(2)确定不同离散介质网格的几何参数,以及孔隙度、渗透率、相对渗透率曲线等参数。

(3)相对渗透率等效是基于两相流体渗流理论,因此需要确定两相流体的黏度 μ、密度等流体参数。

(4)由于相渗曲线是反映不同流体的相对渗透率随饱和度变化的规律,需要求取不同饱和度条件下的不同流体相对渗透率。因此,可以将饱和度进行等间隔取值,从而计算不同饱和度 S_l 条件下不同流体的等效相对渗透率。

(5)在给定某一饱和度值的条件下,确定单元两端(两端距离为 L、两端流动面积为 A)流动压差(P_b^{wi}、P_b^{wp}),通过两相流数值模拟,获得流体总流量 Q 和各相的流量 Q_r。

(6)按照流量守恒原则,采用基于两相流的达西公式,根据单元两端的压差及某相的流量计算等效单元某相在饱和度 S_l 的等效相对渗透率 $K_{req}(S_l)$。

$$K_{req}(S_l) = \frac{Q_r \mu_r L}{A(P_b^{wi} - P_b^{wp}) \cdot K_{eq}} \tag{5.40}$$

(7)对于不同饱和度取值,重复(5)、(6)步骤,采用同样的方法,计算等效单元不同饱和度下不同流体的等效相对渗透率值,从而获得等效单元的等效相对渗透率曲线。

2. 毛管力曲线等效建模方法

由于不同尺度孔缝介质的毛管力曲线差异大,不同单元内不同尺度孔缝介质的数量及空间分布对等效单元的毛管力曲线影响极大。按照两相流体渗流理论与流量等效原则,根据不同尺度孔缝介质的毛管力曲线,通过数值模拟,建立等效单元的等效毛管力曲线。

(1)根据不同尺度孔缝的数量及空间分布,通过网格化,将不同尺度的裂缝与孔隙分别离散为离散裂缝介质、离散多重介质,生成离散介质网格。

(2)确定不同离散介质网格的几何参数,以及孔隙度、渗透率等参数。

(3)毛管力曲线等效是基于两相流体渗流理论,因此需要确定两相流体的黏度 μ、密度等流体参数。

(4)由于毛管力曲线是反映两相间毛管力大小随饱和度变化的规律,需要求取不同饱和度条件下的毛管力大小。因此,可以将饱和度进行等间隔取值,从而计算不同饱和度 S_l 条件下两相流体间的等效毛管力。

(5)在给定某一饱和度值的条件下,确定单元两端(两端距离为 L、两端流动面积为 A)流动压差(P_b^{wi}、P_b^{wp}),通过两相流数值模拟,获得每个网格不同流体的压力值,以及毛管力大小。

(6)根据不同介质网格的网格体积 v_i、孔隙度 ϕ_i、毛管压力 $p_{ci}(S_l)$,采用孔隙体积加权法计算等效单元在饱和度 S_l 的等效毛管力 $p_{cleq}(S_l)$[式(5.41)]。

$$p_{cleq}(S_l) = \frac{\sum_{i=1}^{n} p_{ci}(S_l)\phi_i v_i}{\sum_{i=1}^{n} \phi_i v_i} \tag{5.41}$$

(7)对于不同饱和度取值,重复(5)、(6)步骤,采用同样的方法,计算等效单元不同饱和度下的等效毛管力,从而获得等效单元的等效毛管力曲线。

参 考 文 献

冯建伟,戴俊生,马占荣,等.2011.低渗透砂岩裂缝参数与应力场关系理论模型.石油学报,32(4):664~671.

冯金德,程林松,李春兰,等.2007.裂缝性低渗透油藏等效连续介质模型.石油钻探技术,35(5):94~97.

郭仁炳.1994.规则球粒堆积体的孔隙度.地球科学,19(4):503~508.

郭晓博.2012.采用孔隙体积法计算平均毛管压力曲线.中南大学学报(自然科学版),43(11):4514~4521.

黄朝琴.2012.基于离散缝洞网络模型的多尺度两相流动模拟理论研究.中国石油大学(华东)博士学位论文.

郎晓玲,郭召杰.2013.基于DFN离散裂缝网络模型的裂缝性储层建模方法.北京大学学报(自然科学版),49(6):964~972.

李阳,侯加根,李永强.2016.碳酸盐岩缝洞型储集体特征及分类分级地质建模.石油勘探与开发,41(4):1~7.

梁宇涛,刘鹏程,冯高城.2014.基于蚂蚁追踪技术的裂缝型储层建模方法.复杂油气藏,7(3):11~15.

刘建军,刘先贵,胡雅礽,等.2000.裂缝性砂岩油藏渗流的等效连续介质模型.重庆大学学报(自然科学版)23(增):158~160.

吕心瑞.2010.基于控制体积方法的离散裂缝网络模型流动模拟研究.中国石油大学硕士学位论文.

聂笃宪.2005.随机分形裂缝模型的研究.广东工业大学硕士学位论文.

秦积舜,李爱芬.2006.油层物理学.山东:中国石油大学出版社,138~139.

曲冠政,曲占庆,Dolye H R,David F,Rahman M.2016.页岩拉张型微裂缝几何特征描述及渗透率计算.石油勘探与开发,43(1):115~120.

王彬,王军,谭亦然,等.2015.基于DFN的页岩气储层裂缝建模研究.石油化工应用,34(12):62~66.

王洪涛,王恩志.1997.各向异性裂隙岩体渗透系数计算方法探讨.武汉水利电力大学学报,30(2):49~53.

王建华.2008.DFN模型裂缝建模新技术.断块油气田,15(6):55~58.

王敏,孙建孟.2009.裂缝孔隙度参数的求取及标定方法现状及分析.中国地球物理:217~218.

王朋久,焦国盈,张涛,等.2016.支撑剂导流能力测试实验研究.重庆科技学院学报(自然科学版),18(2):55~58.

王如宾,柴军瑞,徐维生,等.2007.裂隙网络非连续介质渗流场与温度场耦合分析研究.水文地质工程地质,4:50~56.

徐轩,杨正明,刘先贵,等.2009.孔洞型碳酸盐岩油藏渗流的等效连续介质模型.武汉:工业学院学报,28(3):51~54.

徐轩,杨正明,祖立凯,等.2010.多重介质储层渗流的等效连续介质模型及数值模拟,17(6):733~737.

徐志华.2009.离散裂缝网络地质建模技术研究.中国石油大学硕士学位论文.

薛守义.1999.论连续介质概念与岩体的连续介质模型.岩石力学与工程学报,18(2):230~232.

阳晓燕,马超,马跃.2012.不同油藏条件下相渗曲线分析.科学技术与工程,12(14):56~59.

杨坚.2006.缝洞型碳酸盐岩油藏缝洞单元数值模拟理论与方法研究.中国石油大学博士学位论文.

杨胜来,魏俊之.2004.油层物理学.北京:石油工业出版社,152~154.

杨泽皓,李亚军,张凯.2013.基于交互流动模型的裂缝性介质流动模拟研究.天然气勘探与开发,36(3):65~69.

姚军,黄朝琴.2014.缝洞型碳酸盐岩油藏数值模拟.北京:中国石油大学出版社.

张冬丽,李江龙.2009.缝洞型油藏流体流动数学模型及应用进展.西南石油大学学报(自然科学版),31(6):66~70.

张敏,李建明,朱望明.2009.储层裂缝的观测内容和探测方法.断块油气田,16(5):40~42.

赵国石,徐健,邱金平. 2012. 人工裂缝方向及其影响因素. 中国工程科学,14(4):100～104.

郑松青,姚志良. 2009. 离散裂缝网络随机建模方法. 石油天然气学,31(4):106～110.

Kim T H, Schechter D S. 2009. Estimation of fracture porosity of naturally fractured reservoirs with no matrix porosity using fractal discrete fracture networks. SPE Reservoir Evaluation & Engineering,110720:232～242.

McClure M W, Babazadeh M, Shiozawa S, et al. 2016. 基于三维离散裂缝网络的水力压裂全耦合流体力学模拟. 石油科技动态,9:40～59.

Sun J L, Schechter D. 2015. Investigating the effect of improved fracture conductivity on production performance of hydraulically fractured wells:Field case studies and numerical simulations. Journal of Canadian Petroleum Technology. 25(11):442～449.

第六章　不同尺度多重介质数值模拟技术

非常规致密油气藏发育不同尺度孔缝介质,不同尺度孔缝介质间几何、物性特征差异极大,流动机理复杂多样,不同尺度多重介质的流动特征差异显著。在常规连续双重介质数值模拟技术的基础上,将孔隙介质、裂缝介质进一步细分为多重孔隙介质和多重裂缝介质,发展形成了基于双孔模型的连续多重介质数值模拟技术。

由于不同尺度孔缝介质在空间上呈非连续离散分布,其属性特征非连续变化,难以用常规连续介质数值模拟技术来处理,创新发展了非连续离散多重介质数值模拟技术。对于大尺度天然/人工裂缝,形成了不同尺度天然/人工离散裂缝动态模拟技术;对于不同尺度微纳米孔隙与裂缝,发展形成了非连续离散接力排供式与交互式多重介质数值模拟技术;对于大尺度离散裂缝、微小尺度裂缝与孔隙集为一体的复杂多重介质,发展了非连续离散混合多重介质数值模拟技术,实现了从连续双重介质到非连续离散多重介质数值模拟的转变(表6.1)。

表6.1　不同尺度多重介质数值模拟技术

数值模拟技术			技术描述	适用条件
连续多重介质数值模拟技术	双重介质数值模拟技术	双孔单渗	采用结构网格将孔隙、裂缝处理为具有单一孔隙介质属性和单一裂缝介质属性的两套空间平行分布的网格系统;孔隙系统中相邻网格间不流动;裂缝系统中,相邻网格间任意流动;孔隙与裂缝系统间发生窜流;且孔隙系统与井筒间不流动;裂缝系统与井筒间流动	基质孔隙连续分布,渗透率可忽略;裂缝发育复杂缝网
		双孔双渗	采用结构网格将孔隙、裂缝处理为具有单一孔隙介质属性和单一裂缝介质属性的两套空间平行分布的网格系统;孔隙、裂缝各自系统中相邻网格间流动;孔隙与裂缝系统间发生窜流;且孔隙、裂缝系统均能与井筒间流动	基质孔隙连续分布,渗透率不可忽略;裂缝发育复杂缝网
	基于双孔模型的多重介质数值模拟技术		采用结构网格将孔隙、裂缝处理为具有多重孔隙介质属性和多重裂缝介质属性的两套空间平行分布的网格系统;孔隙、裂缝各自系统中相邻网格间流动;孔隙与裂缝系统间发生窜流;且孔隙、裂缝系统均能与井筒间流动	不同尺度孔隙连续分布,不同尺度裂缝发育程度高,密度大
非连续多重介质数值模拟技术	离散裂缝数值模拟技术		采用非结构网格将不同尺度离散天然、人工裂缝介质划分为不同的离散裂缝介质网格,不同尺度离散裂缝介质属性参数呈非连续变化,相互邻接、连通的不同尺度裂缝介质任意流动,不同尺度天然/人工裂缝系统与井筒间能够流动	大中尺度人工/天然裂缝离散分布,密度低,连通性差

数值模拟技术		技术描述	适用条件
非连续多重介质数值模拟技术	基于接力排供的多重介质数值模拟技术	采用非结构网格将不同尺度离散微小裂缝介质、离散孔隙介质划分为不同微小尺度孔缝单元，按照接力排供模式划分为不同的离散孔缝介质嵌套网格，孔缝介质属性参数呈非连续变化。相互邻接、连通的不同尺度孔缝单元间任意流动，孔缝介质间按接力排供机理流动，不同尺度孔缝单元与井筒间流动	微小尺度裂缝密度大，呈离散分布；不同尺度孔隙按接力排供模式密集、离散分布
	交互式多重介质数值模拟技术	采用非结构网格将不同尺度离散微小裂缝介质、离散孔隙介质按照交互式分布划分为不同的离散孔缝介质网格，孔缝介质属性参数呈非连续变化。相互邻接、连通的不同尺度孔缝介质间任意流动，不同尺度孔缝介质与井筒间能够流动	微小尺度裂缝密度大，呈离散分布；不同尺度孔隙按交互式密集、离散分布
	混合离散多重介质数值模拟技术	采用非结构网格将大中尺度天然/人工裂缝划分为不同离散裂缝单元，进一步划分为不同的离散裂缝介质；将微小尺度孔缝划分为不同微小尺度孔缝单元，按照接力排供/交互式分布模式划分为不同的离散孔缝介质；相互邻接、连通的不同尺度裂缝介质、孔缝介质间任意流动，孔缝单元内不同尺度孔缝介质间按接力排供机理流动；不同尺度人工裂缝系统、孔缝介质、孔缝单元与井筒间均可流动	大中尺度人工/天然裂缝离散分布；微小尺度裂缝密度大，离散分布；不同尺度孔隙按接力排供模式/交互分布模式密集、离散分布

第一节　连续多重介质数值模拟技术

非常规致密储层发育不同尺度孔隙与裂缝，根据连续介质渗流理论，可以将不同尺度孔缝介质划分为具有各自不同几何与属性参数、连续分布的孔隙介质与裂缝介质，发展了连续双重介质数值模拟技术，包括双孔单渗型双重介质数值模拟技术和双孔双渗型双重介质数值模拟技术（Barrenblatt et al.，1960；Warren and Root，1963）。

同时由于不同尺度孔隙和不同尺度裂缝的几何、物性和流动特征差异显著，因此可以将孔隙系统、裂缝系统进一步细分为连续分布的不同尺度孔隙介质、不同尺度裂缝介质，从而在常规双重介质数值模拟的基础上发展了基于双孔模型的多重介质数值模拟技术（表6.2），并形成了连续多重介质数值模拟技术流程。

表 6.2　连续多重介质数值模拟技术对比表

技术分类	连续双重介质数值模拟技术		连续多重介质数值模拟技术
	双孔单渗型双重介质数值模拟技术	双孔双渗型双重介质数值模拟技术	基于双孔模型的多重介质数值模拟技术
概念模型			
网格套数	基质、裂缝各一套	基质、裂缝各一套	基质、裂缝各一套
介质类型	单一孔隙介质 单一裂缝介质	单一孔隙介质 单一裂缝介质	多重孔隙介质 多重裂缝介质
不同介质空间分布与属性变化规律	将孔隙介质、裂缝介质分为两套空间平行分布的系统；单一孔隙介质、单一裂缝介质在各自的系统中呈连续分布，其属性参数在各自系统中呈连续变化		将孔隙介质、裂缝介质分为两套空间平行分布的系统；不同尺度孔隙介质、不同尺度裂缝介质分别在孔隙系统、裂缝系统中呈连续分布，其属性参数在各自系统中呈连续变化
不同储层介质间的流动关系	①孔隙系统中相邻网格间不流动； ②裂缝系统中，相邻网格间任意流动； ③孔隙系统与裂缝系统对应网格间，通过窜流发生流动	①孔隙系统中相邻网格间任意流动； ②裂缝系统中，相邻网格间任意流动； ③孔隙系统与裂缝系统对应网格间，通过窜流发生流动	①孔隙系统中相邻介质网格间任意流动； ②裂缝系统中，相邻介质网格间任意流动； ③孔隙系统与裂缝系统对应介质网格间，通过窜流发生流动
储层与井筒间的流动关系	①孔隙系统与井筒间不流动； ②裂缝系统与井筒间流动	①孔隙系统与井筒间流动； ②裂缝系统与井筒间流动	①不同孔隙介质与井筒间流动； ②不同裂缝介质与井筒间流动
适用条件	①基质孔隙密集发育、连续分布，基质渗透率太低，可忽略； ②裂缝发育程度高，密度大，形成复杂缝网，但是当裂缝发育程度低，密度小，不适用； ③基于结构网格，计算相对简单，速度快	①基质孔隙密集发育、连续分布，基质渗透率不可忽略； ②裂缝发育程度高，密度大，形成复杂缝网，但是当裂缝发育程度低，密度小，不适用； ③基于结构网格，计算相对简单，速度快	①不同尺度孔隙密集发育、连续分布，能处理不同尺度孔隙介质间的流动； ②不同尺度裂缝发育程度高，密度大，能处理不同尺度裂缝介质间的流动，但是当裂缝发育程度低，密度小，不适用； ③基于结构网格，计算相对简单，速度快

一、双孔单渗型双重介质数值模拟技术

对于基质孔隙物性差的双重介质储层，流体在基质内难以流动，并无法从基质直接流向井筒,只能从基质流入裂缝,再从裂缝直接流入井筒。针对此类双重介质的流动特征,发展了双孔单渗型双重介质数值模拟技术(Barrenblatt et al.,1960;Warren and Root,1963)。

(一)数值模拟网格系统

致密储层发育孔隙和裂缝双重介质,分成孔隙介质和裂缝介质两套系统,基于孔隙介质、裂缝介质在空间上呈连续分布,其属性参数连续变化的特征,可以采用结构网格将其划分成孔隙和裂缝两套平行的网格系统,其中,孔隙网格系统属于单一孔隙介质,但不同网格具有不同属性参数,裂缝网格系统属于单一裂缝介质,不同网格具有不同属性参数(图6.1)。

在孔隙、裂缝网格系统中,对天然/人工裂缝、水平井分别进行网格剖分,从而构成完整的孔隙网格系统和裂缝网格系统。

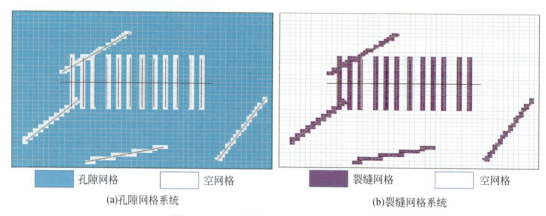

(a)孔隙网格系统　　　　　　　　　　　(b)裂缝网格系统

图6.1　双孔单渗型数值模拟网格示意图

(二)不同储层介质间的流动关系

在双孔单渗模型中,由于基质孔隙物性差,在基质系统内相邻网格间流体不流动;对于裂缝系统内,相邻网格间流体可以流动;在孔隙与裂缝系统间,流体在对应网格间发生窜流(图6.2)。

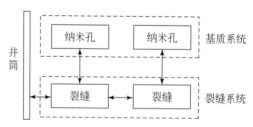

图6.2　双孔单渗型不同介质间流动关系示意图

根据上述网格系统,对孔隙与裂缝网格分别进行排序与编号。根据不同介质间网格的相邻关系、流动关系,建立不同网格间的连通表(以表6.2中的图为例),见表6.3。

表6.3　双孔单渗型数值模拟网格排序与连通表

孔隙系统

网格 i	网格 j
...	...
585	462
585	584
585	586
585	684
...	...

孔隙系统网格编号（部分）：763　764　774　773　772　770　771　775　776　777　778　779；765　769　768　766　767；670　671　681　780　679　677　678　682　683　684　685　688；672　676　675　673　674；571　572　582　581　580　578　579　583　584　585　586　587；573　577　578　574　575；457　458　459　460　461　462　463　464；370　371　372　373　374　375　376　377

裂缝系统

网格 i	网格 j
...	...
1027	1022
1027	1024
1027	1026
1027	1028
...	...

裂缝系统网格编号（部分）：1101　1102　1103　1113　1112　1109　1123　1122　1139　1138　1135　1134；1110　1111　1136　1137　1132　1133；1107　1106　1117　1116　1121　1120　1127　1126　1131　1130；1104　1105　1108　1114　1115　1118　1119　1124　1125　1128　1129；1011　1012　1019　1018　1035　1034　1031　1030　1045　1044　1041　1040；1032　1033　1028　1029　1042　1043　1038　1039；1013　1017　1016　1023　1022　1027　1026　1046；1014　1015　1020　1021　1024　1025　1036　1037；903　916　915　914　926　925　922　921　936　935；912　913　923　924　919　920　933　934　932；907　906　911　910　917　918　930　929　937　938；904　905　908　909　927　928　931；816　817　818　828　827　824　825　826　829　830；822　821　823；819　820

（三）储层介质与井筒间的流动关系

在双孔单渗模型中，基质孔隙与井筒间不存在流动；流体只能通过裂缝流向井筒（图6.2）。在天然/人工裂缝、水平井网格剖分的基础上，对井筒网格进行排序与编号。根据裂缝与井筒网格的相邻关系、流动关系，建立裂缝与井筒网格间的连通表（以表6.2中的图为例），见表6.4。

（四）数值模拟模型

1. 不同介质间流动数值模拟模型

基于结构网格的裂缝介质间传导率为

表 6.4　双孔单渗型模拟网格的裂缝介质与井筒网格连通表

裂缝系统–井筒网格								储层网格	井筒网格
								...	...
938	939	940	950 / 941	949 948 / 946 947 / 945 944 / 942 943	951	952	953	833	755
								834	754
830	831	832	842 / 833	841 840 / 838 839 / 837 836 / 834 835	843	844	845	835	753
								662	746
743	744	745	755 / 746	754 753 / 751 752 / 750 749 / 747 748	756	757	758	661	747
								660	748
650	651	652	662 / 653	661 660 / 658 659 / 657 656 / 654 655	663	664	665	...	...

$$T_{\mathrm{f}i,j} = \alpha_{\mathrm{f}} \left(\frac{2K_i K_j}{K_i + K_j} \right)_{\mathrm{f}} \tag{6.1}$$

双孔单渗型双重介质油、气、水多相渗流数值模拟模型为

1）孔隙系统

$$-\alpha_{\mathrm{f,m}}K_{\mathrm{m}} \sum_{\mathrm{p}} \left[\rho_{\mathrm{p}} X_{\mathrm{cp}} \frac{K_{\mathrm{rp,m}}}{\mu_{\mathrm{p}}} (\Phi_{\mathrm{p,m}} - \Phi_{\mathrm{p,f}}) \right]^{n+1} = \frac{V}{\Delta t} \left\{ \left[\phi \sum_{\mathrm{p}} (S_{\mathrm{p}}\rho_{\mathrm{p}} X_{\mathrm{cp}}) \right]^{n+1} - \left[\phi \sum_{\mathrm{p}} (S_{\mathrm{p}}\rho_{\mathrm{p}} X_{\mathrm{cp}}) \right]^{n} \right\}_{i,\mathrm{m}} \tag{6.2}$$

2）裂缝系统

$$\left\{ \sum_{j} \left[T_{i,j} \sum_{\mathrm{p}} \left(\rho_{\mathrm{p}} X_{\mathrm{cp}} \frac{K_{\mathrm{rp}}}{\mu_{\mathrm{p}}} \Delta \Phi_{\mathrm{p}} \right) \right]_{i,\mathrm{f}} + \alpha_{\mathrm{f,m}}K_{\mathrm{m}} \sum_{\mathrm{p}} \left[\rho_{\mathrm{p}} X_{\mathrm{cp}} \frac{K_{\mathrm{rp,m}}}{\mu_{\mathrm{p}}} (\Phi_{\mathrm{p,m}} - \Phi_{\mathrm{p,f}}) \right] + q_{\mathrm{p,f}}^{\mathrm{W}} \right\}^{n+1}$$
$$= \frac{V}{\Delta t} \left\{ \left[\phi \sum_{\mathrm{p}} (S_{\mathrm{p}}\rho_{\mathrm{p}} X_{\mathrm{cp}}) \right]^{n+1} - \left[\phi \sum_{\mathrm{p}} (S_{\mathrm{p}}\rho_{\mathrm{p}} X_{\mathrm{cp}}) \right]^{n} \right\}_{i,\mathrm{f}} \tag{6.3}$$

2. 裂缝介质与井筒间数值模拟模型

基于结构网格的裂缝介质与井筒间井指数为

$$\mathrm{WI}_{\mathrm{f}} = \frac{2\pi K_{\mathrm{f}} \Delta x}{\ln\left(\dfrac{r_{\mathrm{e}}}{r_{\mathrm{w}}}\right) + s} \tag{6.4}$$

根据双孔单渗型双重介质与井筒间的流动关系，裂缝介质与井筒间流动数值模拟模型为

$$q_{\mathrm{c,f}}^{\mathrm{W}} = \mathrm{WI}_{\mathrm{f}} \sum_{\mathrm{p}} \left\{ \left(\frac{K_{\mathrm{rp}}\rho_{\mathrm{p}}}{\mu_{\mathrm{p}}} \right)_{\mathrm{f}} X_{\mathrm{cp}} \left[(P_{\mathrm{p,f}} - \rho_{\mathrm{p}}gD_{\mathrm{f}}) - (P^{\mathrm{W}} - \rho_{\mathrm{p}}gD^{\mathrm{W}}) \right] \right\} \tag{6.5}$$

二、双孔双渗型双重介质数值模拟技术

　　对于基质孔隙物性好的双重介质储层，流体在基质内部能够流动，不仅可以从基质流入裂缝，再从裂缝流入井筒，而且还能由基质直接流入井筒。针对此类双重介质的流动特征，发展了双孔双渗型双重介质数值模拟技术。

(一)数值模拟网格系统

致密储层可以采用结构网格将其划分成孔隙和裂缝两套平行的网格系统,其中,孔隙、裂缝网格系统分别属于单一孔隙介质、单一裂缝介质,但不同网格具有不同的属性参数(图6.3)。

在孔隙、裂缝网格系统中,对天然/人工裂缝、水平井分别进行网格剖分,从而构成完整的孔隙网格系统和裂缝网格系统。

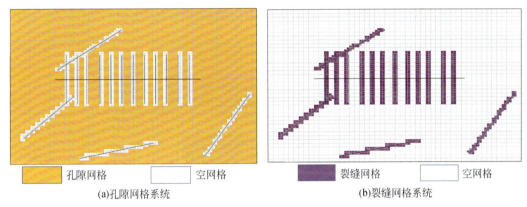

| 孔隙网格 | 空网格 | 裂缝网格 | 空网格 |
(a)孔隙网格系统　　　　　　　(b)裂缝网格系统

图6.3　双孔双渗型数值模拟网格示意图

(二)不同储层介质间的流动关系

在双孔双渗模型中,孔隙系统的相邻网格间流体可以流动;裂缝系统的相邻网格间流体可以流动;在孔隙与裂缝系统间,流体在对应网格间发生窜流(图6.4)。

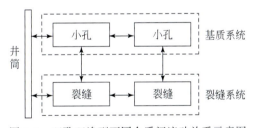

图6.4　双孔双渗型不同介质间流动关系示意图

根据上述网格系统,对孔隙与裂缝网格分别进行排序与编号。根据不同介质间网格的相邻关系、流动关系,建立不同网格间的连通表(以表6.2中的图为例),见表6.5。

(三)储层介质与井筒间的流动关系

在双孔双渗模型中,孔隙系统与井筒间、裂缝系统与井筒间均可以流动(图6.4)。在天然/人工裂缝、水平井网格剖分的基础上,对井筒网格进行排序与编号。根据储层介质与井筒网格的相邻关系、流动关系,建立孔隙、裂缝与井筒网格间的连通表(以表6.2中的图为例),见表6.6。

表 6.5　双孔双渗型数值网格排序与连通表

孔隙系统

网格 i	网格 j
…	…
1065	957
1065	1064
1065	1066
1065	1167
…	…

裂缝系统

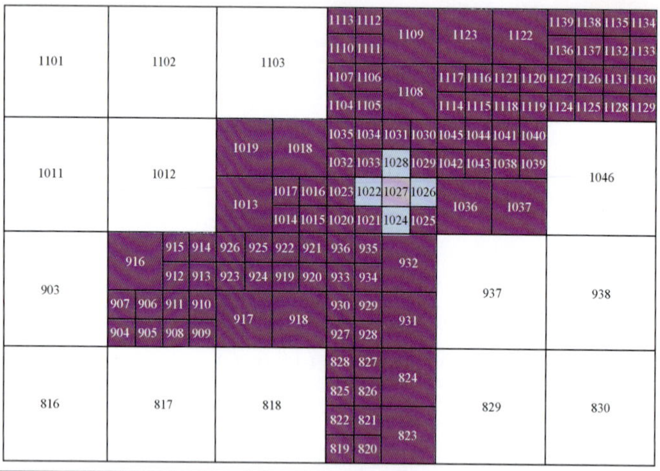

网格 i	网格 j
…	…
1027	1022
1027	1024
1027	1026
1027	1028
…	…

表 6.6　双孔双渗型数值模拟网格的储层介质与井筒网格连通表

孔隙系统–井筒网格

储层网格	井筒网格
…	…
956	848
761	848
957	849
762	849
958	850
763	850
…	…

续表

裂缝系统–井筒网格							储层网格	井筒网格
							...	...
955	956	957	958	959	969 / 968 967 / 965 966 / 964 963 / 961 962 / 960	970	960	861
847	848	849	850	851	860 859 / 861 1 857 858 / 852 856 855 / 853 854	862	961	860
							835	753
760	761	762	763	764	774 773 772 / 770 771 / 765 769 768 / 766 767	775	962	859
							774	852
667	668	669	670	671	681 680 679 / 677 678 / 672 676 675 / 673 674	682	773	853
							...	...

(四) 数值模拟模型

1. 不同介质间流动数值模拟模型

基于结构网格的孔隙介质间传导率为

$$T_{\mathrm{m}i,j} = \alpha_{\mathrm{m}} \left(\frac{2K_i K_j}{K_i + K_j} \right)_{\mathrm{m}} \tag{6.6}$$

基于结构网格的裂缝介质间传导率为

$$T_{\mathrm{f}i,j} = \alpha_{\mathrm{f}} \left(\frac{2K_i K_j}{K_i + K_j} \right)_{\mathrm{f}} \tag{6.7}$$

双孔双渗型双重介质油、气、水多相渗流的数值模拟模型如下所示：

1）孔隙系统

$$\left\{ \sum_j \left[T_{i,j} \sum_p \left(\rho_p X_{\mathrm{cp}} \frac{K_{\mathrm{rp}}}{\mu_p} \Delta \Phi_p \right) \right]_{i,\mathrm{m}} - \alpha_{\mathrm{f,m}} K_{\mathrm{m}} \sum_p \left[\rho_p X_{\mathrm{cp}} \frac{K_{\mathrm{rp,m}}}{\mu_p} (\Phi_{\mathrm{p,m}} - \Phi_{\mathrm{p,f}}) \right] + q_{\mathrm{p,m}}^{\mathrm{W}} \right\}^{n+1}$$
$$= \frac{V}{\Delta t} \left\{ \left[\phi \sum_p (S_p \rho_p X_{\mathrm{cp}}) \right]^{n+1} - \left[\phi \sum_p (S_p \rho_p X_{\mathrm{cp}}) \right]^n \right\}_{i,\mathrm{m}} \tag{6.8}$$

2）裂缝系统

$$\left\{ \sum_j \left[T_{i,j} \sum_p \left(\rho_p X_{\mathrm{cp}} \frac{K_{\mathrm{rp}}}{\mu_p} \Delta \Phi_p \right) \right]_{i,\mathrm{f}} + \alpha_{\mathrm{f,m}} K_{\mathrm{m}} \sum_p \left[\rho_p X_{\mathrm{cp}} \frac{K_{\mathrm{rp,m}}}{\mu_p} (\Phi_{\mathrm{p,m}} - \Phi_{\mathrm{p,f}}) \right] + q_{\mathrm{p,f}}^{\mathrm{W}} \right\}^{n+1}$$
$$= \frac{V}{\Delta t} \left\{ \left[\phi \sum_p (S_p \rho_p X_{\mathrm{cp}}) \right]^{n+1} - \left[\phi \sum_p (S_p \rho_p X_{\mathrm{cp}}) \right]^n \right\}_{i,\mathrm{f}} \tag{6.9}$$

2. 储层介质与井筒间流动数值模拟模型

基于结构网格的孔隙介质与井筒间井指数为

$$\mathrm{WI}_{\mathrm{m}} = \frac{2\pi K_{\mathrm{m}} \Delta x}{\ln\left(\dfrac{r_{\mathrm{e}}}{r_{\mathrm{w}}} \right) + s} \tag{6.10}$$

裂缝介质与井筒间井指数为

$$WI_f = \frac{2\pi K_f \Delta x}{\ln\left(\dfrac{r_e}{r_w}\right) + s} \tag{6.11}$$

根据双孔双渗型双重介质与井筒间流动关系,孔隙介质与井筒间流动数值模拟模型为

$$q_{c,m}^W = WI_m \sum_p \left\{ \left(\frac{K_{rp}\rho_p}{\mu_p}\right)_m X_{cp}\left[(P_{p,m} - \rho_p g D_m) - (P^W - \rho_p g D^W)\right]\right\} \tag{6.12}$$

裂缝介质与井筒间流动数值模拟模型为

$$q_{c,f}^W = WI_f \sum_p \left\{ \left(\frac{K_{rp}\rho_p}{\mu_p}\right)_f X_{cp}\left[(P_{p,f} - \rho_p g D_f) - (P^W - \rho_p g D^W)\right]\right\} \tag{6.13}$$

三、基于双孔模型的多重介质数值模拟技术

对于小孔、纳米孔、大裂缝、微裂缝等不同尺度孔隙和天然/人工裂缝发育的致密油储层中,流体在不同尺度孔隙介质内部、不同尺度裂缝介质内部可以流动,同时既能从基质流入裂缝,而且还能由基质、裂缝直接流入井筒。针对此类致密油气藏多重介质的重数、分布规律和流动特征,在双孔模型的基础上,创新发展了多重介质数值模拟技术。

(一)数值模拟网格系统

致密储层发育不同尺度孔缝多重介质,分成孔隙介质和裂缝介质两套系统,基于孔隙介质、裂缝介质在空间上呈连续分布,其属性参数连续变化的特征,可以采用结构网格将其划分成孔隙和裂缝两套平行的网格系统,其中,孔隙网格系统包含不同尺度孔隙介质,裂缝网格系统包含不同尺度裂缝介质(图6.5)。

在孔隙、裂缝网格系统中,对天然/人工裂缝、水平井分别进行网格剖分,从而构成完整的孔隙网格系统和裂缝网格系统。

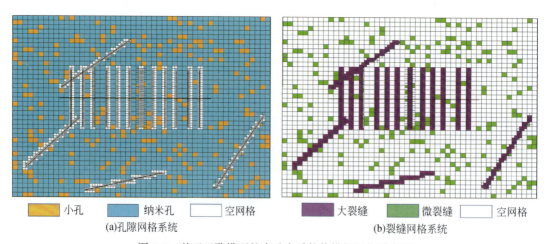

| 小孔 | 纳米孔 | 空网格 |
(a)孔隙网格系统

| 大裂缝 | 微裂缝 | 空网格 |
(b)裂缝网格系统

图6.5 基于双孔模型的多重介质数值模拟网格示意图

(二) 不同储层介质间的流动关系

在连续多重介质模型中,孔隙系统不同尺度孔隙介质的相邻网格间流体可以流动;裂缝系统不同尺度裂缝介质的相邻网格间流体可以流动;在孔隙与裂缝系统间,流体在对应网格间发生窜流(图6.6)。

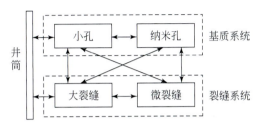

图6.6 基于双孔模型的多重介质间流动关系示意图

根据上述网格系统,对孔隙与裂缝网格分别进行排序与编号。根据不同介质间网格的相邻关系、流动关系,建立不同网格间的连通表(以表6.2中的图为例),如表6.7所示。

表6.7 基于双孔模型的多重介质数值模拟网格排序与连通表

孔隙系统	网格 i	网格 j
	…	…
	566	452
	566	565
	566	567
	566	665
	…	…

裂缝系统	网格 i	网格 j
	…	…
	1020	936
	1020	1015
	1020	1021
	1020	1023
	…	…

（三）储层介质与井筒间的流动关系

在连续多重介质模型中，孔隙系统与井筒间、裂缝系统与井筒间均可以流动（图 6.6）。在天然/人工裂缝、水平井网格剖分的基础上，对井筒网格进行排序与编号。根据储层介质与井筒网格的相邻关系、流动关系，建立孔隙、裂缝与井筒网格间的连通表（以表 6.2 的图为例），如表 6.8 所示。

表 6.8　基于双孔模型的多重介质数值模拟网格的储层介质与井筒网格连通表

孔隙系统–井筒网格	储层网格	井筒网格
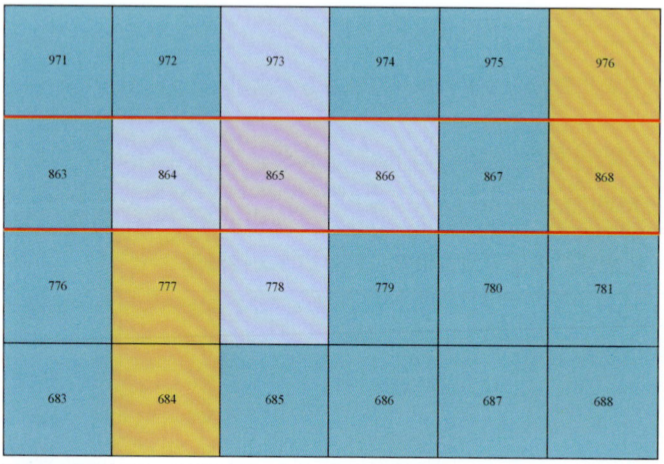	...	...
	777	864
	972	864
	778	865
	973	865
	779	866
	974	866
	...	...

孔隙系统–井筒网格（网格图）：
971　972　973　974　975　976
863　864　865　866　867　868
776　777　778　779　780　781
683　684　685　686　687　688

裂缝系统–井筒网格	储层网格	井筒网格
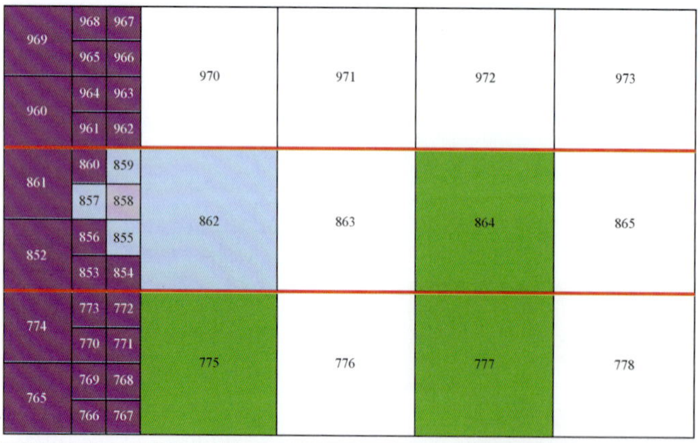	...	...
	960	861
	961	860
	962	859
	774	852
	773	853
	...	...

裂缝系统–井筒网格（网格图）：
969（968 967 965 966）　970　971　972　973
960（964 963 961 962）
861（860 859 857 858）　862　863　864　865
852（856 855 853 854）
774（773 772 770 771）　775　776　777　778
765（769 768 766 767）

（四）数值模拟模型

1. 不同介质间流动数值模拟模型

基于结构网格的孔隙介质间传导率为

$$T_{m1,m2} = \alpha_{m1m2} \frac{2K_{m1}K_{m2}}{K_{m1} + K_{m2}} \tag{6.14}$$

基于结构网格的裂缝介质间传导率为

$$T_{f,F} = \alpha_{fF} \frac{2K_f K_F}{K_f + K_F} \tag{6.15}$$

以图 6.6 所示的流动模型为例,孔隙系统中分布小孔、纳米孔介质,裂缝系统中分布大裂缝、微裂缝介质,此时基于双孔模型的多重介质油、气、水多相渗流数值模拟模型如下。

1)孔隙系统

(1)小孔介质(m1):

$$\left\{ \sum_j \left[T_{i,j} \sum_p \left(\rho_p X_{cp} \frac{K_{rp}}{\mu_p} \Delta \Phi_p \right) \right]_{m1} - \alpha_{f,m1} K_{m1} \sum_p \left[\rho_p X_{cp} \frac{K_{rp,m1}}{\mu_p} (\Phi_{p,m1} - \Phi_{p,f}) \right] + q_{p,m1}^W \right\}^{n+1}$$

$$= \frac{V}{\Delta t} \left\{ \left[\phi \sum_p (S_p \rho_p X_{cp}) \right]^{n+1} - \left[\phi \sum_p (S_p \rho_p X_{cp}) \right]^n \right\}_{m1} \tag{6.16}$$

(2)纳米孔介质(m2):

$$\left\{ \sum_j \left[T_{i,j} \sum_p \left(\rho_p X_{cp} \frac{K_{rp}}{\mu_p} \Delta \Phi_p \right) \right]_{m2} - \alpha_{f,m2} K_{m2} \sum_p \left[\rho_p X_{cp} \frac{K_{rp,m2}}{\mu_p} (\Phi_{p,m2} - \Phi_{p,f}) \right] + q_{p,m2}^W \right\}^{n+1}$$

$$= \frac{V}{\Delta t} \left\{ \left[\phi \sum_p (S_p \rho_p X_{cp}) \right]^{n+1} - \left[\phi \sum_p (S_p \rho_p X_{cp}) \right]^n \right\}_{m2} \tag{6.17}$$

2)裂缝系统

(1)大裂缝介质(F):

$$\left\{ \sum_j \left[T_{i,j} \sum_p \left(\rho_p X_{cp} \frac{K_{rp}}{\mu_p} \Delta \Phi_p \right) \right]_{i,F} + \alpha_{f,m2} K_{m2} \sum_p \left[\rho_p X_{cp} \frac{K_{rp,m2}}{\mu_p} (\Phi_{p,m2} - \Phi_{p,F}) \right] + q_{p,F}^W \right\}^{n+1}$$

$$= \frac{V}{\Delta t} \left\{ \left[\phi \sum_p (S_p \rho_p X_{cp}) \right]^{n+1} - \left[\phi \sum_p (S_p \rho_p X_{cp}) \right]^n \right\}_{i,F} \tag{6.18}$$

(2)微裂缝介质(f):

$$\left\{ \sum_j \left[T_{i,j} \sum_p \left(\rho_p X_{cp} \frac{K_{rp}}{\mu_p} \Delta \Phi_p \right) \right]_{i,f} + \alpha_{f,m1} K_{m1} \sum_p \left[\rho_p X_{cp} \frac{K_{rp,m1}}{\mu_p} (\Phi_{p,m1} - \Phi_{p,f}) \right] + q_{p,f}^W \right\}^{n+1}$$

$$= \frac{V}{\Delta t} \left\{ \left[\phi \sum_p (S_p \rho_p X_{cp}) \right]^{n+1} - \left[\phi \sum_p (S_p \rho_p X_{cp}) \right]^n \right\}_{i,f} \tag{6.19}$$

2. 储层介质与井筒间流动数值模拟模型

该模型包括不同尺度孔隙介质、不同尺度裂缝介质与井筒间的流动数学模型:

1)小孔与井筒间流动数值模拟模型

小孔与井筒间井指数为

$$WI_{m1} = \frac{2\pi K_{m1} \Delta x}{\ln\left(\dfrac{r_e}{r_w}\right) + s} \tag{6.20}$$

小孔与井筒间流动数值模拟模型:

$$q_{c,m1}^W = WI \sum_p \left\{ \left(\frac{K_{rp}\rho_p}{\mu_p} \right)_{m1} X_{cp} \left[(P_{p,m1} - \rho_p g D_{m1}) - (P^W - \rho_p g D^W) \right] \right\} \tag{6.21}$$

2）纳米孔与井筒间流动数值模拟模型

纳米孔与井筒间井指数为

$$WI = \frac{2\pi K_{m2}\Delta x}{\ln\left(\dfrac{r_e}{r_w}\right) + s} \tag{6.22}$$

纳米孔与井筒间流动数值模拟模型：

$$q_{c,m2}^{W} = WI \sum_p \left\{ \left(\frac{K_{rp}\rho_p}{\mu_p}\right)_{m2} X_{cp} \left[(P_{p,m2} - \rho_p g D_{m2}) - (P^W - \rho_p g D^W) \right] \right\} \tag{6.23}$$

3）大裂缝与井筒间流动数值模拟模型

大裂缝与井筒间井指数为

$$WI = \frac{2\pi K_F \Delta x}{\ln\left(\dfrac{r_e}{r_w}\right) + s} \tag{6.24}$$

大裂缝与井筒间流动数值模拟模型：

$$q_{c,F}^{W} = WI \sum_p \left\{ \left(\frac{K_{rp}\rho_p}{\mu_p}\right)_{F} X_{cp} \left[(P_{p,F} - \rho_p g D_F) - (P^W - \rho_p g D^W) \right] \right\} \tag{6.25}$$

4）微裂缝与井筒间流动数值模拟模型

微裂缝与井筒间井指数为

$$WI_f = \frac{2\pi K_f \Delta x}{\ln\left(\dfrac{r_e}{r_w}\right) + s} \tag{6.26}$$

微裂缝与井筒间流动数值模拟模型：

$$q_{c,f}^{W} = WI \sum_p \left\{ \left(\frac{K_{rp}\rho_p}{\mu_p}\right)_{f} X_{cp} \left[(P_{p,f} - \rho_p g D_f) - (P^W - \rho_p g D^W) \right] \right\} \tag{6.27}$$

四、连续多重介质数值模拟技术流程

连续双重介质数值模拟技术将致密储层划分为几何参数、属性参数连续分布的两重介质，即孔隙介质和裂缝介质，并且根据介质内部与井筒间的流体交换关系不同，扩展出双孔单渗型和双孔双渗型双重介质数值模拟技术。但在实际致密储层中，不同尺度孔隙和不同尺度裂缝的几何、属性和流动特征差异较大，因此将孔隙系统、裂缝系统进一步细分为不同尺度孔隙介质、裂缝介质，在常规双重介质数值模拟的基础上发展了基于双孔模型的多重介质数值模拟技术。连续多重介质数值模拟技术的技术流程与详细步骤如下：

（1）根据孔缝介质及其空间分布，将储层划分为孔隙系统、裂缝系统。双重介质数值模拟的孔隙系统具有单一的孔隙介质，裂缝系统具有单一的裂缝介质；多重介质数值模拟的孔隙系统具有多重的孔隙介质，裂缝系统具有多重的裂缝介质；

（2）根据模拟区域边界、井位、井轨迹、不同尺度孔缝分布与孔隙体积百分比等信息，采用结构网格技术将储层划分为孔隙网格系统、裂缝网格系统（图6.7）；

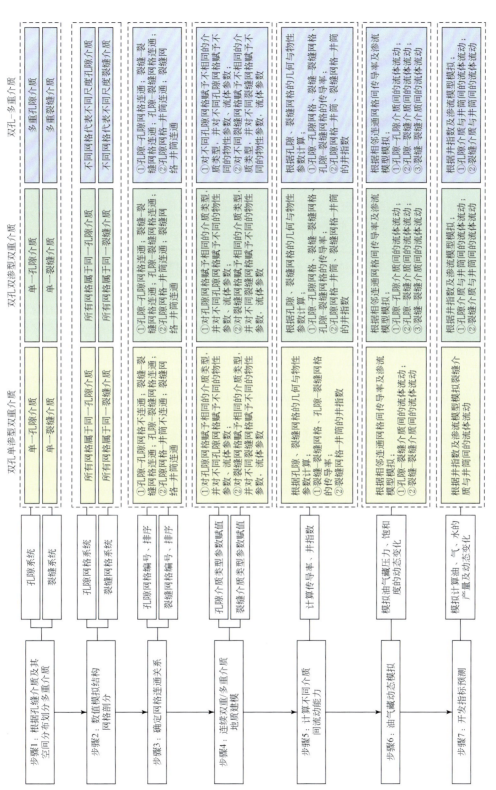

图6.7 连续多重介质数值模拟技术的技术流程

（3）对孔隙系统与裂缝系统的网格进行排序、编号，根据不同储层介质间流动关系、不同介质与井筒的流动关系，建立相邻网格连通表；

（4）通过连续双重/多重介质建模技术，确定孔隙系统、裂缝系统中每个网格的介质类型，并进行参数赋值，包括物性参数（孔隙度、渗透率）、流体参数（饱和度、黏度、密度、相渗、毛管力、高压物性等）、机理参数（达西渗流），形成连续双重/多重介质数值模型；

（5）根据连通表与双重/多重介质数值模型，计算不同网格介质间传导率和不同介质与井筒间的井指数；

（6）开展油气藏动态模拟，根据数值模拟模型模拟孔隙、裂缝系统内部与系统间的流动，得到油气藏压力、饱和度的动态变化；

（7）进行开发指标预测，根据不同的井指数及数值模拟模型模拟孔缝介质与井筒间的流动，计算油、气、水的产量及动态变化。

第二节　非连续多重介质数值模拟技术

非常规致密油气藏发育不同尺度孔缝介质，并在空间上呈非连续离散分布，其属性特征非连续变化。不同尺度孔缝介质间几何、物性特征差异极大，流动机理复杂多样，不同尺度多重介质的流动特征差异显著。常规连续双重介质数值模拟技术（Wu，2016；Chen et al.，2006）难以模拟不同尺度孔缝介质的非连续离散分布、多尺度与多重介质特征，以及多流态与复杂流动机理。因此，突破了常规连续双重介质数值模拟的局限，创新形成了非连续、多尺度、多重介质、多流态的数值模拟技术，包括不同尺度天然/人工离散裂缝动态模拟技术、交互式与接力排供式的离散多重介质数值模拟技术、非连续离散混合多重介质数值模拟技术（表6.9）。

表6.9　非连续多重介质数值模拟技术对比表

技术分类	离散裂缝数值模拟技术	离散多重介质数值模拟技术		混合离散多重介质数值模拟技术
		基于接力排供的多重介质数值模拟技术	交互式多重介质数值模拟技术	
概念模型				

技术分类	离散裂缝数值模拟技术	离散多重介质数值模拟技术		混合离散多重介质数值模拟技术
		基于接力排供的多重介质数值模拟技术	交互式多重介质数值模拟技术	
不同级别网格剖分	①根据宏观大尺度非均质性划分区域；②将大中尺度天然/人工裂缝划分为不同离散裂缝单元；③将离散裂缝单元通过网格剖分划分为不同的离散裂缝介质；④不同离散裂缝网格构成一套网格系统	①根据宏观大尺度非均质性划分区域；②根据小尺度非均质性划分不同微小尺度孔缝单元；③根据不同尺度孔缝的数量与空间分布，按照接力排供模式划分为不同的离散孔缝介质；④不同离散孔缝网格构成一套网格系统	①根据宏观大尺度非均质性划分区域；②根据不同尺度孔缝的数量与空间分布，按照交互式分布模式划分为不同的离散孔缝介质；③不同离散孔缝网格构成一套网格系统	①根据宏观大尺度非均质性划分区域；②将大中尺度天然/人工裂缝划分为不同离散裂缝单元；同时根据小尺度非均质性划分不同微小尺度孔缝单元；③将离散裂缝单元根据尺度大小划分为不同的离散裂缝介质；同时根据不同尺度孔缝的数量与空间分布，按照接力排供/交互式分布模式划分为不同的离散孔缝介质；④不同尺度离散裂缝介质、不同尺度离散孔隙介质网格构成一套网格系统
介质类型	①不同尺度离散天然裂缝介质；②不同尺度离散人工裂缝介质	①不同尺度离散微小裂缝介质；②不同尺度离散孔隙介质	①不同尺度离散微小裂缝介质；②不同尺度离散孔隙介质	①不同尺度离散天然/人工裂缝介质；②不同尺度离散微小裂缝介质；③不同尺度离散孔隙介质
不同介质空间分布与属性变化规律	不同尺度天然/人工裂缝在空间离散分布；不同尺度离散裂缝介质属性参数呈非连续变化	不同尺度微小裂缝、不同尺度孔隙介质在空间按照接力排供模式呈离散分布；不同尺度微小裂缝、不同尺度孔隙介质属性参数呈非连续变化	不同尺度微小裂缝、不同尺度孔隙介质在空间按照交互式分布模式呈离散分布；不同尺度微小裂缝、不同尺度孔隙介质属性参数呈非连续变化	不同尺度天然/人工裂缝在空间离散分布；不同尺度微小裂缝、不同尺度孔隙介质在空间按照接力排供/交互式分布模式呈离散分布；不同尺度离散裂缝、微小裂缝、不同尺度孔隙介质属性参数呈非连续变化

技术分类	离散裂缝数值模拟技术	离散多重介质数值模拟技术		混合离散多重介质数值模拟技术
		基于接力排供的多重介质数值模拟技术	交互式多重介质数值模拟技术	
不同储层介质间的流动关系	①相互邻接、连通的不同尺度裂缝介质间任意流动；②相互不邻接、不连通的不同尺度裂缝介质间不流动	①相互邻接、连通的不同尺度孔缝单元间任意流动；②相互邻接、连通的不同尺度孔缝介质间按接力排供机理流动	①相互邻接、连通的不同尺度孔缝介质间任意流动；②相互不邻接、不连通的不同尺度孔缝介质间不流动	①相互邻接、连通的不同尺度裂缝介质、孔缝介质间任意流动；②相互邻接、连通的不同尺度孔缝单元间任意流动；③相互邻接、连通的不同尺度孔缝介质间按接力排供机理流动
储层与井筒间的流动关系	不同尺度天然/人工裂缝系统与井筒间流动	①不同尺度人工裂缝系统与井筒间流动；②不同尺度孔缝单元与井筒间流动	①不同尺度人工裂缝系统与井筒间流动；②不同尺度孔缝介质与井筒间流动	①不同尺度人工裂缝系统与井筒间流动；②不同尺度孔缝介质与井筒间流动；③不同尺度孔缝单元与井筒间流动
适用条件	①大中尺度人工/天然裂缝离散分布，密度低，连通性差；②采用非结构网格，能够更真实的逼近裂缝的空间分布和几何形态，提高计算精度	①微小尺度裂缝发育高，密度大，呈离散分布；②不同尺度孔隙受地质规律控制，按接力排供模式密集、离散分布；③采用非结构嵌套网格，能够更真实的模拟不同尺度孔缝介质的离散分布与流动关系	①微小尺度裂缝发育高，密度大，呈离散分布；②不同尺度孔隙受地质规律控制，按交互分布模式密集、离散分布；③采用非结构交互式加密网格，能够更真实的模拟不同尺度孔缝介质的离散分布与流动关系	①大中尺度人工/天然裂缝离散分布，密度低，连通性差；②微小尺度裂缝发育高，密度大，呈离散分布；③不同尺度孔隙受地质规律控制，按接力排供模式/交互分布模式密集、离散分布；④采用非结构的离散裂缝网格、嵌套网格、交互式加密网格，能够更真实的模拟不同尺度离散裂缝、微小尺度孔缝介质的离散分布与流动关系

一、离散裂缝数值模拟技术

对于大中尺度天然/人工裂缝,在空间上非连续离散分布,不同尺度离散裂缝介质属性参数呈非连续变化,常规的连续裂缝介质模拟技术不适用。根据大中尺度天然/人工裂缝的空间分布特征可以划分为不同离散裂缝单元,通过网格技术将不同离散裂缝单元剖分为不同的离散裂缝介质,构成一套离散裂缝网格系统;应用基于粗糙度及充填特征的天然离散裂缝建模方法,以及基于不同支撑剂浓度、支撑方式的人工离散裂缝建模方法,建立了能够描述不同尺度离散裂缝介质几何、属性特征及复杂流态与渗流机理的数值模拟模型,形成了不同尺度天然/人工离散裂缝动态模拟技术(姚军等,2014;袁士义等,2004;吕心瑞等,2013)。

(一)数值模拟网格系统

针对宏观不同尺度天然/人工裂缝在空间分布上非均质性极强,非连续离散分布,多尺度特征突出,同时密度低、连通性差,其属性参数及流动特征非连续变化等特点,难以用结构网格来描述。因此,采用非结构网格对此类裂缝进行离散处理。

(1)首先根据不同的岩性、岩相、储层类别等宏观大尺度非均质性将致密储层划分为若干个特征差异较大的一级区域,不同区域之间的不同尺度孔隙、天然/人工裂缝数量及空间分布具有极大差异(图6.8);

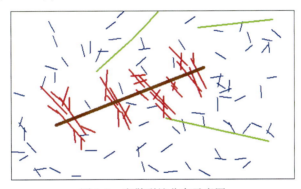

图6.8　离散裂缝分布示意图

(2)将大中尺度天然/人工裂缝划分为不同离散裂缝特征单元;

(3)采用非结构网格技术,将离散裂缝单元通过网格剖分划分为不同的离散裂缝介质(Gong et al.,2006[1],2010[2]),不同网格代表不同的离散裂缝介质;

(4)不同离散裂缝网格构成一套完整的网格系统(图6.9);

(5)应用基于粗糙度及充填特征的天然离散裂缝建模方法,以及基于不同支撑剂浓度、支撑方式的人工离散裂缝建模方法,建立不同网格离散裂缝介质的几何与物性参数模型,不同网格离散裂缝介质的属性参数呈非连续变化。

(二)不同储层介质间的流动关系

在离散裂缝系统中,裂缝在基质孔隙中非连续离散分布,离散裂缝间部分相互连通,部

---

①　Gong B,Karimi-Fard M,Durlofsky L J. 2006. An upscaling procedure for constructing generalized dual-porosity/dual-permeability moedls from discrets fracture characterizations. Texas,USA,SPE Annual Technical Conference and Exhibition.

②　Gong B,Qin G,Yuan S Y. 2010. Detailed modeling of the complex fracture network of shale gas reservoirs. Muscat Oman,USA,SPE middle east unconventional gas conference and exhibition.

分不连通,因此基质与离散裂缝间可以流动,同时相互邻接、连通的不同尺度裂缝间可以流动,相互不邻接、不连通的不同尺度裂缝间不流动(图6.10)。

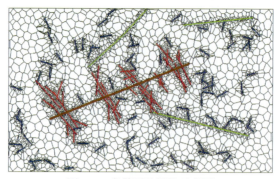

图6.9　离散裂缝网格示意图

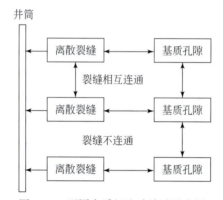

图6.10　不同介质间流动关系示意图

　　根据上述网格系统,对离散裂缝网格进行排序与编号,根据不同介质间网格的相邻关系、流动关系,建立不同网格间的连通表(表6.10)。

表6.10　离散裂缝网格排序与连通表

网格 i	网格 j
…	…
113	112
113	114
113	115
113	116
113	615
…	…

(三) 储层介质与井筒间的流动关系

在离散裂缝系统中,不同尺度天然/人工裂缝系统与井筒间均可流动,在天然/人工裂缝、水平井网格剖分的基础上,对井筒网格进行排序与编号。根据储层介质与井筒网格的相邻关系、流动关系,建立离散裂缝与井筒间网格连通表(表6.11)。

表6.11　离散裂缝数值模拟网格的储层介质与井筒网格连通表

储层网格	井筒网格
…	…
75	69
76	69
11	68
12	68
27	70
…	…

(四) 数值模拟模型

1. 不同介质间流动数值模拟模型

不同尺度裂缝介质间的传导率(Karimi-Fard et al.,2003[①]) 为

$$T_{Fi,Fj} = \frac{\alpha_{Fi}\alpha_{Fj}}{\alpha_{Fi} + \alpha_{Fj}} \tag{6.28}$$

$$\alpha_{Fi} = A_{Fi,Fj}\frac{K_{Fi}}{L_{Fi}}\vec{n}_{Fi} \cdot \vec{f}_{Fi} \tag{6.29}$$

裂缝介质–基质间的传导率为

$$T_{F,m} = \frac{\alpha_F \alpha_m}{\alpha_F + \alpha_m} \tag{6.30}$$

$$\alpha_m = A_{F,m}\frac{K_m}{L_m}\vec{n}_m \cdot \vec{f}_m \tag{6.31}$$

油、气在离散裂缝介质内流动时,受复杂渗流机理影响,表现为多种流态,根据不同尺度离散裂缝介质间流动关系,建立多流态多机理的离散裂缝流动数值模拟模型。

1)高速非线性流的数值模拟模型

当油、气在离散裂缝介质内流动时压力梯度大于高速非线性临界压力梯度,流态为高速非线性渗流,数值模拟模型为

---

① Karimi-Fard M,Durlofsky L J,Aziz K. 2003. An eifficient discrete fracture model applicable for general purpose reservoir simulators. Texas,USA,SPE Reservoir Simulation Symposium.

$$\sum_{Fj} \left\{ T_{Fi,Fj} \sum_p F_{ND} \left(\frac{K_{rp}\rho_p}{\mu_p} \right)_{Fi|j} X_{cp} \left[(P_{p,Fj} - \rho_p g D_{Fj}) - (P_{p,Fi} - \rho_p g D_{Fi}) \right] \right\}^{n+1}$$
$$+ (q_{pFi}^W)^{n+1} = \frac{V}{\Delta t} \left[\left(\phi \sum_p \rho_p S_p X_{cp} \right)^{n+1} - \left(\phi \sum_p \rho_p S_p X_{cp} \right)^n \right]_{Fi} \tag{6.32}$$

2）拟线性流的数值模拟模型

当油、气在离散裂缝介质内流动时压力梯度介于拟线性临界压力梯度和高速非线性临界压力梯度之间，流态为拟线性渗流，数值模拟模型为

$$\sum_{Fj} \left\{ T_{Fi,Fj} \sum_p \left(\frac{K_{rp}\rho_p}{\mu_p} \right)_{Fi|j} X_{cp} \left[(P_{p,Fj} - \rho_p g D_{Fj}) - (P_{p,Fi} - \rho_p g D_{Fi}) - G_{c,Fi,Fj} \right] \right\}^{n+1}$$
$$+ (q_{pFi}^W)^{n+1} = \frac{V}{\Delta t} \left[\left(\phi \sum_p \rho_p S_p X_{cp} \right)^{n+1} - \left(\phi \sum_p \rho_p S_p X_{cp} \right)^n \right]_{Fi} \tag{6.33}$$

3）低速非线性流的数值模拟模型

当油、气在离散裂缝介质内流动时压力梯度大于启动压力梯度且小于拟线性临界压力梯度，流态为受启动压力梯度影响的低速非线性渗流，数值模拟模型为

$$\sum_{Fj} \left\{ T_{Fi,Fj} \sum_p \left(\frac{K_{rp}\rho_p}{\mu_p} \right)_{Fi|j} X_{cp} \left[(P_{p,Fj} - \rho_p g D_{Fj}) - (P_{p,Fi} - \rho_p g D_{Fi}) - G_{a,Fi,Fj} \right]^{n*} \right\}^{n+1}$$
$$+ (q_{pFi}^W)^{n+1} = \frac{V}{\Delta t} \left[\left(\phi \sum_p \rho_p S_p X_{cp} \right)^{n+1} - \left(\phi \sum_p \rho_p S_p X_{cp} \right)^n \right]_{Fi} \tag{6.34}$$

2. 储层介质与井筒间流动数值模拟模型

裂缝介质与井筒间井指数为

$$WI = \frac{2\pi K_F L_{eff,F}}{\ln \left(\frac{r_e}{r_w} \right) + s} \tag{6.35}$$

离散裂缝中油、气向井筒流动时渗流机理不同，流态也随之发生变化，根据不同尺度离散裂缝与井筒间流动关系，建立离散裂缝与井筒间流动数值模拟模型。

1）离散裂缝与井筒间高速非线性流的数值模拟模型

当油、气从离散裂缝介质向井筒流动时压力梯度大于高速非线性临界压力梯度，流态为高速非线性渗流，数值模拟模型为

$$(q_{高速,c})^W = WI \sum_p \left\{ F_{ND} \left(\frac{K_{rp}\rho_p}{\mu_p} \right)_{Fi} X_{cp} \left[(P_{p,Fi} - \rho_p g D_{Fi}) - (P^W - \rho_p g D^W) \right] \right\} \tag{6.36}$$

2）离散裂缝与井筒间拟线性流的数值模拟模型

当油、气从离散裂缝介质向井筒流动时压力梯度介于拟线性临界压力梯度和高速非线性临界压力梯度之间，流态为拟线性渗流，数值模拟模型为

$$(q_{拟线性,c})^W = WI \sum_p \left\{ \left(\frac{K_{rp}\rho_p}{\mu_p} \right)_{Fi} X_{cp} \left[(P_{p,Fi} - \rho_p g D_{Fi}) - (P^W - \rho_p g D^W) - G_{c,Fi}^W \right] \right\}$$
$$\tag{6.37}$$

3）离散裂缝与井筒间低速非线性流的数值模拟模型

当油、气从离散裂缝介质向井筒流动时压力梯度大于启动压力梯度且小于拟线性临界

压力梯度,流态为受启动压力梯度影响的低速非线性渗流,数值模拟模型为

$$(q_{启动,c})^{W} = WI \sum_{p} \left\{ \left(\frac{K_{rp}\rho_p}{\mu_p} \right)_{Fi} X_{cp} \left[(P_{p,Fi} - \rho_p g D_{Fi}) - (P^{W} - \rho_p g D^{W}) - G_{a,Fi}^{W} \right]^{n*} \right\}$$

$$(6.38)$$

二、离散多重介质数值模拟技术

　　致密储层发育非连续离散分布的孔隙介质,不同尺度孔隙的数量分布模式和空间分布模式差异大,同时,离散分布的微米–纳米级裂缝(图6.13)数量多、尺度小,不能作为确定性的离散裂缝来处理,常规数值模拟技术将不同尺度孔隙视为均匀连续分布的单一孔隙介质,不同尺度裂缝视为均匀连续分布的单一裂缝介质,采用连续双重介质方法进行模拟,无法模拟不同尺度孔隙、裂缝介质中流体的流动和开采规律,以及不同尺度介质的赋存状态、流体性质及渗流特征差异对生产动态的影响。因此,将致密储层不同尺度孔隙和微纳米缝视作离散分布的微尺度离散多重介质,采用非连续离散多重介质模拟方法,创新形成了不同尺度离散多重介质数值模拟技术(表6.12,图6.11~图6.14)。

表 6.12　常规双重介质与离散多重介质数值模拟技术对比表

	常规双重介质	离散多重介质
孔缝介质类型	单一孔隙介质、单一裂缝介质	不同尺度孔隙和微纳米裂缝视作微尺度离散多重介质
地质规律	孔隙介质与裂缝介质在空间连续分布,其属性参数连续变化	不同尺度孔隙和微纳米裂缝在空间非连续离散分布,其属性参数非连续变化,在单元内具有一定的空间和数量分布规律
模拟方法	连续介质模拟方法	非连续离散介质模拟方法

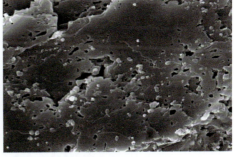

图 6.11　不同尺度孔隙交互式离散分布

图 6.12　不同尺度微裂缝交互式离散分布

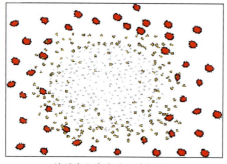 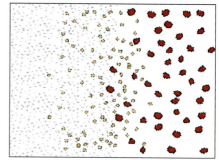

(a)单元中心为小孔、外部为大孔　　　　　(b)单元左侧为小孔、右侧为大孔

图 6.13　不同尺度孔隙空间分布模式

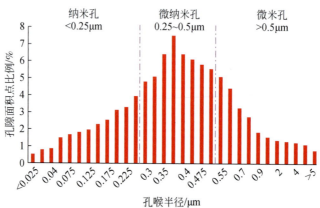

(a)以微纳米孔为主

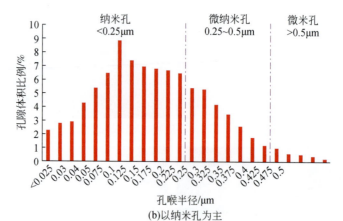

(b)以纳米孔为主

图 6.14　不同尺度孔隙组成与数量分布

（一）基于接力排供的多重介质数值模拟技术

Pruess（1983[①]，1985[②]）提出了 MINC（multiple interaction continua）模型，该模型将基质岩块进一步细分，模拟刻画基质岩块内压力和饱和度的非瞬时变化；Wu 等（2009[③]）、Wu 和 Pruess（1988[④]）在此基础上发展了可以模拟缝洞型储层的三重介质及多重介质模型，同时采用加密网格可以模拟基质岩块的拟稳态渗流。

由于致密储层发育非连续离散分布的孔隙和微米-纳米级裂缝，不同单元内不同尺度孔隙和微纳米裂缝介质的数量分布模式和空间分布模式差异大，因此根据不同尺度孔缝的组成与数量分布模式确定不同孔缝介质的体积百分比，按照接力排供式空间离散分布模式生成不同的离散孔缝介质，确定不同介质间的流动关系，建立了能够描述不同尺度孔缝介质几何、属性特征及不同流动机理的数值模拟模型，创新形成了接力排供式离散多重介质数值模拟技术。

1．数值模拟网格系统

致密储层微纳米裂缝、不同尺度孔隙介质在空间按照接力排供模式分布，同时微纳米裂缝和孔隙介质的属性参数非连续变化，因此，采用非结构网格将非连续离散分布的孔隙和微米-纳米级裂缝处理为离散多重介质。

（1）根据致密储层不同的岩性、岩相、储层类别等宏观尺度非均质性进行分区，不同区域之间的不同尺度孔隙、天然/人工裂缝数量及空间分布具有极大差异（图 6.15）。

（2）根据小尺度非均质性划分不同微小尺度孔缝单元，单元形态可以为任意形状的非结构网格（图 6.16）。

（3）根据不同单元内不同尺度孔缝介质的数量分布模式（图 6.17）与空间分布模式（图 6.18），划分微小尺度孔缝单元的介质重数，确定不同尺度介质的孔隙体积百分比，按照接力

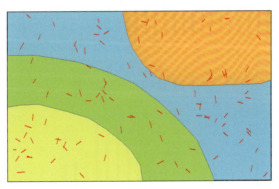

图 6.15　储层分区示意图

① Pruess K. 1983. GMINC- a mesh generator for flow simulation in fractured reservoirs. Report LBL- 15227, Lawrence Berkeley Laboratory, Berkeley, CA.

② Pruess K. 1985. A practical method for modeling fluid and heat flow in fractured porous media. Old SPE Journal.

③ Wu Y S, Moridis G, Bai B, et al. 2009. A multi- continuum model for gas production in tight fractured reservoirs. Texas, USA, SPE Hydraulic Fracturing Technology Conference.

④ Wu Y S, Pruess K. 1988. A multiple- porosity method for simulation of naturally fractured petroleum reservoirs. SPE Reservoir Engineering.

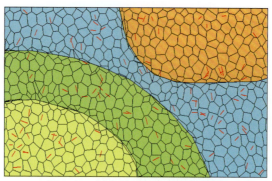

图 6.16 微小尺度孔缝单元示意图

排供模式划分为不同的离散孔缝介质,孔缝介质形态为嵌套式非结构网格,每个嵌套网格代表一重介质,嵌套网格的个数等于该孔缝单元内的不同尺度孔缝介质重数,嵌套网格的体积应满足该孔缝单元内的介质孔隙体积百分比规律。

(4)不同离散孔缝介质网格构成一套完整的基于接力排供的多重介质数值模拟网格系统,如图 6.19 所示。

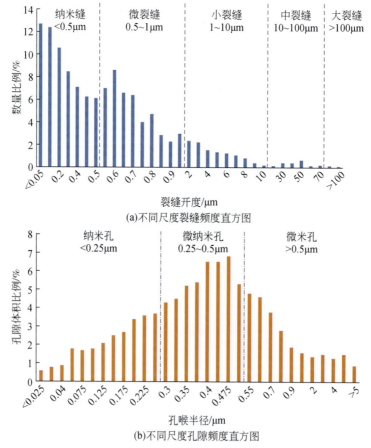

(a)不同尺度裂缝频度直方图

(b)不同尺度孔隙频度直方图

图 6.17 不同尺度孔缝介质数量分布模式

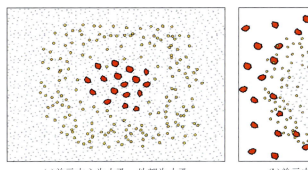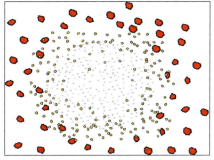

(a)单元中心为大孔、外部为小孔　　　　(b)单元中心为小孔、外部为大孔

图6.18　不同尺度孔缝介质空间分布模式

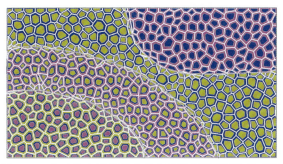

图6.19　基于接力排供的多重介质数值模拟网格示意图

（5）以不同尺度孔缝的空间分布、数量分布规律作为约束，突破了单一孔隙介质属性参数连续建模方法，采用非连续离散多重介质属性参数建模技术，建立基于接力排供的多重介质几何与物性参数模型。

2. 不同储层介质间的流动关系

在基于接力排供的多重介质模型中，相互邻接、连通的不同尺度孔缝单元间可以流动，同一单元内按接力排供模式，相互邻接、连通的不同尺度孔缝介质间可以流动，如图6.20所示。

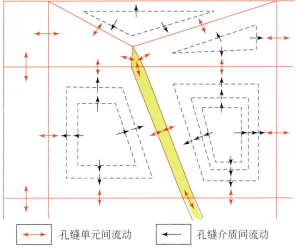

图6.20　不同尺度孔缝单元、孔缝介质流动关系示意图

根据上述网格系统,对孔缝单元和同一单元内孔缝介质网格进行排序与编号,根据不同单元、不同介质间网格的相邻关系、流动关系,建立不同单元、不同网格间的连通表(表6.13)。

表 6.13　接力排供式多重介质数值模拟网格排序与连通表

不同孔缝单元	单元 i	单元 j
	…	…
	28	19
	28	22
	28	25
	28	31
	28	34
	…	…

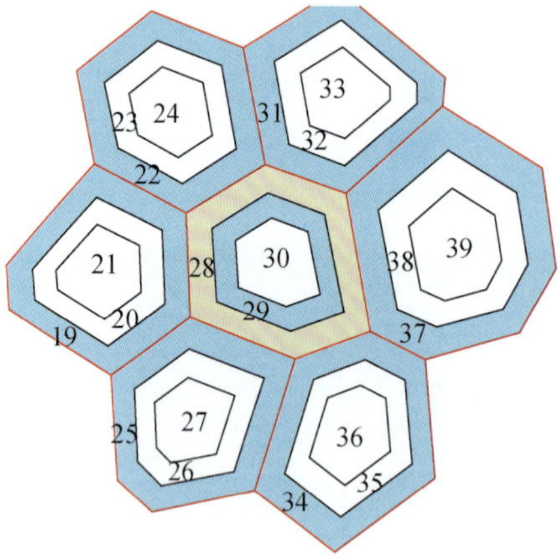

同一单元不同孔缝介质	网格 i	网格 j
	…	…
	20	21
	29	30
	…	…

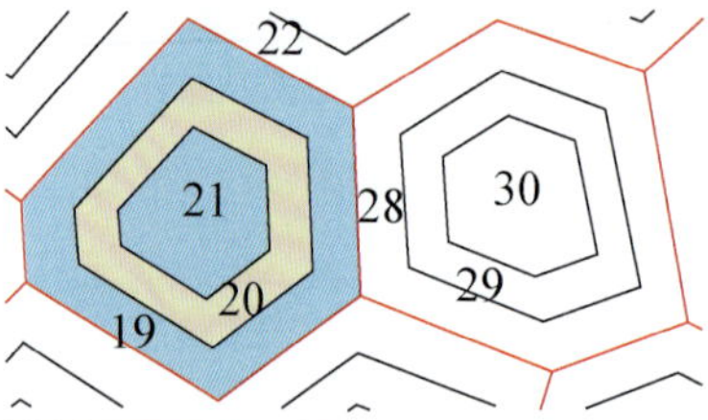

3. 储层介质与井筒间的流动关系

在基于接力排供的多重介质模型中,不同尺度孔缝单元/介质与井筒间可以流动。在水平井网格剖分的基础上,对井筒网格进行排序与编号。根据储层介质与井筒网格的相邻关系、流动关系,建立不同尺度孔缝单元/介质与井筒间网格连通表(表6.14)。

表 6.14　孔缝单元与井筒网格间连通表

孔缝单元 i	井筒网格 j
…	…
121	59
118	60
115	61
112	62
…	…

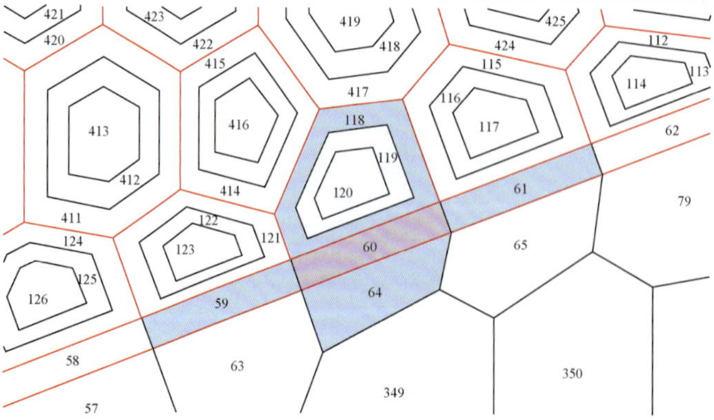

4. 数值模拟模型

1）不同介质间流动数值模拟模型

油、气在离散多重介质内流动时，受复杂渗流机理影响，表现为多种流态，根据孔缝单元和同一单元内不同尺度孔缝介质间的流动关系，建立多流态多机理的离散多重介质数值模拟模型。

不同孔缝单元间流动数值模拟模型：

不同孔缝单元间的传导率为

$$T_{\text{单元}i,\text{单元}j} = \frac{\alpha_{\text{局部单元}i\_J_N}\alpha_{\text{局部单元}j\_J_N}}{\alpha_{\text{局部单元}i\_J_N} + \alpha_{\text{局部单元}j\_J_N}} \tag{6.39}$$

$$\alpha_{\text{局部单元}i\_J_N} = A_{\text{单元}i,\text{单元}j}\frac{K_{\text{单元}i\_J_N}}{L_{\text{局部单元}i\_J_N}}\vec{n}\cdot\vec{f} \tag{6.40}$$

$$\alpha_{\text{局部单元}j\_J_N} = A_{\text{单元}i,\text{单元}j}\frac{K_{\text{单元}j\_J_N}}{L_{\text{局部单元}j\_J_N}}\vec{n}\cdot\vec{f} \tag{6.41}$$

式中，$T_{\text{单元}i,\text{单元}j}$ 为相邻孔缝单元 i 与孔缝单元 j 之间的传导率；$A_{\text{单元}i,\text{单元}j}$ 为相邻孔缝单元 i,j 的接触面积，m^2；$K_{\text{单元}i\_J_N}$、$K_{\text{单元}j\_J_N}$ 分别为孔缝单元 i,j 最外层介质 J_N 的渗透率，mD；$\alpha_{\text{局部单元}i\_J_N}$、$\alpha_{\text{局部单元}j\_J_N}$ 分别为孔缝单元 i,j 中最外层介质 J_N 的临界局部单元形状因子；$L_{\text{局部单元}i\_J_N}$、$L_{\text{局部单元}j\_J_N}$ 为局部单元的重心到相邻局部单元接触面中心的实际距离，m；$\vec{n}\cdot\vec{f}$ 为局部单元的正交性法向校正。

不同孔缝单元间流体流动数值模拟模型为

$$\sum_{\text{单元}j}\left\{T_{\text{单元}i,\text{单元}j}\sum_{\text{p}}\left(\frac{K_{\text{rp}}\rho_{\text{p}}}{\mu_{\text{p}}}\right)_{\text{单元}i\_J_N|j\_J_N}X_{\text{cp}}\left[\left(P_{\text{p},\text{单元}j\_J_N} - \rho_{\text{p}}gD_{\text{单元}j\_J_N}\right) - \left(P_{\text{p},\text{单元}i\_J_N} - \rho_{\text{p}}gD_{\text{单元}i\_J_N}\right)\right]\right\}^{n+1}$$
$$+ \left(q_{\text{p}\text{单元}i\_J_N}^{\text{w}}\right)^{n+1} = \frac{V}{\Delta t}\left[\left(\phi\sum_{\text{p}}\rho_{\text{p}}S_{\text{p}}X_{\text{cp}}\right)^{n+1} - \left(\phi\sum_{\text{p}}\rho_{\text{p}}S_{\text{p}}X_{\text{cp}}\right)^{n}\right]_{\text{单元}i\_J_N} \tag{6.42}$$

该模型为通用模型，由于单元间接触的介质不同，流态和渗流机理不同，因此其具体表达式根据流态和渗流机理有所变化。

2）同一单元内不同尺度孔缝介质间流动数值模拟模型

在同一孔缝单元内部，不同尺度孔缝介质间的传导率为

$$T_{\text{介质}i,\text{介质}i+1} = \frac{4A_{\text{介质}i,\text{介质}i+1}}{d_{\text{介质}i} + d_{\text{介质}i+1}}\left(\frac{K_{\text{介质}i}K_{\text{介质}i+1}}{K_{\text{介质}i} + K_{\text{介质}i+1}}\right) \tag{6.43}$$

式中，$T_{\text{介质}i,\text{介质}i+1}$ 为孔缝单元内相邻介质 i 与介质 $i+1$ 之间的传导率；$A_{\text{介质}i,\text{介质}i+1}$ 为相邻介质 i 与介质 $i+1$ 之间的接触面积，m^2；$K_{\text{介质}i}$、$K_{\text{介质}i+1}$ 分别为介质 i 与介质 $i+1$ 的渗透率，mD；$d_{\text{介质}i}$、$d_{\text{介质}i+1}$ 分别为介质 i 嵌套网格的带宽和介质 $i+1$ 嵌套网格的带宽，m。

由于同一单元内不同尺度孔缝介质间的流态和渗流机理有较大变化，其数值模拟模型随流态和渗流机理变化有所不同。

A. 拟线性流的数值模拟模型

当油、气在不同尺度孔缝介质内流动时压力梯度介于拟线性临界压力梯度和高速非线

性临界压力梯度之间,流态为拟线性渗流,数值模拟模型为

$$
\sum_{\text{介质}i+1}\left\{T_{\text{介质}i,\text{介质}i+1}\sum_{\text{p}}\left(\frac{K_{\text{rp}}\rho_{\text{p}}}{\mu_{\text{p}}}\right)_{\text{介质}i\,|\,i+1}X_{\text{cp}}\big[\,(P_{\text{p},\text{介质}i+1}-\rho_{\text{p}}gD_{\text{介质}i+1})-(P_{\text{p},\text{介质}i}-\rho_{\text{p}}gD_{\text{介质}i})\right.
$$
$$
\left.-G_{\text{c},\text{介质}i,\text{介质}i+1}\,\big]\right\}^{n+1}+(q_{\text{p介质}i}^{\text{W}})^{n+1}=\frac{V}{\Delta t}\big[\,(\phi\sum_{\text{p}}\rho_{\text{p}}S_{\text{p}}X_{\text{cp}})^{n+1}-(\phi\sum_{\text{p}}\rho_{\text{p}}S_{\text{p}}X_{\text{cp}})^{n}\,\big]_{\text{介质}i}
$$

$$(6.44)$$

B. 低速非线性流的数值模拟模型

当油、气在不同尺度孔缝介质内流动时压力梯度大于启动压力梯度且小于拟线性临界压力梯度,流态为受启动压力梯度影响的低速非线性渗流,数值模拟模型为

$$
\sum_{\text{介质}i+1}\left\{T_{\text{介质}i,\text{介质}i+1}\sum_{\text{p}}\left(\frac{K_{\text{rp}}\rho_{\text{p}}}{\mu_{\text{p}}}\right)_{\text{介质}i\,|\,i+1}X_{\text{cp}}\big[\,(P_{\text{p},\text{介质}i+1}-\rho_{\text{p}}gD_{\text{介质}i+1})-(P_{\text{p},\text{介质}i}-\rho_{\text{p}}gD_{\text{介质}i})\right.
$$
$$
\left.-G_{\text{a},\text{介质}i,\text{介质}i+1}\,\big]^{n*}\right\}^{n+1}+(q_{\text{p介质}i}^{\text{W}})^{n+1}=\frac{V}{\Delta t}\big[\,(\phi\sum_{\text{p}}\rho_{\text{p}}S_{\text{p}}X_{\text{cp}})^{n+1}-(\phi\sum_{\text{p}}\rho_{\text{p}}S_{\text{p}}X_{\text{cp}})^{n}\,\big]_{\text{介质}i}
$$

$$(6.45)$$

C. 滑脱效应的数值模拟模型

低压条件下,气相在纳微米级孔缝介质中渗流受滑脱效应影响,数值模拟模型为(相邻两个网格的滑脱因子 b,以及临界压力 P_{mi} 相等的情况下):

$$
\sum_{\text{介质}i+1}\left\{T_{\text{介质}i,\text{介质}i+1}\sum_{\text{p}}\left(\frac{K_{\text{rp}}\rho_{\text{p}}}{\mu_{\text{p}}}\right)_{\text{介质}i\,|\,i+1}X_{\text{cp}}\left[\left(1+\frac{b}{P_{\text{介质}i+1}}\right)(P_{\text{p},\text{介质}i+1}-\rho_{\text{p}}gD_{\text{介质}i+1})-\left(1+\frac{b}{P_{\text{介质}i}}\right)\right.\right.
$$
$$
\left.\left.(P_{\text{p},\text{介质}i}-\rho_{\text{p}}gD_{\text{介质}i})\,\right]\right\}^{n+1}+(q_{\text{p介质}i}^{\text{W}})^{n+1}=\frac{V}{\Delta t}\big[\,(\phi\sum_{\text{p}}\rho_{\text{p}}S_{\text{p}}X_{\text{cp}})^{n+1}-(\phi\sum_{\text{p}}\rho_{\text{p}}S_{\text{p}}X_{\text{cp}})^{n}\,\big]_{\text{介质}i}
$$

$$(6.46)$$

D. 扩散作用的数值模拟模型

低压条件下,气相在纳微米级孔缝介质中渗流受扩散作用影响,数值模拟模型为(相邻两个网格的扩散系数相等的情况下):

$$
\sum_{\text{介质}i+1}\left\{T_{\text{介质}i,\text{介质}i+1}\sum_{\text{p}}\left(\frac{K_{\text{rp}}\rho_{\text{p}}}{\mu_{\text{p}}}\right)_{\text{介质}i\,|\,i+1}X_{\text{cp}}\left[\left(1+\frac{32\sqrt{2}}{3r}\frac{\sqrt{RT}\mu g}{\sqrt{\pi M}P_{\text{介质}i+1}}\right)(P_{\text{p},\text{介质}i+1}-\rho_{\text{p}}gD_{\text{介质}i+1})\right.\right.
$$
$$
\left.\left.-\left(1+\frac{32\sqrt{2}}{3r}\frac{\sqrt{RT}\mu g}{\sqrt{\pi M}P_{\text{介质}i}}\right)(P_{\text{p},\text{介质}i}-\rho_{\text{p}}gD_{\text{介质}i})\,\right]\right\}^{n+1}+(q_{\text{p介质}i}^{\text{W}})^{n+1}=\frac{V}{\Delta t}\big[\,(\phi\sum_{\text{p}}\rho_{\text{p}}S_{\text{p}}X_{\text{cp}})^{n+1}
$$
$$
-(\phi\sum_{\text{p}}\rho_{\text{p}}S_{\text{p}}X_{\text{cp}})^{n}\,\big]_{\text{介质}i}
$$

$$(6.47)$$

E. 解吸作用的数值模拟模型

当地层压力降至解吸压力以下时,孔缝介质内气体发生解吸作用,数值模拟模型为

$$
\sum_{\text{介质}i+1}\left\{T_{\text{介质}i,\text{介质}i+1}\sum_{\text{p}}\left(\frac{K_{\text{rp}}\rho_{\text{p}}}{\mu_{\text{p}}}\right)_{\text{介质}i\,|\,i+1}X_{\text{cp}}\big[\,(P_{\text{p},\text{介质}i+1}-\rho_{\text{p}}gD_{\text{介质}i+1})-(P_{\text{p},\text{介质}i}-\rho_{\text{p}}gD_{\text{介质}i})\,\big]\right\}^{n+1}
$$
$$
+(q_{\text{p介质}i}^{\text{W}})^{n+1}=\frac{V}{\Delta t}\left[\left(\phi\sum_{\text{p}}\rho_{\text{p}}S_{\text{p}}X_{\text{cp}}+\rho_g\rho_{\text{R}}\cdot\frac{V_{\text{L}}}{1+bP_g}\right)^{n+1}-\left(\phi\sum_{\text{p}}\rho_{\text{p}}S_{\text{p}}X_{\text{cp}}+\rho_g\rho_{\text{R}}\cdot\frac{V_{\text{L}}}{1+bP_g}\right)^{n}\right]_{\text{介质}i}
$$

$$(6.48)$$

F. 渗吸作用的数值模拟模型

致密储层流体在不同尺度孔缝介质间流动受渗吸作用影响,体现在水相的数值模拟模型为

$$
\sum_{\text{介质}i+1} \left\{ T_{\text{介质}i,\text{介质}i+1} \left(\frac{K_{\text{rw}}\rho_{\text{w}}}{\mu_{\text{w}}} \right)_{\text{介质}i \mid i+1} \left[(P_{\text{o},\text{介质}i+1} - P_{\text{o},\text{介质}i}) - \rho_{\text{w}}g(D_{\text{介质}i+1} - D_{\text{介质}i}) \right. \right.
$$
$$
\left. \left. - (P_{\text{cow},\text{介质}i+1} - P_{\text{cow},\text{介质}i}) \right] \right\}^{n+1} + (q_{\text{w},\text{介质}i}^{\text{W}})^{n+1} = \frac{V}{\Delta t} \left[(\phi\rho_{\text{w}}S_{\text{w}})^{n+1} - (\phi\rho_{\text{w}}S_{\text{w}})^{n} \right]_{\text{介质}i}
$$

$$(6.49)$$

3) 不同孔缝单元/介质与井筒间流动数值模拟模型

孔缝单元与井筒间井指数为

$$
\text{WI} = \frac{2\pi K_{\text{单元}i\_J_{\text{N}}} L_{\text{eff},\text{单元}i\_J_{\text{N}}}}{\ln\left(\dfrac{r_{\text{e}}}{r_{\text{w}}}\right) + s}
$$

$$(6.50)$$

由于不同孔缝单元/介质与井筒间的流态和渗流机理有较大变化,其数值模拟数学模型根据流态和渗流机理变化有所不同。

A. 孔缝单元与井筒间拟线性流的数值模拟模型

当油、气从孔缝单元向井筒流动时压力梯度介于拟线性临界压力梯度和高速非线性临界压力梯度之间,流态为拟线性渗流,数值模拟模型为

$$
(q_{\text{拟线性},\text{c}})^{\text{W}} = \text{WI} \sum_{\text{p}} \left\{ \left(\frac{K_{\text{rp}}\rho_{\text{p}}}{\mu_{\text{p}}} \right)_{\text{单元}i\_J_{\text{N}}} X_{\text{cp}} \left[(P_{\text{p},\text{单元}i\_J_{\text{N}}} - \rho_{\text{p}}gD_{\text{单元}i\_J_{\text{N}}}) - (P^{\text{W}} - \rho_{\text{p}}gD^{\text{W}}) - G_{\text{c},\text{单元}i\_J_{\text{N}}}^{\text{W}} \right] \right\}
$$

$$(6.51)$$

B. 孔缝单元与井筒间低速非线性流的数值模拟模型

当油、气从孔缝单元向井筒流动时压力梯度大于启动压力梯度且小于拟线性临界压力梯度,流态为受启动压力梯度影响的低速非线性渗流,数值模拟模型为

$$
(q_{\text{启动},\text{c}})^{\text{W}} = \text{WI} \sum_{\text{p}} \left\{ \left(\frac{K_{\text{rp}}\rho_{\text{p}}}{\mu_{\text{p}}} \right)_{\text{单元}i\_J_{\text{N}}} X_{\text{cp}} \left[(P_{\text{p},\text{单元}i\_J_{\text{N}}} - \rho_{\text{p}}gD_{\text{单元}i\_J_{\text{N}}}) - (P^{\text{W}} - \rho_{\text{p}}gD^{\text{W}}) - G_{\text{a},\text{单元}i\_J_{\text{N}}}^{\text{W}} \right]^{n*} \right\}
$$

$$(6.52)$$

C. 孔缝单元与井筒间滑脱效应的数值模拟模型

低压条件下,气相在纳微米级孔缝单元中渗流受滑脱效应影响,数值模拟模型为(相邻两个网格的滑脱因子 b,以及临界压力 P_{mi} 相等的情况下):

$$
(q_{\text{滑脱},\text{c}})^{\text{W}} = \text{WI} \sum_{\text{p}} \left\{ \left(\frac{K_{\text{rp}}\rho_{\text{p}}}{\mu_{\text{p}}} \right)_{\text{单元}i\_J_{\text{N}}} X_{\text{cp}} \left(1 + \frac{b}{P_{\text{单元}i\_J_{\text{N}}}} \right) \left[(P_{\text{p},\text{单元}i\_J_{\text{N}}} - \rho_{\text{p}}gD_{\text{单元}i\_J_{\text{N}}}) - (P^{\text{W}} - \rho_{\text{p}}gD^{\text{W}}) \right] \right\}
$$

$$(6.53)$$

D. 孔缝单元与井筒间扩散作用的数值模拟模型

低压条件下,气相在纳微米级孔缝单元中渗流受扩散作用影响,数值模拟模型为(相邻两个网格的扩散系数相等的情况下):

$$(q_{\text{扩散,c}})^{\text{W}} = \text{WI} \sum_{\text{p}} \left\{ \left(\frac{K_{\text{rp}} \rho_{\text{p}}}{\mu_{\text{p}}} \right)_{\text{单元}i\_J_{\text{N}}} X_{\text{cp}} \left(1 + \frac{32\sqrt{2}\sqrt{RT}\mu g}{3r\sqrt{\pi M} P_{\text{单元}i\_J_{\text{N}}}} \right) \left[\left(P_{\text{p,单元}i\_J_{\text{N}}} - \rho_{\text{p}} g D_{\text{单元}i\_J_{\text{N}}} \right) \right. \right.$$
$$\left. \left. - \left(P^{\text{W}} - \rho_{\text{p}} g D^{\text{W}} \right) \right] \right\} \tag{6.54}$$

(二) 交互式多重介质数值模拟技术

由于致密储层不同尺度孔隙和微纳米裂缝介质的数量分布模式和空间分布模式差异大,因此根据不同尺度孔缝的组成与数量分布模式确定不同孔缝介质的体积百分比,按照交互式空间离散分布模式生成不同的离散孔缝介质,确定不同介质间流动关系,建立了能够描述不同尺度孔缝介质几何、属性特征及不同流动机理的数值模拟模型,创新形成了交互式离散多重介质数值模拟技术。

1. 数值模拟网格系统

致密储层微纳米裂缝、不同尺度孔隙介质在空间按照交互式分布,同时微纳米裂缝和孔隙介质的属性参数非连续变化,因此,采用非结构网格将非连续离散分布的孔隙和微米-纳米级裂缝处理为离散多重介质。

(1)根据致密储层不同的岩性、岩相、储层类别等宏观尺度非均质性进行分区,不同区域之间的不同尺度孔隙、微纳米级裂缝数量及空间分布具有极大差异(图6.21)。

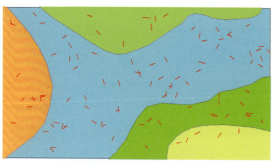

图6.21 储层分区示意图

(2)根据小尺度非均质性划分不同微小尺度孔缝单元,不同形态的单元可以用任意形状的非结构网格来表征(图6.22)。

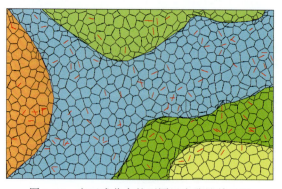

图6.22 交互式分布的不同尺度孔缝单元图

（3）根据不同尺度孔缝介质的数量分布模式与空间分布模式（图6.23），划分微小尺度孔缝单元的介质重数，确定不同尺度介质的孔隙体积百分比，按照交互式分布模式划分为不同的离散孔缝多重介质。

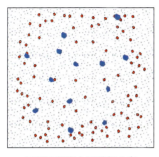 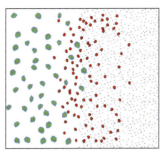 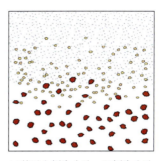

(a)不同尺度介质随机分布　　　(b)单元左侧为小孔、右侧为大孔　　　(c)单元上侧为小孔、下侧为大孔

图6.23　不同尺度孔缝介质空间分布模式

（4）不同离散孔缝介质网格构成一套完整的交互式多重介质数值模拟网格系统，如图6.24所示。

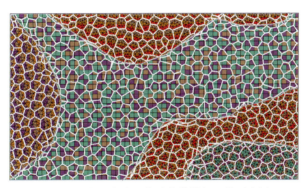

图6.24　交互式多重介质数值模拟网格示意图

（5）以不同尺度孔缝的空间分布、数量分布规律作为约束，突破了单一孔隙介质属性参数连续建模方法，采用非连续离散多重介质属性参数建模技术，建立基于交互式的多重介质几何与物性参数模型。

2. 不同储层介质间的流动关系

在交互式多重介质模型中，相互邻接、连通的不同尺度孔缝介质间任意流动；相互不邻接、不连通的不同尺度孔缝介质间不流动，如图6.25所示。

根据上述网格系统，对孔缝介质网格进行排序、编号，根据不同单元、不同介质间网格的

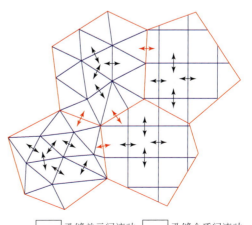

⟷ 孔缝单元间流动　　⟷ 孔缝介质间流动

图6.25　不同尺度孔缝介质流动关系示意图

相邻关系、流动关系,建立不同单元、不同网格间的连通表(表6.15)。

表6.15　交互式多重介质数值模拟网格排序与连通表

网格 i	网格 j
…	…
36	32
36	35
36	40
…	…

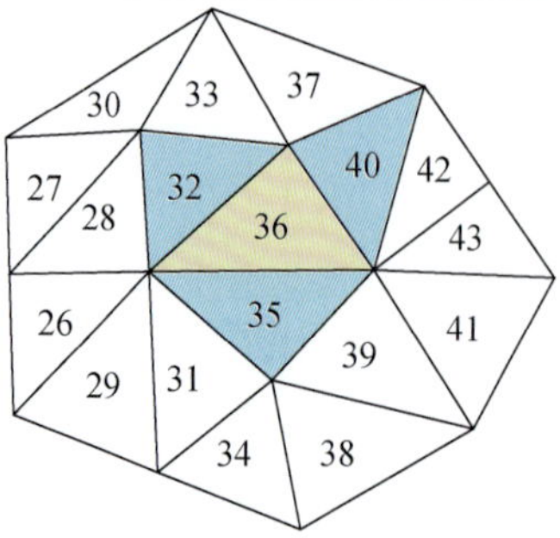

3. 储层介质与井筒间的流动关系

在交互式多重介质模型中,不同尺度天然/人工裂缝系统与井筒间流动,同时不同尺度孔缝介质与井筒间也可以流动。在水平井网格剖分的基础上,对井筒网格进行排序与编号。根据储层介质与井筒网格的相邻关系、流动关系,建立不同尺度孔缝单元/介质与井筒间网格连通表(表6.16)。

表6.16　交互式多重介质网格与井筒网格间连通表

储层网格 i	井筒网格 j
…	…
622	70
1399	70
1400	70
1402	70
…	…

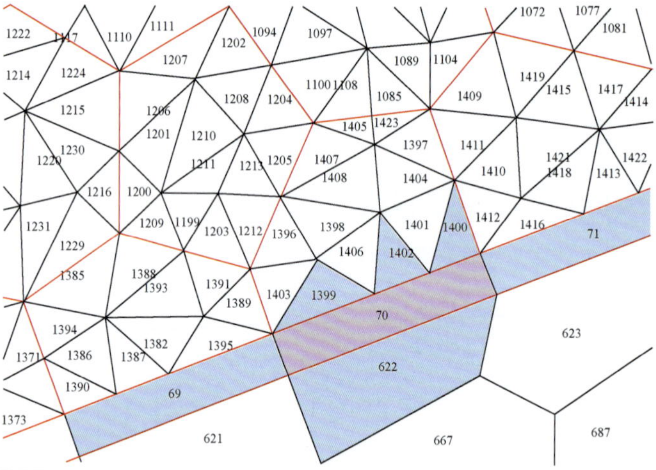

4. 数值模拟模型

1)不同介质间流动数值模拟模型

油、气在离散多重介质内流动时,受复杂渗流机理影响,表现为多种流态,根据不同尺度孔缝介质间的流动关系,建立多流态多机理的离散多重介质数值模拟模型。

不同尺度孔缝介质间的传导率(Karimi-Fard et al.,2003)为

$$T_{m(f)i,m(f)j} = \frac{\alpha_{m(f)i}\alpha_{m(f)j}}{\alpha_{m(f)i} + \alpha_{m(f)j}} \tag{6.55}$$

$$\alpha_{\mathrm{m(f)}i} = A_{\mathrm{m(f)}i,\mathrm{m(f)}j} \frac{K_{\mathrm{m(f)}i}}{L_{\mathrm{m(f)}i}} \vec{n} \cdot \vec{f} \qquad (6.56)$$

$$\alpha_{\mathrm{m(f)}j} = A_{\mathrm{m(f)}i,\mathrm{m(f)}j} \frac{K_{\mathrm{m(f)}j}}{L_{\mathrm{m(f)}j}} \vec{n} \cdot \vec{f} \qquad (6.57)$$

A. 拟线性流的数值模拟模型

当油、气在不同尺度孔缝介质内流动时压力梯度介于拟线性临界压力梯度和高速非线性临界压力梯度之间,流态为拟线性渗流,数值模拟模型为

$$\sum_{\mathrm{m(f)}j} \left\{ T_{\mathrm{m(f)}i,\mathrm{m(f)}j} \sum_{\mathrm{p}} \left(\frac{K_{\mathrm{rp}}\rho_{\mathrm{p}}}{\mu_{\mathrm{p}}} \right)_{\mathrm{m(f)}i \mid \mathrm{m(f)}j} X_{\mathrm{cp}} \left[(P_{\mathrm{p,m(f)}j} - \rho_{\mathrm{p}}gD_{\mathrm{m(f)}j}) - (P_{\mathrm{p,m(f)}i} - \rho_{\mathrm{p}}gD_{\mathrm{m(f)}i}) - G_{\mathrm{c,m(f)}i,\mathrm{m(f)}j} \right] \right\}^{n+1}$$
$$+ (q_{\mathrm{pm(f)}i}^{\mathrm{W}})^{n+1} = \frac{V}{\Delta t} \left[(\phi \sum_{\mathrm{p}} \rho_{\mathrm{p}}S_{\mathrm{p}}X_{\mathrm{cp}})^{n+1} - (\phi \sum_{\mathrm{p}} \rho_{\mathrm{p}}S_{\mathrm{p}}X_{\mathrm{cp}})^{n} \right]_{\mathrm{pm(f)}i}$$

$$(6.58)$$

B. 低速非线性流的数值模拟模型

当油、气在不同尺度孔缝介质内流动时压力梯度大于启动压力梯度且小于拟线性临界压力梯度,流态为受启动压力梯度影响的低速非线性渗流,数值模拟模型为

$$\sum_{\mathrm{m(f)}j} \left\{ T_{\mathrm{m(f)}i,\mathrm{m(f)}j} \sum_{\mathrm{p}} \left(\frac{K_{\mathrm{rp}}\rho_{\mathrm{p}}}{\mu_{\mathrm{p}}} \right)_{\mathrm{m(f)}i \mid \mathrm{m(f)}j} X_{\mathrm{cp}} \left[(P_{\mathrm{p,m(f)}j} - \rho_{\mathrm{p}}gD_{\mathrm{m(f)}j}) - (P_{\mathrm{p,m(f)}i} - \rho_{\mathrm{p}}gD_{\mathrm{m(f)}i}) \right. \right.$$
$$\left. \left. - G_{\mathrm{a,m(f)}i,\mathrm{m(f)}j} \right]^{n*} \right\}^{n+1} + (q_{\mathrm{pm(f)}i}^{\mathrm{W}})^{n+1} = \frac{V}{\Delta t} \left[(\phi \sum_{\mathrm{p}} \rho_{\mathrm{p}}S_{\mathrm{p}}X_{\mathrm{cp}})^{n+1} - (\phi \sum_{\mathrm{p}} \rho_{\mathrm{p}}S_{\mathrm{p}}X_{\mathrm{cp}})^{n} \right]_{\mathrm{pm(f)}i}$$

$$(6.59)$$

C. 滑脱效应的数值模拟模型

低压条件下,气相在纳微米级孔缝介质中渗流受滑脱效应影响,数值模拟模型为(相邻两个网格的滑脱因子 b,以及临界压力 P_{mi} 相等的情况下):

$$\sum_{\mathrm{m(f)}j} \left\{ T_{\mathrm{m(f)}i,\mathrm{m(f)}j} \sum_{\mathrm{p}} \left(\frac{K_{\mathrm{rp}}\rho_{\mathrm{p}}}{\mu_{\mathrm{p}}} \right)_{\mathrm{m(f)}i \mid \mathrm{m(f)}j} X_{\mathrm{cp}} \left[\left(1 + \frac{b}{P_{\mathrm{m(f)}j}} \right) (P_{\mathrm{p,m(f)}j} - \rho_{\mathrm{p}}gD_{\mathrm{m(f)}j}) - \left(1 + \frac{b}{P_{\mathrm{m(f)}i}} \right) \right. \right.$$
$$\left. \left. (P_{\mathrm{p,m(f)}i} - \rho_{\mathrm{p}}gD_{\mathrm{m(f)}i}) \right] \right\}^{n+1} + (q_{\mathrm{pm(f)}i}^{\mathrm{W}})^{n+1} = \frac{V}{\Delta t} \left[(\phi \sum_{\mathrm{p}} \rho_{\mathrm{p}}S_{\mathrm{p}}X_{\mathrm{cp}})^{n+1} - (\phi \sum_{\mathrm{p}} \rho_{\mathrm{p}}S_{\mathrm{p}}X_{\mathrm{cp}})^{n} \right]_{\mathrm{pm(f)}i}$$

$$(6.60)$$

D. 扩散作用的数值模拟模型

低压条件下,气相在纳微米级孔缝介质中渗流受扩散作用影响,数值模拟模型为(相邻两个网格的扩散系数相等的情况下):

$$\sum_{\mathrm{m(f)}j} \left\{ T_{\mathrm{m(f)}i,\mathrm{m(f)}j} \sum_{\mathrm{p}} \left(\frac{K_{\mathrm{rp}}\rho_{\mathrm{p}}}{\mu_{\mathrm{p}}} \right)_{\mathrm{m(f)}i \mid \mathrm{m(f)}j} X_{\mathrm{cp}} \left[\left(1 + \frac{32\sqrt{2}\sqrt{RT}\mu g}{3r\sqrt{\pi M}P_{\mathrm{m(f)}j}} \right) (P_{\mathrm{p,m(f)}j} - \rho_{\mathrm{p}}gD_{\mathrm{m(f)}j}) - \left(1 + \frac{32\sqrt{2}\sqrt{RT}\mu g}{3r\sqrt{\pi M}P_{\mathrm{m(f)}i}} \right) \right. \right.$$
$$\left. \left. (P_{\mathrm{p,m(f)}i} - \rho_{\mathrm{p}}gD_{\mathrm{m(f)}i}) \right] \right\}^{n+1} + (q_{\mathrm{pm(f)}i}^{\mathrm{W}})^{n+1} = \frac{V}{\Delta t} \left[(\phi \sum_{\mathrm{p}} \rho_{\mathrm{p}}S_{\mathrm{p}}X_{\mathrm{cp}})^{n+1} - (\phi \sum_{\mathrm{p}} \rho_{\mathrm{p}}S_{\mathrm{p}}X_{\mathrm{cp}})^{n} \right]_{\mathrm{pm(f)}i}$$

$$(6.61)$$

E. 解吸作用的数值模拟模型

当地层压力降至解吸压力以下时,孔缝介质内气体发生解吸作用,数值模拟模型为

$$
\sum_{m(f)j} \left\{ T_{m(f)i,m(f)j} \sum_p \left(\frac{K_{rp}\rho_p}{\mu_p} \right)_{m(f)i \mid m(f)j} X_{cp} \left[(P_{p,m(f)j} - \rho_p g D_{m(f)j}) - (P_{p,m(f)i} - \rho_p g D_{m(f)i}) \right] \right\}^{n+1} + (q^{W}_{pm(f)i})^{n+1}
$$

$$
= \frac{V}{\Delta t} \left[\left(\phi \sum_p \rho_p S_p X_{cp} + \rho_g \rho_R \cdot \frac{V_L}{1+bP_g} \right)^{n+1} - \left(\phi \sum_p \rho_p S_p X_{cp} + \rho_g \rho_R \cdot \frac{V_L}{1+b_L P_g} \right)^{n} \right]_{pm(f)i}
$$

(6.62)

F. 渗吸作用的数值模拟模型

致密储层流体在孔缝介质间流动受渗吸作用影响,体现在水相的数值模拟模型如下:

$$
\sum_{m(f)j} \left\{ T_{m(f)i,m(f)j} \left(\frac{K_{rw}\rho_w}{\mu_w} \right)_{m(f)i \mid m(f)j} \left[(P_{o,m(f)j} - P_{o,m(f)i}) + \rho_w g (D_{m(f)j} - D_{m(f)i}) \right. \right.
$$

$$
\left. \left. - (P_{cow,m(f)j} - P_{cow,m(f)i}) \right] \right\}^{n+1} + (q^{W}_{w,m(f)i})^{n+1} = \frac{V}{\Delta t} \left[(\phi \rho_w S_w)^{n+1} - (\phi \rho_w S_w)^{n} \right]_{pm(f)i}
$$

(6.63)

2)储层介质与井筒间流动数值模拟模型

孔缝介质与井筒间井指数为

$$
\mathrm{WI} = \frac{2\pi K_{m(f)} L_{\mathrm{eff},m(f)}}{\ln\left(\dfrac{r_e}{r_w} \right) + s}
$$

(6.64)

由于不同孔缝介质与井筒间的流态和渗流机理有较大变化,其数值模拟数学模型根据流态和渗流机理变化有所不同。

A. 孔缝介质与井筒间拟线性流的数值模拟模型

当油、气从孔缝介质向井筒流动时压力梯度介于拟线性临界压力梯度和高速非线性临界压力梯度之间,流态为拟线性渗流,数值模拟模型为

$$
(q_{拟线性,c})^{W} = \mathrm{WI} \sum_p \left\{ \left(\frac{K_{rp}\rho_p}{\mu_p} \right)_{m(f)i} X_{cp} \left[(P_{p,m(f)i} - \rho_p g D_{m(f)i}) - (P^W - \rho_p g D^W) - G^{W}_{c,m(f)i} \right] \right\}
$$

(6.65)

B. 孔缝介质与井筒间低速非线性流的数值模拟模型

当油、气从孔缝介质向井筒流动时压力梯度大于启动压力梯度且小于拟线性临界压力梯度,流态为受启动压力梯度影响的低速非线性渗流,数值模拟模型为

$$
(q_{启动,c})^{W} = \mathrm{WI} \sum_p \left\{ \left(\frac{K_{rp}\rho_p}{\mu_p} \right)_{m(f)i} X_{cp} \left[(P_{p,m(f)i} - \rho_p g D_{m(f)i}) - (P^W - \rho_p g D^W) - G^{W}_{a,m(f)i} \right]^{n*} \right\}
$$

(6.66)

C. 孔缝介质与井筒间滑脱效应的数值模拟模型

低压条件下,气相在纳微米级孔缝介质中渗流受滑脱效应影响,数值模拟模型为(相邻两个网格的滑脱因子 b,以及临界压力 P_{mi} 相等的情况下):

$$
(q_{滑脱,c})^{W} = \mathrm{WI} \sum_p \left\{ \left(\frac{K_{rp}\rho_p}{\mu_p} \right)_{m(f)i} X_{cp} \left(1 + \frac{b}{P_{m(f)i}} \right) \left[(P_{p,m(f)i} - \rho_p g D_{m(f)i}) - (P^W - \rho_p g D^W) \right] \right\}
$$

(6.67)

D. 孔缝介质与井筒间扩散作用的数值模拟模型

低压条件下,气相在纳微米级孔缝介质中渗流受扩散作用影响,数值模拟模型为(相邻两个网格的扩散系数相等的情况下):

$$
(q_{扩散,c})^{W} = \text{WI} \sum_{p} \left\{ \left(\frac{K_{rp}\rho_{p}}{\mu_{p}} \right)_{m(f)i} X_{cp} \left(1 + \frac{32\sqrt{2}\sqrt{RT}\mu g}{3r\sqrt{\pi M}P_{m(f)i}} \right) \left[(P_{p,m(f)i} - \rho_{p}gD_{m(f)i}) - (P^{W} - \rho_{p}gD^{W}) \right] \right\}
$$

(6.68)

三、混合离散多重介质数值模拟技术

在实际致密油气开发的数值模拟中,同时存在大、中尺度天然/人工裂缝、微小尺度裂缝、不同尺度微纳米孔隙,而且不同尺度孔缝介质的几何、属性特征差异大,流态与渗流机理复杂,因此将大尺度离散裂缝介质、接力排供式离散孔缝介质、交互式离散孔缝介质集为一体,发展了非连续离散混合多重介质数值模拟技术(Lee et al.,2001;Sarda et al.,2002)。

(一)数值模拟网格系统

致密储层中大尺度天然/人工裂缝、微纳米裂缝、不同尺度孔隙介质在空间上离散分布,其属性参数都呈非连续变化。大尺度天然/人工裂缝的几何特征、分布形态差异大,微纳米裂缝、不同尺度孔隙介质在空间按照接力排供/交互模式呈离散分布,因此,采用非结构网格将非连续离散分布的大尺度天然/人工裂缝、微纳米裂缝、不同尺度孔隙介质处理为离散裂缝介质、接力排供式离散孔缝介质与交互式离散孔缝介质集为一体的混合离散多重介质。

(1)首先根据致密储层不同的岩性、岩相、储层类别等宏观大尺度非均质性进行分区,不同区域之间的不同尺度孔隙、天然/人工裂缝具有不同的空间分布特征和数量特征(图6.26)。

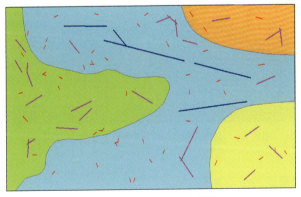

图6.26　储层分区示意图

(2)将大中尺度天然/人工裂缝划分为不同离散裂缝单元;同时根据小尺度非均质性将微纳米裂缝和基质孔隙划分为不同的微小尺度孔缝单元(图6.27)。

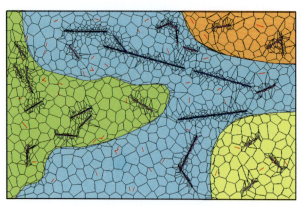

图 6.27　离散裂缝与微小尺度孔缝单元划分示意图

（3）采用非结构网格技术，将离散裂缝单元通过网格剖分划分为不同的离散裂缝介质；同时根据不同尺度孔缝的数量与空间分布，将微小尺度孔缝单元按照接力排供/交互式分布模式划分为不同的离散孔缝介质。

（4）离散裂缝介质、接力排供/交互式离散孔缝介质网格构成一套完整的混合离散多重介质数值模拟网格系统（图 6.28）。

（5）应用基于粗糙度及充填特征的天然离散裂缝建模方法，以及基于不同支撑剂浓度、支撑方式的人工离散裂缝建模方法，建立不同网格离散裂缝介质的几何与物性参数模型；以不同尺度孔缝的空间分布、数量分布规律作为约束，建立基于接力排供和交互模式的多重介质几何与物性参数模型。

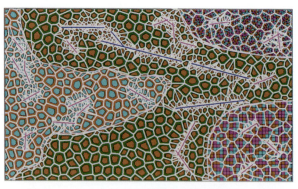

图 6.28　混合离散多重介质数值模拟网格示意图

（二）不同储层介质间的流动关系

在混合离散多重介质模型中，相互邻接、连通的不同尺度裂缝介质、孔缝介质间任意流动；相互邻接、连通的不同尺度孔缝单元间任意流动，同时孔缝单元中不同尺度孔缝介质间按接力排供机理流动，如图 6.29 所示。

根据上述网格系统，对离散裂缝单元、孔缝单元和同一单元内孔缝介质网格进行排序与编号，根据不同单元、不同介质间网格的相邻关系、流动关系，建立不同单元、不同网格间的

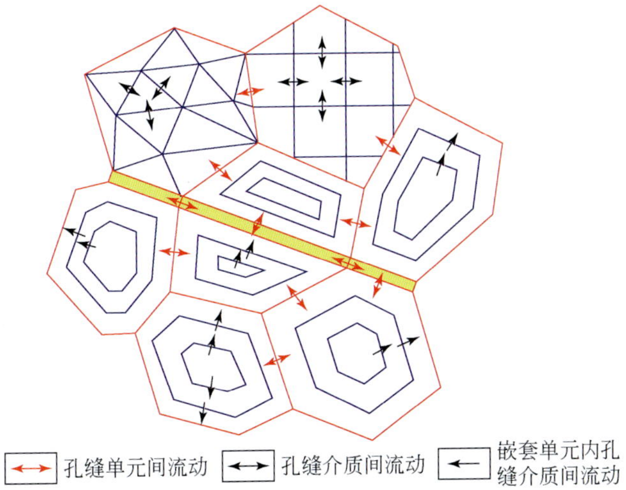

图 6.29　混合离散多重介质流动关系示意图

连通表(表 6.17)。

表 6.17　混合离散多重介质数值模拟技术网格排序与连通表

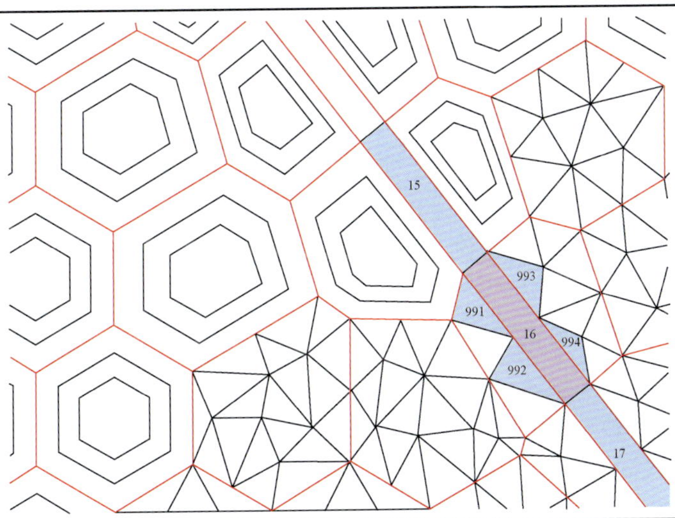

网格 i	网格 j
…	…
16	991
16	992
16	993
16	994
…	…

(三) 储层介质与井筒间的流动关系

在混合离散多重介质模型中,不同尺度天然/人工裂缝系统、不同尺度孔缝介质、不同尺度孔缝单元都能够与井筒间发生流动。在水平井网格剖分的基础上,对井筒网格进行排序与编号。根据储层介质与井筒网格的相邻关系、流动关系,建立不同尺度孔缝单元/介质与井筒间网格连通表(表 6.18)。

表 6.18 混合离散多重介质网格与井筒网格间连通表

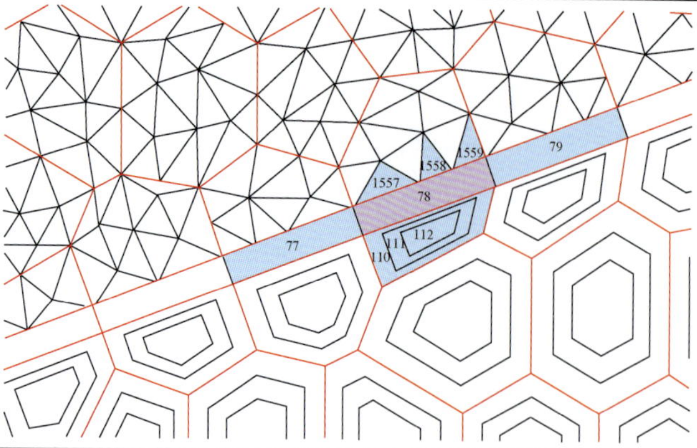

储层网格 i	井筒网格 j
…	…
110	78
1557	78
1558	78
1559	78
…	…

（四）数值模拟模型

1. 不同介质间流动数值模拟模型

1）不同储层介质间的传导率

不同储层介质间的传导率包括大/中尺度离散裂缝介质间、裂缝介质与孔隙介质间的传导率，接力排供式孔缝单元间、孔缝介质间的传导率，以及交互式孔缝介质间的传导率，具体公式同前。

2）混合离散多重介质流动数值模拟模型

油、气在离散裂缝介质、接力排供/交互式离散孔缝介质内流动时，受复杂渗流机理影响，表现为多种流态，根据孔缝介质间的流动关系，建立多流态多机理的混合离散多重介质数值模拟模型，包括大/中尺度离散裂缝、接力排供/交互式分布的离散多重介质流动数值模拟模型，具体模型同前，不再赘述。

2. 储层介质与井筒间流动数值模拟模型

1）储层介质与井筒间的井指数

不同储层介质与井筒间的井指数包括大/中尺度离散裂缝介质、接力排供/交互式孔缝介质与井筒间的井指数，具体公式同前。

2）混合离散多重介质与井筒间流动数值模拟模型

混合离散多重介质中油、气向井筒流动时渗流机理不同，流态也随之发生变化，根据不同尺度储层介质与井筒间的流动关系，建立混合离散多重介质与井筒间流动数值模拟模型，包括大/中尺度离散裂缝、接力排供/交互式分布的离散多重介质与井筒间流动数值模拟模型，具体模型同前，不再赘述。

（五）混合离散多重介质数值模拟技术流程

（1）根据不同尺度孔隙、天然/人工裂缝数量及空间分布，对宏观大尺度非均质性进行分区，将大中尺度天然/人工裂缝划分为不同离散裂缝单元；同时根据小尺度非均质性将微小尺度裂缝和不同尺度孔隙划分为不同的微纳米孔缝单元。

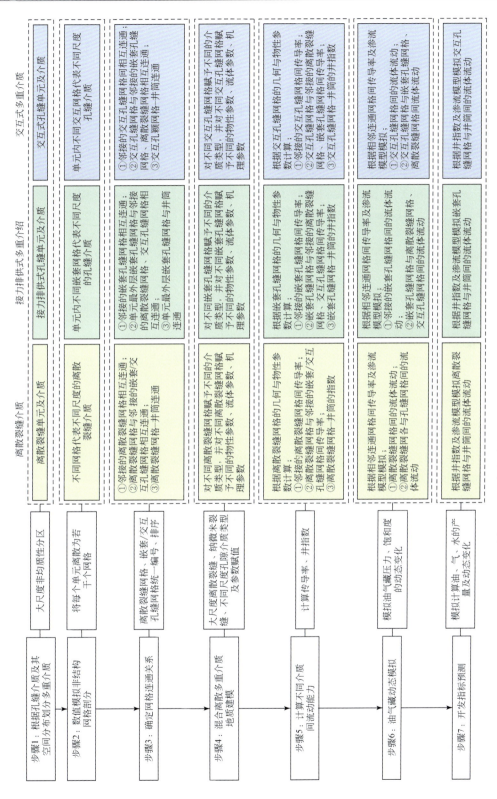

图6.30　混合离散多重介质数值模拟技术的技术流程

（2）采用非结构网格技术，将离散裂缝单元划分为不同的离散裂缝介质网格；同时根据不同尺度孔缝的数量与空间分布，将微纳米孔缝单元按照接力排供/交互式分布模式划分为嵌套式离散孔缝介质网格和交互式离散孔缝介质网格。

（3）将离散裂缝介质网格、嵌套式离散孔缝介质网格、交互式离散孔缝介质网格统一进行排序、编号，根据不同储层介质间流动关系、不同介质与井筒的流动关系，建立相邻网格连通表。

（4）通过非连续离散多重介质建模技术，确定离散裂缝介质网格、嵌套式离散孔缝介质网格、交互式离散孔缝介质网格的介质类型并进行参数赋值，包括物性参数（孔隙度、渗透率）、流体参数（饱和度、黏度、密度、相渗、毛管力、高压物性等）、机理参数（应力敏感、高速非线性渗流、启动压力梯度、滑脱效应、扩散作用、渗吸作用等），形成混合离散多重介质数值模型。

（5）通过连通表与混合离散多重介质数值模型，计算不同网格介质间传导率和不同介质与井筒间的井指数。

（6）开展油气藏动态模拟，根据数值模拟模型模拟离散裂缝介质、嵌套式/交互式离散孔缝介质间的流动，得到油气藏压力、饱和度的动态变化。

（7）进行开发指标预测，根据不同的井指数及数值模拟模型模拟离散裂缝介质、嵌套式/交互式离散孔缝介质与井筒间的流动，计算油、气、水的产量及动态变化（图6.30）。

参 考 文 献

吕心瑞,姚军,黄朝琴,等.2013. 基于有限体积法的离散裂缝模型两相流动模拟. 西南石油大学学报,34(6):123~130.

姚军,黄朝琴,等.2014. 缝洞型碳酸盐岩油藏数值模拟. 东营:中国石油大学出版社.

袁士义,宋新民,冉启全.2004. 裂缝性油藏开发技术. 北京:石油工业出版社.

Barrenblatt G I,Zehltov Y P,Kochina I N. 1960. Basic concepts in the theory of seepage of homogeneous liquids in fissured rocks. Journal of Appilied Mathematics and Mechanics,24(5):1286~1303.

Chen Z X,Huan G,Ma Y L. 2006. Computational methods for multiphase flows in porous media. Dallas,Texas:Society for Industrial and Applied Mathematics.

Lee S,Lough M,Jensen C. 2001. Hierachical modeling of floe in naturally fractured formations with multiple length scales. Water Resources Research,37(3):443~445.

Sarda S,Jeannin L,Basquet R,et al. 2002. Hydraulic characterization of fractured reservoirs:Simulation on discrete fracture models. SPE Reservoir Evalyation & Engineering,5(2):154~162.

Warren J E,Root P J. 1963. The behavior of naturally fractured reservoirs. SPE Journal,245~255.

Wu Y S. 2016. Multiphase fluid flow in porous and fractured reservoirs. Holland:Elsevier Inc.

第七章 不同尺度孔缝介质压注采流固耦合动态模拟技术

非常规致密油气藏压裂、注入、采出过程中,由于孔隙压力变化幅度大,会引起有效应力的显著变化,导致不同尺度基质孔隙、天然裂缝、人工裂缝等多重介质发生变形,从而使得孔缝介质的几何特征、物性参数发生动态变化。孔隙压力及物性参数的变化又会导致介质间传导率、井指数发生改变,进而极大地影响油藏动态及产能特征。为解决以上过程的动态模拟问题,通过研究压注采过程中天然/人工裂缝、基质孔隙变形作用机理及变形规律,建立多重介质几何、物性、传导率、井指数动态变化模型,形成了多重介质压注采流固耦合动态模拟技术。

第一节 不同尺度孔缝介质流固耦合动态变形作用机理

为深刻认识压注采过程中不同尺度孔缝介质流固耦合动态变形作用机理,从有效应力原理出发,详细描述了升压、降压过程中基质孔隙、天然裂缝、人工裂缝的变形作用过程及力学机制,并通过室内试验揭示不同孔缝介质属性参数在升压、降压过程中的动态变化特征。

一、不同尺度孔缝介质有效应力原理

(一) 单一介质有效应力基本原理

油气储层是一种由岩石颗粒组成的,并饱含油、气、水多相流体的多孔介质。对于这种储层多孔介质,它所承受的总应力一部分被多孔介质中的流体所承受,即孔隙压力,另一部分则被岩石的颗粒骨架所承受,即为有效应力(徐献芝等,2001)。

总应力是指上覆岩层和侧向围岩等产生的外部应力的矢量和。它具有方向性,一般由上覆岩层产生的垂向应力比侧向围岩产生的水平应力要大。孔隙压力是储层孔隙内流体产生的内部应力。有效应力为多孔介质骨架本身承受的应力,它是一个等效应力,为外部总应力和内部孔隙压力共同作用的结果(图7.1)。由于储层介质不同和流体相数不同,因此有效应力原理形式也有所差异。

由于储层岩石在初始条件下大多表现为压缩状态,因此设定压应力方向为正。岩石所承受的总应力 σ^{T}、初始有效应力 σ' 一般为正,而孔隙流体压力 P 表现为拉张性,因此为负。基于此,单一介质有效应力原理数学表达式的一般形式为(杨满平,2004):

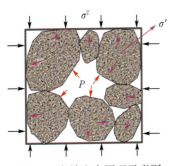

图 7.1 有效应力原理示意图

$$\sigma' = \sigma^T + \alpha_e P \delta_{ij} \tag{7.1}$$

式中，α_e 为有效应力修正系数（$0 < \alpha \leq 1$）；δ_{ij} 为 Kronecker 常数。

(二) 多重介质有效应力原理

非常规致密储层发育不同尺度基质孔隙、天然裂缝及人工裂缝，不同孔缝介质内的渗流状态存在着明显差异，传统单一介质有效应力原理已难以表征不同孔缝介质流体压力对储层有效应力的影响，需采用多重介质有效应力原理进行描述。

多重介质有效应力原理主要考虑了不同尺度孔隙、裂缝及孔洞等多重介质内的不同渗流状态对有效应力的影响，其数学表达式如下（蔡新树，2009）：

$$\sigma = \sigma^T + \alpha_{ij}^1 P_1 + \alpha_{ij}^2 P_2 + \alpha_{ij}^3 P_3 + \cdots + \alpha_{ij}^{n-1} P_{n-1} + \alpha_{ij}^n P_n \tag{7.2}$$

式中，α_{ij}^1，α_{ij}^2，α_{ij}^3，$\cdots$，α_{ij}^{n-1}，α_{ij}^n 为各种不同介质的有效应力系数张量，与介质的弹性性质及方向有关；P_1，P_2，P_3，$\cdots$，P_n 分别称为第一孔隙压力，第二孔隙压力，$\cdots\cdots$，第 n 孔隙压力。

在只考虑储层基质孔隙、天然裂缝、人工裂缝间的渗流差异时，多重介质有效应力可简化为如下三重介质有效应力形式（陈勉和陈至达，1999）：

$$\sigma' = \sigma^T + (\alpha_m P_m + \alpha_f P_f + \alpha_F P_F) \delta_{ij} \tag{7.3}$$

式中，α_m、α_f 和 α_F 分别为基质孔隙、天然裂缝、人工裂缝的有效应力系数；P_m 为基质孔隙流体压力；P_f 为天然裂缝流体压力；P_F 为人工裂缝流体压力。

(三) 流固耦合作用下动态变化的不同尺度孔缝介质

油气开发过程中，在流固耦合作用下，储层孔隙压力的变化会引起储层有效应力的变化，进而导致不同尺度孔缝介质几何、物性参数的变化，因此不同类型油藏中形成了不同尺度的动态变化孔缝介质。常规孔隙型油藏中动态变化的孔隙介质、低渗透/裂缝性油藏中动态裂缝介质及非常规油气藏中动态多重介质对生产动态的影响不可忽视。

(1)动态孔隙介质：常规孔隙型油藏衰竭式开发过程中，随着油气的渗流和采出，储层孔隙压力和有效应力发生动态变化，导致其孔隙介质的几何、物性参数发生动态变化，形成动态孔隙介质[图 7.2(a)]。动态孔隙介质属性参数的变化最终影响油藏的生产动态，因此在模拟常规孔隙型油藏开发过程时动态孔隙介质的影响必须加以考虑。

(2)动态裂缝介质：低渗透/裂缝性油藏，在注水开发过程中，天然裂缝的开启、扩大、延伸导致其几何、物性参数发生动态变化，从而在注采井间形成了动态裂缝（范天一等，2015；王友净等，2015；谢景彬等，2015；Kyunghaeng et al.，2011；Ji et al.，2004；Van et al.，2008）[图 7.2(b)]，动态裂缝会造成水淹、水窜等开发问题，因此模拟该类储层油气开发时需考虑动态裂缝对生产动态的影响。

(3)动态多重介质：非常规致密油气藏，在压、注、采开发过程中，不同尺度基质孔隙、天然/人工裂缝等多重介质的几何特征、属性参数会随着孔隙压力和有效应力的变化发生动态变化，形成动态多重介质[图 7.2(c)]。多重介质几何、物性参数的变化会导致介质间传导率、井指数的变化，影响介质间、介质与井筒间的流体交换能力，因此在模拟致密油气藏的开发过程中需考虑动态多重介质对油藏动态及产能特征的影响。

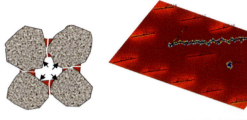

| (a)孔隙介质变形 | (b)注采井间的动态裂缝 | (c)压注采过程中的动态多重介质 |

图 7.2　油气开发过程中介质变形示意图

(四)压注采过程中不同介质动态变化的临界压力

非常规油气藏采用体积压裂改造模式,在压裂与注入的升压过程中,主要存在三个关键的临界压力,即岩石的破裂压力、裂缝的开启压力及延伸压力,其中天然裂缝的开启压力又可分为水力开启压力和力学开启压力;在返排与采出的降压过程中,主要存在裂缝的闭合压力、支撑剂的破碎压力及人工裂缝的失效压力等三个临界压力,具体见表7.1。

表 7.1　压注采过程关键临界压力及相关概念

压注采过程	临界压力	裂缝类型	临界压力描述
升压过程	破裂压力	人工裂缝	该压力为井筒内液柱所产生的压力达到足以使无裂缝储层产生破裂、形成人工裂缝时的压力
	开启压力	天然裂缝	该压力为当地层存在天然裂缝时,在现今地应力作用下,使原有闭合裂缝重新开启所需的外界压力
	延伸压力	天然裂缝/人工裂缝	该压力为开启或破裂的裂缝在长、宽、高三方位扩展所需的初始流体压力
降压过程	闭合压力	天然裂缝/人工裂缝	该压力是指使裂缝恰好保持不至于闭合所需要的流体压力
	支撑剂破碎压力	人工裂缝	该压力是指使得支撑剂不会发生塑性变形的最小流体压力
	人工裂缝失效压力	人工裂缝	该压力是指由于支撑剂破碎、嵌入等原因人工裂缝完全失效时对应的流体压力

1. 升压过程中关键临界压力

在致密储层的压裂/注入中,裂缝会先后经历岩石破裂、天然裂缝开启和裂缝延伸等过程,因此升压过程中关键压力包括:破裂压力、开启压力及延伸压力。

1)破裂压力

破裂压力是指井筒内液柱所产生的压力达到足以使无裂缝储层产生新破裂、形成人工裂缝时的压力(周新桂等,2013),其计算表达式为

$$p_f = 3\sigma_h - \sigma_H - P + S_{rt} \tag{7.4}$$

破裂压力主要受地应力大小、孔隙压力大小和储层岩性等因素的影响。储层的最小水平主应力越大,水平主应力差越小,破裂压力就越大;储层的孔隙压力越小,破裂压力越大;不同的岩性中白云岩的破裂压力相对较大,页岩的破裂压力较小(图7.3)。对于埋深2000m的致密砂岩储层,岩石的破裂压力通常为40~70MPa。

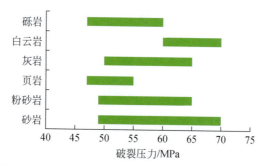

图7.3　最大、最小水平主应力分别为42MPa、37MPa 不同岩性破裂压力

2)开启压力

开启压力是指当地层存在天然裂缝时,在现今地应力作用下,使原有闭合天然裂缝重新开启所需的外界压力(朱圣举等,2016)。根据天然裂缝的开启方式,开启压力可分为水力学开启压力和力学开启压力(McClure et al.,2016)。

A. 水力学开启压力

水力学开启压力是指缝内流体压力小于法向应力,裂缝壁面相互接触,但裂缝壁面粗糙度,使得流体能够通过时的最小缝内流体压力,根据天然裂缝的充填情况不同,水力开启压力计算模型不同。

无充填天然裂缝的水力开启压力:

$$P_i = \left(\frac{\nu}{1-\nu}\sigma_v\cos\theta + \sigma_v\sin\theta - p \right) + \sigma_H\cos\theta\cos\psi + \sigma_h\cos\theta\sin\psi \tag{7.5}$$

充填天然裂缝的水力开启压力:

$$P_i = \left(\frac{\nu}{1-\nu}\sigma_v\cos\theta + \sigma_v\sin\theta - p \right) + \sigma_H\cos\theta\cos\psi + \sigma_h\cos\theta\sin\psi + S_{ft} \tag{7.6}$$

B. 力学开启压力

力学开启压力是指缝内流体压力大于法向应力,裂缝壁面不再接触时的最小缝内流体压力,根据天然裂缝的充填情况不同,力学开启压力计算模型不同。

无充填天然裂缝的力学开启压力:

$$P_i = \left(\frac{\nu}{1-\nu}\sigma_v\sin\theta + \sigma_v\cos\theta - p \right) + \sigma_H\sin\theta\sin\psi + \sigma_h\sin\theta\cos\psi \tag{7.7}$$

充填天然裂缝的力学开启压力:

$$P_i = \left(\frac{\nu}{1-\nu}\sigma_v\sin\theta + \sigma_v\cos\theta - p \right) + \sigma_H\sin\theta\sin\psi + \sigma_h\sin\theta\cos\psi + S_{ft} \tag{7.8}$$

裂缝开启压力主要受地应力大小、储层岩性和裂缝角度等因素的影响。缝面的法向应力越小,裂缝越容易开启,开启压力就越低;不同的岩性中白云岩中天然裂缝的开启压力相对较大,页岩的开启压力较小(叶金汉等,1991);天然裂缝和最大水平主应力的夹角越大,裂缝的开启压力就越大(图7.4)。在埋深2000m的致密砂岩储层中天然裂缝的开启压力通常为30~60MPa。

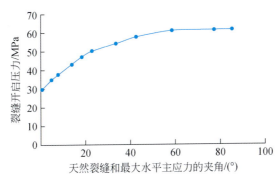

图7.4　华庆探区长63储层不同角度天然时裂缝的开启压力

3)裂缝延伸压力

裂缝延伸压力是指开启或破裂的天然/人工裂缝在长、宽、高三方位扩展所需的初始流体压力,根据断裂力学理论,裂缝端部的延伸压力为(米卡尔等,2002;那志强,2009;Irwin,1957):

$$P_{\text{tip}} = \frac{K_{\text{Ic}}}{\sqrt{\pi L}} + \sigma_3 \qquad (7.9)$$

裂缝的延伸压力主要受地应力大小、储层岩性和裂缝尺寸等因素的影响。最小水平主应力越小,裂缝的延伸压力就越小;不同的岩性中白云岩的延伸压力相对较大,页岩的延伸压力较小;裂缝的尺寸越大,延伸压力越小。在埋深2000m的致密砂岩储层中裂缝的延伸压力通常为30~60MPa。

2. 降压过程中关键临界压力

在致密储层的生产过程中,随着孔隙压力的降低,裂缝宽度会逐渐变窄,直至发生闭合,人工裂缝内的支撑剂还会破碎、失效,因此降压过程中关键压力包括:闭合压力、破碎压力及失效压力。

1)闭合压力

闭合压力是指使天然/人工裂缝恰好保持不至于闭合所需的流体压力(孙翠容等,2010),其中天然裂缝闭合压力主要受地应力大小的影响,其计算表达式为

$$P_{\text{fC}} = \sigma_{\text{h}} \sin\theta + \sigma_{\text{v}} \cos\theta \qquad (7.10)$$

人工裂缝的闭合压力除受地应力影响外,还与裂缝开度、裂缝力学性质相关,其计算表达式为

$$P_{\text{FC}} = \frac{W_{\text{F}} E}{2 h_{\text{F}} (1 - \nu^2)} + P_{\min} \qquad (7.11)$$

一般来说,最小水平主应力越大时,裂缝的闭合压力就越大。在埋深2000m的致密砂岩

储层中裂缝的闭合压力通常为 30～50MPa。

2）支撑剂破碎压力

支撑剂破碎压力是指使人工裂缝内使支撑剂不会发生塑性变形的最小流体压力,其计算表达式为

$$P_{PC} = \sigma_h \sin\theta + \sigma_v \cos\theta - R_{Pro} \tag{7.12}$$

支撑剂破碎压力和地应力与支撑剂的强度密切相关(高旺来等,2006)。陶粒和树脂砂强度较高不易破碎,在埋深 2000m 的致密砂岩储层中,支撑剂破碎时的流体压力通常要小于 8～10MPa,石英砂强度相对较低,在埋深 2000m 的致密砂岩储层中,支撑剂破碎时的流体压力通常要小于 8～39MPa。

3）人工裂缝失效压力

人工裂缝失效压力是指由于支撑剂破碎、嵌入等原因人工裂缝完全失效时对应的流体压力,其计算表达式为

$$P_{FL} = \sigma_h \sin\theta + \sigma_v \cos\theta - \alpha_{Pro} R_{Pro} \tag{7.13}$$

人工裂缝失效压力是指由于支撑剂破碎、嵌入等原因人工裂缝完全失效时对应的流体压力。人工裂缝的失效和支撑剂的破碎、嵌入、储层的杨氏模量等因素相关,成因复杂,很难用一个简单的公式进行描述,在矿场实际生产中,人工裂缝的实效通常发生在油井投产 5～6 年以后(Ikonnikova et al.,2014),而且使用石英砂施工的人工裂缝更容易发生失效。

二、升压过程中基质孔隙膨胀、人工与天然裂缝扩展机理

(一)基质孔隙膨胀变形机理

储层原始状态下,岩石颗粒在基质孔隙流体压力和围压作用下处于平衡状态。压裂、注入过程中,随着基质孔隙流体压力的增大,岩石颗粒所受有效应力逐渐减小,在孔隙流体压力膨胀作用下,基质孔隙发生线性或非线性弹性膨胀变形;当基质孔隙压力大于岩石的破裂压力时,胶结物断裂、张开,在剪切应力作用下,岩石颗粒、胶结物发生错位,基质发生了破坏(图 7.5)。

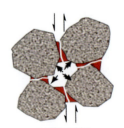

　　　(a)初始状态　　　　　　　　(b)拉张破坏　　　　　　　　(c)剪切破坏

图 7.5　基质膨胀变形机理示意图

油气开发过程中应用较广的破裂准则有最大拉应力(应变)准则,Mohr-Coulomb 准则、Drucker-Prager 准则等,此处采用最大拉应力准则与 Mohr-Coulomb 准则相结合的方法。

储层介质受到地应力的作用,地应力的大小与方向在空间分布上存在差异;但空间某处地应力的大小存在差异,孔隙介质是在不同方向、大小的地应力及孔隙压力共同作用下发生变形。变形的大小取决于不同方向的有效正应力及剪应力,应力状态的变化可以用 Mohr 圆表征(陈勉等,2011;王凯挺等,2015;沈珠江,1980;李洪洋和王钟仁,2006)(图 7.6)。图中横坐标为有效正应力,纵坐标为剪应力,斜直线与左侧垂直线分别为 Mohr- Coulomb 与最大拉应力临界破坏线,Mohr 圆反映了储层岩石某点处的应力状态,圆的直径大小是该点的最大主应力与最小主应力之差。过 Mohr 圆上一点的半径与横坐标间夹角的 1/2,等于该点对应斜截面与最大主应力作用面的夹角,由此可见 Mohr 圆右端点代表储层该点沿最大主应力方向的应力状态,左端点代表储层该点对应最小主应力,在这两个点上,均只有正应力作用,剪应力为 0,其中圆右端点应力值为最大有效主应力,左端点应力值为最小有效主应力。临界破坏线与纵坐标的截距为储层岩石的内聚力 C,破坏线的斜率为储层岩石内摩擦角 φ 的正切值。不同的储层岩石或介质类型具有不同的抗拉强度、内聚力和内摩擦角,因此其破坏直线各不相同。一般情况下,基质最难破裂,因此其对应的最大拉应力最大、斜直线的斜率和截距也最大。其次是裂缝的延伸破坏线,而裂缝的开启一般只需克服地应力的影响即可,因此此处天然裂缝开启线所对应的最大拉应力最小、斜直线的斜率与截距也最小。

图 7.6 为基质孔隙膨胀变形在最大拉应力及 Mohr-Coulomb 准则中的体现,主要有以下三个阶段。

(1)初始状态:压裂液注入前,基质孔隙处于平衡状态,孔隙流体压力为 P_{m0}。

(2)弹性膨胀:随着压裂液和支撑剂大量注入,基质孔隙内的压力从初始压力 P_{m0} 升高至 P_{m1},Mohr 圆向左侧移动,此时 Mohr 圆仍处于破坏线右侧,变形是弹性可逆的。

(3)塑性破裂:随着地层压力的进一步升高,基质孔隙内的压力从 P_{m1} 升高至破裂压力 P_{mc},此时 Mohr 圆与基质最大拉应力破坏线或 Mohr-Coulomb 斜直线相切,说明在拉张应力与剪切应力的共同作用下,基质孔隙出现了不可恢复的拉张破裂或剪切破裂变形。

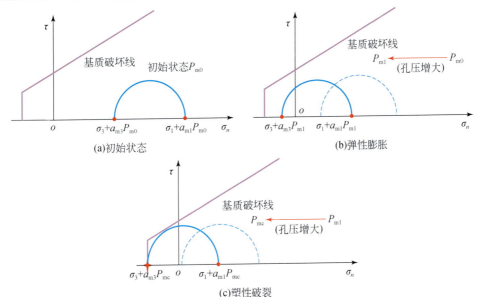

图 7.6　基质破裂形成人工裂缝过程在最大拉应力及 Mohr-Coulomb 准则中的体现

(二)天然裂缝开启、扩展机理

储层原始状态下,天然裂缝在围压作用下处于闭合状态。压裂注入过程中,随着注入流体进入天然裂缝孔隙内,裂缝内孔隙压力逐渐升高,天然裂缝壁面所受的有效应力逐渐减小,当天然裂缝孔隙压力达到天然裂缝的开启压力时,天然裂缝开启;随着天然裂缝内孔隙压力的增大,开启的天然裂缝宽度继续扩大;当天然裂缝内端部的孔隙压力达到裂缝的延伸压力后,天然裂缝端部岩石破裂、裂缝向前延伸(图7.7)。

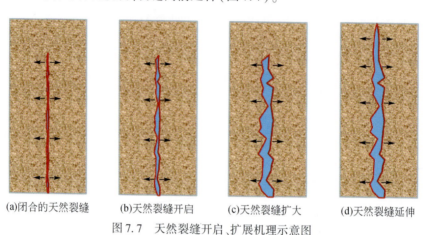

(a)闭合的天然裂缝　　(b)天然裂缝开启　　(c)天然裂缝扩大　　(d)天然裂缝延伸

图 7.7　天然裂缝开启、扩展机理示意图

图 7.8 是沿天然裂缝扩展形成人工裂缝过程在最大拉应力及 Mohr-Coulomb 准则中的体现,Mohr 圆的移动主要有以下四个阶段。

(1)初始闭合状态:初始条件下,天然裂缝处于闭合状态,缝内流体压力为 P_{f0}。

(2)天然裂缝开启:随地层压力的升高,Mohr 圆向左侧移动,缝内压力由初始 P_{f0} 逐步升高至裂缝开启压力 P_{f0},此时 Mohr 圆与天然裂缝开启线相切,天然裂缝开启。

(3)天然裂缝扩大:天然裂缝开启后,天然裂缝开启线则由天然裂缝延伸线代替。随着裂缝内压力由 P_{f1} 逐步增大至 P_{f2},Mohr 圆向左侧移动,裂缝缝宽弹性增大。

(4)天然裂缝延伸:当裂缝内压力继续增大至天然裂缝延伸压力 P_{fe} 时,Mohr 圆与天然裂缝延伸线相切,此时天然裂缝端部岩石破裂,裂缝向前延伸。

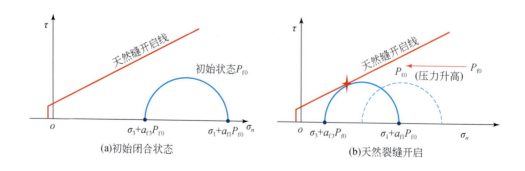

(a)初始闭合状态　　　　　　　　　　　(b)天然裂缝开启

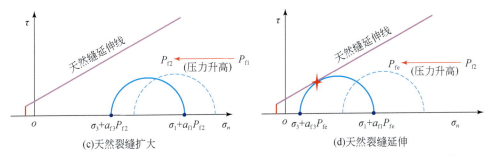

图 7.8　沿天然裂缝扩展形成人工裂缝过程在最大拉应力及 Mohr-Coulomb 准则中的体现

(三) 人工裂缝生成、扩展机理

针对均质储层,无天然裂缝发育,最小水平主应力方向如图 7.9 所示,压裂、注入过程中,随着压裂液或水的注入导致基质孔隙压力增大,基质膨胀、孔喉增大;当施工压力达到储层岩石破裂压力时,首先使井筒周围的岩石破裂生成对称的人工两翼缝,并沿垂直于最小水平主应力的方向发生破裂;随着压裂液和支撑剂注入人工裂缝,缝内孔隙压力升高,导致裂缝开度逐渐增大;当缝内压力达到裂缝延伸压力时,缝端岩石发生破裂,人工裂缝在单纯地应力的控制下沿垂直于最小主应力方向继续延伸。

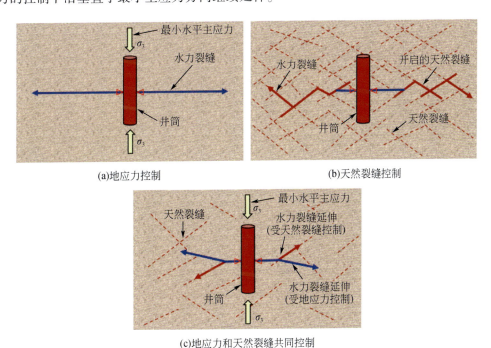

图 7.9　无天然裂缝储层人工裂缝扩展机理

对于天然裂缝发育的储层,在压裂、注入过程中,由于天然裂缝的抗张强度远低于基质,当储层孔隙压力达到天然裂缝的开启压力时,处于闭合状态的天然裂缝首先被激活并开启;

随着压裂液、支撑剂或水的注入,裂缝内孔隙压力升高,裂缝宽度逐渐增大;当裂缝端部压力达到与之相交的下一条天然裂缝的开启压力时,下一条天然裂缝被开启,实现人工裂缝的延伸,延伸方向整体受天然裂缝的控制。

而天然裂缝不发育的储层,基质破裂后生成人工裂缝的扩展会受到天然裂缝与人工裂缝的共同控制,一部分压裂液或水进入天然裂缝,开启天然裂缝向前延伸;另一部分压裂液则在局部地应力的控制下继续使基质破裂生成新的裂缝,从而实现人工裂缝的向前延伸。

天然裂缝的开启、扩大、延伸在最大拉应力及 Mohr-Coulomb 准则中的体现前面已经讲过,这里仅介绍地应力控制下的人工裂缝生产、扩大、延伸在最大拉应力及 Mohr-Coulomb 准则中的体现,Mohr 圆的移动主要有以下四个阶段(图 7.10)。

(1)基质孔隙膨胀:随着压裂液和支撑剂大量注入,地层压力急剧升高,Mohr 圆向左侧移动,基质孔隙内的压力从初始压力 P_{m0} 升高至 P_{m1},此时 Mohr 圆在破坏线右侧移动,该阶段基质的变形是弹性可逆的。

(2)基质破裂生成裂缝:Mohr 圆向左移动到与破坏线相切时,孔隙压力由 P_{m1} 升高至基质破裂压力 P_{mc},此时基质孔隙发生了塑性拉张与剪切破裂变形,生成人工裂缝。

(3)人工裂缝扩大:生成人工裂缝后,基质破裂线则由裂缝延伸线代替,随着裂缝内孔隙压力的增大,Mohr 圆向左侧移动,如图 7.10(c)人工裂缝内的压力由 P_{F1} 逐步升高至 P_{F2},此时 Mohr 圆仍全部处于破坏线的右侧,裂缝的变形表现为缝宽弹性扩大。

(4)人工裂缝延伸:当人工裂缝内的压力从 P_{F2} 升高至裂缝的延伸压力 P_{Fe} 后,Mohr 圆与人工裂缝延伸线相切,此时裂缝尖端塑形破裂,裂缝向前延伸扩展。

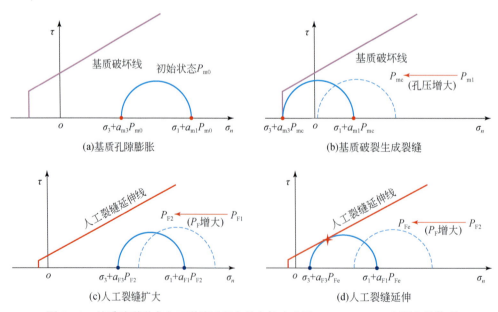

图 7.10　基质破裂形成人工裂缝过程在最大拉应力及 Mohr-Coulomb 准则中的体现

三、降压过程中基质孔隙压缩、人工与天然裂缝闭合变形机理

(一)基质孔隙压缩变形机理

采出过程中,随着油气的采出,储层岩石承受的有效应力增加,在压缩应力的作用下,岩石孔隙发生弹性压缩变形;若储层孔隙压力进一步降低,在剪切应力作用下,导致岩石颗粒、胶结物发生剪切破坏(图7.11)。

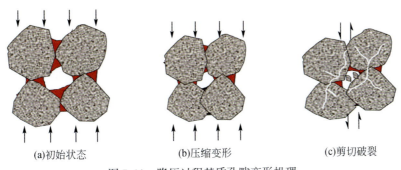

(a)初始状态　　　　　(b)压缩变形　　　　　(c)剪切破裂

图7.11　降压过程基质孔隙变形机理

如图7.12所示,基质孔隙压缩变形过程中Mohr圆的移动规律可分为三个阶段。

(1)初始状态:返排与开采前,基质孔隙处于平衡状态,孔隙流体压力为P_{m0}。

(2)弹性压缩:随着压裂液的返排及油气水的采出,基质孔隙内的压力从初始压力P_{m0}降低至P_{m1},Mohr圆向右侧移动,考虑基质各向异性的影响Mohr圆半径有所增大,此时Mohr圆仍全部位于破坏线右侧,变形是弹性可逆的。

(3)塑性破裂:随着地层压力的进一步降低,基质孔隙内的压力从P_{m1}降低至破坏压力P_{mb},此时由于受各向异性的影响,Mohr圆半径增大并与基质破坏线相切,表明基质孔隙出现了不可恢复的剪切破裂变形。

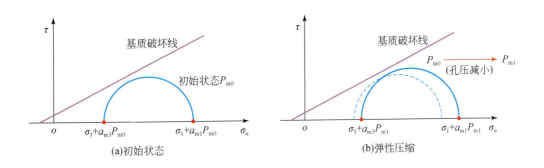

(a)初始状态　　　　　　　　　　　(b)弹性压缩

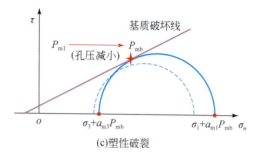

(c)塑性破裂

图 7.12　基质孔隙压缩变形过程中 Mohr 圆的移动规律

(二)天然裂缝闭合变形机理

采出过程中,随着油气的采出,天然裂缝内孔隙压力逐渐下降,裂缝壁面所受有效压缩应力增大,天然裂缝开度逐渐减小。初期天然裂缝面接触面积小、刚度低,因此天然裂缝闭合速度快,闭合量大;后期随裂缝接触面积的增大,裂缝承载能力提高,闭合量虽然继续增大,但闭合速度降低。

当天然裂缝内孔隙压力小于其闭合压力时,天然裂缝就会发生闭合变形。相比基质岩块,天然裂缝弹性模量更低,同样应力作用下的变形量更大。由于采油井附近的压力降落呈漏斗形,因此近井地带的天然裂缝最先发生闭合,随着压力的持续下降,远离井筒的天然裂缝达到其闭合压力时也会逐渐闭合(图 7.13)。

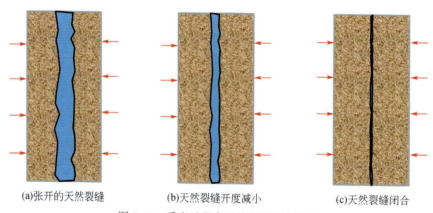

(a)张开的天然裂缝　　　　(b)天然裂缝开度减小　　　　(c)天然裂缝闭合

图 7.13　采出过程中天然裂缝闭合机理

图 7.14 为天然裂缝闭合变形过程在 Mohr-Coulomb 准则中的体现,Mohr 圆的移动主要有以下三个阶段。

(1)初始开启状态:初始条件下,天然裂缝处于开启状态,缝内流体压力为 P_{f0}。开采阶段,储层中的天然裂缝壁面所受应力小于裂缝的闭合压力,天然裂缝处于张开状态,此时 Mohr 圆与天然裂缝开启线相切。

(2)天然裂缝开度减小:随返排与开采的进行,裂缝内孔隙压力由 P_{f0} 逐渐降低到 P_{f1},Mohr 圆向右移动并与天然裂缝开启线脱离,此时天然裂缝仍处于开启状态,但裂缝开度有所减小。

（3）天然裂缝闭合：随着压力的进一步降低，天然裂缝内孔隙压力由 P_{f1} 逐渐降低到低于天然裂缝的闭合压力 P_{fc}，Mohr 圆已经明显远离天然裂缝开启线，天然裂缝发生闭合。

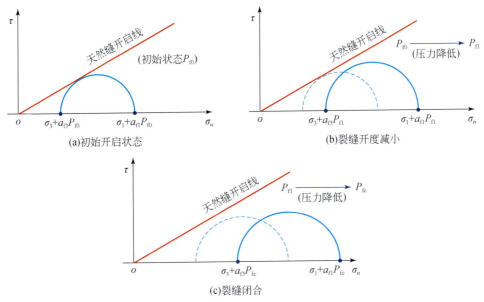

(a)初始开启状态

(b)裂缝开度减小

(c)裂缝闭合

图 7.14　天然裂缝闭合变形过程中 Mohr 圆的移动规律

(三) 人工裂缝闭合变形机理

返排、采出过程中，随着地层压力的变化，人工裂缝也会发生动态变化，由于人工裂缝内存在支撑剂的支撑，因此人工裂缝的动态变化与支撑剂的属性密不可分，人工裂缝闭合变形机理主要有以下四个阶段，如图 7.15 所示。

（1）人工裂缝内支撑剂悬浮：在压裂液返排前期阶段，由于人工裂缝内的压力较高，压开的人工裂缝开度较大，支撑剂在压裂液中处于悬浮状态。

（2）人工裂缝内支撑剂受力：随着压裂液的返排，人工裂缝内压力逐渐降低、裂缝宽度减小，裂缝内支撑剂也由悬浮状态变为受压状态；进入采出阶段时，人工裂缝在支撑剂的支撑作用下处于开启状态。

（3）人工裂缝内支撑剂压缩变形：随着油气的采出，人工裂缝内孔隙压力逐渐下降，有支撑剂填充的人工裂缝在压实作用过程中发生闭合变形，表现为缝内的支撑剂颗粒收缩，体积减小，裂缝宽度随之减小。由于支撑剂的作用，裂缝刚度明显提高，因此在相同闭合压力作用时，有支撑剂支撑的人工裂缝闭合程度远低于无支撑剂支撑的天然裂缝。

（4）人工裂缝内支撑剂破碎、嵌入：长期的开采过程中，在闭合压力作用下，支撑剂会嵌入裂缝壁面。当闭合压力较大，特别是对于弹性模量较大的致密储层，在支撑剂嵌入过程中，也会伴随支撑剂的破碎。在支撑剂嵌入和破碎的双重影响下，有支撑的人工裂缝孔隙收缩、宽度减小甚至闭合。

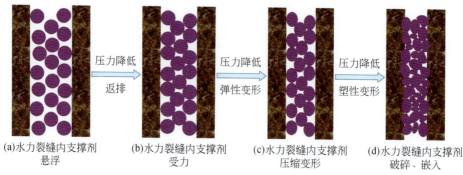

图 7.15 人工裂缝内支撑剂压缩、破碎、嵌入示意图

图 7.16 为人工裂缝闭合变形过程在 Mohr-Coulomb 准则中的体现，Mohr 圆的移动主要存在以下三个阶段。

（1）初始支撑剂悬浮阶段：返排与开采前，支撑剂颗粒处于悬浮状态，人工裂缝内孔隙流体压力为 P_{F0}，在静水压力的作用下，支撑剂颗粒所受最大主应力 σ_1 与最小主应力 σ_3 相等，因此 Mohr 圆在平面上表现为一个点。

（2）支撑剂弹性支撑阶段：随着压裂液的返排及油气水的采出，人工裂缝压力由初始压力 P_{F0} 降低至 P_{FC}（人工裂缝闭合压力），Mohr 圆向右侧移动，此时在裂缝壁面的压缩作用下，支撑剂颗粒所受的最大主应力 σ_1 与最小主应力 σ_3 开始不同，Mohr 圆半径逐渐增大，此时 Mohr 圆仍全部位于破坏线右侧，说明在受压条件下支撑剂发生弹性压缩变形。

（3）支撑剂塑性破裂阶段：随着地层压力的进一步降低，人工裂缝内的压力从 P_{FC} 降低至支撑剂破碎压力 P_{PC}，此时由于受各向异性的影响，Mohr 圆半径增大并与支撑剂破坏线相切，表明支撑剂颗粒出现了剪切破裂变形。

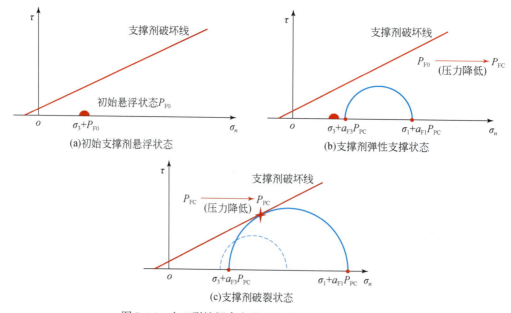

图 7.16 人工裂缝闭合变形过程中 Mohr 圆的移动规律

四、不同孔缝介质动态变化特征分析

在致密储层压注采过程中,随着孔隙压力的改变,渗流介质发生形变,其几何特征、物性参数随之发生变化。不同孔缝介质的动态变化特征不同,变化规律复杂。

(一)升压过程中不同孔缝介质动态变化特征

在致密储层的压裂和注水、注气过程中,随着流体进入,孔隙压力变化,不同介质所受有效应力发生变化。基质的孔隙膨胀、喉道变宽,天然裂缝、人工裂缝均会发生膨胀变形,导致不同介质的几何形态、大小、物性参数等发生动态变化。

1. 基质孔隙升压过程中动态变化特征

致密砂岩油气藏压裂和注水、注气过程中,随着孔隙压力升高,储层有效应力逐渐减小,储层的孔隙空间发生膨胀,基质孔喉增大,导致基质渗透率提高,采用定围压、变孔压的实验方法进行了致密储层基质孔隙的压敏效应实验,实验结果见图7.17。

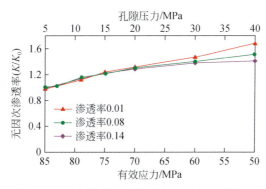

图7.17　升压过程中渗透率与有效应力的关系

(1)随着孔隙压力增加,有效应力减小,基质的渗透率增加,当孔隙压力增加到40MPa时,基质渗透率升高30%～70%;

(2)不同渗透率的基质孔隙渗透率随着孔隙压力增加的变化程度不同,渗透率越小,基质孔隙渗透率的应力敏感性越强。

2. 天然裂缝升压过程中的动态变化特征

致密砂岩油气藏压裂和注水、注气过程中,随着地层压力升高,天然裂缝所受法向有效应力减小,开启的天然裂缝发生膨胀,胶结物充填裂缝发生变形,使裂缝渗透率大幅度增加。通过胶结物充填和开启天然裂缝的压敏实验,分析了不同状态下天然裂缝的渗透率压敏效应变化规律,实验结果见图7.18。

(1)随着孔隙压力增加,有效应力减小,胶结物充填的天然裂缝渗透率增加,孔隙压力增加到38MPa时,开启的天然裂缝渗透率升高4.8倍;

(2)随着孔隙压力增加,有效应力减小,开启天然裂缝渗透率升高明显,孔隙压力增加到38MPa时,胶结物充填的天然裂缝渗透率升高2倍。

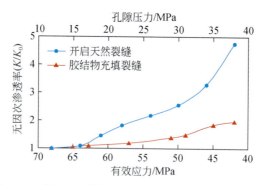

图 7.18 升压过程中天然裂缝渗透率与有效应力的关系

（3）不同状态天然裂缝渗透率变化幅度不同,开启天然裂缝渗透率随有效应力变化明显大于胶结物充填裂缝渗透率的变化幅度。胶结物充填裂缝的压敏效应弱于开启天然裂缝。

3. 不同孔缝介质升压过程中的动态变化特征对比

将压裂和注入过程中不同孔缝介质随孔隙压力增加的渗透率变化进行对比,结果如图 7.19 所示。通过实验得出:

（1）致密储层基质孔隙应力敏感性最弱,随着孔隙压力增加,渗透率变化幅度较小;

（2）对于致密砂岩储层中受胶结物充填的天然裂缝,随着孔隙压力升高,作用于裂缝壁面法向有效应力减小,裂缝变形程度相对较弱,应力敏感性略大于基质;

（3）对于致密砂岩储层中呈开启状态的天然裂缝,当孔隙压力升高,壁面有效应力减小时,其变形程度最大,应力敏感性最强。

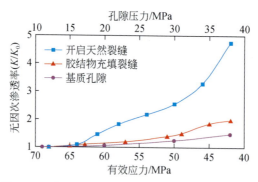

图 7.19 升压过程中不同孔缝介质应力敏感性对比

（二）降压过程中不同孔缝介质动态变化特征

致密砂岩油气藏发育纳米–微米–毫米级多尺度孔缝介质,天然裂缝–人工裂缝组成复杂裂缝网络。在开采过程中,随着地层压力变化,不同介质所受有效应力发生变化,基质的喉道、裂缝发生动态变化,孔隙缩小、喉道变窄,天然裂缝、人工裂缝均会发生变形,甚至闭合,导致不同介质的几何形态、大小、物性参数等发生动态变化（图 7.20）。

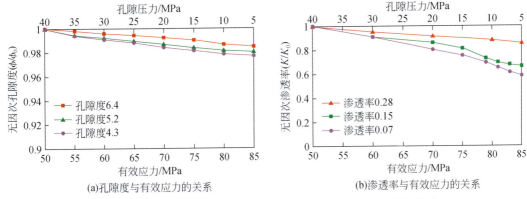

图 7.20　天然裂缝降压过程中的孔隙度、渗透率与有效应力的关系

1. 基质孔隙降压过程中的动态变化特征

致密砂岩油气藏生产过程中,孔隙压力的降低引起有效应力的变化,导致储层孔隙缩小、喉道变窄,储层孔隙度、渗透率等参数随之变化。采用定围压、变孔压的实验方法进行了致密储层基质孔隙的压敏效应实验,分析了基质孔隙的孔隙度、渗透率压敏效应变化规律。

(1)基质孔隙的孔隙度应力敏感性实验结果表明:①随着孔隙压力下降,有效应力增大,基质孔隙度降低,当孔隙压力下降到 5MPa 时,基质孔隙度下降 1.5% ~ 2.5% ;②不同孔隙度基质孔隙的孔隙度应力敏感性不同,孔隙度越小,基质孔隙的孔隙度应力敏感性越强。

(2)基质孔隙的渗透率应力敏感性实验结果表明:①随着孔隙压力降低,有效应力增大,基质的渗透率降低,当孔隙压力下降到 5MPa 时,基质渗透率下降 10% ~ 35% ;②不同渗透率基质孔隙的渗透率应力敏感性不同,渗透率越小,基质孔隙的渗透率应力敏感性越强。

2. 天然裂缝降压过程中的动态变化特征

致密砂岩储层发育不同尺度天然裂缝,天然裂缝以开启、胶结物充填或闭合等不同状态存在。在壁面法向应力作用下,天然裂缝发生变形闭合,影响天然裂缝内流体流动特征和规律。

致密砂岩油气藏开采过程中,随着地层压力下降,天然裂缝所受法向有效应力增加,开启天然裂缝变窄、闭合,胶结物充填裂缝发生变形,使裂缝渗透率大幅度降低(图 7.21)。通过不同类型天然裂缝压敏效应实验,分析了不同状态下天然裂缝的渗透率压敏效应变化规律(张烨等,2015;周彤等,2016)。

1)原位张开的开启和胶结天然裂缝压敏实验

结果表明:

(1)随着孔隙压力降低,有效应力增大,胶结物充填的天然裂缝渗透率降低,当孔隙压力下降到 5MPa 时,胶结物充填的天然裂缝渗透率下降 22% 。

(2)随着孔隙压力降低,有效应力增大,开启天然裂缝渗透率降低明显,当孔隙压力下降到 5MPa 时,胶结物充填的天然裂缝渗透率下降 87% 。

(3)不同状态天然裂缝渗透率变化幅度不同,开启天然裂缝渗透率随有效应力变化明显大于胶结物充填裂缝渗透率的变化幅度。

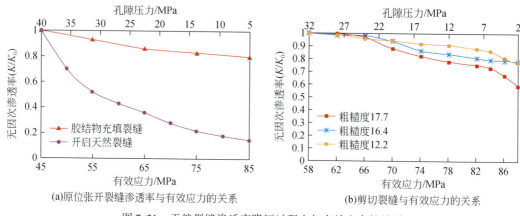

图 7.21　天然裂缝渗透率降压过程中与有效应力的关系

2）不同缝面粗糙度剪切裂缝压敏实验

结果表明：

（1）随着孔隙压力降低，有效应力增加，剪切裂缝的渗透率降低，方孔隙压力降低到2MPa时，剪切裂缝渗透率降低22%～41%。

（2）不同缝面粗糙度剪切裂缝的应力敏感性不同，裂缝壁面粗糙度越大，剪切变形后残余流动空间就越大，随着有效应力增加，渗透率降低明显，应力敏感性强。

3. 人工裂缝降压过程中的动态变化特征

致密砂岩储层人工压裂缝内存在支撑剂，在缝面法向应力作用下，人工压裂缝发生变形闭合；同时支撑剂颗粒容易发生破碎，导致支撑剂失效，进一步发生变形、闭合。由于天然裂缝与人工压裂缝动态变化规律不同，导致流体流动特征和规律不同。

1）不同类型支撑剂裂缝降压过程中的动态变化

支撑剂类型不同，其抗压强度不同，嵌入裂缝壁面的程度也不同，导致其裂缝宽度、孔隙度、渗透率及裂缝导流能力随裂缝闭合压力的变化规律也不同（郭天魁和张士诚，2011；邹雨时等，2012；温庆志等，2005）。

对常用的三种类型的支撑剂陶粒、石英砂和树脂砂进行不同闭合压力下的导流能力试验（图 7.22），实验结果表明：

（1）不同类型支撑剂导流能力随闭合压力的变化规律不同，陶粒的抗压强度最好，其次是树脂砂，而石英砂的抗压强度最差，最容易破碎；支撑剂破碎会导致支撑作用变差，裂缝变形闭合，因此石英砂随闭合压力变化的程度最大。

（2）支撑剂破碎后，受压实作用支撑剂更加紧密，陶粒的抗压能力强、变形小（刚性，基本无破碎），石英砂抗压能力弱，塑性变形大（破碎更多），导致其孔隙度、渗透率更小。

（3）不同类型支撑剂嵌入裂缝壁面难易程度也不一样，陶粒最容易嵌入到裂缝壁面，其次是石英砂，树脂砂最不容易嵌入裂缝壁面，原因是支撑剂抗压强度越强越不容易破碎，越容易嵌入裂缝壁面，引起裂缝闭合。裂缝宽度变小，孔隙度、渗透率变小，最终导致裂缝导流能力减小。

（4）前期（低闭合压力），支撑剂越容易破碎，其孔隙度、渗透率损失就越大，导流能力损失也越大;后期(高闭合压力),支撑剂的抗嵌入能力越强,其最终导流能力就越大。

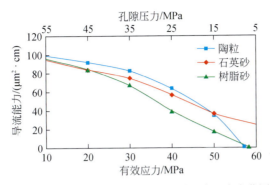

图7.22 不同类型支撑剂导流能力随闭合压力变化图

2)不同粒径支撑剂裂缝降压过程中的动态变化

支撑剂目数不同,即支撑剂粒径大小不同,初期(低闭合压力条件下),其支撑裂缝导流能力相差很大,且在闭合压力下其破碎率不同,导致其随闭合压力的变化规律也不同(金智荣等,2007;王雷等,2005)。

采用同一种类型的支撑剂,且其支撑裂缝宽度一样,分别选取三种不同目数的支撑剂进行不同闭合压力下其支撑裂缝导流能力实验,实验结果见图7.23。

从图7.23中可以看出,在同一裂缝条件下,采用相同的支撑剂,不同粒径条件下,压裂缝的孔隙度一样,渗透率不同,所以其导流能力也不同。不同粒径支撑剂其导流能力随闭合压力的变化规律不同:

(1)在闭合压力作用下支撑剂颗粒破碎,失去支撑作用,裂缝闭合;支撑剂粒径越大越容易破碎,最终破碎后粒径大小相似,裂缝宽度变小。

(2)支撑剂破碎后,不同尺度破碎颗粒受压实作用,导致压裂缝宽度、孔隙度、渗透率减小,导流能力变小;随着闭合压力的增加,支撑剂逐渐破碎,孔隙被支撑剂的碎屑填充,大颗粒支撑剂的优势逐渐消失,大粒径支撑剂和小粒径支撑剂导流能力的差距逐渐缩小并趋于一致。

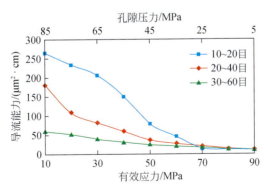

图7.23 不同目数支撑剂导流能力随闭合压力变化图

3)不同浓度支撑剂裂缝降压过程中的动态变化

支撑剂浓度不同,会影响压裂缝内支撑剂的铺砂方式及层数,进而影响压裂缝的宽度、孔隙度、渗透率及导流能力(张士诚等,2008)。

采用同一种类型的支撑剂,且粒径大小相同,选取三种不同浓度的支撑剂,进行不同闭合压力下其支撑裂缝导流能力实验,实验结果见图7.24。

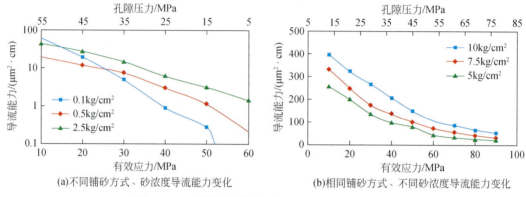

(a)不同铺砂方式、砂浓度导流能力变化　　　　(b)相同铺砂方式、不同砂浓度导流能力变化

图7.24　压裂缝导流能力随铺砂浓度的变化规律图

从图7.24中可以看出,采用相同类型、粒径的支撑剂,不同浓度条件下,压裂缝的孔隙度、渗透率不同,所以其导流能力也不同。不同浓度支撑剂其导流能力随闭合压力的变化规律不同:

(1)单层局部铺砂方式,局部支撑,未支撑处裂缝孔隙度、渗透率大,因此前期(低闭合压力)裂缝整体导流能力也越大;但单层局部铺砂,支撑点少,抗压能力弱,后期(高闭合压力)支撑剂破碎、嵌入,裂缝变形闭合强,最先发生闭合。

(2)单层整体铺砂方式,整体支撑,支撑点多,抗压能力强,裂缝变形闭合弱;前期(低闭合压力)其裂缝孔隙度、渗透率较局部支撑时小,导流能力也小,但后期(高闭合压力)导流能力比局部铺砂时高。

(3)多层整体铺砂方式,具有单层整体铺砂同样的支撑能力和强度,裂缝孔隙度、渗透率与单层整体铺砂时相同;但裂缝宽度有所增大,导流能力增加;裂缝变形规律与单层整体铺砂时相似。

(4)都为多层整体铺砂时,压裂缝的孔隙度、渗透率相同,但裂缝宽度不同,所以其导流能力也不同。支撑剂浓度越大,铺砂层数越多,支撑压裂缝导流能力整体也越大。但随着闭合压力的增大,裂缝闭合变形规律相似,导流能力变化规律也相似。

4. 不同孔缝介质降压过程中的动态变化特征对比

将生产过程中不同孔缝介质随孔隙压力下降的渗透率变化进行对比,结果如图7.25所示。通过实验得出:

(1)致密储层基质孔隙应力敏感性最弱,随着孔隙压力降低,渗透率变化幅度较小;

(2)对于致密砂岩储层中受胶结物充填的天然裂缝,在有效上覆压力作用下,随着孔隙压力降低,变形程度较弱,应力敏感性相对较小;

（3）人工裂缝内受支撑剂充填，在侧向闭合应力作用下支撑剂发生变形，或者支撑剂易发生破碎，导致失效，进一步加剧了人工裂缝变形或闭合，总体上，人工裂缝变形程度较强，其压敏效应介于胶结物充填裂缝与开启天然裂缝之间；

（4）对于致密砂岩储层中呈开启状态的天然裂缝，当受到垂向闭合应力作用，发生变形或闭合时，其变形程度最大，应力敏感性最强。

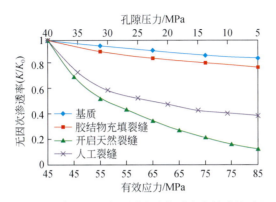

图 7.25　降压过程中不同孔缝介质应力敏感性对比

（三）升压和降压过程中不同介质的动态变化

致密储层的开发方式不同，升压和降压过程的先后顺序也有所不同，储层中渗流介质的动态变化差异较大。

油井衰竭式生产后进行注水或者注气补充能量时，储层中的渗流介质是一个先降压后升压的过程，渗流介质的动态变化如图 7.26（a）所示。衰竭式生产时，孔隙压力降低，由于有效应力的增加，渗流介质渗透率减小。注水或者注气补充能量时，孔隙压力增加，有效应力降低，渗流基质的渗透率逐渐恢复，但是由于在降压过程中渗流介质发生了塑性变形，在孔隙压力恢复时，渗透率不能恢复到初始值。

油井水力压裂或者提前注水/注气后进行生产时，储层中的渗流介质是一个先升压后降压的过程，渗流介质的动态变化如图 7.26（b）所示。压裂或者提前注水/注气时，孔隙压力

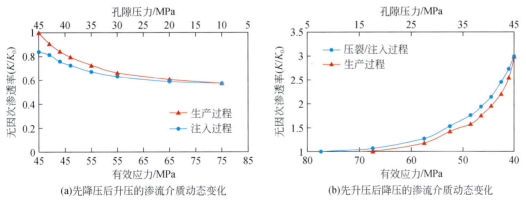

(a)先降压后升压的渗流介质动态变化　　　　(b)先升压后降压的渗流介质动态变化

图 7.26　不同开发过程中渗流介质的动态变化

增加,由于有效应力的降低,渗流介质渗透率增加。生产过程中,孔隙压力减小,有效应力增加,渗流介质的渗透率逐渐恢复。致密储层先升压后降压的过程中既存在塑性变形也存在弹性变形。

第二节　不同尺度孔缝介质流固耦合动态模拟技术

根据多重介质有效应力原理及不同尺度孔缝介质变形作用机理、变形规律,建立了基质孔隙、天然裂缝、人工裂缝在压注采过程中的几何、物性动态变化模型,并建立了介质间传导率、介质与井筒间井指数的动态变化模型,形成了不同尺度孔缝介质流固耦合动态模拟技术。

一、多重介质压力–变形规律

(一)压裂、注入过程多重介质压力–变形规律

传统的岩石应力–应变规律描述了岩石骨架有效应力分布与岩石骨架变形的关系,在致密油压裂、注入、采出过程中,不同孔缝介质几何特征、物性参数的动态变化幅度、阈值等与地层压力直接相关,为此根据非常规致密储层的应力应变关系及有效应力原理,建立了地层压力与介质变形的关系(图7.27)。

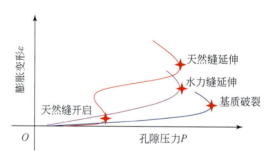

图 7.27　升压过程孔缝介质压力–变形规律

压注过程中,随着大量的压裂液、支撑剂或水进入储层,其孔隙压力升高,岩石骨架所受有效应力减小。基质孔隙在原始状态下体积增大,在储层孔隙压力达到基质破裂压力之前,基质孔隙为弹性膨胀变形;当达到破裂压力后,基质发生孔隙塑性破裂,孔隙内压力有所降低,但变形持续增大。人工裂缝生成后,随着裂缝内孔隙压力的增大,裂缝变形进一步增大,当达到其延伸压力时,人工裂缝端部岩石破裂并向前延伸,缝内压力有所降低,但变形量明显增大。天然裂缝内压力较小时,裂缝处于闭合状态,膨胀变形量较小;当压力增大至天然裂缝开启时,其裂缝开启,缝内压力有所下降,但裂缝变形急剧增大;之后随着缝内孔隙压力的增大,天然裂缝缝宽扩大,膨胀变形量进一步增加,当达到天然裂缝的延伸压力时,天然裂缝端部岩石破裂并向前延伸,缝内压力有所降低,但变形量明显增加。

(二)采出过程多重介质压力–变形规律

返排、采出过程中,随着压裂液及油气的采出,基质孔隙压力降低,岩石骨架所受有效应力增大。基质孔隙在原始状态下发生压缩变形、体积减小;当储层孔隙压力达到基质弹塑性临界压力后,基质孔隙进入塑性压缩变形阶段,压缩变形明显加速。

天然裂缝内由于不存在支撑剂的支撑作用,压力降低时,裂缝闭合速度较快,体积压缩量较大;当压力降低至闭合压力之后,天然裂缝发生闭合而进入闭合压实阶段,该阶段随压力降低天然裂缝的变形量变小(图7.28)。

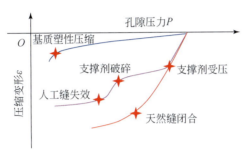

图 7.28　降压过程孔缝介质压力–变形曲线

人工裂缝内支撑剂初期处于悬浮状态,压力降低时,裂缝闭合变形幅度较大;当达到人工裂缝闭合压力时,支撑剂开始受压支撑,支撑剂发生弹性变形,裂缝闭合速度放缓;当达到支撑剂的破碎压力时,支撑剂开始发生塑性变形,裂缝加速闭合,压缩量明显增大;压力进一步降低达到人工裂缝失效压力时,支撑剂失效、嵌入裂缝,人工裂缝发生闭合变形。

二、压注采过程中多重介质几何、物性参数动态变化模型

(一)压裂过程

1. 基质孔隙动态变化模型

1)基质孔隙动态变化规律

压裂过程中,随着压裂液的大量注入,基质孔隙压力迅速增大,在流体膨胀作用下,基质孔隙发生膨胀变形,孔喉半径逐渐增大。当基质孔隙压力低于弹塑性临界压力时,基质孔隙发生弹性膨胀变形,基质孔喉半径随孔隙压力的变化呈线弹性变化,且该过程变形可逆。当基质孔隙压力大于弹塑性临界压力时,岩石颗粒或胶结物发生破坏,基质孔隙开始发生塑性变形,基质孔喉半径随孔隙压力的变化程度增大,且该过程的变形不可逆[图7.29(a)]。

2)几何参数、物性参数动态变化模型

根据压裂过程中基质孔隙动态变化机理及变化规律,用分段函数分别建立了弹性膨胀阶段和塑性膨胀阶段孔隙半径、孔隙度、渗透率动态变化模型,以上模型可以描述基质孔隙的弹塑性临界压力和弹、塑性变形机理与规律。

弹性变形阶段:压裂过程中注入排量大,基质孔隙迅速膨胀,弹性变形快,达到弹塑性临

界压力时间短。

塑性变形阶段:压裂过程中施工压力高,基质孔隙变形明显,压裂过程中基质孔隙以塑性变形为主。

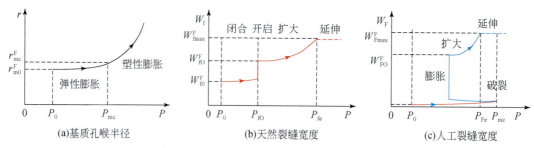

图 7.29 压裂过程孔缝介质属性参数变化

压裂过程中基质孔喉半径、孔隙度和渗透率的动态变化模型见表 7.2。

表 7.2 压裂过程物性参数动态变化模型表

	基质孔隙	天然裂缝	人工裂缝
孔吼半径/缝宽	$\begin{cases} r_m^F = r_{m0}^F & P = P_0 \\ r_m^F = r_{m0}^F e^{a_k^r(P-P_0)} & P_0 < P < P_{mc} \\ r_m^F = r_{mc}^F & P = P_{mc} \\ r_m^F = r_{mc}^F e^{a_k^r(P-P_{mc})} & P_{mc} < P \end{cases}$	$\begin{cases} W_f^F = W_{f0}^F e^{a_k^r(P-P_0)} & P_0 < P < P_{f0} \\ W_f^F = W_{f0}^F & P_0 = P_{f0} \\ W_f^F = W_{f0}^F e^{a_k^r(P-P_{f0})} & P_{f0} < P < P_{fe} \\ W_f^F = W_{fmax}^F & P > P_{fe} \end{cases}$	$\begin{cases} W_F^F = r_{m0}^F e^{a_k^r(P-P_0)} & P_0 < P < P_{mc} \\ W_F^F = W_{F0}^F & P = P_{mc} \\ W_F^F = W_{F0}^F e^{a_k^r(P-P_{F0})} & P_{mc} < P < P_{Fe} \\ W_F^F = W_{Fmax}^F & P > P_{Fe} \end{cases}$
孔隙度	$\begin{cases} \phi_m^F = \phi_{m0}^F & P = P_0 \\ \phi_m^F = \phi_{m0}^F e^{b_k^r(P-P_0)} & P_0 < P < P_{mc} \\ \phi_m^F = \phi_{mc}^F & P = P_{mc} \\ \phi_m^F = \phi_{mc}^F e^{b_k^r(P-P_{mc})} & P_{mc} < P \end{cases}$	$\begin{cases} \phi_f^F = \phi_{f0}^F e^{b_k^r(P-P_0)} & P_0 < P < P_{f0} \\ \phi_f^F = \phi_{f0}^F & P_0 = P_{f0} \\ \phi_f^F = \phi_{f0}^F e^{b_k^r(P-P_{f0})} & P_{f0} < P < P_{fe} \\ \phi_f^F = \phi_{fmax}^F & P > P_{fe} \end{cases}$	$\begin{cases} \phi_F^F = \phi_{m0}^F e^{b_k^r(P-P_0)} & P_0 < P < P_{mc} \\ \phi_F^F = \phi_{F0}^F & P = P_{mc} \\ \phi_F^F = \phi_{F0}^F e^{b_k^r(P-P_{F0})} & P_{mc} < P < P_{Fe} \\ \phi_F^F = \phi_{Fmax}^F & P > P_{Fe} \end{cases}$
渗透率	$\begin{cases} K_m^F = K_{m0}^F & P = P_0 \\ K_m^F = K_{m0}^F e^{c_k^r(P-P_0)} & P_0 < P < P_{mc} \\ K_m^F = K_{mc}^F & P = P_{mc} \\ K_m^F = K_{mc}^F e^{c_k^r(P-P_{mc})} & P_{mc} < p \end{cases}$	$\begin{cases} K_f^F = K_{f0}^F e^{c_k^r(P-P_0)} & P_0 < P < P_{f0} \\ K_f^F = K_{f0}^F & P_0 = P_{f0} \\ K_f^F = K_{f0}^F e^{c_k^r(P-P_{f0})} & P_{f0} < P < P_{fe} \\ K_f^F = K_{fmax}^F & P > P_{fe} \end{cases}$	$\begin{cases} K_F^F = K_{m0}^F e^{c_k^r(P-P_0)} & P_0 < P < P_{mc} \\ K_F^F = K_{F0}^F & P = P_{mc} \\ K_F^F = K_{F0}^F e^{c_k^r(P-P_{F0})} & P_{mc} < P < P_{Fe} \\ K_F^F = K_{Fmax}^F & P > P_{Fe} \end{cases}$

2. 天然裂缝动态变化模型

1)天然裂缝动态变化规律

压裂过程中,随着大量压裂液在短时间内注入地层,天然裂缝的变形分为四个阶段:①初始闭合阶段,天然裂缝在地层原始条件下处于闭合状态;②当缝内压力升高至天然裂缝的开启压力时,天然裂缝开启,裂缝宽度瞬间增大;③随缝内压力继续增大,裂缝膨胀,缝宽逐步增加;④当裂缝内压力达到其端部的延伸压力时,天然裂缝向前延伸,缝长增加[图7.29(b)]。

2) 几何参数、物性参数动态变化模型

基于压裂过程中天然裂缝动态变化机理和变化规律,分别建立了天然裂缝在闭合阶段、开启阶段、扩大阶段及延伸阶段的裂缝宽度、孔隙度及渗透率动态变化模型(表 7.2);该模型描述了天然裂缝在压裂过程中的两个关键临界压力:开启压力与延伸压力;同时描述了裂缝在初始闭合阶段、开启阶段、扩大阶段及延伸阶段的几何参数与物性参数的非线性变化规律。

(1)初始闭合阶段:根据胶结程度不同,天然裂缝具有一定的初始开度;

(2)开启阶段:压裂过程是在短期内注入大量压裂液,天然裂缝的开启较快;

(3)扩大阶段:压裂液黏度较大,天然裂缝快速扩大,缝宽较大;

(4)延伸阶段:压裂过程中施工排量大,裂缝宽度迅速增加,延伸距离较远。

3. 人工裂缝动态变化模型

1) 人工裂缝动态变化规律

压裂过程中,人工裂缝的变化主要存在四个阶段:①在破裂前阶段,随着压裂液的注入,基质孔隙迅速膨胀;②在人工裂缝生成阶段,当孔隙压力升高至岩石破裂压力时,岩石破裂生成人工裂缝;③在人工裂缝扩大阶段,随缝内孔隙压力继续升高,裂缝宽度快速扩大;④在人工裂缝的延伸阶段,当人工裂缝内压力达到延伸压力时,缝端岩石破裂向前延伸,缝长增大[图 7.29(c)]。

2) 几何参数、物性参数动态变化模型

根据压裂过程中人工裂缝动态变化机理及变化规律,分别建立了人工裂缝在破裂前阶段、破裂阶段、扩大阶段及延伸阶段的裂缝宽度、孔隙度及渗透率动态变化模型(表 7.2);以上模型描述了人工裂缝在压裂过程中的两个关键临界压力:破裂压力与延伸压力;同时描述了裂缝在破裂前阶段、破裂阶段、扩大阶段及延伸阶段的几何参数与物性参数的变化规律。

(1)破裂前阶段:破裂前基质孔隙膨胀变形,人工裂缝不具有初始开度;

(2)破裂阶段:人工裂缝启裂、裂缝宽度、渗透率等参数快速增大;

(3)扩大阶段:压裂液黏度较大,人工裂缝快速扩大,人工裂缝宽度大,通常大于天然裂缝的缝宽;

(4)延伸阶段:施工排量大、注入速度快,人工裂缝缝宽扩大快,缝长延伸距离远,延伸距离大于天然裂缝。

(二)注入过程

1. 基质孔隙动态变化模型

1) 基质孔隙动态变化规律

注入过程中,随着流体的注入,基质孔隙压力缓慢升高,基质孔隙首先发生弹性膨胀变形,孔喉半径逐渐增大。当孔隙压力大于弹塑性临界压力时,岩石颗粒或胶结物发生破坏,基质孔隙进入塑性变形阶段,基质孔喉半径随孔隙压力的变化程度有所增大[图 7.30(a)]。

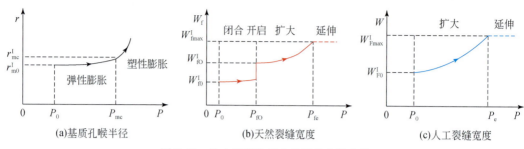

图 7.30　注入过程孔缝介质属性参数变化

2）几何参数、物性参数动态变化模型

基于注入过程中基质孔隙动态变化机理及变化规律，分别建立了弹性膨胀阶段及塑性膨胀阶段孔隙半径、孔隙度、渗透率动态变化模型，以上模型可以描述基质孔隙的弹塑性临界压力和弹、塑性变形机理和规律。

弹性变形阶段：与压裂过程相比，注入过程中注入排量小，基质孔隙逐渐膨胀，弹性变形慢，达到弹塑性临界压力时间长。

塑性变形阶段：与压裂过程相比，注入过程中施工压力低，基质孔隙变形较小，注入过程中以弹性变形为主（表 7.3）。

注入过程中基质孔喉半径、孔隙度和渗透率的动态变化模型见表 7.3。

表 7.3　注入过程物性参数动态变化模型表

	基质孔隙	天然裂缝	人工裂缝
孔吼半径/缝宽	$\begin{cases} r_m^I = r_{m0}^I & P = P_0 \\ r_m^I = r_{m0}^I e^{a_r^I(P-P_0)} & P_0 < P < P_{mc} \\ r_m^I = r_{mc}^I & P = P_{mc} \\ r_m^I = r_{mc}^I e^{a_p^I(P-P_m)} & P_{mc} < P \end{cases}$	$\begin{cases} W_f^I = W_{f0}^I e^{a_f^I(P-P_0)} & P_0 \leqslant P < P_{f0} \\ W_f^I = W_{f0}^I & P_0 = P_{f0} \\ W_f^I = W_{f0}^I e^{a_f^I(P-P_0)} & P_{f0} < P < P_e \\ W_f^I = W_{fmax}^I & P \geqslant P_e \end{cases}$	$\begin{cases} W_F^I = W_{F0}^I & P = P_0 \\ W_F^I = W_{F0}^I e^{a_f^I(P-P_0)} & P_0 < P < P_e \\ W_F^I = W_{Fmax}^I & P \geqslant P_e \end{cases}$
孔隙度	$\begin{cases} \phi_m^I = \phi_{m0}^I & P = P_0 \\ \phi_m^I = \phi_{m0}^I e^{b_r^I(P-P_0)} & P_0 < P < P_{mc} \\ \phi_m^I = \phi_{mc}^I & P = P_{mc} \\ \phi_m^I = \phi_{mc}^I e^{b_p^I(P-P_m)} & P_{mc} < P \end{cases}$	$\begin{cases} \phi_f^I = \phi_{f0}^I e^{b_f^I(P-P_0)} & P_0 \leqslant P < P_{f0} \\ \phi_f^I = \phi_{f0}^I & P_0 = P_{f0} \\ \phi_f^I = \phi_{f0}^I e^{b_f^I(P-P_0)} & P_{f0} < P < P_e \\ \phi_f^I = \phi_{fmax}^I & P \geqslant P_e \end{cases}$	$\begin{cases} \phi_F^I = \phi_{F0}^I & P = P_0 \\ \phi_F^I = \phi_{F0}^I e^{b_f^I(P-P_0)} & P_0 < P < P_e \\ \phi_F^I = \phi_{Fmax}^I & P \geqslant P_e \end{cases}$
渗透率	$\begin{cases} K_m^I = K_{m0}^I & P = P_0 \\ K_m^I = K_{m0}^I e^{c_r^I(P-P_0)} & P_0 < P < P_{mc} \\ k_m^I = k_{mc}^I & P = P_{mc} \\ K_m^I = K_{mc}^I e^{c_p^I(P-P_m)} & P_{mc} < P \end{cases}$	$\begin{cases} K_f^I = K_{f0}^I e^{c_f^I(P-P_0)} & P_0 \leqslant P < P_{f0} \\ K_f^I = K_{f0}^I & P_0 = P_{f0} \\ K_f^I = K_{f0}^I e^{c_f^I(P-P_0)} & P_{f0} < P < P_e \\ K_f^I = K_{fmax}^I & P \geqslant P_e \end{cases}$	$\begin{cases} K_F^I = K_{F0}^I & P = P_0 \\ K_F^I = K_{F0}^I e^{c_f^I(P-P_0)} & P_0 < P < P_e \\ K_F^I = K_{Fmax}^I & P \geqslant P_e \end{cases}$

2. 天然裂缝动态变化模型

1）天然裂缝动态变化规律

注入过程中，随流体的逐渐注入，天然裂缝的变形主要存在四个阶段：第一阶段为初始闭合阶段，在该阶段天然裂缝在地层原始条件下处于闭合状态；第二阶段为开启阶段，当缝内压力升高至天然裂缝的开启压力时，天然裂缝开启，裂缝宽度瞬间增大；第三阶段为扩大阶段，随缝内压力继续增大，裂缝膨胀，缝宽逐步增加；第四阶段为延伸阶段，当裂缝内压力达到其端部的延伸压力时，天然裂缝向前延伸，缝长增加[图7.30(b)]。

2）几何参数、物性参数动态变化模型

根据注入过程中天然裂缝动态变化机理及变化规律，分别建立了天然裂缝在闭合阶段、开启阶段、扩大阶段及延伸阶段的裂缝宽度、孔隙度及渗透率动态变化模型（表7.3）；以上模型描述了天然裂缝在压裂过程中的两个关键临界压力：开启压力与延伸压力；同时描述了裂缝在初始闭合阶段、开启阶段、扩大阶段及延伸阶段的几何参数与物性参数的非线性变化。

(1)初始闭合阶段：根据胶结程度不同，天然裂缝具有一定的初始开度；

(2)开启阶段：与压裂过程相比，注入过程中注水周期较长、注水速度较低，天然裂缝的开启较慢；

(3)扩大阶段：与压裂过程相比，注入过程中注入流体黏度较小，天然裂缝缓慢扩大，缝宽较小；

(4)延伸阶段：与压裂过程相比，注入过程中施工排量较小，裂缝宽度缓慢增加，延伸距离较短。

3. 人工裂缝动态变化模型

1）人工裂缝动态变化规律

注入过程中，人工裂缝的变化主要存在两个阶段：第一个阶段为人工裂缝扩大阶段，在该阶段随着流体逐渐进入裂缝，缝内孔隙压力逐步升高，裂缝宽度缓慢扩大；第二个阶段为人工裂缝的延伸阶段，在该阶段随流体压力逐渐增大至裂缝延伸压力时，缝端岩石破裂向前延伸，缝长增大[图7.30(c)]。

2）几何参数、物性参数动态变化模型

基于压裂过程中人工裂缝动态变化机理及变化规律，分别建立了人工裂缝在扩大阶段和延伸阶段裂缝宽度、孔隙度及渗透率动态变化模型（表7.3）；以上模型描述了人工裂缝在注入过程中的延伸压力；同时描述了裂缝在扩大阶段和延伸阶段的几何参数与物性参数的变化规律。

(1)扩大阶段：与压裂过程相比，注入过程中注入流体黏度较小，人工裂缝缓慢扩大，人工裂缝宽度相对较小，但一般仍大于天然裂缝的缝宽；

(2)延伸阶段：与压裂过程相比，注入过程施工排量较小、注入速度较低，人工裂缝缝宽扩大较慢，缝长延伸距离较短，但一般仍大于天然裂缝的缝长。

(三)采出过程

1. 基质孔喉动态变化模型

1)基质孔隙动态变化规律

采出过程中,基质的变形主要分两个阶段,分别是弹性压缩和塑性压缩变形阶段。随着储层中油气的采出,基质孔隙压力下降,岩石骨架在上覆岩石压力的作用下逐渐压实变形,基质孔喉半径随孔隙压力的减小而减小,该阶段的变形随孔隙压力的回升能完全恢复;当达到岩石弹塑性变形临界压力(岩石的抗压强度)时,岩石发生压缩、剪切破坏进入塑性压缩阶段,此时基质孔喉半径随孔隙压力的下降速率大于弹性阶段的下降速率,且该阶段的变形随孔隙压力的回升而不能完全恢复[图 7.31(a)]。

2)几何参数、物性参数动态变化模型

根据采出过程中基质孔隙动态变化机理及变化规律,分别建立了弹性压缩阶段及塑性压缩阶段孔隙半径、孔隙度、渗透率动态变化模型;以上模型可以描述基质孔隙的弹塑性临界压力和弹、塑性变形机理和规律。

(1)弹性压缩阶段:随孔隙内压力降低,基质孔隙收缩,发生弹性变形;采出过程中基质孔隙的动态变化以弹性压缩为主。

(2)塑性压缩阶段:随孔隙内压力继续降低,基质孔隙进一步收缩,发生塑性变形。

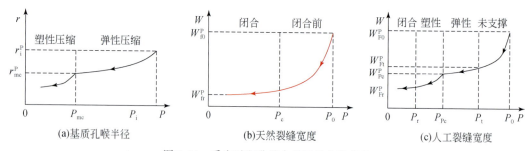

(a)基质孔喉半径　　　　(b)天然裂缝宽度　　　　(c)人工裂缝宽度

图 7.31　采出过程孔缝介质属性参数变化

采出过程中,基质孔喉半径、孔隙度和渗透率的理论计算模型见表 7.4。

表 7.4　采出过程物性参数动态变化模型表

	基质孔隙	天然裂缝	人工裂缝
孔吼半径/缝宽	$\begin{cases} r_m^P = r_{m0}^P & P = P_0 \\ r_m^P = r_{m0}^P e^{a_e^r(P-P_0)} & P_{mc} < P < P_0 \\ r_m^P = r_{mc}^P & P = P_{mc} \\ r_m^P = r_{mc}^P e^{a_p^r(P-P_{mc})} & P < P_{mc} \end{cases}$	$\begin{cases} W_f^P = W_{f0}^P & P = P_0 \\ W_f^P = W_{f0}^P e^{a_e^r(P-P_0)} & P_c < P < P_0 \\ W_f^P = W_{fr}^P & P = P_c \\ W_f^P = W_{fr}^P e^{a_p^r(P-P_c)} & P < P_c \end{cases}$	$\begin{cases} W_F^P = W_{F0}^P & P = P_0 \\ W_F^P = W_{F0}^P e^{a_e^r(P-P_0)} & P_t < P < P_0 \\ W_F^P = W_{Ft}^P & P = P_t \\ W_F^P = W_{Ft}^P e^{a_{hat}^r(P-P_t)} & P_{pc} < P < P_t \\ W_F^P = W_{Pc}^P & P = P_{Pc} \\ W_F^P = W_{Pc}^P e^{a_{hat}^r(P-P_{Pc})} & P_r < P < P_{Pc} \\ W_F^P = W_{Fr}^P & P = P_r \\ W_F^P = W_{Fr}^P e^{a_p^r(P-P_r)} & P < P_r \end{cases}$

续表

基质孔隙	天然裂缝	人工裂缝
孔隙度		

$$\begin{cases} \phi_m^P = \phi_{m0}^P & P = P_0 \\ \phi_m^P = \phi_{m0}^P e^{b_t^r(P-P_0)} & P_{mc} < P < P_0 \\ \phi_m^P = \phi_{mc}^P & P = P_{mc} \\ \phi_m^P = \phi_{mc}^P e^{b_t^r(P-P_{mc})} & P < P_{mc} \end{cases}$$

$$\begin{cases} \phi_f^P = \phi_{f0}^P & P = P_0 \\ \phi_f^P = \phi_{f0}^P e^{b_t^r(P-P_0)} & P_c < P < P_0 \\ \phi_f^P = \phi_{fr}^P & P = P_c \\ \phi_f^P = \phi_{fr}^P e^{b_r^r(P-P_c)} & P < P_c \end{cases}$$

$$\begin{cases} \phi_F^P = \phi_{F0}^P & P = P_0 \\ \phi_F^P = \phi_{F0}^P e^{b_t^r(P-P_0)} & P_t < P < P_0 \\ \phi_F^P = \phi_{Ft}^P & P = P_t \\ \phi_F^P = \phi_{Ft}^P e^{b_{Pub}^r(P-P_t)} & P_{Pc} < P < P_t \\ \phi_F^P = \phi_{Pc}^P & P = P_{Pc} \\ \phi_F^P = \phi_{Pc}^P e^{b_{Pub}^r(P-P_{Pc})} & P_r < P < P_{Pc} \\ \phi_F^P = \phi_{Fr}^P & P = P_r \\ \phi_F^P = \phi_{Fr}^P e^{b_r^r(P-P_r)} & P < P_r \end{cases}$$

| 渗透率 | | |

$$\begin{cases} K_m^P = K_{m0}^P & P = P_0 \\ K_m^P = K_{m0}^P e^{c_t^r(P-P_0)} & P_{mc} < P < P_0 \\ K_m^P = K_{mc}^P & P = P_{mc} \\ K_m^P = K_{mc}^P e^{c_t^r(P-P_{mc})} & P < P_{mc} \end{cases}$$

$$\begin{cases} K_f^P = K_{f0}^P & P = P_0 \\ K_f^P = K_{f0}^P e^{c_t^r(P-P_0)} & P_c < P < P_0 \\ K_f^P = K_{fr}^P & P = P_c \\ K_f^P = K_{fr}^P e^{c_r^r(P-P_c)} & P < P_c \end{cases}$$

$$\begin{cases} K_F^P = K_{F0}^P & P = P_0 \\ K_F^P = K_{F0}^P e^{c_t^r(P-P_0)} & P_t < P < P_0 \\ K_F^P = K_{Ft}^P & P = P_t \\ K_F^P = K_{Ft}^P e^{c_{Pub}^r(P-P_t)} & P_{Pc} < P < P_t \\ K_F^P = K_{Pc}^P & P = P_{Pc} \\ K_F^P = K_{Pc}^P e^{c_{Pub}^r(P-P_{Pc})} & P_r < P < P_{Pc} \\ K_F^P = K_{Fr}^P & P = P_r \\ K_F^P = K_{Fr}^P e^{c_r^r(P-P_r)} & P < P_r \end{cases}$$

2. 天然裂缝动态变化模型

1)天然裂缝动态变化规律

在采出阶段,随着油气的采出,天然裂缝的动态变化主要分为两个阶段:第一个阶段是裂缝变窄阶段,在该阶段,裂缝压力高于闭合压力,随压力逐渐降低,缝宽变窄;第二个阶段是裂缝闭合阶段,在该阶段,裂缝压力小于闭合压力,天然裂缝发生闭合、失效[图7.31(b)]。

2)几何参数、物性参数动态变化模型

基于采出过程中天然裂缝动态变化机理及变化规律,分别建立了裂缝变窄阶段及裂缝闭合阶段裂缝宽度、孔隙度、渗透率动态变化模型(表7.4),以上模型可以描述天然裂缝闭合压力和闭合前后裂缝变形机理和规律。

(1)裂缝变窄阶段:随缝内压力降低,裂缝变窄,孔隙度、渗透率大幅降低。

(2)裂缝闭合阶段:缝内压力低于闭合压力时,裂缝闭合,孔隙度、渗透率缓慢降低。

3. 人工裂缝动态变化模型

1)人工裂缝动态变化规律

在采出阶段,随着油气的采出,裂缝宽度迅速减小。当压力降到裂缝闭合压力时,人工裂缝就会闭合。人工裂缝的变化主要分为四个阶段:第一个阶段是人工裂缝闭合阶段,随压力降低缝宽变小,此时支撑剂处于悬浮状态;第二个阶段是支撑剂的弹性压缩阶段,支撑与裂缝壁面接触,随缝内压力降低,缝宽逐渐减小,支撑剂发生弹性变形;第三个阶段是支撑剂的塑性压缩阶段,随缝内压力的继续减小,当作用于支撑剂颗粒的有效应力高于支撑剂强度时,支撑剂发生塑性变形;第四个阶段是人工裂缝失效阶段,支撑剂大面积破碎、嵌入裂缝,导致裂缝失效[图7.31(c)]。

2)几何参数、物性参数动态变化模型

根据采出过程中人工裂缝动态变化机理及变化规律,分别建立了人工裂缝闭合过程中四个阶段的裂缝宽度、孔隙度、渗透率动态变化模型(表7.4);以上模型可以描述人工裂缝闭合压力、支撑剂破碎压力和闭合前后裂缝变形机理与规律。

(1)人工裂缝闭合阶段:随缝内压力降低,裂缝在无支撑条件下迅速变窄,孔隙度、渗透率明显降低。

(2)支撑剂的弹性压缩阶段:随缝内压力降低,支撑剂发生弹性变形,裂缝宽度、孔隙度、渗透率缓慢减小。

(3)支撑剂的塑性压缩阶段:缝内压力继续降低,支撑剂发生塑性变形,裂缝宽度、孔隙度、渗透率减小较快。

(4)人工裂缝失效阶段:由于支撑剂破碎、嵌入等原因,导致裂缝失效,裂缝孔隙度、渗透率缓慢降低。

(四)不同开发模式下物性参数变化规律

压注采各阶段的物性参数变化规律和模型前面已经作了详细介绍,但各个阶段在开发过程中不是孤立存在的,它们是一个有机的整体,下面以渗透率的动态变化为例介绍不同开发模式下其动态变化规律,各阶段的变化规律以线性方式示意,但其实际变化规律(线性或非线性)需根据相关实验进行确定。

1. 压裂、采出过程下的物性变化规律

压裂、闷井、返排、采出过程中渗透率动态变化过程如图7.32(a)所示,图中p_i为储层初始压力,p_{mc}为膨胀岩石破裂压力,p_{pc}为压缩岩石破裂压力,p_{max}为压裂过程中最大施工压力。由图可知,压裂初期,随着压裂液的注入,储层压力升高,基质发生膨胀变形,基质孔喉增大,此时基质渗透率缓慢增加;当储层压力达到基质破裂压力时,基质发生破裂生成人工裂缝,此时渗透率迅速增大,并且随着裂缝开度的增大其渗透率进一步增大;随着压裂施工的结束,进入闷井阶段,人工裂缝内压裂液逐渐向基质渗透,人工裂缝内压力降低,人工裂缝开度减小、渗透率降低;闷井结束后进入压裂液返排阶段,渗透率随着裂缝开度的减小逐渐减小;采出阶段前期,人工裂缝开度弹性减小,人工裂缝渗透率进一步降低;开采阶段后期,随着油气的大量采出,支撑剂受压破碎、嵌入,渗透率下降幅度增大且损失不可逆。

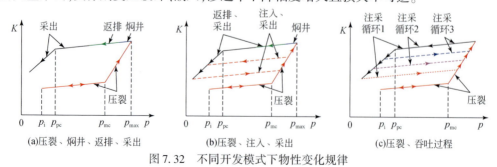

(a)压裂、焖井、返排、采出　　(b)压裂、注入、采出　　(c)压裂、吞吐过程

图7.32　不同开发模式下物性变化规律

2. 压裂、注入、采出过程下的物性变化规律

压裂、注入、采出过程中渗透率动态变化过程如图 7.32(b)所示,主要为了模拟实际开发过程中,压裂返排采出后,为了补充地层能量进行注水、注气等开发措施。由图可知,第一阶段压裂返排采出后,人工裂缝渗透率大幅下降;再进行注水、注气等措施,裂缝内压力恢复,人工裂缝内受压的支撑剂弹性恢复,人工裂缝开度增大,渗透率弹性恢复;注入后进行采出,随着人工裂缝内压力的再次下降,裂缝开度减小,渗透率降低。

3. 压裂、吞吐过程下的物性变化规律

压裂后进行吞吐生产时的物性参数变化模型如图 7.32(c)所示。压裂过程中物性参数的变化与前面一致。吞吐实质上就是多轮次的注采过程,每轮次吞吐过程中物性参数的变化与开发模式 2 中的注采过程相同。

三、传导率与井指数动态变化模型

压、注、采过程中,流体注入和采出使得储层压力发生升高或降低,进而不同尺度的孔隙及裂缝介质在应力作用下发生不同程度的形变,导致其物性参数(孔隙度、渗透率)发生动态变化,从而影响储层传导率与井指数发生动态变化,最终影响渗流和生产动态。

(一)不同尺度孔缝介质间传导率的动态变化模型

不同介质的几何参数、物性参数动态变化,导致介质间的传导率发生动态变化。网格离散后,不同网格代表不同的介质,传导率在以下几种介质间发生动态变化(图 7.33):a. 基质网格间传导率;b. 人工裂缝网格间传导率;c. 天然裂缝网格间传导率;d. 人工裂缝与基质网格间传导率;e. 天然裂缝与基质网格间传导率;f. 人工裂缝与天然裂缝网格间传导率。

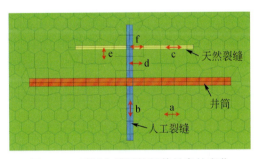

图 7.33　不同介质网格间传导率的变化

不考虑储层孔缝介质动态变化时,相邻网格间传导率的计算模型如下:

$$T_{m,n} = \frac{\alpha_m(K_m) \cdot \alpha_n(K_n)}{\alpha_m(K_m) + \alpha_n(K_n)} \tag{7.14}$$

式中,$T_{m,n}$ 为相邻网格间的传导率;α_m 为网格 m 的形状因子;α_n 为网格 n 的形状因子;α_m、α_n 分别为各自网格渗透率 K_m、K_n 的函数;m、n 为下标,表示相邻的 m 网格和 n 网格,可以是基质网格、天然裂缝网格或人工裂缝网格。

考虑压注采过程储层孔缝介质动态变化时,相邻网格间的传导率也会发生改变,此时需采用传导率动态模型来计算传导率的变化:

$$T_{m,n}\big[K(p)\big] = \frac{\alpha_m\big[K(p)\big]\alpha_n\big[K(p)\big]}{\alpha_m\big[K(p)\big] + \alpha_n\big[K(p)\big]} \tag{7.15}$$

式中,$\alpha_m\big[K(p)\big]$、$\alpha_n\big[K(p)\big]$分别为网格 m 与相邻网格 n 形状因子随网格渗透率的变化而变化。

(二)不同孔缝介质与井筒间井指数的动态变化模型

不同孔缝介质与井筒间的井指数大小反映了储层介质与井筒间的流体交换能力(图 7.34),其原始计算模型如下:

$$WI = \frac{2\pi\sqrt{K_x K_y}L}{\ln\left(\dfrac{r_e}{r_w}\right) + s} \tag{7.16}$$

式中,WI 为井指数;K_x 为 x 方向渗透率;K_y 为 y 方向渗透率;L 为参与计算的井筒长度;r_e 为井筒控制半径;r_w 为井筒半径;s 为井筒表皮。

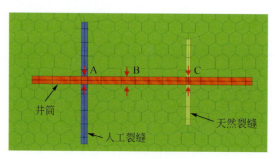

图 7.34　井指数的变化

在衰竭式开采过程中井筒附近压力急剧下降,在压裂、注入过程中压力急剧上升,导致裂缝与基质参数动态变化非常剧烈。由于井筒附近储层介质,如基质、天然裂缝、人工裂缝等物性参数的变化,影响了介质与井筒间的流体交换能力,最终会导致井指数(图 7.34,A. 人工裂缝与井筒间的井指数,B. 基质与井筒间的井指数,C. 天然裂缝与井筒间的井指数)发生变化,此时需采用井指数动态模型计算井指数的变化:

$$WI(p) = \frac{2\pi\sqrt{K_x(p)K_y(p)}L}{\ln\left(\dfrac{r_e}{r_w}\right) + s} \tag{7.17}$$

四、不同尺度孔缝介质流固耦合动态模拟技术流程

在多重介质有效应力原理和不同尺度孔缝介质变形作用机理、变形规律,以及基质孔隙、天然/人工裂缝在压注采过程中的动态变化模型基础上,形成了不同尺度孔缝介质流固耦合动态模拟技术,具体耦合模拟步骤如图 7.35 所示。

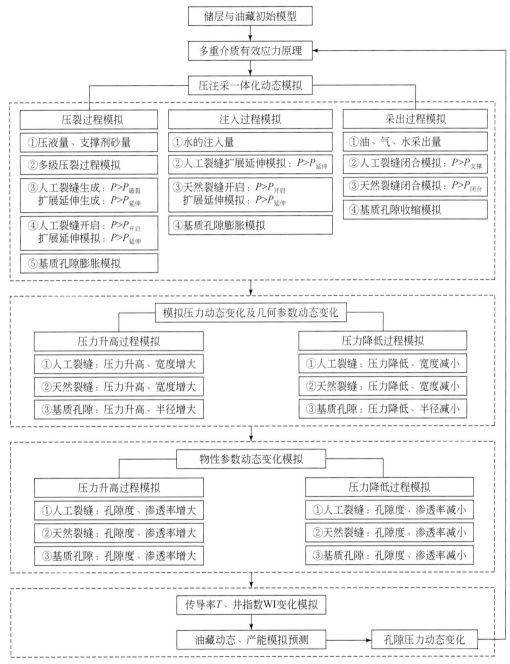

图 7.35　多重介质压注采流固耦合动态模拟技术流程图

1）建立储层与油藏初始模型

对非常规致密储层进行网格剖分、介质类型划分,给出不同孔缝介质的初始几何参数、属性及流体参数等,建立压注采一体化模拟的初始模型。

2）多重介质孔隙压力及有效应力分布

根据基质孔隙、天然/人工裂缝等不同孔缝介质内的渗流状态及多重介质有效应力原理，确定不同孔缝介质内初始流体压力及所承受的有效应力分布。

3）压注采一体化动态模拟

利用所建立的压注采一体化数值模拟模型对压裂过程、注入过程及采出过程进行动态模拟。

压裂过程模拟包括：①压裂液量、支撑剂砂量注入模拟；②多级压裂过程模拟；③人工裂缝的生成、扩大、延伸模拟；④天然裂缝开启、扩大、延伸模拟；⑤基质孔隙膨胀模拟。

注入过程模拟包括：①水的注入量模拟；②人工裂缝扩大、延伸模拟；③天然裂缝开启、扩大、延伸模拟；④基质孔隙膨胀模拟。

采出过程模拟包括：①油、气、水采出量模拟；②人工裂缝闭合模拟；③天然裂缝闭合模拟；④基质孔隙收缩模拟。

4）模拟压力动态变化及几何参数动态变化

通过对压注采过程中孔隙压力的动态模拟，对压力升高过程中人工/天然裂缝宽度、基质孔隙半径的增大进行模拟，并对压力降低过程中人工/天然裂缝宽度、基质孔隙半径的减小进行模拟。

5）物性参数动态变化模拟

根据不同孔缝介质内流体压力和介质几何参数的变化，分别对压力升高过程中人工/天然裂缝、基质孔隙物性参数的增大及压力降低过程中人工/天然裂缝、基质孔隙物性参数的减小进行模拟。

6）传导率、井指数变化模拟

基于不同孔缝介质内流体压力和介质物性参数的变化，对不同孔缝介质间传导率及介质与井筒间井指数的动态变化进行模拟。

7）油藏动态和产能模拟预测

在综合考虑不同孔缝介质内流体压力、物性参数、介质间传导率及井指数的动态变化基础上，对非常规致密油藏生产动态及产能进行模拟、预测。

参 考 文 献

蔡新树，陈勉，等 . 2009. 各向异性多重孔隙介质有效应力定律 . 工程力学，26(4) :57 ~ 60.

陈勉，陈至达 . 1999. 多重孔隙介质的有效应力定律 . 应用数学和力学，20:1121 ~ 1127.

陈勉，金衍，张广清 . 2011. 石油工程岩石力学基础 . 北京:石油工业出版社 .

范天一，宋新民，吴淑红，等 . 2015. 低渗透油藏水驱动态裂缝数学模型及数值模拟 . 石油勘探与开发，42(4) :496 ~ 501.

高旺来，接金利，张为民 . 2006. 一种树脂覆膜砂支撑剂的研究及现场应用 . 油田化学，23(1) :39 ~ 41.

郭天魁，张士诚 . 2011. 影响支撑剂嵌入的因素研究 . 断块油气田，18(4) :527 ~ 529.

金智荣，郭建春，赵金洲，等 . 2007. 支撑裂缝导流能力影响因素实验研究与分析 . 钻采工艺，30(5) : 36 ~ 38.

李洪洋，王钟仁 . 2006. 应力莫尔圆变化分析及其典型液力塑性成型中的应用 . 应用基础与工程科学学报，14(1) :59 ~ 68.

米卡尔 J. 埃克诺米德斯,肯尼斯 G. 等. 2002. 油藏增产措施. 张保平等译. 北京:石油工业出版社.

那志强. 2009. 水平井压裂起裂机理及裂缝延伸模型研究. 中国石油大学(华东)博士学位论文.

沈珠江. 1980. 摩尔-库仑材料的屈服理论. 水利水运科学研究,1:1~9.

孙翠容,王怒涛,张文昌,等. 2010. 水力压裂闭合压力确定方法研究. 重庆科技学院学报(自然科学版),12(2).

王凯挺,赵娜,卢高. 2015. 土中渗流引起的有效应力莫尔圆的移动规律. 山西建筑,41(26):81~83.

王雷,张士诚,张文宗,等. 2005. 复合压裂不同粒径支撑剂组合长期导流能力实验研究. 天然气工业,25(9):64~66.

王友净,宋新民,田昌炳,等. 2015. 动态裂缝是特低渗透油藏注水开发中出现的新的开发地质属性. 石油勘探与开发,42(2):222~228.

温庆志,张士诚,王雷,等. 2005. 支撑剂嵌入对裂缝长期导流能力的影响研究. 天然气工业,25(5):65~68.

谢景彬,龙国清,田昌炳,等. 2015. 特低渗透砂岩油藏动态裂缝成因及对注水开发的影响. 油气地质与采收率,22(3):106~110.

徐献芝,李培超,李传亮. 2001. 多孔介质有效应力原理研究. 力学与实践,23:42~45.

杨满平. 2004. 油气储层多孔介质的变形理论及应用研究. 西南石油学院博士学位论文.

叶金汉,等. 1991. 岩石力学参数手册. 北京:水利电力出版社.

张士诚,牟善波,张劲,等. 2008. 煤岩对压裂裂缝长期导流能力影响的实验研究. 地质学报,82(10):1444~1448.

张烨,潘林华,周彤,等. 2015. 龙马溪组页岩应力敏感性实验评价. 科学技术与工程,15(8):37~41.

周彤,张士诚,邹雨时,等. 2016. 页岩气储层充填天然裂缝渗透率特征实验研究. 西安石油大学学报(自然科学版),31(1):73~78.

周新桂,张林炎,黄臣军. 2013. 华庆探区长 6_3 储层破裂压力及裂缝开启压力估测与开发建议. 中南大学学报(自然科学版),44(7):2814~2718.

朱圣举,赵向原,张皎生,等. 2016. 低渗透砂岩油藏天然裂缝开启压力及影响因素. 西北大学学报(自然科学版),46(44).

邹雨时,张士诚,马新仿. 2012. 页岩气藏压裂支撑裂缝的有效性评价. 天然气工业,32(9):52~55.

Ikonnikova S,Browning J,Horvath S,et al. 2014. Well recovery, drainage area, and future drill- well inventory: Empirical study of the barnett shale gas play. SPE 171552-PA.

Irwin G R. 1957. Analysis of stresses and strain near the end of A crack traversing aplate. JAPP Mech,(24):361~364.

Ji L J,Settari A T,Sullivan R B,et al. 2004. Methods for modeling dynamic fractures in coupled reservoir and geomechanics simulation. SPE 90874,SPE Annual Technical Conference and Exhibition.

Kyunghaeng L,Chun H,Mukul M S. 2011. Impact of fracture growth on well injectivity and reservoir sweep during waterflood and chemical EOR processes. SPE 146778,SPE Annual Technical Conference and Exhibition.

McClure M W,Babazadeh M,Shiozawa S,et al. 2016. 基于三维离散裂缝网络的水力压裂全耦合流体力学模拟. 石油科技动态,9:40~59.

Van den Hoek P J,Hustedt B,Sobera M,et al. 2008. Dynamic induced fractures in waterfloods and EOR. SPE 115204,SPE Russia Oil & Gas Technical Conference and Exhibition.

第八章 多重介质流态识别与复杂流动机理自适应模拟技术

致密砂岩油气储层具有微纳米孔隙、复杂天然-人工裂缝网络等不同尺度、多重介质的特点,不同尺度介质、不同阶段的流态及其影响因素不同,其渗流机理与规律不同。常规油气藏介质单一,渗流机理与流态相对简单,而致密油气不同生产阶段开采机理与渗流机理不同,不同尺度介质间耦合流动关系复杂,导致致密油气具有多尺度、多介质、多流态的特征。根据致密油气开发机理的影响因素,确定了致密油气流态识别指标体系,建立了致密油气不同尺度多重介质流态识别标准,形成了致密油气不同尺度多重介质流态识别与复杂流动机理自适应模拟技术,为致密油气渗流数学模型建立、产能评价与数值模拟奠定了基础。

第一节 致密油气流态识别指标体系

致密砂岩油气藏储层发育纳米-微米级孔隙及微米-毫米级裂缝,流体流动跨越多个尺度具有不同的流态,表现为多尺度、多流态效应。同时,地层压力高低、气水赋存状态等因素也影响基质孔隙和裂缝内的流态。致密砂岩油气藏储层流体流态总体上可划分为高速非线性流、拟线性流和低速非线性流三种流态,而每种流态下的渗流机理存在较大差异,影响不同尺度多重介质的动态模拟,因此,如何识别流体流态是建立数值模拟理论模型的基础。

致密油气藏发育不同尺度多重介质,不同介质内流态不同,根据致密油气复杂渗流特征及开发机理的影响因素,确定了流态识别指标体系(图 8.1),包括几何参数、物性参数、压力梯度及动力学参数。

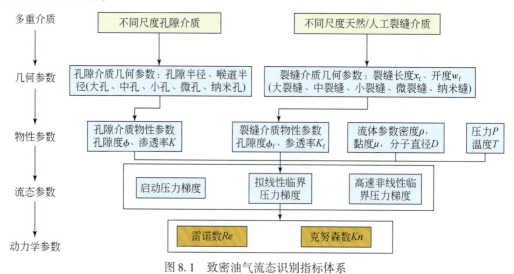

图 8.1 致密油气流态识别指标体系

致密油气的流动形态可以分为宏观流动和微观流动两种。致密油表现为宏观流动,可以用压力梯度和雷诺数来判别流态;致密气可细分为宏观流动和微观流动,宏观流动可以用压力梯度和雷诺数来判别流态,微观流动仅可以用克努森数来判别流态。

过去判断流态用雷诺数,且临界雷诺数为定值,对于致密油气宏观流动来说,该值在实际油气藏中不适用;而压力梯度参数考虑了几何尺度、物性参数及流体性质的综合影响,是反映流态最直接的动态参数,在实际油气藏中更实用,因此,一般采用该参数识别流态;雷诺数是通过渗流曲线确定流态拐点,通过不同压力梯度下的流速计算拐点雷诺数,是压力梯度的间接表征,为间接参数,也可以选择雷诺数识别宏观流态。

一、根据渗流特征曲线确定宏观流态临界参数

(一)压力梯度

致密砂岩油气藏发育不同尺度介质,不同介质具有不同的渗流特征曲线。微观渗流实验结果表明,致密油在不同孔隙介质内的流态表现为低速非线性渗流与拟线性渗流;不同裂缝介质内的流态表现为低速非线性渗流、拟线性渗流和高速非线性渗流,其渗流特征曲线见图8.2、图8.3。根据渗流特征曲线可以确定启动压力梯度、拟线性临界压力梯度、高速非线性临界压力梯度,不同介质内流体流态可通过三个压力梯度界限值进行判断。

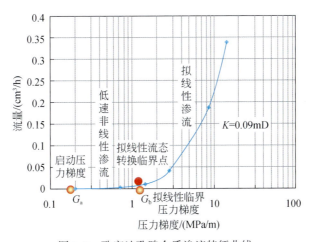

图 8.2　致密油孔隙介质渗流特征曲线

1. 渗流特征曲线

流体在渗流过程中流量与压力梯度的关系曲线叫渗流特征曲线,孔隙介质与裂缝介质渗流特征曲线不同。

1)孔隙介质渗流特征曲线

对致密砂岩孔隙介质开展非线性渗流实验(长庆32块岩心、四川26块岩心),实验结果表明,孔隙介质内的流态表现为低速非线性渗流与拟线性渗流,不同几何尺度、物性、流体黏度对孔隙介质内流体流态影响明显。

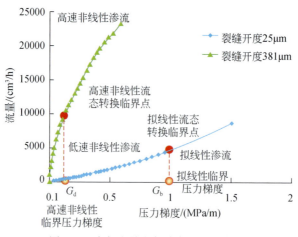

图 8.3　致密油裂缝介质渗流特征曲线

A. 不同喉道半径下的渗流特征曲线

致密砂岩岩心发育不同尺度孔隙介质,不同孔隙介质孔隙结构不同。同一原油黏度下不同喉道半径的孔隙介质内其流态变化规律不同,总体呈现低速非线性渗流、拟线性渗流特征;喉道半径大的孔隙介质,压力梯度很小时流体即开始流动,流速快速增加,渗流特征曲线陡;喉道半径很小的孔隙介质,压力梯度很大时流体才发生流动,流速缓慢增加,曲线平缓;随着喉道半径的减小,流体发生拟线性渗流的临界压力梯度增加,临界流速降低(图 8.4)。

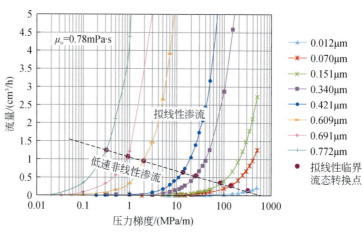

图 8.4　不同喉道半径下渗流特征曲线

B. 不同渗透率下的渗流特征曲线

由于致密储层孔隙结构的差异,导致不同孔隙结构的介质具有不同物性。在同一原油黏度下不同物性的孔隙介质内流体流态不同。渗透率较大、压力梯度很小时,流体就开始流动,随着压力梯度的增加,流速快速增大,曲线增加趋势陡;渗透率很小时,流体在压力梯度很大时才开始流动,且流速增加趋势缓慢,曲线平缓;随着渗透率的减小,流体发生拟线性渗流的临界压力梯度增大,临界流速降低,孔隙介质内流体流态由存在低速非线性渗流、拟线性渗流两种流态过渡到仅存在低速非线性渗流(图8.5)。

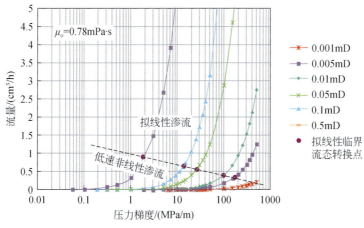

图8.5 不同渗透率下渗流特征曲线

C. 不同流度下的渗流特征曲线

致密油在孔隙介质内的流态受流体黏度影响,流体黏度不同,导致流体可动用性不同,流态存在差异。致密油在同一介质不同流度下流体流态不同,总体呈现低速非线性渗流与拟线性渗流两种流态。流体流度较大时,压力梯度很小时流体即开始流动,且流速快速增大,曲线增加趋势陡;流体流度很小时,压力梯度很大时流体才开始流动,流速增加趋势缓慢,曲线平缓;随着流体流度的降低,孔隙介质内流体发生拟线性渗流的临界压力梯度增加,临界流量降低(图8.6)。

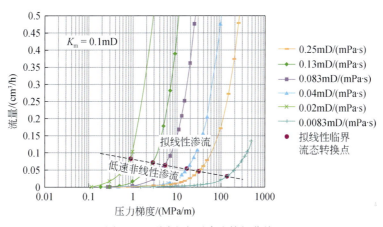

图8.6 不同流度下渗流特征曲线

2)裂缝介质渗流特征曲线

采用平板模型模拟裂缝微观渗流,实验结果表明,受裂缝几何尺度、物性、流体黏度的综合作用,纳微米裂缝渗流时表现为低速非线性渗流与拟线性渗流,大尺度微米-毫米裂缝渗流时表现为拟线性渗流、线性渗流和高速非线性渗流。

A. 不同裂缝开度下的渗流特征曲线

致密砂岩岩心发育不同尺度裂缝介质,同一原油黏度下不同尺度裂缝介质内流体流态不同,包括高速非线性渗流、线性渗流、拟线性渗流和低速非线性渗流。裂缝开度很小时,流体流动速度低,曲线增加趋势缓,流态主要为低速非线性渗流和拟线性渗流;随着裂缝开度的增加,裂缝开度较大时,流体流速与压力梯度近似呈线性增加,流态为线性渗流,随着压力梯度的增加,流速随压力梯度增加趋势减缓,线性渗流转换为高速非线性渗流;裂缝开度越大,流体渗流速度越高,越易发生高速非线性渗流(图 8.7)。

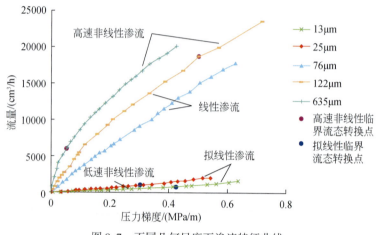

图 8.7　不同几何尺度下渗流特征曲线

B. 不同渗透率下的渗流特征曲线

在同一原油黏度下不同物性的裂缝介质内流体流态不同。裂缝渗透率很大时,压力梯度很小的情况下,流速快速增加,曲线陡,流体发生高速非线性渗流,流速随压力梯度增加呈非线性增大;随着裂缝渗透率的减小,流体流动阻力增大,流体流速与压力梯度近似呈线性增加;裂缝渗透率很小时,流体流速增加缓慢,曲线平缓,在较小压力梯度下流体流态为低速非线性渗流,随着驱替压力梯度的增加,流态由低速非线性渗流转换为拟线性渗流(图 8.8)。

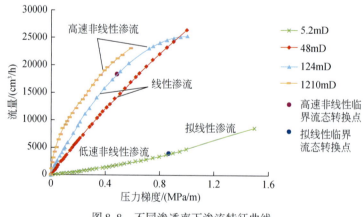

图 8.8　不同渗透率下渗流特征曲线

C. 不同流度下的渗流特征曲线

致密油在裂缝介质内的流态受流体黏度影响，流体黏度越高，流体流动性越差，流态存在明显差异，同一裂缝介质不同流度下流体流态不同。裂缝内流体流度很高时，在很小的压力梯度下，流体流速快速增大，曲线增加趋势陡，流体流态为高速非线性渗流；随着流体流度的降低，裂缝介质内流体流态由高流度下的高速非线性渗流向线性渗流、低速非线性渗流转化；在低流度条件下，随着驱替压力梯度增加，流体流速缓慢增加，曲线平缓，压力梯度增大到一定值时，流速随压力梯度增加近似呈线性增加，流态由低速非线性渗流转换为拟线性渗流；流体流度极低时，流速随压力梯度增加极其缓慢，仅发生低速非线性渗流（图8.9）。

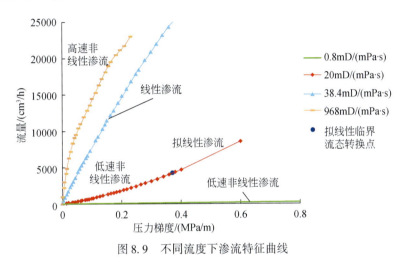

图8.9　不同流度下渗流特征曲线

与孔隙介质相比，裂缝内流体所受流动阻力小，流动速度快，流量大，渗流曲线陡，流态变化快，呈现为高速非线性渗流、线性渗流、拟线性渗流和低速非线性渗流等多种复杂流态；孔隙介质内流体流动阻力大，流速缓慢增加，渗流曲线平缓，大孔隙内流体流态主要为低速非线性渗流和拟线性渗流，随着孔隙介质尺度的降低，微孔隙内流体流态为低速非线性渗流（图8.10）。

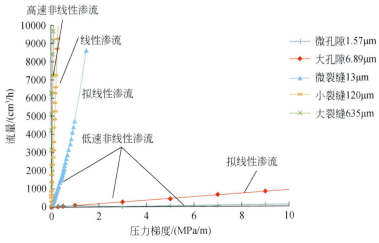

图8.10　裂缝介质与孔隙介质渗流特征对比曲线

2. 启动压力梯度

启动压力梯度是指作用在流体上的驱替压力梯度达到某个压力梯度值时,流体开始流动,此时的压力梯度称为启动压力梯度。在渗流特征曲线上表现为流量为零时所对应的压力梯度。不同尺度孔隙介质(图8.2)与裂缝介质(图8.3)的启动压力梯度不同。

1)孔隙介质的启动压力梯度

通过致密砂岩岩心非线性渗流实验曲线,确定不同尺度孔隙介质的启动压力梯度,建立不同尺度孔隙介质启动压力梯度与喉道半径的变化规律[图8.11(a)]。随着喉道半径的减小,启动压力梯度增大,在喉道半径大的时候,启动压力梯度很小,喉道半径达到某一界限值时,随着喉道半径的减小,启动压力梯度急剧增大。

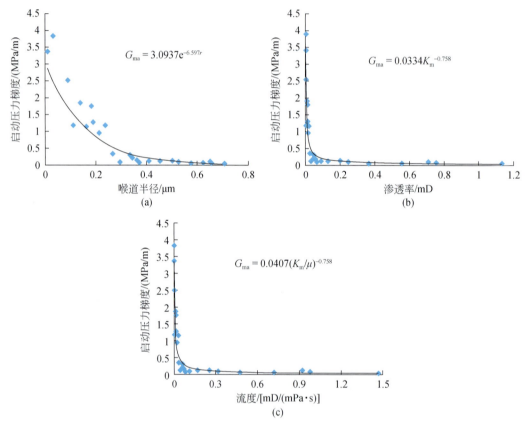

图8.11 启动压力梯度与喉道半径、渗透率、流度关系曲线

不同孔隙介质其物性及其中的流体性质对启动压力梯度影响很大。随着不同孔隙介质的渗透率增加,流体流动阻力减小,启动压力梯度降低[图8.11(b)];同时由于流体性质差异,随着原油黏度增加,流动性变差,启动压力梯度增大[图8.11(c)]。

可见,启动压力梯度的大小受不同孔隙介质的喉道半径(渗透率)及其内流体性质(黏度)的双重影响。因此,启动压力梯度应该采用流度与启动压力梯度相关关系确定。

2)裂缝介质的启动压力梯度

通过致密砂岩平板模型非线性渗流实验曲线,确定不同尺度裂缝介质的启动压力梯度,建立不同尺度裂缝介质启动压力梯度与裂缝开度的变化规律[图8.12(a)]。纳微米级裂缝介质随着裂缝开度的减小,启动压力梯度增大,裂缝开度达到某一界限值时,启动压力梯度急剧增大,但整体上裂缝介质内启动压力梯度值很小。

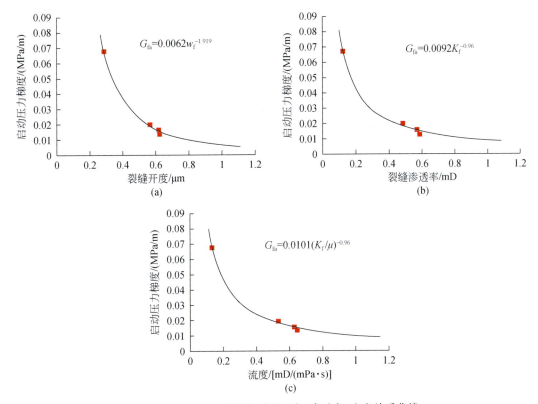

图8.12　启动压力梯度与裂缝开度、渗透率、流度关系曲线

不同裂缝介质的物性及其内的流体性质对启动压力梯度影响很大。随着不同裂缝介质的渗透率增加,流体流动阻力减小,启动压力梯度降低[图8.12(b)];同时由于流体性质差异,随着原油黏度增加,原油流度降低,流动性变差,启动压力梯度增大[图8.12(c)]。

启动压力梯度的大小受裂缝介质的开度、渗透率及其内流体性质的综合影响,而流度是裂缝物性和流体性质的综合反映,因此,启动压力梯度应该采用流度与启动压力梯度相关关系确定。

通过前面裂缝介质与孔隙介质渗流特征曲线对比(图8.10)得知,微裂缝、纳米缝相当于大孔道级别,即纳微米级裂缝介质的渗流特征与大孔隙、中孔隙的孔隙介质渗流特征类似,存在低速非线性渗流、拟线性渗流和线性渗流。整体上裂缝介质的启动压力梯度低,孔隙介质的启动压力梯度高;大尺度裂缝不存在启动压力梯度,当裂缝开度、裂缝渗透率小于某一界限时,流体在裂缝介质内流动时受启动压力梯度影响,但启动压力梯度很小,且明显低于相同渗透率级别的孔隙介质(图8.13),随着渗透率的降低,启动压力梯度增大。

3. 拟线性临界压力梯度

拟线性临界压力梯度是判断油气由低速非线性渗流转变为拟线性渗流时的压力梯

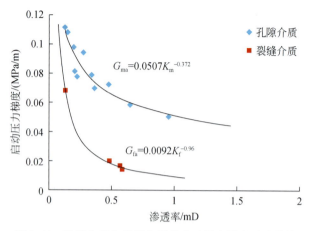

图 8.13　孔隙介质与裂缝介质的启动压力梯度对比曲线

（郑民，2016）。在渗流特征曲线上表现为在拟线性临界压力梯度处流量随压力梯度非线性增加的关系转变为线性增加。

1）孔隙介质的拟线性临界压力梯度

通过致密砂岩岩心非线性渗流实验曲线，确定不同尺度孔隙介质的拟线性临界压力梯度，建立不同尺度孔隙介质拟线性临界压力梯度与喉道半径的变化规律[图 8.14（a）]。随着喉道半径的减小，拟线性临界压力梯度增大，在喉道半径大的时候，拟线性临界压力梯度很小，喉道半径达到某一界限值时，随着喉道半径的减小，拟线性临界压力梯度急剧增大。

拟线性临界压力梯度同样受孔隙介质的物性和其中的流体性质影响。随着孔隙介质的渗透率增加，拟线性临界压力梯度降低[图 8.14（b）]；随着原油黏度增加，原油流动性变差，流度降低，拟线性临界压力梯度增大[图 8.14（c）]。

由于拟线性临界压力梯度的大小受孔隙介质的孔隙结构特征（喉道半径、渗透率）及其内流体性质（黏度）的双重影响，因此，实际计算中拟线性临界压力梯度应该采用流度与拟线性临界压力梯度相关关系确定。

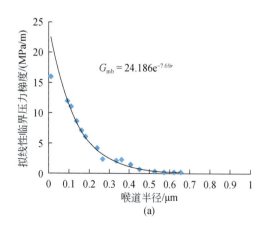

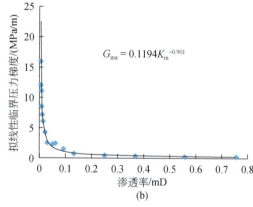

(a)　　　　　　　　　　　　　　　　　　　(b)

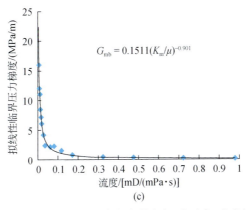

图8.14　拟线性临界压力梯度与喉道半径、渗透率、流度关系曲线

2）裂缝介质的拟线性临界压力梯度

裂缝介质内驱替压力梯度很小，流体渗流速度较低时呈现低速非线性渗流的流态，随着压力梯度的增加，流速增大，当压力梯度增加到某一临界值时，裂缝介质内流态由低速非线性转换为拟线性，该临界值称为裂缝介质的拟线性临界压力梯度。

通过致密砂岩平板模型非线性渗流实验曲线，确定不同尺度裂缝介质的拟线性临界压力梯度，建立不同尺度裂缝介质拟线性临界压力梯度与裂缝开度的变化规律[图8.15（a）]。随着裂缝开度的减小，拟线性临界压力梯度增大，整体上裂缝介质内拟线性临界压力梯度值很小。

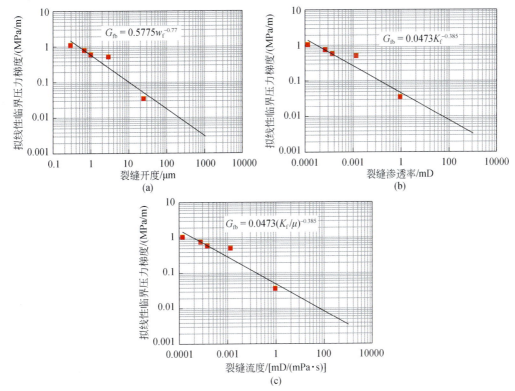

图8.15　拟线性临界压力梯度与裂缝开度、渗透率、流度关系曲线

随着裂缝介质渗透率的增加,拟线性临界压力梯度降低[图8.15(b)];随着原油黏度增加,原油流度降低,拟线性临界压力梯度增大[图8.15(c)]。拟线性临界压力梯度的大小受裂缝介质的开度、渗透率及其内流体性质的综合影响,而流度是裂缝物性和流体性质的综合反映,因此,拟线性临界压力梯度应该采用流度与拟线性临界压力梯度相关关系确定。

致密砂岩油气藏发育不同尺度微裂缝与基质孔隙,不同尺度介质内流体达到拟线性渗流的条件不同。与喉道相比,裂缝内流体流动所受渗流阻力小,更易于达到拟线性临界压力梯度,裂缝更易于出现拟线性渗流(图8.16),即相同介质尺度下,裂缝介质内拟线性临界压力梯度明显低于孔隙介质的拟线性临界压力梯度。随着介质尺度(喉道半径、裂缝开度)的增加,拟线性临界压力梯度降低。

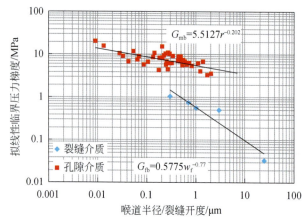

图 8.16 裂缝介质与孔隙介质拟线性临界压力梯度对比曲线

4. 高速非线性临界压力梯度

高速非线性临界压力梯度是判断油气由拟线性渗流或线性渗流转变为高速非线性渗流时的压力梯度。在渗流特征曲线上表现为流量随压力梯度线性增加的关系转变为非线性增加时对应的压力梯度。

1)孔隙介质的高速非线性临界压力梯度

致密油在孔隙介质中渗流阻力大,流速低,不易发生高速非线性渗流;与致密油相比,致密气流动时所受渗流阻力小,流速大,在较大孔隙内,易发生高速非线性渗流。根据致密气孔隙介质非线性渗流实验,确定不同尺度孔隙介质的高速非线性临界压力梯度,建立不同尺度孔隙介质高速非线性临界压力梯度与喉道半径的变化规律[图8.17(a)]。随着喉道半径的减小,高速非线性临界压力梯度增大,喉道半径大时,高速非线性临界压力梯度小,喉道半径达到某一界限值时,随着喉道半径的减小,高速非线性临界压力梯度急剧增大。

不同类型气体黏度变化不大,可不考虑气体黏度变化对高速非线性临界压力梯度的影响。随着不同孔隙介质的渗透率增加,气体流动阻力减小,流动速度加快,高速非线性临界压力梯度降低[图8.17(b)]。

2)裂缝介质的高速非线性临界压力梯度

在较大尺度裂缝介质内,致密油气所受流动阻力小,在较低压力梯度下即可发生高速非

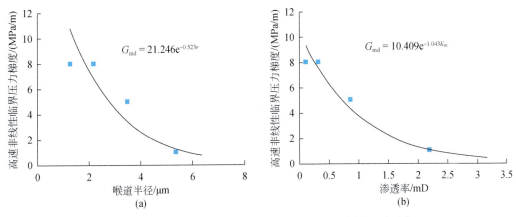

图 8.17　致密气高速非线性临界压力梯度与喉道半径、渗透率

线性渗流。通过裂缝介质非线性渗流实验,确定不同尺度裂缝介质的高速非线性临界压力梯度与裂缝开度的变化规律[图 8.18(a)]。随着裂缝开度的增大,高速非线性临界压力梯度降低,总体上,裂缝介质内高速非线性临界压力梯度值很小。

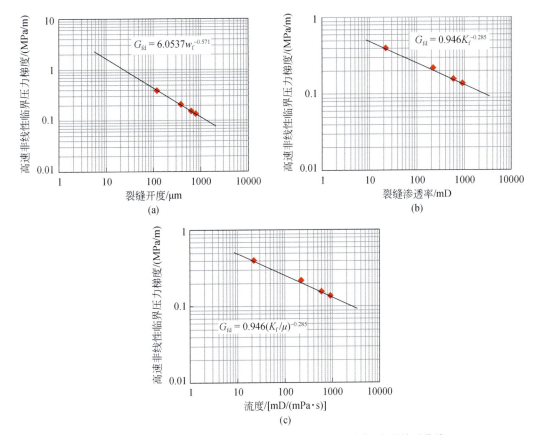

图 8.18　高速非线性临界压力梯度与裂缝开度、渗透率、流度关系曲线

随着裂缝介质渗透率的增加,高速非线性临界压力梯度降低[图8.18(b)];随着原油黏度增加,原油流动性降低,流度减小,高速非线性临界压力梯度增大[图8.18(c)]。高速非线性临界压力梯度受裂缝介质的开度、渗透率及其内流体性质综合影响,流度是裂缝物性和流体性质的反映,因此,高速非线性临界压力梯度采用流度与高速非线性临界压力梯度相关关系确定。

(二) 雷诺数

致密油气储层发育纳米–微米–毫米级不同尺度孔隙与裂缝介质,对于致密油来说,可以采用雷诺数确定流态;对于致密气来说,在较大尺度孔隙与裂缝介质内气体流动为宏观流动,可以采用雷诺数确定流态,随着孔隙与裂缝介质尺度的降低,在低压情况下,气体流动为微观流动,可以采用克努森数确定流态。

雷诺数是黏滞阻力与惯性阻力的比值,是判断流态的基本动力学参数。根据渗流特征曲线计算雷诺数曲线,确定雷诺数临界值。

1. 根据渗流曲线计算雷诺数曲线

1)孔隙介质雷诺数曲线

根据渗流特征曲线,某一孔隙介质的喉道直径为d,随着压力梯度的变化,在某一压力梯度下可以确定其流速,根据下列公式计算孔隙介质的雷诺数:

$$Re = \frac{\rho_{o,g} \vec{v}_{o,g} d}{\mu_{o,g}} \tag{8.1}$$

式中,$\vec{v}_{o,g}$为孔隙介质内油相或气相渗流速度,m/s,其中 o 为油相,g 为气相,$\vec{v}_{o,g} = \frac{K_m}{\mu_{o,g}} \cdot \nabla P_{o,g}$;$K_m$为孔隙介质渗透率,mD;$d$为喉道直径,μm;$\rho_{o,g}$为油相或气相流体密度,g/cm³;$\mu_{o,g}$为油相或气相流体黏度,mPa·s;$\nabla P_{o,g}$为油相或气相压力梯度,MPa/m。

不同喉道直径的孔隙介质其雷诺数随压力梯度的变化规律见图8.19。在相同压力梯度下,喉道直径大的孔隙介质其流速大,相应的雷诺数值大;喉道直径小的孔隙介质其流速小,

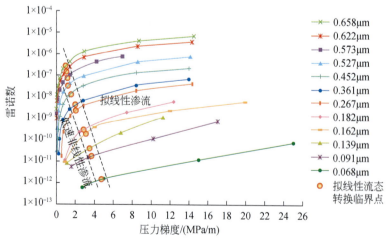

图8.19　孔隙介质雷诺数特征曲线

相应的雷诺数值小。

2）裂缝介质雷诺数曲线

根据渗流特征曲线，某一裂缝介质的裂缝开度为 w_f，随着压力梯度的变化，在某一压力梯度下可以确定其流速，根据以下公式可以计算裂缝介质的雷诺数：

$$Re = \frac{\rho_{o,g} \vec{v}_{o,g} w_f}{2\mu_{o,g}} \qquad (8.2)$$

式中，$\vec{v}_{o,g}$ 为裂缝介质内油相或气相渗流速度，m/s，$\vec{v}_{o,g} = \frac{K_f}{\mu_{o,g}} \cdot \nabla P_{o,g}$；$w_f$ 为裂缝宽度，μm；K_f 为裂缝渗透率，mD。

不同裂缝开度的裂缝介质雷诺数随压力梯度的变化规律见图 8.20。在相同压力梯度下，裂缝开度大的裂缝介质其流速大，相应的雷诺数值大；裂缝开度小的裂缝介质其流速小，相应的雷诺数值小。

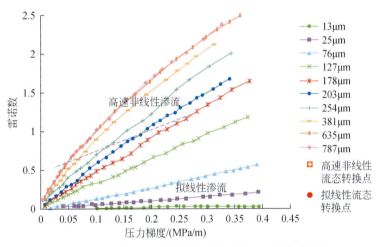

图 8.20　裂缝介质雷诺数特征曲线确定流态转换临界点

裂缝开度较小时，裂缝介质内存在低速非线性和拟线性两种流态，随着裂缝开度的增加，裂缝介质低速非线性渗流转换为拟线性渗流的流速增大，雷诺数界限增大；裂缝开度增加到一定程度，裂缝介质存在高速非线性渗流，随着裂缝开度的增加，拟线性渗流转换为高速非线性渗流的流速减小，雷诺数界限减小。

2. 根据雷诺数曲线确定临界雷诺数

1）最小雷诺数

雷诺数特征曲线上，流体开始流动时所对应的雷诺数叫作最小雷诺数。根据孔隙介质雷诺数曲线（图 8.19），确定流体开始流动时对应的最小雷诺数，建立不同尺度孔隙介质最小雷诺数与喉道半径的变化规律［图 8.21（a）］。随着喉道半径的增加，孔隙介质的最小雷诺数近似呈线性增大，喉道半径越小，最小雷诺数越小。

不同孔隙介质的物性及其内的流体性质对最小雷诺数均存在较大影响。随着不同孔隙介质的渗透率增加，流体流动阻力减小，流速开始流动的速度增大，最小雷诺数增大，渗透率

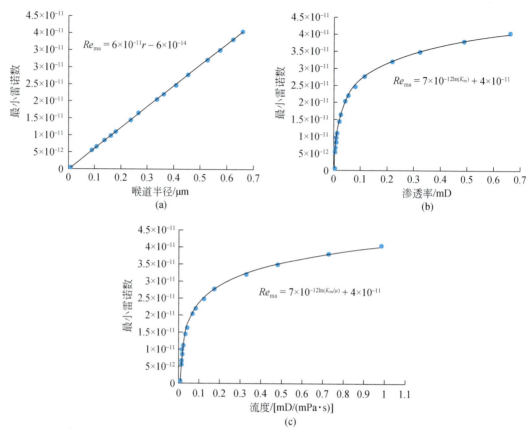

图 8.21　孔隙介质最小雷诺数与喉道半径、渗透率、流度关系曲线

较低时,随着渗透率的增加,最小雷诺数快速增大,渗透率增大到某一界限值时,随着渗透率的增加,最小雷诺数缓慢增大[图 8.21(b)];随着原油黏度的增加,流动性变差,流度减小,流体开始流动的速度降低,最小雷诺数降低[图 8.21(c)]。

最小雷诺数的大小受不同孔隙介质的喉道半径(渗透率)及其内流体性质(黏度)的双重影响。因此,最小雷诺数应采用流度与最小雷诺数相关关系确定。

2)拟线性临界雷诺数

拟线性临界压力梯度对应的雷诺数叫作拟线性临界雷诺数。不同尺度孔隙介质(图 8.19)与裂缝介质(图 8.20)的拟线性临界雷诺数不同。

A. 孔隙介质的拟线性临界雷诺数

根据孔隙介质雷诺数曲线,确定不同尺度孔隙介质的拟线性临界雷诺数,建立不同尺度孔隙介质拟线性临界雷诺数与喉道半径的变化规律[图 8.22(a)]。随着喉道半径的增加,孔隙介质的拟线性临界雷诺数增大,喉道半径越小,拟线性临界雷诺数越小。

孔隙介质的物性与其中的流体性质对拟线性临界雷诺数影响明显。随着孔隙介质渗透率的增加,拟线性临界雷诺数快速增加,当渗透率增加到某一界限值时,拟线性临界雷诺数增加趋势减缓[图 8.22(b)];随着原油黏度增加,原油流动性变差,流度降低,拟线性临界雷

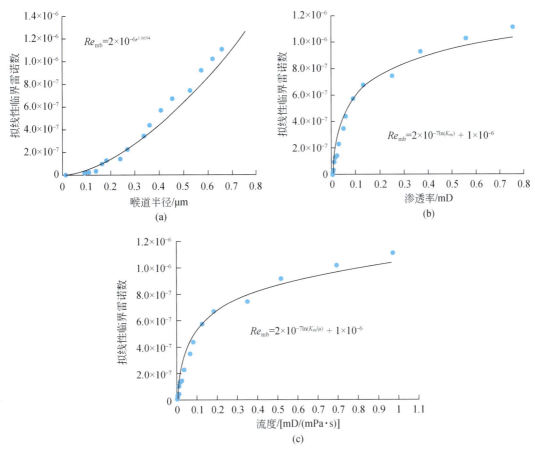

图 8.22　孔隙介质拟线性临界雷诺数与喉道半径、渗透率、流度关系曲线

诺数降低[图 8.22(c)]。

孔隙介质的拟线性临界雷诺数受喉道半径(渗透率)和流体性质(黏度)的双重影响,因此,实际计算中拟线性临界雷诺数应采用流度与拟线性临界雷诺数相关关系确定。

B. 裂缝介质的拟线性雷诺数

根据裂缝介质雷诺数曲线,确定不同尺度裂缝介质的拟线性临界雷诺数,建立不同尺度裂缝介质拟线性临界雷诺数与裂缝开度的变化规律[图 8.23(a)]。裂缝尺度较小时,其内流体发生拟线性渗流,随着裂缝开度的增加,裂缝介质的拟线性临界雷诺数增大,裂缝开度越小,拟线性临界雷诺数越小。

裂缝介质的物性与其中的流体性质对拟线性临界雷诺数影响明显。裂缝介质渗透率很小时,随着裂缝介质渗透率的增加,拟线性临界雷诺数快速增加,当渗透率增加到某一界限值时,拟线性临界雷诺数增加趋势减缓[图 8.23(b)];随着原油黏度增加,原油流动性变差,流度降低,拟线性临界雷诺数降低[图 8.23(c)]。

裂缝介质的拟线性临界雷诺数受裂缝开度、裂缝渗透率和流体性质的影响,因此,实际计算中裂缝介质的拟线性临界雷诺数应采用流度与拟线性临界雷诺数相关关系确定。

致密砂岩油气藏不同尺度孔隙介质与裂缝介质内流体达到拟线性渗流的条件不同。与

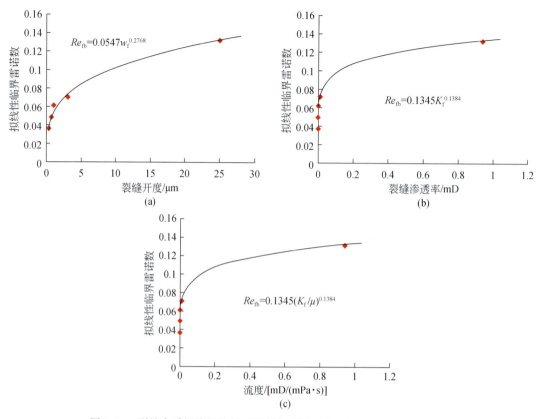

图 8.23 裂缝介质拟线性临界雷诺数与裂缝开度、渗透率、流度关系曲线

喉道相比,相同渗透率下,裂缝内流体流动所受渗流阻力小,更易于达到拟线性临界雷诺数,裂缝更易于出现拟线性渗流(图 8.24);相同渗透率下,裂缝介质内拟线性临界雷诺数明显低于孔隙介质的拟线性临界雷诺数。随着渗透率的增加,拟线性临界雷诺数增大。

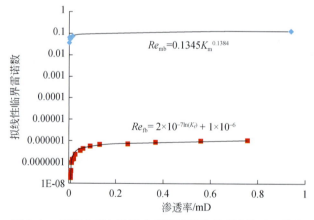

图 8.24 裂缝介质与孔隙介质拟线性临界雷诺数对比曲线

3)高速非线性临界雷诺数

高速非线性临界压力梯度对应下的雷诺数叫作高速非线性临界雷诺数。致密油储层孔

喉细小,流体渗流阻力大,难于发生高速非线性渗流;而裂缝介质内流体渗流阻力小,流速大,易发生高速非线性渗流。根据裂缝介质非线性渗流实验,确定不同尺度裂缝介质的高速非线性临界雷诺数与裂缝开度的变化规律[图8.25(a)]。大尺度裂缝介质内流体易于发生高速非线性渗流,随着裂缝开度的增大,高速非线性临界雷诺数降低。

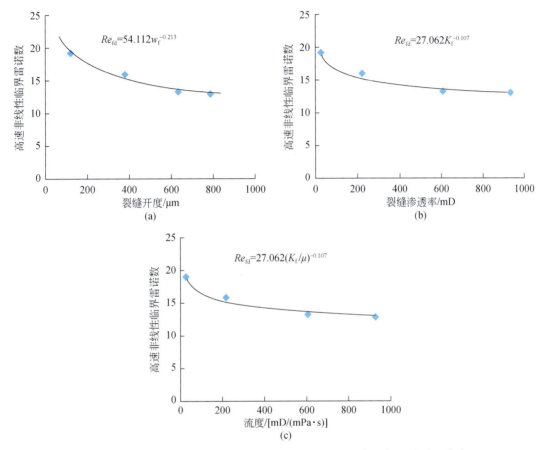

图8.25 裂缝介质高速非线性临界雷诺数与裂缝开度、渗透率、流度关系曲线

随着裂缝介质渗透率的增加,高速非线性临界雷诺数降低[图8.25(b)];随着原油黏度增加,原油流度减小,流速降低,高速非线性临界雷诺数增大[图8.25(c)]。高速非线性临界雷诺数受裂缝介质的开度、渗透率及其内流体性质综合影响,流度是裂缝物性和流体性质的反映,因此,高速非线性临界雷诺数采用流度与高速非线性临界雷诺数相关关系确定。

二、致密气微观流态临界参数

致密气在高压条件下、较大尺度孔隙介质内受黏滞力作用,流动为宏观流动,采用压力梯度和雷诺数确定流态,随着孔隙介质尺度的降低,在低压情况下,气体进入滑脱、扩散阶段,流动不再符合宏观流动,为微观流动,采用克努森数确定流态。

克努森数(沙夫和钱伯,1988)为气体分子自由程与介质特征长度的比值,是针对气体在不连续流动状态下提出的。对于致密气开发可以通过克努森数来确定微纳米尺度、低压流动过程中的流态(王环玲等,2016)。克努森数计算的具体表达式为

$$Kn = \frac{\overline{\lambda}}{d} \tag{8.3}$$

式中,$\overline{\lambda}$ 为气体分子的平均自由程,m。

$$\overline{\lambda} = \frac{\kappa T}{\sqrt{2}\,\pi D_g^2\,\overline{P}_g} = \sqrt{\frac{\pi RT}{2M}}\frac{\mu_g}{P_g} \tag{8.4}$$

式中,κ 为玻尔兹曼常数,$\kappa = 1.38 \times 10^{-23}$,J/K;$\mu_g$ 为气体黏度,mPa·s;M 为气体分子质量;D_g 为气体分子有效直径(分子间距平均值),m;$\overline{P}_g$ 为致密气藏平均地层压力,MPa;T 为地层温度,K。

在参数不宜确定的情况下,可采用 Freeman 建议的公式计算(Freeman,2011a,b),即

$$Kn = \frac{\overline{\lambda}}{d} = \frac{\sqrt{\frac{\pi}{2}}\frac{1}{P}\mu_g\sqrt{\frac{RT}{M}}}{2.81708\sqrt{\frac{K_m}{\phi_m}}} \tag{8.5}$$

式中,d 为喉道直径,m;μ_g 为气体黏度,mPa·s;M 为气体摩尔质量,g/mol;R 为气体摩尔常数,J/mol·K;K_m 为不同孔隙介质渗透率,mD;ϕ_m 为不同孔隙介质孔隙度。

针对不同孔隙介质,国内外作了大量的实验,对气体微观流动状态进行了划分,总体划分为宏观流动、滑脱流动、过渡流动和分子扩散四种流动方式,每种流动方式对应的克努森数不同。$Kn<0.001$ 时,气体在孔隙介质内流动属宏观流动,受黏滞流动作用影响,符合达西定律(吴克柳等,2015;王才,2016;Wu et al.,2015);当 $0.001<Kn<0.1$ 时,气体在孔壁表面发生滑移,属于滑脱流动(Javadpour et al.,2007;Sondergeld,2010);当 $0.1<Kn<10$ 时,气体在孔隙介质内流动介于滑脱流动与扩散流动之间,利用 Knudsen 扩散求解精度会更高(Civan,2002;Javadpour,2009;王才,2016);当 $Kn>10$ 时,气体在孔隙介质内流动属于扩散流动,满足 Knudsen 扩散。致密气藏发育纳微米级孔隙介质,气体在微纳米尺度、低压条件下流动时的克努森数很小,多数均小于10(王环玲等,2016),为了计算方便与准确,这里将气体流动界限进行简化划分,见表8.1。

表8.1 致密气的克努森数划分流态列表

Kn	流态	数学模型
<0.001	宏观流动	线性或非线性渗流模型
0.001~0.1	滑脱流动	Klinkenberg 方程
>0.1	扩散流动	克努森扩散模型

第二节　致密油气流态识别标准

一、致密油气流态识别方法

(一)致密油流态识别方法

致密油储层发育不同尺度孔隙与裂缝介质,不同介质内流体流态不同。生产初期黏滞流动作用占主导,不同尺度孔隙介质与裂缝介质内致密油流态主要为高速非线性渗流、线性渗流、拟线性渗流和低速非线性渗流;随着开发的进行,生产后期油藏压力下降,流体流动能量降低,流速减小,流态主要为低速非线性渗流。不同生产阶段致密油的流态均采用临界压力梯度或临界雷诺数判别流态。

1. 利用临界压力梯度参数判断流态

致密砂岩油藏储层流体流态总体上可划分为高速非线性流、拟线性流和低速非线性流三种流态。不同流态可通过压力梯度判别,高速非线性渗流对应的压力梯度标准为高速非线性临界压力梯度,拟线性渗流对应的压力梯度标准为拟线性临界压力梯度,低速非线性渗流对应的压力梯度标准为启动压力梯度。

通过致密油不同尺度孔隙介质非线性渗流实验、不同尺度裂缝介质非线性渗流实验结果,分别建立了不同尺度孔隙介质与裂缝介质临界压力梯度参数计算模型(表8.2),包括启动压力梯度、拟线性临界压力梯度和高速非线性临界压力梯度参数计算模型。由于流度是孔隙介质与流体性质的综合反映,实际工作中采用临界压力梯度与流度的相关关系的数学模型进行参数计算。

表 8.2　致密油临界压力梯度参数计算模型

流态识别参数	孔隙介质		裂缝介质	
	数学模型	参数取值	数学模型	参数取值
启动压力梯度	$G_{ma} = A_r \cdot r^{-B_r}$	$A_r = 0.087, B_r = 0.927$	—	—
	$G_{ma} = A_k \cdot K_m^{-B_k}$	$A_k = 0.034, B_k = 0.658$		
	$G_{ma} = A_\lambda \cdot (K_m/\mu)^{-B_\lambda}$	$A_\lambda = 0.0296, B_\lambda = 0.704$		
拟线性临界压力梯度	$G_{mb} = C_r \cdot r^{-D_r}$	$C_r = 2.9623, D_r = 0.491$	$G_{fb} = C_w \cdot w_f^{-D_w}$	$C_w = 0.5775, D_w = 0.77$
	$G_{mb} = C_k \cdot K_m^{-D_k}$	$C_k = 1.6838, D_k = 0.347$	$G_{fb} = C_{kf} \cdot K_f^{-D_{kf}}$	$C_{kf} = 0.0473, D_{kf} = 0.385$
	$G_{mb} = C_\lambda \cdot (K_m/\mu)^{-D_\lambda}$	$C_\lambda = 1.5556, D_\lambda = 0.386$	$G_{fb} = C_{\lambda f} \cdot (K_f/\mu)^{-D_{\lambda f}}$	$C_{\lambda f} = 0.0473, D_{\lambda f} = 0.385$
高速非线性临界压力梯度	—	—	$G_{fd} = E_w \cdot w_f^{-F_w}$	$E_w = 6.0537, F_w = 0.571$
			$G_{fd} = E_{kf} \cdot K_f^{-F_{kf}}$	$E_{kf} = 0.946, F_{kf} = 0.285$
			$G_{fd} = E_{\lambda f} \cdot (K_f/\mu)^{-F_{\lambda f}}$	$E_{\lambda f} = 0.946, F_{\lambda f} = 0.285$

表 8.2 中，G_a 表示启动压力梯度，MPa/m；G_b 表示拟线性临界压力梯度，MPa/m；G_d 表示高速非线性临界压力梯度，MPa/m；r 表示孔隙介质的喉道半径，μm；K_m 表示孔隙介质的渗透率，mD；μ 表示原油黏度，mPa·s；w_f 表示裂缝介质的裂缝开度，μm；K_f 表示裂缝介质的裂缝渗透率，mD；A_r、B_r、A_k、B_k、A_λ、B_λ、C_r、D_r、C_k、D_k、C_λ、D_λ、C_w、D_w、C_{kf}、D_{kf}、$C_{\lambda f}$、$D_{\lambda f}$、E_w、F_w、E_{kf}、F_{kf}、$E_{\lambda f}$、$F_{\lambda f}$ 为经验参数。

2. 利用雷诺数判别流态

目前国内外对拟线性渗流与低速非线性渗流的判别标准一般采用雷诺数等于 10^{-6}，认为雷诺数小于 10^{-6} 为低速非线性渗流（王道富，2008），雷诺数大于 10^{-6} 为拟线性渗流。从致密油非线性渗流实验结果表明，大部分情况下上述方法是不适用的。

通过致密油不同尺度孔隙介质非线性渗流实验及不同尺度裂缝非线性渗流实验结果，分别建立了不同尺度孔隙介质与裂缝介质临界雷诺数计算模型（表 8.3），包括最小雷诺数、拟线性临界雷诺数和高速非线性临界雷诺数计算模型。由于流度是孔隙喉道半径（渗透率）和流体性质（黏度）的双重反映，实际工作中采用临界雷诺数与流度相关关系的数学模型进行计算。

表 8.3 致密油临界雷诺数计算模型

流态识别参数	孔隙介质		裂缝介质	
	数学模型	参数取值	数学模型	参数取值
最小雷诺数	$Re_{ma}=a_r \cdot r^{b}{}_r$ $Re_{ma}=a_k \cdot \ln(K_m)+b_k$ $Re_{ma}=a_\lambda \cdot \ln(K_m/\mu)+b_\lambda$	$a_r=6\times10^{-11},b_r=0.9972$ $a_k=7\times10^{-12},b_k=4\times10^{-11}$ $a_\lambda=7\times10^{-12},b_\lambda=4\times10^{-11}$	—	—
拟线性临界雷诺数	$Re_{mb}=c_r \cdot r^{d}{}_r$ $Re_{mb}=c_k \cdot K_m^{d}{}_k$ $Re_{mb}=c_\lambda \cdot (K_m/\mu)^{d}{}_\lambda$	$c_r=1\times10^{-7},d_r=1.6287$ $c_k=7\times10^{-7},d_k=1.2369$ $c_\lambda=8\times10^{-7},d_\lambda=1.2432$	$Re_{fb}=c_w \cdot w_f^{d}{}_w$ $Re_{fb}=c_{kf} \cdot K_f^{d}{}_{kf}$ $Re_{fb}=c_{\lambda f} \cdot (K_f/\mu)^{d}{}_{\lambda f}$	$c_w=0.0547,d_w=0.2768$ $c_{kf}=0.1345,d_{kf}=0.1384$ $c_{\lambda f}=0.1345,d_{\lambda f}=0.1384$
高速非线性临界雷诺数	—	—	$Re_{fd}=e_w \cdot w_f^{-f}{}_w$ $Re_{fd}=e_{kf} \cdot K_f^{-f}{}_{kf}$ $Re_{fd}=e_{\lambda f} \cdot (K_f/\mu)^{-f}{}_{\lambda f}$	$e_w=54.112,f_w=0.213$ $e_{kf}=27.062,f_{kf}=0.107$ $e_{\lambda f}=27.062,f_{\lambda f}=0.107$

表 8.3 中，Re_a 表示最小雷诺数；Re_b 表示拟线性临界雷诺数；Re_d 表示高速非线性临界雷诺数；a_r、b_r、a_k、b_k、a_λ、b_λ、c_r、d_r、c_k、d_k、c_λ、d_λ、c_w、d_w、c_{kf}、d_{kf}、$c_{\lambda f}$、$d_{\lambda f}$、e_w、f_w、e_{kf}、f_{kf}、$e_{\lambda f}$、$f_{\lambda f}$ 为经验参数。

（二）致密气流态识别方法

致密砂岩气藏可分为含水气藏和无水气藏两种类型，无论何种气藏，气体流态总体上可划分为高速非线性渗流、线性渗流、拟线性渗流和低速非线性渗流几种流态。生产初期黏滞流动作用占主导，不同尺度孔隙介质与裂缝介质内致密气流态主要为高速非线性渗流、线性渗流、拟线性渗流和低速非线性渗流；随着开发的进行，生产后期随着地层压力的进一步降低,气体的滑脱效应与扩散作用增强。不同生产阶段致密气的流态均采用临界压力梯度或临界雷诺数与克努森数相结合的方法判别流态。

1. 致密气宏观流态识别方法

1)利用临界压力梯度参数判断宏观流态

致密砂岩气藏储层气体流态总体上可划分为高速非线性流、拟线性流和低速非线性流三种流态。采用高速非线性临界压力梯度判别高速非线性渗流、拟线性临界压力梯度判别拟线性渗流、启动压力梯度判别低速非线性渗流。

通过致密气不同尺度孔隙介质与裂缝介质的非线性渗流实验结果,分别建立了不同尺度孔隙介质与裂缝介质临界压力梯度参数计算模型(表8.4),包括启动压力梯度、拟线性临界压力梯度和高速非线性临界压力梯度参数计算模型。由于渗透率既反映了孔隙介质的孔隙结构特征,又反映了孔隙介质的几何尺度,而不同类型气体黏度相差不大,对气体流动影响不大,因此,实际工作中采用临界压力梯度与渗透率的相关关系的数学模型进行参数计算。

表 8.4　致密气流态识别参数计算模型

流态识别参数	孔隙介质	拟合系数	裂缝介质	拟合系数
启动压力梯度	$G_{mga} = A_{gr} \cdot r^{-B_{gr}}$ $G_{mga} = A_{gk} \cdot K_m^{-B_{gk}}$	$A_{gr} = 0.0206, B_{gr} = 2.595$ $A_{gk} = 0.0007, B_{gk} = 1.205$	—	—
拟线性临界压力梯度	$G_{mgb} = C_{gr} \cdot r^{-D_{gr}}$ $G_{mgb} = C_{gk} \cdot K_m^{-D_{gk}}$	$C_{gr} = 1.5959, D_{gr} = 1.737$ $C_{gk} = 0.1605, D_{gk} = 0.807$	—	—
高速非线性临界压力梯度	$G_{mgd} = E_{gr} \cdot r^{-F_{gr}}$ $G_{mgd} = E_{gk} \cdot K_f^{-F_{gk}}$	$E_{gw} = 16.508, F_{gw} = 1.372$ $E_{gkf} = 2.6905, F_{gkf} = 0.637$	$G_{fgd} = E_{gw} \cdot e^{F_{gw} \cdot w_f}$ $G_{fgd} = E_{gkf} \cdot e^{F_{gkf} \cdot K_f}$	$E_{gw} = 0.0632, F_{gw} = 0.001$ $E_{gkf} = 0.0634, F_{gkf} = 0.0003$

表 8.4 中,G_{ga} 表示启动压力梯度,MPa/m;G_{gb} 表示拟线性临界压力梯度,MPa/m;G_{gd} 表示高速非线性临界压力梯度,MPa/m;r 表示孔隙介质的喉道半径,μm;K_m 表示孔隙介质的渗透率,mD;w_f 表示裂缝介质的裂缝开度,μm;K_f 表示裂缝介质的裂缝渗透率,mD;A_{gr}、B_{gr}、A_{gk}、B_{gk}、C_{gr}、D_{gr}、C_{gk}、D_{gk}、E_{gr}、F_{gr}、E_{gk}、F_{gk}、E_{gw}、F_{gw}、E_{gkf}、F_{gkf} 为经验参数。

2)利用雷诺数判别宏观流态

目前对于气体流态实验较多,但对于气体流态转换的界限没有明确给出,尤其是气体由低速非线性渗流转换为拟线性渗流、由拟线性渗流转换为高速非线性渗流的界限尚未确定。

通过致密气不同尺度孔隙介质非线性渗流实验及不同尺度裂缝非线性渗流实验结果,分别建立了不同尺度孔隙介质与裂缝介质内气体流态发生转换时临界雷诺数计算模型(表8.5),包括最小雷诺数、拟线性临界雷诺数和高速非线性临界雷诺数计算模型。由于渗透率是孔隙结构和介质几何尺度的双重反映,实际工作中采用临界雷诺数与渗透率相关关系的数学模型进行计算。

表 8.5　致密气临界雷诺数计算模型

流态识别参数	孔隙介质		裂缝介质	
	数学模型	参数取值	数学模型	参数取值
最小雷诺数	$Re_{mga} = a_{gr} \cdot r^{b_{gr}}$ $Re_{mga} = a_{gk} \cdot K_m^{b_{gk}}$	$a_r = 7 \times 10^{-14}, b_r = 0.8255$ $a_k = 2 \times 10^{-13}, b_k = 0.3833$	—	—
拟线性临界雷诺数	$Re_{mgb} = c_{gr} \cdot r^{d_{gr}}$ $Re_{mgb} = c_{gk} \cdot K_m^{d_{gk}}$	$c_{gr} = 4 \times 10^{-10}, d_{gr} = 1.1013$ $c_{gk} = 2 \times 10^{-9}, d_{gk} = 0.5113$	—	—
高速非线性临界雷诺数	$Re_{mgd} = e_{gr} \cdot r^{f_{gr}}$ $Re_{mgd} = e_{gk} \cdot K_m^{f_{gk}}$	$e_{gr} = 4 \times 10^{-6}, f_{gr} = 2.1628$ $e_{gk} = 7 \times 10^{-5}, f_{gk} = 1.0042$	$Re_{fgd} = e_{gw} \cdot w_f^{f_{gw}}$ $Re_{fgd} = e_{gkf} \cdot K_f^{f_{gkf}}$	$e_{gw} = 0.0005, f_{gw} = 2.0485$ $e_{gkf} = 0.0001, f_{gkf} = 1.8794$

表 8.5 中，Re_{ga} 表示最小雷诺数；Re_{gb} 表示拟线性临界雷诺数；Re_{gd} 表示高速非线性临界雷诺数；a_{gr}、b_{gr}、a_{gk}、b_{gk}、c_{gr}、d_{gr}、c_{gk}、d_{gk}、e_{gr}、f_{gr}、e_{gk}、f_{gk}、e_{gw}、f_{gw}、e_{gkf}、f_{gkf} 为经验参数。

2. 利用克努森数判别致密气微观流态

致密气藏发育纳米、微米级不同尺度孔隙介质，当孔隙介质尺度较大时，气体流动为宏观流动，采用临界压力梯度或雷诺数判别流态；随着孔隙介质尺度的降低，气体分子的平均自由程和孔隙喉道大小几乎在同一个量级水平上，气体流动属微观流动，采用克努森数判别流态。致密储层气体在微纳米尺度、低压条件下流动时的克努森数流态识别标准见表 8.6。

表 8.6　致密气的克努森数流态识别标准

宏观流动	$Kn < 0.001$
滑脱流动	$0.001 < Kn < 0.1$
努森扩散	$Kn > 0.1$

当克努森数小于 0.001 时，气体流动为宏观流动，采用临界压力梯度或临界雷诺数判别流态；当克努森数大于 0.001，且小于 0.01 时，气体流态为滑脱流动；当克努森数大于 0.1 时，气体流态为努森扩散。

二、致密油气流态识别标准

(一) 致密油流态识别图版

1. 临界压力梯度流态识别图版

根据临界压力梯度参数计算模型，分别建立了孔隙介质与裂缝介质的流态识别图版，包括压力梯度与喉道半径（裂缝开度）、渗透率、流度的关系图版。

1）孔隙介质流态识别图版

根据孔隙介质临界压力梯度参数计算模型,分别建立了孔隙介质压力梯度与喉道半径、渗透率、流度的关系图版(图8.26)。

该图版反映了随着喉道半径、渗透率、流度的增加,启动压力梯度与拟线性临界压力梯度降低。压力梯度小于启动压力梯度的区域为不可流动区;压力梯度介于启动压力梯度与拟线性临界压力梯度之间的区域为低速非线性渗流区;压力梯度大于拟线性临界压力梯度的区域为拟线性渗流区。由于流度是孔隙介质与流体性质的综合反映,实际工作中采用压力梯度与流度的关系图版进行流态识别。

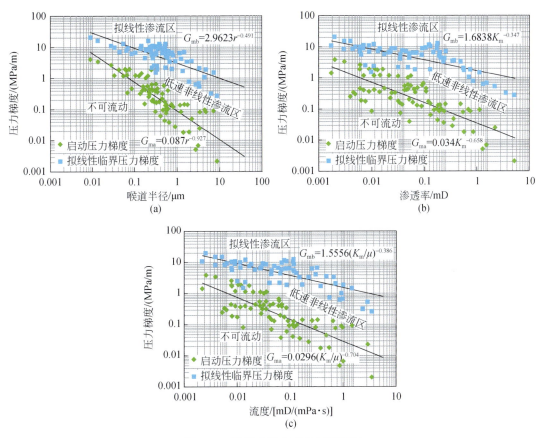

图8.26　孔隙介质内流态识别图版

2）裂缝介质流态识别图版

根据裂缝介质临界压力梯度参数计算模型,分别建立了裂缝介质压力梯度与裂缝开度、裂缝渗透率、流度的关系图版(图8.27)。

裂缝介质内流态识别图版反映了随着裂缝开度、裂缝渗透率、流度的增加,拟线性临界压力梯度与高速非线性临界压力梯度降低。压力梯度小于拟线性临界压力梯度的区域为低速非线性渗流区;压力梯度介于拟线性临界压力梯度与高速非线性临界压力梯度之间的区域为拟线性渗流区;压力梯度大于高速非线性临界压力梯度的区域为高速非线性渗流区。

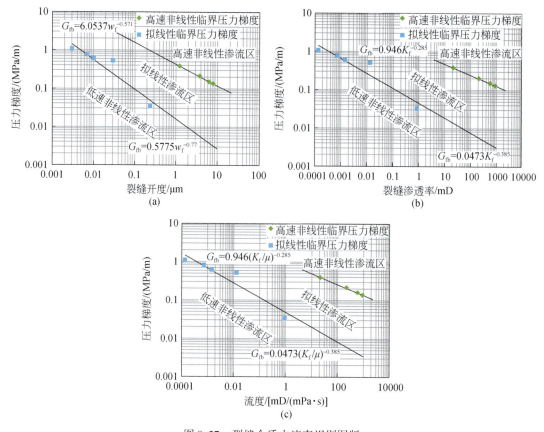

图 8.27　裂缝介质内流态识别图版

由于流度是裂缝介质与流体性质的综合反映,实际工作中采用压力梯度与流度的关系图版进行流态识别。

3)井筒附近不同位置流态识别图版

根据孔隙介质井筒附近压力分布公式及临界压力梯度参数计算模型,建立了井筒附近不同位置流态识别图版(图8.28)。

根据压力梯度与井筒关系的图版可以看出,近井区域,由于压力梯度较高,大于拟线性临界压力梯度,该区域为拟线性渗流区;离井筒较远的区域,压力梯度介于启动压力梯度与拟线性临界压力梯度之间,为低速非线性渗流区;远离井筒区域,压力梯度低,小于启动压力梯度,流体不流动,为不可流动区(图8.28)。

随着距井筒距离的增加,压力梯度降低,可动用喉道半径、拟线性喉道半径随着距离的增加而增大。在离井筒距离及压力梯度一定的情况下,压力梯度小于启动压力梯度的小孔隙处于不可动状态,而压力梯度介于启动压力梯度与拟线性临界压力梯度之间的孔隙处于低速非线性渗流状态,压力梯度大于拟线性临界压力梯度的孔隙处于拟线性渗流状态。

2. 雷诺数流态识别图版

根据临界雷诺数计算模型,分别建立了孔隙介质与裂缝介质的雷诺数流态识别图版,包

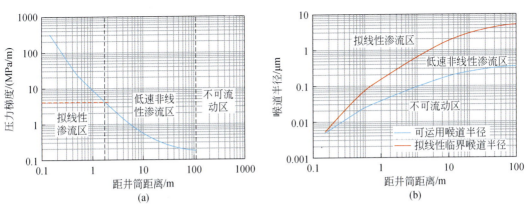

图8.28　井筒附近不同位置流态识别图版

括雷诺数与喉道半径(裂缝开度)、渗透率、流度的关系图版。

1)孔隙介质雷诺数流态识别图版

根据孔隙介质内临界雷诺数计算模型,分别建立了孔隙介质雷诺数与喉道半径、渗透率、流度的关系图版(图8.29)。

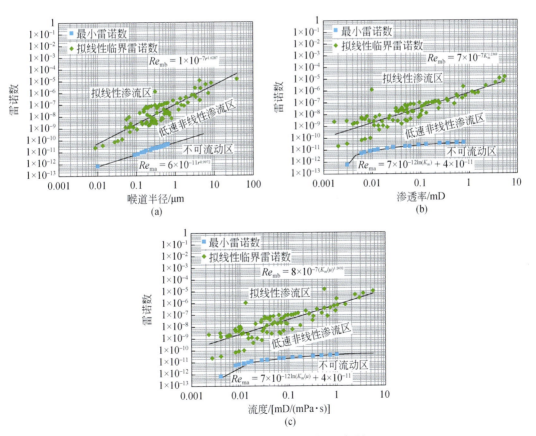

图8.29　孔隙介质内雷诺数流态识别图版

从孔隙介质内雷诺数流态识别图版可以看出,随着喉道半径、渗透率、流度的增加,最小雷诺数与拟线性临界雷诺数增加。雷诺数小于最小雷诺数的区域为不可流动区;雷诺数介于最小雷诺数与拟线性临界雷诺数之间的区域为低速非线性渗流区;雷诺数大于拟线性临界雷诺数的区域为拟线性渗流区。流度综合反映了孔隙结构(喉道半径、渗透率)与流体性质(黏度)对流体流动的影响,实际工作中采用雷诺数与流度的关系图版进行流态识别。

2)裂缝介质雷诺数流态识别图版

根据裂缝介质内临界雷诺数计算模型,分别建立了裂缝介质雷诺数与裂缝开度、裂缝渗透率、流度的关系图版(图 8.30)。

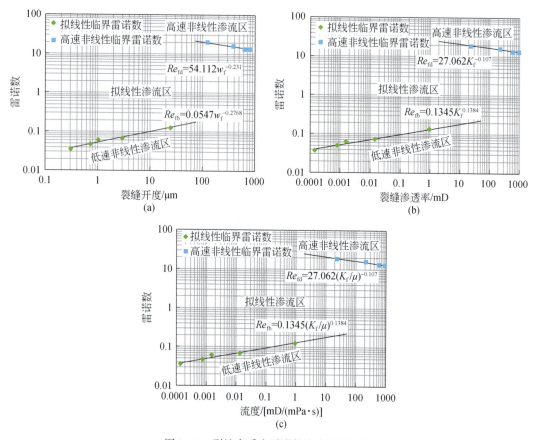

图 8.30　裂缝介质内雷诺数流态识别图版

裂缝介质内雷诺数流态识别图版反映了随着裂缝开度、裂缝渗透率、流度的增加,拟线性临界雷诺数增大,而高速非线性临界雷诺数降低。雷诺数小于拟线性临界雷诺数的区域为低速非线性渗流区;雷诺数介于拟线性临界雷诺数与高速非线性临界雷诺数之间的区域为拟线性渗流区;雷诺数大于高速非线性临界雷诺数的区域为高速非线性渗流区。由于流度是裂缝介质与流体性质的综合反映,实际工作中采用雷诺数与流度的关系图版进行流态识别。

(二)致密气流态识别图版

1. 临界压力梯度宏观流态识别图版

根据致密气临界压力梯度参数计算模型,分别建立了致密气孔隙介质与裂缝介质的流态识别图版,包括压力梯度与喉道半径(裂缝开度)、渗透率的关系图版。

1)孔隙介质流态识别图版

根据孔隙介质内致密气临界压力梯度参数计算模型,分别建立了孔隙介质压力梯度与喉道半径、渗透率的关系图版(图8.31)。

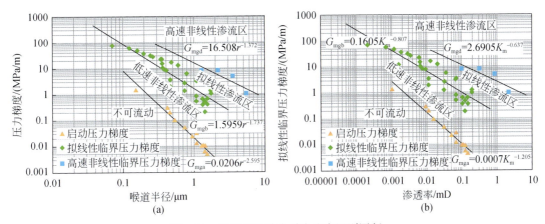

图8.31 致密气孔隙介质内流态识别图版

该图版反映了随着致密气喉道半径、渗透率的增加,启动压力梯度、拟线性临界压力梯度及高速非线性临界压力梯度降低。压力梯度小于启动压力梯度的区域为不可流动区;压力梯度介于启动压力梯度与拟线性临界压力梯度之间的区域为低速非线性渗流区;压力梯度介于拟线性临界压力梯度与高速非线性临界压力梯度之间的区域为拟线性渗流区;压力梯度大于高速非线性临界压力梯度的区域为高速非线性渗流区。由于渗透率是孔隙介质的孔隙结构与几何尺度的综合反映,实际工作中采用压力梯度与渗透率的关系图版进行流态识别。

2)裂缝介质流态识别图版

根据致密气裂缝介质临界压力梯度参数计算模型,分别建立了致密气裂缝介质压力梯度与裂缝开度、裂缝渗透率的关系图版(图8.32)。

随着裂缝开度、裂缝渗透率的增加,高速非线性临界压力梯度增大。压力梯度小于高速非线性临界压力梯度的区域为拟线性渗流区;压力梯度大于高速非线性临界压力梯度的区域为高速非线性渗流区。由于裂缝渗透率既表征了裂缝尺度的大小,又反映了裂缝介质结构特征,实际工作中采用压力梯度与裂缝渗透率的关系图版进行流态识别。

3)井筒附近不同位置流态识别图版

根据致密气孔隙介质井筒附近压力分布公式及临界压力梯度参数计算模型,建立了井筒附近不同位置流态识别图版(图8.33)。

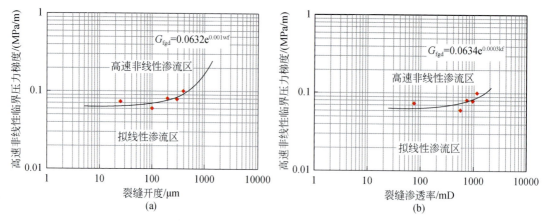

图 8.32　致密气裂缝介质内流态识别图版

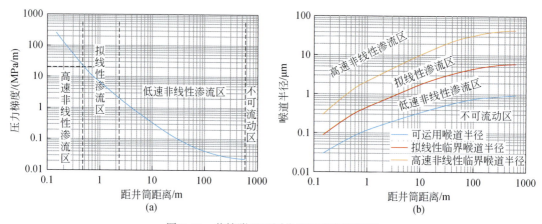

图 8.33　井筒附近不同位置流态识别图版

　　根据压力梯度与井筒关系的图版可以看出,近井区域,由于压力梯度较高,大于高速非线性临界压力梯度,该区域为高速非线性渗流区;压力梯度介于高速非线性临界压力梯度与拟线性临界压力梯度之间,该区域为拟线性渗流区;离井筒较远的区域,压力梯度介于启动压力梯度与拟线性临界压力梯度之间,为低速非线性渗流区;远离井筒区域,压力梯度低,小于启动压力梯度,流体不流动,为不可流动区(图8.33)。

　　随着距离井筒距离的增加,压力梯度降低,可动用喉道半径、拟线性喉道半径及高速非线性喉道半径增加。在离井筒距离及压力梯度一定的情况下,该处压力梯度小于启动压力梯度的小孔隙处于不可动状态,而压力梯度介于启动压力梯度与拟线性临界压力梯度之间的孔隙处于低速非线性渗流状态,压力梯度介于拟线性临界压力梯度与高速非线性临界压力梯度直径的孔隙处于拟线性渗流状态,压力梯度大于高速非线性临界压力梯度的孔隙处于高速非线性渗流状态。

　　2. 雷诺数宏观流态识别图版

　　根据临界雷诺数计算模型,分别建立了致密气孔隙介质与裂缝介质的雷诺数流态识别图版,包括雷诺数与喉道半径(裂缝开度)、渗透率的关系图版。

1)孔隙介质雷诺数流态识别图版

根据致密气孔隙介质内临界雷诺数计算模型,分别建立了孔隙介质雷诺数与喉道半径、渗透率的关系图版(图 8.34)。

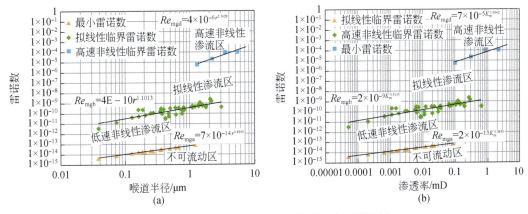

图 8.34　致密气孔隙介质内雷诺数流态识别图版

从致密气孔隙介质内雷诺数流态识别图版可以看出,随着喉道半径、渗透率的增加,最小雷诺数、拟线性临界雷诺数和高速非线性临界雷诺数增加。雷诺数小于最小雷诺数的区域为不可流动区;雷诺数介于最小雷诺数与拟线性临界雷诺数之间的区域为低速非线性渗流区;雷诺数介于拟线性雷诺数与高速非线性临界雷诺数之间的区域为拟线性渗流区;雷诺数大于高速非线性临界雷诺数的区域为高速非线性渗流区。渗透率反映了孔隙结构和孔隙几何尺度对气体流动的影响,实际工作中采用雷诺数与渗透率的关系图版进行流态识别。

2)裂缝介质雷诺数流态识别图版

根据致密气裂缝介质内临界雷诺数计算模型,分别建立了致密气裂缝介质雷诺数与裂缝开度、裂缝渗透率的关系图版(图 8.35)。

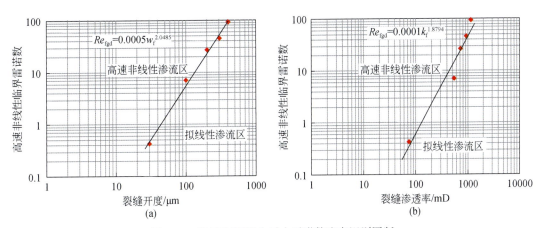

图 8.35　致密气裂缝介质内雷诺数流态识别图版

致密气裂缝介质内雷诺数流态识别图版反映了随着裂缝开度、裂缝渗透率的增加,高速非线性临界雷诺数增大。雷诺数小于高速非线性临界雷诺数的区域为拟线性渗流区;雷诺数大于高速非线性临界雷诺数的区域为高速非线性渗流区。由于裂缝渗透率是裂缝介质结构与裂缝几何尺度的综合反映,实际工作中采用雷诺数与裂缝渗透率的关系图版进行流态识别。

3. 克努森数微观流态识别图版

大量微观渗流实验结果表明,同一孔隙压力下,随着喉道半径增加,克努森数减小,孔隙介质内气体由不连续的努森扩散、滑脱流动过渡到连续流动;喉道越细小,气体在孔隙介质内流动难度越大,流速越低,越易发生滑脱流动及扩散现象,克努森数越大。随着压力的降低,同一孔隙介质内克努森数增加,易于发生微观流动,喉道直径越小,克努森数越高;随着压力的增加,克努森数降低,气体由不连续流动向连续流动转换(图8.36)。

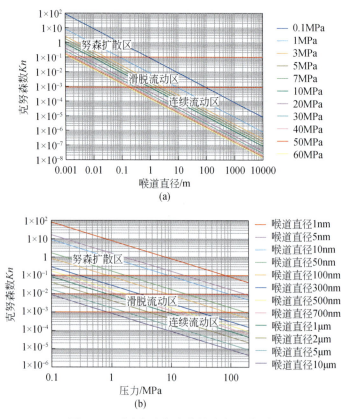

图8.36　致密气克努森数的流态识别图版

(三) 致密油气流态识别标准

致密油气流态识别标准包括几何参数标准、渗透率标准、压力梯度参数和动力学参数四种标准,每种标准对流态识别的适应性不同(表8.7)。

表 8.7　致密油气不同流态识别标准对比

致密油流态识别标准	优点	缺点
几何参数标准	考虑了不同尺度孔缝介质的几何尺度	没有考虑孔隙结构、流体性质的影响,存在偏差
渗透率标准	考虑了不同尺度孔缝介质的孔隙结构、几何参数	没有考虑流体性质的影响,存在局限性
压力梯度参数	考虑了几何尺度、物性参数及流体性质的综合影响,是反映流态的最直接的动态参数	—
动力学参数	考虑了几何尺度、物性参数及流体性质的综合影响	通过不同压力梯度下的流速计算出来的,是压力梯度的间接表征

通过致密油气不同流态识别标准对比可以看出,几何参数标准从不同尺度孔缝介质的几何尺度判断,没有考虑孔隙结构、流体性质的影响,因此几何参数标准识别流态存在偏差;渗透率标准是孔隙结构、几何参数的综合参数,没有考虑流体性质的影响,因此渗透率标准也存在局限性;压力梯度参数考虑了几何尺度、物性参数及流体性质的综合影响,是反映流态的最直接的动态参数,因此,一般采用该参数识别流态;动力学参数是通过不同压力梯度下的流速计算出来的,是压力梯度的间接表征,也可以选择动力学参数识别流态。

采用致密油气不同介质内流态识别参数计算模型,分析致密气、不同油品性质致密油在储层条件一定、相同生产条件下不同尺度孔隙和裂缝介质内流体流态,建立了相同储层条件不同流体黏度下孔隙介质及裂缝介质内流态识别标准(图 8.37、图 8.38)。

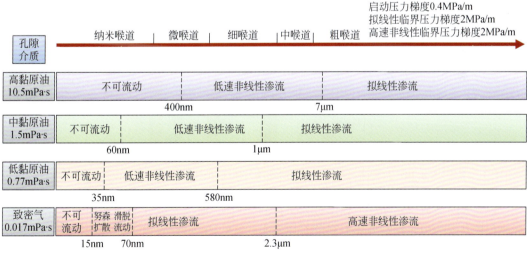

图 8.37　相同储层条件不同流体黏度下孔隙介质内流态识别标准

由于不同介质内流态识别标准受介质大小、介质中流体性质、生产压差、空间位置四个因素的综合影响,任何一个因素变化均会导致介质内流态界限的变化,因此要通过自适应流态识别的方法对不同介质内不同流体在不同生产条件下的流态进行判别。

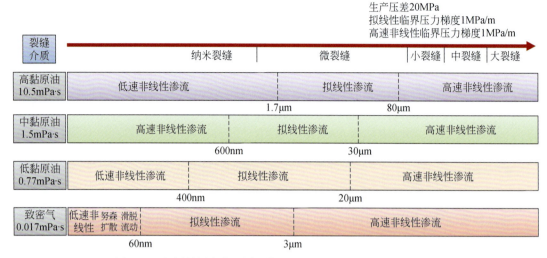

图8.38　相同储层条件不同流体黏度下裂缝介质内流态识别标准

　　致密储层发育不同尺度孔隙介质与裂缝介质,不同介质内、不同流体的流态识别标准不同。同一孔隙介质内,致密气与致密油油品性质不同时,相同流态下对应的流态界限值不同(图8.39)。致密气的启动压力梯度与拟线性临界压力梯度明显低于致密油,低驱替压力梯度下,气体更易于发生从低速非线性渗流到拟线性渗流的流态转换;随着原油黏度的增加,同一介质内原油发生流态转换的界限增加,难度增大。

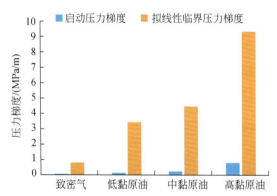

图8.39　致密油气孔隙介质内启动压力梯度、拟线性临界压力梯度对比

　　裂缝介质内流体启动压力梯度极低,可忽略不计。通过裂缝介质内不同油品性质的致密油和致密气的拟线性临界压力梯度对比结果(图8.40)可以看出,同一渗透率下,裂缝介质内致密气发生拟线性流的界限明显低于致密油,且拟线性临界压力梯度较低,气体易于发生拟线性渗流或线性渗流;而致密油随着原油黏度的增加,拟线性临界压力梯度增加,更不易于发生拟线性流动。

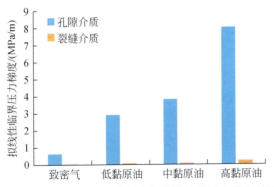

图 8.40　致密油气裂缝介质内拟线性临界压力梯度对比

第三节　多重介质流态识别与复杂流动机理自适应模拟技术

致密储层发育纳微米孔隙、微裂缝、复杂天然–人工裂缝网络等不同尺度多重介质,不同介质的几何特征和属性特征不同,渗流机理、流态存在差异(Singh and Azom,2013；Swami et al.,2013)。而不同介质内流态识别标准受介质大小、介质中流体性质、生产压差、空间位置四个因素的综合影响,任何一个因素变化均会导致介质内流态界限的变化,因此要通过自适应流态识别的方法对不同介质内不同流体在不同生产条件下的流态进行判别。以室内实验、生产动态数据为依托,采用致密油气不同尺度介质流态识别标准,识别介质流态,选择不同尺度介质的渗流数学模型,形成了致密油气不同尺度介质流态识别与复杂流动机理自适应模拟技术。

一、致密油多重介质流态识别与复杂流动机理自适应模拟技术

致密油发育不同尺度孔隙介质和裂缝介质,不同介质具有不同的几何特征和属性参数,考虑致密油不同尺度介质几何和属性特征及流体流态不同,基于致密油流态识别标准,识别不同尺度介质内流态,并选择相应的渗流数学模型,形成了致密油不同尺度介质流态识别与复杂流动机理自适应模拟技术(图 8.41)。

致密油多重介质流态识别与复杂流动机理自适应模拟技术的技术流程与详细步骤如下:

(一) 建立数值模型

1. 网格剖分
根据储层非均质性、内外边界条件进行网格剖分(图 8.42)。

2. 介质划分
给每个网格赋介质类型(不同尺度孔隙、不同尺度裂缝)。

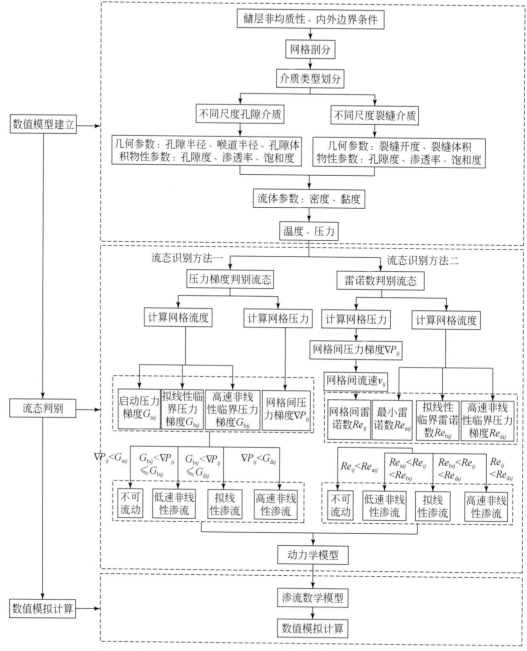

图 8.41　致密油多重介质流态识别与复杂流动机理自适应模拟技术

3. 建立参数模型

（1）给每个网格赋几何参数：孔隙介质赋孔隙半径 r_p、喉道半径 r、孔隙体积 V_p；裂缝介质赋裂缝开度 w_f、裂缝体积 V_f；

（2）给每个网格赋物性参数（孔隙度 ϕ、渗透率 K、饱和度 S_o）；

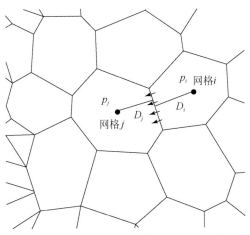

图 8.42　相邻两个网格间关系示意图

（3）给每个网格赋流体参数（密度 ρ_o、黏度 μ_o）；

（4）给每个网格赋温度 T、地层压力 P。

（二）判别流态

致密油流动为宏观流动，既可以用压力梯度，又可以用雷诺数来进行流态判别。孔隙介质内主要为低速非线性渗流与拟线性渗流；裂缝介质内主要为低速非线性渗流、拟线性渗流和高速非线性渗流。根据判别的流态，选择相应的动力学模型，具体见表 8.8。

表8.8　致密油不同介质的流态及动力学特征

介质类型	压力梯度	雷诺数	流态	动力学方程
孔隙介质	$\lvert \nabla P_{ij} \rvert < G_{aij}$	$Re_{ij} < Re_{aij}$	不可流动	$\vec{v}_{ij} = 0$
	$G_{aij} < \lvert \nabla P_{ij} \rvert \leqslant G_{bij}$	$Re_{aij} < Re_{ij} < Re_{bij}$	低速非线性渗流	$\vec{v}_{ij} = -\dfrac{K_{ij}}{\mu_o}(\nabla P_{ij} - G_{aij})^n$
	$G_{bij} < \lvert \nabla P_{ij} \rvert < G_{dij}$	$Re_{bij} < Re_{ij} < Re_{dij}$	拟线性渗流	$\vec{v}_{ij} = -\dfrac{K_{ij}}{\mu_o}(\nabla P_{ij} - G_{cij})$
裂缝介质	$\lvert \nabla P_{ij} \rvert < G_{aij}$	$Re_{ij} < Re_{aij}$	不可流动	$\vec{v}_{ij} = 0$
	$G_{aij} < \lvert \nabla P_{ij} \rvert \leqslant G_{bij}$	$Re_{aij} < Re_{ij} < Re_{bij}$	低速非线性渗流	$\vec{v}_{ij} = -\dfrac{K_{ij}}{\mu_o}(\nabla P_{ij} - G_{aij})^n$
	$G_{bij} < \lvert \nabla P_{ij} \rvert < G_{dij}$	$Re_{bij} < Re_{ij} < Re_{dij}$	拟线性渗流	$\vec{v}_{ij} = -\dfrac{K_{ij}}{\mu_o}(\nabla P_{ij} - G_{cij})$
	$\lvert \nabla P_{ij} \rvert > G_{dij}$	$Re_{ij} > Re_{dij}$	高速非线性渗流	$-\nabla P_{ij} = \dfrac{\mu_o \vec{v}_{ij}}{K_{ij}} + \beta_{ij}\rho_o \vec{v}_{ij} \lvert \vec{v}_{ij} \rvert$

1. 压力梯度判别流态

如果选择压力梯度判别流态，具体流程如下：

（1）计算每个网格的流度 K/μ_o。

（2）计算每个网格的启动压力梯度 G_a、拟线性临界压力梯度 G_b、高速非线性临界压力梯度 G_d。

（3）计算每个网格的压力 P。

（4）计算相邻两个网格间的压力梯度 ∇P_{ij}，$\nabla P_{ij} = \dfrac{P_i - P_j}{D_{ij}}$。

（5）流态判别：①压力梯度小于启动压力梯度，$|\nabla P_{ij}| < G_{aij}$，流体不可流动；②压力梯度大于启动压力梯度，且小于拟线性临界压力梯度，$G_{aij} < |\nabla P_{ij}| \leqslant G_{bij}$，流态为低速非线性渗流；③压力梯度介于拟线性临界压力梯度和高速非线性临界压力梯度之间，$G_{bij} < |\nabla P_{ij}| < G_{dij}$，流态为拟线性渗流；④压力梯度大于高速非线性临界压力梯度，$|\nabla P_{ij}| > G_{dij}$，流态为高速非线性渗流。

（6）动力学模型选择：①压力梯度小于启动压力梯度，动力学模型为 $\vec{v}_{ij} = 0$；②压力梯度大于启动压力梯度，且小于拟线性临界压力梯度，动力学模型为 $\vec{v}_{ij} = -\dfrac{K_{ij}}{\mu_o}(\nabla P_{ij} - G_{aij})^n$，$n$ 取值 $0.9 \sim 1.2$；③压力梯度介于拟线性临界压力梯度和高速非线性临界压力梯度之间，动力学模型为 $\vec{v}_{ij} = -\dfrac{K_{ij}}{\mu_o}(\nabla P_{ij} - G_{cij})$；④压力梯度大于高速非线性临界压力梯度，动力学模型为 $-\nabla P_{ij} = \dfrac{\mu_o \vec{v}_{ij}}{K_{ij}} + \beta_{ij}\rho_o \vec{v}_{ij}|\vec{v}_{ij}|$。

2. 雷诺数判别流态

如果选用雷诺数进行流态识别，具体流程如下：

1）参数计算

（1）计算每个网格的流度 K/μ_o。

（2）计算每个网格的最小雷诺数 Re_a、拟线性临界雷诺数 Re_b 和高速非线性临界雷诺数 Re_d。

（3）计算每个网格的压力 P。

（4）计算相邻两个网格间的压力梯度 ∇P_{ij}，$\nabla P_{ij} = \dfrac{P_i - P_j}{D_{ij}}$。

（5）计算相邻两个网格间的流速，$\vec{v}_{ij} = -\dfrac{K_{ij}}{\mu_o}(\nabla P_{ij} - G_{aij})^n$。

（6）计算相邻两个网格间的雷诺数，$Re_{ij} = \dfrac{\rho_o \cdot \vec{v}_{ij} \cdot d}{\mu_o}$。

2）流态判别

（1）雷诺数小于最小雷诺数，$Re_{ij} < Re_{aij}$，流体不可流动。

（2）雷诺数大于最小雷诺数，且小于拟线性临界雷诺数，$Re_{aij} < Re_{ij} < Re_{bij}$，流态为低速非线性渗流。

（3）雷诺数介于拟线性临界雷诺数和高速非线性临界雷诺数之间，$Re_{bij} < Re_{ij} < Re_{dij}$，流态为拟线性渗流。

（4）雷诺数大于高速非线性临界雷诺数，$Re_{ij} > Re_{dij}$，流态为高速非线性渗流。

3）动力学模型选择

（1）雷诺数小于最小雷诺数，动力学模型为 $\vec{v}_{ij} = 0$。

（2）雷诺数大于最小雷诺数，且小于拟线性临界雷诺数，动力学模型为 $\vec{v}_{ij} = -\dfrac{K_{ij}}{\mu_o}$ $(\nabla P_{ij} - G_{aij})^n$，$n$ 取值 $0.9 \sim 1.2$。

（3）雷诺数介于拟线性临界雷诺数和高速非线性临界雷诺数之间，动力学模型为 $\vec{v}_{ij} =$ $-\dfrac{K_{ij}}{\mu_o}(\nabla P_{ij} - G_{cij})$。

（4）雷诺数大于高速非线性临界雷诺数，动力学模型为 $-\nabla P_{ij} = \dfrac{\mu_o \vec{v}_{ij}}{K_{ij}} + \beta_o \rho_o \vec{v}_{ij} |\vec{v}_{ij}|$。

（三）数值模拟计算

根据不同网格的流态识别结果，选择相应的渗流数学模型，进行数值模拟计算。

上述公式中，下标 i,j 分别为编号为 i 和 j 的网格单元体；K_{ij} 为单元体 i 与单元体 j 的耦合渗透率，mD；D_{ij} 为网格单元体 i 形心与单元体 j 形心间的距离，$D_{ij} = D_i + D_j$，m；G_{cij} 为网格 i,j 间的拟启动压力梯度，$G_{cij} = 0.1518 \cdot (k_{ij}/\mu_{ij})^{-0.659}$，MPa/m。

二、致密气多重介质流态识别与复杂流动机理自适应模拟技术

致密气与致密油的主要区别在于低压情况下，纳微米孔隙介质内气体流动会发生滑脱流动、努森扩散。因此，考虑致密气不同尺度介质几何和属性特征及流体流态不同，基于致密气流态识别标准，识别不同尺度介质内流态，并选择相应的渗流数学模型，形成了致密气不同尺度介质流态识别与复杂流动机理自适应模拟技术（图8.43）。

致密气流态识别过程与致密油的主要差异在于流态识别方法不仅有压力梯度的流态识别方法、雷诺数的流态识别方法，还增加了克努森数的流态识别方法。主要原因在于雷诺数与压力梯度主要用于识别不同尺度多重介质的宏观流动，而对于低压情况下，纳微米孔隙介质内气体的微观流动，如滑脱流动、努森扩散等，雷诺数与压力梯度这两种流态识别方法不适用，因此采用克努森数的流态识别方法进行气体的微观流动识别。致密气多重介质流态识别与复杂流动机理自适应模拟技术的技术流程与详细步骤如下：

（一）建立数值模型

1. 网格剖分

根据储层非均质性、内外边界条件进行网格剖分（图8.42）。

2. 介质划分

给每个网格赋介质类型（不同尺度孔隙、不同尺度裂缝）。

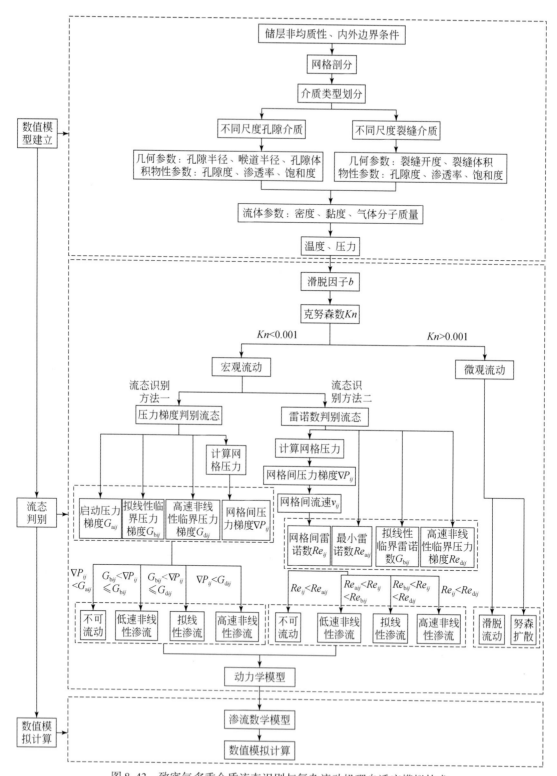

图 8.43 致密气多重介质流态识别与复杂流动机理自适应模拟技术

3. 建立参数模型

（1）给每个网格赋几何参数：孔隙介质赋孔隙半径 r_p、喉道半径 r、孔隙体积 V_p；裂缝介质赋裂缝开度 w_f、裂缝体积 V_f。

（2）给每个网格赋物性参数（孔隙度 ϕ、渗透率 K、饱和度 S_g）。

（3）给每个网格赋流体参数（密度 ρ_g、黏度 μ_g）。

（4）给每个网格赋温度 T、地层压力 P。

（二）判别流态

致密气流动形态包括宏观流动和微观流动，宏观流动可以采用压力梯度或雷诺数进行流态判别，微观流动采用克努森数进行流态判别。首先采用克努森数进行致密气宏观流动和微观流动的判别，然后根据压力梯度或雷诺数进行具体的宏观流动判别，再根据克努森数进行具体的微观流动判别。致密砂岩气藏孔隙介质内流态主要为努森扩散、滑脱流动、低速非线性渗流、拟线性渗流和高速非线性渗流；裂缝介质内气体主要流态为低速非线性渗流、拟线性渗流和高速非线性渗流，根据判别的气体流态，选择相应的动力学模型，具体见表8.9。

表8.9 致密气不同介质的流态及动力学特征

介质类型	克努森数	压力梯度	雷诺数	流态	动力学方程
孔隙介质	$0.001<Kn<0.1$	$\mid\nabla P_{ij}\mid>G_{gaij}$	$Re_{ij}>Re_{gaij}$	滑脱流动	$\vec{v}_{ij}=-\dfrac{K_{ij}}{\mu_g}\dfrac{b_{ij}}{P_{ij}}\nabla P_{ij}$
	$Kn>0.1$			努森扩散	$\vec{v}_{ij}=-\dfrac{32}{3r}\dfrac{\sqrt{2RT_{ij}}}{\sqrt{\pi M_{ij}}P_{ij}}K_{ij}\nabla P_{ij}$
	$Kn<0.001$	$G_{gaij}<\mid\nabla P_{ij}\mid\leqslant G_{gbij}$	$Re_{gaij}<Re_{ij}<Re_{gbij}$	低速非线性渗流	$\vec{v}_{ij}=-\dfrac{K_{ij}}{\mu_g}(\nabla P_{ij}-G_{gaij})^n$
		$G_{gbij}<\mid\nabla P_{ij}\mid<G_{gdij}$	$Re_{gbij}<Re_{ij}<Re_{gdij}$	拟线性渗流	$\vec{v}_{ij}=-\dfrac{K_{ij}}{\mu_g}(\nabla P_{ij}-G_{gcij})$
		$\mid\nabla P_{ij}\mid>G_{gdij}$	$Re_{ij}>Re_{gdij}$	高速非线性渗流	$-\nabla P_{ij}=\dfrac{\mu_g\vec{v}_{ij}}{K_{ij}}+\beta_{ij}\rho_g\vec{v}_{ij}\mid\vec{v}_{ij}\mid$
裂缝介质	$Kn<0.001$	$G_{gaij}<\mid\nabla P_{ij}\mid\leqslant G_{gbij}$	$Re_{gaij}<Re_{ij}<Re_{gbij}$	低速非线性渗流	$\vec{v}_{ij}=-\dfrac{K_{ij}}{\mu_g}(\nabla P_{ij}-G_{gaij})^n$
		$G_{gbij}<\mid\nabla P_{ij}\mid<G_{gdij}$	$Re_{gbij}<Re_{ij}<Re_{gdij}$	拟线性渗流	$\vec{v}_{ij}=-\dfrac{K_{ij}}{\mu_g}(\nabla P_{ij}-G_{gcij})$
		$\mid\nabla P_{ij}\mid>G_{gdij}$	$Re_{ij}>Re_{gdij}$	高速非线性渗流	$-\nabla P_{ij}=\dfrac{\mu_g\vec{v}_{ij}}{K_{ij}}+\beta_{ij}\rho_g\vec{v}_{ij}\mid\vec{v}_{ij}\mid$

1. 克努森数判别致密气宏观流动与微观流动

（1）计算每个网格的压力 P。

（2）计算每个网格的喉道直径 d，$d=2\cdot r$。

（3）计算每个网格的滑脱因子 b，$b=\dfrac{2\sqrt{2}\,c\kappa T}{\pi D_{\mathrm{g}}^{2}}\dfrac{1}{r}$。

（4）计算每个网格的克努森数 Kn，$Kn=\dfrac{\sqrt{\dfrac{\pi RT}{2M}}\dfrac{\mu_{\mathrm{g}}}{P}}{d}$。

（5）当克努森数小于 0.001，$Kn<0.001$，气体为宏观流动，具体流态采用压力梯度或雷诺数判别。

（6）当克努森数大于 0.001，$Kn>0.001$，气体为微观流动，具体流态采用克努森数判别。

2. 致密气宏观流动流态判别

1）压力梯度判别致密气宏观流态

当采用压力梯度判别致密气宏观流动的流态时，具体流程如下：

（1）计算每个网格的启动压力梯度 G_{ga}、拟线性临界压力梯度 G_{gb}、高速非线性临界压力梯度 G_{gd}。

（2）计算每个网格的压力 P。

（3）计算相邻两个网格间的压力梯度 ∇P_{ij}，$\nabla P_{ij}=\dfrac{P_{i}-P_{j}}{D_{ij}}$。

（4）流态判别：①压力梯度小于启动压力梯度，$|\nabla P_{ij}|<G_{\mathrm{ga}ij}$，流体不可流动；②压力梯度大于启动压力梯度，且小于拟线性临界压力梯度，$G_{\mathrm{ga}ij}<|\nabla P_{ij}|\leqslant G_{\mathrm{gb}ij}$，流态为低速非线性渗流；③压力梯度介于拟线性临界压力梯度和高速非线性临界压力梯度之间，$G_{\mathrm{gb}ij}<|\nabla P_{ij}|<G_{\mathrm{gd}ij}$，流态为拟线性渗流；④压力梯度大于高速非线性临界压力梯度，$|\nabla P_{ij}|>G_{\mathrm{gd}ij}$，流态为高速非线性渗流。

（5）动力学模型选择：①压力梯度小于启动压力梯度，动力学模型为 $\vec{v}_{ij}=0$；②压力梯度大于启动压力梯度，且小于拟线性临界压力梯度，动力学模型为 $\vec{v}_{ij}=-\dfrac{K_{ij}}{\mu_{\mathrm{g}}}(\nabla P_{ij}-G_{\mathrm{ga}ij})^{n}$，$n$ 取值 0.9~1.2；③压力梯度介于拟线性临界压力梯度和高速非线性临界压力梯度之间，动力学模型为 $\vec{v}_{ij}=-\dfrac{K_{ij}}{\mu_{\mathrm{g}}}(\nabla P_{ij}-G_{\mathrm{gc}ij})$；④压力梯度大于高速非线性临界压力梯度，动力学模型为 $-\nabla P_{ij}=\dfrac{\mu_{\mathrm{g}}\vec{v}_{ij}}{K_{ij}}+\beta_{ij}\rho_{\mathrm{g}}\vec{v}_{ij}|\vec{v}_{ij}|$。

2）雷诺数判别致密气宏观流态

当采用雷诺数判别致密气宏观流动的流态时，具体流程如下：

（1）参数计算：①计算每个网格的最小雷诺数 Re_{ga}、拟线性临界雷诺数 Re_{gb}、高速非线性临界雷诺数 Re_{gd}；②计算每个网格的压力 P；③计算相邻两个网格间的压力梯度 ∇P_{ij}，$\nabla P_{ij}=\dfrac{P_{i}-P_{j}}{D_{ij}}$；④计算相邻两个网格间的流速，$\vec{v}_{ij}=-\dfrac{K_{ij}}{\mu_{\mathrm{g}}}(\nabla P_{ij}-G_{\mathrm{ga}ij})^{n}$；⑤计算相邻两个网格间的雷诺数，$Re_{ij}=\dfrac{\rho_{\mathrm{g}}\cdot\vec{v}_{ij}\cdot d}{\mu_{\mathrm{g}}}$。

（2）流态判别：①雷诺数小于最小雷诺数，$Re_{ij}<Re_{\mathrm{ga}ij}$，流体不可流动；②雷诺数大于最

小雷诺数,且小于拟线性临界雷诺数,$Re_{gaij}<Re_{ij}<Re_{gbij}$,流态为低速非线性渗流;③雷诺数介于拟线性临界雷诺数和高速非线性临界雷诺数之间,$Re_{gbij}<Re_{ij}<Re_{gdij}$,流态为拟线性渗流;④雷诺数大于高速非线性临界雷诺数,$Re_{ij}>Re_{gdij}$,流态为高速非线性渗流。

（3）动力学模型选择:①雷诺数小于最小雷诺数,动力学模型为 $\vec{v}_{ij}=0$;②雷诺数大于最小雷诺数,且小于拟线性临界雷诺数,动力学模型为 $\vec{v}_{ij}=-\dfrac{K_{ij}}{\mu_{g}}(\nabla P_{ij}-G_{gaij})^{n}$,$n$ 取值 0.9~1.2;③雷诺数介于拟线性临界雷诺数和高速非线性临界雷诺数之间,动力学模型为 $\vec{v}_{ij}=-\dfrac{K_{ij}}{\mu_{g}}$ $(\nabla P_{ij}-G_{gcij})$;④雷诺数大于高速非线性临界雷诺数,动力学模型为$-\nabla P_{ij}=\dfrac{\mu_{g}\vec{v}_{ij}}{K_{ij}}+\beta_{ij}\rho_{g}\vec{v}_{ij}|\vec{v}_{ij}|$。

3. 致密气微观流动流态判别

1）流态判别

（1）克努森数大于 0.001,且小于 0.1,$0.001<Kn<0.1$,气体为滑脱流动。

（2）克努森数大于 0.1,$Kn>0.1$,气体为努森扩散。

2）动力学模型选择

（1）克努森数大于 0.001,且小于 0.1,动力学模型为 $\vec{v}_{ij}=-\dfrac{K_{ij}b_{ij}}{\mu_{g}\overline{P}_{ij}}\nabla P_{ij}$;

（2）克努森数大于 0.1,动力学模型为 $\vec{v}_{ij}=-\dfrac{32\sqrt{2RT_{ij}}}{3r\sqrt{\pi M_{ij}}P_{ij}}K_{ij}\nabla P_{ij}$。

（三）数值模拟计算

根据不同网格的流态识别结果,选择相应的渗流数学模型,进行数值模拟计算。

参 考 文 献

李源流. 2015. 横山油田白狼城油区延长组长 2 储层油藏特征及储层三维建模研究. 西北大学博士学位论文.

刘强. 2014. 四川盆地致密油藏储层渗流机理研究. 中国科学院大学硕士学位论文.

庞睿智,郭立稳,齐玉磊. 2009. CO 气体在煤层中的扩散机理及模式. 河北理工大学学报（自然科学版）, 31(4):1~5.

秦积舜. 2001. 油层物理学. 东营:石油大学出版社.

沙夫 S A,钱伯 P L. 1988. 稀薄气体的流动. 北京:科学出版社.

王才. 2016. 致密气藏压裂气井产能计算方法研究. 中国地质大学(北京)博士学位论文.

王道富. 2008. 鄂尔多斯盆地特低渗透油田开发. 北京:石油工业出版社.

王环玲,徐卫亚,巢志明,等. 2016. 致密岩石气体渗流滑脱效应试验研究. 岩土工程学报,38(5):777~185.

吴克柳,李相方,陈掌星,等. 2015. 页岩气和致密砂岩气藏微裂缝气体传输特性. 力学学报,47(6):955~964.

杨建,康毅力,李前贵,等. 2008. 致密砂岩气藏微观结构及渗流特征. 力学进展,35(2):229~234.

郑民,李建忠,吴晓智,等. 2016. 致密储集层原油充注物理模拟. 石油勘探与开发,43(2):219~227.

Civan F. 2002. A triple-mechnanism fractal model with hydraulic dispersion for gas permeation in tight reservoirs. SPE 74368,SPE International Petroleum Conference and Exhibition in Mexico,Villahermosa,Mexico.

Freeman C M, Moridis G J, Blasingame T A. 2009. A numerical study of microscale flow behavior in tight gas and shale gas reservoir systems. Transp Porous Media, 90(1): 253.

Freeman C M, Moridis G J, Ilk D, et al. 2011. A numerical study of tight gas and shale gas and shale gas reservoir system. SPE 124961, SPE Annual Technical Conference and Exhibition, New Orleans, Louisiana.

Javadpour F. 2009. Nanopores and apparent permeability of gas flow in mudrocks (shales and siltstone). Journal of Canadian Petroleum Technology, 48(8): 16 ~ 21.

Javadpour F, Fisher D, Unsworth M. 2007. Nanoscale gas flow in shale gas sediments. J Can Pet Technol, 46(10): 55 ~ 61.

Singh H, Azom P N. 2013. Integration of nonempirical shale permeability model in a dual-continuum reservoir simulator. SPE 167125-MS, SPE Unconventional Resources Conference Canada, Calgary.

Sondergeld C H. 2010. Petrophysical considerations in evaluating and producing shale gas Resources. SPE 131768, SPE Unconventional Gas Conference held in Pittsburgh, Pennsylvania, USA.

Swami V, Settari A, Javadpour F. 2013. A numerical model for multi-mechanism flow in shale gas reservoirs with application to laboratory scale testing. SPE 164840-MS, EAGE Annual Conference & Exhibition Incorporating SPE Europec, London, UK.

Wu K, Li X, Wang C, Chen Z, et al. 2015. A model for gas transport in microfractures of shale and tight gas reservoirs. AIChE Journal, 61(6): 2079 ~ 2088.

第九章　体积压裂下水平井的动态模拟技术

致密油气采用水平井+体积压裂模式开发,在射孔与裸眼两种不同完井方式下,不同储层介质与井筒接触方式不同;不同储层介质与井筒间存在耦合流动关系,特别是体积压裂复杂缝网流动关系更为复杂;同时,井筒附近压差变化大,导致储层介质流固耦合效应突出,以及不同介质流向井筒的流态变化大,需要建立体积压裂下储层介质与水平井耦合流动模式。

在体积压裂下储层介质与水平井耦合流动模式的基础上,采用线源、离散网格、多段井处理方式对不同完井方式的体积压裂水平井进行处理,创新发展了不同井筒处理模式的体积压裂水平井动态耦合模拟技术,模拟不同储层介质与井筒间的流动动态与流固耦合作用、多流态复杂机理动态变化及井筒内部的流动变化,提高产能预测精度。

第一节　体积压裂下储层介质与水平井耦合流动模式

致密油气采用水平井+体积压裂模式开发,不同尺度纳微米孔隙、微裂缝、天然/人工裂缝发育,在不同完井方式下(图9.1),不同储层孔缝介质与水平井的接触方式与流动关系不同(表9.1)。在射孔完井方式下,不同尺度孔缝介质只与人工裂缝接触,无法与井筒直接接触;人工裂缝可以与井筒直接接触。不同尺度孔缝介质中的流体只能先流到人工裂缝,再通过人工裂缝流到井筒。在裸眼完井方式下,不同尺度孔缝介质既可以与人工裂缝接触,也可以直接与井筒接触。不同介质中的流体可以直接流入井筒,或者先流入人工裂缝,再通过人工裂缝流入井筒。

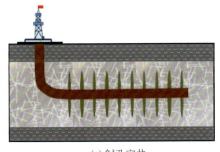
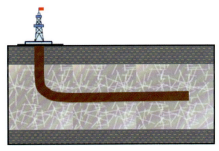

(a) 射孔完井　　　　　　　　　　　(b) 裸眼完井

图9.1　水平井两种完井方式示意图

致密油气在开采过程中,井筒附近压差变化大,导致储层介质流固耦合效应突出、不同介质流向井筒的流动机理与流态变化大。在开采过程中,井筒附近不同尺度孔缝介质所承受的孔隙压力与有效应力变化幅度大,天然/人工裂缝易发生变形或闭合,不同尺度的孔隙介质易发生收缩变形,导致井指数动态变化,对产能影响极大。同时,由于生产压差(工作制度)变化大,以及不同孔缝介质几何、属性特征动态变化的共同影响,流体由不同介质向井筒流动的流态与流动机理发生较大变化,影响不同介质流动动态和产能模拟。基于上述特征与动态变化规律,建立了体积压裂下储层介质与水平井耦合流动模式。

表 9.1　不同完井方式下储层介质与井筒接触关系与流动关系

完井方式	储层介质与井筒接触关系	储层介质与井筒流动关系	储层介质与井筒间流动特征描述
射孔完井		·纳米孔　·微孔　·小孔　·微裂缝　·大裂缝 → 人工裂缝 → 井筒	①不同尺度的孔缝只能流到人工裂缝 ②通过人工裂缝再流到井筒
裸眼完井		·纳米孔　·微孔　·小孔　·微裂缝　·大裂缝 → 人工裂缝 → 井筒	①不同尺度的孔缝直接流入井筒 ②不同尺度孔缝先流入人工裂缝,再流入井筒

第二节　体积压裂下储层介质与井筒耦合流动模拟技术

　　基于体积压裂下储层介质与水平井耦合流动模式,形成了体积压裂下储层介质与井筒耦合流动模拟技术。根据不同完井方式下储层介质与井筒的接触关系,通过非结构网格技术对储层与井筒进行网格剖分与排序,建立了储层介质与井筒网格邻接表征关系,形成了储层介质与井筒网格连通表,同时考虑储层介质网格几何特征、不同介质物性参数、流固耦合作用等因素,建立井指数动态变化计算模型。采用线源、离散网格、多段井处理方式对不同完井方式的体积压裂水平井进行处理,形成了线源、离散井筒、多段井等三种耦合流动模拟技术,模拟不同储层介质与井筒间的流动动态与流固耦合作用、多流态复杂机理动态变化及井筒内部的流动变化,提高产能预测精度(表 9.2)。

表 9.2　不同井筒处理技术对比表

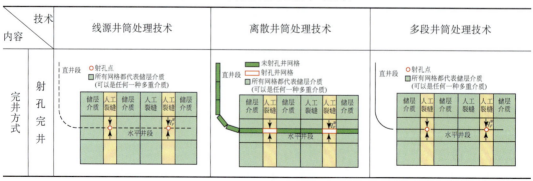

续表

内容\技术	线源井筒处理技术	离散井筒处理技术	多段井筒处理技术
完井方式 裸眼完井			
方法描述	将一口水平井作为一个线源,并由若干个点源组成,每个点源与储层介质有流体交换,水平井产量由若干个点源产量累计求和	将一口水平井剖分为若干个离散网格,储层网格中的流体通过与之邻接并连通的井筒网格进行流体交换,井筒网格间存在流体交换,水平井产量由离散井筒网格的出口流量决定	将一口水平井分成多段,每段至多含有一个射孔点,井段与邻接并连通的储层网格间有流体交换,井段内部考虑摩阻、重力、多相管流;井段间考虑流体交换及压力损失,按照管流处理
网格剖分与排序	①网格剖分:将结构/非结构网格的主体方向与水平井方向一致,沿水平井轨迹,分别处理线源井筒所处网格和周边网格;②网格排序:根据网格形状、水平井的方向和井轨迹进行网格排序,线源井筒所处网格的序号既代表储层介质网格序号,又代表井筒点源序号	①网格剖分:将结构/非结构网格的主体方向与水平井方向一致,沿水平井轨迹,分别处理离散井段网格和储层介质网格;②网格排序:根据网格形状、水平井的方向和井轨迹对离散井段网格和储层介质网格进行排序	在线源井筒处理方式的基础上考虑了井筒内部的流动和井筒段之间的流动,其网格剖分、排序与线源井筒类似
连通表	①射孔完井:射孔/压裂的网格中储层介质与井筒可以发生流体交换;非射孔/压裂的网格中储层介质与井筒不能发生流体交换。水平井轨迹所处的网格与邻接连通的周边网格储层介质间存在流体交换;②裸眼完井:压裂所处的网格中人工裂缝与井筒可以发生流体交换;非压裂网格中储层介质与井筒可以发生流体交换;水平井轨迹所处的网格与邻接连通的周边网格的储层介质间存在流体交换	①射孔完井:射孔/压裂所处的离散井筒网格与相邻的人工裂缝介质网格可以发生流体交换;非射孔/压裂的离散井筒网格与相邻的不同尺度孔缝介质网格不能发生流体交换;离散井筒网格间存在流体交换;②裸眼完井:压裂所处的离散井筒网格与相邻的人工裂缝介质网格可以发生流体交换;非压裂的离散井筒网格与相邻的不同尺度孔缝介质网格也可以发生流体交换;离散井筒网格间存在流体交换	在线源井筒处理方式的基础上考虑了井筒内部的流动和井筒段之间的流动,其连通表与线源井筒类似

续表

内容 ＼ 技术	线源井筒处理技术	离散井筒处理技术	多段井筒处理技术
井指数计算模型	①结构网格具有确定的方向性、几何特征参数,以及物性参数。不同井型的井指数计算模型有所不同;②非结构网格不存在明确的方向性,不同网格的几何特征参数、物性参数差异大,与结构网格井指数计算模型区别较大	井筒网格与储层介质网格间流体交换类似于不同网格储层介质间的流体交换,井传导率计算模型与传统储层介质传导率计算模型一致,但受储层介质物性参数的影响,其计算模型简化处理	井指数计算模型与线源井筒类似
产量计算模型	①储层介质与井筒间流体交换模型;②产量计算模型	①储层介质与井筒网格间流体交换模型;②井筒网格间流体交换模型;③产量计算模型	①储层介质与井筒网格间流体交换模型;②井筒段内流动模型;③井筒网格间流体交换模型;④产量计算模型
优缺点	优点:计算简单,变量少,易于求解	优点:考虑了井筒中摩擦阻力、重力等因素造成的压力损失,变量少	优点:充分考虑了井筒中摩擦阻力、重力、加速度等因素造成的压力损失,计算精度高
	缺点:精度较低,未考虑流体在井筒内部流动造成的压力损失,产量劈分不准确	缺点:井筒网格中流速快,计算难收敛	缺点:处理过程复杂,引入了混相流速、持液率变量,增加了收敛难度

一、线源井筒处理模式的耦合流动模拟技术

线源井筒处理技术是将一口水平井作为一个线源,并由若干个点源组成,每个点源与储层介质有流体交换,水平井产量由若干个点源产量累计求和。

根据不同完井方式下储层介质与井筒的接触方式与流动关系(图 9.2),按照线源井筒处理模式对储层进行网格剖分,根据储层介质与井筒间的接触/流动关系,确定点源位置,并进行网格与点源排序,形成了储层介质与井筒网格连通表,建立了线源井筒模式下的井指数动态变化计算模型、储层介质与井筒间流体交换模型和产量模型。采用线源井筒处理方式对不同完井方式的体积压裂水平井进行处理,形成了线源井筒处理模式的耦合流动模拟技术。

(一)网格剖分与排序

采用结构网格处理线源井筒模式,将结构网格的主体方向与水平井方向一致,沿水平井轨迹,线源井筒所处网格处理为细网格,周边网格为粗网格。网格整体排序是根据网格的行列顺序排列,网格序号沿着水平井方向增大。根据储层介质与井筒间的接触/流动关系,确

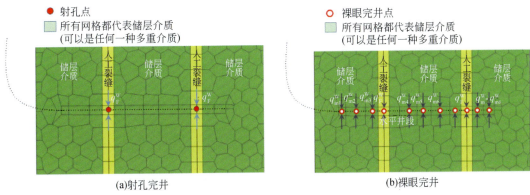

(a)射孔完井   (b)裸眼完井

图 9.2 线源井筒模式下不同完井方式的储层介质与井筒关系图

定点源位置并排序。线源井筒所处细网格的序号既代表储层介质网格序号,又代表井筒点源序号(图9.3)。

采用非结构混合网格处理线源井筒模式,将非结构网格的主体方向与水平井方向一致,沿水平井轨迹,线源井筒所处网格处理为长条矩形网格,周边网格为 PEBI 网格。网格排序原则是先沿水平井轨迹对长条网格排序,再对周边 PEBI 网格进行排序,形成非结构网格的整体排序(图9.4)。根据储层介质与井筒间的接触/流动关系,确定点源位置并排序。线源井筒所处长条网格的序号既代表储层介质网格序号,又代表井筒点源序号(表9.3)。

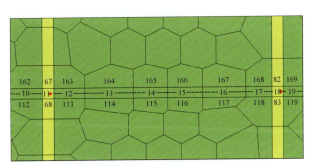

图 9.3 射孔完井水平井网格剖分与排序

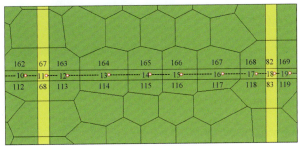

图 9.4 裸眼完井水平井网格剖分与排序

表 9.3　线源井筒处理模式的网格剖分与排序

网格类型	网格剖分与排序	完井方式	网格剖分与排序示意图
结构网格	结构网格的主体方向与水平井方向一致,沿水平井轨迹的网格为细网格,周边网格为粗网格,网格序号沿着水平井方向增大	射孔完井	
		裸眼完井	
非结构网格	非结构网格的主体方向与水平井方向一致,沿水平井轨迹的网格处理为长条矩形网格,周边网格为PEBI网格,先沿水平井轨迹对长条网格排序,再对周边PEBI网格进行排序	射孔完井	
		裸眼完井	

(二)流动关系与连通表

根据不同完井方式下储层介质与水平井的接触方式与流动关系,建立储层介质与水平井网格的连通表。

在射孔完井方式下,从储层介质与水平井的接触方式来看,不同尺度孔缝介质只与人工裂缝接触,无法与井筒直接接触;从储层介质与水平井的流动关系来看,人工裂缝可以与井筒直接接触。不同尺度孔缝介质中的流体只能先流到人工裂缝,再通过人工裂缝流到井筒。线源沿水平井轨迹由若干个点源组成,点源位于射孔/压裂所处的储层介质网格中,在该网格中的储层介质与井筒可以发生流体交换;非射孔/压裂的网格中储层介质与井筒不能发生流体交换。水平井轨迹所处的细网格与邻接连通的周边粗网格的储层介质间存在流体交换。基于射孔完井方式下的储层介质与水平井的接触方式与流动关系,建立了储层介质与水平井网格的连通表(表9.4)。

表9.4　射孔完井下储层与井筒网格连通表

连通单元	连通表
W_{11}, R_{11}	$(W_{11}, R_{11}, WI_{W11,R11})$
R_{11}, R_{67}	$(R_{11}, R_{67}, T_{R11,R67})$
R_{11}, R_{68}	$(R_{11}, R_{68}, T_{R11,R68})$
R_{11}, R_{10}	$(R_{11}, R_{10}, T_{R11,R10})$
R_{11}, R_{12}	$(R_{11}, R_{12}, T_{R11,R12})$

注:W 代表井筒点源;R 代表储层介质网格;WI 代表井指数;T 代表储层介质间传导率。

　　在裸眼完井方式下,从储层介质与水平井的接触方式来看,不同尺度孔缝介质既可以与人工裂缝接触,也可以直接与井筒接触。从储层介质与水平井的流动关系来看,不同介质中的流体可以直接流入井筒,或者先流入人工裂缝,再通过人工裂缝流入井筒。线源沿水平井轨迹由若干个点源组成,点源位于水平井轨迹所处的长条网格中。对于压裂所处的长条网格,其人工裂缝介质与井筒可以发生流体交换;非压裂的长条网格中不同尺度孔缝介质与井筒可以发生流体交换;水平井轨迹所处的长条网格与邻接连通的周边 PEBI 网格的储层介质间存在流体交换。基于裸眼完井方式下的储层介质与水平井的接触方式与流动关系,建立了储层介质与水平井网格的连通表(表9.5)。

表9.5　裸眼完井下储层与井筒网格连通表

连通单元	连通表
W_{11}, R_{11}	$(W_{11}, R_{11}, WI_{W11,R11})$
R_{11}, R_{67}	$(R_{11}, R_{67}, T_{R11,R67})$
R_{11}, R_{68}	$(R_{11}, R_{68}, T_{R11,R68})$
R_{11}, R_{10}	$(R_{11}, R_{10}, T_{R11,R10})$
R_{11}, R_{12}	$(R_{11}, R_{12}, T_{R11,R12})$
W_{12}, R_{12}	$(W_{12}, R_{12}, WI_{W12,R12})$
R_{12}, R_{10}	$(R_{12}, R_{10}, T_{R12,R10})$
R_{12}, R_{13}	$(R_{12}, R_{13}, T_{R12,R13})$
R_{12}, R_{113}	$(R_{12}, R_{113}, T_{R12,R113})$
R_{12}, R_{163}	$(R_{12}, R_{163}, T_{R12,R163})$

(三) 井指数动态变化计算模型

　　对于线源井筒处理模式,井筒是储层介质网格中心的一个点源,井指数代表点源所处网格的几何特征、储层介质物性参数、井筒几何特征对产能的影响,是储层介质与水平井井筒间流体交换的一个主要控制因素。

1. 结构网格井指数计算模型

在结构网格下,储层介质网格具有确定的方向性,几何特征参数(长、宽、高),以及物性参数(各向异性渗透率)。当采用不同井型(直井、水平井、斜井)时,点源井筒的几何参数存在较大差异,其各自的井指数计算模型有所不同(表 9.6)(Peaceman,1978,1982,1991,1995;Chen et al.,2006;Chen,2011)。

表 9.6　结构网格下不同井型的井指数计算模型对比表

井型	井指数计算模型		图示
直井	$WI = \dfrac{2\pi\sqrt{K_x K_y}\,\Delta z}{\ln\left(\dfrac{r_e}{r_w}\right)+s}$	$r_e = 0.28\dfrac{\left[\left(\dfrac{K_y}{K_x}\right)^{\frac{1}{2}}\Delta x^2 + \left(\dfrac{K_x}{K_y}\right)^{\frac{1}{2}}\Delta y^2\right]^{\frac{1}{2}}}{\left(\dfrac{K_y}{K_x}\right)^{\frac{1}{4}}+\left(\dfrac{K_x}{K_y}\right)^{\frac{1}{4}}}$	
水平井	$WI = \dfrac{2\pi\sqrt{K_y K_z}\,\Delta x}{\ln\left(\dfrac{r_e}{r_w}\right)+s}$	$r_e = 0.28\dfrac{\left[\left(\dfrac{K_z}{K_y}\right)^{\frac{1}{2}}\Delta y^2 + \left(\dfrac{K_y}{K_z}\right)^{\frac{1}{2}}\Delta z^2\right]^{\frac{1}{2}}}{\left(\dfrac{K_z}{K_y}\right)^{\frac{1}{4}}+\left(\dfrac{K_y}{K_z}\right)^{\frac{1}{4}}}$	
斜井	$$WI = \sqrt{WI_x^2 + WI_y^2 + WI_z^2}$$ $WI_x = \dfrac{2\pi\sqrt{K_y K_z}\,L_x}{\ln\left(\dfrac{r_{e,x}}{r_w}\right)+s}$ $WI_y = \dfrac{2\pi\sqrt{K_x K_z}\,L_y}{\ln\left(\dfrac{r_{e,y}}{r_w}\right)+s}$ $WI_z = \dfrac{2\pi\sqrt{K_x K_y}\,L_z}{\ln\left(\dfrac{r_{e,z}}{r_w}\right)+s}$	$r_{e,x} = 0.28\dfrac{\left[\left(\dfrac{K_y}{K_z}\right)^{\frac{1}{2}}\Delta z^2 + \left(\dfrac{K_z}{K_y}\right)^{\frac{1}{2}}\Delta y^2\right]^{\frac{1}{2}}}{\left(\dfrac{K_y}{K_z}\right)^{\frac{1}{4}}+\left(\dfrac{K_z}{K_y}\right)^{\frac{1}{4}}}$ $r_{e,y} = 0.28\dfrac{\left[\left(\dfrac{K_z}{K_x}\right)^{\frac{1}{2}}\Delta x^2 + \left(\dfrac{K_x}{K_z}\right)^{\frac{1}{2}}\Delta z^2\right]^{\frac{1}{2}}}{\left(\dfrac{K_z}{K_x}\right)^{\frac{1}{4}}+\left(\dfrac{K_x}{K_z}\right)^{\frac{1}{4}}}$ $r_{e,z} = 0.28\dfrac{\left[\left(\dfrac{K_y}{K_x}\right)^{\frac{1}{2}}\Delta x^2 + \left(\dfrac{K_x}{K_y}\right)^{\frac{1}{2}}\Delta y^2\right]^{\frac{1}{2}}}{\left(\dfrac{K_y}{K_x}\right)^{\frac{1}{4}}+\left(\dfrac{K_x}{K_y}\right)^{\frac{1}{4}}}$	

2. 非结构网格井指数计算模型

在非结构网格下,储层介质网格为不规则网格,不存在明确的方向性;不同网格的几何特征参数、物性参数差异大,与结构网格井指数计算模型区别较大,非结构网格井指数计算模型见表9.7。

表9.7　非结构网格井指数计算模型

井指数计算模型	图示
$\mathrm{WI} = \dfrac{2\pi K V^{1/3}}{\ln\left(\dfrac{r_e}{r_w}\right) + s}$　　$r_e = 0.2 V^{1/3}$	

3. 井指数动态变化计算模型

压、注、采过程中,由于井筒附近孔隙压力和有效应力的动态变化,导致井筒所处网格储层介质的几何特征、属性参数动态变化,引起井指数随之改变,影响产能。

孔隙压力的变化导致储层介质变形,引起渗透率变化,其表达式为

$$K_{(压敏)} = K_0 e^{-\alpha_{F(f,m)}\left[P_e - P_{F(f,m)}\right]} \tag{9.1}$$

由于流固耦合作用引起渗透率的变化,导致井指数发生动态变化,其计算表达式为

$$\mathrm{WI}_{压敏}(P) = \frac{2\pi K_{(压敏)} V^{1/3}}{\ln\left(\dfrac{r_e}{r_w}\right) + s} \tag{9.2}$$

(四)线源井筒处理模式的产量计算模型

线源井筒处理模式的产量计算模型由两部分构成:储层介质与井筒间流体交换模型、产量计算模型。

点源所处网格中的储层介质可以为不同尺度纳微米孔隙、微裂缝、天然/人工裂缝,网格内不同尺度孔缝介质与井筒点源可以发生流体交换。这种流体交换既受不同网格的几何与物性特征影响,又受网格介质中的不同流态和流动机理对流动能力的影响。

根据储层介质与井筒间流体交换模型可以计算每个点源的产量,总产量等于所有点源的产量之和(图9.5)。

1. 储层介质与井筒间流体交换模型

对于线源井筒处理模式,每个点源所在网格的储层介质与井筒间流体交换量通过以下模型计算(Badu et al.,1991a,b;Lee and Miliken, 1993;Abou-Kassem and Aziz, 1985;Cao, 2002):

$$q_{p,i}^{W} = \mathrm{WI}_i \sum_p \left\{\left(\frac{K_{rp}\rho_p}{\mu_p}\right) X_{cp}\left[(P_p - \rho_p g D) - (P^{W} - \rho_p g D^{W})\right]\right\}_i^{n+1} \tag{9.3}$$

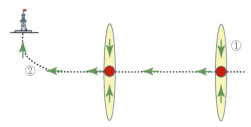

图9.5　线源井筒处理模式的储层-井筒-产量示意图

式中，$q_{p,i}^{W}$ 为第 i 个点源 p 相流体的交换量，g；WI_i 为第 i 个点源对应的井指数，无因次；ρ_p 为 p 相密度，g/cm^3；i 为第 i 个点源。

储层介质与井筒间流体交换量受井指数及其动态变化的影响，同时受网格介质中的不同流态和流动机理的影响。以下重点介绍不同流态和流动机理对储层介质与井筒间流体交换量的影响。

1) 不同尺度孔隙介质与井筒间流体交换计算模型

致密油、气不同尺度孔隙介质与井筒之间流体交换主要受启动压力梯度、滑脱效应、扩散作用等复杂流动机理影响，其流态表现为拟线性流、低速非线性流（Zhang et al.，2009；樊冬艳等，2015；王伟，2016）。

A. 拟线性渗流

当不同尺度孔隙介质中油、气向井筒流动的压力梯度介于拟线性临界压力梯度和高速非线性临界压力梯度之间，流态为拟线性渗流，计算模型为

$$\left(q_{拟线性}\right)_m^W = WI \cdot \sum \left[F_{p,i}^{W①} \cdot F_{(线性)p,i}^{W②} \right]_m \tag{9.4}$$

$$F_{p,mi}^{W①} = \left(\frac{K_{rp}\rho_p}{\mu_p} \right)_{mi}^{n+1} \tag{9.5}$$

$$F_{(线性)p,mi}^{W②} = \left(P_{p,mi}^{n+1} - \rho_p^{n+1}gD_{mi} \right) - \left(P_{wfk}^{n+1} - \rho_p^{n+1}gD_k^W \right) - G_{c,mi}^W \tag{9.6}$$

$$G_{c,mi}^W = c^W(L_{mi} + r_w) \tag{9.7}$$

B. 低速非线性渗流

当不同尺度孔隙介质中油、气向井筒流动的压力梯度大于启动压力梯度且小于拟线性临界压力梯度，流态为受启动压力梯度影响的低速非线性渗流，计算模型为

$$\left(q_G\right)_m^W = WI \cdot \sum \left[F_{p,i}^{W①} \cdot F_{(G)p,i}^{W②} \right]_m \tag{9.8}$$

$$F_{p,mi}^{W①} = \left(\frac{K_{rp}\rho_p}{\mu_p} \right)_{mi}^{n+1} \tag{9.9}$$

$$F_{(G)p,mi}^{W②} = \left[\left(P_{p,mi}^{n+1} - \rho_p^{n+1}gD_{mi} \right) - \left(P_{wfk}^{n+1} - \rho_p^{n+1}gD_k^W \right) - G_{a,mi}^W \right]^{n*} \tag{9.10}$$

$$G_{a,mi}^W = a^W(L_{mi} + r_w) \tag{9.11}$$

C. 滑脱效应

低渗低压情况下，气体向井筒流动受滑脱效应影响的计算模型为

$$\left(q_{滑脱,g}\right)_m^W = WI \cdot \left[F_{g,i}^{W①} \cdot F_{(滑脱)g,i}^{W②} + F_{go,i}^{W①} \cdot F_{go,i}^{W②} \right]_m \tag{9.12}$$

$$F_{g,mi}^{W①} = \left(\frac{K_{rg}}{\mu_g} \frac{\rho_{gsc}}{B_g} \right)_m^{n+1} \tag{9.13}$$

$$F^{W②}_{(滑脱)g,mi} = \left[\left(1 + \frac{b}{P_{g,mi}} \right) \left(P_{g,mi} - \frac{\rho_{gsc}}{B_g} g D_{mi} \right) - \left(P_{wfk} - \frac{\rho_{gsc}}{B_g} g D^W_k \right) \right]^{n+1} \tag{9.14}$$

$$F^{W①}_{go,mi} = \left(\frac{K_{ro}}{\mu_o} \frac{\rho_{gsc} R_{g,o}}{B_o} \right)^{n+1}_m \tag{9.15}$$

$$F^{W②}_{go,mi} = \left[(P_{o,mi} - P_{wfk}) - \frac{(\rho_{osc} + \rho_{gsc} R_{g,o})}{B_o} g (D_{mi} - D^W_k) \right]^{n+1} \tag{9.16}$$

D. 扩散作用

低渗低压情况下,气体向井筒流动受扩散作用影响的计算模型为

$$(q_{扩散,g})^W_m = WI \cdot [F^{W①}_{g,i} \cdot F^{W②}_{(扩散)g,i} + F^{W①}_{go,i} \cdot F^{W②}_{go,i}]_m \tag{9.17}$$

$$F^{W①}_{g,mi} = \left(\frac{K_{rg}}{\mu_g} \frac{\rho_{gsc}}{B_g} \right)^{n+1}_m \tag{9.18}$$

$$F^{W②}_{(扩散)g,mi} = \left[\left(1 + \frac{32\sqrt{2}}{3r} \frac{\sqrt{RT}\mu g}{\sqrt{\pi M} P_{g,mi}} \right) \left(P_{g,mi} - \frac{\rho_{gsc}}{B_g} g D_{mi} \right) - \left(P_{wfk} - \frac{\rho_{gsc}}{B_g} g D^W_k \right) \right]^{n+1} \tag{9.19}$$

$$F^{W①}_{go,mi} = \left(\frac{K_{ro}}{\mu_o} \frac{\rho_{gsc} R_{g,o}}{B_o} \right)^{n+1}_m \tag{9.20}$$

$$F^{W②}_{go,mi} = \left[(P_{o,mi} - P_{wfk}) - \frac{(\rho_{osc} + \rho_{gsc} R_{g,o})}{B_o} g (D_{mi} - D^W_k) \right]^{n+1} \tag{9.21}$$

2）小尺度裂缝与井筒间流体交换计算模型

致密油、气在小尺度裂缝介质与井筒之间的流体交换主要受启动压力梯度影响,其流态表现为拟线性渗流、低速非线性渗流。

A. 拟线性渗流

当小尺度裂缝中油、气向井筒渗流的压力梯度介于拟线性临界压力梯度和高速非线性临界压力梯度之间,流态为拟线性渗流,计算模型为

$$(q_{拟线性})^W_f = WI \cdot \sum [F^{W①}_{p,i} \cdot F^{W②}_{(线性)p,i}]_f \tag{9.22}$$

$$F^{W①}_{p,fi} = \left(\frac{K_{rp}\rho_p}{\mu_p} \right)^{n+1}_{fi} \tag{9.23}$$

$$F^{W②}_{(线性)p,fi} = (P^{n+1}_{p,fi} - \rho^{n+1}_p g D_{fi}) - (P^{n+1}_{wfk} - \rho^{n+1}_p g D^W_k) - G^W_{c,fi} \tag{9.24}$$

$$G^W_{c,fi} = c^W (L_{fi} + r_w) \tag{9.25}$$

B. 低速非线性渗流

当小尺度裂缝中油、气向井筒渗流的压力梯度大于启动压力梯度且小于拟线性临界压力梯度,流态为受启动压力梯度影响的低速非线性渗流,计算模型为

$$(q_G)^W_f = WI \cdot \sum [F^{W①}_{p,i} \cdot F^{W②}_{(G)p,i}]_f \tag{9.26}$$

$$F^{W①}_{p,fi} = \left(\frac{K_{rp}\rho_p}{\mu_p} \right)^{n+1}_{fi} \tag{9.27}$$

$$F^{W②}_{(G)p,fi} = [(P^{n+1}_{p,fi} - \rho^{n+1}_p g D_{fi}) - (P^{n+1}_{wfk} - \rho^{n+1}_p g D^W_k) - G^W_{a,fi}]^{n*} \tag{9.28}$$

$$G^W_{a,fi} = a^W (L_{fi} + r_w) \tag{9.29}$$

3）大尺度裂缝与井筒间流体交换计算模型

致密油、气在大尺度裂缝介质与井筒之间流体交换的流态表现为高速非线性渗流、拟线性渗流。

A. 高速非线性渗流

当大尺度裂缝中油、气向井筒渗流的压力梯度大于高速非线性临界压力梯度，流态为高速非线性渗流，计算模型为

$$\left(q_{\text{高速}}\right)_{\text{F}}^{\text{W}} = \text{WI} \cdot \sum \left(F_{\text{ND}}^{n+1} \cdot F_{\text{p},Fi}^{\text{W}①} \cdot F_{\text{p},Fi}^{\text{W}②}\right) \tag{9.30}$$

$$F_{\text{p},Fi}^{\text{W}①} = \left(\frac{K_{\text{rp}}\rho_{\text{p}}}{\mu_{\text{p}}}\right)_{Fi}^{n+1} \tag{9.31}$$

$$F_{\text{p},Fi}^{\text{W}②} = \left(P_{\text{p},Fi}^{n+1} - \rho_{\text{p}}^{n+1}gD_{Fi}\right) - \left(P_{\text{wfk}}^{n+1} - \rho_{\text{p}}^{n+1}gD_{k}^{\text{W}}\right) \tag{9.32}$$

B. 拟线性渗流

当大尺度裂缝中油、气向井筒渗流的压力梯度介于拟线性临界压力梯度和高速非线性临界压力梯度之间，流态为拟线性渗流，计算模型为

$$\left(q_{\text{拟线性}}\right)_{\text{F}}^{\text{W}} = \text{WI} \cdot \sum \left[F_{\text{p},i}^{\text{W}①} \cdot F_{(\text{线性})\text{p},i}^{\text{W}②}\right]_{\text{F}} \tag{9.33}$$

$$F_{\text{p},Fi}^{\text{W}①} = \left(\frac{K_{\text{rp}}\rho_{\text{p}}}{\mu_{\text{p}}}\right)_{Fi}^{n+1} \tag{9.34}$$

$$F_{(\text{线性})\text{p},Fi}^{\text{W}②} = \left(P_{\text{p},Fi}^{n+1} - \rho_{\text{p}}^{n+1}gD_{Fi}\right) - \left(P_{\text{wfk}}^{n+1} - \rho_{\text{p}}^{n+1}gD_{k}^{\text{W}}\right) - G_{\text{c},Fi}^{\text{W}} \tag{9.35}$$

$$G_{\text{c},fi}^{\text{W}} = \text{c}^{\text{W}}\left(L_{fi} + r_{\text{w}}\right) \tag{9.36}$$

此外，不同阶段不同介质的渗流机理由于压力水平及压力梯度的变化而发生转变，可以根据流态自动识别进行分析、计算。

2. 线源井筒产量计算模型

线源井筒处理模式下，水平井的总产量等于所有点源的产量之和。

$$Q_{\text{p}}^{\text{W}} = \sum_{i=1}^{N} q_{\text{p},i}^{\text{W}} \tag{9.37}$$

二、离散井筒处理模式的耦合流动模拟技术

离散井筒处理技术是将一口水平井剖分为若干个离散网格，储层网格中的流体通过与之邻接并连通的井筒网格进行流体交换，井筒网格间存在流体交换，水平井产量由离散井筒网格的出口端流量决定。

根据不同完井方式下储层介质与井筒的接触方式与流动关系（图9.6），按照离散井筒处理模式对储层与井筒分别进行网格剖分与排序，形成了储层介质与井筒网格连通表，建立了离散井筒模式下的井指数动态变化计算模型、储层介质与井筒间流体交换模型、井筒网格间流体交换模型和产量模型。采用离散井筒处理方式对不同完井方式的体积压裂水平井进行处理，形成了离散井筒处理模式的耦合流动模拟技术。

（一）网格剖分与排序

采用结构网格处理离散井筒模式，将结构网格的主体方向与水平井方向一致，将水平井

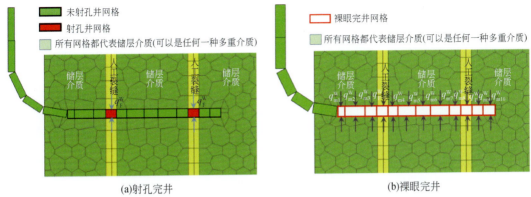

(a)射孔完井　　　　　　　　　　　　　(b)裸眼完井

图9.6　离散井筒模式下不同完井方式的储层介质与井筒关系图

沿轨迹方向剖分为细网格,将周边储层剖分网格为粗网格。每一个细网格代表一个离散井段,每个粗网格代表储层介质。网格整体排序是根据网格的行列顺序排列,网格序号沿着水平井方向增大(图9.3)。

采用非结构混合网格处理离散井筒模式,将非结构网格的主体方向与水平井方向一致,将水平井沿轨迹方向剖分为长条矩形网格,周边储层剖分为 PEBI 网格。每一个长条矩形网格代表一个离散井段,每个 PEBI 网格代表储层介质。网格排序原则是先沿水平井轨迹对长条矩形网格排序,再对周边 PEBI 网格进行排序,形成非结构网格的整体排序(图9.4、表9.8)。

表9.8　离散井筒处理模式的网格剖分与排序

网格类型	网格剖分与排序	完井方式	网格剖分与排序示意图
结构网格	结构网格的主体方向与水平井方向一致,将水平井沿轨迹方向剖分为细网格,将周边储层剖分网格为粗网格,网格序号沿着水平井方向增大	射孔完井	10 11 12 13 14 15 16 17 18 19
		裸眼完井	10 11 12 13 14 15 16 17 18 19

续表

网格类型	网格剖分与排序	完井方式	网格剖分与排序示意图
非结构网格	非结构网格的主体方向与水平井方向一致,将水平井沿轨迹方向剖分为长条矩形网格,周边储层剖分为PEBI网格,先沿水平井轨迹对长条网格排序,再对周边 PEBI 网格进行排序	射孔完井	10 11 12 13 14 15 16 17 18 19
		裸眼完井	10 11 12 13 14 15 16 17 18 19

(二)流动关系与连通表

根据离散井筒处理模式下储层介质与水平井的接触方式与流动关系(图9.7、图9.8),建立储层介质网格与水平井网格的连通表。

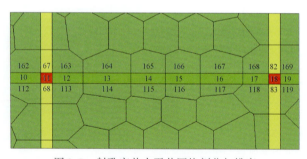

图 9.7 射孔完井水平井网格剖分与排序

在离散井筒处理模式下,水平井沿轨迹方向由若干个离散的长条矩形网格组成,水平井与周边储层的接触方式/流动关系可以通过离散井筒网格与储层介质网格的接触方式/流动关系来表征。在射孔完井方式下,位于射孔/压裂所处的离散井筒网格与相邻的人工裂缝介质网格可以发生流体交换;非射孔/压裂的离散井筒网格与相邻的不同尺度孔缝介质网格不能发生流体交换;离散井筒网格间存在流体交换。在裸眼完井方式下,压裂所处的离散井筒网格与相邻的人工裂缝介质网格可以发生流体交换;非压裂的离散井筒网格与相邻的不同尺度孔缝介质网格也可以发生流体交换;离散井筒网格间存在流体交换。基于射孔/裸眼完

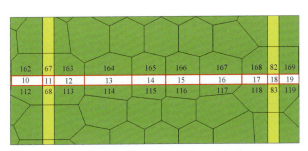

图 9.8　裸眼完井水平井网格剖分与排序

井方式下的储层介质与水平井的接触方式与流动关系,建立了储层介质网格与水平井网格的连通表(表9.9、表9.10)。

表 9.9　射孔完井下储层与井筒网格连通表

连通单元	连通表
W_{11}, R_{67}	$(W_{11}, R_{67}, T^{R-W}_{W11, R67})$
W_{11}, R_{68}	$(W_{11}, R_{68}, T^{R-W}_{W11, R68})$
W_{11}, W_{10}	$(W_{11}, W_{10}, T^{W-W}_{W11, W10})$
W_{11}, W_{12}	$(W_{11}, W_{12}, T^{W-W}_{W11, W12})$

表 9.10　裸眼完井下储层与井筒网格连通表

连通单元	连通表
W_{10}, R_{112}	$(W_{10}, R_{112}, T^{R-W}_{W10, R112})$
W_{10}, R_{162}	$(W_{10}, R_{162}, T^{R-W}_{W10, R162})$
W_{10}, W_{11}	$(W_{10}, W_{11}, T^{W-W}_{W10, W11})$
W_{11}, R_{67}	$(W_{11}, R_{67}, T^{R-W}_{W11, R67})$
W_{11}, R_{68}	$(W_{11}, R_{68}, T^{R-W}_{W11, R68})$
W_{11}, W_{12}	$(W_{11}, W_{12}, T^{W-W}_{W11, W12})$
...	...

(三) 井传导率动态变化计算模型

由于离散井筒处理模式是将一口水平井离散为若干个网格,用离散网格来代替多个井段进行模拟,井筒网格与储层介质网格间流体交换类似于不同网格储层介质间的流体交换。因此引入井传导率的概念代替井指数,其计算公式不同于传统的传导率和井指数的计算模型。

井筒网格与储层介质网格间传导率的计算模型与传统传导率计算模型一致,但由于井筒网格流动阻力极小,渗透率极大,因此井筒网格与储层介质网格间流体交换主要受储层介质物性参数的影响,其计算模型可简化为表9.11。

表 9.11　井传导率与常规传导率对比表

名称	井传导率	常规传导率
网格类型	储层网格与井筒网格	储层网格与储层网格
计算模型	$T_{i,k}^{\mathrm{R-W}} = \alpha_i^{\mathrm{R}}$	$T_{i,j} = \dfrac{\alpha_i \alpha_j}{\alpha_i + \alpha_j}$

　　压、注、采过程中,由于井筒附近孔隙压力和有效应力的动态变化,导致井筒所处网格储层介质的几何特征、属性参数动态变化,引起井传导率随之改变,其计算表达式为

$$T_{(\text{压敏})i,k}^{\mathrm{R-W}} = \alpha_{(\text{压敏})i}^{\mathrm{R}} = A_{i,k}^{\mathrm{R-W}} \frac{K_{(\text{压敏})i}}{L_i} \vec{n}_i \cdot \vec{f}_i \tag{9.38}$$

式中,下标 i,k 分别为与井筒连接的储层网格序号、井筒网格序号;上标 R-W 为储层-井筒;$T_{i,k}^{\mathrm{R-W}}$ 为相邻储层网格 i 与井筒网格 k 间的传导率;α_i^{R} 为与井筒网格 k 接触的储层网格 i 的形状因子;$A_{i,k}^{\mathrm{R-W}}$ 为相邻储层网格 i、井筒网格 k 的实际接触面积,m^2。

(四)离散井筒处理模式的产量计算模型

　　离散井筒处理模式的产量计算模型由三部分构成:储层介质与井筒网格间的流体交换模型、井筒网格之间的流体交换模型和产量计算模型(图 9.9)。储层介质网格可以为不同尺度纳微米孔隙、微裂缝、天然/人工裂缝,储层介质网格与井筒网格可以发生流体交换。这种流体交换既受储层介质网格的几何与物性特征影响,又受其中不同流态和流动机理对流动能力的影响;井筒内部的流动多表现为非线性流甚至紊流,井筒网格间的流体交换可以采用紊流的方式建立流体交换模型;水平井的总产量等于最末端井筒网格的产量。

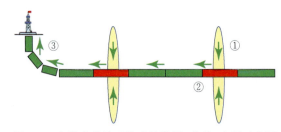

图 9.9　离散井筒处理模式的储层-井筒-产量示意图

1. 储层介质与井筒网格间流体交换模型

　　对于离散井筒处理模式,每个井筒网格与邻接并连通的储层介质网格间流体交换量通过以下模型计算(Wu et al.,1996):

$$\begin{aligned}
q_{c,i}^{\mathrm{R-W}} &= \sum_i \left\{ T_{i,k}^{\mathrm{W}} \sum_p \left(\frac{K_{rp}\rho_p}{\mu_p} \right)_i X_{cp} \left[(P_{p,i} - \rho_p g D_i) - (P_{p,k}^{\mathrm{W}} - \rho_p g D_k^{\mathrm{W}}) \right] \right\}^{n+1} \\
&= \sum_i \left[T_{i,k}^{\mathrm{W}} \cdot \sum (F_{p,i}^{\mathrm{W}①} \cdot F_{p,i}^{\mathrm{W}②}) \right]
\end{aligned} \tag{9.39}$$

式中,$q_{c,i}^{\mathrm{W}}$ 为第 i 个射孔点 c 组分流体的产量。

　　储层介质网格与井筒网格间流体交换量受井传导率动态变化的影响,同时受网格介质

中的不同流态和流动机理的影响,表现为高速非线性流、拟线性流、低速非线性流等多种流态。此处与线源井筒的储层介质与井筒间流体交换模型($F_{\mathrm{p},i}^{\mathrm{W}①}$ 、 $F_{\mathrm{p},i}^{\mathrm{W}②}$)一致,在此不再赘述。

2. 井筒网格间流体交换模型

由于井筒内部的流体流速较快,多表现为非线性流甚至紊流,因此达西定律已不适用,可以按照紊流进行处理,从而建立井筒网格间流体交换模型为(图 9.10)(Dikken,1999)

$$q_{l,k}^{\mathrm{W-W}} = \sum_{k} \left\{ T_{l,k}^{\mathrm{W-W}} \sum_{\mathrm{p}} (\zeta_{\mathrm{p}}^{\mathrm{W}})_{l \mid k} X_{\mathrm{cp}} \left[(P_{\mathrm{p},k}^{\mathrm{W}} - \rho_{\mathrm{p}} g D_{k}^{\mathrm{W}}) - (P_{\mathrm{p},l}^{\mathrm{W}} - \rho_{\mathrm{p}} g D_{l}^{\mathrm{W}}) \right] \right\}^{n+1} \quad (9.40)$$

其中,井筒-井筒网格间的拟传导率计算公式为

$$T_{l,k}^{\mathrm{W-W}} = \frac{1.97588 \times d^{5/2}}{d_l + d_k} \quad (9.41)$$

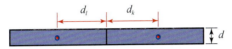

图 9.10　两个相邻井筒网格间关系示意图

井筒网格间拟流度计算公式为(Wu,2000;Wu et al.,2016):

$$(\zeta_{\mathrm{p}}^{\mathrm{W}})_{l \mid k} = \frac{(S_{\mathrm{p}} \rho_{\mathrm{p}})_{l \mid k}}{\bar{\rho}^{0.5}} \left| \frac{(P_{\mathrm{p},k}^{\mathrm{W}} - \rho_{\mathrm{p}} g D_{k}^{\mathrm{W}}) - (P_{\mathrm{p},l}^{\mathrm{W}} - \rho_{\mathrm{p}} g D_{l}^{\mathrm{W}})}{d_l + d_k} \right|^{-0.5} \quad (9.42)$$

$$\bar{\rho} = \frac{1}{2} \sum_{l}^{k} \sum_{\mathrm{p}} (S_{\mathrm{p}} \rho_{\mathrm{p}})$$

由于井筒中的流动多数为高速非达西流,因此用 Forchheimer 方程进行描述:

$$- \frac{(P_{\mathrm{p},k}^{\mathrm{W}} - \rho_{\mathrm{p}} g D_{k}^{\mathrm{W}}) - (P_{\mathrm{p},l}^{\mathrm{W}} - \rho_{\mathrm{p}} g D_{l}^{\mathrm{W}})}{d_l + d_k} = \frac{\mu_{\mathrm{p}}}{KK_{\mathrm{rp}}} \vec{v}_{\mathrm{p}} + \beta_{\mathrm{p}} \rho_{\mathrm{p}} \vec{v}_{\mathrm{p}} \mid \vec{v}_{\mathrm{p}} \mid \quad (9.43)$$

式中, d 为井筒直径,cm; d_l 、 d_k 为相邻井筒节点网格中心到接触面的距离,cm; $\bar{\rho}$ 为平均流体密度, $\bar{\rho} = \frac{1}{2} \sum_{l}^{k} \sum_{\mathrm{p}} (S_{\mathrm{p}} \rho_{\mathrm{p}})$; β_{p} 为有效非达西流动系数,cm^{-1} ; μ_{p} 为非达西流体黏度,cP。

3. 产量模型

离散井筒处理模式下,水平井的总产量等于最末端井筒网格的产量,即

$$Q_{\mathrm{c}}^{\mathrm{W}} = q_{\mathrm{c,end}}^{\mathrm{W-W}} \quad (9.44)$$

三、多段井筒处理模式的耦合流动模拟技术

多段井筒处理技术是将一口水平井筒分成多段,每一个井筒段至多包含一个点源,每个点源与储层介质有流体交换。井筒段内部考虑摩阻、重力、多相管流,井筒段间流动按照管流处理。

根据不同完井方式下储层介质与井筒的接触方式与流动关系(图 9.11),按照多段井筒处理模式对储层进行网格剖分,根据储层介质与井筒间的接触/流动关系,确定井筒段内点源位置,并进行网格与点源排序,形成了储层介质与井筒网格连通表,建立了多段井筒模式

下的井指数动态变化计算模型、储层介质与井筒间流体交换模型、井筒段内流动模型、井筒段间流体交换模型和产量模型。采用多段井筒处理方式对不同完井方式的体积压裂水平井进行处理,形成了多段井筒处理模式的耦合流动模拟技术。

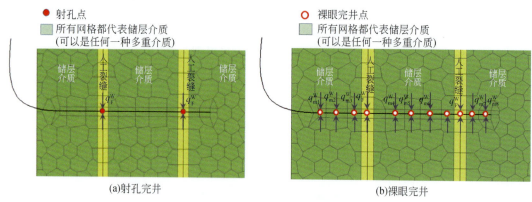

图9.11　多段井模式下不同完井方式的储层介质与井筒关系图

(一) 网格剖分与排序

多段井处理模式的网格剖分与排序类似于线源井筒处理模式(表9.3)。

结构网格的主体方向与水平井方向一致,沿水平井轨迹的网格为细网格,周边网格为粗网格,网格序号沿着水平井方向增大。根据储层介质与井筒间的接触/流动关系,确定点源位置并排序。多段井的井筒所处细网格的序号既代表储层介质网格序号,又代表多段井的井筒点源序号(图9.3)。

非结构网格的主体方向与水平井方向一致,沿水平井轨迹的网格处理为长条矩形网格,周边网格为PEBI网格,先沿水平井轨迹对长条网格排序,再对周边PEBI网格进行排序。根据储层介质与井筒间的接触/流动关系,确定点源位置并排序。多段井的井筒所处长条网格的序号既代表储层介质网格序号,又代表井筒点源序号(图9.4)。

(二) 流动关系与连通表

根据多段井筒处理模式下储层介质与水平井的接触方式与流动关系(图9.3、图9.4),建立储层介质网格与水平井网格的连通表(表9.4、表9.5)。

在射孔完井方式下,点源位于射孔/压裂所处的储层介质网格中,在该网格中的储层介质与井筒可以发生流体交换;非射孔/压裂的网格中储层介质与井筒不能发生流体交换。水平井轨迹所处的细网格与邻接连通的周边粗网格的储层介质间存在流体交换。在裸眼完井方式下,点源位于水平井轨迹所处的长条网格中。对于压裂所处的长条网格,其人工裂缝介质与井筒可以发生流体交换;非压裂的长条网格中不同尺度孔缝介质与井筒可以发生流体交换;水平井轨迹所处的长条网格与邻接连通的周边PEBI网格的储层介质间存在流体交换。

(三) 井指数动态变化计算模型

对于多段井筒处理模式,井筒是储层介质网格中心的一个点源,井指数代表点源所处网格的几何特征、储层介质物性参数、井筒几何特征对产能的影响,是储层介质与水平井井筒间流体交换的一个主要控制因素。

1. 结构网格与非结构网格的井指数计算模型

在结构网格下,储层介质网格具有确定的方向性、几何特征参数(长、宽、高),以及物性参数(各向异性渗透率)。当采用不同井型(直井、水平井、斜井)时,点源井筒的几何参数存在较大差异,具体公式同线源处理模式的井指数计算模型,不再赘述。

在非结构网格下,储层介质网格为不规则网格,不存在明确的方向性;不同网格的几何特征参数、物性参数差异大,与结构网格井指数计算模型区别较大,具体公式同线源处理模式的井指数计算模型,不再赘述。

2. 井指数动态变化计算模型

压、注、采过程中,由于井筒附近孔隙压力和有效应力的动态变化,导致井筒所处网格储层介质的几何特征、属性参数动态变化,引起井指数随之改变,影响产能,具体公式同线源处理模式的井指数计算模型,不再赘述。

(四) 多段井筒处理模式的产量计算模型

多段井筒处理模式的产量计算模型由四部分构成(Wolfsteiner et al.,2000;Stone et al.,2002;Jiang,2007):储层介质与井筒间流体交换模型、每个井筒段内部的流动模型、井筒段间流体交换模型和产量计算模型(图9.12)。

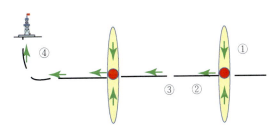

图9.12　多段井处理模式的储层-井筒-产量示意图

1. 储层介质与井筒间流体交换模型

多段井筒所处网格中的储层介质可以为不同尺度纳微米孔隙、微裂缝、天然/人工裂缝,网格内不同尺度孔缝介质与井筒点源可以发生流体交换。这种流体交换既受不同网格的几何与物性特征影响,又受网格介质中的不同流态和流动机理对流动能力的影响,表现为高速非线性流、拟线性流、低速非线性流等多种流态。该模型与线源井筒的储层介质与井筒间流体交换模型[式(9.4)~式(9.36)]一致,在此不再赘述。

2. 井筒段内部流体交换模型

多段井的井筒内部通常发生油气水三相的流动,其流态表现为油气水的非线性高速流动、多相管流(Shi et al.,2005a,b),油、气、水在井筒(管)中的分布状态受到多种因素的影响,流动过程中不同的气液分布状态由流型描述,可表现为纯油(液)流、泡流、段塞流、环流和雾流等多种形态。考虑井筒段内油气水的多相管流,建立井筒段内流体交换模型为(姜瑞忠等,2015;高大鹏等,2015):

$$q_i^{\mathrm{W}} = \left[\left(A \sum_p \rho_p X_{\mathrm{cp}} V_{\mathrm{sp}} \right)_{i,\mathrm{in}} - \left(A \sum_p \rho_p X_{\mathrm{cp}} V_{\mathrm{sp}} \right)_{i,\mathrm{out}} \right]^{n+1} \tag{9.45}$$

油、气、水三相的流动速度满足:

$$V_{\mathrm{m}} = V_{\mathrm{so}} + V_{\mathrm{sw}} + V_{\mathrm{sg}} \tag{9.46}$$

式中,A 为井筒的截面积,m^2;ρ_o^o 为油组分在油相中的部分密度,简称油密度,$\mathrm{g/cm}^3$;ρ_o^g 为气组分在油相中的部分密度,简称溶解气密度,$\mathrm{g/cm}^3$;V_{m} 为混合物流速,m^3/d;V_{sp} 为 p 相在井筒内的流动速度,油气水三相的流动速度具有如下关系:V_{sw} 为水相速度,$\mathrm{m/s}$;V_{so} 为油相速度,$\mathrm{m/s}$;V_{sg} 为气相速度 $\mathrm{m/s}$。

按照是否考虑多相流体间的滑脱效应,可分为均质模型和漂移模型处理多相流体的流动速度。

1)均质模型

当多相流体间流动不存在滑脱效应时,井筒内所有流体都以同一速度流动,流速为

$$V_{\mathrm{sp}} = \alpha_p V_{\mathrm{m}} \tag{9.47}$$

油气水三相模型为

$$V_{\mathrm{sw}} = \alpha_w V_{\mathrm{m}} \tag{9.48}$$

$$V_{\mathrm{so}} = \alpha_o V_{\mathrm{m}} (1 - \alpha_w - \alpha_g) V_{\mathrm{m}} \tag{9.49}$$

$$V_{\mathrm{sg}} = \alpha_g V_{\mathrm{m}} \tag{9.50}$$

式中,α_g 为气相体积分数;α_w 为水相体积分数;α_o 为油相体积分数。

2)漂移模型

当多相流体间流动存在滑脱效应时,井筒内不同相的流体流速不同,其模型为

$$V_{\mathrm{sg}} = \alpha_g C_0 V_{\mathrm{m}} + \alpha_g V_{\mathrm{d}} \tag{9.51}$$

$$V_{\mathrm{so}} = \alpha_{\mathrm{ol}} C_0^{\mathrm{ol}} V_{\mathrm{sl}} + \alpha_o V_{\mathrm{d}}^{\mathrm{ol}} \tag{9.52}$$

$$\alpha_{\mathrm{ol}} = \alpha_o / (\alpha_o + \alpha_w) \tag{9.53}$$

式中,V_{d} 为气体漂移速度,$\mathrm{m/s}$;C_0 为实验测定的漂移模型轮廓参数,无因次。

在不同的流型下漂移模型的参数差别很大。对于垂直管流,在低流速 V_{m} 和低含气率 α_g 时会出现泡流,随着流速和含气率的增加,流型开始向段塞流转化,并最终成为环雾流。因此在泡流时含气率最低,环雾流最高。段塞流时近似为 1.16,环雾流时 C_0 近似为 1,因为在段塞流状态下,气柱与流体段塞交替出现,不均匀程度增大,所以 $C_0 > 1$,而在环雾流状态下,尽管有一些液体颗粒会进入到气相,但气相整体均匀分布,所以 $C_0 \sim 1$。对于水平管动,流体的分层流动也与高含气率有关,其中在平均流速较低的状态下,不会形成垂直管流中的环雾流,而会发生层流。

3. 井筒段之间流动模型

多段井的井筒段之间的流动受到摩擦阻力、重力、运动加速度三种因素影响(李威等,2013;李莉娟,2012):

$$\Delta P_{i,总压降} = \Delta P_{重力} + \Delta P_{摩擦阻力} + \Delta P_{加速度} \tag{9.54}$$

井筒段之间的压力关系为

$$P_i^{\mathrm{W}} - P_{i-1}^{\mathrm{W}} = \rho_{\mathrm{m}}gL\sin\theta + \frac{f_{\mathrm{tp}}\rho_{\mathrm{m}}Lv_{\mathrm{m}}^2}{D} + \left[(0.5\rho_{\mathrm{m}}V_{\mathrm{m}}^2)_i - (0.5\rho_{\mathrm{m}}V_{\mathrm{m}}^2)_{i-1}\right] \tag{9.55}$$

混合物密度 ρ_{m}：

$$\rho_{\mathrm{m}} = \alpha_{\mathrm{g}}\rho_{\mathrm{g}} + \alpha_{\mathrm{o}}\rho_{\mathrm{o}} + \alpha_{\mathrm{w}}\rho_{\mathrm{w}} \tag{9.56}$$

油气水的体积分数满足：

$$\alpha_{\mathrm{o}} + \alpha_{\mathrm{g}} + \alpha_{\mathrm{w}} = 1 \tag{9.57}$$

式中，ρ_{m} 为混合物密度，g/cm³；V_{m} 为混合物流速，m³/d；θ 为井筒倾斜角度，(°)；f_{tp} 为管壁摩阻系数；ρ_{w} 为水组分密度，g/cm³；ρ_{o} 为油组分密度，g/cm³；ρ_{g} 为气组分密度，g/cm³；α_{g} 为气相体积分数；α_{w} 为水相体积分数；α_{o} 为油相体积分数。

井筒段之间流动模型如图 9.13 所示。

$$Q_{i,\mathrm{out}} = q_i + Q_{i,\mathrm{in}} \tag{9.58}$$

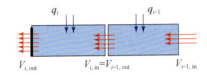

图 9.13　多段井的井筒段之间流量示意图

4. 产量模型

多段井井筒处理模式下，水平井总产量可用最后一个点源所代表井段的流量：

$$Q_{\mathrm{total}} = Q_{\mathrm{last}} \tag{9.59}$$

参 考 文 献

樊冬艳，姚军，孙海，等．2015. 考虑多重运移机制耦合页岩气藏压裂水平井数值模拟．力学学报，47(6)：906～915.

高大鹏，刘天宇，王天娇，等．2015. 非常规井数值模拟技术研究进展与发展趋势．应用数学与力学，36(12)：1238～1256.

姜瑞忠，徐建春，傅建斌．2015. 致密油藏多级压裂水平井数值模拟及应用．西南石油大学学报，(3)：45～52.

李莉娟．2012. 塔河九区底水砂岩油藏水平井多段数值模拟研究．成都理工大学硕士学位论文．

李威，姜汉桥，李杰，等．2013. 基于多段井模型的非均质储层水平井分段动用政策研究．科学技术与工程，13(33)：9935～9939.

王伟．2016. 页岩气藏水平井分段多簇压裂与流动数值模拟．科学技术与工程，16(14)：160～165.

Abou-Kassem J H，Aziz K. 1985. Analytical well models for reservoir simulation. SPE，11719.

Babu D K，Odeh A S，Al-Khalifa A J，McCann R C. 1991a. The relation between wellblock and wellbore pressures in numerical simulation of horizontal wells. SPE 20161.

Babu D K，Odeh A S，Al-Khalifa A J，McCann R C. 1991b. Numerical simulation of horizontal wells. SPE，21425.

Cao H. 2002. Development of techniques for general purpose simulation. Stanford University，PhD thesis.

Chen Z X. 2011. The finite element method. Singapore: World Scientific.

Chen Z X, Huan G R, Ma Y L. 2006. Computational methods for multiphase flows in porous media. America: Society for Industrial and Applied Mathematics.

Coats B K, Fleming G C, Watts J W, et al. 2004. A generalized wellbore and surface facility model, fully coupled to a reservoir simulator. SPE 87913, SPE Reservoir Evaluation and Engineering, 7(2): 132 ~ 142.

Dikken B J. 1990. Pressure drop in horizontal wells and its effects on production performance. J Pet Technol, 42(11): 1426 ~ 1433.

Jiang Y L. 2007. Techniques for modeling complex reservoirs and advanced wells. Stanford University PhD thesis, 27 ~ 78.

Lee S H, Milliken W J. 1993. The productivity index of an inclined well in finite-difference reservoir simulation. SPE 25247, 12th SPE Symposium on Reservoir Simulation, New Orleans. LA.

Peaceman D W. 1978. Interpretation of well-block pressures in numerical reservoir simulation, Soc Pet Eng J, 253: 183 ~ 194.

Peaceman D W. 1982. Interpretation of well-block pressures in numerical reservoir simulation with nonsquare grid blocks and anisotropic permeability. SPE 10528, Sixth SPE Symposium on Reservoir Simulation, New Orleans, LA.

Peaceman D W. 1991. Representation of a horizontal well in numerical reservoir simulation. SPE 21217, 11th SPE Symposium on Reservoir Simulation, Anaheim, Calif.

Peaceman D W. 1995. A new method for representing multiple wells with arbitrary rates in numerical reservoir simulation. SPE 29120, 13th SPE Symposium on Reservoir Simulation, San Antonio, Tex.

Shi H, Holmes J A, Diaz L R, et al. 2005a. Drift-flux parameters for three-phase steady-state flow in wellbores. SPE 89836, SPE Journal, 10(2): 130 ~ 137.

Shi H, Holmes J A, Durlofsky L J, et al. 2005b. Drift-flux modeling of two-phase flow in wellbores. SPE 84228, SPE Journal, 10(1): 24 ~ 33.

Stone T W, Bennett J, Law D H S, et al. 2002. Thermal simulation with multi-segment wells. SPE 78131, SPE Reservoir Evaluation and Engineering, 5(3): 206 ~ 218.

Wolfsteiner C, Durlofsky L, Aziz K. 2000. Efficient estimation of the effects of wellbore hydraulics and reservoir heterogeneity on the productivity of non-conventional wells. SPE 59399.

Wu Y S. 2000. A virtual node method for handling wellbore boundary conditions in modeling multiphase flow in porous and fractured media. LBNL-42882, Water Resources Research, Vol. 36, N0. 3, 807 ~ 814.

Wu Y S. 2016. Multiphase fluid flow in porous and fractured reservoirs. Holland: Elsevier 663 ~ 692.

Wu Y S, Forsyth P A, Jiang H. 1996. A consistent approach for applying numerical boundary conditions for multiphase subsurface flow. Journal of Contaminant Hydrology, 23: 157 ~ 184.

Zhang X, Du C, Deimbacher F, et al. 2009. Sensitivity studies of horizontal wells with hydraulic fractures in shales gas reservoirs. IPTC, 13338.

第十章 基于非结构网格的多重介质矩阵生成与求解技术

针对非常规致密油气藏由于多重介质、多流态、复杂流动机理、复杂结构井等引起的复杂非线性渗流数学模型,以及采用非结构网格导致数学模型求解的系数矩阵规模大、形态复杂等问题,采用对点元素排除零元素、死节点,对多变量实行块压缩存储,对油藏和多段井进行分区存储,形成了基于非结构网格的多重介质高效矩阵生成技术,降低了矩阵规模,简化了矩阵形态。同时,针对数学模型系数矩阵求解过程中收敛性差、速度慢的特点,基于高效预处理技术,形成了基于非结构网格的多重介质线性代数方程组高效求解技术,大大提高了求解的速度和精度。

第一节 基于非结构网格的多重介质高效矩阵生成技术

本节针对致密砂岩油气藏不同尺度孔缝介质、复杂结构井,以及复杂地质边界等因素导致无效网格增多、矩阵形态复杂、常规结构网格无法描述的问题,基于非结构网格连通表信息,根据稀疏矩阵求导法则,采用排除零元素与死节点的压缩存储技术(减少内存存储空间及总存储网格数),以及基于块的矩阵排列技术(提高数据读取效率),改善了内存中数据排列的紧凑型,提高了读取效率,加快了运算速度,形成了基于非结构网格的多重介质高效矩阵生成技术(表10.1)。

表 10.1 基于结构及非结构网格矩阵技术对比表

技术名称	对照内容	基于结构化网格的技术特征	基于非结构网格的技术特征
基于非结构网格的高效矩阵生成技术	网格结构	结构化网格 (块中心、径向和角点网格)	非结构网格
	网格形态	正六面体	多面体
	网格排序	自然排序	非自然排序 (按条带最窄原则排序)
	介质	单一介质	多重介质
	流态	单一达西流	复杂高速及低速流
	井筒	单一直井	复杂结构井
	代数方程组系数矩阵	条带状大型稀疏矩阵	非条带状大型稀疏矩阵
	矩阵生成依据	固定规律 按照六面体各面间的相互关系	不固定规律 按照网格连通表中的各面间的相互关系

续表

技术名称	对照内容	基于结构化网格的技术特征	基于非结构网格的技术特征
基于非结构网格的高效矩阵生成技术	矩阵形态对照		
复杂结构矩阵压缩存储技术	数据存储方式	对于网格数为 N 的地质模型，构造七个长度为 $N \times N_p \times N_p$ 一维数组来表征该矩阵，其中：N_p 为流体组分数目，对于黑油模型而言 $N_p = 3$，即需要七个长度为 $9N$ 的一维数组	不再遵循七对角矩阵的排列规律，为了不遗漏数据，而又不全部存储大量的非零数据，需要去掉零元素和死节点所产生的零数据存储
	矩阵形态对照		

一、基于非结构网格的高效矩阵生成技术

针对致密砂岩油气储层纳微米孔隙、复杂天然–人工裂缝网络等不同尺度多重介质、复杂结构井，以及复杂地质边界等因素导致矩阵形态复杂、常规结构网格无法描述的问题，基于非结构网格连通表信息，根据稀疏矩阵求导法则，形成了基于非结构网格的多重介质高效矩阵生成技术。

（一）方程的构成

致密砂岩储层具有纳微米孔隙、微裂缝、复杂人工–天然裂缝网络等不同尺度、多重孔缝介质，不同尺度介质的流态及影响因素不同，多重介质的分布规律不同，介质间的耦合渗流作用不同，对开采动态的影响也不同，因此其非线性渗流微分数学模型具有多尺度、多介质、多流态的特点（Odeh，1981；韩大匡等，1999；Cao and Tchelepi，2002；Karimi-Fard and Durlofsky，2012）。

针对致密砂岩油气藏非线性渗流微分数学模型的复杂特点,按照以下步骤构建方程(图10.1)。

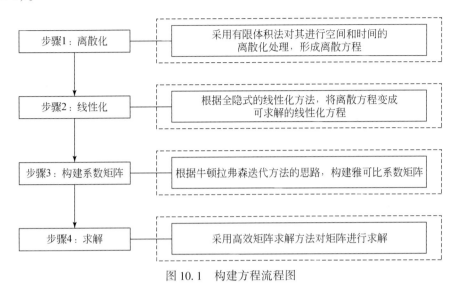

图 10.1 构建方程流程图

构建的方程形式如下式所示:

$$\begin{pmatrix} J_{RR} & J_{RW} \\ J_{WR} & J_{WW} \end{pmatrix} \cdot \begin{pmatrix} \delta x_R \\ \delta x_W \end{pmatrix} = -\begin{pmatrix} R_R \\ R_W \end{pmatrix}$$

系数矩阵　求解变量　右端项

方程中各部分的意义如表10.2所示。

表 10.2 方程的构成

方程组成部分	矩阵结构含义
系数矩阵	矩阵可以分为4部分,每部分由多个子矩阵组成,包括多重介质、多种组分、参数变量三部分 (1)离散组分质量守恒方程对各个主变量的偏导数 (2)每一行均表示组分质量守恒方程,每个网格对应气、油、水三个方程 (3)每一列均表示主求解变量,对于油气水三相一般取 P_o、S_g、S_w 作为主变量
求解变量	多重介质中各个介质网格,井网格主变量的变化值
右端项	致密储层及井筒网格 n 时刻的方程值

(二) 矩阵的生成

致密砂岩油气储层发育纳微米孔隙、复杂天然–人工裂缝网络等不同尺度多重介质,并采用复杂结构井处理井筒,系数矩阵及右端项均包括了多重介质、复杂结构井等复杂信息。

1. 系数矩阵的生成

致密砂岩油气储层非线性渗流微分方程的系数矩阵中,考虑了多重介质、复杂结构井等复杂信息。根据前面的介绍可知,系数矩阵实际上是在每个网格的油气水三个方程分别对三个主变量的偏导数。矩阵结构如图 10.2 所示。

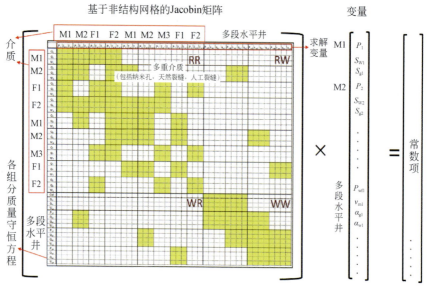

图 10.2 基于非结构网格的方程

其中,油藏方程对油藏变量的偏导数 J_{RR},用 RR 表示;油藏方程对井筒变量的偏导数 J_{RW},用 RW 表示;井筒方程对油藏变量的偏导数 J_{WR},用 WR 表示;井筒方程对井筒变量的偏导数 J_{WW},用 WW 表示。

致密砂岩油气储层发育微纳米尺度基质、小尺度裂缝及人工-天然大裂缝等多重介质,同时采用复杂结构井,使得系数矩阵的四个部分均很复杂,以图 10.3 网格为例,实例说明系数矩阵生成的具体形式。图中共包含 8 个非结构网格,以及由 4 个网格组成的多段井模型,标号为①、②、③、④的井筒网格射孔。

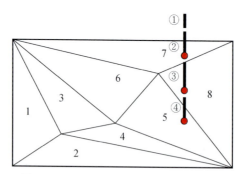

图 10.3 基于非结构网格的 Jacobin 矩形

图 10.4 给出了矩阵的整体形式为:

1)油藏方程对油藏变量矩阵(RR)的生成

RR 矩阵表示油藏方程对油藏变量的系数矩阵,其构成为:致密油气非线性数学模型中的油、气、水三个组分的质量守恒方程对自身及相邻非结构油藏网格内油藏压力 P_o、含气饱

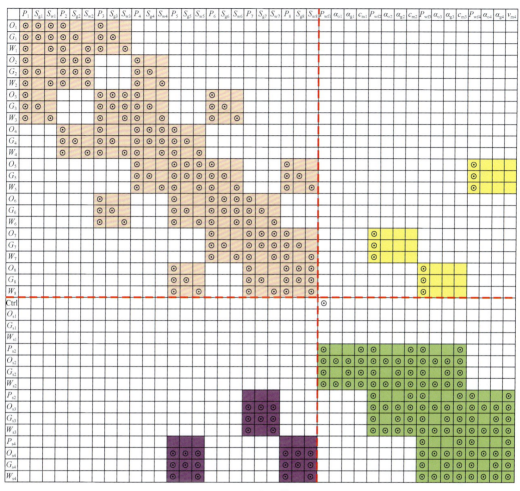

图 10.4 矩阵整体形式图

和度 S_g、含水饱和度 S_w 等求解变量的导数,连通表提供相邻非结构油藏网格的关系信息,对于每个网格,具体如表 10.3 所示。

表 10.3 RR 矩阵各变量具体形式

名称	内容	对角线变量	非对角线变量
质量守恒方程	第一行:气组分质量守恒方程 F_g 第二行:油组分质量守恒方程 F_o 第三行:水组分质量守恒方程 F_w	$\begin{bmatrix} \dfrac{\partial F_{g,i}}{\partial P_i} & \dfrac{\partial F_{g,i}}{\partial S_{w,i}} & \dfrac{\partial F_{g,i}}{\partial S_{g,i}} \\[2mm] \dfrac{\partial F_{o,i}}{\partial P_i} & \dfrac{\partial F_{o,i}}{\partial S_{w,i}} & \dfrac{\partial F_{o,i}}{\partial S_{g,i}} \\[2mm] \dfrac{\partial F_{w,i}}{\partial P_i} & \dfrac{\partial F_{w,i}}{\partial S_{w,i}} & \dfrac{\partial F_{w,i}}{\partial S_{g,i}} \end{bmatrix}$	$\begin{bmatrix} \dfrac{\partial F_{g,i}}{\partial P_j} & \dfrac{\partial F_{g,i}}{\partial S_{w,j}} & \dfrac{\partial F_{g,i}}{\partial S_{g,j}} \\[2mm] \dfrac{\partial F_{o,i}}{\partial P_j} & \dfrac{\partial F_{o,i}}{\partial S_{w,j}} & \dfrac{\partial F_{o,i}}{\partial S_{g,j}} \\[2mm] \dfrac{\partial F_{w,i}}{\partial P_j} & \dfrac{\partial F_{w,i}}{\partial S_{w,j}} & \dfrac{\partial F_{w,i}}{\partial S_{g,j}} \end{bmatrix}$
主变量	第一列:油藏压力 P_o 第二列:含气饱和度 S_g 第三列:含水饱和度 S_w		

按照表 10.3 中的求导规则,结合第四章第三节模型部分的数学模型,得到 RR 系数矩阵各变量导数的通式如表 10.4 所示。

表 10.4　RR 系数矩阵各变量导数通式

变量	油组分方程	气组分方程	水组分方程
$\delta P_{o,i}$	$b_2 - \sum_j T_{ij} \cdot a_3 + c_3$	$b_2' - \sum_j T_{ij} \cdot a_3' + c_3'$	$b_2'' - \sum_j T_{ij} \cdot a_3'' + c_3''$
$\delta S_{g,i}$	$b_3 - \sum_j T_{ij} \cdot a_4 + c_4$	$b_3' - \sum_j T_{ij} \cdot a_5' + c_4'$	—
$\delta S_{w,i}$	$b_4 - \sum_j T_{ij} \cdot a_5 + c_5$	$b_4' - \sum_j T_{ij} \cdot a_6' + c_5'$	$b_3'' - \sum_j T_{ij} \cdot a_5'' + c_4''$
$\delta P_{o,j}$	$- \sum_j T_{ij} \cdot a_2$	$- \sum_j T_{ij} \cdot a_2'$	$- \sum_j T_{ij} \cdot a_2''$
$\delta S_{g,j}$	—	$- \sum_j T_{ij} \cdot a_4'$	—
$\delta S_{w,j}$	—	—	$- \sum_j T_{ij} \cdot a_4''$

注:表中的字母代表的具体形式参阅第四章模型部分的内容,以下类同。

RR 部分为矩阵形态如图 10.5 所示。

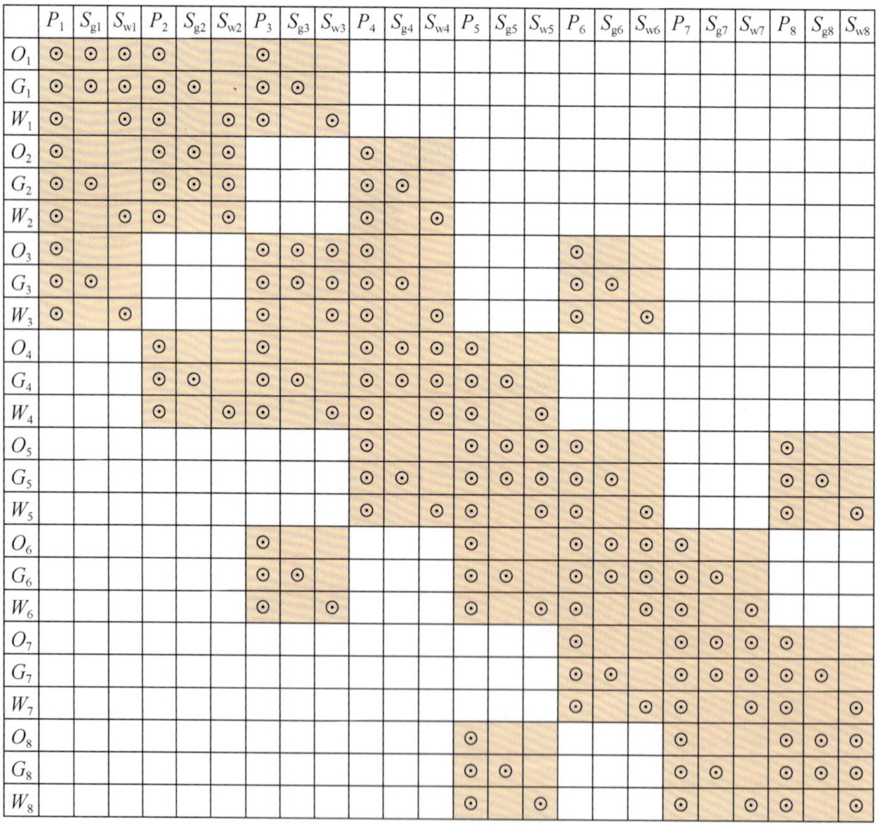

	P_1	S_{g1}	S_{w1}	P_2	S_{g2}	S_{w2}	P_3	S_{g3}	S_{w3}	P_4	S_{g4}	S_{w4}	P_5	S_{g5}	S_{w5}	P_6	S_{g6}	S_{w6}	P_7	S_{g7}	S_{w7}	P_8	S_{g8}	S_{w8}
O_1	⊙	⊙	⊙	⊙	▨		⊙		▨															
G_1	⊙	⊙	⊙	⊙	⊙	·	⊙	⊙																
W_1	⊙	▨	⊙	⊙	▨	⊙	⊙		⊙															
O_2	⊙			⊙	⊙	⊙				⊙														
G_2	⊙	⊙		⊙	⊙	⊙				⊙	⊙													
W_2	⊙		⊙	⊙		⊙				⊙		⊙												
O_3	⊙						⊙	⊙	⊙							⊙								
G_3	⊙	⊙					⊙	⊙	⊙							⊙	⊙							
W_3	⊙		⊙				⊙		⊙							⊙		⊙						
O_4				⊙			⊙			⊙	⊙	⊙	⊙											
G_4				⊙	⊙		⊙			⊙	⊙	⊙	⊙											
W_4				⊙		⊙	⊙			⊙		⊙	⊙											
O_5							⊙			⊙			⊙	⊙	⊙	⊙						⊙		
G_5							⊙			⊙			⊙	⊙	⊙	⊙						⊙	⊙	
W_5							⊙			⊙			⊙		⊙	⊙						⊙		⊙
O_6							⊙						⊙			⊙	⊙	⊙	⊙					
G_6							⊙	⊙					⊙			⊙	⊙	⊙	⊙					
W_6							⊙		⊙				⊙			⊙		⊙	⊙					
O_7																⊙			⊙	⊙	⊙	⊙		
G_7																⊙	⊙		⊙	⊙	⊙	⊙		
W_7																⊙		⊙	⊙		⊙	⊙		
O_8													⊙						⊙			⊙	⊙	⊙
G_8													⊙	⊙					⊙			⊙	⊙	⊙
W_8													⊙		⊙				⊙		⊙	⊙		⊙

图 10.5　RR 系数矩阵具体形态

图中 ▨ 表示矩阵中该位置数值不等于 0; ⊙ 表示矩阵中该位置数值等于 0

2）油藏方程对井变量矩阵（RW）的生成

RW 矩阵表示油藏方程对井变量的系数矩阵,其构成为:复杂结构井射孔处所在的致密砂岩油气藏网格内油、气、水三个组分的质量守恒方程对该射孔所在的油藏网格内井筒压力的导数,连通表提供射孔所在油藏网格的关系信息,对于每个射孔网格,具体如表 10.5 所示。

表 10.5　RW 矩阵各变量具体形式

名称	内容		数据具体形式
质量守恒方程	第一行:气组分质量守恒方程 F_g 第二行:油组分质量守恒方程 F_o 第三行:水组分质量守恒方程 F_w		—
主变量	线源井筒	第一列:井筒压力 P^W	$\left[\dfrac{\partial F_{g,i}}{\partial P_k^W} \quad \dfrac{\partial F_{o,i}}{\partial P_k^W} \quad \dfrac{\partial F_{o,i}}{\partial P_k^W}\right]^T$
	离散网格井筒	第一列:井网格压力 P^W 第二列:含气饱和度 S_g 第三列:含水饱和度 S_w	$\begin{bmatrix} \dfrac{\partial F_{g,i}}{\partial P_k^W} & \dfrac{\partial F_{g,i}}{\partial S_{w,k}} & \dfrac{\partial F_{g,i}}{\partial S_{g,k}} \\ \dfrac{\partial F_{o,i}}{\partial P_k^W} & \dfrac{\partial F_{o,i}}{\partial S_{w,k}} & \dfrac{\partial F_{o,i}}{\partial S_{g,k}} \\ \dfrac{\partial F_{w,i}}{\partial P_k^W} & \dfrac{\partial F_{w,i}}{\partial S_{w,k}} & \dfrac{\partial F_{w,i}}{\partial S_{g,k}} \end{bmatrix}$
	多段井井筒	第一列:井筒压力 P^W	$\left[\dfrac{\partial F_{g,i}}{\partial P_k^W} \quad \dfrac{\partial F_{o,i}}{\partial P_k^W} \quad \dfrac{\partial F_{o,i}}{\partial P_k^W}\right]^T$

按照表 10.5 中的求导规则,结合第四章第三节模型部分的数学模型,以多段井处理方式为例,得到 RW 系数矩阵各变量导数的通式如表 10.6 所示。

表 10.6　RW 矩阵各变量导数通式

变量	油组分方程	气组分方程	水组分方程
δP_{wfk}	c_2	c_2'	c_2''

当致密油气藏数值模拟网格形态及连接关系如图 10.4 时,油藏中 R7、R8、R5 网格分别与多段井的 W2、W3、W4 相连,RW 部分为矩阵形态如图 10.6 所示。

3）隐式井方程对油藏变量矩阵（WR）的生成

WR 矩阵表示井方程对油藏变量的系数矩阵,其构成为:复杂结构井方程对射孔处所在的油藏网格内油藏压力、含气饱和、含水饱和度等求解变量的导数,连通表提供射孔所在油藏网格的关系信息,对于每个射孔网格,具体如表 10.7 所示。

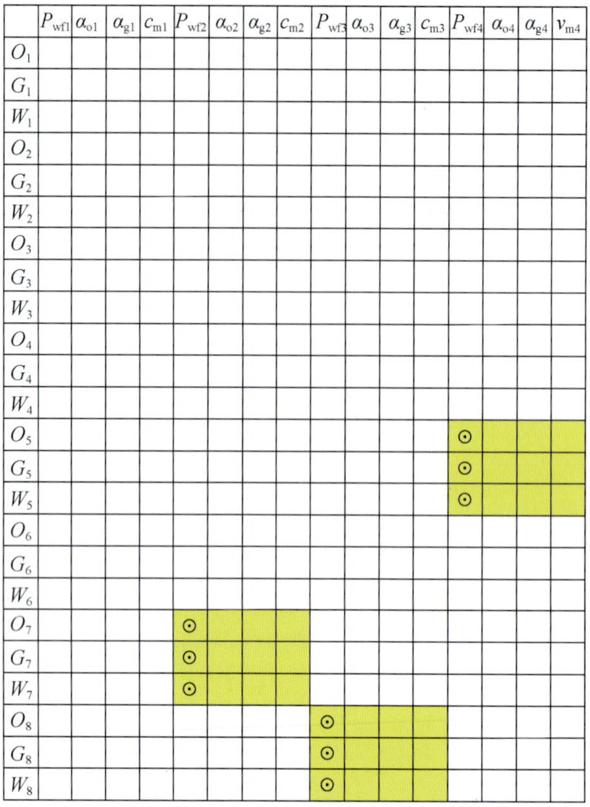

	P_{wf1}	α_{o1}	α_{g1}	c_{m1}	P_{wf2}	α_{o2}	α_{g2}	c_{m2}	P_{wf3}	α_{o3}	α_{g3}	c_{m3}	P_{wf4}	α_{o4}	α_{g4}	v_{m4}
O_1																
G_1																
W_1																
O_2																
G_2																
W_2																
O_3																
G_3																
W_3																
O_4																
G_4																
W_4																
O_5													⊙			
G_5													⊙			
W_5													⊙			
O_6																
G_6																
W_6																
O_7						⊙										
G_7						⊙										
W_7						⊙										
O_8										⊙						
G_8										⊙						
W_8										⊙						

图 10.6　RW 系数矩阵形态

表 10.7　WR 矩阵各变量具体形式

名称		内容	元素形式
质量守恒方程	线源井筒	第一行:井产量控制方程 F^W	$\left[\dfrac{\partial F_k^W}{\partial P_k}\quad \dfrac{\partial F_k^W}{\partial S_{w,k}}\quad \dfrac{\partial F_k^W}{\partial S_{g,k}}\right]$
	离散网格井筒	第一行:气组分质量守恒方程 F_g^W 第二行:油组分质量守恒方程 F_o^W 第三行:水组分质量守恒方程 F_w^W	$\begin{bmatrix}\dfrac{\partial F_{g,k}^W}{\partial P_k} & \dfrac{\partial F_{g,k}^W}{\partial S_{w,k}} & \dfrac{\partial F_{g,k}^W}{\partial S_{g,k}}\\[6pt] \dfrac{\partial F_{o,k}^W}{\partial P_k} & \dfrac{\partial F_{o,k}^W}{\partial S_{w,k}} & \dfrac{\partial F_{o,k}^W}{\partial S_{g,k}}\\[6pt] \dfrac{\partial F_{w,k}^W}{\partial P_k} & \dfrac{\partial F_{w,k}^W}{\partial S_{w,k}} & \dfrac{\partial F_{w,k}^W}{\partial S_{g,k}}\end{bmatrix}$
	多段井井筒	第一行:井筒压降方程 F_P^W 第二行:气组分质量守恒方程 F_g^W 第三行:油组分质量守恒方程 F_o^W 第四行:水组分质量守恒方程 F_w^W	$\begin{bmatrix}\dfrac{\partial F_{P,k}^W}{\partial P_k} & \dfrac{\partial F_{P,k}^W}{\partial S_{w,k}} & \dfrac{\partial F_{P,k}^W}{\partial S_{g,k}}\\[6pt] \dfrac{\partial F_{g,k}^W}{\partial P_k} & \dfrac{\partial F_{g,k}^W}{\partial S_{w,k}} & \dfrac{\partial F_{g,k}^W}{\partial S_{g,k}}\\[6pt] \dfrac{\partial F_{o,k}^W}{\partial P_k} & \dfrac{\partial F_{o,k}^W}{\partial S_{w,k}} & \dfrac{\partial F_{o,k}^W}{\partial S_{g,k}}\\[6pt] \dfrac{\partial F_{w,k}^W}{\partial P_k} & \dfrac{\partial F_{w,k}^W}{\partial S_{w,k}} & \dfrac{\partial F_{w,k}^W}{\partial S_{g,k}}\end{bmatrix}$

续表

名称	内容		元素形式
主变量	线源井筒	第一列:油藏压力 P_o	—
	离散网格井筒	第二列:含气饱和度 S_g	
	多段井井筒	第三列:含水饱和度 S_w	

按照表10.7中的求导规则,结合第四章第三节模型部分的数学模型,以多段井处理方式为例,得到WR系数矩阵各变量导数的通式如表10.8所示。

表10.8　RW矩阵各变量导数通式

变量	油组分方程	气组分方程	水组分方程
$\delta P_{o,i}$	c_3	c_3'	c_3''
$\delta S_{g,i}$	c_4	c_4'	—
$\delta S_{w,i}$	c_5	c_5'	c_4''

当致密油气藏数值模拟网格形态及连接关系如图10.4时,油藏中R7、R8、R5网格分别与多段井的W2、W3、W4相连,WR部分为矩阵形态如图10.7所示。

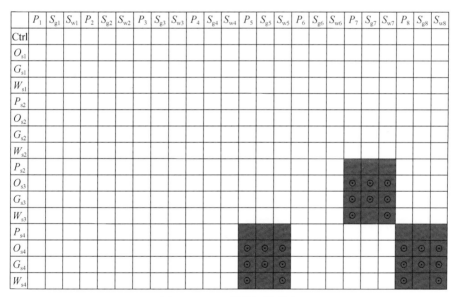

图10.7　RW部分矩阵形态

4)隐式井方程对井变量矩阵(WW)的生成

WW矩阵表示井方程对井变量的系数矩阵,其构成为:复杂结构井控制方程对射孔处所在的井网格及相邻井网格内井筒压力、井筒内流体混合流速、井筒内含油饱和度、井筒内含气饱和度共四个求解变量的偏导数,对于每个射孔井网格,具体如表10.9所示。

表 10.9　WW 矩阵各变量具体形式

名称	内容		元素形式
质量守恒方程	线源井筒	第一行:井产量控制方程 F^{W}	—
	离散网格井筒	第一行:气组分质量守恒方程 $F_{\mathrm{g}}^{\mathrm{W}}$ 第二行:油组分质量守恒方程 $F_{\mathrm{o}}^{\mathrm{W}}$ 第三行:水组分质量守恒方程 $F_{\mathrm{w}}^{\mathrm{W}}$	
	多段井井筒	第一行:井筒压降方程 $F_{\mathrm{P}}^{\mathrm{W}}$ 第二行:气组分质量守恒方程 $F_{\mathrm{g}}^{\mathrm{W}}$ 第三行:油组分质量守恒方程 $F_{\mathrm{o}}^{\mathrm{W}}$ 第四行:水组分质量守恒方程 $F_{\mathrm{w}}^{\mathrm{W}}$	
主变量	线源井筒	第一列:井筒压力 P^{W}	$\left[\dfrac{\partial F_k^{\mathrm{W}}}{\partial P_k^{\mathrm{W}}}\right]$
	离散网格井筒	第一列:井网格压力 P^{W} 第二列:井网格含气饱和度 S_{g} 第三列:井网格含水饱和度 S_{w}	$\begin{bmatrix} \dfrac{\partial F_{\mathrm{g},k}^{\mathrm{W}}}{\partial P_k^{\mathrm{W}}} & \dfrac{\partial F_{\mathrm{g},k}^{\mathrm{W}}}{\partial S_{\mathrm{g},k}^{\mathrm{W}}} & \dfrac{\partial F_{\mathrm{g},k}^{\mathrm{W}}}{\partial S_{\mathrm{w},k}^{\mathrm{W}}} \\[2mm] \dfrac{\partial F_{\mathrm{o},k}^{\mathrm{W}}}{\partial P_k^{\mathrm{W}}} & \dfrac{\partial F_{\mathrm{o},k}^{\mathrm{W}}}{\partial S_{\mathrm{g},k}^{\mathrm{W}}} & \dfrac{\partial F_{\mathrm{o},k}^{\mathrm{W}}}{\partial S_{\mathrm{w},k}^{\mathrm{W}}} \\[2mm] \dfrac{\partial F_{\mathrm{w},k}^{\mathrm{W}}}{\partial P_k^{\mathrm{W}}} & \dfrac{\partial F_{\mathrm{w},k}^{\mathrm{W}}}{\partial S_{\mathrm{g},k}^{\mathrm{W}}} & \dfrac{\partial F_{\mathrm{w},k}^{\mathrm{W}}}{\partial S_{\mathrm{w},k}^{\mathrm{W}}} \end{bmatrix}$
	多段井井筒	第一列:井筒压力 P^{W} 第二列:井筒内流体混合速度 $V_{\mathrm{m}}^{\mathrm{W}}$ 第三列:井筒内持气率 $\alpha_{\mathrm{g}}^{\mathrm{W}}$ 第四列:井筒内持液率 $\alpha_{\mathrm{w}}^{\mathrm{W}}$	$\begin{bmatrix} \dfrac{\partial F_{\mathrm{P},k}^{\mathrm{W}}}{\partial P_k^{\mathrm{W}}} & \dfrac{\partial F_{\mathrm{P},k}^{\mathrm{W}}}{\partial V_{\mathrm{m},k}^{\mathrm{W}}} & \dfrac{\partial F_{\mathrm{P},k}^{\mathrm{W}}}{\partial \alpha_{\mathrm{g},k}^{\mathrm{W}}} & \dfrac{\partial F_{\mathrm{P},k}^{\mathrm{W}}}{\partial \alpha_{\mathrm{w},k}^{\mathrm{W}}} \\[2mm] \dfrac{\partial F_{\mathrm{g},k}^{\mathrm{W}}}{\partial P_k^{\mathrm{W}}} & \dfrac{\partial F_{\mathrm{g},k}^{\mathrm{W}}}{\partial V_{\mathrm{m},k}^{\mathrm{W}}} & \dfrac{\partial F_{\mathrm{g},k}^{\mathrm{W}}}{\partial \alpha_{\mathrm{g},k}^{\mathrm{W}}} & \dfrac{\partial F_{\mathrm{g},k}^{\mathrm{W}}}{\partial \alpha_{\mathrm{w},k}^{\mathrm{W}}} \\[2mm] \dfrac{\partial F_{\mathrm{o},k}^{\mathrm{W}}}{\partial P_k^{\mathrm{W}}} & \dfrac{\partial F_{\mathrm{o},k}^{\mathrm{W}}}{\partial V_{\mathrm{m},k}^{\mathrm{W}}} & \dfrac{\partial F_{\mathrm{o},k}^{\mathrm{W}}}{\partial \alpha_{\mathrm{g},k}^{\mathrm{W}}} & \dfrac{\partial F_{\mathrm{o},k}^{\mathrm{W}}}{\partial \alpha_{\mathrm{w},k}^{\mathrm{W}}} \\[2mm] \dfrac{\partial F_{\mathrm{w},k}^{\mathrm{W}}}{\partial P_k^{\mathrm{W}}} & \dfrac{\partial F_{\mathrm{w},k}^{\mathrm{W}}}{\partial V_{\mathrm{m},k}^{\mathrm{W}}} & \dfrac{\partial F_{\mathrm{w},k}^{\mathrm{W}}}{\partial \alpha_{\mathrm{g},k}^{\mathrm{W}}} & \dfrac{\partial F_{\mathrm{w},k}^{\mathrm{W}}}{\partial \alpha_{\mathrm{w},k}^{\mathrm{W}}} \end{bmatrix}$

按照表 10.9 中的求导规则,结合第四章第三节模型部分的数学模型,以多段井处理方式为例,得到 WW 系数矩阵各变量导数的通式如表 10.10 所示。

表 10.10　WW 矩阵各变量导数通式

未知变量	流体方程			压降方程
	油组分	气组分	水组分	
$\delta P_{\mathrm{o},i}$	c_3	c_3'	c_3''	—
$\delta S_{\mathrm{g},i}$	c_4	c_4'	—	
$\delta S_{\mathrm{w},i}$	c_5	c_5'	c_4''	
δP_{wfk}	$b_2^{\mathrm{W}} - a_2^{\mathrm{W}} + c_2$	$b_2'^{\mathrm{W}} - a_2'^{\mathrm{W}} + c_2'$	$b_2''^{\mathrm{W}} - a_2''^{\mathrm{W}} + c_2''$	d_2^{W}
$\delta \alpha_{\mathrm{o},k}$	$b_3^{\mathrm{W}} - a_5^{\mathrm{W}}$	$b_3'^{\mathrm{W}}$	$b_3''^{\mathrm{W}} - a_5''^{\mathrm{W}}$	—

续表

未知变量	流体方程			压降方程
	油组分	气组分	水组分	
$\delta\alpha_{g,k}$	$-a_6^{W}$	$b_4'^{W}-a_5'^{W}$	$b_4''^{W}-a_6''^{W}$	—
$\delta v_{m,k}$	$-a_4^{W}$	$-a_4'^{W}$	$-a_4''^{W}$	d_4^{W}
$\delta P_{wf,k-1}$	$-a_3^{W}$	$-a_3'^{W}$	$-a_3''^{W}$	d_3^{W}
$\delta\alpha_{o,k-1}$	$-a_8^{W}$	—	$-a_8''^{W}$	—
$\delta\alpha_{g,k-1}$	$-a_9^{W}$	$-a_7'^{W}$	$-a_9''^{W}$	—
$\delta v_{m,k-1}$	$-a_7^{W}$	$-a_6'^{W}$	$-a_7''^{W}$	—

当致密油气藏数值模拟网格形态及连接关系如图 10.4 所示时，WW 部分为矩阵形态如图 10.8 所示。

	P_{wf1}	α_{o1}	α_{g1}	v_{m1}	P_{wf2}	α_{o2}	α_{g2}	v_{m2}	P_{wf3}	α_{o3}	α_{g3}	v_{m3}	P_{wf4}	α_{o4}	α_{g4}	v_{m4}
Ctrl	⊙															
O_{s1}																
G_{s1}																
W_{s1}																
P_{s2}	⊙			⊙	⊙			⊙	⊙			⊙				
O_{s2}	⊙	⊙	⊙	⊙	⊙	⊙	⊙	⊙	⊙	⊙	⊙	⊙				
G_{s2}	⊙		⊙	⊙	⊙		⊙	⊙	⊙		⊙	⊙				
W_{s2}	⊙	⊙	⊙	⊙	⊙	⊙	⊙	⊙	⊙	⊙	⊙	⊙				
P_{s2}					⊙			⊙	⊙			⊙	⊙			⊙
O_{s3}					⊙	⊙	⊙	⊙	⊙	⊙	⊙	⊙	⊙	⊙	⊙	⊙
G_{s3}					⊙		⊙	⊙	⊙		⊙	⊙	⊙		⊙	⊙
W_{s3}					⊙	⊙	⊙	⊙	⊙	⊙	⊙	⊙	⊙	⊙	⊙	⊙
P_{s4}									⊙			⊙	⊙			⊙
O_{s4}									⊙	⊙	⊙	⊙	⊙	⊙	⊙	⊙
G_{s4}									⊙		⊙	⊙	⊙		⊙	⊙
W_{s4}									⊙	⊙	⊙	⊙	⊙	⊙	⊙	⊙

图 10.8　WW 部分矩阵形态

2. 方程右端项的生成

根据牛顿拉弗逊方法的原理，方程右端项矩阵为 n 时间步方程残差值乘以−1 的结果，即在 v 迭代步的 $\vec{R}^{(v)}$ 乘以−1，如下式所示：

$$J^{(v)}\delta\vec{x}^{(v+1)}=-\vec{R}^{(v)}$$

式中，$J^{(v)}$ 为系数矩阵，$J=\begin{bmatrix}\mathrm{RR} & \mathrm{RW}\\ \mathrm{WR} & \mathrm{WW}\end{bmatrix}$；$\delta\vec{x}^{(v+1)}=\vec{x}^{(v+1)}-\vec{x}^{(v)}$ 为 $v+1$ 与 v 迭代步之间油藏变

量的变化量, $\vec{x}$ 为主变量, $\vec{x} = [P, S_g, S_w]^T$; $\vec{R}^{(v)}$ 为方程在第 v 个迭代步时的残差值, $\vec{R} = [R_R, R_W]^T$。

3. 矩阵生成流程

针对致密砂岩油气储层纳微米孔隙、复杂天然–人工裂缝网络等不同尺度多重介质、复杂结构井,以及复杂地质边界等因素导致矩阵形态复杂、常规结构网格无法描述的问题,基于非结构网格连通表信息,根据稀疏矩阵求导法则,形成了基于非结构网格的多重介质高效矩阵生成技术,技术流程如图 10.9 所示。

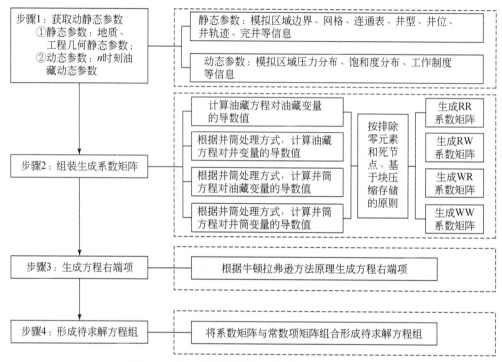

图 10.9　基于非结构网格的高效矩阵生成流程图

(三) 矩阵的非零结构及其影响因素

致密油气数值模拟的系数矩阵形态受变量、渗流机理、复杂结构井、非结构网格类型等多种因素影响,不同矩阵形态所对应的线性代数方程组求解速度和精度差异大。

1. 变量对矩阵形态的影响

若子矩阵中变量构成不变,则变量将不影响矩阵宏观形态。如图 10.10 所示,RR 部分矩阵由若干个子矩阵组成,子矩阵的位置、排列影响矩阵形态,而子矩阵变量的变化对宏观矩阵形态无影响。

子矩阵中的变量:压力、饱和度。

图 10.10 RR 部分矩阵形态（$J=$ 行，列 1—15）：

J=	1	2	3	4	5	6	7	8	9	10	11	12	12	14	15
1	$\frac{\partial \vec R_{11}}{\partial \vec x_{11}}$	$\frac{\partial \vec R_{11}}{\partial \vec x_{21}}$				$\frac{\partial \vec R_{11}}{\partial \vec x_{12}}$									
2	$\frac{\partial \vec R_{21}}{\partial \vec x_{11}}$	$\frac{\partial \vec R_{21}}{\partial \vec x_{21}}$	$\frac{\partial \vec R_{21}}{\partial \vec x_{31}}$				$\frac{\partial \vec R_{21}}{\partial \vec x_{22}}$								
3		$\frac{\partial \vec R_{31}}{\partial \vec x_{21}}$	$\frac{\partial \vec R_{31}}{\partial \vec x_{31}}$	$\frac{\partial \vec R_{31}}{\partial \vec x_{41}}$				$\frac{\partial \vec R_{31}}{\partial \vec x_{32}}$							
4			$\frac{\partial \vec R_{41}}{\partial \vec x_{31}}$	$\frac{\partial \vec R_{41}}{\partial \vec x_{41}}$	$\frac{\partial \vec R_{41}}{\partial \vec x_{51}}$				$\frac{\partial \vec R_{41}}{\partial \vec x_{42}}$						
5				$\frac{\partial \vec R_{51}}{\partial \vec x_{41}}$	$\frac{\partial \vec R_{51}}{\partial \vec x_{51}}$					$\frac{\partial \vec R_{51}}{\partial \vec x_{52}}$					
6	$\frac{\partial \vec R_{12}}{\partial \vec x_{11}}$					$\frac{\partial \vec R_{12}}{\partial \vec x_{12}}$	$\frac{\partial \vec R_{12}}{\partial \vec x_{22}}$				$\frac{\partial \vec R_{12}}{\partial \vec x_{13}}$				
7		$\frac{\partial \vec R_{22}}{\partial \vec x_{21}}$				$\frac{\partial \vec R_{22}}{\partial \vec x_{12}}$	$\frac{\partial \vec R_{22}}{\partial \vec x_{22}}$	$\frac{\partial \vec R_{22}}{\partial \vec x_{32}}$				$\frac{\partial \vec R_{22}}{\partial \vec x_{23}}$			
8			$\frac{\partial \vec R_{32}}{\partial \vec x_{31}}$				$\frac{\partial \vec R_{32}}{\partial \vec x_{22}}$	$\frac{\partial \vec R_{32}}{\partial \vec x_{32}}$	$\frac{\partial \vec R_{32}}{\partial \vec x_{42}}$				$\frac{\partial \vec R_{32}}{\partial \vec x_{33}}$		
9				$\frac{\partial \vec R_{42}}{\partial \vec x_{41}}$			$\frac{\partial \vec R_{42}}{\partial \vec x_{32}}$		$\frac{\partial \vec R_{42}}{\partial \vec x_{42}}$	$\frac{\partial \vec R_{42}}{\partial \vec x_{52}}$				$\frac{\partial \vec R_{42}}{\partial \vec x_{43}}$	
10					$\frac{\partial \vec R_{52}}{\partial \vec x_{51}}$				$\frac{\partial \vec R_{52}}{\partial \vec x_{42}}$	$\frac{\partial \vec R_{52}}{\partial \vec x_{52}}$					$\frac{\partial \vec R_{52}}{\partial \vec x_{53}}$
11						$\frac{\partial \vec R_{13}}{\partial \vec x_{12}}$					$\frac{\partial \vec R_{13}}{\partial \vec x_{13}}$	$\frac{\partial \vec R_{13}}{\partial \vec x_{23}}$			
12							$\frac{\partial \vec R_{23}}{\partial \vec x_{22}}$				$\frac{\partial \vec R_{23}}{\partial \vec x_{13}}$	$\frac{\partial \vec R_{23}}{\partial \vec x_{23}}$	$\frac{\partial \vec R_{23}}{\partial \vec x_{33}}$		
13								$\frac{\partial \vec R_{33}}{\partial \vec x_{32}}$				$\frac{\partial \vec R_{33}}{\partial \vec x_{23}}$	$\frac{\partial \vec R_{33}}{\partial \vec x_{33}}$	$\frac{\partial \vec R_{33}}{\partial \vec x_{43}}$	
14									$\frac{\partial \vec R_{43}}{\partial \vec x_{42}}$				$\frac{\partial \vec R_{43}}{\partial \vec x_{33}}$	$\frac{\partial \vec R_{43}}{\partial \vec x_{43}}$	$\frac{\partial \vec R_{43}}{\partial \vec x_{53}}$
15										$\frac{\partial \vec R_{53}}{\partial \vec x_{52}}$				$\frac{\partial \vec R_{53}}{\partial \vec x_{43}}$	$\frac{\partial \vec R_{53}}{\partial \vec x_{53}}$

图 10.10　RR 部分矩阵形态

$$\frac{\partial \vec R_{i,j}}{\partial \vec x_{l,m}} = \begin{bmatrix} \dfrac{\partial \vec R_{i,j}^{\,o}}{\partial P_{ol,m}} & \dfrac{\partial \vec R_{i,j}^{\,o}}{\partial S_{wl,m}} & \dfrac{\partial \vec R_{i,j}^{\,o}}{\partial S_{gl,m}} \\[2mm] \dfrac{\partial \vec R_{i,j}^{\,w}}{\partial P_{ol,m}} & \dfrac{\partial \vec R_{i,j}^{\,w}}{\partial S_{wl,m}} & \dfrac{\partial \vec R_{i,j}^{\,w}}{\partial S_{gl,m}} \\[2mm] \dfrac{\partial \vec R_{i,j}^{\,g}}{\partial P_{ol,m}} & \dfrac{\partial \vec R_{i,j}^{\,g}}{\partial S_{wl,m}} & \dfrac{\partial \vec R_{i,j}^{\,g}}{\partial S_{gl,m}} \end{bmatrix}$$

2. 渗流机理对矩阵形态的影响

当考虑扩散、滑脱、启动压力梯度、高速非线性渗流、应力敏感、渗吸、解吸附机理时,矩阵中流动项与累积项的计算随之变动,但矩阵形态保持不变(图 10.11)。

其中,流动项 F_B^{T} 包括扩散、滑脱、启动压力梯度、高速非线性渗流、应力敏感、渗吸机理的表达式为

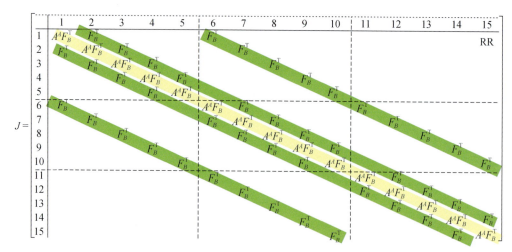

图 10.11　考虑渗流机理的 RR 部分矩阵形态

$$
F_B^{\mathrm{T}} = -\frac{\partial\, \vec{F}_B^{D,K,G,F,M,I}}{\partial \vec{x}} = \frac{\partial \vec{R}_{i,j}}{\partial \vec{x}_{l,m}} =
\begin{bmatrix}
\dfrac{\partial \vec{R}_{i,j}^{\mathrm{o}}}{\partial P_{ol,m}} & \dfrac{\partial \vec{R}_{i,j}^{\mathrm{o}}}{\partial S_{wl,m}} & \dfrac{\partial \vec{R}_{i,j}^{\mathrm{o}}}{\partial S_{gl,m}} \\[3mm]
\dfrac{\partial \vec{R}_{i,j}^{\mathrm{w}}}{\partial P_{ol,m}} & \dfrac{\partial \vec{R}_{i,j}^{\mathrm{w}}}{\partial S_{wl,m}} & \dfrac{\partial \vec{R}_{i,j}^{\mathrm{w}}}{\partial S_{gl,m}} \\[3mm]
\dfrac{\partial \vec{R}_{i,j}^{\mathrm{g}}}{\partial P_{ol,m}} & \dfrac{\partial \vec{R}_{i,j}^{\mathrm{g}}}{\partial S_{wl,m}} & \dfrac{\partial \vec{R}_{i,j}^{\mathrm{g}}}{\partial S_{gl,m}}
\end{bmatrix}
$$

累积项与流动项的耦合表达式为(其中 A^A 表示包括解吸附机理):

$$
A^A F_B^{\mathrm{T}} = \frac{\partial \vec{A}}{\partial \vec{x}} - \frac{\partial\, \vec{F}_B^{D,K,G,F,M,I}}{\partial \vec{x}} = \frac{\partial \vec{R}_{i,j}}{\partial \vec{x}_{l,m}} =
\begin{bmatrix}
\dfrac{\partial \vec{R}_{i,j}^{\mathrm{o}}}{\partial P_{ol,m}} & \dfrac{\partial \vec{R}_{i,j}^{\mathrm{o}}}{\partial S_{wl,m}} & \dfrac{\partial \vec{R}_{i,j}^{\mathrm{o}}}{\partial S_{gl,m}} \\[3mm]
\dfrac{\partial \vec{R}_{i,j}^{\mathrm{w}}}{\partial P_{ol,m}} & \dfrac{\partial \vec{R}_{i,j}^{\mathrm{w}}}{\partial S_{wl,m}} & \dfrac{\partial \vec{R}_{i,j}^{\mathrm{w}}}{\partial S_{gl,m}} \\[3mm]
\dfrac{\partial \vec{R}_{i,j}^{\mathrm{g}}}{\partial P_{ol,m}} & \dfrac{\partial \vec{R}_{i,j}^{\mathrm{g}}}{\partial S_{wl,m}} & \dfrac{\partial \vec{R}_{i,j}^{\mathrm{g}}}{\partial S_{gl,m}}
\end{bmatrix}
$$

3. 复杂结构井对矩阵形态的影响

复杂结构井位于矩阵最右边和最下边的"镶边对称条带",其中 RW、WR 形态仅与射孔井筒段相关,WW 形态与所有井筒段相关,井筒段越多,条带越宽,矩阵越复杂。

当多段井为直井时,总井筒段 4 个,其中射孔段 3 个,其矩阵形态如图 10.12 所示,RR 形态不受影响。

当多段井为丛式水平井时,总井筒段 8 个,其中射孔段 4 个,其矩阵形态如图 10.13 所示,RR 形态不受影响。

4. 非结构网格对矩阵形态的影响

矩阵形态与非结构网格排序密切相关,矩阵整体关于主对角线对称,非零元素在主对角

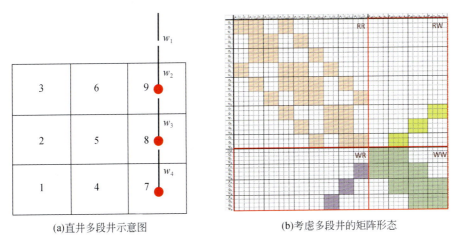

(a)直井多段井示意图　　　　　(b)考虑多段井的矩阵形态

图 10.12　直井多段井

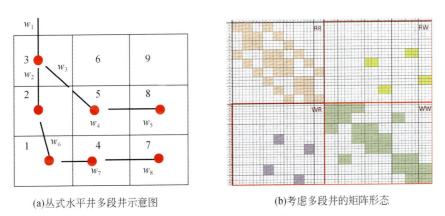

(a)丛式水平井多段井示意图　　　(b)考虑多段井的矩阵形态

图 10.13　丛式水平井多段井

线上呈带状排列,在其两侧零星分布,每行的非零元素位置无规律。

　　如图 10.14 所示,基于结构网格的 Jacobin 矩阵中,非零元素有规律的以对角线的形式分布在主对角线上及其两侧,呈带状排列。

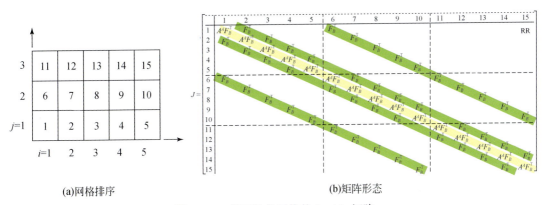

(a)网格排序　　　　　　　　(b)矩阵形态

图 10.14　基于结构网格的 Jacobin 矩阵

基于非结构网格的 Jacobin 矩阵中(图 10.15),非零元素在主对角线上呈带状排列,主对角线两侧分布无规律。

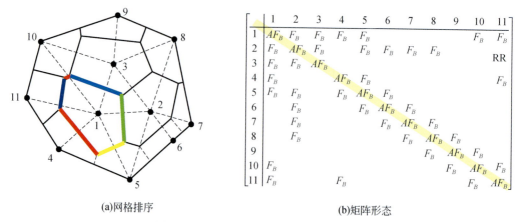

(a)网格排序　　　　　　　　　　　(b)矩阵形态

图 10.15　基于非结构网格的 Jacobin 矩阵

5. 不同类型非结构网格对矩阵形态的影响

不同网格类型,邻接网格个数不同,因此矩阵非零元素个数不同;通常情况下,同一模型中网格种类越多,矩阵形态越复杂,将三角形网格、PEBI 网格、混合网格进行对比如下(图 10.16 ~ 图 10.18)。

1)三角形网格

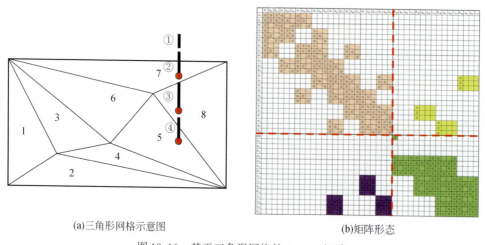

(a)三角形网格示意图　　　　　　　　(b)矩阵形态

图 10.16　基于三角形网格的 Jacobin 矩阵

2)PEBI 网格

3)混合网格

6. 网格排序对矩阵形态的影响

网格排序和邻接网格个数决定网格邻接关系,网格邻接关系直接决定矩阵形态;网格类

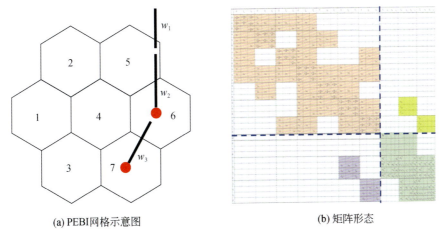

(a) PEBI网格示意图　　　　　　(b) 矩阵形态

图10.17　基于 PEBI 网格的 Jacobin 矩阵

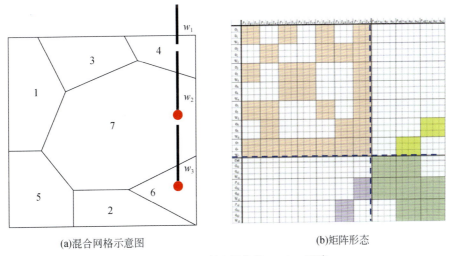

(a)混合网格示意图　　　　　　(b)矩阵形态

图10.18　基于混合网格的 Jacobin 矩阵

型不同,但邻接关系相似,矩阵形态相似。

对比图10.17与图10.19可得,二者网格形状不同,但网格排序相似,因此得到的矩阵形态相似。

对比图10.18与图10.19可得,二者网格形状相同,但网格排序不同,因此得到的矩阵形态差异较大。

7. 多重介质对矩阵形态的影响

当模型为多重介质时,主对角线上同一介质的非零元素呈块状聚集,反映了同一介质内部的流量交换;主对角线两侧非零元素分布与网格排序有关,反映了不同介质间的相互窜流;RW 与 WR 反映了介质与井筒的耦合流动,如图10.20 所示。

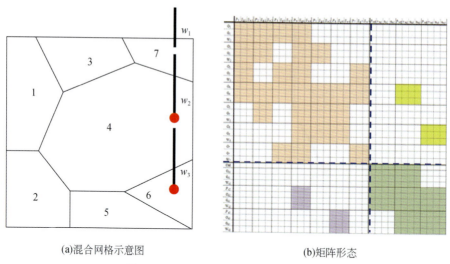

(a)混合网格示意图　　　　　　　　(b)矩阵形态

图 10.19　基于混合网格的 Jacobin 矩阵

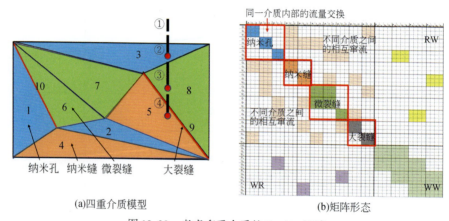

(a)四重介质模型　　　　　　　　　(b)矩阵形态

图 10.20　考虑多重介质的 Jacobin 矩阵

二、复杂结构矩阵的压缩存储技术

致密砂岩油气储层具有纳微米孔隙、复杂天然－人工裂缝网络等不同尺度多重介质、复杂结构井，以及复杂地质边界等特点，导致数值模拟网格死节点、矩阵零元素增多（表 10.11），不仅浪费大量矩阵存储空间，而且存在搜索次数增多、拖慢计算速度的问题（表 10.12）。因此，需发展适合于致密砂岩油气藏复杂结构矩阵的压缩存储技术，节省储存空间，提高计算效率（Lim and Aziz，1995；Jiang，2007；王宝华等，2013）。

表 10.11 复杂结构矩阵压缩存储技术对比表

项目	网格死节点	矩阵零元素
定义	对于没有储集能力(孔隙度为0)、没有渗流能力(渗透率为0)、没有体积(厚度为0)的数值模拟网格节点,离散后该网格在稀疏系数矩阵中所对应的元素值都等于零,这些网格节点称为死节点	数值离散后的稀疏系数矩阵中等于零的元素值,均成为矩阵零元素
形成的原因	当网格属性中的以下属性值等于零: ①孔隙度等于零; ②渗透率等于零; ③厚度等于零; 则离散后离散后该网格在稀疏系数矩阵中所对应的元素值都等于零	①对于非相邻的网格,由于空间上不存在邻接关系,因此需要用零填补空位,于是造成大量的零元素存在; ②空间相邻但却不连通(譬如由于断层的存在),这意味着网格与非相邻网格之间不发生物质、动量和能量交换,这导致离散后形成的雅可比矩阵包含了大量零元素
网格图示	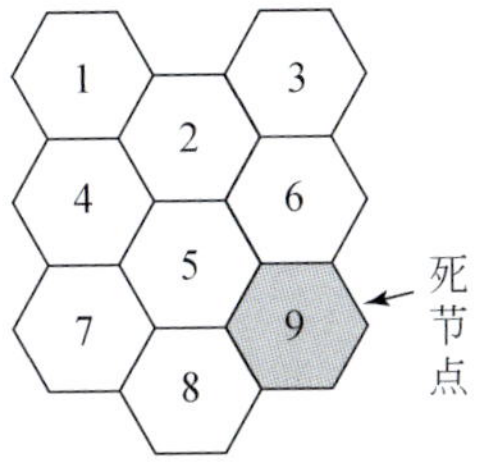	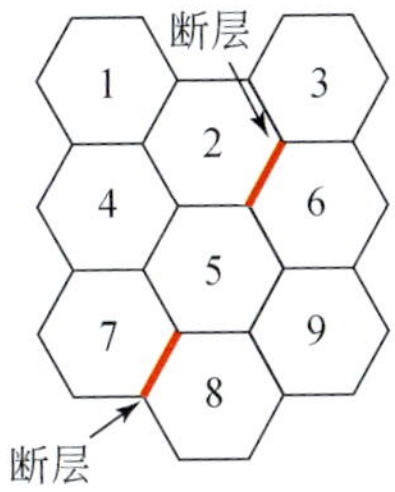
连通表 (网格间连接关系部分)	<table><tr><td>中心网格</td><td>相邻网格</td></tr><tr><td>1</td><td>2,4</td></tr><tr><td>2</td><td>1,3,4,5,6</td></tr><tr><td>3</td><td>2,6</td></tr><tr><td>4</td><td>1,2,5,7</td></tr><tr><td>5</td><td>2,4,6,7,8</td></tr><tr><td>6</td><td>2,3,5</td></tr><tr><td>7</td><td>4,5,8</td></tr><tr><td>8</td><td>5,7</td></tr></table>	<table><tr><td>中心网格</td><td>相邻网格</td></tr><tr><td>1</td><td>2,4</td></tr><tr><td>2</td><td>1,3,4,5</td></tr><tr><td>3</td><td>2,6</td></tr><tr><td>4</td><td>1,2,5,7</td></tr><tr><td>5</td><td>2,4,6,7,8</td></tr><tr><td>6</td><td>3,5</td></tr><tr><td>7</td><td>4,5</td></tr><tr><td>8</td><td>5,9</td></tr><tr><td>9</td><td>5,6,8</td></tr></table>
对应矩阵图示	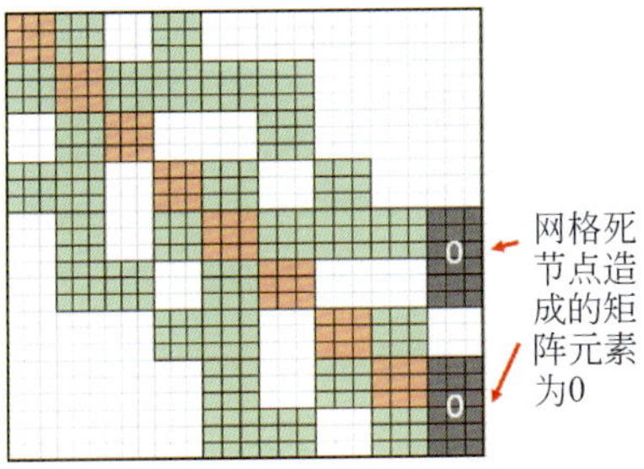	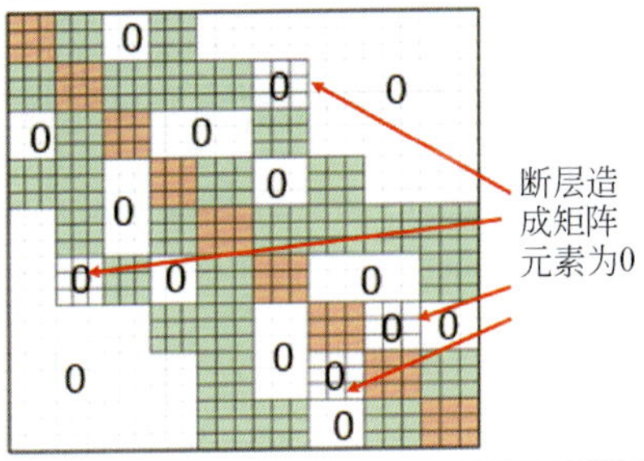

表 10.12　点压缩与块压缩存储对比表

项目	块压缩存储	点压缩存储	非压缩存储
存储量对比 （矩阵规模 5000 阶）	2.3MB	2.84MB	190.7MB
非零元素 搜索次数对比 （矩阵规模 5000 阶）	13900 次	295200 次	—
适用条件	三相情况	两相情况	所有情况

针对致密砂岩油气藏复杂渗流模型离散后的系数矩阵具有典型块状结构的特点（图 10.21），以大幅度降低内存消耗量、提高计算速度为目标，发展形成了针对致密砂岩油气藏的基于点和块的排除零元素及死节点的压缩存储技术。

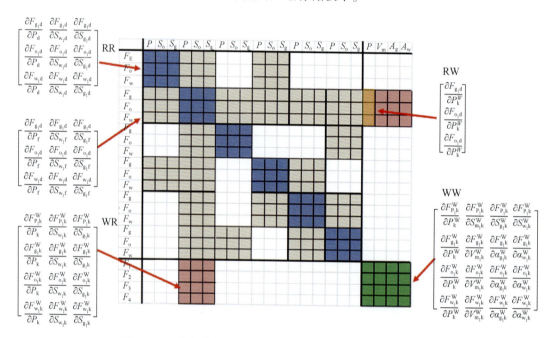

图 10.21　致密砂岩油气藏数值模拟块状系数矩阵结构示意图

（一）基于点的排除零元素和死节点压缩存储技术

针对致密砂岩油气储层存在大量死节点，与非结构网格共同导致矩阵存在大量零元素的特点，本书发展形成了基于点的排除零元素和死节点压缩存储技术（图 10.22）。

1. 基于点的排除零元素和死节点压缩存储技术流程

针对一个有 $n_{\text{row}} \times n_{\text{col}}$ 共 N 个非零元素的矩阵，采用三套数组分别存储元素数值、行指针地址、列序号数组，每套数组的存储顺序原则是先按行，再按列，逐行逐列的扫描矩阵，遇到非零元素则存储，遇到零元素则跳过，形成了基于点的排除零元素和死节点压缩存储技术。

该项技术的目的是通过元素行号、列号及数值，直接快速还原系数矩阵，为迭代求解做准备。

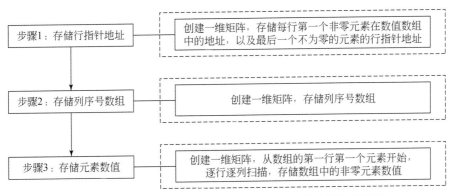

图 10.22　基于点的排除零元素和死节点压缩存储技术流程图

2. 实例说明

为了具体说明本书的方法，下面以一个 5×5 的共 11 个非零元素的矩阵为例说明（图 10.23）。

	第1列	第2列	第3列	第4列	第5列
第1行	10.0①	19.0②	0.0	0.0	0.0
第2行	8.0③	13.0④	0.0	0.0	0.0
第3行	0.0	0.0	12.0⑤	11.0⑥	12.0⑦
第4行	0.0	0.0	8.0⑧	20.0⑨	0.0
第5行	10.0⑩	0.0	0.0	0.0	16.0⑪

图 10.23　系数矩阵举例

每个元素值、行号及列号对应关系如表 10.13 所示。

表 10.13　系数矩阵元素值与行号、列号的对应关系

序号	①	②	③	④	⑤	⑥	⑦	⑧	⑨	⑩	⑪
元素值	10. 0	19. 0	8. 0	13. 0	12. 0	11. 0	12. 0	8. 0	20. 0	10. 0	16. 0
行号	1	1	2	2	3	3	3	4	4	5	5
列号	1	2	1	2	3	4	5	3	4	1	5

按照本书方法，将每个步骤所生成的一维矩阵均列在表 10.14 中。

表 10.14　压缩存储生成的三套矩阵数据表

顺序	序号	①	②	③	④	⑤	⑥	⑦	⑧	⑨	⑩	⑪
步骤 1	元素数值矩阵	10. 0	19. 0	8. 0	13. 0	12. 0	11. 0	12. 0	8. 0	20. 0	10. 0	16. 0
步骤 2	行指针位置矩阵	1	—	2	—	3	—	—	4	—	5	6
步骤 3	列序号矩阵	1	2	1	2	3	4	5	3	4	1	5

对比表 10.14 和表 10.13，可以看出，压缩后的矩阵中没有了零元素，而且表 10.14 比表 10.13 中的行指针地址矩阵又进行了进一步的压缩，使得最终存储矩阵的数组容量最小，达到了压缩存储的目的。

（二）基于块的排除零元素和死节点压缩存储技术

基于点的排除零元素和死节点压缩存储技术虽然能够有效减少内存的损耗，但压缩过程中仍需要搜寻每个元素，仍比较费时。对于我们所研究的致密砂岩油气储层，由于多重介质、多相流体、复杂结构井、多求解变量导致复杂渗流模型离散后的矩阵具有典型的块状结构，针对此特点，本书以块为单位存储系数矩阵中的非零元素，大幅度提高了数据排列紧凑性和计算速度，形成了基于块的排除零元素和死节点压缩存储技术（图 10.24）。

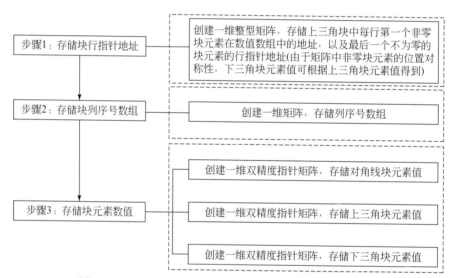

图 10.24　基于块的排除零元素和死节点压缩存储技术流程

1. 基于块的排除零元素和死节点压缩存储技术流程

在方程系数矩阵的压缩存储过程中，始终以块为基本单元，采取"先对角后非对角、先行后列、从左至右"的顺序存储矩阵，将整个系数矩阵按照块为基础的原则存储于一个大型一维数组中。

2. 实例说明

为了具体说明本书的方法，下面以图 10.25 的方程系数矩阵为例说明。

步骤 1：创建一个一维矩阵，以块为基本单元，采取"先对角后非对角、先行后列、从左至右"的顺序存储矩阵，将位于对角线上的矩阵元素按照块为基础的原则存储于一个大型一维数组中（图 10.26）。

创建一个一维矩阵，存储上三角矩阵（图 10.27）。

创建一个一维矩阵，存储下三角矩阵（图 10.28）。

	P_1	S_{g1}	S_{w1}	P_2	S_{g2}	S_{w3}	P_3	S_{g3}	S_{w3}	P_4	S_{g4}	S_{w4}	P_5	S_{g5}	S_{w5}	P_6	S_{g6}	S_{w6}	P^W	α_g	α_w	V_m
O_1	1	4	7	71	74	77				80	83	86										
G_1	2	5	8	72	75	78				81	84	87										
W_1	3	6	9	73	76	79				82	85	88										
O_2	164	167	170	10	13	16	89	92	95	98	101	104	107	110	113	116	119	122	125	128	131	134
G_2	165	168	171	11	14	17	90	93	96	99	102	105	108	111	114	117	120	123	126	129	132	135
W_2	166	169	172	12	15	18	91	94	97	100	103	106	109	112	115	118	121	124	127	130	133	136
O_3				173	176	179	19	23	25							137	140	143				
G_3				174	177	180	20	23	26							138	141	144				
W_3				175	178	181	21	24	27							139	142	145				
O_4	182	185	188	191	194	197				28	31	34	146	149	152							
G_4	183	186	189	192	195	198				29	32	35	147	150	153							
W_4	184	187	190	193	196	199				30	33	36	148	151	154							
O_5				200	203	206				209	212	215	37	40	43	155	158	161				
G_5				201	204	207				210	213	216	38	41	44	156	159	162				
W_5				202	205	208				211	214	217	39	42	45	157	160	163				
O_6				218	221	224	227	230	233				236	239	242	46	49	52				
G_6				219	222	225	228	231	234				237	240	243	47	50	53				
W_6				220	223	226	229	232	235				238	241	244	48	51	54				
Ctrl				245	249	253													55	59	63	67
O^W				246	250	254													56	60	64	68
G^W				247	251	255													57	61	65	69
W^W				248	252	256													58	62	66	70

图 10.25 块存储前的初始矩阵

1	2	3	4	5	6	7	8	9	10	11	12	13	14	15	16	17	18
19	20	21	22	23	24	25	26	27	28	29	30	31	32	33	34	35	36
37	38	39	40	41	42	43	44	45	46	47	48	49	50	51	52	53	54
55	56	57	58	59	60	61	62	63	64	65	66	67	68	69	70		

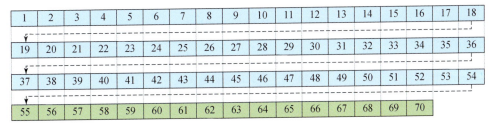

图 10.26 对角线元素数组

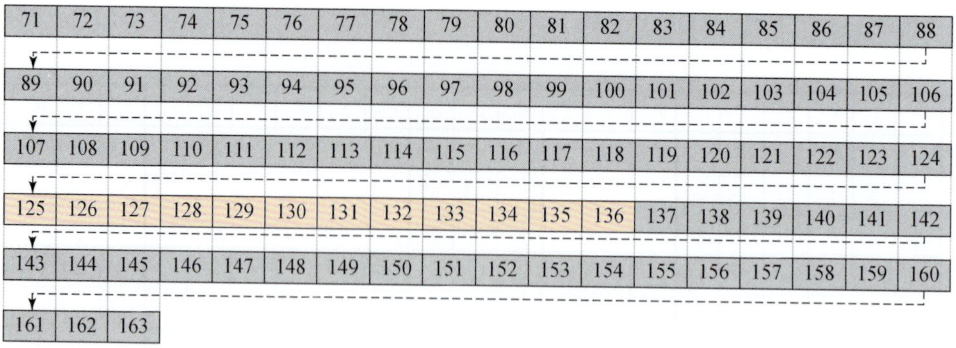

71	72	73	74	75	76	77	78	79	80	81	82	83	84	85	86	87	88
89	90	91	92	93	94	95	96	97	98	99	100	101	102	103	104	105	106
107	108	109	110	111	112	113	114	115	116	117	118	119	120	121	122	123	124
125	126	127	128	129	130	131	132	133	134	135	136	137	138	139	140	141	142
143	144	145	146	147	148	149	150	151	152	153	154	155	156	157	158	159	160
161	162	163															

图 10.27　上对角线元素数组

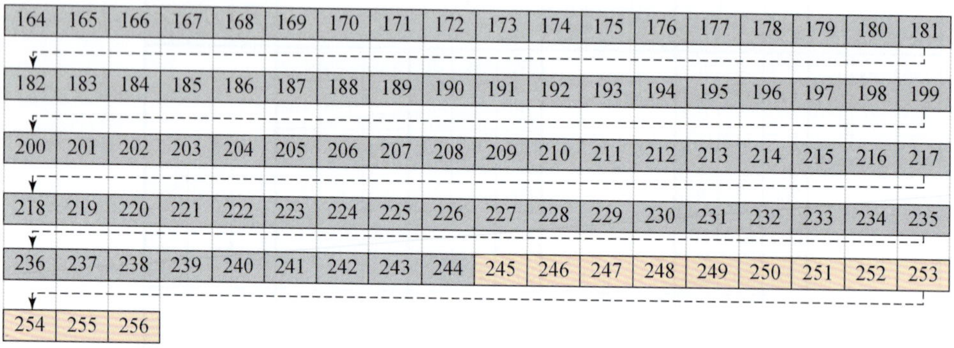

164	165	166	167	168	169	170	171	172	173	174	175	176	177	178	179	180	181
182	183	184	185	186	187	188	189	190	191	192	193	194	195	196	197	198	199
200	201	202	203	204	205	206	207	208	209	210	211	212	213	214	215	216	217
218	219	220	221	222	223	224	225	226	227	228	229	230	231	232	233	234	235
236	237	238	239	240	241	242	243	244	245	246	247	248	249	250	251	252	253
254	255	256															

图 10.28　下对角线元素数组

步骤 2:创建一维整型数组存储上三角形块矩阵第一个不为零的元素的行号和列号（表 10.15）。

表 10.15　行列序号数组表格

序号	71	80	137	146	155	163
行序号位置	1	1	3	4	5	—
列序号位置	2	4	6	5	6	—

步骤 3:创建一维整型数组存储上三角形块矩阵第一个不为零的元素的行号和列号（表 10.16）。

表 10.16　行列序号数组表格

序号	164	173	182	200	209	218	236	245	256
行序号位置	2	3	4	5	5	6	6	7	—
列序号位置	1	2	1	2	4	2	5	2	—

按照以上步骤,块内元素紧邻连续排列,网格变量集中,便于整体求解,提高了计算速度。

第二节　基于非结构网格的多重介质线性代数方程组高效求解技术

致密砂岩油气藏渗流模型由压力及饱和度的非线性偏微分方程及复杂结构井的代数方程耦合而成，如图10.29所示，方程系数矩阵具有强间断性、强非线性、强耦合性、空间和时间上多尺度等特征。

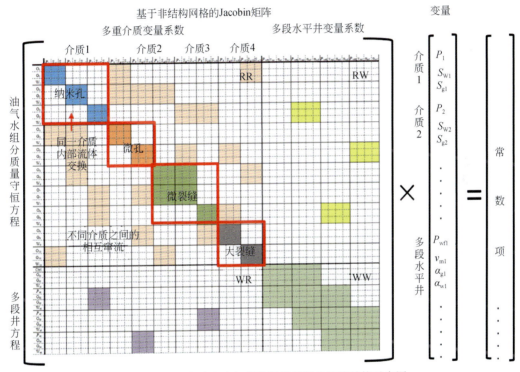

图 10.29　致密砂岩油气藏数值模拟复杂矩阵结构示意图

经过离散和线性化后，可以得到形如 $Ax=b$ 的代数方程组，其中系数矩阵 A 为大型稀疏矩阵，随着复杂渗流数学模型、结构/非结构网格、网格数目、复杂结构井、网格排序等因素的变化，系数矩阵也会随之发生变化（图 10.30）（Chen，2011；Russell，1989；Forsyth and Sammon，1986；Kazemi and Stephen，2012；Appleyard and Cheshire，1983）。

稀疏系数矩阵规模大、形态复杂、条件数大，导致线性代数方程组求解不稳定、收敛性差、计算速度慢。针对以上问题，本节对系数矩阵预处理技术和求解技术进行详细介绍。

一、系数矩阵预处理及求解技术概述

对于油藏数值模拟来说，常用线性代数方程组求解技术包括直接求解和迭代求解，直接求解法以高斯消去法为代表，由于直接求解法对矩阵的结构要求高、所需计算机内存大，因

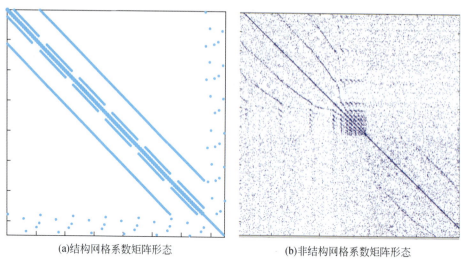

(a)结构网格系数矩阵形态　　　　　　　　　(b)非结构网格系数矩阵形态

图 10.30　稀疏系数矩阵形态

此适用性较差,目前已不再采用。迭代求解法指的是常用迭代法,如高斯赛德尔迭代、超松弛迭代法等,该方法简单易用,对计算机内存需求小,但对于大型稀疏矩阵,其迭代次数较多,计算时间较长,难以满足日常计算的要求。

在致密砂岩油气藏数值模拟过程中,考虑了复杂渗流机理以及采用了多重介质处理技术,使得非线性方程系数矩阵复杂,其特征值分布不均、条件数大,具有典型的病态特征,而迭代求解的 Krylov 子空间方法的收敛性强依赖于系数矩阵特征值的分布,导致求解过程中线性方程组收敛速度慢甚至很难收敛。为了解决这一问题,需要借助预处理方法改进系数矩阵的性态,去掉影响计算的不合理特征值。实践证明,好的预处理方法能够大大提高迭代法的收敛速度,减少模拟的时间。因此,对致密砂岩油气藏数值模拟的求解方法采用有预处理过程的线性代数方程组求解方法。常用预处理技术包括单变量多重网格 AMG 预处理技术和单变量不完全 LU 分解预处理技术,但对于具有复杂物理性质和耦合性质(压力、饱和度及井的耦合)的致密砂岩油气藏稀疏系数矩阵来说,AMG 法只能处理压力系数矩阵而无法直接求解这个系统,BILU 方法可以求解,但收敛一般很慢,因为它难以消除低频误差,所以利用常用单变量的预处理方法效果较差(表 10.17)。因此,根据致密砂岩油气藏稀疏系数矩阵的特点,即压力方程具有低频变量及椭圆形方程特征,饱和度方程具有高频变量及双曲形方程特征,采用压力方程和饱和度方程分别处理的思路,先用 AMG 方法处理压力系数矩阵,再用 BILU(0)方法处理整体系数矩阵,即 AMG+BILU 多重预处理技术对系数矩阵进行预处理。同时,根据致密砂岩油气藏非线性渗流模型的特点,采用基于块的广义最小残量法(GMRES)对线性代数方程组求解(Mora and Watt Enbarger,2009;Guo et al.,2014;Li and Johns,2006;Milad et al.,2013;Kalantari-Dahaghi et al.,2012;Olorode et al.,2013;刘艳霞,2009;施英等,2008;Chen et al.,2006;Li et al.,2011;Wu et al.,2012)。

表 10.17　技术对比表

分类		技术名称	解决的问题
预处理技术	常用技术	单变量 AMG 多重网格预处理技术	处理椭圆形方程的低频压力方程
		单变量 ILU 分解预处理技术	处理双曲型方程的高频饱和度方程
	高效技术	AMG+BILU 多重预处理技术	处理低频压力和高频饱和度方程
矩阵求解技术	常用技术	高斯消去技术	求解方程规模小、形态规则的矩阵
		高斯−赛德尔迭代技术	求解方程规模大、形态规则的矩阵
	高效技术	GMRES 法、稳定双共轭梯度技术	求解方程规模大、形态复杂的矩阵

本节从致密砂岩油气藏非线性渗流方程对压力和饱和度变量的不同特征出发,采用 AMG+BILU 方法处理系数矩阵,即首先解耦系数矩阵,再利用 AMG 法处理压力系数矩阵、BILU(0)法处理饱和度系数矩阵,最终由 GMRES 法整体联立求解,该方法集成多重预处理技术,快速求解致密砂岩油气藏渗流模拟中形成的复杂矩阵系统,具有精度高、稳定性强的特点。具体求解步骤如图 10.31 所示。

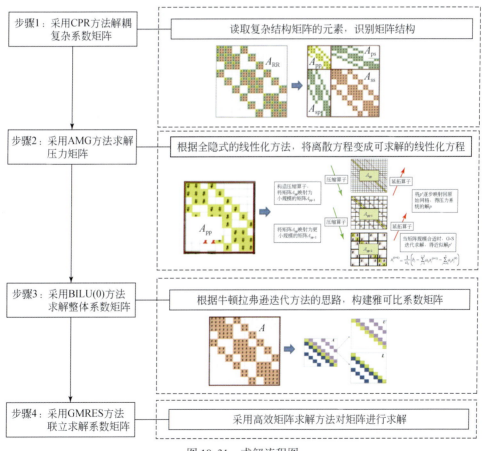

图 10.31　求解流程图

(一)预处理技术

预处理技术的主要策略是通过利用"预处理子"将原线性系统转化为易求解的等价线性系统

$$M^{-1}Ax = M^{-1}b(左预条件法)$$

或

$$AM^{-1}y = b, x = M^{-1}y(右预条件法)$$

或

$$M_1^{-1}AM_2^{-1}y = M_1^{-1}b, x = M_2^{-1}y, M = M_1M_2(分裂条件法)$$

其中矩阵 M 为与系数矩阵 A 同阶的矩阵,称为预处理子,它的选取直接决定了线性方程组的求解速度及数值解的精确性。一个好的预处理子应该要具有以下几个特征:

(1)预处理子在某一方面是系数矩阵的逆矩阵的一个较好的逼近;

(2)构造预处理子的内存耗费不太大;

(3)预处理矩阵的条件数要远小于原系数矩阵的条件数;

(4)新的预处理线性系统要比原线性系统更易求解。

预处理方法可分为两种,即常用预处理技术和高效预处理技术。下面分别进行阐述。

1. 常用预处理技术

常用预处理技术,即采用一种求解方法对方程组初值进行处理的方法,目前常采用的单变量预处理技术包括多重网格技术、不完全 LU 分解技术等。该方法的优点是适用范围广、应用简便,但缺点是耗时和运算量会随着矩阵规模增加而迅速增加,不适合大规模复杂结构的矩阵。

1)单变量 AMG 多重网格预处理技术

AMG 多重网格法是求解偏微分方程离散化系统的一种快速计算方法,一般认为是求解椭圆方程的离散系统最快的方法。根据是否利用几何信息,可分为几何多重网格法和代数多重网格法。

几何多重网格法与代数多重网格法核心思想类似,都是利用简单迭代法能消除高频误差的特性,逐级地、由细到粗地在各个级别的粗网格上光滑误差,再由粗到细的插值还原。而几何法需要网格的几何信息来构造光滑和插值算子,代数法只需要矩阵信息,即可构造出需要的算子,因此后者在使用时更为方便。

AMG 法起源于 20 世纪 80 年代初,主要用于椭圆类方程的求解,收敛速度非常快。在椭圆方程求解时,根据误差的 Fourier 分量可将其分为高频和低频分量,其中高频误差是局部行为,来源于附近几个网格点之间的相互耦合,与边界或距离较远的网格点信息无关;而低频误差是全局行为,主要来源于边界信息。传统迭代法都是局部性较强的方法,能够迅速抹平局部性的高频误差,但对全局性的低频误差却衰减缓慢。考虑到细网格上的低频误差转换到粗网格上可得到高频分量,容易消除,AMG 方法设计一系列粗细不同的网格,将误差逐步映射到最粗网格上对方程精确求解,然后再将解一层层的返回到原始网格上与近似解合并,从而得到最终的解。

2）单变量 ILU 分解预处理技术

单变量 ILU 分解预处理技术是求解一般稀疏线性方程组最有效的预条件之一,这类预条件包括由 Meijerink 提出的方法、Axelsson 提出的方法、ILU(0)、ILU(1)、ILUT、MRILUT,以及许多其他方法。

由于 ILU(0)保持了矩阵的稀疏结构不变,在应用上非常方便,然而正是由于这一点,其对于系数矩阵的逼近性过于粗糙,局限了 ILU(0)的有效性,为提高逼近性,可以允许非零元素的填充,但这增加了内存的需求,填充元的多少强烈地依赖于消元次序,从这个意义上说,不完全 LU 分解的有效性依赖于消元次序及舍弃的填充元的多少。

根据问题的不同,可分为基于点的不完全 LU 分解预处理技术、基于块的不完全 LU 分解预处理技术。因为油藏模拟中的矩阵往往是块状矩阵,如果将每一个块视作非零位置而不是具体到每一个非零元素,那么在处理效率上将有很大提高。BILU 就是将 ILU 中的单个非零元素替换做小的稠密矩阵块,用矩阵操作代替所有的元素操作。在数学上,这两者是完全等价的,因此收敛速度不会有提高。但计算上由于块状矩阵的维度大大减小,会获得不少效率上的提升。ILU 要求对角元必须非零,对应到 BILU 中要求对角块必须可逆,后者的条件更宽松,因此可以处理更加极端的问题,稳定性更好。在油藏模拟中,BILU 系列方法是非常适用的。

2. 高效预处理技术

在致密砂岩油气藏数值模拟中,为提高油藏数值模拟的速度,根据渗流模型的数学物理特征将复杂的全局问题分解为相对简单的压力系统、饱和度系统子问题,渗流模型全隐离散格式的系数矩阵由压力变量 δ_p、饱和度变量 δ_s 的系数构成,因此可将线性方程组改写为

$$\begin{pmatrix} A_{pp} & A_{pS} \\ A_{Sp} & A_{SS} \end{pmatrix} \begin{pmatrix} \delta_p \\ \delta_S \end{pmatrix} = \begin{pmatrix} f_p \\ f_S \end{pmatrix}$$

式中,A_{pp} 对应压力块,具有椭圆方程性质;A_{SS} 对应饱和度块,具有对流(双曲)方程的性质;A_{Sp} 和 A_{pS} 为压力和饱和度之间的耦合关系。

因此,非线性渗流数学模型是关于压力和饱和度混合的复杂偏微分方程,该方程既有压力变量带来的椭圆形方程特性,又有饱和度变量带来的双曲形方程特性。压力变量表现为高频误差,饱和度变量表现为低频误差。数值离散后所形成的系数矩阵具有复杂的物理性质和耦合性质(压力、饱和度及井的耦合),导致计算求解的稳定性差,而单独采用 AMG 方法则无法直接求解这个系统,虽然 BILU 方法可以求解,但因为它难以消除低频误差,所以收敛速度一般会很慢,总之,利用传统单变量的预处理方法效果均较差。

针对以上问题,目前主要采用多重预处理技术进行处理解决。多重预处理技术思想就是针对渗流模型物理和数学特征,将复杂的非线性全局问题分解成压力及饱和度等简单的线性子问题,根据各子问题的数学物理性质设计相应的高效求解方法,然后将其合理组合得到快速、稳定的求解器。

目前,较为常用的多重预处理技术是 AMG+BILU 相结合的方法,其中,采用 AMG 方法求解压力变量带来的椭圆形方程,随之采用 BILU 方法求解饱和度变量带来的双曲形方程,发挥了两种方法各自的优点,使得收敛速度更快、计算效率更高、处理的矩阵规模更大。该

方法在后续章节会继续介绍。

(二)线性代数方程组求解技术

线性代数方程组求解技术包括常用求解技术和高效求解技术。

1. 常用求解技术

常用求解技术包括高斯消去技术和常用迭代技术。

1)高斯消去技术

高斯消去技术是以高斯消元法为基础的一类方法,即对原方程组经过一定的运算处理后,逐个消去部分变量,最后得到一个与原方程等价的便于逐步求解的方程组,最后解出各个变量的值。如果不考虑计算时可能产生的舍入误差,可以认为直接解法是一种精确的解法,能够一次求得原线性方程组的解。目前仍是求解低阶稠密线性方程组的常用有效方法。

高斯消去技术分为消元和回代两部分,方程矩阵形式为

$$
\begin{pmatrix}
a_{11} & a_{12} & \cdots & a_{1n} \\
a_{21} & a_{22} & \cdots & a_{2n} \\
\vdots & \vdots & & \vdots \\
a_{n1} & a_{n2} & \cdots & a_{nn}
\end{pmatrix}
\begin{pmatrix}
x_1 \\ x_2 \\ \vdots \\ x_n
\end{pmatrix}
=
\begin{pmatrix}
b_1 \\ b_2 \\ \vdots \\ b_n
\end{pmatrix}
$$

先进行主元素消去,经 $n-1$ 步消元后,上述方程化为同解的上三角矩阵:

$$
\begin{pmatrix}
a_{11}^{(1)} & a_{12}^{(1)} & \cdots & a_{1n}^{(1)} \\
 & a_{22}^{(2)} & \cdots & a_{2n}^{(2)} \\
 & & \ddots & \vdots \\
 & & & a_{nn}^{(n)}
\end{pmatrix}
\begin{pmatrix}
x_1 \\ x_2 \\ \vdots \\ x_n
\end{pmatrix}
=
\begin{pmatrix}
b_1^{(1)} \\ b_2^{(2)} \\ \vdots \\ b_n^{(n)}
\end{pmatrix}
$$

然后通过将已知量代入三角化的系数矩阵中来求得未知量。

$$
\begin{cases}
x_n = b_n^{(n)} / a_{nn}^{(n)} \\
x_k = \left[b_k^{(k)} - \sum_{j=k+1}^{n} a_{kj}^{(k)} x_j \right] / a_{kk}^{(k)}, \quad k = n-1, n-2, \cdots, 1
\end{cases}
$$

直接解法能够得到准确解,但消元过程耗费资源较多,运算量达到方程阶数的三次方,当系数矩阵阶数较高时高斯消去法的计算量太大,从内存和计算速度方面考虑该方法不再适用。

2)常用迭代技术

常用迭代技术出现于 20 世纪 50 ~ 70 年代前期,是从矩阵分裂的角度推导,把求解线性方程组问题转化为求解线性方程组的不动点问题,再构造迭代格式,主要包括 Jacobi 方法、Gauss-Seidel 方法、SOR 超松弛方法及其改进与加速形式。

将系数矩阵 A 分裂为

$$A = M - N$$

的形式,则 $Ax = b$ 等价于

$$Mx = Nx + b$$

构造迭代公式:

$$Mx^{(k+1)} = Nx^{(k)} + b, \quad k = 0, 1, \cdots$$

或写成：

$$x^{(k+1)} = Bx^{(k)} + f, \quad k = 0, 1, \cdots$$

其中

$$B = M^{-1}N, \quad f = M^{-1}b$$

上述为常用的迭代公式，若迭代收敛，则当 k 足够大时，$x(k+1) \approx x(k)$，迭代公式转变为线性。

传统的迭代法主要有 Jacobi 迭代法、Gauss-Seidel 迭代法和 SOR 超松弛迭代法等，具体迭代格式如下：

Jacobi 迭代法格式：

$$x_i^{(k+1)} = \frac{1}{a_{ii}} \Big[b_i - \sum_{j \neq i} a_{ij} x_j^{(k)} \Big], \quad i = 1, 2, \cdots, n, \quad k = 0, 1, \cdots$$

Gauss-Seidel 迭代法格式：

$$x_i^{(k+1)} = \frac{1}{a_{ii}} \Big[b_i - \sum_{j=1}^{i-1} a_{ij} x_j^{(k+1)} - \sum_{j=i+1}^{n} a_{ij} x_j^{(k)} \Big], \quad i = 1, 2, \cdots, n, \quad k = 0, 1, \cdots$$

SOR 超松弛迭代法格式：

$$x_i^{(k+1)} = (1 - \omega) x_i^{(k)} + \frac{\omega}{a_{ii}} \Big[b_i - \sum_{j=1}^{i-1} a_{ij} x_j^{(k+1)} - \sum_{j=i+1}^{n} a_{ij} x_j^{(k)} \Big], \quad i = 1, 2, \cdots, n, \quad k = 0, 1, \cdots$$

构造迭代方法的关键问题之一是如何选取矩阵 M，使之能以最少的迭代次数得到满足要求的解。矩阵 M 越接近于系数矩阵 A，则达到收敛标准所需要的迭代次数越少；但矩阵 M 若选的不合适，迭代收敛速度就可能很慢。

2. 高效求解技术

高效求解技术是指能够求解大型稀疏线性方程组，并且收敛速度快的技术，主要以 Krylov 子空间迭代法为主，开始于 20 世纪 70 年代中期，Krylov 子空间迭代法具有存储量小，计算量小且易于并行等优点，非常适合求解大型稀疏线性方程组。

Krylov 子空间迭代技术不需要将矩阵构造成迭代矩阵，而是需要求解使得误差

$$r^{(k)} = b - Ax^{(k)}$$

在 Krylov 子空间

$$\kappa_m = \mathrm{span}\{ r^{(0)}, Ar^{(0)}, \cdots, A^{m-1} r^{(0)} \}, \ m \geq 1$$

上达到极小值的方法，其中 $r(0) = b - Ax(0)$，$x(0)$ 为初值，$x(k)$ 为第 $k(k \geq 0)$ 次迭代的近似值。给定一个初始向量 $x(0)$，按某个方向使残差取得极小，并在此方向上修正近似解 $x(k+1) = x(k) + f[r(k)]$，重复迭代可逼近线性系统的精确解 x^*。

Krylov 子空间迭代法包括共轭梯度法（CG）、双共轭梯度法（BICGSTAB）、广义最小残量法（GMRES）及非线性正交极小化方法（ORTHOMIN）等，这些 Krylov 子空间迭代法能够有效地求解非对称、非正定的矩阵方程，较易实现，具有精度高、稳定性好、收敛速度快的优点，已经成为求解油藏数值模拟问题的成功、有效方法。

二、基于非结构网格的多重介质线性代数方程组高效求解 CPR 技术

在致密砂岩油气藏数值模拟中,非线性渗流数学模型是关于压力和饱和度混合的复杂偏微分方程,该方程既有压力变量带来的椭圆形方程特性,又有饱和度变量带来的双曲形方程特性。压力变量表现为低频误差,饱和度变量表现为高频误差。数值离散后所形成的系数矩阵具有复杂的物理性质和耦合性质(压力、饱和度及井的耦合),导致计算求解的稳定性差,AMG 无法直接求解这个系统,ILU 方法可以求解,但收敛一般很慢,因为它难以消除低频误差,所以利用传统单变量的迭代法求解效果较差。

针对以上问题,本书采用基于非结构网格的多方法集成求解技术,即预处理技术采用两步预处理方法——约束压力残量法(constraint pressure residual,CPR)方法进行处理,该方法是迄今为止被证明最高效、最稳定的预处理方法。同时,求解技术采用 GMRES 方法,该方法是求解油藏数值模拟问题的成功、有效方法之一,可用于求解大型非对称稀疏线性方程组,适用于多尺度变量的代数系统,能准确求解复杂油藏数值模拟中的代数方程组(Cao et al.,2005)。

(一)基于非结构网格的多重介质线性代数方程组高效求解 CPR 技术流程

CPR 方法的基本流程分为以下四步。

1. 解耦系数矩阵

通过 IMPES 的方法或真实/拟 IMPES 消去法,将系数矩阵解耦为压力变量、饱和度变量两部分矩阵。

2. AMG 方法预处理压力方程

针对解耦后的压力变量方程,采用预处理 AMG 方法(即通过一系列粗细不同的网格空间、映射算子并利用迭代法)进行预处理求解。

3. BILU 方法预处理整体方程

针对 AMG 方法预处理后的整体方程,采用预处理 BILU 方法(即利用基于块的不完全 LU 分解法)进行预处理求解。

4. GMRES 方法整体求解方程

针对采用 AMG 方法和 BILU 方法预处理后的具有块对角占优性质的压力和饱和度变量矩阵,采用基于广义最小余量(GMRES)方法进行最终整体求解。

具体流程如图 10.32 所示。

下面详细讲解该方法的各部分内涵。

(二)基于非结构网格的多重介质线性代数方程组高效求解技术内涵

1. 解耦系数矩阵

为了预处理技术的准备,需要将油藏方程对油藏变量 RR 系数矩阵解耦为压力变量、饱

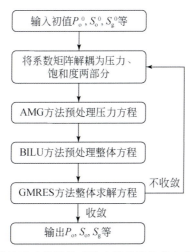

图 10.32　复杂非线性渗流数学模型的高效线性代数方程组求解技术流程图

和度变量两部分。以图 10.33 为例,黄色部分为压力方程系数,橙色部分为饱和度方程系数,我们的目的是要从全隐式方程中分离出压力方程及饱和度方程。

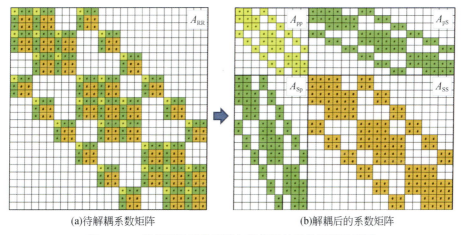

(a)待解耦系数矩阵　　　　　　　　　　　(b)解耦后的系数矩阵

图 10.33　待解耦的系数矩阵与解耦后的系数矩阵示意图

因此,为了从全隐式方程中得到压力方程,我们需要对原方程系数矩阵进行等价处理。目前有两种做法:一种是通过显式处理饱和度的方法,得到压力方程,线性化得到压力方程;另一种是通过矩阵操作,消去多余元素,得到压力方程。这两种方法得到的压力方程很相似,都保留了全耦合矩阵的重要信息。但由于前者饱和度采用显式格式,在计算的精度及迭代总次数方面稍逊于后者,因此我们采用通过矩阵操作得到压力方程的方法。

通过矩阵操作得到压力方程又有两种方法:一种被称作真实 IMPES 消去;另一种称作拟 IMPES 消去。前者和 IMPES 一样显式处理流量项中的饱和度变量,这就忽略了流量项对饱和度的导数,再在一个网格的方程内进行简单行变换,消去此网格第一个方程中累积项对饱和度的导数,从而得到压力方程;后者直接进行行变换消去第一个方程中累积项对饱和度的导数,再忽略第一个方程中流动项对饱和度的导数,从而也得到了压力方程。具体过程说明如图 10.34 所示。

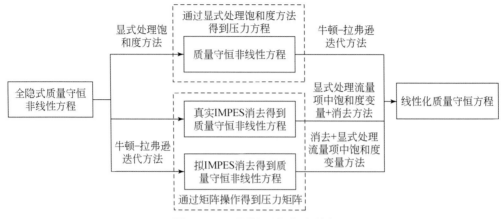

图 10.34 不同处理方法对比图

具体图示说明过程如下:

首先,写出对角线网格点 (i,i) 和相邻非对角线网格点 (i,j) 作为典型代表,以油气水三相为例:

$$\begin{pmatrix} A_{op} + F_{op} & A_{osg} + F_{osg} & A_{osw} + F_{osw} \\ A_{gp} + F_{gp} & A_{gsg} + F_{gsg} & A_{gsw} + F_{gsw} \\ A_{wp} + F_{wp} & A_{wsg} + F_{wsg} & A_{wsw} + F_{wsw} \end{pmatrix}_{i,i} \qquad \begin{pmatrix} \hat{F}_{op} & \hat{F}_{osg} & \hat{F}_{osw} \\ \hat{F}_{gp} & \hat{F}_{gsg} & \hat{F}_{gsw} \\ \hat{F}_{wp} & \hat{F}_{wsg} & \hat{F}_{wsw} \end{pmatrix}_{i,j}$$

对角线网格点 (i,i) 的系数矩阵形式 　　　相邻非对角线网格点 (i,j) 的系数矩阵形式

1)通过显式处理饱和度得到压力方程方法

将与饱和度导数有关的项均设置成上一个迭代步的值,即

$$\begin{pmatrix} A_{op} + F_{op} & A_{osg}^n + F_{osg}^n & A_{osw}^n + F_{osw}^n \\ A_{gp} + F_{gp} & A_{gsg} + F_{gsg} & A_{gsw} + F_{gsw} \\ A_{wp} + F_{wp} & A_{wsg} + F_{wsg} & A_{wsw} + F_{wsw} \end{pmatrix}_{i,i} \qquad \begin{pmatrix} \hat{F}_{op} & \hat{F}_{osg}^n & \hat{F}_{osw}^n \\ \hat{F}_{gp} & \hat{F}_{gsg} & \hat{F}_{gsw} \\ \hat{F}_{wp} & \hat{F}_{wsg} & \hat{F}_{wsw} \end{pmatrix}_{i,j}$$

n 时刻的饱和度值是已知值,所以可以移到方程右端项中,因此方程变为下面的形式,实现了压力方程的解耦。

$$\begin{pmatrix} A_{op} + F_{op} & 0 & 0 \\ A_{gp} + F_{gp} & 0 & 0 \\ A_{wp} + F_{wp} & 0 & 0 \end{pmatrix}_{i,i} \qquad \begin{pmatrix} \hat{F}_{op} & 0 & 0 \\ \hat{F}_{gp} & 0 & 0 \\ \hat{F}_{wp} & 0 & 0 \end{pmatrix}_{i,j}$$

2)通过矩阵操作得到压力方程方法

A. 真实 IMPES 消去得到质量守恒非线性方程方法

按照 IMPES 方法,显式处理流量项中的饱和度变量:

$$\begin{pmatrix} A_{\mathrm{op}} + F_{\mathrm{op}} & A_{\mathrm{osg}} + F_{\mathrm{osg}}^n & A_{\mathrm{osw}} + F_{\mathrm{osw}}^n \\ A_{\mathrm{gp}} + F_{\mathrm{gp}} & A_{\mathrm{gsg}} + F_{\mathrm{gsg}}^n & A_{\mathrm{gsw}} + F_{\mathrm{gsw}}^n \\ A_{\mathrm{wp}} + F_{\mathrm{wp}} & A_{\mathrm{wsg}} + F_{\mathrm{wsg}}^n & A_{\mathrm{wsw}} + F_{\mathrm{wsw}}^n \end{pmatrix}_{i,i} \quad \begin{pmatrix} \hat{F}_{\mathrm{op}} & \hat{F}_{\mathrm{osg}}^n & \hat{F}_{\mathrm{osw}}^n \\ \hat{F}_{\mathrm{gp}} & \hat{F}_{\mathrm{gsg}}^n & \hat{F}_{\mathrm{gsw}}^n \\ \hat{F}_{\mathrm{wp}} & \hat{F}_{\mathrm{wsg}}^n & \hat{F}_{\mathrm{wsw}}^n \end{pmatrix}_{i,j}$$

n 时刻的饱和度值是已知值,所以可以移到方程右端项中,这就忽略了流量项对饱和度的导数,因此方程变为下面的形式:

$$\begin{pmatrix} A_{\mathrm{op}} + F_{\mathrm{op}} & A_{\mathrm{osg}} & A_{\mathrm{osw}} \\ A_{\mathrm{gp}} + F_{\mathrm{gp}} & A_{\mathrm{gsg}} & A_{\mathrm{gsw}} \\ A_{\mathrm{wp}} + F_{\mathrm{wp}} & A_{\mathrm{wsg}} & A_{\mathrm{wsw}} \end{pmatrix}_{i,i} \quad \begin{pmatrix} \hat{F}_{\mathrm{op}} & 0 & 0 \\ \hat{F}_{\mathrm{gp}} & 0 & 0 \\ \hat{F}_{\mathrm{wp}} & 0 & 0 \end{pmatrix}_{i,j}$$

在一个网格的方程内进行简单行变换,消去此网格第一个方程中累积项对饱和度的导数,从而得到压力方程:

$$\begin{pmatrix} J_1 - J_2 J_4^{-1} J_3 & 0 & 0 \\ A_{\mathrm{gp}} + F_{\mathrm{gp}} & A_{\mathrm{gsg}} & A_{\mathrm{gsw}} \\ A_{\mathrm{wp}} + F_{\mathrm{wp}} & A_{\mathrm{wsg}} & A_{\mathrm{wsw}} \end{pmatrix}_{i,i} \quad \begin{pmatrix} J_5 - J_2 J_4^{-1} J_6 & 0 & 0 \\ \hat{F}_{\mathrm{gp}} & 0 & 0 \\ \hat{F}_{\mathrm{wp}} & 0 & 0 \end{pmatrix}_{i,j}$$

其中:$J_1 = (A_{\mathrm{op}} + F_{\mathrm{op}}) - A_{\mathrm{osw}} A_{\mathrm{gsw}}^{-1} (A_{\mathrm{gp}} + F_{\mathrm{gp}})$

$\quad\quad J_2 = A_{\mathrm{osg}} - A_{\mathrm{osw}} A_{\mathrm{gsw}}^{-1} A_{\mathrm{gsg}}$

$\quad\quad J_3 = (A_{\mathrm{gp}} + F_{\mathrm{gp}}) - A_{\mathrm{gsw}} A_{\mathrm{wsw}}^{-1} (A_{\mathrm{wp}} + F_{\mathrm{wp}})$

$\quad\quad J_4 = A_{\mathrm{gsg}} - A_{\mathrm{gsw}} A_{\mathrm{wsw}}^{-1} A_{\mathrm{wsg}}$

$\quad\quad J_5 = \hat{F}_{\mathrm{op}} - A_{\mathrm{osw}} A_{\mathrm{gsw}}^{-1} \hat{F}_{\mathrm{gp}}$

$\quad\quad J_6 = \hat{F}_{\mathrm{gp}} - A_{\mathrm{gsw}} A_{\mathrm{wsw}}^{-1} \hat{F}_{\mathrm{wp}}$

B. 拟 IMPES 消去得到质量守恒非线性方程方法

直接进行行变换消去第一个方程中累积项对饱和度的导数:

$$\begin{pmatrix} J_1 - J_2 J_4^{-1} J_3 & 0 & 0 \\ A_{\mathrm{gp}} + F_{\mathrm{gp}} & A_{\mathrm{gsg}} + F_{\mathrm{gsg}} & A_{\mathrm{gsw}} + F_{\mathrm{gsw}} \\ A_{\mathrm{wp}} + F_{\mathrm{wp}} & A_{\mathrm{wsg}} + F_{\mathrm{wsg}} & A_{\mathrm{wsw}} + F_{\mathrm{wsw}} \end{pmatrix}_{i,i} \quad \begin{pmatrix} J_5 - J_2 J_4^{-1} J_6 & J_7 - J_2 J_4^{-1} J_9 & J_8 - J_2 J_4^{-1} J_{10} \\ \hat{F}_{\mathrm{gp}} & \hat{F}_{\mathrm{gsg}} & \hat{F}_{\mathrm{gsw}} \\ \hat{F}_{\mathrm{wp}} & \hat{F}_{\mathrm{wsg}} & \hat{F}_{\mathrm{wsw}} \end{pmatrix}_{i,j}$$

其中:$J_1 = (A_{\mathrm{op}} + F_{\mathrm{op}}) - (A_{\mathrm{osw}} + F_{\mathrm{osw}})(A_{\mathrm{gsw}} + F_{\mathrm{gsw}})^{-1}(A_{\mathrm{gp}} + F_{\mathrm{gp}})$

$\quad\quad J_2 = (A_{\mathrm{osg}} + F_{\mathrm{osg}}) - (A_{\mathrm{osw}} + F_{\mathrm{osw}})(A_{\mathrm{gsw}} + F_{\mathrm{gsw}})^{-1}(A_{\mathrm{gsg}} + F_{\mathrm{gsg}})$

$\quad\quad J_3 = (A_{\mathrm{gp}} + F_{\mathrm{gp}}) - (A_{\mathrm{gsw}} + F_{\mathrm{gsw}})(A_{\mathrm{wsw}} + F_{\mathrm{wsw}})^{-1}(A_{\mathrm{wp}} + F_{\mathrm{wp}})$

$\quad\quad J_4 = (A_{\mathrm{gsg}} + F_{\mathrm{gsg}}) - (A_{\mathrm{gsw}} + F_{\mathrm{gsw}})(A_{\mathrm{wsw}} + F_{\mathrm{wsw}})^{-1}(A_{\mathrm{wsg}} + F_{\mathrm{wsg}})$

$\quad\quad J_5 = \hat{F}_{\mathrm{op}} - (A_{\mathrm{osw}} + F_{\mathrm{osw}})(A_{\mathrm{gsw}} + F_{\mathrm{gsw}})^{-1}\hat{F}_{\mathrm{gp}}$

$\quad\quad J_6 = \hat{F}_{\mathrm{gp}} - (A_{\mathrm{gsw}} + F_{\mathrm{gsw}})(A_{\mathrm{wsw}} + F_{\mathrm{wsw}})^{-1}\hat{F}_{\mathrm{wp}}$

$\quad\quad J_7 = \hat{F}_{\mathrm{osg}} - (A_{\mathrm{osw}} + F_{\mathrm{osw}})(A_{\mathrm{gsw}} + F_{\mathrm{gsw}})^{-1}\hat{F}_{\mathrm{gsg}}$

$\quad\quad J_8 = \hat{F}_{\mathrm{osw}} - (A_{\mathrm{osw}} + F_{\mathrm{osw}})(A_{\mathrm{gsw}} + F_{\mathrm{gsw}})^{-1}\hat{F}_{\mathrm{gsw}}$

$$J_9 = \hat{F}_{gsg} - (A_{gsw} + F_{gsw})(A_{wsw} + F_{wsw})^{-1}\hat{F}_{wsg}$$

$$J_{10} = \hat{F}_{gsw} - (A_{gsw} + F_{gsw})(A_{wsw} + F_{wsw})^{-1}\hat{F}_{wsw}$$

再忽略第一个方程中非对角线上流动项对饱和度的导数,即令:

$$J_7 - J_2 J_4^{-1} J_9 = 0$$

$$J_8 - J_2 J_4^{-1} J_{10} = 0$$

则从而也得到了压力方程:

$$\begin{pmatrix} J_1 - J_2 J_4^{-1} J_3 & 0 & 0 \\ A_{gp} + F_{gp} & A_{gsg} + F_{gsg} & A_{gsw} + F_{gsw} \\ A_{wp} + F_{wp} & A_{wsg} + F_{wsg} & A_{wsw} + F_{wsw} \end{pmatrix}_{i,i} \begin{pmatrix} J_5 - J_2 J_4^{-1} J_6 & 0 & 0 \\ \hat{F}_{gp} & \hat{F}_{gsg} & \hat{F}_{gsw} \\ \hat{F}_{wp} & \hat{F}_{wsg} & \hat{F}_{wsw} \end{pmatrix}_{i,j}$$

综合上述两种方法,关键点在于如何将累积项及流动项中饱和度导数系数值置零,通过显式处理饱和度得到压力方程的方法直接取用 n 时刻累积项和流动项的饱和度导数值显式处理,虽然简便,但影响了数值计算的稳定性;拟 IMPES 消去得到质量守恒非线性方程方法在最后一步采用直接令某些系数值为零,也会影响数值计算的稳定性;而真实 IMPES 消去得到质量守恒非线性方程方法只取用了 n 时刻流动项的饱和度导数值,后续通过严密的消元获得最终压力方程,对数值计算的稳定性影响小,而且通过大量测试表明,真实 IMPES 消去得到质量守恒非线性方程方法往往更好一些。

通过以上解耦的方法,将压力和饱和度变量进行了分离,之后将压力、饱和度变量重新集中排列,即将系数矩阵中油藏部分压力部分系数单独提出,按点排列,饱和度部分系数按块排列(图 10.35)。

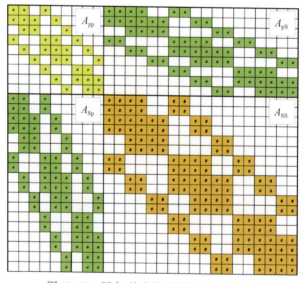

图 10.35　压力、饱和度重新排列后的矩阵

以上提取压力方程的过程可以表示为

$$A_{pp} = R A_{FIM} C$$

式中，A_{pp}为解耦出来的压力系数矩阵；A_{FIM}为全隐式压力和饱和度系数矩阵；R 和 C 分别为行、列操作矩阵。

同时，第一个方程对饱和度变量的导数系数矩阵为 $A_{pS} = 0$，A_{Sp} 和 A_{SS} 仍保持原系数矩阵的特征。

2. AMG 方法预处理压力方程

在解耦系数矩阵后，我们得到了只与压力有关的系数矩阵 A_{pp}，该矩阵具有椭圆形方程的特征，适用于采用 AMG 方法预处理求解（Cao and Aziz，2002；陈书浩，2008；Stueben，1983[①]；李霄，2013）。

令 A_{pp} 当前所在的网格为最细的网格 Ω_1，通过网格粗化可得一系列网格：

$$\Omega^1 \supset \Omega^2 \supset \cdots \supset \Omega^l \supset \cdots \Omega^L$$

1）前光滑过程

设 Ω^l 上线性方程组 $A_l x_l = f_l$ 的初始解为 x_0。

计算细网格上的残差：

$$e_l = f_l - A_l x_l$$

经过 v_1 次迭代，得到解 x_l。

2）粗网格校正过程

（1）根据 Galerkin 方法，构造限制算子 I_l^{l+1}（$l = 1,2,3,\cdots,L-1$），可将细网格 Ω^l 上信息映射到粗网格 $\Omega^l + 1$ 上；

（2）同理，构造延拓算子 I_{l+1}^l（$l = 1,2,3,\cdots,L-1$），可将粗网格 $\Omega^l + 1$ 上信息映射回细网格 Ω^l 上；

（3）根据限制算子和延拓算子，生成粗网格上系数矩阵 $A_{l+1} = I_l^{l+1} A_l (I_{l+1}^l)^T$；

（4）将误差 e_l 映射至粗网格上 $e_{l+1} = (I_l^{l+1})^T e_l$；

（5）在粗网格上求 $A_{l+1} x_{l+1} = e_{l+1}$，得到近似解 $\tilde{x}$。求解方法有 Jacobi 迭代、Gauss-Seidel 迭代及松弛迭代等，主要选择 Gauss-Seidel 方法对其迭代求解：

$$x_i^{(k+1)} = \frac{1}{a_{ii}} \Big[b_i - \sum_{j=1}^{i-1} a_{ij} x_j^{(k+1)} - \sum_{j=i+1}^{n} a_{ij} x_j^{(k)} \Big], \quad (i = 1,2,\cdots,n)$$

图 10.36 为 AMG 算法示意图。

（6）利用延拓算子，逐步将粗网格压力映射回细网格。

3）后插值过程

第一阶段求解出的向量 x_p，插值延长为全隐式体系中的向量：

$$x_1 = C x_p$$

其中 C 和上面公式中的列操作矩阵相同。

对于三相问题，x_1 和 x_p 有如下的形式：

$$x_1 = [\delta p_1, 0, 0, \delta p_2, 0, 0, \delta p_3, 0, 0, \cdots, \delta p_n, 0, 0, \delta p^W]^T$$

① Stueben K. 1983. Algebraic multigrid（AMG）：Experiences and comparisons proceedings of the international multigrid conference.

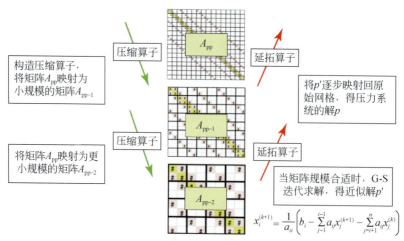

图 10.36 AMG 算法示意图

$$x_p = [\delta p_1, \delta p_2, \delta p_3, \cdots, \delta p_n, \delta p^W]^T$$

由上述方法可构成多层的和多种类型的 AMG 算法,该阶段得到的结果 $\boldsymbol{x}_1$ 用于更新右端向量,表示为

$$M_2 x_2 = b - A x_1$$

综上所述,由第 l 层和第 $l+1$ 层计算构成的 v 类型 AMG 方法技术流程如图 10.37 所示。

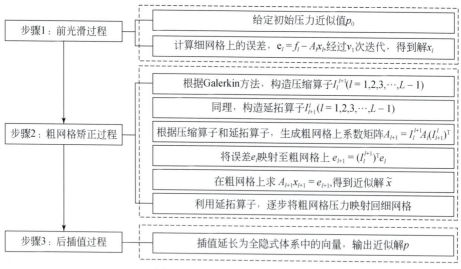

图 10.37 AMG 算法的流程图

3. BILU 方法预处理整体方程

在经过系数矩阵解耦以及 AMG 方法预处理后,我们得到的系数矩阵具有双曲形方程的特征,适用于采用 LU 分解方法预处理求解。通过观察我们发现,当系数矩阵的非零元较少且按一定的规则分布时,它的 LU 分解产生的单位下三角矩阵 L 和上三角矩阵 U 一般不能保持和原矩阵相同的稀疏模式,即如果原系数矩阵为带状矩阵,由其分解而成的矩阵 L 和 U 增加了大量

的非零元素,不再具有带状形式,加大了计算量和计算难度(Saad,1994;林小兵,1987)。

针对以上情况,我们采用不完全 LU(ILU)分解方法解决。该方法是将稀疏矩阵近似分解为特定结构的稀疏下三角矩阵 L 和稀疏上三角矩阵 U 乘积的形式:

$$A \approx L(G)U(G)$$

式中,G 为非零指标集;L 和 U 中 G 位置之外的元素均设定为零。

当设定的非零指标集结构与 A 的非零结构完全相同时,便是 ILU(0)分解,它是一种简单、快速的预处理方法。如果增加 G 内的非零指标可以得到 ILU(k)和 ILU(τ)等不同的预处理方法,随着非零指标的增加,LU 的结构越接近 A,迭代得到的结果就越接近精确解,但增加了计算量和计算难度。

由于致密砂岩油气非线性渗流数学模型具有多尺度、多介质、多流态的特征,其系数矩阵通常满足块对角占优但不满足点对角占优性质,其对角线上经常出现大量绝对值很小的数,此时使用 Gauss 消去法对系数矩阵进行 ILU 分解会使计算量猛增,因此本书采用基于块的不完全 LU 分解技术对系数矩阵进行预处理。

块 ILU(0)分解(图10.38)是指将每个网格节点上的控制方程及未知量视为整体对系数矩阵进行 ILU0 分解。该方法能够快速消除系数矩阵的高奇异性,加快迭代求解进程。BILU(0)分解与 ILU(0)分解类似,只是将前者点的运算置换为块的运算(图10.38),与 ILU(0)相比,BILU(0)分解得到的 L 和 U 的对角线位置仍为块状,如在两相黑油模型中,对角线上块为二阶子阵,在三相黑油模型中,对角线上块为三阶子阵。块 ILU 分解只需要对角块上的子阵可逆即可,分解条件弱于点 ILU,因此块 ILU 分解比点 ILU 分解更具鲁棒性,分解速度更快。块 ILU 预处理降低了网格间耦合性,将复杂系数矩阵分解为相对简单的两个矩阵,减少了运算量、节约了计算时间、解决了系数矩阵收敛性差的问题。

此外,在块 ILU 分解过程中,每次消元实际上是对 p_2(p 为相数)个元素进行运算,搜索次数比点 ILU 少了 $1/p_2$,充分利用了计算机的缓存,这也提高了计算的速度。

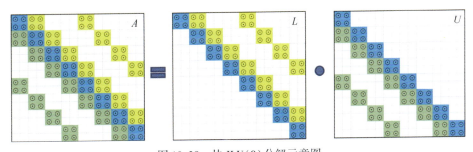

图10.38 块 ILU(0)分解示意图

在块 ILU 分解中进行的是块与块的运算,即进行的是块中相对应元素的消去运算,块和块消去过程中,是块中的每个元素与另一个块中对应元素的消去运算。

BILU(0)分解的技术流程如图10.39 所示。

其中:$L_s(i)$ 为第 i 个块行中非零元的总数,p 为黑油模型的相数。

4. GMRES 方法整体求解方程

经过预处理后的系数矩阵具有块对角占优性质,采用广义最小余量(GMRES)方法求解,

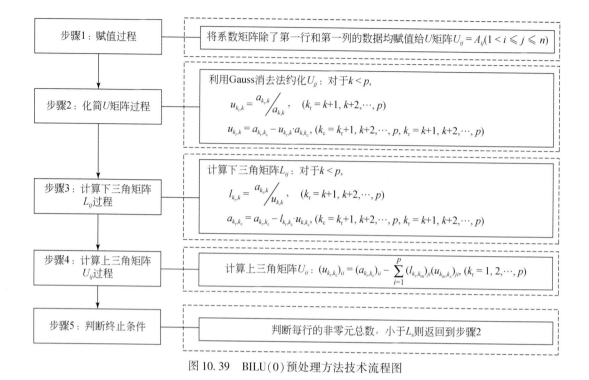

图 10.39　BILU(0)预处理方法技术流程图

可提高解法的稳定性、收敛性及求解速度(Saad and Gmres,1986;Li et al.,2005;Li et al.,2005)。

设 A 为对称正定矩阵,考虑求解极小值问题

$$f(x) = \min_{x \in x_0 + \kappa_m(A,r_0)} E(x) = \min_{x \in x_0 + \kappa_m(A,r_0)} \left[A(x - x^*),(x - x^*) \right]^{1/2}$$

的解,其中 $r_0 = b - Ax_0$,x_0 为 r_n 中任意向量,x^* 为方程 $Ax = b$ 的真实解,$\kappa_m(A,r_0)$ 为 r_n 中关于 A 和 r_0 的 $m(m \geq 1)$ 阶 Krylov 子空间:

$$\kappa_m(A,r_0) = \text{span}\{r_0, Ar_0, \cdots, A^{m-1}r_0\}$$

该方法就是广义最小余量求解法(GMRES)。由 GMRES 法的定义知它是通过求使残量 $Ax-b$ 最小的矢量 $x_m \in \kappa_m$ 来逼近 $Ax = b$ 的真实解,也就是说,由极小问题得到的解 x_m 应该比 x_0 更接近真实解。

设 $V_m = (v_1, v_2, \cdots, v_m)$ 是 Krylov 子空间 κ_m 的一组标准正交基,且

$$AV_m = V_{m+1}\overline{H}_m = V_m H_m + h_{m+1,m}v_{m+1}e_m^{\text{T}},$$

$$V_m^{\text{T}}AV_m = H_m$$

式中,$v_1 = r_0 / \| r_0 \|_2$;$\overline{H}_m$ 为 m 阶上 Hessenberg 矩阵。

由上式可知 κ_m 上的向量 x_m 可以写为 $x_m = v_m y$,其中 $y \in r_m$,则 $x \in x_0 + \kappa_m$ 可以表示为 $x = x_0 + V_m y$,由此有:

$$E(x) = \| b - Ax \|_2 = \| b - A(x_0 + V_m y) \|_2 = \| r_0 - AV_m y \|_2$$

$$r_0 = \beta v_1 (\beta = \| r_0 \|_2)$$

得到:

$$E(x) = \| \beta v_1 - V_{m+1} \overline{H}_m y \|_2 = \| V_{m+1} (\beta e_1 - \overline{H}_m y) \|_2 = \| \beta e_1 - \overline{H}_m y \|_2$$

$$f(x) = \min_{y \in R^m} \| \beta e_1 - \overline{H}_m y \|_2$$

GMRES 方法的流程图如图 10.40 所示。

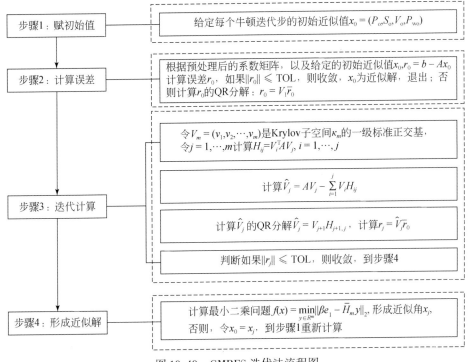

图 10.40　GMRES 迭代法流程图

其中:在进行矩阵向量乘法将点对点的运算修改为块对块的运算,如在三相黑油模型(n 个网格节点)中,系数矩阵向量乘积 Ax 在基于点的运算中是计算 $\sum_{j=1}^{3n} a_{ij} x_j$,而在基于块的运算中则为计算 $\sum_{j=1}^{n} A_{ij} x_j$,其中:

$$A_{ij} x_j = \begin{pmatrix} a_{11} & a_{12} & a_{13} \\ a_{21} & a_{22} & a_{23} \\ a_{31} & a_{32} & a_{33} \end{pmatrix}_{ij} \begin{pmatrix} x_1 \\ x_2 \\ x_3 \end{pmatrix}_j = \begin{pmatrix} \sum_{k=1}^{3} a_{1k} x_k \\ \sum_{k=1}^{3} a_{2k} x_k \\ \sum_{k=1}^{3} a_{3k} x_k \end{pmatrix}_j$$

向量 X 与 Y 的运算也由点的运算修改为块的运算,如内积的运算由 $\sum_{i=1}^{3n} x_i y_i$ 修改为 $\sum_{i=1}^{n} X_i Y_i$,其中:

$$X_i Y_i = (x_1, x_2, x_3) \begin{pmatrix} y_1 \\ y_2 \\ y_3 \end{pmatrix} = x_1 y_1 + x_2 y_2 + x_3 y_3$$

由 GMRES 迭代法的计算步骤得知构成该算法的多为矩阵与向量、向量与向量之间的计算，计算量小、存储量小、精度高、稳定性好、收敛速度快。

参 考 文 献

陈书浩. 2008. 代数多重网格法研究及其在预处理 Krylov 子空间方法中的应用. 浙江大学硕士学位论文, 11 ~ 28.

韩大匡, 陈钦雷, 闫存章. 1999. 油藏数值模拟基础. 北京: 石油工业出版社, 34 ~ 44, 241 ~ 242.

李霄. 2013. 油藏数值模拟中压力方程的快速求解方法研究. 清华大学硕士学位论文, 10 ~ 23.

林小兵. 1987. 二维多相油藏数值模拟的 BILUCG 算法. 石油勘探与开发, 14(1): 76 ~ 84.

刘艳霞. 2009. 低渗油藏渗流模型求解方法研究及其应用. 中国石油大学硕士学位论文, 30 ~ 38.

施英, 李勇, 姚军. 2008. 天然裂缝性油藏双孔双渗数学模型的求解与应用. 内蒙古石油化工, 69 ~ 72, 77.

王宝华, 吴淑红, 韩大匡, 等. 2013. 大规模油藏数值模拟的块压缩存储及求解. 石油勘探与开发, (40): 4, 462 ~ 467.

Appleyard J R, Cheshire I M. 1983. Nested Factorization. SPE 12264.

Cao H, Aziz K. 2002. Performance of IMPSAT and IMPSAT-AIM models in compositional simulation. SPE 77720, the SPE Annual Technical Conference and Exhibition, San Antonio, Texas.

Cao H, Tchelepi H A, Wallis J R, et al. 2005. Parallel scalable CPR type linear solver for reservoir simulation. SPE 96809, the SPE Annual Technical Conference and Exhibition, Dallas, Texas.

Cao H. 2002. Development of techniques for general purpose simulation. Stanford University, PhD thesis.

Chen Z X, Huan G R, Ma Y L. 2006. Computational methods for multiphase flows in porous media. Philadelphia: Society for Industrial and Applied Mathematics, 1-2.

Chen Z X. 2011. The finite element method. Singapore: World Scientific.

Forsyth P A, Sammon P H. 1986. Practical considerations for adaptive implicit methods in reservoir simulation. J Comp Phys, 62: 265 ~ 281.

Guo C H, Wei M Z, Chen H W, et al. 2014. Improved numerical simulation for shale gas reservoirs. SPE OTC 24913-MS.

Jiang Y L. 2007. Techniques for modeling complex reservoirs and advanced wells. Stanford University PhD thesis, 27 ~ 78.

Kalantari-Dahaghi, Esmaili S, Mohaghegh S D. 2012. Fast track analysis of shale numerical models. SPE 162699.

Karimi-Fard M, Durlofsky L J. 2012. Accurate resolution of near-well effects in upscaled models using flow-based unstructured local grid refinement. SPE Journal, 17(04): 1084 ~ 1095.

Kazemi A, Stephen K D. 2012. Schemes for automatic history matching of reservoir modeling: A case of nelson oilfield In the UK. Petroleum Exploration and Development, 39(3): 326 ~ 337.

Li W J, Chen Z X, Richard E E, et al. 2005. Comparision of the GMRES and ORTHOMIN for the black oil model in porous media. Int J Numer Meth Fluids, 48(5): 501 ~ 519.

Li W, Chen Z, Ewing R E, et al. 2005. Comparison of the GMRES and ORTHOMIN for the black oil model in porous media. International Journal for Numerical Methods in Fluids, 48(5): 501 ~ 519.

Li X B, Wu S H, Song J, et al. 2011. Numerical Simulation of pore-scale flow in chemical flooding process. Theor

Appl Mech Lett,1(2): 1022~1028.

Li Y H, Johns R T. 2006. Rapid flash calculations for compositional simulation. SPE Reservoir Evaluation & Engineering,521~529.

Lim K T, Aziz K. 1995. A new approach for residual and jacobian array construction in reservoir simulators. SPE, 84228, SPE Computer Applications.

Milad B, Civan F, Devegowda D, et al. 2013. Modeling and simulation of production from commingled shale gas reservoirs. SPE 168853.

Mora C A, Watt Enbarger R A. 2009. Comparison of computation methods for CBM performance. Journal of Canadian Petroleum Technology,48(4):42~48.

Odeh A S. 1981. Comparison of solutions to a three dimensional black oil reservoir simulation problem. Journal of Petroleum Technology (SPE 9741),13~25.

Olorode, Freeman C M, Moridis G J, et al. 2013. High-resolution numerical modeling of complex and irregular fracture patterns in shale-gas reservoirs and tight gas reservoirs. SPE 152482-PA.

Russell T F. 1989. Stability analysis and switching criteria for adaptive implicit methods based on the CFL condition. SPE 18416, 10th SPE Symposium on Reservoir Simulation, Houston, TX.

Saad Y, Gmres M S. 1986. A generalized minimal residual algorithm for solving nonsymmetric linear systems. Siam J Sci Stat Comput,7(3): 856~869.

Saad Y. 1994. ILUT: A dual threshold incomplete LU factorization. Numerical Linear Algebra with Applications, 1(4):387~402.

Wu S H, Han M, Ma D S, et al. 2012. Streamflooding to enhance recovery of a waterflooded light-oil reservoir. JPT, (1): 64~66.

第十一章 致密油气开发的数值模拟应用

本章介绍了非常规致密油气数值模拟软件 UnTOG v1.0 的特色功能,通过该软件开展了不同尺度孔缝介质开采动态、多流态识别与复杂流动机理的自适应模拟、水平井与体积压裂开发优化、压注采过程中孔缝介质流固耦合作用、不同类型非结构网格等方面的实际模拟计算。通过实际应用表明,该软件在致密储层表征与地质建模、水平井与体积压裂参数优化设计、开采机理动态模拟、开发技术政策优化、开发指标预测等方面,功能先进,实用性强。

第一节 非常规致密油气数值模拟软件

在致密油气非连续、多重介质数值模拟渗流数学模型与数值模拟关键技术的基础上,自主研发了非常规致密油气数值模拟软件 UnTOG v1.0。本软件由前处理、模拟器和后处理三大功能模块组成;具有复杂储层条件下多重介质非结构网格生成、非连续多尺度离散多重介质建模与数值模拟、压注采过程中不同尺度孔缝介质流固耦合动态模拟、多重介质流态识别与复杂流动机理自适应模拟,以及体积压裂水平井动态耦合模拟等特色功能;能够解决致密储层表征与地质建模、水平井与体积压裂参数优化设计、开采机理动态模拟与开发技术政策优化与动态预测等问题。

一、软件的基本功能

非常规致密油气数值模拟软件 UnTOG v1.0,由前处理、模拟器和后处理三大功能模块组成。

前处理部分主要由复杂储层条件及多重介质非结构网格生成模块、非连续多尺度离散多重介质建模模块,以及油藏静动态参数及井输入管理等模块组成。

模拟器部分主要包括非连续离散多重介质数值模拟模块、压注采过程中不同尺度孔缝介质流固耦合模拟模块、多重介质流态识别与复杂流动机理自适应模拟模块、体积压裂水平井动态耦合模拟模块、非连续多重介质数值离散高效矩阵生成与求解模块等组成。

后处理部分主要由不同尺度多重介质模拟动态规律统计分析和 2D/3D 图形显示等模块组成,各模块功能描述如表 11.1 所示。

表 11.1　软件主要功能模块及功能描述

模块分类	模块名称	功能描述
前处理模块	复杂储层条件及多重介质非结构网格生成模块	①具有变尺度单一网格生成功能,包括:三角网格、四边形网格和Pebi网格; ②具有用不同网格刻画不同对象的混合网格生成功能:可分别采用不同类型的非结构网格刻画致密储层中的不同地质边界、水平井、不同尺度天然/人工裂缝等; ③具有使用混合网格处理多重介质的功能:可采用嵌套网格和交互式网格处理微观多重介质
	非连续多尺度离散多重介质建模模块	①具有天然/人工离散建模功能:考虑粗糙度、充填特征的天然裂缝离散建模功能以及考虑支撑剂浓度和支撑方式的人工裂缝离散建模功能; ②具有不同尺度离散多重介质建模功能; ③具有不同尺度孔缝介质升级等效建模功能
	油藏静动态参数及井输入管理模块	具有岩石及流体PVT参数、相渗/毛管力参数、井及生产动态参数等的输入及处理功能
模拟器模块	非连续离散多重介质数值模拟模块	①具有不同尺度天然/人工离散裂缝动态模拟功能; ②具有交互式/接力排供离散多重介质动态模拟功能; ③具有非连续离散混合多重介质动态模拟功能
	压注采过程中不同尺度孔缝介质流固耦合模拟模块	①具有模拟压、注、采过程中不同尺度孔缝介质的物性参数的动态变化的功能; ②具有模拟压、注、采过程中不同尺度多重介质的物性参数的动态变化对传导率和井指数的影响的功能
	多重介质流态识别与复杂流动机理自适应模拟模块	①具有通过介质几何尺度、流体性质、压力梯度自动识别流态的功能; ②具有根据流态识别结果,选择相应的动力学方程,进行复杂流动机理自适应模拟的功能
	体积压裂水平井动态耦合模拟模块	①具有能够模拟线源、离散网格、多段井等不同处理方式下体积压裂水平井生产动态的功能; ②具有能够模拟考虑井筒附近储层流固耦合效应对井指数影响的体积压裂水平井动态的功能; ③具有能够模拟考虑不同介质流向井筒的流态变化对井指数影响的体积压裂水平井动态的功能
	非连续多重介质数值离散高效矩阵生成与求解模块	①具有采用排除零元素、死节点及块压缩存储技术对油藏和多段井进行分区存储的功能; ②具有预处理功能的高效矩阵求解功能,能够将复杂结构矩阵转化为简单易求解的等价系统

模块分类	模块名称	功能描述
后处理模块	不同尺度多重介质模拟动态规律统计分析模块	①具有对不同尺度多重介质的输出结果(产量、储量、采出程度等)进行统计的功能; ②具有对不同介质中不同流态对产量的贡献进行统计的功能
	2D/3D 图形显示模块	具有通过 2D 曲线、2D 平面图、3D 图形对计算结果进行显示的功能

　　UnTOG v1.0 软件实现了致密油气多重介质建模与数模一体化的工作流程,包括:致密储层宏观和微观非均质性表征、复杂储层条件下非结构网格生成、非连续多尺度离散多重介质建模与数值模拟、水平井与体积压裂优化设计、致密油气开发优化设计与开发指标动态预测(图 11.1)。

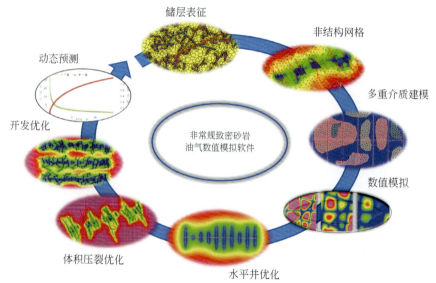

图 11.1　UnTOG v1.0 软件多重介质建模数模一体化工作流程

二、软件的特色功能

　　UnTOG v1.0 软件具有非连续、多尺度、多流态、多重介质数值模拟特色功能(图 11.2),包括:复杂储层条件下多重介质非结构网格生成功能、非连续多尺度离散多重介质建模功能、非连续多尺度离散多重介质数值模拟功能、压注采过程中不同尺度孔缝介质流固耦合模拟功能、多重介质流态识别与非线性复杂流动机理自适应模拟功能,以及体积压裂水平井动态耦合模拟功能。

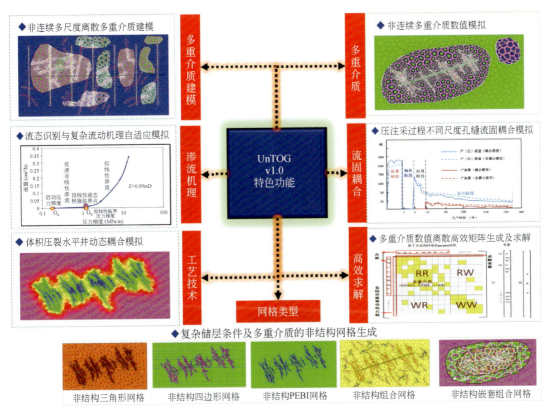

图 11.2　UnTOG v1.0 软件特色功能

三、软件的开发优化模拟功能

本软件专门针对致密油气的地质特征和开发模式而研发,能够解决致密储层表征与多重介质建模、水平井与体积压裂参数优化、开采机理动态模拟、开发优化设计与动态预测等生产实际问题(表 11.2、图 11.3)。

表 11.2　UnTOG v1.0 软件的主要作用与开发优化模拟功能

软件的主要作用	软件的开发优化模拟功能
储层表征与地质建模	不同尺度天然裂缝的表征、不同尺度人工裂缝的表征、不同尺度孔隙介质表征、离散裂缝建模、离散多重介质建模、自动化非结构网格生成
水平井与体积压裂	井位/层位/井轨迹优化、水平井长度与钻遇率优化、完井方式优化、分级与射孔优化、体积压裂方式优化与模拟、压裂参数优化、人工裂缝分布与形态模拟
开采机理动态模拟	不同尺度孔隙介质模拟、不同尺度天然裂缝模拟、流态与复杂渗流机理自适应模拟、压注采过程中不同尺度孔缝介质流固耦合动态模拟、水平井与体积压裂动态模拟、不同类型非结构网格动态模拟
开发优化与动态预测	井网/井距优化、动态储量与动用范围计算、开发技术政策优化、产能评价、递减规律分析、开发指标预测

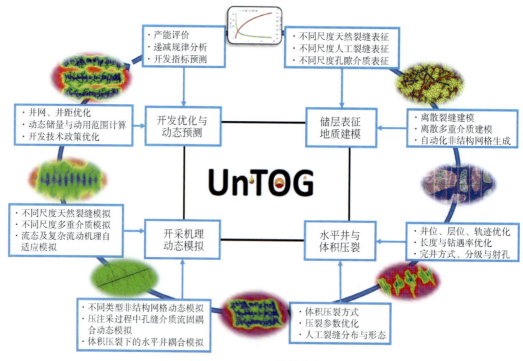

图 11.3　UnTOG 的技术应用

第二节　致密油气不同尺度孔缝介质动态模拟

致密储层发育不同尺度孔缝介质(杜金虎等,2016;杜金虎等,2014),不同尺度孔缝介质的几何特征、物性特征、含油性、流体性质及赋存状态不同,导致其流态与渗流机理差异大,影响不同尺度孔缝介质的生产动态特征。本节主要通过开展不同尺度孔隙介质的动态模拟、不同尺度孔隙介质流体性质及渗流特征的动态模拟、不同尺度天然裂缝的动态模拟、流态与复杂流动机理自适应的动态模拟,揭示了不同尺度孔缝介质的动用程度和开采规律。

一、不同尺度孔隙介质的动态模拟

不同尺度孔隙介质的几何尺度、物性、含油性不同,导致不同孔隙介质的可动用性及采出程度有较大的差异;同时不同尺度孔隙介质数量组成、空间分布、基质岩块物性及大小对生产动态也有较大的影响。

(一)不同尺度孔隙介质数量组成对生产动态影响的模拟

致密储层发育离散分布的孔隙介质,受宏观和微观非均质性的影响,不同尺度孔隙的数量分布模式差异大,不同尺度孔隙介质的数量组成对生产动态的影响大。

　　为了对比不同尺度孔隙介质类型及数量对生产动态的影响,开展了不同尺度孔隙介质数量组成不同的动态模拟,不同尺度孔隙介质物性参数如表11.3所示,结果如图11.4~图11.7和表11.4所示。

表 11.3　不同尺度孔隙介质物性参数表

孔隙介质类型	孔隙度/%	渗透率/mD	含油饱和度/%	残余油饱和度/%	可动油饱和度/%
微米孔隙	15	0.2	90	20	70
微纳米孔隙	10	0.05	70	30	40
纳米孔隙	5	0.01	50	40	10

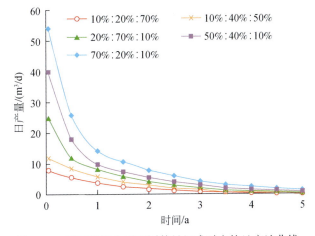

图 11.4　不同孔隙介质不同数量组成对应的日产油曲线

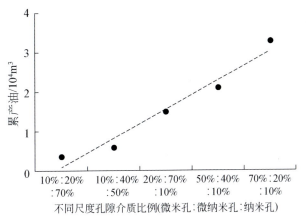

图 11.5　不同孔隙介质的数量组成对累产油的影响

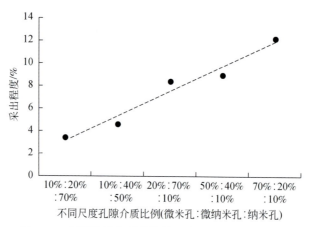

图 11.6　不同孔隙介质的数量组成对采出程度的影响

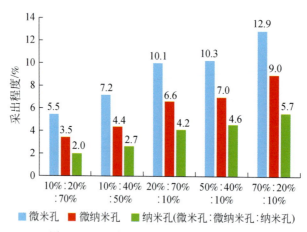

图 11.7　不同尺度孔隙介质采出程度对比

表 11.4　不同尺度孔隙介质储量及采出程度对比

介质组成特征	孔隙介质（比例）	原始储量/$10^4 m^3$	剩余储量/$10^4 m^3$	累产量/$10^4 m^3$	采出程度/%
以纳米孔为主	微米孔（10%）	3.23	3.053	0.177	5.48
	微纳米孔（20%）	3.29	3.175	0.115	3.50
	纳米孔（70%）	4.19	4.107	0.083	1.98
	合计	10.71	10.335	0.375	3.50
以微纳米孔–纳米孔为主	微米孔（10%）	3.19	2.961	0.229	7.18
	微纳米孔（40%）	6.66	6.367	0.293	4.40
	纳米孔（50%）	2.99	2.9098	0.0802	2.68
	合计	12.84	12.2378	0.6022	4.69

续表

介质组成特征	孔隙介质(比例)	原始储量/10^4m³	剩余储量/10^4m³	累产量/10^4m³	采出程度/%
以微纳米孔为主	微米孔(20%)	10.23	9.2	1.03	10.07
	微纳米孔(70%)	6.34	5.92	0.42	6.62
	纳米孔(10%)	1.13	1.083	0.047	4.16
	合计	17.7	16.203	1.497	8.46
以微米孔–微纳米孔为主	微米孔(50%)	16.01	14.36	1.65	10.31
	微纳米孔(40%)	6.72	6.25	0.47	6.99
	纳米孔(10%)	0.59	0.567	0.023	3.90
	合计	23.32	21.177	2.143	9.19
以微米孔为主	微米孔(70%)	22.7	19.77	2.93	12.91
	微纳米孔(20%)	3.32	3.03	0.29	8.73
	纳米孔(10%)	0.57	0.538	0.032	5.61
	合计	26.59	23.338	3.252	12.23

1)不同尺度孔隙动用难易程度不同

微米孔隙尺度相对较大,其中的原油易动用,采出程度高,可达到12%以上;微纳米孔隙尺度相对较小,其中的原油难以动用,采出程度低,在2%~5%(图11.7)。

2)不同尺度孔隙介质的数量组成对生产动态影响大

孔隙介质以微米孔为主(微米孔比例占70%)的条件下,整体开发效果好,采出程度可达12%以上;以微纳米孔为主(微纳米孔比例占70%)的条件下,采出程度约为8%;以纳米孔为主(纳米孔比例占70%)的条件下,开发效果最差,采出程度不到4%。

(二)不同尺度孔隙介质空间分布对生产动态影响的模拟

不同地质条件下,致密储层所发育的不同尺度孔隙介质的空间分布特征存在较大差异,极大地影响了动用程度和生产动态。

1. 不同尺度孔隙介质微观分布规律对生产动态的影响

受致密储层岩相、岩性和物性等影响,不同尺度多重介质空间分布规律变化较大。通常可将不同尺度孔隙介质的空间分布类型分为接力排供和交互式两种分布模式,根据不同尺度孔隙介质的排列顺序的不同,两种分布模式又可进一步细分为若干类型。

1)不同接力排供模式的动态模拟

接力排供分布模式,即不同尺度孔隙介质在单元内按一定的比例呈环带状分布。根据微米孔、微纳米孔和纳米孔等不同尺度介质分布规律,可细分为三类:①从内到外介质尺度变大;②介质尺度随机变化;③从内到外介质尺度变小(图11.8)。

不同接力排供分布模式的计算结果如图11.9、图11.10所示。

接力排供分布模式下,单元内流动关系为单一的串行关系。从内到外介质尺度变大的条件下,尺度最大、物性最好的介质位于外面,优先被动用,并依次带动内部尺度小、物性差的介质,即大孔带动小孔,产量和采出程度高,开发效果最好;从内到外介质尺度变小的条件

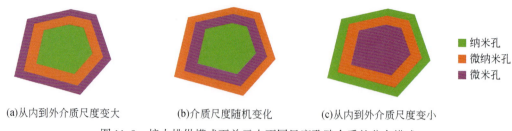

(a)从内到外介质尺度变大　　　　(b)介质尺度随机变化　　　　(c)从内到外介质尺度变小

图 11.8　接力排供模式下单元内不同尺度孔隙介质的分布模式

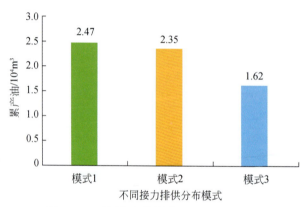

图 11.9　不同接力排供模式的累产量对比

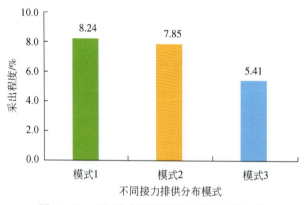

图 11.10　不同接力排供模式的采出程度对比

下,尺度最小、物性最差的介质位于外面,先被动用,然后依次带动内部尺度大、物性好的介质,即小孔带动大孔,产量和采出程度低,开发效果最差;介质随机分布条件下,开发效果介于中间。

2)不同交互式分布模式的动态模拟

受地质规律的影响,不同尺度孔隙介质的分布通常呈现为交互式分布模式。将交互式分布模式归纳为四种(图 11.11),在不同尺度孔隙介质的数量组成一定的情况下,分别研究不同的交互式分布模式对生产的影响。

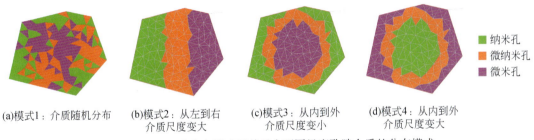

(a)模式1：介质随机分布　　(b)模式2：从左到右　　(c)模式3：从内到外　　(d)模式4：从内到外
　　　　　　　　　　　　　　介质尺度变大　　　　　介质尺度变小　　　　　介质尺度变大

图 11.11　交互式分布模式下单元内不同尺度孔隙介质的分布模式

　　在不同尺度孔隙介质数量组成一定的情况下,不同的交互式分布模式下,介质间的接触和流动关系不同,介质的动用次序和动用程度不同,因此产量和采出程度有差异(图 11.12 ~ 图 11.14)。

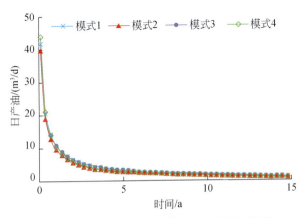

图 11.12　不同交互式分布模式对应的日产油量

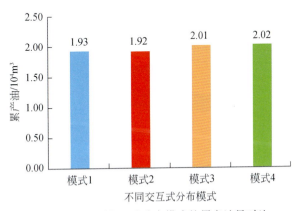

图 11.13　不同交互式分布模式的累产油量对比

2. 致密储层宏观非均质性与微观多重介质特征耦合模拟

致密储层岩性、岩相、储层类别分布差异大,存在极强的宏观和微观非均质性、多尺度特

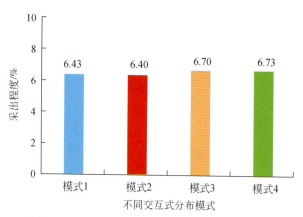

图 11.14　不同交互式分布模式的采出程度对比

征,以及多重介质特征。将宏观非均质性、离散裂缝介质和微小孔缝介质集为一体,实现宏观非均质性分区、不同尺度天然/人工裂缝及不同尺度微小孔缝介质耦合模拟,揭示致密储层宏观非均质性和微观多重介质特征对生产动态的影响。

　　根据储层岩性的分布,将储层划分为粗中砂岩、中细砂岩、细砂岩、粉细砂岩和粉砂岩五种岩性区域(图 11.15)。不同岩性对应的介质类型和每重介质的体积百分数如表 11.5 所示。

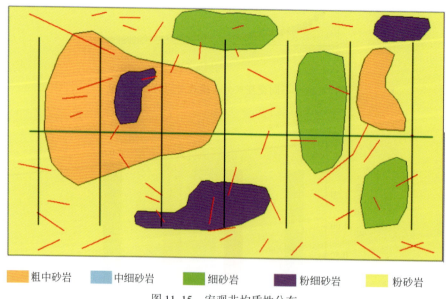

粗中砂岩　　中细砂岩　　细砂岩　　粉细砂岩　　粉砂岩

图 11.15　宏观非均质性分布

表 11.5　不同岩性对应的不同尺度孔隙体积百分数　　（单位：%）

岩性类型	微米孔	微纳米孔	纳米孔
粗中砂岩	70	30	—
中细砂岩	50	30	20

岩性类型	微米孔	微纳米孔	纳米孔
细砂岩	30	50	20
粉细砂岩	—	45	55
粉砂岩	—	—	100

根据储层岩性的宏观分布和每种岩性对应的多重介质的重数和体积百分数,按照不同尺度介质接力排供分布的模式,使用嵌套网格对储层进行网格剖分,如图11.16所示。

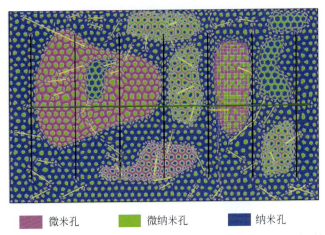

■ 微米孔　　■ 微纳米孔　　■ 纳米孔

图 11.16　宏观分区+不同尺度天然/人工裂缝+不同尺度微小孔缝介质耦合模拟

(1)受宏观分区、天然/人工裂缝的控制,不同区域压力分布变化大,天然/人工大裂缝附近压降最大,动用程度高;不同岩性分区的压力变化也不同,动用程度有差异(图11.17)。

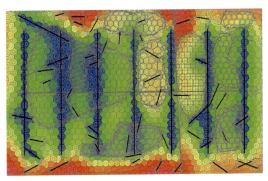

图 11.17　宏观+微观耦合模拟分区压力分布图

(2)受小尺度非均质性和多重介质特征的影响,同一分区内部,不同特征单元的压力变化不同,动用程度不同(图11.18)。

(3)受微观多重介质特征的影响,同一特征单元内部,不同介质的压力变化和动用程度也不同(图11.19)。

综上,致密储层的不同尺度的非均质性,即宏观上的岩性、岩相和储层类型的变化和微观上多重介质的介质类型、数量组成和分布方式的变化,都会对生产动态产生极大的影响。

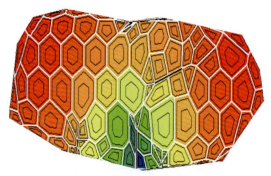

图 11.18　宏观+微观耦合模拟分单元压力分布图

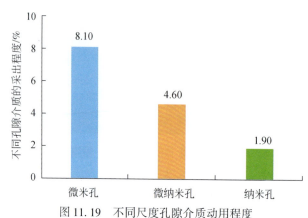

图 11.19　不同尺度孔隙介质动用程度

(三)基质岩块物性对生产动态影响的模拟

致密储层基质岩块的储集能力、渗流能力和含油性对生产动态有较大的影响,分别研究了不同孔隙度、渗透率和含油饱和度对生产动态的影响。

1. 孔隙度

孔隙度反映了致密储层储集能力的高低,其大小影响到储层的补给能力。分别进行了不同的孔隙度对生产动态影响的动态模拟。

随着孔隙度增大,产油量增加。孔隙度越高,储层的供给能力越强,产油量也越高。当基质孔隙度为 2% 时,累产油仅为 $0.64 \times 10^4 \mathrm{m}^3$;基质孔隙度增加到 10% 时,累产油为 $1.43 \times 10^4 \mathrm{m}^3$,增加 2 倍多(图 11.20)。

2. 渗透率

基质渗透率反映了流体在基质孔隙内的流动能力,影响渗流阻力的大小和渗流距离的远近。

不同渗透率的动态模拟结果表明,一定范围内,随着渗透率增大,日产油量增加,累产油及采出程度显著增加;渗透率增加到一定幅度后,产油量及采出程度增幅变缓(图 11.21)。

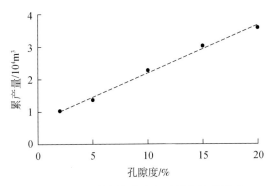

图 11.20　基质岩块孔隙度对累产油的影响

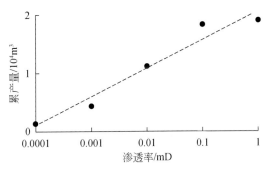

图 11.21　基质岩块渗透率对累产量的影响

3. 含油饱和度

含油饱和度反映了基质孔隙含油性的好坏。常规油藏含油饱和度在油水界面以上变化不大,但致密油含油饱和度受岩性、物性等因素控制,在致密储层中空间分布变化非常大,非均质性很强。

不同含油饱和度的动态模拟结果表明,随着含油饱和度增大,产油量增加。随着含油饱和度增高,可动油饱和度增加,油相流动能力增强,因此产油量增加;同时,含油饱和度增加使得储量变大,供给能力变强,累产油增加(图 11.22)。

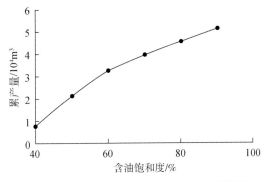

图 11.22　基质岩块含油饱和度对累产油量的影响

可见,基质的储集能力大小、渗透能力高低,以及含油性好坏对生产动态有显著的影响。

(四)基质岩块大小对生产动态影响的模拟

致密储层中的天然裂缝与人工裂缝沟通,形成复杂缝网,将储层切割成大小不一的岩块。基质岩块的大小,决定了裂缝与储层接触面积的大小和基质到裂缝渗流距离的远近,从而影响基质岩块内部的动用和生产动态。分别开展不同基质岩块尺寸的动态模拟,模拟结果见图 11.23 ~ 图 11.25。

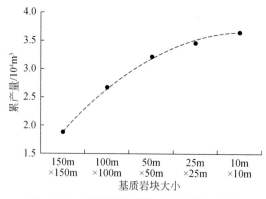

图 11.23　不同基质岩块对应的累产油量

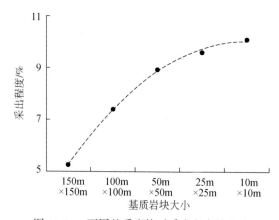

图 11.24　不同基质岩块对采出程度的影响

从模拟结果可以看出,基质岩块大小对产量和动用程度的影响很大:基质岩块越小,即裂缝面积越大,裂缝与储层接触面积也越大,缝网越发育,基质岩块内部的动用效果越好,因此产量和采出程度越高;但当岩块尺寸与基质有效渗流距离相当时,基质供给能力已发挥至最大水平,产量不会随着岩块尺寸的变小继续大幅提高,继续减小基质岩块尺寸,增产效果不明显。

由此可见,一定范围内岩块尺寸越小,产油量越高,但存在最优值。

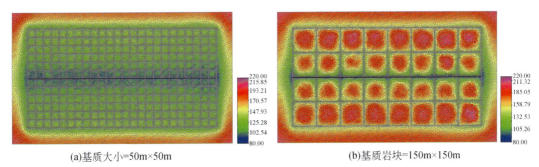

(a)基质大小=50m×50m　　　　　　　(b)基质岩块=150m×150m

图 11.25　基质岩块尺寸大小不同的条件下生产 5 年对应的压力分布图

二、不同尺度孔隙介质流体性质及渗流特征的动态模拟

在地层温度和压力条件下,致密储层不同尺度孔隙中的流体组成存在较大差异,导致不同尺度孔隙中的流体黏度、溶解气油比及 PVT 高压物性不同。同时,不同尺度孔隙喉道尺寸不同,导致毛管力作用大小不一样,油、气、水不同流体的相渗特征、可动用性差异大,从而影响不同尺度孔隙中流体的流动能力、动用程度,以及生产动态。

(一)不同流体性质对生产动态影响的模拟

1. 黏度

黏度影响流体的流动能力,致密储层渗透率很低,黏度的改变引起流度的极大变化,因此流体黏度的高低对产量和采出程度影响较大。

开展了不同致密油黏度的动态模拟,结果表明:随着致密油黏度增加,初产降低,递减变快,累产和采出程度降低(图 11.26 ~ 图 11.28)。致密油黏度从 11cP 降低到 1.2cP 时,其单井累产量和采出程度可提高 3 倍以上,采出程度从 2.16% 提高到 7.06%,提高了将近 5 个百分点。

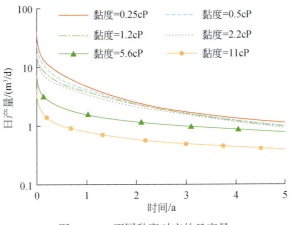

图 11.26　不同黏度对应的日产量

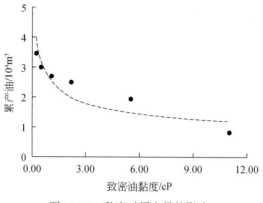

图 11.27　黏度对累产量的影响

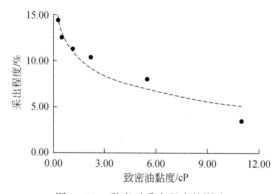

图 11.28　黏度对采出程度的影响

可见,流体黏度是影响致密油的产量和采出程度重要因素。

2. 溶解气油比

溶解气油比影响溶解气驱的能量大小和脱气后地层油黏度的变化。不同类型的致密油的溶解气油比差别较大,新疆、长庆、松辽、四川致密油的溶解气油比为 20 ~150 m³/m³。

从不同溶解气油比的动态模拟结果可以看出,溶解气油比在一定范围内增加时,产油量和采出程度均增加;当溶解气油比过大时,随着溶解气油比增加,累产油量降低。溶解气油比在一定范围内增加时,由于溶解气驱能量的补充,使得地层能量得以补充,产油量和采出程度增加;但当气油比过大时,脱气量大增,地层油粘度大幅上升,流度变低,产量和采出程度降低(图 11.29 ~图 11.31)。

可见,溶解气油比对生产动态的影响非常大,要综合考虑其对地层能量和流体流动能力的影响。

3. 压力系数

压力系数大小反映了地层能量的大小,压力系数的不同影响初期衰竭式开采的采出程度和后期补充能量的开发方式。由于成因、成藏等地质条件的不同,不同地区致密油压力系数不同。北美以巴肯和鹰滩为代表的致密油压力系数为 1.3 ~1.5,为典型的超高压致密油,

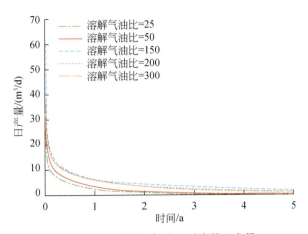

图 11.29　不同溶解气油比对应的日产量

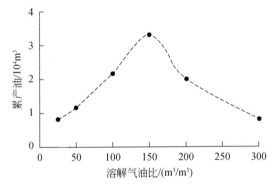

图 11.30　不同溶解气油比对累产量的影响

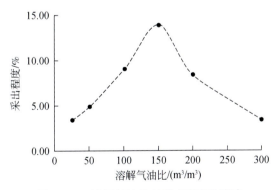

图 11.31　溶解气油比对采出程度的影响

我国鄂尔多斯盆地的长 7 致密油压力系数为 0.75 ~ 0.85,为典型的低压型致密油。

开展了不同压力系数的动态模拟,结果表明:压力系数越大,地层能量越充足,初期产量越高,累产油和采出程度也越高(图 11.32 ~ 图 11.35)。当压力系数从 0.7 提高到 1.8 时,累产油从 $1.57 \times 10^4 m^3$ 增加到 $2.54 \times 10^4 m^3$,采出程度从 3.8% 增加到 6.7% ,增加近一倍。

由此可见,地层压力系数高低直接影响产量大小和采出程度高低。通过有效手段补充地层能量,是提高低压型致密油开发效果的关键。

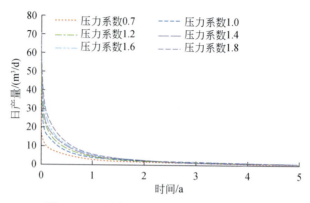

图 11.32　不同压力系数对应的日产油曲线

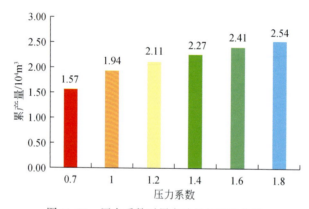

图 11.33　压力系数对累产油量的影响曲线

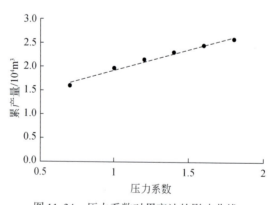

图 11.34　压力系数对累产油的影响曲线

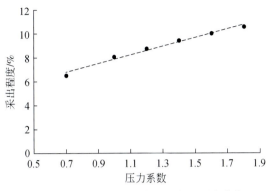

图 11.35　压力系数对采出程度的影响曲线

(二) 不同尺度介质中相态变化动态模拟

在地层温度和压力条件下,不同尺度孔隙中流体组成存在较大差异,导致不同尺度介质中的溶解气油比、饱和压力、PVT 性质等不同。

分别模拟了微米孔、微纳米孔和纳米孔介质中使用相同的 PVT 性质和三种孔隙介质中分别使用不同的 PVT 性质两种情况,结果表明:

(1)两种情况下,累产量和地层压力虽略有差别,但是差别不大(图 11.36、图 11.37);

(2)脱气时间和脱气速度存在较大差别(图 11.38);不同尺度孔隙介质的采出程度有差别(图 11.39)。随着压力的下降,大尺度微米孔隙中的原油最先脱气,流体由两相变三相,最先且最易被采出,因此采出程度增加。

可见,不同尺度孔隙介质 PVT 性质的不同,影响不同尺度孔隙介质的可动性和采出程度;应充分考虑不同孔隙介质中流体 PVT 性质的差异,才能更准确的预测生产动态,明确不同尺度孔隙介质对生产的贡献差异。

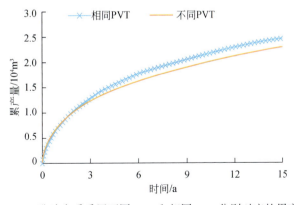

图 11.36　孔隙介质采用不同 PVT 和相同 PVT 分别对应的累产量

(三) 不同尺度介质的渗流特征动态模拟

致密储层受岩性、物性等因素控制,不同尺度孔隙含油性及赋存状态不同,大、中孔以可

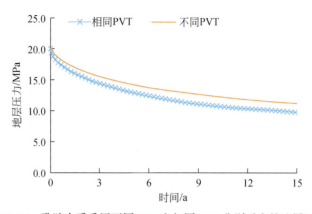

图 11.37　孔隙介质采用不同 PVT 和相同 PVT 分别对应的地层压力

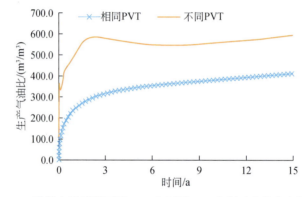

图 11.38　孔隙介质采用不同 PVT 和相同 PVT 分别对应的生产气油比

图 11.39　两种情况下的不同孔隙介质的采出程度

动油为主,小、微孔以毛管油为主,微纳米孔以薄膜油和吸附油为主。致密储层中孔隙介质几何尺度变化大,不同尺度介质的渗流特征受几何尺度的影响存在极大的不同;与常规油藏相比,致密储层中不同尺度孔隙喉道差异大,毛管力作用大小不一样(Wu and Pruess,1988[①];

————————

① Wu Y S, Pruess K. 1988. A multiple-porosity method for simulation of naturally fractured petroleum reservoirs. SPE Reservoir Engineering.

Wu,2016[①] ）。

　　分别模拟了两种情况：①不同尺度孔隙介质使用不同的渗流参数（相渗和毛管力）和饱和度参数；②所有介质使用平均化的渗流参数和饱和度参数。不同介质采用的相渗和毛管力曲线如图 11.40 ~ 图 11.43 所示。

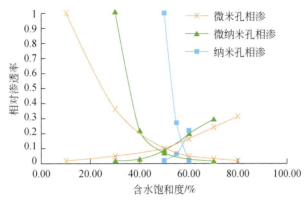

图 11.40　不同尺度孔隙介质的相渗曲线

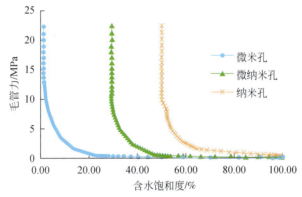

图 11.41　不同尺度孔隙介质的毛管力曲线

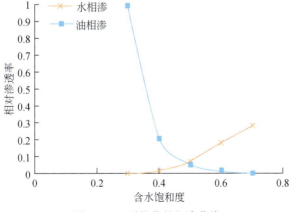

图 11.42　平均化的相渗曲线

①　Wu Y S. 2016. Multiphase fluid flow in porous and fractured reservoirs. Elsevier Inc.

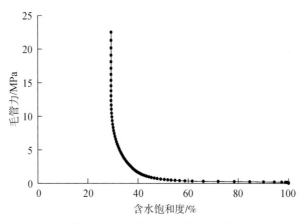

图 11.43　平均化的毛管力曲线

从结果可以看出,使用不同的相渗和毛管力条件下,不同尺度孔隙介质间采出程度差异增大(图 11.44、表 11.6)。

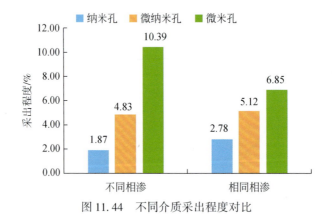

图 11.44　不同介质采出程度对比

表 11.6　三种孔隙介质使用相同相渗和不同相渗时的结果数据表

	介质类型	初始储量/$10^4 m^3$	剩余储量/$10^4 m^3$	采出量/$10^4 m^3$	采出程度/%
所有介质使用 相同的相渗	纳米孔	5.10	4.96	0.14	2.78
	微纳米孔	13.80	13.09	0.71	5.12
	微米孔	26.90	25.06	1.84	6.85
不同介质使用 不同的相渗	纳米孔	5.10	5.00	0.10	1.87
	微纳米孔	13.80	13.13	0.67	4.83
	微米孔	26.90	24.11	2.79	10.39

与使用平均化的相渗相比,不同孔隙介质采用不同的相渗和毛管力可更为准确地反映出不同尺度孔隙介质含油性和可动用性的差别:微米孔含油性更好,可动油饱和度更高,更易动用,采出程度更高;微纳米孔含油性更差,可动油饱和度低,更难动用,采出程度更低。因此,不同介质采用不同的相渗曲线和毛管力可突出不同介质间动用程度的差别;若采用相

同的相渗曲线和毛管力弱化了介质间的差异。

可见,不同尺度介质中的流体赋存状态、渗流参数(相渗曲线和毛管力)差异大,导致不同尺度介质的可动用性和采出程度差别大。

三、不同尺度天然裂缝介质的动态模拟

致密储层中天然裂缝的规模、数量、空间分布、连通程度及其缝网复杂程度,影响基质岩块的流动,对基质岩块的动用、油藏动态与产能有着极大的影响。

(一)不同尺度天然裂缝对生产动态的影响

不同尺度天然裂缝几何特征与属性不同,对基质岩块的动用和生产动态有着极大的影响。通过不同尺度天然裂缝的组合,对比研究了不同尺度的天然裂缝发挥的作用和对生产的贡献。

从模拟结果可以看出:

1)不同尺度天然裂缝组合对日产量、累产量和采出程度的影响较大

初期日产量,主要受人工裂缝控制,因此初期日产很接近;不同天然裂缝组合模式下,累产及采出程度差别较大。只有大中尺度裂缝时或者只有微小尺度裂缝时,累产量和采出程度较低;大中尺度裂缝与微小裂缝都存在时,累产量及采出程度最高(图11.45~图11.48)。

2)不同尺度裂缝在生产中发挥着不同的作用

大、中裂缝延伸远,导流能力强,单缝控制范围大,影响初期产量高低和产量规模;微小裂缝延伸短,控制范围有限,连通基质与大中裂缝,影响基质岩块动用;不同尺度裂缝有效耦合,缝网连通程度越高,开发效果越好(图11.49)。

由此可见,不同尺度的天然/人工裂缝与基质耦合,才能真正地扩大动用储量,改善开发效果,提高动用程度,增加单井产量。

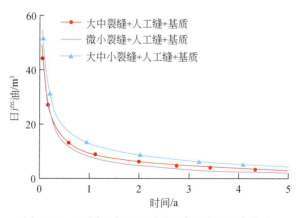

图11.45 不同尺度天然裂缝组合对应的日产曲线

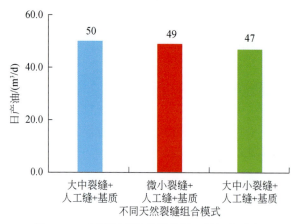

图 11.46 不同尺度天然裂缝组合的初产对比

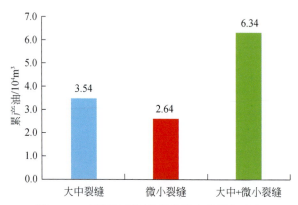

图 11.47 不同尺度天然裂缝组合的累产对比

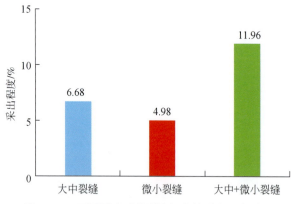

图 11.48 不同尺度天然裂缝组合的采出程度对比

(二) 天然裂缝空间分布模式对生产动态的影响

天然裂缝的空间分布模式,主要指裂缝的密度与沟通情况,裂缝的密度(数量)与裂缝间

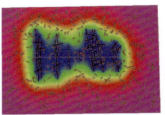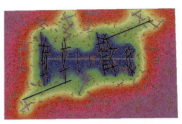

(a)大中尺度天然裂缝　　　　　(b)微小尺度天然裂缝　　　　(c)大中尺度+微小尺度天然裂缝

图 11.49　不同尺度天然裂缝组合生产 15 年压力分布

沟通情况(交点数)反映了缝网的发育程度和复杂程度(Karimi-Fard et al.,2003[①]),决定了基质岩块的大小,从而影响基质岩块的动用和生产动态。

　　1)天然裂缝交点数相同、裂缝条数不同

　　分别模拟了交点数相同、裂缝条数不同的几种情况,可以看出:裂缝条数越多,裂缝网络越发达,其沟通能力越强,产量及采出程度越高;但是裂缝条数增加到一定程度后,基质岩块已被充分切割,继续增加裂缝条数,增产效果变弱(图 11.50 ~ 图 11.52)。

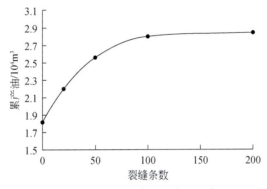

图 11.50　不同裂缝条数对应的累产量

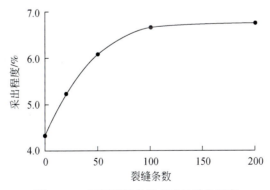

图 11.51　不同裂缝条数对应的采出程度

---

　　① Karimi-Fard M,Durlofsky L J,Aziz K. 2003. An eifficient discrete fracture model applicable for general purpose reservoir simulators. Texas,USA,SPE Reservoir Simulation Symposium.

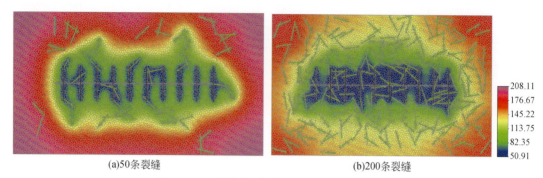

(a)50条裂缝　　　　　　　　　　　(b)200条裂缝

图 11.52　不同裂缝条数生产 15 年的压力分布

2）天然裂缝条数相同、交点数不同

分别模拟了天然裂缝条数相同、交点数不同时的生产动态,结果表明:裂缝条数一定时,交点数越多,缝网越复杂,产量和采出程度越高;但裂缝条数越多,产量随交点数增加的幅度越小,即裂缝条数较多的条件下,交点数对产量的影响减弱(图 11.53、图 11.54)。

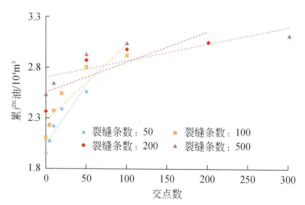

图 11.53　不同裂缝条数时,交点数与累产量的关系

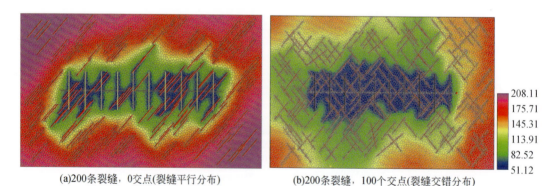

(a)200条裂缝,0交点(裂缝平行分布)　　　　(b)200条裂缝,100个交点(裂缝交错分布)

图 11.54　相同裂缝条数、不同交点数时生产 15 年的压力分布

3）天然裂缝交点数不同、裂缝条数不同

当裂缝条数与交点数均增大时,裂缝网络的复杂程度双倍增强,其沟通基质能力更强,

因此产量及采出程度增加幅度更明显;裂缝条数和交点数增加到一定程度时,产量增加幅度变缓(图 11.55 ~ 图 11.57)。

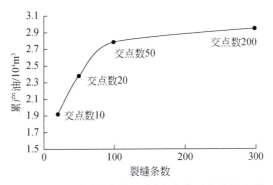

图 11.55　不同裂缝条数、不同交点数对应的累产量

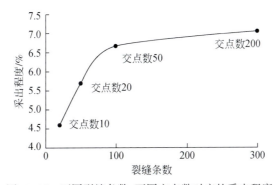

图 11.56　不同裂缝条数、不同交点数对应的采出程度

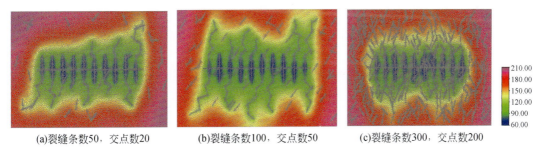

(a)裂缝条数50,交点数20　　　　(b)裂缝条数100,交点数50　　　　(c)裂缝条数300,交点数200

图 11.57　不同裂缝条数、不同交点数时生产 15 年的压力分布

综上,裂缝密度大,连通程度强,基质岩块的动用程度高,产量和采出程度高;缝网越复杂,基质岩块被切割的越小,渗流距离缩短,基质岩块动用程度越高,开发效果越好。

四、多重介质流态及复杂流动机理自适应动态模拟

致密储层不同尺度孔缝介质几何特征、属性特征、渗流特征等差异大,导致不同尺度孔

缝介质流态和渗流机理不同;同一介质,不同生产阶段流态和渗流机理变化大,从而影响多重介质的流动和油藏动态,并对产能产生较大影响。

(一)致密油流态与非线性渗流机理动态模拟

1. 致密油流态识别与复杂流动机理自适应的动态模拟

在实际开采过程中,不同介质在不同阶段由于生产条件的变化,其流态与渗流机理将发生动态变化,一般可将流态划分为高速非线性渗流、线性渗流、拟线性渗流、低速非线性渗流四种流动形态,不同的流态对油藏动态和产能影响大。因此,可以通过不同尺度孔缝介质临界流态识别参数及识别标准,自动识别流态,并选择与流态及渗流机理相适应的动力学方程进行动态模拟,从而揭示生产过程中,不同介质在不同开采阶段流态和流动机理的动态变化及其对生产动态与产能的影响。

1)不同尺度孔缝介质在不同开采阶段流态变化的动态模拟

A. 不同尺度孔缝介质的流态在空间上的动态变化规律

通过流态自适应识别、流态变化的动态模拟,结果表明,在同一生产阶段,不同空间位置、不同孔缝介质的流态差异极大;在不同生产阶段,不同孔缝介质的流态动态变化极大。生产初期[图11.58(a)],大中尺度人工/天然裂缝附近,生产压差大,流速快,以高速非达西流为主,孔隙介质中以拟线性流为主,离井和裂缝较远的部位存在低速非线性渗流;生产中期[图11.58(b)],压差变小,流速变慢,大部分高速非达西流转变为拟线性流,拟线性流转变为低速非线性流动;生产后期[图11.58(c)],主要以拟线性流动和低速非线性流动为主。

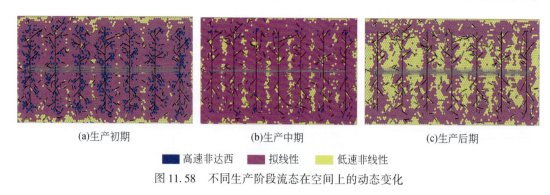

(a)生产初期   (b)生产中期   (c)生产后期

■ 高速非达西 ■ 拟线性 ■ 低速非线性

图11.58　不同生产阶段流态在空间上的动态变化

B. 不同尺度孔缝介质的流态在时间上的动态变化规律

根据流态自适应识别与动态模拟结果,分析不同尺度孔缝介质的流态随时间的变化规律。在生产过程中,不同部位、不同孔缝介质的孔隙压力及压力梯度变化极大,导致不同孔缝介质的流态发生变化。不同流态在不同生产阶段有较大变化,各流态所占比例随时间的变化规律见图11.59。从图中可见,生产初期,高速非达西流所占比例较大,随着生产进行,压差变小,流速变慢,部分高速非达西流转变为其他流态,高速非达西所占比例越来越低;拟线性流初期比例相对较大,后期部分转变为低速非达西流,比例有所降低;低速非线性流初期所占比例较低,后期由于其他流态转变为低速非线性流,其所占比例越来越大。中后期以拟线性流和低速非线性流为主。

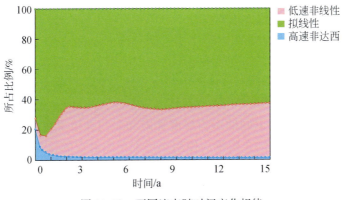

图 11.59 不同流态随时间变化规律

对于孔隙介质与裂缝介质,其流态变化规律与孔缝介质整体流态变化规律相似,但裂缝介质中,高速非线性流、拟线性流所占比例相对较大,低速非线性流所占比例相对较低(图 11.60)。

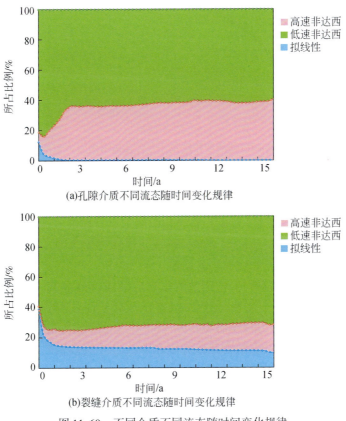

(a)孔隙介质不同流态随时间变化规律

(b)裂缝介质不同流态随时间变化规律

图 11.60 不同介质不同流态随时间变化规律

2)采用不同的流态识别参数与识别界限的动态模拟

针对致密油的宏观流动特征,可采用压力梯度或者雷诺数作为识别参数来识别流态。

因此,分别采用两种不同的识别参数及标准,进行了动态模拟。

A. 采用不同的压力梯度标准识别流态

采用压力梯度作为流态识别的参数,并分三种情况对不同尺度介质流态变化对生产动态的影响进行了对比模拟:①不同介质采用各自相应的压力梯度界限及非线性渗流参数值;②不同介质统一采用小尺度介质对应的压力梯度界限及非线性渗流参数;③不同介质统一采用大尺度介质对应的压力梯度界限及非线性渗流参数。

可以看出,不同介质采用不同的压力梯度界限和非线性渗流参数,其流态变化存在差异,对生产动态影响较大。不同介质统一使用小尺度介质对应的压力梯度界限和非线性渗流参数时,其压力梯度界限值与启动压力梯度值等变大,低速非线性渗流特征影响增强,产量降低;不同介质统一采用大尺度介质对应的压力梯度界限和非线性渗流参数时,其压力梯度界限值和启动压力梯度值等变小,低速非线性流态影响减弱,产量增加(图 11.61)。

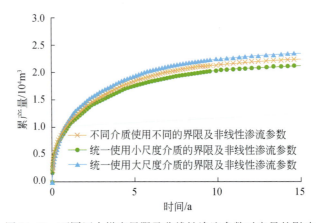

图 11.61　不同压力梯度界限及非线性渗流参数对产量的影响

B. 采用不同的雷诺数标准识别流态

采用雷诺数作为流态识别的参数,并分三种情况对不同尺度介质流态变化对生产动态的影响进行了对比模拟:①不同介质采用各自相应的雷诺数界限及非线性渗流参数值;②不同介质统一采用小尺度介质对应的雷诺数界限及非线性渗流参数;③不同介质统一采用大尺度介质对应的雷诺数界限及非线性渗流参数。

可以看出,不同介质采用不同的雷诺数界限和启动压力梯度值,其流态变化存在差异,对生产动态影响较大。不同介质统一使用小尺度介质对应的雷诺数界限和非线性渗流参数时,其雷诺数界限值与启动压力梯度值等变大,低速非线性渗流特征影响增强,产量降低;不同介质统一采用大尺度介质对应的雷诺数界限和非线性渗流参数时,其雷诺数界限值和启动压力梯度值等变小,低速非线性流态影响减弱,产量增加(图 11.62)。

可见,使用不同的识别参数和识别标准,流态的识别结果存在较大差异,相应选用的动力学方程和非线性渗流参数也不同,影响生产动态和产能。

2. 不同尺度孔缝介质不同流态对生产动态的影响

在不同尺度孔缝介质内,流态的动态变化对生产动态和产能影响极大。

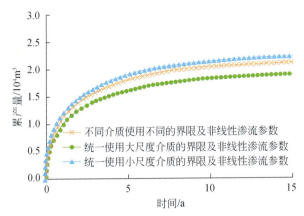

图 11.62　不同雷诺数界限及非线性渗流参数对产量的影响

1）不同介质具有相同流态的动态模拟

为研究不同流态对生产动态的影响，将不同孔缝介质（大裂缝、微小裂缝、微米孔、微纳米孔、纳米孔）指定为同一流态，并分别模拟不同流态（高速非线性、线性、拟线性和低速非线性渗流）下的生产动态，对比不同流态对生产动态的影响。

从模拟结果可以看出，不同流态情况下，产量显著的差异：线性渗流的产量最高；拟线性与高速非线性渗流的产量均有所降低（图 11.63），但高速非线性渗流的产量下降幅度更大；低速非线性渗流的产量最低。

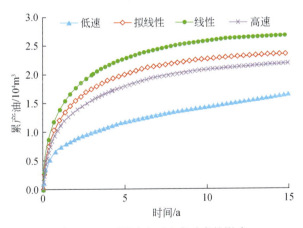

图 11.63　不同流态对生产动态的影响

低速非达西流动考虑表面效应（n 值）和启动压力梯度的影响，产量最低；拟线性流动时，考虑了拟线性临界启动压力梯度的影响，产量有所降低；高速非达西流动时，由于考虑了紊流的干扰，流动阻力增加，产量降低；而线性流动不考虑以上因素，流动阻力小，因此产量最高。

2）不同介质具有各自不同流态的动态模拟

将不同孔缝介质分别指定为不同的流态：大裂缝（包含人工裂缝）指定为高速非线性流，

微小裂缝指定为线性流,微米孔指定为拟线性流,微纳米孔和纳米孔指定为低速非线性流,开展不同介质具有各自不同流态的动态模拟,将模拟结果与不同介质具有相同流态的生产动态进行对比分析。

从对比结果看,不同介质具有各自不同流态的生产效果好于不同介质均为低速非线性渗流的生产效果,但低于线性、拟线性、高速非线性渗流的生产效果。可见,由于流态的变化,相应的流动机理不同,因此流态对致密油产能与生产动态存在显著的影响(图11.64)。

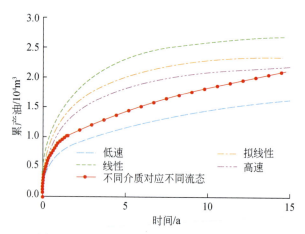

图 11.64　致密油不同流态对生产动态的影响

3. 致密油非线性渗流机理对生产动态的影响

1)启动压力梯度对致密油生产动态的影响

启动压力梯度大小,反映了流体流动时需要克服阻力的大小。为了揭示启动压力梯度对生产动态的影响规律,开展了不同启动压力梯度下生产动态的模拟计算(图11.65)。

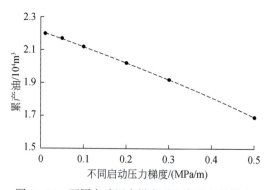

图 11.65　不同启动压力梯度对生产动态的影响

从图中可以看出,随着启动压力梯度的增加,流体流动需要克服的阻力越大,产量越低。当启动压力梯度从 0.01MPa/m 增加到 0.5MPa/m 时,对应的累产从 $2.2 \times 10^4 m^3$ 降低至 $1.69 \times 10^4 m^3$,产量降低了24%。

2）n 值对致密油生产动态的影响

n 值大小反映了表面效应的强弱和流动难易程度,影响流体的流动和生产动态。为了揭示 n 值对生产动态的影响规律,开展了不同 n 值条件下生产动态的模拟计算(图 11.66)。

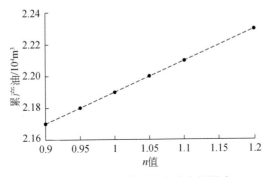

图 11.66　不同 n 值对生产动态的影响

从图中可以看出,随着 n 值的增加,表面效应越弱,流体越易流动,因此产量越高。n 值的合理范围通常为 0.9～1.2,当 n 值从 0.9 增加到 1.2 时,对应的累产从 $2.17 \times 10^4 m^3$ 增加到 $2.23 \times 10^4 m^3$,产量增加 2.6%。

3）高速非达西紊流系数对致密油生产动态的影响

高速非线性系数 β 反映了高速非达西流动对流体渗流的影响。为了揭示 β 值对生产动态的影响规律,开展了不同 β 值条件下生产动态的模拟计算(图 11.67)。

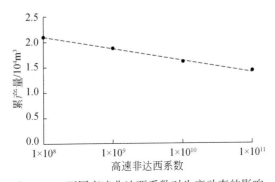

图 11.67　不同高速非达西系数对生产动态的影响

从模拟结果可以看出,高速非达西系数越大,产量越低。这是因为,高速非达西系数越大,高速紊流对流动的干扰越大,流动速度受影响较大,产量降低。高速非达西系数的范围通常为 1×10^8～1×10^{11} m^{-1},当高速非达西系数从 1×10^8 m^{-1} 增加到 1×10^{11} m^{-1} 时,累产量从 $2.1 \times 10^4 m^3$ 降低至 $1.5 \times 10^4 m^3$,产量降低了 28%。

(二)致密气流态与非线性渗流机理动态模拟

1. 致密气流态识别与复杂流动机理自适应的动态模拟

致密气在开采过程中,一般存在高速非线性、拟线性和低速非线性流态特征,同时在低孔、低压和低渗条件下,还会出现滑脱和扩散作用;此外,解吸附作用也是影响致密气生产动态的重要作用机理。不同的流态对致密气生产动态和产能影响大。因此,可以通过不同尺度孔缝介质临界流态识别参数及识别标准,自动识别流态,并选择与流态及渗流机理相适应的动力学方程进行动态模拟,从而揭示生产过程中,不同介质在不同开采阶段流态和流动机理的动态变化及其对生产动态与产能的影响。

A. 不同尺度孔缝介质的流态在空间上的动态变化规律

通过流态自适应识别、流态变化的动态模拟,结果表明,在同一生产阶段,不同空间位置、不同孔缝介质的流态差异极大;在不同生产阶段,不同孔缝介质的流态动态变化极大。生产初期[图11.68(a)],裂缝附近,生产压差大,流速快,以高速非达西流为主,基质中以拟线性流为主,离井和裂缝较远的部位存在低速非线性渗流;生产中期[图11.68(b)],压差变小,流速变慢,大部分高速非达西流转变为拟线性流,拟线性流转变为低速非线性流;生产后期[图11.68(c)],地层压力降低,低压条件下,出现滑脱流动,流态以拟线性流、低速非线性流和滑脱流为主。

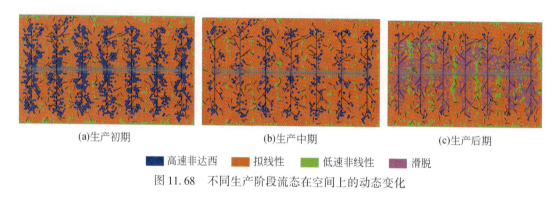

(a)生产初期　　　　　　　　　(b)生产中期　　　　　　　　　(c)生产后期

■ 高速非达西　　■ 拟线性　　■ 低速非线性　　■ 滑脱

图11.68　不同生产阶段流态在空间上的动态变化

B. 不同尺度孔缝介质的流态在时间上的动态变化规律

根据流态自适应识别与动态模拟结果,分析不同尺度孔缝介质的流态随时间的变化规律。在生产过程中,不同部位、不同孔缝介质的孔隙压力及压力梯度变化极大,导致不同孔缝介质的流态发生变化。不同流态在不同生产阶段有较大变化,各流态所占比例随时间的变化规律见图11.69。从图中可见,总体上高速非线性流所占比例小,低速非线性流比例相对较大,而拟线性流所占比例最大。生产初期,高速非达西流所占比例较大,随着生产进行,压差变小,流速变慢,部分高速非达西流转变为其他流态,高速非达西所占比例越来越低;拟线性流初期比例相对较大,后期部分转变为低速非达西流,比例有所降低;低速非线性流初期所占比例较低,后期由于其他流态转变为低速非线性流,其所占比例越来越大。中后期以拟线性流和低速非线性流为主。

对于孔隙介质[图11.70(a)],初期压差大,流速相对较快,以高速非线性流和拟线性流为主,中期以拟线性流、低速非线性流、滑脱流为主,后期随着压力下降,流速降低,出现滑脱现象,以拟线性流(低速)和滑脱流为主。

对于裂缝介质[图11.70(b)],初期压差大,流速快,高速非达西流态所占比例较高;后期随着压力下降,流速降低,低速非达西和拟线性流逐渐增强。

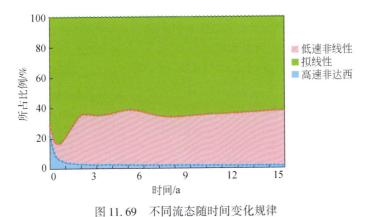

图 11.69　不同流态随时间变化规律

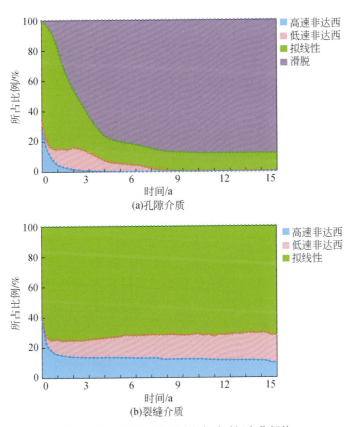

图 11.70　不同介质不同流态随时间变化规律

2. 不同尺度孔缝介质不同流态对生产动态的影响

在致密气不同尺度孔缝介质内,流态的动态变化对生产动态和产能影响极大。

1）不同介质具有相同流态的动态模拟

为研究不同流态对生产动态的影响，将不同孔缝介质（大裂缝、微小裂缝、微米孔、微纳米孔、纳米孔）指定为同一流态，并分别模拟不同流态（高速非线性、线性、拟线性和低速非线性渗流、滑脱和扩散）下的生产动态，对比不同流态对生产动态的影响。

从模拟结果可以看出（图11.71），不同流态情况下，产量有显著的差异。与线性流动相比，低速非线性、拟线性、高速非线性流的产量有所降低，而在滑脱和扩散作用下，产量略有增加。

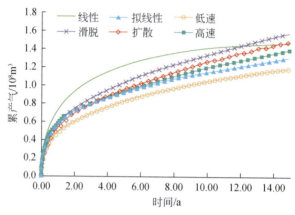

图 11.71　不同流态对生产动态的影响

2）不同介质具有各自不同流态的动态模拟

将不同孔缝介质分别指定为不同的流态：大裂缝（包含人工裂缝）指定为高速非线性流，微小裂缝指定为拟线性流线性流，微米孔指定为低速非线性流，微纳米孔指定为滑脱，纳米孔指定为扩散，开展不同介质具有各自不同流态的动态模拟，将模拟结果与不同介质具有相同流态的生产动态进行对比分析。

从对比结果看，不同介质具有各自不同流态的生产效果好于不同介质均为低速非线性渗流、拟线性流、高速非线性流的生产效果，但低于滑脱流、扩散流、线性流的生产效果。可见，由于流态的变化，相应的流动机理不同，因此流态对致密气产能与生产动态存在显著的影响（图11.72）。

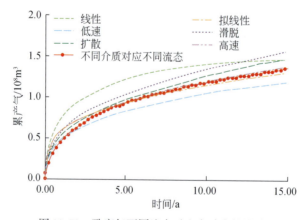

图 11.72　致密气不同流态对生产动态的影响

3. 致密气非线性渗流机理对生产动态的影响

1）启动压力梯度对致密气生产动态的影响

与致密油相比,致密气的启动压力梯度非常小,通常为 0.001～0.1MPa。为了揭示启动压力梯度对生产动态的影响规律,开展了不同启动压力梯度下生产动态的模拟计算(图 11.73)。

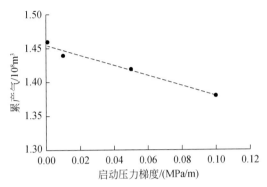

图 11.73　不同启动压力梯度对生产动态的影响

从模拟结果可以看出,随着启动压力梯度的增加,产量逐步降低。当启动压力梯度从 0.001MPa/m 增加到 0.1MPa/m 时,对应的累产从 $0.73×10^8m^3$ 降低至 $0.69×10^8m^3$,产量降低了 5%。

由此可见,启动压力梯度对致密气产能存在一定的影响,但由于致密气的启动压力梯度较小,启动压力梯度对致密气产量的影响相对较小。

2）n 值对致密气生产动态的影响

对致密气而言,n 值同样反映了表面效应的强弱和流动难易程度。为了揭示 n 值对生产动态的影响规律,开展了不同 n 值条件下生产动态的模拟计算(图 11.74)。

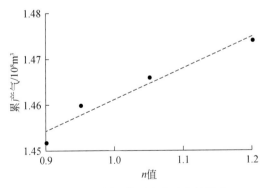

图 11.74　不同 n 值对生产动态的影响

从图中可以看出,随着 n 值的增加,表面效应越弱,气体越易流动,因此产量越高。n 值的合理范围通常为 0.9～1.2,当 n 值从 0.9 增加到 1.2 时,对应的累产从 $0.726×10^8m^3$ 增加到 $0.737×10^8m^3$,产量增加 1.5%。

由此可见,n 值在一定程度上会影响致密气的产量,但影响幅度不大。

3) 高速非达西紊流系数对致密气生产动态的影响

高速非线性系数 β 反映了高速非达西流动对气体渗流的影响。为了揭示 β 值对生产动态的影响规律,开展了不同 β 值条件下生产动态的模拟计算(图 11.75)。

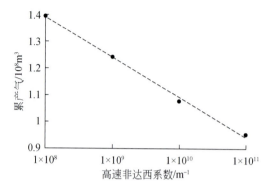

图 11.75　不同高速非达西系数对生产动态的影响

从模拟结果可以看出,高速非达西系数越大,产量越低。当高速非达西系数从 1×10^8 m^{-1} 增加到 1×10^{11} m^{-1} 时,累产量从 0.7×10^8 m^3 降低至 0.48×10^8 m^3,产量降低了 31%。

由此可见,高速非达西对致密气生产动态影响较大。

4) 滑脱效应对致密气生产动态的影响

滑脱效应反映了低压低渗条件下孔隙介质对气体流动的影响。滑脱效应越强,产量越高。为了揭示滑脱效应对生产动态的影响规律,分别开展了不同压力、不同渗透率(孔喉半径)条件下滑脱效应对生产动态影响的模拟计算。

A. 不同孔隙压力下滑脱效应对生产动态的影响

可以看出,在相同孔隙压力情况下,随滑脱效应的增强,产量增加;在滑脱效应一定的情况下,孔隙压力越低,滑脱效应对产量的影响越明显。当孔隙压力为 5MPa,滑脱因子从 0 增加到 0.6MPa 时,累产气量约增加 8%;当地层压力为 20MPa,滑脱因子从 0 增加至 0.6MPa 时,累产气量约增加 2%(图 11.76)。

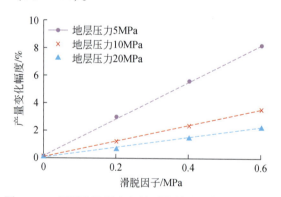

图 11.76　不同孔隙压力条件下滑脱对生产动态的影响

B. 不同尺度孔喉半径下滑脱效应对生产动态的影响

孔喉半径越小,滑脱效应越大。开展了不同尺度孔喉半径条件下滑脱效应对生产动态影响的模拟计算。

从模拟结果可以看出(图11.77、图11.78),在孔隙压力为5MPa条件下,孔喉半径大于100nm时,滑脱对产量的影响很小,可以忽略;孔喉半径小于100nm时,滑脱对产量影响显著,当孔喉半径低至2nm时,在滑脱效应作用下,产量增加了约50%。

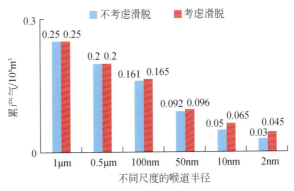

图11.77　考虑滑脱与不考虑滑脱产量对比

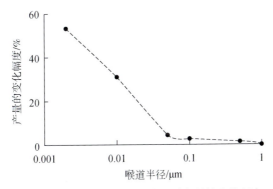

图11.78　考虑滑脱与不考虑滑脱产量的变化幅度

5)扩散作用对致密气生产动态的影响

在低孔、低渗、低压条件下,气体的渗流存在扩散作用,扩散作用越强,产量越高。开展了不同尺度孔喉半径条件下扩散效应对生产动态影响的模拟计算。

从模拟结果可以看出(图11.79、图11.80),在孔隙压力为5MPa条件下,孔喉半径大于100nm时,扩散作用对产量的影响很小,可以忽略;孔喉半径小于100nm时,扩散作用对产量有一定影响,当孔喉半径低至2nm时,扩散对产量的影响幅度约9%左右。

6)解吸附作用对致密气生产动态的影响

在致密气开采过程中,随着地层压力的降低,在解吸附作用下,吸附气逐渐变为游离气,从而影响生产动态。

A. 吸附气含量对生产动态的影响

吸附气与游离气所占比例的多少会影响致密气的产能。为了揭示吸附气含量(吸附气占总气量的比例)对生产动态的影响规律,分别开展了不同吸附气含量对生产动态影响的模

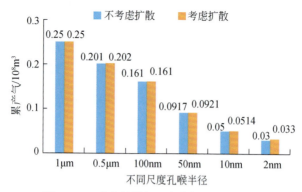

图 11.79　考虑扩散与不考虑扩散产量对比

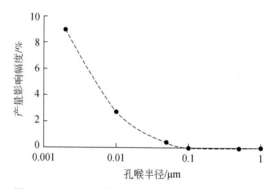

图 11.80　考虑扩散与不考虑扩散产量的变化幅度

拟计算。

从模拟结果可以看出,吸附气含量越高,游离气含量越低,累产越低(图 11.81)。

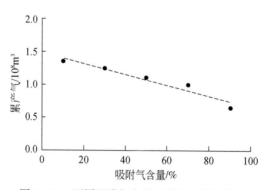

图 11.81　不同吸附气含量对累产气量的影响

B. 扩散系数对生产动态的影响

基质块中的气体(包含自由气和解吸附气体)通过扩散作用运移至裂缝中,扩散系数大小直接影响基质岩块向裂缝系统供气的速度(于荣泽等,2016)。在遵循一定的解吸附规律条件下,开展了不同的扩散系数对生产动态影响的模拟计算。

可以看出,扩散系数越大,产量越大。扩散系数从 0.001 m²/d 增加到 1m²/d 时,累产气量从 $1.5×10^8$m³ 增加到了 $2.41×10^8$m³。可见,气体扩散系数对致密气产能有较大影响(图 11.82)。

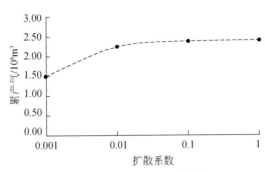

图 11.82　扩散速度对产量的影响

C. 解吸规律对生产动态的影响

吸附气的解吸附过程主要受解吸附规律和孔隙压力的控制(于荣泽等,2016)。为了研究解吸附规律对致密气产能的影响,在吸附气含量相同的条件下,分别对不同的解吸附规律(张烈辉等,2014)对致密气生产动态的影响进行了模拟。

选取了三条不同的吸附等温曲线(图 11.83),三条曲线的 Langmuir 体积(吸附气的最大体积)相同,Langmuir 压力(气体吸附量达到最大吸附量 50% 时的压力)不同;曲线 1 曲率最大,Langmuir 压力最低;曲线 2 曲率居中,Langmuir 压力居中;曲线 3 曲率最小,Langmuir 压力最大。

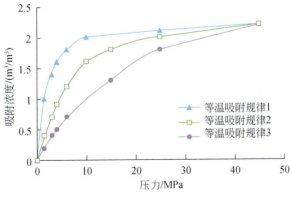

图 11.83　不同的吸附等温曲线

可以看出,langmuir 压力越高,吸附等温曲线曲率越小,产气量越高;langmuir 压力越低,吸附等温曲线曲率越大,产气量越低(图 11.84)。

因为 langmuir 压力越高,吸附等温曲线曲率越小,说明气体在高压区的吸附量多,吸附气在开发过程中更易被解吸出来,因此产量更高。

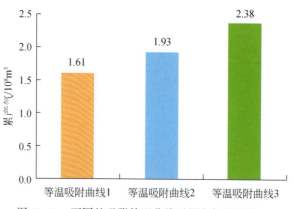

图 11.84　不同的吸附等温曲线对累产气量的影响

第三节　致密油气水平井与体积压裂动态模拟

致密油气在水平井与体积压裂改造开发模式下,储层介质与井筒接触方式与流动关系复杂,水平井的生产动态和产能受水平井参数与体积压裂改造参数的影响大。本节通过致密油气水平井与体积压裂动态模拟,揭示了水平井长度、储层钻遇率、完井方式、裂缝形态、体积压裂参数等对水平井产能及生产动态的影响。

一、致密油气水平井动态模拟

(一)水平井长度与钻遇率的动态模拟

致密油气开发普遍采用长水平段水平井,尽可能延长水平段长度,提高单井控制的储量规模,但水平段长度的优化还应考虑优质储层钻遇率的影响。

1. 水平段长度对产量的影响

在储层非均质性不强,不同水平井段岩性、物性、含油性、可动用性变化不大的情况下,在钻完井技术和经济成本允许的情况下,长度越长,产量越高,开发效果越好(图 11.85)。水平井长度越长,单井控制的储量规模越大,结合有效的压裂技术,其控制范围和沟通效果均提高,因此开发效果好。

2. 储层钻遇率对产量的影响

致密储层非均质性较强,不同水平井段岩性、物性、含油性、可动用性变化大,不同水平井段对产能的贡献差异极大。

在水平井长度一定的情况下,对不同储层钻遇率的情况进行了模拟,可以看出,储层钻遇率对开发效果的影响大。

相同水平段长度下,储层钻遇率越高,单井产量和采出程度越高(图 11.86、图 11.87)。

由此可见,优质储层的钻遇率是影响致密油开发效果的重要因素,应加强对储层非均质

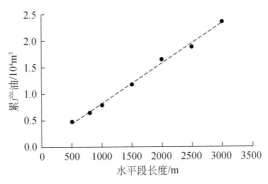

图 11.85　不同水平井长度对生产动态的影响

性的认识,通过甜点评价,优选井位和轨迹,提高油层钻遇率,达到增产效果。

水平段长度优化,不应单纯追求延长水平段长度,应注重追求钻遇优质储层的长度。

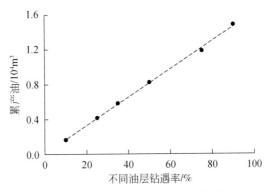

图 11.86　不同储层钻遇率对累产的影响

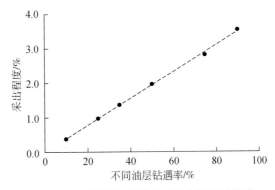

图 11.87　不同储层钻遇率对采出程度的影响

(二) 水平井不同完井方式的动态模拟

致密储层水平井体积压裂开发模式下,不同完井方式下(射孔完井、裸眼完井)井筒与储层的接触和流动关系不同,影响水平井的生产动态与产能。射孔完井方式下,储层中的流体必须先流入到人工裂缝中,再流入井筒;裸眼完井方式下,人工裂缝、不同尺度基质孔隙、天然裂缝都和水平井筒直接接触,储层中的流体既可以通过人工裂缝流动到水平井筒中,也可以直接流入井筒。

1)天然裂缝不发育的条件下,不同完井方式对生产的影响

在天然裂缝不发育的条件下,分别进行了两种不同完井方式的动态模拟,可以看出:裸眼完井与射孔完井两种完井方式对产量的影响较小。因为致密储层孔隙介质渗流能力非常差,若没有天然裂缝,裸眼完井方式下,从孔隙介质直接流入井筒的流体量很少,几乎可以忽略,人工缝是孔隙介质与井筒之间的主要流动通道,因此两种完井方式下的模拟结果差别较小(图11.88、图11.89)。

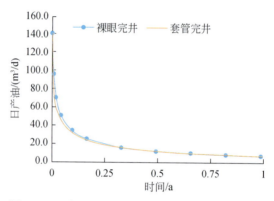

图 11.88　裂缝不发育不同完井方式的日产量对比

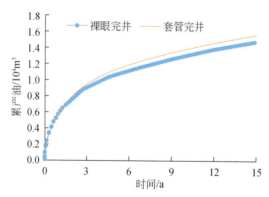

图 11.89　裂缝不发育不同完井方式的累产量对比

2)天然裂缝较发育的条件下,不同完井方式对生产的影响

在天然裂缝较发育的条件下,两种不同完井方式的动态模拟结果显示:两种完井方式对应的产量有明显差别。因为有相当部分的流体可从基质孔隙流入天然裂缝,再从天然裂缝流入井筒,天然裂缝发挥了重要的沟通作用。天然裂缝越发育,这种差别会越明显(图11.90、图11.91)。

综上,不同完井方式下的储层与水平井筒的接触和流动关系不同,影响水平井的生产动态和产能,尤其在天然裂缝较发育时,这种影响不可忽略。

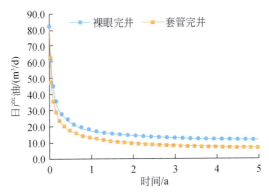

图 11.90　裂缝发育不同完井方式的日产量对比

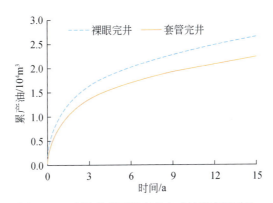

图 11.91　裂缝发育不同完井方式的累产量对比

(三) 不同井筒处理方式的动态模拟

根据处理方式和考虑因素的不同,水平井的处理方式可分为线源方式、离散井筒方式和多段井方式三种方式。其中线源方式最为常见,把水平井筒当作由若干点源组成的一个系统,通过井指数描述井与储层间的流动;离散井筒方式将水平井筒作为若干个离散网格组成的系统,通过井网格与储层网格的传导率来描述井与储层间的流动,可以用于处理裸眼完井方式下的井筒与储层之间的接触关系;多段井方式考虑井筒内部的摩阻、重力、多相管流,以及井筒段之间的流体交换及压力损失,井筒段间流动按照管流处理。

在其他条件相同的情况下,分别采用不同的井筒处理方式,对水平井进行了动态模拟,结果如图 11.92 和图 11.93 所示。

1) 离散井筒处理方式与线源处理方式产量接近

离散井筒处理方式下,当代表水平井筒的网格尺寸与井筒直径相当时,此时计算出的井网格与储层网格间的传导率,与线源方式下计算的井指数差别较小,因此两种方式下模拟结果接近。

2) 多段井方式的产量低于其他两种处理方式的产量

多段井方式下,考虑井筒内部的摩阻、多相管流,以及井筒段之间的流体交换及压力损失,因而其产量比其他两种处理方式的产量低。

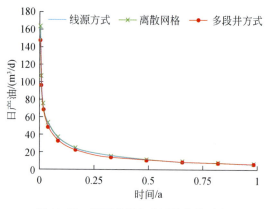

图 11.92　不同处理方式下日产量对比

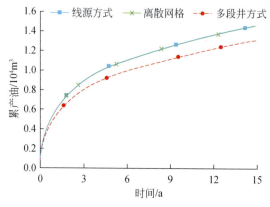

图 11.93　不同处理方式下累产量对比

二、致密油气体积压裂动态模拟

(一) 水平井不同裂缝形态的模拟

水平井体积压裂过程中,受储层地质、地质力学特征和压裂工艺等因素影响,压裂形成的人工裂缝形态多变,根据其形态和复杂程度,可划分为以下四种形态:①双翼对称缝模式;②长度不等的不对称缝模式;③简单裂缝条带模式;④复杂缝网模式。不同裂缝形态对油藏动态和产能影响较大。对不同的裂缝形态进行了模拟,结果如图 11.94 ~ 图 11.97 所示。

1) 不同裂缝形态模式的产量和累产有显著差异

双翼对称缝模式和不对称缝模式为简单的单一裂缝分布,裂缝密度小,缝间距较大,产量相对较低,两者产量和累产相近;而简单裂缝条带模式和复杂缝网模式为复杂裂缝分布,裂缝间距小,密度大,裂缝面积大,其初期产量和累产量明显要高于前两种裂缝形态模式。

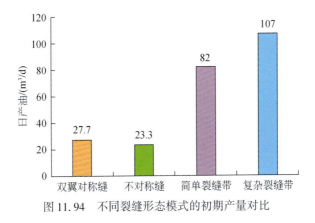

图 11.94 不同裂缝形态模式的初期产量对比

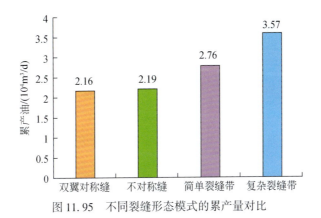

图 11.95 不同裂缝形态模式的累产量对比

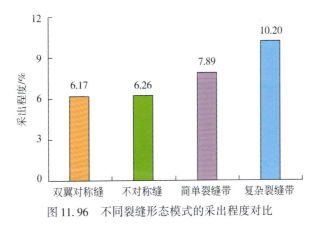

图 11.96 不同裂缝形态模式的采出程度对比

2）裂缝越复杂，基质岩块越小，产量越高，动用程度越高

裂缝越复杂，裂缝密度越大，缝间距越小，基质岩块越小，基质岩块到裂缝的渗流距离越短，基质岩块的动用性提高，因而产量越高，动用程度越高，开发效果越好。

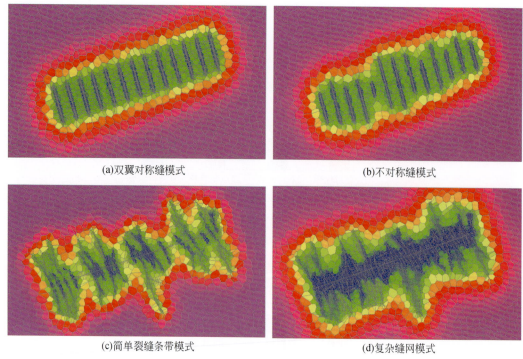

(a)双翼对称缝模式　　　　　　　　　　　　(b)不对称缝模式

(c)简单裂缝条带模式　　　　　　　　　　　(d)复杂缝网模式

图 11.97　不同人工裂缝形态模式下的压力分布

(二) 不同井距的水平井井组动态模拟

水平井井组的合理井距优化取决于基质岩块的物性、流体黏度、人工缝网的规模,既要避免出现井间干扰,又要确保井间的动用程度。为了揭示井距大小和裂缝规模对生产动态的影响规律,开展了不同井距下生产动态的模拟计算(图 11.98 ~ 图 11.100)。

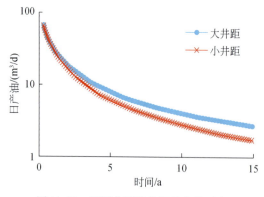

图 11.98　不同井距的井组日产量对比

1) 不同井距的产量和累产量有一定差异

在其他条件相同的情况下,不同井距的初产量一致。在不同井距条件下,井组所控制的储量差异大,产量递减速度不同。在生产中后期,小井距条件下,由于出现井间干扰,控制储

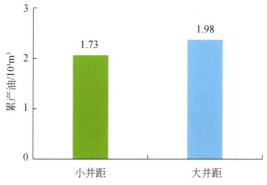

图 11.99　不同井距的井组累产量对比

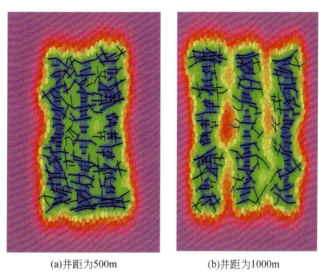

(a)井距为500m　　　　　(b)井距为1000m

图 11.100　不同井距的井组压力分布

量相对较小,补给能力相对较低,因此产量递减较快;而大井距条件下,控制储量相对较大,补给能力充足,而且不存在井间干扰,因此产量递减较慢。因此,小井距的累产量小于大井距的累产量。

2)不同井距的井间动用程度存在差异

小井距条件下,压裂缝易出现连通情况,中后期生产动态出现井间干扰,动用程度较高;大井距条件下,井间易存在未动用的区域,造成了储量动用的损失,井间动用程度低。

(三) 体积压裂参数的优化

体积压裂的规模对致密油气水平井的生产动态和产能高低有着至关重要的影响。通过动态模拟,揭示了裂缝长度、间距、导流能力及压裂有效率对水平井生产动态及产能的影响。

1. 裂缝长度

水力裂缝长度决定了人工改造体积的大小,因此对生产效果影响很大。为了揭示裂缝长度对生产动态的影响规律,开展了不同裂缝长度下生产动态的模拟计算(图 11.101、图 11.102)。

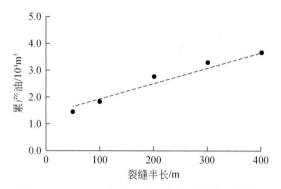

图 11.101 不同人工裂缝长度对累产量的影响

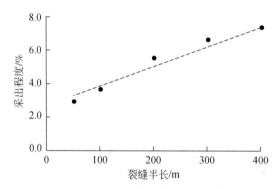

图 11.102 不同人工裂缝长度对采出程度的影响

从模拟结果可以看出,裂缝越长,产量和采出程度越高。因为裂缝越长,裂缝面积和裂缝沟通的范围越大,动用范围越大,因此产量和采出程度越高。

2. 裂缝间距

缝间距大小决定了压裂缝的条数、裂缝面积、基质岩块渗流距离的大小。为了揭示裂缝间距对生产动态的影响,开展了不同裂缝间距下生产动态的模拟计算(图 11.103、图 11.104)。

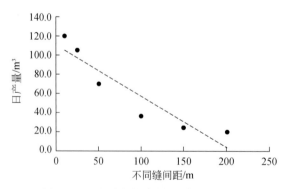

图 11.103 不同缝间距对日产量的影响

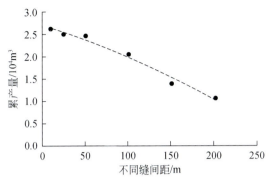

图 11.104 不同缝间距对累产量的影响

不同缝间距条件下的模拟结果显示,缝间距对产量的影响较大(图 11.105):

(1)缝间距越小,裂缝条数越多,裂缝面积越大,基质岩块渗流距离越小,初期日产量和累产量越高。

(2)缝间距过大,缝间易存在未动用区域,造成缝间动用程度低。当裂缝间距小到一定程度,单条裂缝控制的储量有限,而且存在缝间干扰,产量增加幅度变小,需要优化合理的缝间距。

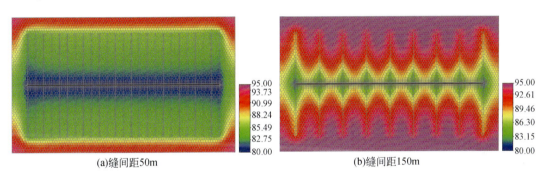

图 11.105 不同缝间距条件下的压力分布

3. 裂缝导流能力

人工裂缝导流能力受支撑剂类型、粒径、浓度,以及支撑方式的影响,变化较大。不同导流能力的裂缝沟通能力不同,影响水平井产能的大小。为了揭示裂缝导流能力对生产动态的影响,开展了不同裂缝导流能力下生产动态的模拟计算(图 11.106、图 11.107)。

从模拟结果可以看出,随着导流能力增加,裂缝沟通能力加强,单井日产量和累产量增加。但当导流能力增加到一定程度时,产量增加幅度变小。因此需要优化合理的裂缝导流能力。

4. 压裂缝有效率

受储层非均质性、地应力与岩石脆性、压裂工艺等多因素的影响,压裂缝有效率存在较大差异。不同的压裂缝有效率影响水平井的生产动态和产能。为了揭示压裂缝有效率对生产动态的影响,开展了不同压裂缝有效率对生产动态的模拟计算(图 11.108、图 11.109)。

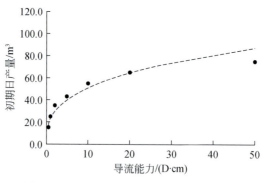

图 11.106　不同导流能力对日产量的影响

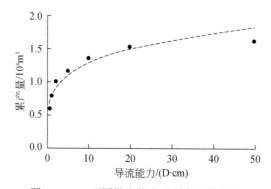

图 11.107　不同导流能力对累产量的影响

　　根据实际的压裂缝长度、开度、高度和导流能力与设计值的差异,将压裂缝划分为三类(Ⅰ类压裂缝有效率达 70% 以上;Ⅱ类压裂缝有效率为 40% ~70%;Ⅲ类压裂缝有效率为 10% ~40%)。

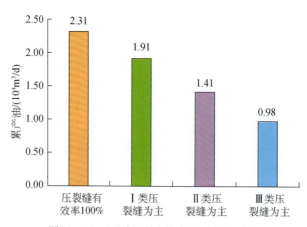

图 11.108　不同压裂有效率的日产油对比

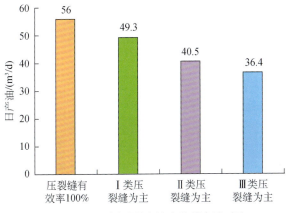

图 11.109　不同压裂有效率的累产油对比

1）不同压裂缝有效率的产量和累产量存在较大差异

随着压裂缝有效率的降低，单井的产量和累产量也逐步降低。压裂缝有效率为100%时，产量可以达到56m³/d，累产可以达到2.31×10⁴m³，以Ⅲ类压裂缝为主时，产量降低为36.4m³/d，累产降低为0.98×10⁴m³，产量降幅达到35%，累产量降幅达57%（图11.110）。

2）不同压裂缝有效率的采出程度和动用程度存在差异

随着压裂缝有效率的降低，动用范围和动用储量减小，采出程度和动用程度逐步降低（图11.111）。

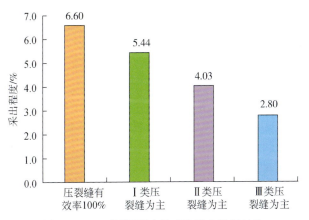

图 11.110　不同压裂有效率的采出程度对比

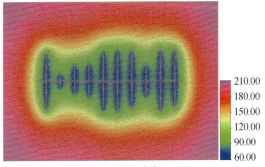

(a) Ⅰ类压裂缝为主

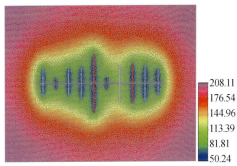

(b) Ⅱ类压裂缝为主

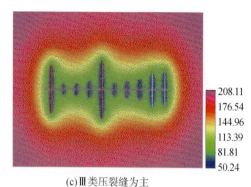

(c)Ⅲ类压裂缝为主

图 11.111　不同压裂缝有效率条件下的压力分布

第四节　压注采过程中不同尺度孔缝介质流固耦合动态模拟

在压裂、注入、开采过程中,不同尺度人工/天然裂缝、孔隙介质所承受的孔隙压力和有效应力是动态变化的,引起孔隙、天然裂缝和人工裂缝产生显著的变形,导致几何尺度、属性参数、介质间传导率、井指数随之改变,极大影响油藏动态及产能特征。如何模拟不同尺度多重介质动态变化对油藏及生产动态的影响至关重要。

为此开展了压注采过程中不同孔缝介质的变形过程、几何特征及物性参数动态变化的模拟研究,计算了储层介质传导率与井指数的动态变化规律,分析了流固耦合作用对油藏动态及产能特征的影响。

一、压裂、注入与开采过程一体化动态模拟

通过流固耦合动态模拟功能对压裂过程中裂缝的动态变化进行了模拟,包括多级压裂过程、人工裂缝生成、天然裂缝开启和压注采一体化的模拟。

1. 多级压裂过程中人工裂缝逐级生成过程模拟

根据水平井体积压裂设计、微地震资料、压裂监测资料、动态资料确定裂缝的条数、裂缝的几何形态、空间分布;同时,根据各级压裂液量与砂量,模拟了多级压裂过程中人工裂缝逐级生成过程(图 11.112)。

 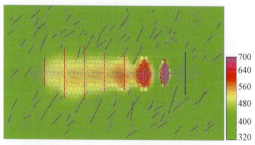

图 11.112　多级压裂过程的模拟

2. 各级人工裂缝的生成、扩展与延伸过程模拟

根据各级压裂液量与砂量,模拟快速压裂过程中裂缝的演变过程:当压裂液注入使孔隙压力高于破裂压力时,人工裂缝开始形成;随着压裂液的继续注入,裂缝开始扩大、扩展;当压裂液的进一步注入,孔隙压力超过延伸压力时,裂缝向前延伸(图 11.113)。

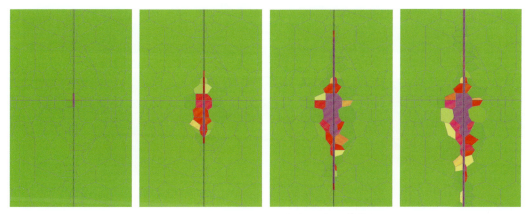

图 11.113　人工裂缝的形成、扩展与延伸模拟

3. 天然裂缝开启、扩展与延伸过程模拟

当人工裂缝向前延伸遇到天然裂缝时,压裂液进入天然裂缝,地层压力高于天然裂缝开启压力时,天然裂缝开启,并随着压力的持续升高而扩大、延伸(图 11.114)。

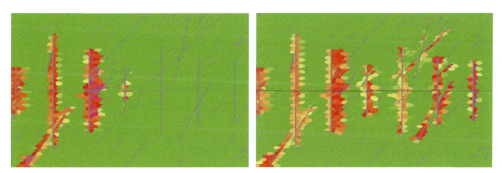

图 11.114　天然裂缝开启与延伸模拟

4. 压裂、闷井、返排、开采过程一体化模拟

开展了压裂、闷井、返排、开采过程一体化模拟,首先根据多级压裂各级的液量、砂量与压裂时间对多级压裂的过程进行模拟;同时对压裂后闷井过程中压力扩散的过程进行了动态模拟;然后根据返排工作制度及返排液量对返排过程中流体的流动与压力变化进行了动态模拟;在此基础之上,根据生产工作制度和动态资料对开采过程进行了模拟计算,实现了压注采一体化动态模拟(图 11.115)。

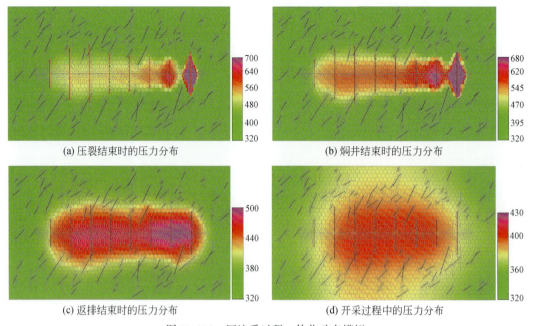

(a) 压裂结束时的压力分布　　　　　　　　　　(b) 焖井结束时的压力分布

(c) 返排结束时的压力分布　　　　　　　　　　(d) 开采过程中的压力分布

图 11.115　压注采过程一体化动态模拟

二、压注采过程中孔隙压力动态变化的模拟

对压注采过程中不同尺度孔缝介质内孔隙压力的动态变化进行了模拟计算,不同孔缝介质在不同压注采过程中的孔隙压力动态变化规律存在显著差异。

1)人工裂缝、天然裂缝、基质孔隙压力的动态变化

在压裂阶段,随着压裂液注入地层,人工裂缝、天然裂缝及基质孔隙内的压力快速升高。由于压裂液通过人工裂缝进入天然裂缝,因此人工裂缝的压力要高于天然裂缝,同时,压裂液通过人工与天然裂缝进入基质孔隙,且速度慢,因而基质孔隙中的压力最低。在焖井阶段,裂缝内的高压流体向周围基质孔隙渗流扩散,因此裂缝内的压力有所下降,而基质孔隙的压力持续升高。在返排与采出阶段,随压裂液及油气的采出,人工/天然裂缝、基质孔隙中的压力随之大幅度下降,由于人工裂缝与井筒相连、导流能力强,压力幅度下降最大,而基质孔隙渗流能力低,压力下降幅度最小(图 11.116)。

2)SRV 内孔隙压力的动态变化

SRV 内孔隙压力的变化规律与不同介质的孔隙压力变化规律一致。在压裂阶段,随着压裂液的快速注入,压力快速上升(当压裂液量累计注入达 11730.2m³ 时,SRV 内压力提升了 4.89MPa);在焖井阶段,由于压力传递发生在不同孔缝介质间,SRV 内的压力基本维持稳定;在返排阶段,由于压裂液的排出,SRV 内压力快速下降(压裂液的返排量为 2533.7m³,返排率为 21.6%,SRV 内压力降低了 2.07MPa);在采出阶段,随着油气的采出,压力持续下降(累计产液量 1790m³,SRV 内压力降低 1.75MPa)(图 11.117)。

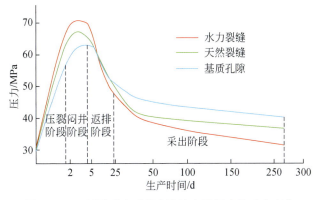

图 11.116　压裂采出过程中孔缝介质压力的动态变化

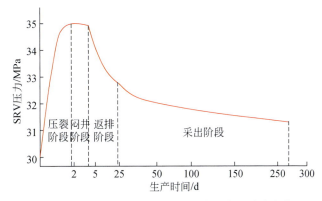

图 11.117　压裂采出过程中 SRV 内压力的动态变化

三、压注采过程中不同孔缝介质物性参数动态变化的模拟

对压注采过程中不同尺度孔缝介质物性参数(孔隙度、渗透率)的动态变化进行了模拟计算,不同压注采过程中不同孔缝介质的物性参数动态变化显著。

1) 人工裂缝、天然裂缝、基质孔隙的孔隙度动态变化

人工裂缝在破裂前孔隙度与基质相近;压裂阶段,人工裂缝形成后,裂缝宽度大,支撑剂颗粒处于悬浮状态,裂缝孔隙度显著增大;闷井阶段,裂缝孔隙度受孔隙压力下降的影响稍有降低;返排与采出阶段,随压力的降低,裂缝变形,宽度减小,裂缝孔隙度逐渐降低(图 11.118)。

天然裂缝由于粗糙度的影响,初始孔隙度高于基质孔隙度;压裂阶段,随着裂缝开启,裂缝宽度增大,孔隙度大幅升高;闷井阶段,裂缝孔隙度略有升高;返排与采出阶段,由于天然裂缝的支撑强度最低,裂缝变形导致宽度大幅度下降,其孔隙度降低幅度最为显著。

基质孔隙在压裂阶段,压裂液的注入使得孔隙压力快速上升,基质孔隙膨胀,孔隙度迅速增大;闷井阶段,基质孔隙度小幅增加;返排与采出阶段随孔隙压力大幅下降,基质孔隙压

缩变形,孔隙度逐渐减小。

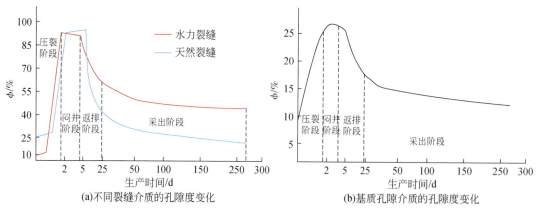

(a)不同裂缝介质的孔隙度变化　　　　　　　(b)基质孔隙介质的孔隙度变化

图 11.118　压裂采出过程中孔隙度的动态变化

2）人工裂缝、天然裂缝、基质孔隙的渗透率动态变化

人工裂缝的初始渗透率与基质孔隙相同;随着压裂液的注入,人工裂缝形成后裂缝宽度逐渐增大,裂缝渗透率快速上升;闷井阶段,由于裂缝压力有所下降,裂缝渗透率稍有下降;返排与采出阶段,人工裂缝内压力降低,裂缝变形,宽度减小,渗透率逐渐降低,但在支撑剂的支撑作用下,仍能维持在较高水平（图 11.119）。

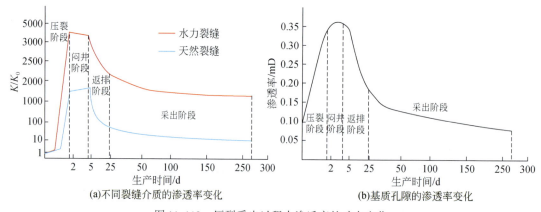

(a)不同裂缝介质的渗透率变化　　　　　　　(b)基质孔隙的渗透率变化

图 11.119　压裂采出过程中渗透率的动态变化

天然裂缝在压裂过程中,随着压力升高、裂缝开启,裂缝宽度增大,裂缝渗透率快速升高;闷井阶段,裂缝渗透率由于压力升高而略有增大;返排与采出阶段,由于压力快速下降,天然裂缝的变形闭合程度最大,裂缝宽度大幅度降低,其渗透率降低幅度最为显著。

基质孔隙在压裂阶段,随压裂液的注入,由于压力升高,孔隙膨胀,渗透率迅速增大;闷井阶段,基质孔隙由于压力升高而渗透率稍有增加;返排与采出阶段随油气的采出,基质孔隙压力快速下降,导致基质孔隙压缩变形,渗透率逐渐降低。

四、压注采过程中传导率、井指数动态变化的模拟

在压注采过程中,不同尺度孔缝介质的变形及其几何尺度、属性参数的动态变化,导致不同介质间的传导率、储层介质与井筒间的井指数动态变化极大。因此,对压注采过程中传导率及井指数的动态变化进行了模拟研究。

1) 不同尺度孔缝介质间传导率的动态变化

压裂阶段,随孔缝介质渗透率的增大,储层介质间的传导率快速增大;闷井阶段,储层传导率略有下降;返排与采出阶段,由于孔缝介质的渗透率显著降低,储层传导率也相应大幅减小(图 11.120)。

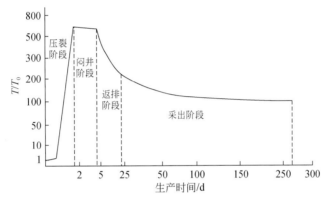

图 11.120 压裂采出过程中储层介质间传导率的动态变化

2) 储层介质与井筒间井指数的动态变化

压裂阶段,井点网格介质的压力升高,储层介质渗透率大幅增加,使得储层介质与井筒间井指数迅速增大;闷井阶段,井点网格介质内高压流体向周围介质流动扩散,使得井点网格介质压力下降,渗透率降低,井指数下降;返排与采出阶段,由于井点网格介质压力大幅度下降,渗透率随之降低,井指数也随之减小(图 11.121)。

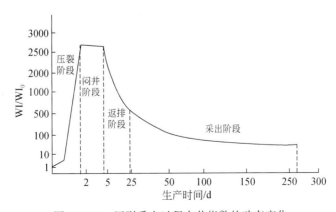

图 11.121 压裂采出过程中井指数的动态变化

五、流固耦合作用对生产动态的影响

在压注采过程中,不同尺度孔缝介质的变形及其几何尺度、属性参数的动态变化,导致不同介质间的传导率、储层介质与井筒间的井指数随之改变,极大影响生产动态及产能大小。为此开展了不同开采模式下流固耦合作用对生产动态及产能的影响研究。

1)衰竭式开采模式

在衰竭式开采模式下,随油气的采出,地层压力逐渐降低,导致基质孔隙收缩、天然裂缝与人工裂缝变形闭合,引起储层物性减小,进而导致储层传导率、井指数降低,最终造成油井的产量及累计产量减少。通过对比分析可见,不考虑流固耦合作用时,日产量与累产量比实际情况偏大,偏大幅度达 17.8%(图 11.122)。

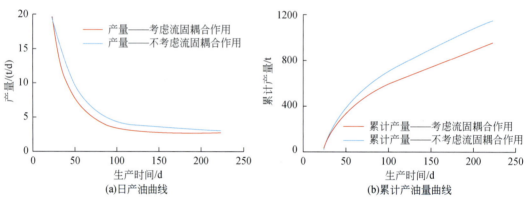

图 11.122　衰竭式开采模式下流固耦合对产量的影响

2)注采开采模式

在前期压裂衰竭式开发一段时间后(约 200 天),通过注水补充地层能量(注水周期 30 天,注入速度为 36t/d),再通过注采开发模式继续开采(生产时间 180 天)。在注水过程中,不同孔缝介质中的孔隙压力快速上升,物性参数增大;而在开采过程中,不同孔缝介质中的孔隙压力逐渐降低,物性参数逐步减小(图 11.123 ~ 图 11.126)。

前期衰竭式开采阶段产量快速递减,通过补充地层能量,产量有所提高,递减有所减缓,增加了累产油量,说明通过注水补充能量可以提高采出程度和采收率。通过对流固耦合作用对产量的影响进行对比分析,当考虑流固耦合作用时,日产量降低,累计产油量减少了 18.6%(图 11.127)。

3)吞吐开采模式

在前期压裂衰竭式开发一段时间后,采用吞吐开采模式进行多轮次开发。在每一轮吞吐开采过程中,孔隙压力、物性参数在注入过程中随着注入液量的增加而增大,在开采过程中随采出液量的增加而降低(图 11.128 ~ 图 11.131)。每个吞吐周期内的采出液量大于注入液量,使得每个轮次的平均压力、物性参数逐步降低。

通过前期衰竭式开采后,多轮次吞吐开采可以增加累产油量,提高采出程度和采收率。通过对流固耦合作用对产量的影响进行对比分析,当考虑流固耦合作用时,日产量降低,累

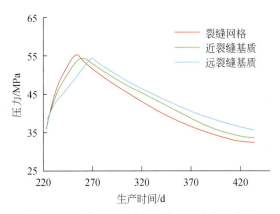

图 11.123　注采过程中网格介质压力变化曲线

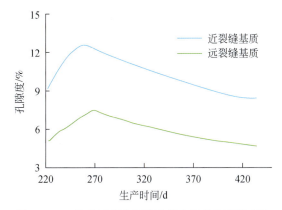

图 11.124　注采过程中网格孔隙介质的孔隙度变化

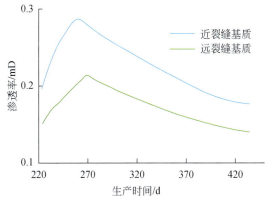

图 11.125　注采过程中网格孔隙介质的渗透率变化

计产油量减少了 19.3%（图 11.132）。

4）不同开采模式对比分析

通过对衰竭式开采、注采开采、吞吐开采三种模式进行对比分析，衰竭式开采模式下，日

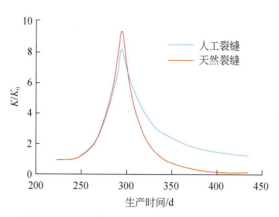

图 11.126　注采过程中不同裂缝的渗透率变化

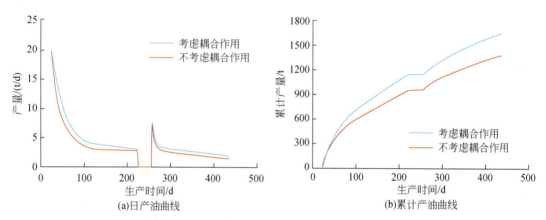

(a)日产油曲线　　　　　　　　　　　　　(b)累计产油曲线

图 11.127　注采开发模式下流固耦合对产量的影响

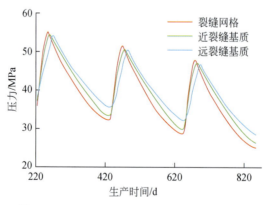

图 11.128　吞吐过程中网格介质压力变化曲线

产量下降最快,累计产量最低;注采开采模式通过补充地层能量与强化渗吸采油作用,提高了累产量和采出程度,累产量比衰竭模式增加了 7.9%;吞吐开采模式下,通过多轮次注水吞吐,地层能量、渗吸采油作用得到更好的补充与强化,进一步提高了累产量和采出程度,累产

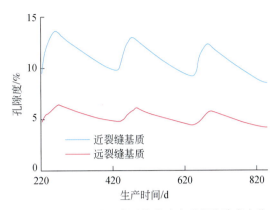

图 11.129　吞吐过程中网格孔隙介质的孔隙度变化

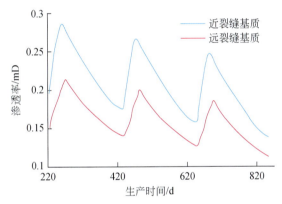

图 11.130　吞吐过程中网格孔隙介质的渗透率变化

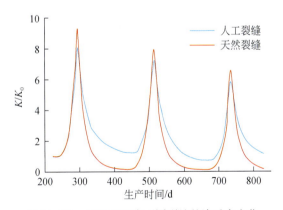

图 11.131　吞吐过程中不同裂缝的渗透率变化

油量比衰竭模式增加了 18.9%（图 11.133、图 11.134）。

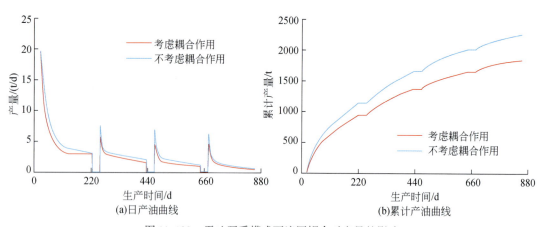

(a)日产油曲线　　　　　　　　　(b)累计产油曲线

图 11.132　吞吐开采模式下流固耦合对产量的影响

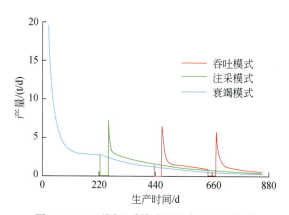

图 11.133　不同开采模式下日产油对比曲线

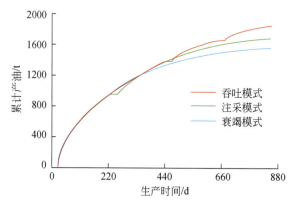

图 11.134　不同开采模式下累产油对比曲线

第五节　不同类型非结构网格的动态模拟

针对储层地质条件的复杂性、内外边界条件的多样化、多尺度孔缝介质发育的特征,可采用灵活多样的非结构网格和不同类型网格的组合方式来处理,从而实现宏观分区、小尺度分单元、微尺度分多重介质的集成模拟,大大提高模拟精度和计算速度。通过对不同类型单一变尺度网格、不同类型网格的混合处理,以及多重介质的混合网格进行动态模拟,分析了不同类型网格对表征精细程度、模拟精度和计算速度的影响。

一、不同类型单一变尺度网格的模拟

使用单一的三角形网格、四边形网格和 Pebi 网格对致密储层地质条件、不同尺度孔缝介质、体积压裂水平井等复杂内外边界的进行表征时,根据所要表征对象的几何特征,可对网格大小进行自动优化,实现单一变尺度网格的模拟,既提高了表征的精细程度,又减少了网格的数量。

在储层地质条件、裂缝及水平井内外边界条件相同的情况下,对分别采用三角形网格、四边形网格和 Pebi 网格进行自适应的变尺度网格处理及动态模拟,对比分析了不同类型变尺度网格对表征精细程度、模拟精度、计算速度的影响。

1)不同类型网格对复杂裂缝表征精细程度的影响

三角形网格和 Pebi 网格通过变尺度可灵活处理复杂裂缝的分布及形态,表征精细程度高,刻画的裂缝分布与形态与实际情况更为接近;四边形网格在刻画复杂裂缝分布与形态时,在采用变尺度处理复杂裂缝时,难以精细刻画裂缝分布与形态,描述的裂缝分布与形态与实际情况相差较大(图 11.135)。

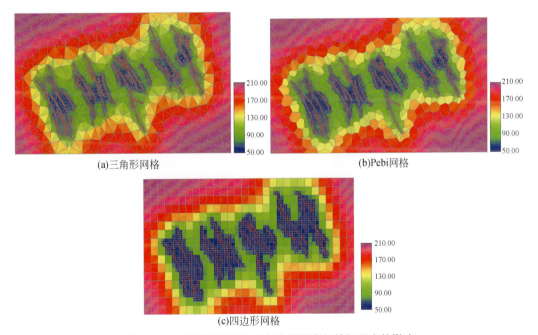

(a)三角形网格　　　　　　　　　　　　　(b)Pebi网格

(c)四边形网格

图 11.135　不同类型网格对复杂裂缝表征精细程度的影响

2)不同类型网格对模拟精度的影响

通过对不同类型变尺度网格下生产动态的模拟,三角形网格和 Pebi 网格计算结果接近,由于两者表征精细程度高,其模拟精度高,与实际情况符合程度高;四边形网格由于表征精细程度低,其模拟精度差,计算结果偏大,与实际情况吻合度差(图 11.136、图 11.137)。

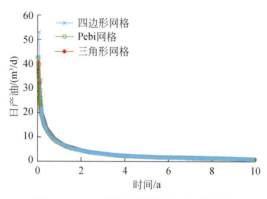

图 11.136　不同类型网格的日产量曲线

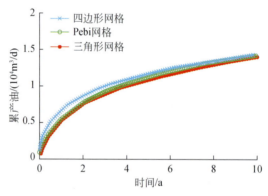

图 11.137　不同类型网格的累产量曲线

3)不同类型网格对网格数量和计算速度的影响

采用不同类型网格进行模拟计算时,Pebi 网格数量最多,刻画精细程度最高,但计算速度最快,计算时间最短;三角形网格尽管刻画精细程度高,但其计算速度最慢,所需计算时间最长;尽管四边形网格数最少,计算速度也快,但其刻画精细程度低。因此,从刻画的精细程度和计算速度来看,采用 Pebi 网格处理复杂地质条件和复杂缝网是最佳方法(图 11.138、图 11.139)。

二、不同类型网格混合处理的动态模拟

致密储层中不同尺度的天然裂缝、人工裂缝和水平井等,均具有显著不同的几何特征和复杂的空间分布。针对不同对象的几何特征和空间分布,选择不同类型网格进行变尺度混合处理,既能够精细刻画不同对象的几何特征和空间分布,又能提高模拟的精度和计算的速度。

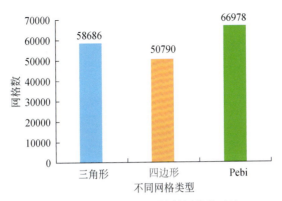

图 11. 138 不同类型网格的网格数对比

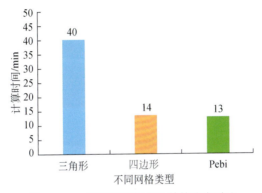

图 11. 139 不同类型网格的计算速度对比

针对具有不同尺度孔隙介质、天然裂缝、人工裂缝、水平井等复杂对象,可以分别采用不同类型变尺度的网格进行混合表征和模拟。对于人工/天然裂缝、水平井的几何特征与分布形态显著,对流体流动形态影响大的特征,可以采用四边形的长条网格刻画与描述人工/天然裂缝的几何特征与分布形态、流体的流动形态,同时采用跑道网格刻画与描述水平井的几何特征与分布形态、流体的流动形态。对于基质岩块,其孔缝介质尺度小,流动特征不具备明显的方向性,可以采用 Pebi 网格、三角形网格、四边形网格及其不同组合进行刻画与描述基质岩块的几何与分布特征及内部的流体流动。

为了揭示不同类型网格混合处理对生产动态的影响,在人工/天然裂缝采用四边形的长条网格、水平井采用跑道网格的基础上,对基质分别采用如图 11. 140 所示的四种情况进行了模拟计算。

1)不同类型网格的组合对表征精细程度和模拟精度的影响

由于长条形网格和跑道网格能够分别较好地刻画与描述天然/人工裂缝、水平井的几何特征与流动形态;Pebi、三角形网格可灵活处理各种复杂的边界条件。但对于基质岩块,其孔缝介质尺度小,流动特征不具备明显的方向性,可以采用 Pebi 网格、三角形网格、四边形网格及其不同组合进行刻画与描述基质岩块的几何与分布特征及内部的流体流动。

因此,针对具有不同尺度孔隙介质、天然裂缝、人工裂缝、水平井等复杂对象,分别采用

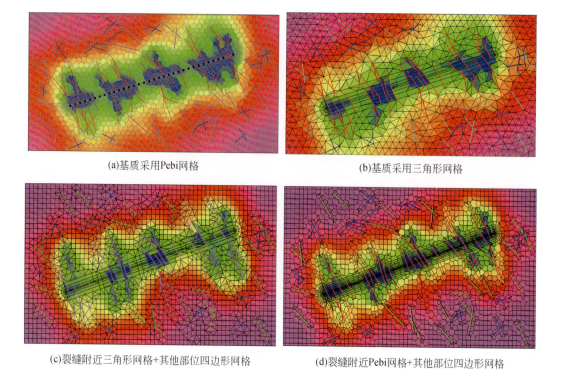

(a)基质采用Pebi网格　　　　　　　　　　(b)基质采用三角形网格

(c)裂缝附近三角形网格+其他部位四边形网格　　(d)裂缝附近Pebi网格+其他部位四边形网格

图 11.140　不同类型网格混合处理的动态模拟

了不同类型变尺度的网格进行混合表征和模拟,可提高对天然/人工裂缝、水平井、基质岩块等不同对象的刻画精度。从模拟结果可以看出(图 11.141、图 11.142),通过优化后,不同类型网格组合的模拟结果接近,说明模拟结果可靠,满足模拟精度要求。

2)不同类型网格的组合对网格数量和计算速度的影响

从不同类型网格组合下的网格数量和计算时间来看,计算速度的快慢与网格数量的多少一致,网格数量越少,计算速度越快(图 11.143、图 11.144)。

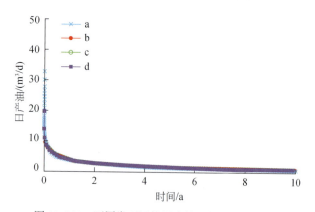

图 11.141　不同类型网格混合处理的日产量对比

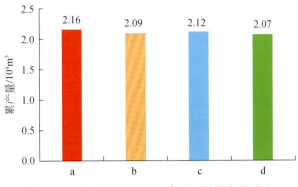

图 11.142　不同类型网格混合处理的累产量对比

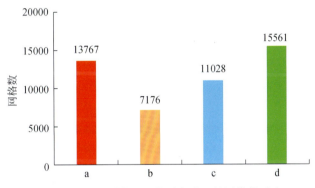

图 11.143　不同类型网格混合处理的网格数对比

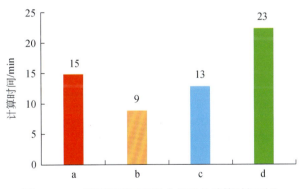

图 11.144　不同类型网格混合处理的计算时间对比

三、采用混合网格对宏观非均质性及多重介质的动态模拟

致密储层宏观非均质性较强,不同区域间储层条件差异较大;同时,由于岩性、岩相及储层类型的差异,小尺度单元间存在较强的非均质性,不同单元的孔缝介质的类型、数量组成

和空间分布模式不同。因此需要开展大尺度分区、小尺度分单元、微尺度分多重介质的不同
尺度规模的集成数值模拟。同时,由于致密储层发育大中尺度天然/人工裂缝、微小尺度裂
缝与不同尺度微纳米孔隙,不同尺度孔缝介质几何、属性特征差异大,流态与渗流机理更为
复杂,因此需要将离散裂缝介质、离散微小孔缝介质集为一体,开展非连续离散混合多重介
质数值模拟(图11.145)。

因此,采用混合网格实现不同尺度规模的分区模拟、不同尺度离散混合多重介质的模
拟,从而大大提高模拟精度和计算速度。

为了揭示不同混合网格对分区、分单元、分介质动态模拟的影响,在大尺度裂缝介质采
用长条网格、小尺度单元采用 Pebi 网格的基础上,对微小尺度多重介质分别采用如图
11.146 所示的三种情况进行了模拟计算。

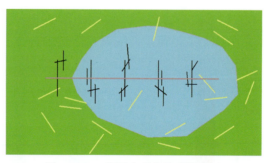

图 11.145　储层宏观非均质性分区

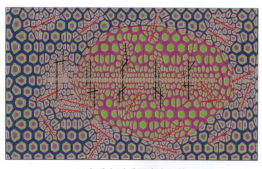

(a)多重介质采用嵌套网格

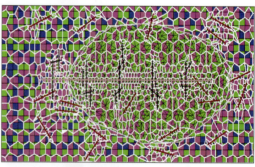

(b)多重介质采用交互式网格

(c)多重介质采用嵌套网格+交互式网格

■ 微米孔　　■ 微纳米孔　　■ 纳米孔

图 11.146　不同混合网格实现分区、分单元、分介质的动态模拟

1）不同类型的混合网格对多重介质间流体流动及生产动态的影响

从模拟结果可以看出，在宏观储层条件与非均质性、模拟网格类型相同的情况下，对于单元内多重介质的重数和数量组成相同，但采用不同类型的混合网格来模拟多重介质的空间分布模式与流动关系时，模拟结果存在一定差异。说明不同尺度孔缝介质的空间分布模式与流动关对生产动态有影响（图 11.147、图 11.148）。

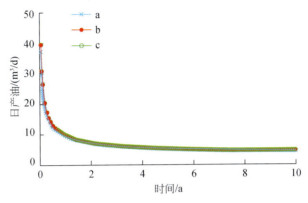

图 11.147　不同类型混合网格对应的日产曲线

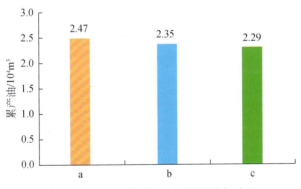

图 11.148　不同类型混合网格的累产对比

2）不同类型的混合网格对计算速度的影响

采用不同类型的混合网格来模拟多重介质间的流动特征，其计算速度有较大差异（图 111.149）。当采用接力排供式的嵌套网格模拟时，单元内不同介质间的接触关系和流动关

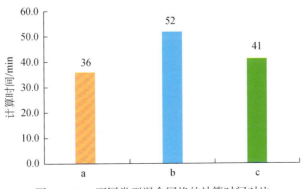

图 11.149　不同类型混合网格的计算时间对比

系相对简单,计算速度快;而采用交互式网格模拟时,单元内不同介质间可任意接触,其流动关系复杂,计算工作量大,速度慢。

参 考 文 献

杜金虎,等 . 2016. 中国陆相致密油 . 北京:石油工业出版社 .

杜金虎,何海清,杨涛,等 . 2014. 中国致密油勘探进展及面临的挑战 . 石油勘探与开发,19(1):1~8.

王环玲,徐卫亚,巢志明,等 . 2016. 致密岩石气体渗流滑脱效应试验研究 . 岩土工程学报,38(5):777~185.

姚广聚,彭红利,熊钰,等 . 2009. 低渗透砂岩气藏气体渗流特征 . 油气地质与采收率,16(4):104~105,108.

于荣泽,张晓伟,卞亚南,等 . 2012. 页岩气藏流动机理与产能影响因素分析 . 天然气工业,32(9):10~15.

张烈辉,唐洪明,陈果,等 . 2014. 川南下志留统龙马溪组页岩吸附特征及控制因素 . 开发工程,34(12):63~69.

第十二章　非常规致密油气藏数值模拟技术发展趋势与展望

目前,非常规致密油气藏数值模拟理论与技术已取得了突破性的进展,并得到了实际的应用。今后非常规致密油气藏数值模拟发展的重点主要有以下几个方面:一是实现非常规地质建模与数值模拟一体化;二是在不同尺度孔缝多重介质建模的基础上,发展不同尺度多重介质流体分布、地应力及岩石力学参数、实时动态的四维地质建模技术;三是重点发展压裂-注入-开采过程一体化数值模拟技术、渗流场-应力场-温度场流固耦合数值模拟技术、基于多重介质的多组分、复杂相态、流体参数动态变化数值模拟技术,以及非常规数值模拟高效求解技术。

一、非常规致密油气藏地质建模技术

非常规致密油气藏地质模型在常规地质模的基础上,重点强调非常规模型的建立,包括不同尺度多重介质地质模型、不同尺度孔缝介质流体模型、地应力与岩石力学模型。针对非常规致密油气藏不同尺度纳微米孔隙、不同尺度天然/人工裂缝,已经发展了离散裂缝、离散多重介质、混合多重介质的非常规不同尺度离散多重介质建模技术;对于非常规致密油气藏流体非连续分布、不同尺度孔缝介质含油性与赋存状态、流体参数的非连续变化特征,未来需发展不同尺度多重介质流体分布建模技术;致密油气藏地应力空间分布与大小差异大,开采过程中地应力动态变化与重新分布,发展非常规致密油气藏地应力场与岩石力学参数建模技术是今后努力的方向;同时在非常规致密油气藏开采过程中,地质模型参数、流体分布参数、地应力与岩石力学参数是动态变化的,建立实时动态的四维地质模型也是未来的发展趋势。

1. 地应力及岩石力学参数建模技术

常规油气藏具有自然产能,不需要压裂即可实现有效开发,因此在常规油气藏地质模型中,一般不需考虑地应力及岩石力学参数建模。非常规致密油气藏需要采用体积压裂才能有效开发,岩石力学性质及地应力分布与大小对体积压裂/重复压裂的效果影响极大。由于受储层构造、储层岩性、埋藏深度的影响,致密储层在不同区域、不同部位、不同井段间地应力分布、方向、大小、水平应力差变化快、差异大(葛洪魁等,1998;曾联波和王贵文,2005)。同时开发过程中的体积压裂/重复压裂、注水、注气、开采等活动,会引起地层孔隙压力、温度的变化,产生诱导应力,从而导致地应力场的重新分布,显著增强地应力分布的非均匀程度,将会影响体积压裂/重复压裂中人工裂缝的形态、方向及缝网复杂程度。此外,储层应力场及岩石力学参数的动态变化极大的影响不同尺度孔缝介质的变形,从而影响流体的渗流与油藏开采动态。因此未来需要发展非常规致密油气藏地应力场与岩石力学参数建模技术,建立地应力分布、方向与大小及岩石力学参数的非常规地质模型,指导水平井体积压裂优化设计;同时考虑将开采过程中地应力的重新分布及岩石力学参数的动态变化纳入地质模型中,用以实现应力场与渗流场的流固耦合数值模拟。

2. 不同尺度多重介质流体分布建模技术

非常规致密油气藏一般不存在明显的油水、气水界面,但存在较大的油水、气水过渡带;在致密储层大面积含油气背景下,由于储层岩性、砂体、物性及孔隙结构的差异,以及成藏机理、源储配置关系的不同,导致不同区块、不同部位、不同井段间含油气性存在较大差异,油气水原始饱和度及可动饱和度差异大;不同尺度微纳米孔隙、不同天然/人工裂缝介质在空间上呈非连续的离散分布,不同孔缝介质中油气水的赋存状态、组成、流体性质差异大,使得不同尺度孔缝介质中流体性质及其参数呈现非连续的变化特征。

常规流体建模是以油水、气水界面为基础,通过平衡法建立静态的、连续的流体分布模型,其流体分布及流体参数为常数(王子胜和姚军,2009;张冬丽等,2010),不能满足非常规致密油气藏流体非连续分布、不同尺度孔缝介质含油性与赋存状态、流体参数的非连续变化特征,因此未来需发展不同尺度多重介质流体分布建模技术。

3. 实时的动态四维地质建模技术

在非常规致密油气藏压裂、注入、开采过程中,会引起渗流场、应力场、温度场的动态变化,将导致油气藏内部压力、饱和度、应力、温度的重新分布;由于渗流场与应力场的流固耦合作用,将引起不同尺度孔缝介质变形,导致不同储层介质的几何、物性参数的动态变化;渗流场与温度场的变化引起应力场的改变,导致油藏内部应力的重新分布及岩石力学参数的动态变化;油藏内部温度场的变化,将引起油气赋存状态、组分组成、流体性质及流体参数的动态变化(周贤文等,2008)。可见,在非常规致密油气藏开采过程中,地质模型(不同介质的物性参数)、流体分布模型(压力场、饱和度场、流体性质及参数)、地应力模型(应力分布、岩石力学参数)、温度场模型是动态变化的,需要建立实时动态的四维地质模型,发展非常规致密油气藏四维动态地质建模技术是今后的主攻方向。

二、压注采一体化数值模拟技术

非常规致密油气藏储层物性差,需采用体积压裂才具有商业开采价值,同时还需要采用重复压裂等方法来提高油气藏的动用程度和采收率。非常规致密油气藏的压裂和开发是一个连续的过程,压裂、注入和采出的多阶段全过程一体化模拟是非常规油气藏数值模拟技术今后发展的主要趋势(邹才能等,2015;吕雪祥,2012;高大鹏等,2015;姚军等,2016)。

目前在非常规油气藏开发中的压裂模拟器和油藏模拟器是两个各自独立的模拟器。两个模拟器分别从岩石力学、渗流力学的角度建立各自的数值模拟模型,形成相互独立数值模拟技术和模拟器。压裂模拟器和油藏模拟器分别采用各自独立的地质模型,进行压裂过程和油藏开采过程的动态模拟。在油藏模拟过程中,只是将压裂模拟器得出的人工裂缝信息融入地质模型中,并未考虑压裂过程中压力场、饱和度场的变化对油藏模型的影响。

非常规致密油气藏压裂、闷井、返排、注入、开采是一个连续的动态变化过程,未来的非常规致密油气藏数值模拟技术会向着压注采一体化数值模拟的方向发展。通过建立不同孔缝介质地质模型、不同尺度孔缝流体分布模型、岩石力学与地应力模型于一体的初始模型,如

图 12.1 所示;开展分级多段压裂、闷井、返排过程的模拟,模拟人工裂缝的形成与延伸扩展、天然裂缝的开启与延伸扩展、基质孔隙的膨胀变形,从而给出人工裂缝的形态与空间分布、几何参数、物性参数,并根据压裂过程中的压力场、饱和度场、应力场的变化更新流体分布模型与地应力场初始模型;根据初始地质模型及人工裂缝模型,对油藏注入和开采过程进行动态模拟,从而实现非常规致密油气藏压裂、闷井、返排、注入、开采多阶段全过程的一体化模拟。

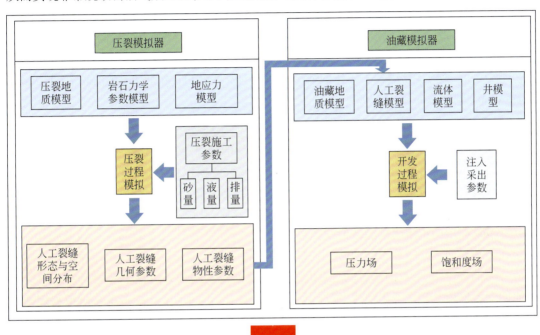

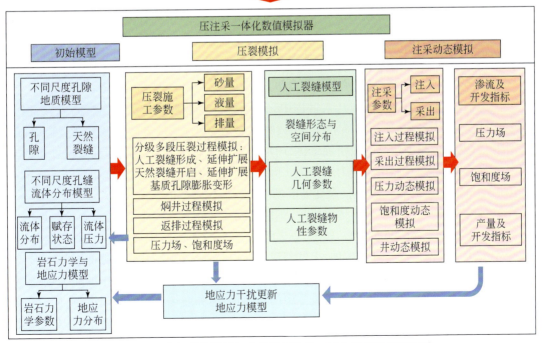

图 12.1　常规数值模拟与非常规压注采一体化数值模拟对比图

三、压注采流固耦合一体化数值模拟技术

在非常规致密油气藏压裂、注入、开采过程中,渗流场与应力场的耦合作用极强,不同尺度天然/人工裂缝、不同尺度孔隙介质都是动态变化的,导致几何尺度、属性参数、介质间传导率、井指数随之改变,极大影响油藏动态及产能特征。同时由于压裂液/注入液温度与油藏温度的差异,或采用加热降黏开采方式时,会引起油藏温度场的变化,从而导致流体性质、储层热应力的变化。因此,今后非常规致密油气藏数值模拟技术向着压注采一体化、渗流场–应力场–温度场多场耦合一体化的数值模拟方向发展(Chen et al.,2010;Tran et al.,2005;Abass et al.,2007;Kim et al.,2009)。

1. 压注采孔缝多重介质渗流场–应力场流固耦合数值模拟技术

在油气藏开采过程中,不同尺度孔缝介质所承受的孔隙压力和有效应力变化极大,渗流场与应力场流固耦合作用极强。常规流固耦合油藏数值模拟技术是一种拟耦合模拟技术,主要是通过将孔隙度、渗透率视为孔隙压力变化的函数来体现流固耦合效应(Minkoff et al.,1993;Wu and Pruess,2000)。该技术已从单一孔隙介质、孔隙/裂缝双重介质发展到不同尺度孔缝多重介质的拟流固耦合数值模拟技术。

在非常规油气藏压裂、注入和采出过程中,不同尺度人工/天然裂缝、孔隙介质在渗流场与应力场耦合作用下,流固耦合动态变化极强。根据在不同开采过程中不同尺度孔缝多重介质的变形机理及物性变化规律,发展了压注采一体化、不同尺度孔缝多重介质拟流固耦合数值模拟技术。

常规拟流固耦合数值模拟技术只考虑了渗流场变化对物性参数的影响,无法求解压注采过程中油藏应力场与应变场的动态变化,无法满足非常规致密油气藏开发中的实际需求。非常规致密油气藏流固耦合数值模拟技术需要向具备压注采一体化、不同尺度孔缝多重介质、渗流场与应力场全耦合的数值模拟技术方向发展。

2. 压注采孔缝多重介质渗流场–应力场–温度场多场耦合数值模拟技术

非常规致密油气藏在压裂或注入过程中,压裂液/注入液温度与油藏温度的差异,将会造成低温的冷伤害,一是使得岩石收缩,导致物性参数减小;二是流体黏度升高,流动性降低。同时针对原油黏度较高的致密油藏,采用加热降黏开采方式时,会引起油藏温度场的升高,从而导致流体性质、储层热应力的变化。因此,针对这类非常规致密油藏的开发,需要发展压注采一体化、渗流场–应力场–温度场多场耦合一体化的数值模拟技术。

通过建立不同尺度多重介质地质模型、不同尺度孔缝介质流体模型、岩石力学与地应力模型、温度模型于一体的初始模型,如图12.2所示;开展分级多段压裂、闷井、返排过程的模拟,模拟人工裂缝的形成与延伸扩展、天然裂缝的开启与延伸扩展、基质孔隙的膨胀变形,从而给出人工裂缝的形态与空间分布、几何参数、物性参数,并根据压裂过程中的压力场、饱和度场、应力场、温度场的变化更新初始模型中的压力场、饱和度场、应力场、温度场,同时更新不同孔缝介质的物性参数、流体性质参数;根据更新的地质模型及人工裂缝模型,对油藏注入和开采过程进行动态模拟,同时更新模拟过程中的压力场、饱和度场、应力场、温度场,以

及不同孔缝介质的物性参数、流体性质参数,从而实现非常规致密油气藏压注采一体化、渗流场-应力场-温度场多场耦合一体化的数值模拟。

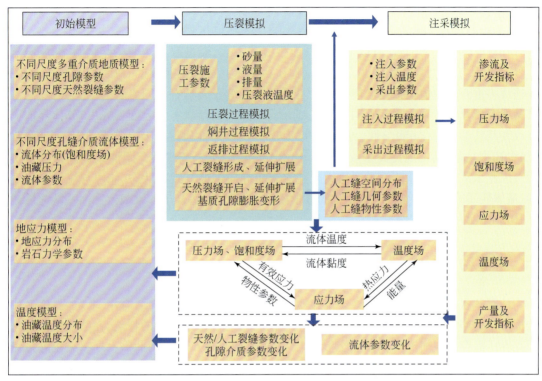

图 12.2　非常规油气藏压注采过程中流固耦合一体化数值模拟

四、基于多重介质的多组分、复杂相态数值模拟技术

针对非常规致密油气藏,可以采用注气、改质改性等开采方式,通过改变油气赋存状态、储层与流体界面属性、流体性质来提高非常规致密储层微纳米孔缝中的吸附油、薄膜油的动用程度与采收率。现有数值模拟的数学模型无法描述不同尺度孔缝介质中多组分、复杂相态变化,以及微纳米多重介质中油气赋存状态、储层与流体界面属性、流体性质改变及其参数动态变化,因此,需要发展非常规致密油气藏不同开发方式的多重介质、多组分、复杂相态、流体性质及参数动态变化的数值模拟技术

1. 基于多重介质的多组分复杂相态数值模拟技术

常规多组分数值模拟器具有模拟注气开发机理及相态变化的功能,但仅限于单一或双重介质的油气藏(周耐强,2012;李前贵等,2006)。针对非常规致密油气藏,目前已成功研发了可以模拟不同尺度微纳米孔隙、天然/人工裂缝的非连续多重介质数值模拟技术。由于非常规油气藏在不同开采方式下,特别是在注气开采过程中,不同尺度孔缝介质的流体组分、赋存状态、相态变化、流动机理存在较大差异,非连续多重介质数值模拟技术只能模拟常规黑油条件下的开采动态,无法表征不同尺度孔缝介质中多组分的差异及其动态变化规律,无

法描述注气开发过程中油气混相、非混相的流动机理,不具备模拟多组分、复杂相态变化的功能。因此未来需要建立可以准确描述不同尺度多重介质中多组分、复杂相态变化的数学模型,发展非连续多重介质多组分复杂相态数值模拟技术。

2. 基于多重介质的流体性质及参数动态变化数值模拟技术

针对非常规致密油藏,可以采用改质改性开采方式,通过改变油气赋存状态、储层与流体界面属性、流体性质来实现非常规致密储层微纳米孔缝中的吸附油、薄膜油的有效动用。非连续多重介质数值模拟技术能够实现不同尺度孔缝介质具有不同参数的动态模拟,尚不具备在改质改性开采方式下不同尺度孔缝介质中油气赋存状态的改变、储层与流体界面属性改变及其参数变化(润湿性、界面张力、毛管力)、流体性质改变及其参数变化(密度、黏度)的模拟功能,而常规提高采收率模拟技术只能模拟单一或双重介质油藏提高采收率过程。因此未来需要建立能够描述微纳米孔缝多重介质中油气赋存状态、储层与流体界面属性、流体性质改变及其参数动态变化的数学模型,创新发展适合于非常规致密油藏的改质改性开发方式数值模拟技术。

五、非常规数值模拟高效求解技术

针对非常规致密油气藏孔缝多重介质、流固耦合、多组分、复杂结构井、求解变量多、非结构网格类型等因素导致数学模型及雅可比矩阵规模大、形态复杂的特点,在数值模拟过程中存在所需存储空间庞大、求解难度大、计算耗时长等技术难题。为此需发展复杂矩阵压缩存储技术、高效预处理技术与异构并行技术,以降低非常规致密油气藏数学模型的求解难度、增大非常规数值模拟问题的计算规模、提高数值模拟的运行效率。

1. 复杂矩阵压缩存储技术

非常规油气藏发育不同尺度孔缝多重介质,存在多组分、多流态、流固耦合、复杂结构井、求解变量多等特征,从而导致其数学模型及雅可比方程的复杂性,同时由于复杂缝网、水平井、边界条件需要采用非结构网格处理,又会进一步增加数值模拟中的无效网格并加剧矩阵形态的复杂程度。为有效减少所需内存存储空间及总存储网格数,提高迭代运行效率,需发展大规模矩阵高效压缩存储方法(孙致学等,2007),目前已有的压缩存储格式非常多,包括 CSR、CSC、COO、HYB、CSR5、CSRL 等,不同求解问题类型、不同机器条件、不同并行环境下最优存储结构不同,可以预见随着并行架构的发展会出现更多种类的稀疏矩阵存储格式。为此需针对非常规多重介质、多组分、多流态、非结构化等特征对最优存储结构及大规模计算的需求,发展在并行环境越来越异构化、碎片化下的复杂矩阵压缩存储技术。

2. 高效预处理技术

针对非常规油气藏由复杂渗流机理及多重介质等所导致的方程系数矩阵复杂、特征值分布不均、条件数大等问题,单独采用传统迭代方法存在计算收敛很慢甚至无法求解的问题。目前大型稀疏线性代数系统的求解仍以 Krylov 子空间方法为主,其中 GMRES 和 BiCGstab 类方法是最为常用的两种迭代法,对求解技术的研究主要集中在预处理技术方面,从早期单阶段通用型预条件子(如块 ILU 预条件子、嵌套分解预条件子等),发展到两阶段或多阶段预专用型条件子(如 CPR 预条件子、辅助子空间校正预条件子等)。由于非常规油气藏数值模拟中存在多种不同类型的问题,离散系统的代数性质差异很大,求解难度也不尽相同,因此未来需要针对非常规致密油气藏复杂渗流数学模型及方程系数矩阵复杂、特征值分布不均等特征发展特定高效预条件子处理技术,以降低复杂渗流数学模型的求解难度、提高数值模拟的高效性和稳健性。

3. 异构并行技术

针对非常规油气藏渗流数学模型及系数矩阵复杂、压注采一体化及流固耦合问题导致计算规模大、多重介质及内外边界条件精细网格的高分辨率等导致计算量大、耗时长等问题,急需发展非常规油气藏数值模拟高效求解的并行解法器。目前,并行硬件架构技术处在快速发展中,从早期仅支持分布式并行的纯 CPU 架构到如今支持 CUDA/MIC 加速计算卡来辅助分布式并行的异构架构(张林波等,2006)。未来的并行硬件架构在很长时间内仍会呈现碎片化,并存在很大的不确定性,但几乎可以肯定仍是异构并行硬件架构。现有单一的 MPI 或 CUDA 并行技术无法满足非常规油气藏数值模拟高效求解的需求,因此急需发展算法、数据结构、实现方法等越来越适应异构的并行架构技术,从而增大非常规数值模拟问题的计算规模、提高求解的速度和精度。

参 考 文 献

高大鹏,刘天宇,王天娇,等.2015.非常规井数值模拟技术研究进展与发展趋势.应用数学和力学, 36(12):1239~1254.

葛洪魁,林英松,王顺昌.1998.地应力测试及其在勘探开发中的应用.石油大学学报(自然科学版), 22(1):94~99.

李前贵,康毅力,罗平亚.2006.致密砂岩气藏多尺度效应及生产机理.天然气工业.26(2):111~113.

吕雪祥.2012.非常规油气藏地质建模与数值模拟一体化技术研究.中国煤炭地质,24(8):85~91.

孙致学,鲁洪江,孙治雷.2007.致油藏精细地质模型网格粗化算法及其效果.地质力学学报,13(4): 368~375.

王子胜,姚军.2009.多重渗透介质油藏非稳态压力特征分析.油气井测试,18(1):10~12.

姚军,孙致学,张凯,等.2016.非常规油气藏开采中的工程科学问题及其发展趋势.石油科学通报,01(1): 128~142.

曾联波,王贵文.2005.塔里木盆地库车山前构造带地应力分布特征.石油勘探与开发,32(3):59~60.

张冬丽,李江龙,吴玉树.2010.缝洞型油藏三重介质数值试井模型影响因素.西南石油大学学报(自然科学版),32(6):112~120.

张林波,迟学斌,莫则尧,等.并行计算导论.北京:清华大学出版社.

周耐强.2012.考虑低渗透油藏非线性渗流的闪蒸黑油模型及模拟器研究.西南石油大学博士学位论文.

周贤文,汤达帧,张春书.2008.精细油藏数值模拟研究现状及发展趋势.特种油气藏,15(4):1~6.

邹才能,杨智,朱如凯,等.2015.中国非常规油气勘探开发与理论技术进展.地质学报,89(6):979~1007.

Abass H H,Ortiz I,Khan M R,et al. 2007. Understanding stress dependant permeability of matrix,natural fractures, hydraulic fractures in Carbonate Formations. SPE 110973.

Chen H Y,TeufeI L Wand,Lee R L. 2010. Coupled fluid flow and geomechanics in reservoir Study-l. theory and governing equations. SPE 30752.

Kim T H,Schechter D S. 2009. Estimation of fracture porosity of naturally fractured reservoirs with no matrix porosity using fractal discrete fracture networks. SPE Reservoir Evaluation & Engineering,110720: 232~242.

Minkoff S E, Stone C, et al. 1993. Staggered in time coupling of reservoir flow simulation and geomechanical deformation: Step I-one-way coupling. SPE 51920.

Tran D,Nghiem L,Buchanan L. 2005. An overview of iterative coupling between geomechanical deformation and reservoir flow. SPE 97879.

Wu Y S,Pruess K. 2000. Integral solutions for transient fluid flow through a porous medium with pressure-dependent permeability. International Journal of Rock Mechanics and Mining Sciences,37(2):51~61.

附　　录

一、常用变量符号注释

1. 英文字母

符号	含义	常用单位
a	经验参数	无因次
a_{gk}	经验参数	无因次
a_{gr}	经验参数	无因次
a_k	经验参数	无因次
a_r	经验参数	无因次
a_λ	经验参数	无因次
a_E	孔喉半径弹性膨胀系数	m/MPa
a_P	孔喉半径塑性膨胀系数	m/MPa
a_f	天然裂缝扩大阶段宽度变化系数	m/MPa
a_F	人工裂缝扩大阶段宽度变化系数	m/MPa
a_{ProE}	支撑剂受压弹性阶段人工裂缝宽度变化系数	m/MPa
a_{ProP}	支撑剂受压塑性阶段人工裂缝宽度变化系数	m/MPa
A	相邻网格间的接触面积	m^2
A_{gk}	经验参数	无因次
A_{gr}	经验参数	无因次
A_k	经验参数	无因次
A_r	经验参数	无因次
A_λ	经验参数	无因次
A_f	裂缝断面面积	m^2
B_{gk}	经验参数	无因次
B_{gr}	经验参数	无因次
B_k	经验参数	无因次
B_p	目前地层压力 P 下的流体体积系数	无因次
B_r	经验参数	无因次

续表

符号	含义	常用单位
B_λ	经验参数	无因次
b	滑脱因子	MPa
b_0	吸附速度与解吸速度的比值	无因次
b_{gk}	经验参数	无因次
b_{gr}	经验参数	无因次
b_k	经验参数	无因次
b_r	经验参数	无因次
b_λ	经验参数	无因次
b_L	解吸常数	atm^{-1} *
b_E	孔隙度弹性膨胀系数	MPa^{-1}
b_P	孔隙度塑性膨胀系数	MPa^{-1}
b_f	天然裂缝扩大阶段孔隙度变化系数	MPa^{-1}
b_F	人工裂缝扩大阶段孔隙度变化系数	MPa^{-1}
b_{ProE}	支撑剂弹性压缩阶段人工裂缝孔隙度变化系数	MPa^{-1}
b_{ProP}	支撑剂塑性压缩阶段人工裂缝孔隙度变化系数	MPa^{-1}
C_c	矿物充填系数	小数
C_{fs}	平板模型裂缝导流能力	m^3
c	近似于 1 的比例常数	无因次
C	内聚力	MPa
C_f	流体体积压缩系数	1/MPa
C_{gk}	经验参数	无因次
C_{gr}	经验参数	无因次
C_k	经验参数	无因次
C_{kf}	经验参数	无因次
C_R	岩石孔隙体积压缩系数	1/MPa
C_r	经验参数	无因次
C_w	经验参数	无因次
C_λ	经验参数	无因次
$C_{\lambda f}$	经验参数	无因次
C_0	实验测定的漂移模型轮廓参数	无因次
C_t	综合压缩系数	MPa^{-1}
c_{gk}	经验参数	无因次
c_{gr}	经验参数	无因次

符号	含义	常用单位
c_k	经验参数	无因次
c_{kf}	经验参数	无因次
c_r	经验参数	无因次
c_w	经验参数	无因次
c_λ	经验参数	无因次
$c_{\lambda f}$	经验参数	无因次
c_E	渗透率弹性膨胀系数	m/MPa
c_P	渗透率塑性膨胀系数	m/MPa
c_f	天然裂缝渗透率变化系数	m/MPa
c_F	人工裂缝渗透率变化系数	m/MPa
c_{ProE}	支撑剂弹性压缩阶段人工裂缝渗透率变化系数	m/MPa
c_{ProP}	支撑剂塑性压缩阶段人工裂缝渗透率变化系数	m/MPa
D_{gk}	经验参数	无因次
D_{gr}	经验参数	无因次
D_{ij}	网格单元体 i 形心与单元体 j 形心间的距离	m
D_k	经验参数	无因次
D_{kf}	经验参数	无因次
D_r	经验参数	无因次
D_w	经验参数	无因次
D_λ	经验参数	无因次
$D_{\lambda f}$	经验参数	无因次
D_r	裂缝粗糙度系数	小数
d	喉道直径	μm
d_{gk}	经验参数	无因次
d_{gr}	经验参数	无因次
d_k	经验参数	无因次
d_{kf}	经验参数	无因次
d_r	经验参数	无因次
d_w	经验参数	无因次
d_λ	经验参数	无因次
$d_{\lambda f}$	经验参数	无因次
E_{gk}	经验参数	无因次

符号	含义	常用单位
E_{gkf}	经验参数	无因次
E_{gr}	经验参数	无因次
E_{gw}	经验参数	无因次
E_{kf}	经验参数	无因次
E_w	经验参数	无因次
$E_{\lambda f}$	经验参数	无因次
e_{gk}	经验参数	无因次
e_{gkf}	经验参数	无因次
e_{gr}	经验参数	无因次
e_{gw}	经验参数	无因次
e_{kf}	经验参数	无因次
e_w	经验参数	无因次
$e_{\lambda f}$	经验参数	无因次
F	表征不同渗流机理对流动能力影响的函数	无因次
F_{ND}	高速非线性渗流函数	无因次
F_{gk}	经验参数	无因次
F_{gkf}	经验参数	无因次
F_{gr}	经验参数	无因次
F_{gw}	经验参数	无因次
F_{kf}	经验参数	无因次
F_w	经验参数	无因次
$F_{\lambda f}$	经验参数	无因次
F_v	分形维数	无因次
F_{ish}	Fisher 常数	无因次
f_{gk}	经验参数	无因次
f_{gkf}	经验参数	无因次
f_{gr}	经验参数	无因次
f_{gw}	经验参数	无因次
f_{kf}	经验参数	无因次
f_w	经验参数	无因次
$f_{\lambda f}$	经验参数	无因次
f_{tp}	管壁摩阻系数	无因次

符号	含义	常用单位
$\bar{f}$	沿相邻网格接触面中心到网格质心的向量	无因次
G_a	启动压力梯度	MPa/m
G_b	拟线性临界压力梯度	MPa/m
G_c	拟启动压力梯度	MPa/m
G_d	高速非线性临界压力梯度	MPa/m
G_{cij}	网格 i,j 间的拟启动压力梯度	MPa/m
g	重力加速度	m/s^2
h_f	裂缝高度	m
i	i 网格单元序号	无因次
j	j 网格单元序号	无因次
K	储层渗透率	mD
K_F	大裂缝渗透率	mD
K_f	微裂缝渗透率	mD
K_m	基质渗透率	mD
K_{ij}	单元体 i 与单元体 j 的耦合渗透率	mD
$K_{m\infty}$	基质气测渗透率	mD
Kn	克努森数	无因次
K_r	流体相对渗透率	无因次
K_I	张开型裂缝尖端的应力强度因子	MPa·m$^{1/2}$
K_{Ic}	临界应力强度因子	MPa·m$^{1/2}$
K_m	基质渗透率	mD
K_{m0}	基质初始渗透率	mD
K_{mc}	岩石破坏时基质渗透率	mD
K_f	天然裂缝渗透率	mD
K_{f0}	天然裂缝初始渗透率	mD
K_{fO}	天然裂缝开启时的渗透率	mD
K_{fmax}	天然裂缝最大渗透率	mD
K_F	人工裂缝渗透率	mD
K_{FO}	人工裂缝开启时的渗透率	mD
K_{Fmax}	人工裂缝最大渗透率	mD
K_{fr}	天然裂缝闭合时的渗透率	mD
K_{Ft}	支撑剂初始受力时人工裂缝渗透率	mD

续表

符号	含义	常用单位
K_{Pc}	支撑剂破坏时人工裂缝渗透率	mD
K_{Fr}	人工裂缝的残余渗透率	mD
L	网格质心到相邻网格接触面中心的实际距离	cm
L_{ij}	网格 i 的质心与网格 j 的质心之间的实际距离	cm
L_{eff}	井筒在网格中的有效长度	m
l_f	裂缝长度	m
M_{prop}	支撑剂的质量	t
M	气体摩尔质量	g/mol
m	线性常数	无因次
n	非线性渗流系数	无因次
n^*	流体低速非线性指数	无因次
$\overrightarrow{n}$	网格间的正交性向量	无因次
N	与井所在网格相邻网格总数	无因次
P	目前地层压力	MPa
P_0	油气藏原始地层压力	MPa
P_{cow}	油水系统的毛管力	MPa
P_{cd}	临界解吸压力	MPa
∇P	压力梯度	MPa/m
∇P_g	气相压力梯度	MPa/m
∇P_o	油相压力梯度	MPa/m
P	压力	MPa
P	目前地层压力	MPa
P_0	初始地层压力	MPa
P_m	基质孔隙流体压力	MPa
P_{mc}	基质破裂压力	MPa
P_f	天然裂缝流体压力	MPa
P_{fO}	天然裂缝开启压力	MPa
P_{fe}	天然裂缝延伸压力	MPa
P_F	人工裂缝流体压力	MPa
P_{Fe}	人工裂缝延伸压力	MPa
P_t	支撑剂初始受压时裂缝内孔隙压力	MPa
P_r	人工裂缝受压稳定时缝内孔隙压力	MPa
P_{Pc}	支撑剂受压破裂压力	MPa

符号	含义	常用单位
P_{fC}	天然裂缝闭合压力	MPa
P_{FC}	天然裂缝闭合压力	MPa
P_{tip}	裂缝端部延伸压力	MPa
P_{FO}	人工裂缝开启压力	MPa
P_u	作用于裂缝面的外部压力	MPa
P_{PS}	支撑剂开始受压时的压力	MPa
R_{Pro}	支撑剂的抗压强度	MPa
Q	吸附热	J
q_d	解吸量	cm^3/g
q	流体质量流量	g/s
$q_{p,i}^W$	第 i 个射孔点产量	kg
$(q_p^W)^{n+1}$	最末端一个井网格的总产量或注入量	kg
r_e	网格块 i 的等效半径	m
r_w	井筒半径	m
R	气体摩尔常数	$J/(mol \cdot K)$
Re_a	最小雷诺数	无因次
Re_b	拟线性临界雷诺数	无因次
Re_d	高速非线性临界雷诺数	无因次
$R_{g,o}$	地层压力降至 P 时的溶解气油比	无因次
r_m	基质孔喉半径	m
r_{m0}	初始基质孔喉半径	m
r_{mc}	岩石破坏时基质孔喉半径	m
r_{Fm}	基质孔喉半径	m
S_{rt}	岩石抗拉强度	MPa
S_{ft}	充填矿物抗拉强度	MPa
s	表皮系数	无因次
S_p	p 相流体饱和度	无因次
S_t	岩石拉伸强度	MPa
t	生产时间	s
T	绝对温度	K
T_{ij}	网格间传导率	$cm \cdot D$
T_c	绝对温度	K

续表

符号	含义	常用单位
$T_{i,k}^{W}$	相邻储层网格 i 与井筒网格 k 间的传导率	
$T_{i,j}$	井网格 i 与相邻储层网格 j 之间的传导率	
$\vec{v}$	流体流速	m/s
$\vec{u}_{g}$	气相流速	m/s
$\vec{u}_{o}$	油相流速	m/s
$\vec{u}_{重力,\rho}$	油气水系统重力驱的渗流速度	m/s
$\vec{u}_{渗吸}$	渗吸速度	m/s
$\vec{u}_{滑脱,g}$	滑脱作用下气体流速	m/s
$\vec{u}_{扩散,g}$	扩散速度	m/s
V_{p}	岩石孔隙的体积	m³
V	网格体积	cm³
V_{a}	实测致密气含量	cm³/g
V_{L}	解吸过程中最大吸附量	cm³/g
v_{m}	混合物流速	m³/d
V_{d}	气体漂移速度	m/s
V_{sp}	p 相在井筒内的流动速度	m/s
V_{sw}	井筒内的水相速度	m³/d
V_{so}	井筒内的油相速度	m³/d
V_{sg}	井筒内的气相速度	m³/d
V_{Fl}	压裂液量	m³
V_{F}	人工裂缝体积	m³
$V_{F\phi}$	人工裂缝孔隙体积	m³
W_{f}	天然裂缝宽度	m
W_{f0}	天然裂缝初始宽度	m
W_{fO}	天然裂缝开启时的宽度	m
W_{fmax}	天然裂缝最大宽度	m
W_{F}	人工裂缝宽度	m
W_{F0}	人工裂缝初始宽度	m
W_{FO}	基质破裂生成人工裂缝的初始宽度	m
W_{Fmax}	人工裂缝最大宽度	m
W_{fr}	天然裂缝闭合时的宽度	m

符号	含义	常用单位
W_{Ft}	支撑剂初始受力时人工裂缝宽度	m
W_{Pc}	支撑剂破坏时人工裂缝宽度	m
W_{Fr}	人工裂缝的残余宽度	m
WI	井指数计算函数	无因次
X_F	人工裂缝半长	m

* 1 atm = 1.01325×10⁵ Pa。

2. 希腊字母

符号	含义	常用单位
α_e	有效地应力系数	无因次
α	介质形状因子	无因次
α_g	气相体积分数	无因次
α_w	水相体积分数	无因次
α_o	油相体积分数	无因次
α_k^W	井筒网格 k 的形状因子	无因次
β	高速非线性系数	cm⁻¹
β_F	裂缝内高速非线性系数	m⁻¹
β_m	基质内高速非线性系数	m⁻¹
γ	应力敏感系数	无因次
ε	应变	无因次
ε	网格间的几何因子	无因次
θ	夹角	(°)
ψ	最大主应力方向与裂缝走向的夹角	(°)
κ	玻尔兹曼气体常数	J/K
μ_p	p 相流体黏度	mPa·s
μ_o	原油黏度	mPa·s
μ_g	气体黏度	mPa·s
μ_w	水黏度	mPa·s
ν	泊松比	无因次
$(\xi_p^W)_{ilk}$	井网格 i 与相邻井网格 k 的流度	
ξ_1, ξ_2, ξ_3	构造地应力系数	无因次
ρ_p	p 相流体密度	g/cm³

符号	含义	常用单位
ρ_p	目前地层压力下的流体密度	g/cm^3
ρ_0	油气藏原始地层压力下的流体密度	g/cm^3
ρ_o	油相流体密度	g/cm^3
ρ_g	气相流体密度	g/cm^3
ρ_{gd}	溶解气驱气体密度	g/cm^3
ρ_{gsc}	标准状况下溶解气驱气体密度	g/cm^3
ρ_m	混合物密度	kg/m^3
ρ_{prop}	支撑剂密度	kg/m^3
$\bar{\rho}$	平均流体密度	kg/m^3
σ_1	最大主应力	MPa
σ_3	最小主应力	MPa
σ_H	最大水平地应力	MPa
σ_h	最小水平地应力	MPa
σ_v	垂向地应力	MPa
σ_{min}	破裂位置的最小应力	MPa
τ	介质间的窜流量	g/s
φ	内摩擦角	$(°)$
ϕ_0	油气藏原始地层压力下的孔隙度	无因次
ϕ	孔隙度	无因次
ϕ_m	基质孔隙度	无因次
ϕ_{m0}	基质初始孔隙度	无因次
ϕ_{mc}	岩石破坏时基质孔隙度	无因次
ϕ_f	天然裂缝孔隙度	无因次
ϕ_{f0}	天然裂缝初始孔隙度	无因次
ϕ_{fO}	天然裂缝开启时的孔隙度	无因次
ϕ_{fmax}	天然裂缝最大孔隙度	无因次
ϕ_F	人工裂缝孔隙度	无因次
ϕ_{FO}	人工裂缝开启时的孔隙度	无因次
ϕ_{Fmax}	人工裂缝最大孔隙度	无因次
ϕ_{fr}	天然裂缝闭合时的孔隙度	无因次
ϕ_{Ft}	支撑剂初始受力时人工裂缝孔隙度	无因次
ϕ_{Pc}	支撑剂破坏时人工裂缝孔隙度	无因次

符号	含义	常用单位
ϕ_{Fr}	人工裂缝的残余孔隙度	无因次
Φ	势函数	atm
$\bar{\lambda}$	气体分子的平均自由程	m

二、上标符号注释

符号	含义
W	与井相关
n	方程离散的第 n 个时间步
l	第 l 个牛顿迭代步
F	压裂过程
I	注入过程
P	生产过程

三、下标符号注释

符号	含义
0	初始
cow	考虑介质间渗吸作用
E	弹性
F	大裂缝/人工裂缝
f	微裂缝
g	气相
gd	溶解气
J	某介质
m	基质
mc	基质破裂
o	油相
p	油气水不同相态
P	塑性
Pro	支撑剂
SC	标准状况

符号	含义
w	水相
wf	井底流动相关

四、公式缩写注释

符号	含义
∇	哈密顿算子